华章程序员书库

U0218706

OpenGL Programming Guide

The Official Guide to Learning OpenGL, Version 4.5 with SPIR-V

Ninth Edition

OpenGL编程指南

（原书第9版）

约翰·克赛尼希（John Kessenich）

[美] 格雷厄姆·塞勒斯（Graham Sellers）　著

戴夫·施莱尔（Dave Shreiner）

王锐　等译

机械工业出版社

CHINA MACHINE PRESS

图书在版编目（CIP）数据

OpenGL 编程指南（原书第 9 版）/（美）约翰·克赛尼希（John Kessenich）等著；王锐等译 . —北京：机械工业出版社，2017.7（2024.2 重印）

（华章程序员书库）

书名原文：OpenGL Programming Guide: The Official Guide to Learning OpenGL, Version 4.5 with SPIR-V

ISBN 978-7-111-57511-5

I. O… II. ①约… ②王… III. 图形软件 – 指南 IV. TP391.41-62

中国版本图书馆 CIP 数据核字（2017）第 176109 号

北京市版权局著作权合同登记　图字：01-2016-8657 号。

Authorized translation from the English language edition, entitled OPENGL PROGRAMMING GUIDE: THE OFFICIAL GUIDE TO LEARNING OPENGL, VERSION 4.5 WITH SPIR-V, 9th Edition, ISBN: 0134495497 by KESSENICH, JOHN M.; SELLERS, GRAHAM; SHREINER, DAVE, published by Pearson Education, Inc, Copyright © 2017.

OpenGL 编程指南（原书第 9 版）

出版发行：机械工业出版社（北京市西城区百万庄大街 22 号　邮政编码：100037）

责任编辑：迟振春　　　　　　　　　　　　　责任校对：李秋荣

印　　刷：固安县铭成印刷有限公司　　　　　版　　次：2024 年 2 月第 1 版第 11 次印刷

开　　本：186mm×240mm　1/16　　　　　　印　　张：42.5

书　　号：ISBN 978-7-111-57511-5　　　　　定　　价：139.00 元

客服电话：（010）88361066　68326294

"这是一本一站式服务的 OpenGL 书籍，它就是我梦寐以求的那种图书。感谢 Dave、Graham、John 和 Bill，感谢你们做出的了不起的贡献。"

——Mike Bailey，俄勒冈州立大学教授

"最近出版的这本红宝书依然遵循了 OpenGL 的伟大传统：不断进化让它拥有了更为强大的力量和效率。书中包含了最前沿的接口标准和新特性的内容，以及对于应用在各行各业的现代 OpenGL 技术的脚踏实地的讲解。红宝书依然是我的公司中所有新员工的必备参考书。还有其他任何一本书可以说得上是必备指南吗？它让我喜极而泣，让我觉得无与伦比——我会一遍又一遍地阅读这本书。"

——Bob Kuehne，Blue Newt Software 总裁

" OpenGL 在这 20 年来已经有了巨大的发展。这次的修订版是一本学习使用现代 OpenGL 的实用指南。现代 OpenGL 侧重于着色器的使用，而这一版的编程指南准确地对应了这一点，它在第 2 章对着色器进行了深入的叙述。而后继的章节里，它继续深入到方方面面，从纹理到计算着色器。无论你对 OpenGL 了解多少，或者你准备深入到何种程度，只要你准备开始编写 OpenGL 程序，你就一定需要《OpenGL 编程指南》这本手边书。"

——Marc Olano，UMBC 副教授

"如果你正在寻找有关 OpenGL 最新版的编程权威指南，那么你已经找到了。本书的作者深入参与了 OpenGL 4.3 标准的创立，而这本书中恰恰包含了你所需要了解的一切，它将使用一种清晰、富有逻辑性和见解性的方式，介绍这个行业领先的 API 标准的最新知识。"

——Neil Trevett，Khronos Group 总裁

译 者 序 *The Translator's Words*

本书是《OpenGL Programming Guide，Eighth Edition》的修订版本，也就是知名的"OpenGL 红宝书"的第 9 版。由于 API 接口的颠覆性变化，以及第 8 版写作者的大胆革新和推翻重写，让很多原本自认为经验丰富的从业者（包括笔者在内）对 OpenGL 这个已经存续了 20 余年的图形 API 一下子有了几分陌生感。而第 9 版的及时发布修正了之前的很多结构问题和概念错误，让全新的 OpenGL 架构更加明晰地展现在读者面前，不过对于那些早就熟悉了传统兼容模式（compatible profile）的开发者，以及原本对图形学一无所知急需精进的初学者来说，新的 OpenGL 看起来依然高不可攀，需要太长的时间去消化、实验、理解，直至应用。

随着图形硬件的飞速演进，以及虚拟现实（VR）和增强现实（AR）技术在这几年的火热发展，支持可视化编辑、多种脚本语言以及各种逼真渲染效果和优化算法的商业图形引擎（例如 Unity 和 Unreal）开始逐渐占据主要的市场份额。众多开发者开始更多地着眼于如何实现优质的内容，而不是纠结于底层接口的封装、渲染批次的优化，或者光影效果的叠加与取舍。强大的中间层引擎解放了更多人的头脑，让他们不必把时间消耗在大量的底层逻辑处理、状态切换、数据管理以及跨平台测试上——这显然是一件好事，但是这也带来了一个新的话题，学习和熟悉底层图形接口——OpenGL 或者 DirectX，包括新的 Vulkan，是不是已经不重要了？

笔者以为不然。事实上，大多数 Unity 和 Unreal 开发者经常遇到的那些问题，例如 Draw Call 的优化、纹理的分类和特性、相机参数的管理、着色器的编写等，依然都需要回归到最本质的图形学问题的范畴，回归到 OpenGL 接口所定义和执行的阶段。对于一名初学者而言，具备完善的可视化界面和快速搭建场景能力的商业引擎是一个入门的不错阶梯。他们可以避开枯燥的接口和数学概念的学习，快乐地做一些自己想要做的内容，例如简易的电脑游戏，或者一个可以用 VR 头盔观看的全景画面。在那之后，他们有必要带着一些也许是一知半解的理念回归，重新去理解底层接口和定义，这些实现方案与底层硬件密不可分的关系，以及与他们曾经遇到的问题的千丝万缕的联系。这样的学习过程才是事半功倍的，也是一名开发者从爱好和浅显应用开发的阶段迈向资深图形工作者阶段的重要历程。而从繁花乱象中返璞归真，再去理解图形学中各种晦涩术语和复杂公式的时候，想必很多读者也会有一番全新的感受了。希望到那个时候，本书将会再次成为你的良师益友。

本书第 9 版的翻译和修订工作由王锐完成，并且根据章节需要重新翻译了第 6 章和附录 A 的部分。参与过本书前一版（第 8 版）翻译的还有郭华、苏明南、张静、王凯、陈节、龙海鹰和毕玉玲。感谢他们的辛苦付出，也感谢机械工业出版社的编辑老师的信任与帮助！

王锐

2017 年 4 月

前　言 *Preface*

　　OpenGL 图形系统是图形硬件的一种软件接口（GL 表示 Graphics Library，即图形库）。它使得用户可以创建交互式的程序以产生运动的三维对象的颜色图像。通过 OpenGL，我们可以使用计算机图形学技术产生逼真的图像，或者通过一些虚构的方式产生虚拟的图像。这本指南将告诉你如何使用 OpenGL 图形系统进行编程，得到你所期望的视觉效果。

本书的主要内容

　　本书中包含以下章节：

❑ 第 1 章对 OpenGL 可以完成的工作进行了概览。它还提供了一个简单的 OpenGL 程序并解释了一些本质性的编程细节，它们可能会用于后续的章节中。

❑ 第 2 章讨论了 OpenGL 中最主要的特性——着色语言和 SPIR-V，并介绍了它们在应用程序中的初始化和使用方法。

❑ 第 3 章介绍了使用 OpenGL 进行几何体绘制的各种方法，以及一些可以让渲染更为高效的优化手段。

❑ 第 4 章解释了 OpenGL 对于颜色的处理过程，包括像素的处理、缓存的管理，以及像素处理相关的渲染技术。

❑ 第 5 章给出了将三维场景表现在一个二维计算机屏幕上的操作细节，包括各种几何投影类型的数学原理和着色器操作。

❑ 第 6 章讨论了将几何模型与图像结合来创建真实的、高质量的三维模型的方法。

❑ 第 7 章介绍了计算机图形的光照效果模拟方法，主要是这类方法在可编程着色器中的实现。

❑ 第 8 章介绍了使用可编程着色器生成纹理和其他表面效果的方法细节，从而增强真实感和其他的渲染特效。

❑ 第 9 章解释了 OpenGL 管理和细分几何表面的着色器功能。

❑ 第 10 章介绍了在 OpenGL 渲染流水线中使用着色器进行几何体图元修改的一种特殊技术。

❑ 第 11 章介绍了使用 OpenGL 帧缓存和缓存内存实现高级渲染技术和非图形学应用的相关方法。

❑ 第 12 章介绍了最新的着色器阶段，将通用计算的方法融合到 OpenGL 的渲染管线当中。

此外，我们也提供了一系列作为参考的附录内容。

❑ 附录 A 介绍了本书示例程序中用到的一些第三方支持库。GLFW 是可移植的，它可以用来实现更简短也更加可读的代码示例。而 GL3W 负责处理应用程序与 OpenGL 函数之间的绑定关系。

❑ 附录 B 介绍了 OpenGL 体系中的其他 API，包括用于嵌入式和移动平台系统的 OpenGL ES，以及用于 Web 浏览器内的交互式 3D 应用程序的 WebGL。

❑ 附录 C 提供了有关 OpenGL 着色语言的详细参考文档。

❑ 附录 D 列出了 OpenGL 维护的所有状态变量，并介绍了获取其值的方法。

❑ 附录 E 介绍了矩阵变换相关的一些数学方法。

❑ 附录 F 对于 OpenGL 中所用到的浮点数格式做出了概述。

❑ 附录 G 介绍了 OpenGL 中最新的调试特性。

❑ 附录 H 给出了有关 uniform 缓存的使用的参考文档，其中使用了 OpenGL 定义的标准内存布局。

本版中的新特性

本版《OpenGL 编程指南》已经针对最新的 OpenGL 4.5 进行了修订和更新。我们知道上一版是对以前版本的《OpenGL 编程指南》内容的一次颠覆，而这一版则是在此基础上进行了校对，修订了错误，重写了一些内容以便让读者更加愉悦地阅读。从程序开发的角度来说，OpenGL 4.5 版本所带来的最重大的特性变更就是直接状态访问（direct state access），这是对 OpenGL 程序开发模型和对象访问机制的一次重大革新。此外，我们也继续尝试将越来越多的功能移植到图形处理器硬件中，因此本书将着重于对着色器功能和 GPU 处理机制的讲解。

需要在阅读本书之前掌握的知识

本书假设你已经了解了使用 C++ 语言进行编程的方法（我们将使用少量的 C++ 程序，如果你对 C 语言已经比较熟悉的话，应该会比较容易理解它们），并且具有一定的数学背景（几何、三角学、线性代数、微积分以及微分几何）。即使对计算机图形学技术没有太多的经验或者一无所知，你也可以学习和理解本书中讨论的大部分内容。当然，计算机图形学是一个不断延展的学科，因此你也许还需要阅读以下补充内容来丰富自己的知识。

❑ *Computer Graphics*: *Principles and Practice* 第 3 版，John F. Hughes、Andries van Dam、Morgan McGuire、David F. Sklar、James D. Foley、Steven K. Feiner 和 Kurt Akeley 著（Addison-Wesley，2013 年出版）：这本书是有关计算机图形学的一本百科全书，它包含了大量有价值的信息，不过在阅读之前，你最好已经对这门学科有了一定的了解。

❑ *OpenGL SuperBible*: *Comprehensive Tutorial and Reference* 第 7 版，Graham Sellers、Richard S. Wright Jr.、Nicolas Haemel 著（Addison-Wesley，2015 年出版）：这本书采用教程的形式编写，即使是对计算机图形学一无所知的读者也可以从这本循循善诱的指导书中开始学习 OpenGL。

❑ *OpenGL Insights*，Patrick Cozzi 和 Christophe Riccio 著（A. K. Peters，2012 年出版）：这是一本有关 OpenGL 高级技巧的论文集，包括一些资深开发者、研究者以及一线工作者的感悟。每篇文章都会专注于某一个特定的技术领域，而这本书也会成为从事相关行业的读者的极佳的灵感来源。

另一个可以有组织地进行系统学习的地方就是 OpenGL 网站。该网站包含软件、示例程序、文档、FAQ、讨论版以及新闻页面。如果想要搜索 OpenGL 相关问题的答案，那么这里是一个好的开始：

http://www.opengl.org/

此外，OpenGL 的官方网站中还包含了 OpenGL 的最新版本对应的所有函数和着色语言语法的完整文档。这些网页内容完整地涵盖了 *OpenGL Reference Manual* 的内容，该书由 OpenGL Architecture Review Board 和 Addison-Wesley 出版。

OpenGL 是一个与硬件密切相关的编程接口标准，我们可能会在某一类特定的硬件上使用一个特定的 OpenGL 实现。本书将会介绍如何使用任意的 OpenGL 实现进行开发。但是，因为这些实现之间会存在细微的差异（包括性能上的差异，以及额外的特性支持），你可能需要阅读自己所用的特定设备实现所对应的补充文档。此外，某个特定实现的供应商网站上，也可能也会提供一些 OpenGL 相关的功能、工具包、编程和调试支持、窗口组件、示例代码以及演示程序。

如何获取示例代码

本书中包含很多示例程序，它们演示了特定 OpenGL 编程技术的用法。本书的读者群体在计算机图形学和 OpenGL 方面可能有着巨大的经验差异，有的人是新手，而有的人是多年的老手，因此这些章节里给出的示例都会使用最简单的方法去实现一个特定的渲染形式，并且全部使用 OpenGL 4.5 版本的接口。这么做主要是为了确保那些刚开始学习 OpenGL 的读者也能够顺利地阅读相关的内容。对于那些已经有了足够的经验，只是希望了解最新的 API 特性实现的读者，我们首先感谢你能够耐心阅读本书前面的内容，之后你可以访问我们的网站：

http://www.opengl-redbook.com/

在这里你会找到本书中所有示例的源代码，它们均使用最新的特性进行实现，而后文的讨论中也会涉及从一个 OpenGL 版本移植到另一个版本所需的修改。

本书中的所有程序都使用了 GLFW 工具库，它最初的作者是 Marcus GeeInard，现在由 Camilla Berglund 维护。GLFW 是一个持续在进行改进的开源项目，你可以在下面的地址里找到 GLFW 的项目页面：

http://www.glfw.org/

你可以在这个网站中找到相应的代码和二进制程序。

本书第 1 章和附录 A 中介绍了更多有关 GLFW 库的信息。我们可以在 OpenGL 网站的资源页面找到更多帮助你学习和使用 OpenGL 与 GLFW 的资源：

http://www.opengl.org/resources/

OpenGL 的很多实现也包含了一些系统相关的代码实例。这些源代码可能是你实现程序时最好的资源，因为它们已经针对系统进行了优化。你可以阅读与自己的系统相关的 OpenGL 文档来了解如何获取这些代码实例。

勘误

即使在本书的出版期间，OpenGL 也是不断更新的：有一些错误被修正，并且标准文档中也做出了澄清，同时还有新的标准被发布。我们将在网站 http://www.opengl-redbook.com/ 上维护一个错误和更新列表，同时我们也会提供一些功能让用户提交自己发现的错误。如果你发现了本书的错误，我们首先向你郑重道歉，并且非常感谢你的报告。我们将尽快对其进行更正。

致　谢 *Acknowledgements*

John Kessenich

感谢 Graham 完成了很多写作的工作。感谢 Alison 牺牲了她的周末时间参与到这个项目中，并且帮助我将各个部分整合到一起。同时感谢 Google 对我的时间规划提供了便利和支持。最后，我要特别感谢 Khronos 一直以来对 OpenGL 的完美推行，并且对 Neil Trevett 和 Barthold Lichtenbelt 等人致以最高的敬意。

Graham Sellers

感谢我的妻子 Chris、我的孩子，以及我的其他家庭成员，他们让我能够安心地在每个早晨、夜晚、周末和放假时间进行写作。我也要感激我在 AMD 的同事以及一直持续开发 OpenGL 的 Khronos 成员们。而对于作为读者的你，同样感谢你的关注。来吧，这就是 OpenGL。

Dave Shreiner

首先也是最重要的一点，感谢 John 和 Graham，这两位了不起的作者完成了这样一部伟大的著作。我同样要感谢 Vicki 和 Cookie，他们在与我共同工作的时间里体现出了充分的支持和耐心。此外，对于我的父母 Bonnie 和 Bob，他们一直对我的努力满怀热忱，我作为他们的孩子感到非常幸运和骄傲。对于每一版著作的读者，以及全世界的 OpenGL 参与者们，我同样要致以最诚挚的谢意，希望你们能够使用 OpenGL 完成同样伟大的作品，高兴地开始图形编程吧！

第 1 章 *Chapter 1*

OpenGL 概述

本章目标

阅读完本章内容之后，你将会具备以下能力：

❏ 描述 OpenGL 的目的，它在创建计算机生成的图像时，能够做什么，不能做什么。

❏ 了解一个 OpenGL 程序的通用结构。

❏ 列举出 OpenGL 渲染管线中的多个着色阶段。

这一章将对 OpenGL 做一个大概的阐述。本章主要包含以下几节：

❏ 1.1 节将解释 OpenGL 的含义，它可以做到及不能做到的事情，以及它的工作方式。

❏ 1.2 节将展示一个 OpenGL 程序的结构和表现形式。

❏ 1.3 节介绍 OpenGL 所使用命令的命名格式。

❏ 1.4 节介绍 OpenGL 创建图像的整个处理管线过程。

❏ 1.5 节将重新剖析之前的 OpenGL 示例程序，并且对程序的每个部分提供更详尽的解释说明。

1.1 什么是 OpenGL

OpenGL 是一种应用程序编程接口（Application Programming Interface, API），它是一种可以对图形硬件设备特性进行访问的软件库。OpenGL 库的 4.5 版本（即本书所使用的版本）包含了超过 500 个不同的命令，可以用于设置所需的对象、图像和操作，以便开发交互式的三维计算机图形应用程序。

OpenGL 被设计为一个现代化的、硬件无关的接口，因此我们可以在不考虑计算机操作系统或窗口系统的前提下，在多种不同的图形硬件系统上，或者完全通过软件的方式（如果当前系统没有图形硬件）实现 OpenGL 的接口。OpenGL 自身并不包含任何执行窗口任务或者处理用户输入的函数。事实上，我们需要通过应用程序所运行的窗口系统提供的接口来执行这类操作。与此类似，OpenGL 也没有提供任何用于表达三维物体模型，或者读取图像文件（例如 JPEG 文件）的操作。这个时候，我们需要通过一系列的几何图元（geometric primitive）（包括点、线、三角形以及面片）来创建三维空间的物体。

OpenGL 已经诞生了很长时间，它最早的 1.0 版本是在 1994 年 7 月发布的，通过 Silicon 的图形计算机系统开发出来。而到了今天已经发布了非常多的 OpenGL 版本，以及大量构建于 OpenGL 之上以简化应用程序开发过程的软件库。这些软件库大量用于视频游戏、科学可视化和医学软件的开发，或者只是用来显示图像。不过，如今 OpenGL 的版本与其早期的版本已经有很多显著的不同。本书将介绍如何使用最新的 OpenGL 版本来创建不同的应用程序。

一个用来渲染图像的 OpenGL 程序需要执行的主要操作如下所示。（1.4 节将对这些操作进行详细解释。）

❑ 从 OpenGL 的几何图元中设置数据，用于构建形状。

❑ 使用不同的着色器（shader）对输入的图元数据执行计算操作，判断它们的位置、颜色，以及其他渲染属性。

❑ 将输入图元的数学描述转换为与屏幕位置对应的像素片元（fragment）。这一步也称作光栅化（rasterization）。（OpenGL 中的片元若最终渲染为图像，那它就是像素。）

❑ 最后，针对光栅化过程产生的每个片元，执行片元着色器（fragment shader），从而决定这个片元的最终颜色和位置。

❑ 如果有必要，还需要对每个片元执行一些额外的操作，例如判断片元对应的对象是否可见，或者将片元的颜色与当前屏幕位置的颜色进行融合。

OpenGL 是使用客户端－服务端的形式实现的，我们编写的应用程序可以看做客户端，而计算机图形硬件厂商所提供的 OpenGL 实现可以看做服务端。OpenGL 的某些实现（例如 X 窗口系统的实现）允许服务端和客户端在一个网络内的不同计算机上运行。这种情况下，客户端负责提交 OpenGL 命令，这些 OpenGL 命令然后被转换为窗口系统相关的协议，通过共享网络传输到服务端，服务端最终执行并产生图像内容。

在大多数现代的实现方案中，硬件图形加速器被用来完成大部分的 OpenGL 指令，它往往被构建在计算机的核心处理器中（不过依然是独立的部件），或者作为一个独立的电路板插入到计算机主板上。无论是哪种安装方式，我们都应当把图形加速器作为服务端，把用户程序作为客户端来看待。

1.2 初识 OpenGL 程序

正因为可以用 OpenGL 去做那么多的事情，所以 OpenGL 程序有可能会写得非常庞大和复杂。不过，所有 OpenGL 程序的基本结构通常都是类似的：

1. 初始化物体渲染所对应的状态。

2. 设置需要渲染的物体。

在阅读代码之前，我们有必要了解一些最常用的图形学名词。渲染（render）这个词在前文中已经多次出现，它表示计算机从模型创建最终图像的过程。OpenGL 只是其中一种渲染系统，除此之外，还有很多其他的渲染系统。OpenGL 是基于光栅化的系统，但是也有别的方法用于生成图像。例如光线跟踪（ray tracing），而这类技术已经超出了本书的介绍范围。不过，就算是用到了光线跟踪技术的系统，同样有可能需要用到 OpenGL 来显示图像，或者计算图像生成所需的信息。并且，OpenGL 的最新版本如今已经变得更加灵活而强大，因此诸如光线跟踪、光子映射（photon mapping）、路径跟踪（path tracing）以及基于图像的渲染（image-based rendering）这样的技术都可以相对简单地在可编程图形硬件端实现了。

模型（model），或者场景对象（我们会交替地使用这两个名词）是通过几何图元，例如点、线和三角形来构建的，而图元与模型的顶点（vertex）也存在着各种对应的关系。

OpenGL 另一个最本质的概念叫做着色器，它是图形硬件设备所执行的一类特殊函数。理解着色器最好的方法是把它看做专为图形处理单元（通常也叫做 GPU）编译的一种小型程序。OpenGL 在其内部包含了所有的编译器工具，可以直接从着色器源代码创建 GPU 所需的编译代码并执行。在 OpenGL 中，会用到六种不同的着色阶段（shader stage）。其中最常用的包括的顶点着色器（vertex shader）以及片元着色器，前者用于处理顶点数据，后者用于处理光栅化后的片元数据。

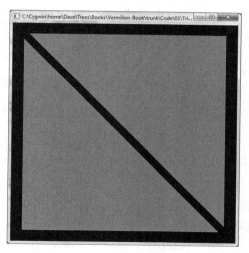

最终生成的图像包含了屏幕上绘制的所有像素点。像素（pixel）是显示器上最小的可见单元。计算机系统将所有的像素保存到帧缓存（framebuffer）当中，后者是由图形硬件设备管理的一块独立内存区域，可以直接映射到最终的显示设备上。

图 1-1 所示为一个简单的 OpenGL 程序的输出结果，它在一个窗口中渲染了两个蓝色的三角形。这个例子的完整源代码如例 1.1 所示。

图 1-1　第一个 OpenGL 程序 triangles.cpp 的结果图像

例 1.1　第一个 OpenGL 程序 triangles.cpp

```
//////////////////////////////////////////////////////////
//
//  triangles.cpp
//
//////////////////////////////////////////////////////////

#include <iostream>
```

```cpp
using namespace std;

#include "vgl.h"
#include "LoadShaders.h"

enum VAO_IDs { Triangles, NumVAOs };
enum Buffer_IDs { ArrayBuffer, NumBuffers };
enum Attrib_IDs { vPosition = 0 };

GLuint  VAOs[NumVAOs];
GLuint  Buffers[NumBuffers];

const GLuint  NumVertices = 6;

//---------------------------------------------------------------------
//
// init
//

void
init(void)
{
    static const GLfloat vertices[NumVertices][2] =
    {
        { -0.90, -0.90 },  // Triangle 1
        {  0.85, -0.90 },
        { -0.90,  0.85 },
        {  0.90, -0.85 },  // Triangle 2
        {  0.90,  0.90 },
        { -0.85,  0.90 }
    };

    glCreateBuffers(NumBuffers, Buffers);
    glNamedBufferStorage(Buffers[ArrayBuffer], sizeof(vertices),
                         vertices, 0);

    ShaderInfo  shaders[] = {
        { GL_VERTEX_SHADER, "triangles.vert" },
        { GL_FRAGMENT_SHADER, "triangles.frag" },
        { GL_NONE, NULL }
    };

    GLuint program = LoadShaders(shaders);
    glUseProgram(program);

    glGenVertexArrays(NumVAOs, VAOs);
    glBindVertexArray(VAOs[Triangles]);
    glBindBuffer(GL_ARRAY_BUFFER, Buffers[ArrayBuffer]);
    glVertexAttribPointer(vPosition, 2, GL_FLOAT,
                          GL_FALSE, 0, BUFFER_OFFSET(0));
    glEnableVertexAttribArray(vPosition);
}

//---------------------------------------------------------------------
//
// display
//
```

```
void
display(void)
{
    static const float black[] = { 0.0f, 0.0f, 0.0f, 0.0f };
    glClearBufferfv(GL_COLOR, 0, black);

    glBindVertexArray(VAOs[Triangles]);
    glDrawArrays(GL_TRIANGLES, 0, NumVertices);
}

//------------------------------------------------------------------
//
// main
//

int
main(int argc, char** argv)
{
    glfwInit();

    GLFWwindow* window = glfwCreateWindow(640, 480, "Triangles", NULL,
                                          NULL);

    glfwMakeContextCurrent(window);
    gl3wInit();

    init();

    while (!glfwWindowShouldClose(window))
    {
        display();
        glfwSwapBuffers(window);
        glfwPollEvents();
    }

    glfwDestroyWindow(window);

    glfwTerminate();
}
```

　　也许你会觉得这里的代码有点多，不过它的确就是几乎每一个 OpenGL 程序所必需的基本内容了。我们用到了不属于 OpenGL 正式部分的一些第三方软件库，以便实现一些简单的工作，例如创建窗口、接收鼠标和键盘输入等——OpenGL 自身并不包含这些功能。我们还创建了一些辅助函数和简单的 C++ 类来简化示例程序的编写。尽管 OpenGL 是一个 C 语言形式的库，但是本书中的所有示例都会使用 C++ 来编写，但只是非常简单的 C++。事实上，我们用到的绝大部分 C++ 代码是用来实现一些数学概念（如向量和矩阵）的。

　　简单来说，下面列出的就是例 1.1 做的所有事情。不过不用担心，后面的章节会更详细地解释这些概念。

　　❏ 在程序的起始部分，我们包含了必要的头文件并且声明了一些全局变量⊖和其他有用

⊖　没错，对于大型程序而言我们会尽量避开全局变量，不过只是作为演示程序而言，使用它们也没有什么关系。

的编程结构。

- □ init() 函数负责设置程序中需要用到的数据。它可能是渲染图元时用到的顶点信息，或者用于执行纹理映射（texture mapping）的图像数据，第 6 章会介绍这一技术。

  在这个 init() 函数中，首先指定了两个被渲染的三角形的位置信息。然后指定了程序中使用的着色器。在这个示例中，我们只需要使用顶点和片元着色器。这里的 LoadShaders() 是我们为着色器进入 GPU 的操作专门实现的函数。第 2 章会详细介绍与它相关的内容。

  init() 函数的最后一部分叫做着色管线装配（shader plumbing），也就是将应用程序的数据与着色器程序的变量关联起来。同样会在第 2 章详细介绍这些内容。

- □ display() 函数真正执行了渲染的工作。也就是说，它负责调用 OpenGL 函数并渲染需要的内容。几乎所有的 display() 函数都要完成类似这个简单示例中的三个步骤。

  1）调用 glClearBufferfv() 来清除窗口内容。

  2）调用 OpenGL 命令来渲染对象。

  3）将最终图像输出到屏幕。

- □ 最后，main() 函数执行了创建窗口、调用 init() 以及最终进入事件循环体的一系列繁重工作。这里你也会看到一些以 gl 开头的函数，但是它们看起来和其他的函数又有一些不同。这些函数就是刚才所说的来自第三方库 GLFW 和 GL3W 的函数，我们会随时使用它们来快速完成一些简单的功能，并且保证 OpenGL 程序可以运行在不同的操作系统和窗口系统上。

在深入了解这些函数之前，我们有必要先解释一下 OpenGL 的函数、常量的命名方式，以及一些有用的编程结构。

1.3　OpenGL 语法

正如你可能已经了解的，OpenGL 库中所有的函数都会以字符"gl"作为前缀，然后是一个或者多个大写字母开头的词组，以此来命名一个完整的函数（例如 glBindVertexArray()）。OpenGL 的所有函数都是这种格式。在上面的程序中你还看到了以"glfw"开头的函数，它们来自第三方库 GLFW，这是一个抽象化窗口管理和其他系统任务的开发库。与之类似，你也会看到某个名为 gl3wInit() 的函数，它来自第三方库 GL3W。附录 A 会进一步讲解这两个库的内容。

与函数命名约定类似，OpenGL 库中定义的常量采用 GL_COLOR 的形式，如 display() 函数中所示。所有的常量都以 GL_ 作为前缀，并且使用下划线来分隔单词。这些常量的定义是通过 #defines 来完成的，它们基本上都可以在 OpenGL 的头文件 glcorearb.h 和 glext.h 中找到。

为了能够方便地在不同的操作系统之间移植 OpenGL 程序，OpenGL 还为函数定义了不同的数据类型，例如 GLfloat 是浮点数类型，在例 1.1 中用它来声明 vertices 数组。此外，由于 OpenGL 是一个 C 语言形式的库，因此它不能使用函数的重载来处理不同类型的数据，此时它使用函数名称的细微变化来管理实现同一类功能的函数集。举例来说，我们会在第 2 章遇到一个名为 glUniform*() 的函数，它有多种变化形式，例如 glUniform2f() 和 glUniform3fv()。在函数名称的"核心"部分之后，我们通过后缀的变化来提示函数应当传入的参数。例如，glUniform2f() 中的"2"表示这个函数需要传入 2 个参数值（由于还可能会传入其他的参数，因此一共定义了 24 种不同的 glUniform*() 函数——在本书中，我们使用 glUniform*()* 来统一表示所有 glUniform*() 函数的集合）。我们还要注意"2"之后的"f"。这个字符表示这两个参数都是 GLfloat 类型的。最后，有些类型的函数名称末尾会有一个"v"，它是 vector 的缩写，即表示我们需要用一个一维的 GLfloat 数组来传入 2 个浮点数值（对于 glUniform2fv() 而言），而不是两个独立的参数值。

表 1-1 所示为所有可以作为后缀的字母，以及它们所对应的数据类型。

表 1-1　命令后缀与参数数据类型

后缀	数据类型	通常对应的 C 语言数据类型	对应的 OpenGL 类型
b	8 位整型	signed char	GLbyte
s	16 位整型	signed short	GLshort
i	32 位整型	int	GLint、GLsizei
f	32 位浮点型	float	GLfloat、GLclampf
d	64 位浮点型	double	GLdouble、GLclampd
ub	8 位无符号整型	unsigned char	GLubyte
us	16 位无符号整型	unsigned short	GLushort
ui	32 位无符号整型	unsigned int	GLuint、GLenum、GLbitfield

> **注意** 使用 C 语言的数据类型来直接表示 OpenGL 数据类型时，因为 OpenGL 自身的实现不同，可能会造成类型不匹配。如果直接在应用程序中使用 OpenGL 定义的数据类型，那么当需要在不同的 OpenGL 实现之间移植自己的代码时，就不会产生数据类型不匹配的问题了。

1.4　OpenGL 渲染管线

OpenGL 实现了我们通常所说的渲染管线（rendering pipeline），它是一系列数据处理过程，并且将应用程序的数据转换到最终渲染的图像。图 1-2 所示为 OpenGL 4.5 版本的管线。自从 OpenGL 诞生以来，它的渲染管线已经发生了非常大的改变。

OpenGL 首先接收用户提供的几何数据（顶点和几何图元），并且将它输入到一系列着色器阶段中进行处理，这些阶段包括顶点着色、细分着色（它本身包含两个着色器）以及最后的几何着色，然后它将被送入光栅化单元（rasterizer）。光栅化单元负责对所有剪切区域（clipping region）内的图元生成片元数据，然后对每个生成的片元都执行一个片元着色器。

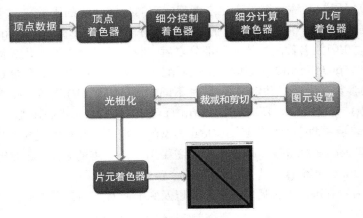

图 1-2 OpenGL 管线

正如你所了解的，对于 OpenGL 应用程序而言着色器扮演了一个最主要的角色。你可以完全控制自己需要用到的着色器来实现自己所需的功能。我们不需要用到所有的着色阶段，事实上，只有顶点着色器和片元着色器是必需的。细分和几何着色器是可选的步骤。

现在，我们将稍微深入到每个着色阶段当中，以了解更多的背景知识。可以理解，现在的阶段多少会让人感到望而却步，但是请不要担心。通过对一些概念的进一步理解，你将会很快习惯 OpenGL 的开发过程。

1.4.1　准备向 OpenGL 传输数据

OpenGL 需要将所有的数据都保存到缓存对象（buffer object）中，它相当于由 OpenGL 维护的一块内存区域。我们可以使用多种方式来创建这样的数据缓存，不过最常用的方法就是使用例 1.1 中的 glNamedBufferStorage() 命令同时设置缓存的大小及内容。我们可能还需要对缓存做一些额外的设置，相关的内容请参见第 3 章。

1.4.2　将数据传输到 OpenGL

当将缓存初始化完毕之后，我们可以通过调用 OpenGL 的一个绘制命令来请求渲染几何图元，例 1.1 中的 glDrawArrays() 就是一个常用的绘制命令。

OpenGL 的绘制通常就是将顶点数据传输到 OpenGL 服务端。我们可以将一个顶点视为一个需要统一处理的数据包。这个包中的数据可以是我们需要的任何数据（也就是说，我们自己负责定义构成顶点的所有数据），通常其中几乎始终会包含位置数据。其他的数据可能用来决定一个像素的最终颜色。

第 3 章会更详细地介绍绘制命令的内容。

1.4.3　顶点着色

对于绘制命令传输的每个顶点，OpenGL 都会调用一个顶点着色器来处理顶点相关的数据。根据其他光栅化之前的着色器的活跃情况，顶点着色器可能会非常简单，例如，只是将数据复制并传递到下一个着色阶段，这叫做传递着色器（pass-through shader）；它也可能非常复杂，例如，执行大量的计算来得到顶点在屏幕上的位置（一般情况下，我们会用到变换矩阵（transformation matrix）的概念，参见第 5 章），或者通过光照的计算（参见第 7 章）来判断顶点的颜色，或者其他一些技法的实现。

通常来说，一个复杂的应用程序可能包含许多个顶点着色器，但是在同一时刻只能有一个顶点着色器起作用。

1.4.4　细分着色

顶点着色器处理每个顶点的关联数据之后，如果同时激活了细分着色器（tessellation shader），那么它将进一步处理这些数据。正如在第 9 章将会看到的，细分着色器会使用面片（patch）来描述一个物体的形状，并且使用相对简单的面片几何体连接来完成细分的工作，其结果是几何图元的数量增加，并且模型的外观会变得更为平顺。细分着色阶段会用到两个着色器来分别管理面片数据并生成最终的形状。

1.4.5　几何着色

下一个着色阶段（几何着色）允许在光栅化之前对每个几何图元做更进一步的处理，例如创建新的图元。这个着色阶段也是可选的，但是我们在第 10 章里会体会到它的强大之处。

1.4.6　图元装配

前面介绍的着色阶段所处理的都是顶点数据，此外，这些顶点构成几何图元的所有信息也会被传递到 OpenGL 当中。图元装配阶段将这些顶点与相关的几何图元之间组织起来，准备下一步的剪切和光栅化工作。

1.4.7　剪切

顶点可能会落在视口（viewport）之外（也就是我们可以进行绘制的窗口区域），此时与顶点相关的图元会做出改动，以保证相关的像素不会在视口外绘制。这一过程叫做剪切（clipping），它是由 OpenGL 自动完成的。

1.4.8　光栅化

剪切之后马上要执行的工作，就是将更新后的图元传递到光栅化（rasterizer）单元，生成对应的片元。光栅化的工作是判断某一部分几何体（点、线或者三角形）所覆盖的屏幕空间。得到了屏幕空间信息以及输入的顶点数据之后，光栅化单元就可以直接对片元着色器中的每个可变变量进行线性插值，然后将结果值传递给用户的片元着色器。我们可以将一个片元视为一个"候选的像素"，也就是可以放置在帧缓存中的像素，但是它也可能被最终剔除，不再更新对应的像素位置。之后的两个阶段将会执行片元的处理，即片元着色和逐片元的操作。

注意 OpenGL 实现光栅化和数据插值的方法是与具体平台相关的。我们无法保证在不同平台上的插值结果总是相同的。

光栅化意味着一个片元的生命伊始，而片元着色器中的计算过程本质上意味着计算这个片元的最终颜色，它绝不等价于 OpenGL 对这个片元所执行的全部操作。

1.4.9　片元着色

最后一个可以通过编程控制屏幕上显示颜色的阶段叫做片元着色阶段。在这个阶段中，我们使用着色器来计算片元的最终颜色（尽管在下一个阶段（逐片元的操作）时可能还会最终改变一次颜色）和它的深度值。片元着色器非常强大，在这里我们会使用纹理映射的方式，对顶点处理阶段所计算的颜色值进行补充。如果我们觉得不应该继续绘制某个片元，在片元着色器中还可以终止这个片元的处理，这一步叫做片元的丢弃（discard）。

如果我们需要更好地理解处理顶点的着色器和片元着色器之间的区别，可以用这种方法来记忆：顶点着色（包括细分和几何着色）决定了一个图元应该位于屏幕的什么位置，而片元着色使用这些信息来决定某个片元的颜色应该是什么。

1.4.10　逐片元的操作

除了我们在片元着色器里做的工作之外，片元操作的下一步就是最后的独立片元处理过程。在这个阶段里会使用深度测试（depth test，或者通常也称作 z 缓存）和模板测试（stencil test）的方式来决定一个片元是否是可见的。

如果一个片元成功地通过了所有激活的测试，那么它就可以被直接绘制到帧缓存中了，它对应的像素的颜色值（也可能包括深度值）会被更新，如果开启了融混（blending）模式，那么片元的颜色会与该像素当前的颜色相叠加，形成一个新的颜色值并写入帧缓存中。

从图 1-2 中可以看到，像素数据的传输也有一条路径。通常来说，像素数据来自图像文件，尽管它也可能是 OpenGL 直接渲染的。像素数据通常保存在纹理贴图当中，通过纹理映射的方式调用。在纹理阶段我们可以从一张或者多张纹理贴图中查找所需的数据值。我们将在第 6 章了解有关纹理映射的内容。

现在我们已经了解 OpenGL 管线的基础知识，接下来回到例 1.1，用渲染管线的方式讲解其中的操作。

1.5　第一个程序：深入分析

现在我们来深入探讨一下之前的第一个程序。

1.5.1　进入 main() 函数

为了了解示例程序从一开始是如何运行的，首先了解一下 main() 函数当中都发生了什么。前面的 6 行使用 GLFW 设置和打开了一个渲染用的窗口。这方面的详细介绍可以参见附录 A，这里只介绍每一行的执行结果。

```
int
main(int argc, char** argv)
{
    glfwInit();

    GLFWwindow* window = glfwCreateWindow(640, 480, "Triangles", NULL,
                                          NULL);

    glfwMakeContextCurrent(window);
    gl3wInit();

    init();

    while (!glfwWindowShouldClose(window))
    {
        display();
        glfwSwapBuffers(window);
        glfwPollEvents();
    }

    glfwDestroyWindow(window);

    glfwTerminate();
}
```

第一个函数 glfwtInit() 负责初始化 GLFW 库。它会处理向程序输入的命令行参数，并且移除其中与控制 GLFW 如何操作相关的部分（例如设置窗口的大小）。glfwtInit() 必须是应用程序调用的第一个 GLFW 函数，它会负责设置其他 GLFW 例程所必需的数据结构。

glfwCreateWindow() 设置了程序所使用的窗口类型以及期望的窗口尺寸。如果我们不想在这里设置一个固定值的话，也可以先查询显示设备的尺寸，然后根据计算机的屏幕大小动态设置窗口的大小。

glfwCreateWindow() 还创建了一个与窗口关联的 OpenGL 设备环境。在使用环境之前，我们必须设置它为当前环境。在一个程序中，我们可以设置多个设备环境以及多个窗口，而用户指令只会传递到当前设备环境中⊖。

继续讨论这个例子，接下来会调用 gl3wInit() 函数，它属于我们用到的另一个辅助库

⊖　事实上，应用程序中的每个线程都会有一个对应的当前设备环境。

GL3W。GL3W 可以简化获取函数地址的过程，并且包含了可以跨平台使用的其他一些 OpenGL 编程方法。如果没有 GL3W，我们可能还需要执行相当多的工作才能够运行程序。

到这里，我们已经完成了使用 OpenGL 之前的全部设置工作。在马上要介绍的 init() 例程中，我们将初始化 OpenGL 相关的所有数据，以便完成之后的渲染工作。

main() 函数中调用的最后一个指令是一个无限执行的循环，它会负责一直处理窗口和操作系统的用户输入等操作。在循环中我们会判断是否需要关闭窗口（通过调用 glfwWindowShouldClose()），重绘它的内容，并且展现给最终用户（通过调用 glfwSwapBuffers()），然后检查操作系统返回的任何信息（通过调用 glfwPollEvents()）。

如果我们认为需要关闭窗口，应用程序需要退出的话，会调用 glfwDestroyWindow() 来清理窗口，然后调用 glfwTerminate() 关闭 GLFW 库。

1.5.2　OpenGL 的初始化过程

下面将要讨论例 1.1 中的 init() 函数。首先再次列出与之相关的代码。

```
void
init(void)
{
    static const GLfloat vertices[NumVertices][2] =
    {
        { -0.90, -0.90 },   // Triangle 1
        {  0.85, -0.90 },
        { -0.90,  0.85 },
        {  0.90, -0.85 },   // Triangle 2
        {  0.90,  0.90 },
        { -0.85,  0.90 }
    };

    glCreateVertexArrays(NumVAOs, VAOs);

    glCreateBuffers(NumBuffers, Buffers);
    glNamedBufferStorage(Buffers[ArrayBuffer], sizeof(vertices),
                         vertices, 0);

    ShaderInfo   shaders[] = {
        { GL_VERTEX_SHADER, "triangles.vert" },
        { GL_FRAGMENT_SHADER, "triangles.frag" },
        { GL_NONE, NULL }
    };

    GLuint program = LoadShaders(shaders);
    glUseProgram(program);

    glBindVertexArray(VAOs[Triangles]);
    glBindBuffer(GL_ARRAY_BUFFER, Buffers[ArrayBuffer]);
    glVertexAttribPointer(vPosition, 2, GL_FLOAT,
                          GL_FALSE, 0, BUFFER_OFFSET(0));
    glEnableVertexAttribArray(vPosition);
}
```

初始化顶点数组对象

在 init() 中使用了不少函数和数据。在函数的起始部分，我们调用 glCreateVertexArrays() 分配了顶点数组对象（vertex-array object）。OpenGL 会因此分配一部分顶点数组对象的名称供我们使用，在这里共有 NumVAOs 个对象，即这个全局变量所指代的数值。glCreateVertexArrays() 的第二个参数返回的是对象名的数组，也就是这里的 VAOs。

我们对 glCreateVertexArrays() 函数的完整解释如下：

---
void glCreateVertexArrays(GLsizei n, GLuint *arrays);

返回 n 个未使用的对象名到数组 arrays 中，用作顶点数组对象。返回的名字可以用来分配更多的缓存对象，并且它们已经使用未初始化的顶点数组集合的默认状态进行了数值的初始化。如果 n 是负数，产生 GL_INVALID_VALUE 错误。

我们会发现很多 OpenGL 命令都是 glCreate* 的形式，它们负责分配不同类型的 OpenGL 对象的名称。这里的名称类似 C 语言中的一个指针变量，我们可以分配内存对象并且用名称引用它。当我们得到对象之后，可以将它绑定（bind）到 OpenGL 环境以便使用。在这个例子中，我们通过 glBindVertexArray() 函数创建并且绑定了一个顶点数组对象。

---
void glBindVertexArray(GLuint array);

glBindVertexArray() 完成了两项工作。如果输入的变量 array 非 0，并且是 glCreateVertexArrays() 所返回的，那么会激活这个顶点数组对象，并且直接影响对象中所保存的顶点数组状态。如果输入的变量 array 为 0，那么 OpenGL 将不再使用之前绑定的顶点数组。

如果 array 不是 glCreateVertexArrays() 所返回的数值，或者它已经被 glDeleteVertexArrays() 函数释放了，那么这里将产生一个 GL_INVALID_OPERATION 错误。

这个例子中，在生成一个顶点数组对象之后，就会使用 glBindVertexArray() 将它绑定起来。在 OpenGL 中这样的对象绑定操作非常常见，但是我们可能无法立即了解它做了什么。当我们绑定对象时（例如，用指定的对象名作为参数调用 glBind*()），OpenGL 内部会将它作为当前对象，即所有后继的操作都会作用于这个被绑定的对象，例如，这里的顶点数组对象的状态就会被后面执行的代码所改变。在第一次调用 glCreate*() 函数之后，新创建的对象都会初始化为其默认状态，而我们通常需要一些额外的初始化工作来确保这个对象可用。

绑定对象的过程有点类似设置铁路的道岔开关。一旦设置了开关，从这条线路通过的所有列车都会驶向对应的轨道。如果我们将开关设置到另一个状态，那么所有之后经过的列车都会驶向另一条轨道。OpenGL 的对象也是如此。总体上来说，在两种情况下我们需要绑定一个对象：创建对象并初始化它所对应的数据时；以及每次我们准备使用这个对象，而它并不是当前绑定的对象时。我们会在 display() 例程中看到后一种情况，即在程序运行过程中第二次调用 glBindVertexArray() 函数。

由于示例程序需要尽量短小，因此我们不打算做任何多余的操作。举例来说，在较大的程序里当我们完成对顶点数组对象的操作之后，是可以调用 glDeleteVertexArrays() 将它释放的。

void glDeleteVertexArrays(GLsizei n, const GLuint *arrays);

删除 n 个在 arrays 中定义的顶点数组对象，这样所有的名称可以再次用作顶点数组。如果绑定的顶点数组已经被删除，那么当前绑定的顶点数组对象被重设为 0（类似执行了 glBindBuffer() 函数，并且输入参数为 0），并且不再存在一个当前对象。在 arrays 当中未使用的名称都会被释放，但是当前顶点数组的状态不会发生任何变化。

最后，为了确保程序的完整性，我们可以调用 glIsVertexArray() 检查某个名称是否已经被保留为一个顶点数组对象了。

GLboolean glIsVertexArray(GLuint array);

如果 array 是一个已经用 glCreateVertexArrays() 创建且没有被删除的顶点数组对象的名称，那么返回 GL_TRUE。如果 array 为 0 或者不是任何顶点数组对象的名称，那么返回 GL_FALSE。

对于 OpenGL 中其他类型的对象，我们都可以看到类似的名为 glDelete* 和 glIs* 的例程。

分配缓存对象

顶点数组对象负责保存一系列顶点的数据。这些数据保存到缓存对象当中，并且由当前绑定的顶点数组对象管理。我们只有一种顶点数组对象类型，但是却有很多种类型的对象，并且其中一部分对象并不负责处理顶点数据。正如前文中所提到的，缓存对象就是 OpenGL 服务端分配和管理的一块内存区域，并且几乎所有传入 OpenGL 的数据都是存储在缓存对象当中的。

缓存对象的初始化过程与顶点数组对象的创建过程类似，不过需要有向缓存中添加数据的一个过程。

首先，我们需要创建顶点缓存对象的名称。我们调用的还是 glCreate* 形式的函数，即 glCreateBuffers()。在这个例子中，我们分配 NumVBOs 个对象（VBO 即 Vertex Buffer Object，用来标识存储顶点数据的缓存对象）到数组 buffers 当中。以下是 glCreateBuffers() 的详细介绍。

---

void **glGenBuffers**(GLsizei n, GLuint *buffers);

返回 n 个当前未使用的缓存对象名称, 并保存到 buffers 数组中。返回到 buffers 中的名称不一定是连续的整型数据。如果 n 是负数, 那么产生 GL_INVALID_VALUE 错误。

这里返回的名称表示新创建的缓存对象, 带有默认可用状态。

0 是一个保留的缓存对象名称, **glCreateBuffers()** 永远都不会返回这个值的缓存对象。

当分配缓存之后, 就可以调用 **glBindBuffer()** 来绑定它们到 OpenGL 环境了。由于 OpenGL 中有很多种不同类型的缓存对象, 因此绑定一个缓存时, 需要指定它所对应的类型。在这个例子中, 由于是将顶点数据保存到缓存当中, 因此使用 GL_ARRAY_BUFFER 类型。而绑定缓存的类型也称作绑定目标 (binding target)。缓存对象的类型现在有很多种, 它们用于不同的 OpenGL 功能实现。本书后面的章节会分别讨论各种类型的对应操作。

glBindBuffer() 函数的详细介绍如下。

---

void **glBindBuffer**(GLenum target, GLuint buffer);

指定当前激活的缓存对象。target 必须设置为以下类型中的一个: GL_ARRAY_BUFFER、GL_ATOMIC_COUNTER_BUFFER、GL_ELEMENT_ARRAY_BUFFER、GL_PIXEL_PACK_BUFFER、GL_PIXEL_UNPACK_BUFFER、GL_COPY_READ_BUFFER、GL_COPY_WRITE_BUFFER、GL_SHADER_STORAGE_BUFFER、GL_QUERY_RESULT_BUFFER、GL_DRAW_INDIRECT_BUFFER、GL_TRANSFORM_FEEDBACK_BUFFER 和 GL_UNIFORM_BUFFER。buffer 设置的是要绑定的缓存对象名称。

glBindBuffer() 完成了两项工作: 1) 如果绑定到一个已经创建的缓存对象, 那么它将成为当前 target 中被激活的缓存对象。2) 如果绑定的 buffer 值为 0, 那么 OpenGL 将不再对当前 target 使用任何缓存对象。

所有的缓存对象都可以使用 **glDeleteBuffers()** 直接释放。

---

void **glDeleteBuffers**(GLsizei n, const GLuint *buffers);

删除 n 个保存在 buffers 数组中的缓存对象。被释放的缓存对象可以重用 (例如, 使用 **glCreateBuffers()**)。

如果删除的缓存对象已经被绑定, 那么该对象的所有绑定将会重置为默认的缓存对象, 即相当于用 0 作为参数执行 **glBindBuffer()** 的结果。如果试图删除不存在的缓存对象, 或者缓存对象为 0, 那么将忽略该操作 (不会产生错误)。

我们也可以用 glIsBuffer() 来判断一个整数值是否是一个缓存对象的名称。

GLboolean glIsBuffer(GLuint buffer);

如果 buffer 是一个已经分配并且没有释放的缓存对象的名称，则返回 GL_TRUE。如果 buffer 为 0 或者不是缓存对象的名称，则返回 GL_FALSE。

将数据载入缓存对象

初始化顶点缓存对象之后，我们需要让 OpenGL 分配缓存对象的空间并把顶点数据从对象传输到缓存对象当中。这一步是通过 glNamedBufferStorage() 例程完成的，它主要有两个任务：分配顶点数据所需的存储空间，然后将数据从应用程序的数组中拷贝到 OpenGL 服务端的内存中。glNamedBufferStorage() 为一处缓存分配空间，并进行命名（缓存不需要被绑定）。

有可能在很多不同的场景中多次应用 glNamedBufferStorage()，因此我们有必要在这里深入了解它的过程，尽管我们在这本书中还会多次遇到这个函数。首先，glNamedBufferStorage() 的详细定义介绍如下。

---

void glNamedBufferStorage(GLuint buffer, GLsizeiptr size, const void *data, GLbitfield flags);

在 OpenGL 服务端内存中分配 size 个存储单元（通常为 byte），用于存储数据或者索引。glNamedBufferStorage() 作用于名为 buffer 的缓存区域。它不需要设置 target 参数。

size 表示存储数据的总数量。这个数值等于 data 中存储的元素的总数乘以单位元素存储空间的结果。

data 要么是一个客户端内存的指针，以便初始化缓存对象，要么是 NULL。如果传入的指针合法，那么将会有 size 大小的数据从客户端拷贝到服务端。如果传入 NULL，那么将保留 size 大小的未初始化的数据，以备后用。

flags 提供了缓存中存储的数据相关的用途信息。它是下面一系列标识量经过逻辑"与"运算的总和：

GL_DYNAMIC_STORAGE_BIT、GL_MAP_READ_BIT、GL_MAP_WRITE_BIT、GL_MAP_PERSISTENT_BIT、GL_MAP_COHERENT_BIT 和 GL_CLIENT_STORAGE_BIT。我们会在本书的后面部分依次予以介绍。

如果所需的 size 大小超过了服务端能够分配的额度，那么 glNamedBufferData() 将产生一个 GL_OUT_OF_MEMORY 错误。如果 flags 包含的不是可用的模式值，那么将产生 GL_INVALID_VALUE 错误。

一下子理解这么多的内容可能有点困难，但是这些函数在后面的学习中会多次出现，因此有必要在本书的开始部分就详细地对它们做出讲解。

在上面的例子中，直接调用了 **glNamedBufferData()**。因为顶点数据就保存在一个 vertices 数组当中。如果需要静态地从程序中加载顶点数据，那么我们可能需要从模型文件中读取这些数值，或者通过某些算法来生成。由于我们的数据是顶点属性数据，因此设置这个缓存的目标为 GL_ARRAY_BUFFER，即它的第一个参数。我们还需要指定内存分配的大小（单位为 byte），因此直接使用 sizeof(vertices) 来完成计算。最后，我们需要指定数据在 OpenGL 中使用的方式。我们可以简单地设置 flags 为 0。至于 flags 中可以使用的其他标识量，我们会在本书后面的部分进行介绍。

如果我们仔细观察 vertices 数组中的数值，就会发现它们在 x 和 y 方向都被限定在 [–1, 1] 的范围内。实际上，OpenGL 只能够绘制坐标空间内的几何体图元。而具有该范围限制的坐标系统也称为规格化设备坐标系统（Normalized Device Coordinate，NDC）。这听起来好像是一个巨大的限制，但实际上并不是问题。第 5 章会介绍将三维空间中的复杂物体映射到规格化设备坐标系中的数学方法。在这个例子中直接使用 NDC 坐标，不过实际上我们通常会使用一些更为复杂的坐标空间。

现在，我们已经成功地创建了一个顶点数组对象，并且将它传递到缓存对象中。下一步，我们要设置程序中用到的着色器了。

初始化顶点与片元着色器

每一个 OpenGL 程序进行绘制的时候，都需要指定至少两个着色器：顶点着色器和片元着色器。在这个例子中，我们通过一个辅助函数 **LoadShaders()** 来实现这个要求，它需要输入一个 ShaderInfo 结构体数组（这个结构体的实现过程可以参见示例源代码的头文件 LoadShaders.h）。

对于 OpenGL 程序员而言，着色器就是使用 OpenGL 着色语言（OpenGL Shading Language，GLSL）编写的一个小型程序。GLSL 是构成所有 OpenGL 着色器的语言，它与 C++ 语言非常类似，尽管 GLSL 中的所有特性并不能用于 OpenGL 的每个着色阶段。我们可以以字符串的形式传输 GLSL 着色器到 OpenGL。不过为了简化这个例子，并且让读者更容易地使用着色器去进行开发，我们选择将着色器字符串的内容保存到文件中，并且使用 **LoadShaders()** 读取文件和创建 OpenGL 着色器程序。使用 OpenGL 着色器进行编程的具体过程可以参见第 2 章的内容。

为了帮助读者尽快开始了解着色器的内容，我们并没有将所有相关的细节内容都立即呈现出来。事实上，本书后面的内容都会与 GLSL 的具体实现相关，而现在，我们只需要在例 1.2 中对顶点着色器的代码做一个深入了解。

例 1.2　triangles.cpp 对应的顶点着色器：triangles.vert

```
#version 450 core

layout (location = 0) in vec4 vPosition;
```

```
void
main()
{
    gl_Position = vPosition;
}
```

没错，它的内容只有这么多。事实上这就是我们之前所说的传递着色器（pass-through shader）的例子。它只负责将输入数据拷贝到输出数据中。不过即便如此，我们也还是要展开深入讨论。

第一行"#version 450 core"指定了我们所用的 OpenGL 着色语言的版本。这里的"450"表示我们准备使用 OpenGL 4.5 对应的 GLSL 语言。这里的命名规范是基于 OpenGL 3.3 版本的。在那之前的 OpenGL 版本中，版本号所用的数字是完全不一样的（详细介绍参见第 2 章）。这里的"core"表示我们将使用 OpenGL 核心模式（core profile），它也是新的应用程序应当采用的模式。每个着色器的第一行都应该设置"#version"，否则系统会假设使用"110"版本，但是这与 OpenGL 核心模式并不兼容。我们在本书中只针对 330 版本及以上的着色器以及它的特性进行讲解；如果这个版本号不是最新的版本，那么程序的可移植性应该会更好，但是你将无法使用最新的系统特性。

下一步，我们分配了一个着色器变量。着色器变量是着色器与外部世界的联系所在。换句话说，着色器并不知道自己的数据从哪里来，它只是在每次运行时直接获取数据对应的输入变量。而我们必须自己完成着色管线的装配（在后面内容中你将了解它所表示的意思），然后才可以将应用程序中的数据与不同的 OpenGL 着色阶段互相关联。

在这个简单的例子中，只有一个名为 vPosition 的输入变量，它被声明为"in"。事实上，就算是这一行也包含了很多的内容。

```
layout(location = 0) in vec4 vPosition;
```

我们最好从右往左来解读这一行的信息。

❑ 显而易见 vPosition 就是变量的名称。我们使用一个字符"v"作为这个顶点属性名称的前缀。这个变量所保存的是顶点的位置信息。

❑ 下一个字段是 vec4，也就是 vPosition 类型。在这里它是一个 GLSL 的四维浮点数向量。GLSL 中有非常多的数据类型，这会在第 2 章里详细介绍。

  你也许已经注意到，我们在例 1.1 的程序中对每个顶点只设置了两个坐标值，但是在顶点着色器中却使用 vec4 来表达它。那么另外两个坐标值来自哪里？事实上 OpenGL 会用默认数值自动填充这些缺失的坐标值。而 vec4 的默认值为 (0.0, 0.0, 0.0, 1.0)，因此当仅指定了 x 和 y 坐标的时候，其他两个坐标值（z 和 w）将被自动指定为 0 和 1。

❑ 在类型之前就是我们刚才提到的 in 字段，它指定了数据进入着色器的流向。正如你所见，这里还可以声明变量为 out。不过我们在这里暂时还不会用到它。

❑ 最后的字段是 layout(location = 0)，它也叫做布局限定符（layout qualifier），目的是为变量提供元数据（meta data）。我们可以使用布局限定符来设置很多不同的属性，其中有些是与不同的着色阶段相关的。

在这里，设置 vPosition 的位置属性 location 为 0。这个设置与 init() 函数的最后两行会共同起作用。

最后，在着色器的 main() 函数中实现它的主体部分。OpenGL 的所有着色器，无论是处于哪个着色阶段，都会有一个 main() 函数。对于这个着色器而言，它所实现的就是将输入的顶点位置复制到顶点着色器的指定输出位置 gl_Position 中。后文中我们将会了解到 OpenGL 所提供的一些着色器变量，它们全部都是以 gl_ 作为前缀的。

与之类似，我们也需要一个片元着色器来配合顶点着色器的工作。例 1.3 所示就是片元着色器的内容。

例 1.3 triangles.cpp 对应的片元着色器：triangles.frag

```
#version 450 core

layout (location = 0) out vec4 fColor;

void main()
{
    fColor = vec4(0.5, 0.4, 0.8, 1.0);
}
```

令人高兴的是，这里大部分的代码看起来很类似，虽然它们分别属于两个完全不同的着色器类型。我们还是需要声明版本号、变量以及 main() 函数。这里存在着一些差异，但是你依然可以看出，几乎所有着色器的基本结构都是这样的。

片元着色器的重点内容如下：

❏ 声明的变量名为 fColor。没错，它使用了 out 限定符！在这里，着色器将会把 fColor 对应的数值输出，而这也就是片元所对应的颜色值（因此这里用到了前缀字符 "f"）。

❏ 与我们在顶点着色器中的输入类似，在输出变量 fColor 的声明之前也需要加上限定符 layout (location = 0)。片元着色器可以设置多个输出值，而某个变量所对应的输出结果就是通过 location 来设置的。虽然在这个着色器中我们只用到了一个输出值，但是我们还是有必要养成一个好习惯，给所有的输入和输出变量设置 location。

❏ 设定片元的颜色。在这里，每个片元都会设置一个四维的向量。OpenGL 中的颜色是通过 RGB 颜色空间来表示的，其中每个颜色分量（R 表示红色，G 表示绿色，B 表示蓝色）的范围都是 [0, 1]。留心的读者在这里可能会问，"但是这是一个四维的向量"。没错，OpenGL 实际上使用了 RGBA 颜色空间，其中第四个值并不是颜色值。它叫做 alpha 值，专用于度量透明度。第 4 章将深入讨论这个话题，但是在现在，我们将它直接设置为 1.0，这表示片元的颜色是完全不透明的。

片元着色器具有非常强大的功能，我们可以用它来实现非常多的算法和技巧。

我们已经基本完成了初始化的过程。init() 中最后的两个函数指定了顶点着色器的变量与我们存储在缓存对象中数据的关系。这也就是我们所说的着色管线装配的过程，即将应用程序与着色器之间，以及不同着色阶段之间的数据通道连接起来。

为了输入顶点着色器的数据，也就是 OpenGL 将要处理的所有顶点数据，需要在着色器中声明一个 in 变量，然后使用 glVertexAttribPointer() 将它关联到一个顶点属性数组。

---

void glVertexAttribPointer(GLuint index, GLint size, GLenum type, GLboolean normalized, GLsizei stride, const GLvoid *pointer);

设置 index（着色器中的属性位置）位置对应的数据值。pointer 表示缓存对象中，从起始位置开始计算的数组数据的偏移值（假设起始地址为 0），使用基本的系统单位（byte）。size 表示每个顶点需要更新的分量数目，可以是 1、2、3、4 或者 GL_BGRA。type 指定了数组中每个元素的数据类型（GL_BYTE、GL_UNSIGNED_BYTE、GL_SHORT、GL_UNSIGNED_SHORT、GL_INT、GL_UNSIGNED_INT、GL_FIXED、GL_HALF_FLOAT、GL_FLOAT 或 GL_DOUBLE）。normalized 设置顶点数据在存储前是否需要进行归一化（或者使用 glVertexAttribFourN*() 函数）。stride 是数组中每两个元素之间的大小偏移值（byte）。如果 stride 为 0，那么数据应该紧密地封装在一起。

看起来我们有一大堆事情需要考虑，因为 glVertexAttribPointer() 其实是一个非常灵活的命令。只要在内存中数据是规范组织的（保存在一个连续的数组中，不使用其他基于节点的容器，比如链表），我们就可以使用 glVertexAttribPointer() 告诉 OpenGL 直接从内存中获取数据。在例子中，vertices 里已经包含了我们所需的全部信息。表 1-2 所示为在这个例子里 glVertexAttribPointer() 中各个参数的设置及其意义。

表 1-2　判断 glVertexAttribPointer() 中参数的例子

参数名称	数值	解释
index	0	这就是顶点着色器中输入变量的 location 值，也就是之前的 vPosition。在着色器中这个值用来直接指定布局限位符，不过也可以用于着色器编译后的判断
size	2	这就是数组中每个顶点的元素数目。vertices 中共有 NumVertices 个顶点，每个顶点有两个元素值
type	GL_FLOAT	这个枚举量表示 GLfloat 类型
normalized	GL_FALSE	这里设置为 GL_FALSE 的原因有两个：最重要的第一点是因为它表示位置坐标值，因此可以是任何数值，不应当限制在 [−1, 1] 的归一化范围内，第二点是因为它不是整型（GLint 或者 GLshort）
stride	0	数据在这里是"紧密封装"的，即每组数据值在内存中都是立即与下一组数据值相衔接的，因此可以直接设置为 0
pointer	BUFFER_OFFSET(0)	这里设置为 0，因为数据是从缓存对象的第一个字节（地址为 0）开始的

希望上面的参数解释能够帮助你判断自己的数据结构所对应的数值。在后文中我们还会多次用到 glVertexAttribPointer() 来实现示例程序。

这里我们还用到了一个技巧，就是用 glVertexAttribPointer() 中的 BUFFER_OFFSET 宏来指定偏移量。这个宏的定义没有什么特别的，如下所示：

```
#define BUFFER_OFFSET(offset) ((void *)(offset))
```

在以往版本的 OpenGL 当中并不需要用到这个宏[⊖]，不过现在我们希望使用它来设置数据在缓存对象中的偏移量，而不是像 glVertexAttribPointer() 的原型那样直接设置一个指向内存块的指针。

在 init() 中，我们还有一项任务没有完成，那就是启用顶点属性数组。我们通过调用 glEnableVertexAttribArray() 来完成这项工作，同时将 glVertexAttribPointer() 初始化的属性数组指针索引传入这个函数。有关 glEnableVertexAttribArray() 的详细解释如下所示。

---
void glEnableVertexAttribArray(GLuint index);
void glDisableVertexAttribArray(GLuint index);

设置是否启用与 index 索引相关联的顶点数组。index 必须是一个介于 0 到 GL_MAX_VERTEX_ATTRIBS−1 之间的值。

需要注意的是，我们刚刚使用 glVertexAttribPointer() 和 glEnableVertexAttribArray() 设置的状态是保存到在函数伊始就绑定好的顶点数组对象中的。而状态的改变是在绑定对象时私下完成的。如果希望设置一个顶点数组对象，但是不要把它绑定到设备环境中，那么可以调用 glEnableVertexArrayAttrib()、glVertexArrayAttribFormat() 和 glVertexArrayVertexBuffers()，也就是通过直接状态访问（direct state access）的模式来完成相同的操作。

现在，我们只需要完成绘制的工作即可。

1.5.3　第一次使用 OpenGL 进行渲染

在设置和初始化所有数据之后，渲染的工作（在这个例子中）就非常简单了。display() 函数只有 4 行代码，不过它所包含的内容在所有 OpenGL 程序中都会用到。下面我们先阅读其中的代码。

```
void
display(void)
{
    static const float black[] = { 0.0f, 0.0f, 0.0f, 0.0f };

    glClearBufferfv(GL_COLOR, 0, black);

    glBindVertexArray(VAOs[Triangles]);
    glDrawArrays(GL_TRIANGLES, 0, NumVertices);
}
```

⊖ 在 OpenGL 的早期版本当中（3.1 版本之前），顶点属性数据可以直接保存在应用程序内存中，而不一定是 GPU 的缓存对象，因此这个时候使用指针的形式也是合理的。

首先，我们要清除帧缓存的数据再进行渲染。清除的工作由 glClearBufferfv() 完成。

---

void **glClearBufferfv**(GLenum buffer, GLint drawbuffer, const GLfloat *value);

清除当前绘制帧缓存中的指定缓存类型，清除结果为 value。参数 buffer 设置了要清除的缓存类型，它可以是 GL_COLOR、GL_DEPTH，或者 GL_STENCIL。参数 drawbuffer 设置了要清除的缓存索引。如果当前绑定的是默认帧缓存，或者 buffer 设置为 GL_DEPTH 或 GL_STENCIL，那么 drawbuffer 必须是 0。否则它表示需要被清除的颜色缓存的索引。

参数 value 是一个数组的指针，其中包含了一个或者四个浮点数，用来设置清除缓存之后的颜色。如果 buffer 设置为 GL_COLOR，那么 value 必须是一个最少四个数值的数组，以表示颜色值。如果 buffer 是 GL_DEPTH 或者 GL_STENCIL，那么 value 可以是一个单独的浮点数，分别用来设置深度缓存或者模板缓存清除后的结果。

我们会在第 4 章中学习深度缓存（depth buffer）与模板缓存（stencil buffer）的内容，当然还有对颜色缓存（color buffer）的深入探讨。

在这个例子中，我们将颜色缓存清除为黑色。如果你想把视口中的画面清除为白色，可以调用 glClearBufferfv() 并设置 value 为一个数组的指针，且这个数组的四个浮点数都是 1.0。

试一试 在 triangles.cpp 中修改 black 变量中的数值，观察颜色清除后的不同效果。

使用 OpenGL 进行绘制

例子中后面两行的工作是选择我们准备绘制的顶点数据，然后请求进行绘制。首先调用 glBindVertexArray() 来选择作为顶点数据使用的顶点数组。正如前文中提到的，我们可以用这个函数来切换程序中保存的多个顶点数据对象集合。

其次调用 glDrawArrays() 来实现顶点数据向 OpenGL 管线的传输。

---

void **glDrawArrays**(GLenum mode, GLint first, GLsizei count);

使用当前绑定的顶点数组元素来建立一系列的几何图元，起始位置为 first，而结束位置为 first + count−1。mode 设置了构建图元的类型，它可以是 GL_POINTS、GL_LINES、GL_LINE_STRIP、GL_LINE_LOOP、GL_TRIANGLES、GL_TRIANGLE_STRIP、GL_TRIANGLE_FAN 和 GL_PATCHES 中的任意一种。

---

glDrawArrays() 函数可以被认为是更复杂的 glDrawArraysInstancedBaseInstance() 函数的一个简化版本，后者包含了更多的参数。我们会在 3.4.2 节予以介绍。

在这个例子中，我们使用 glVertexAttribPointer() 设置渲染模式为 GL_TRIANGLES，起始位置位于缓存的 0 偏移位置，共渲染 NumVertices 个元素（这个例子中为 6 个），这样就可以渲染出独立的三角形图元了。我们会在第 3 章详细介绍所有的图元形状。

试一试　修改 triangles.cpp 让它渲染一个不同类型的几何图元，例如 GL_POINTS 或者 GL_LINES。你可以使用上文中列出的任何一种图元，但是有些的结果可能会比较奇怪，此外 GL_PATCHES 类型是不会输出任何结果的，因为它是用于细分着色器的，参见第 9 章的内容。

就是这样！现在我们已经绘制了一些内容。而这些框架性质的代码已经可以很好地维护显示的结果了。

启用和禁用 OpenGL 的操作

在第一个例子当中有一个重要的特性并没有用到，但是在后文中我们会反复用到它，那就是对于 OpenGL 操作模式的启用和禁用。绝大多数的操作模式都可以通过 glEnable() 和 glDisable() 命令开启或者关闭。

```
void glEnable(GLenum capability);
void glDisable(GLenum capability);
```

glEnable() 会开启一个模式，glDisable() 会关闭它。有很多枚举量可以作为模式参数传入 glEnable() 和 glDisable()。例如 GL_DEPTH_TEST 可以用来开启或者关闭深度测试；GL_BLEND 可以用来控制融合的操作，而 GL_RASTERIZER_DISCARD 用于 transform feedback 过程中的高级渲染控制。

很多时候，尤其是我们用 OpenGL 编写的库需要提供给其他程序员使用的时候，可以根据自己的需要来判断是否开启某个特性，这时候可以使用 glIsEnabled() 来返回是否启用指定模式的信息。

```
GLboolean glIsEnabled(GLenum capability);
```

根据是否启用当前指定的模式，返回 GL_TRUE 或者 GL_FALSE。

着色器基础

本章目标

阅读完本章内容之后，你将会具备以下能力：

❏ 区分 OpenGL 创建图像所用的不同类型的着色器。

❏ 使用 OpenGL 着色语言构建和编译着色器。

❏ 使用 OpenGL 中提供的多种机制将数据传入着色器。

❏ 使用高级 GLSL 着色技巧来创建可复用性更强的着色器。

本章将介绍如何在 OpenGL 中使用着色器（shader）。首先介绍 OpenGL 着色语言（OpenGL Shading Language，通常也称作 GLSL），然后详细解释着色器将如何与 OpenGL 应用程序交互。

这一章将包含以下几节：

❏ 2.1 节会介绍 OpenGL 应用程序中经常用到的可编程图形着色器。

❏ 2.2 节会详细解释 OpenGL 可编程管线的每个阶段。

❏ 2.3 节会介绍 OpenGL 着色语言。

❏ 2.4 节会介绍如何构建着色器变量，以及它们是如何与应用程序或者在阶段之间共享的。

❏ 2.5 节会介绍将 GLSL 着色器转换为可编程着色器程序的过程，然后你就可以在 OpenGL 应用程序中使用它了。

❏ 2.6 节会介绍一种增加着色器可用性的方法，它可以在不用重新编译着色器的前提下选择执行某个子程序。

❏ 2.7 节介绍如何使用多个着色器的元素组合为单一的、可配置的图形管线。

❏ 2.8 节会介绍如何将着色器代码编译为 SPIR-V 形式的二进制中间语言。

2.1　着色器与 OpenGL

现代 OpenGL 渲染管线严重依赖着色器来处理传入的数据。如果不使用着色器，那么用 OpenGL 可以做到的事情可能只有清除窗口内容了，可见着色器对于 OpenGL 的重要性。在 OpenGL 3.0 版本以前（含该版本），或者如果你用到了兼容模式（compatibility profile）环境，OpenGL 还包含一个固定功能管线（fixed-function pipeline），它可以在不使用着色器的情况下处理几何与像素数据。从 3.1 版本开始，固定功能管线从核心模式中去除，因此我们必须使用着色器来完成工作。

无论是 OpenGL 还是其他图形 API 的着色器，通常都是通过一种特殊的编程语言去编写的。对于 OpenGL 来说，我们会使用 GLSL，也就是 OpenGL Shading Language，它是在 OpenGL 2.0 版本左右发布的（在之前它属于扩展功能）。它与 OpenGL 的发展是同时进行的，并通常会与每个新版本的 OpenGL 一起更新。虽然 GLSL 是一种专门为图形开发设计的编程语言，但是你会发现它与 "C" 语言非常类似，当然还有一点 C++ 的影子。

着色器是 OpenGL 非常基础的操作，因此很有必要尽早介绍它，让读者能够尽快适应它的代码编写。任何一种 OpenGL 程序本质上都可以被分为两个部分：CPU 端运行的部分，采用 C++ 之类的语言进行编写；以及 GPU 端运行的部分，使用 GLSL 语言编写。

本章将介绍编写着色器的方法，以循序渐进的方式讲解 GLSL，讨论如何编译着色器并且与应用程序相结合，以及如何将应用程序中的数据传递到不同的着色器中。

2.2　OpenGL 的可编程管线

第 1 章已经对 OpenGL 的渲染管线进行了一个概要的介绍，其中我们简述了着色器自身的运行机制，但是并没有讲解第一个例子当中所用到的简单着色器代码的含义。现在将更加详细地介绍它的每个阶段以及其中所承载的工作。4.5 版本的图形管线有 4 个处理阶段，还有 1 个通用计算阶段，每个阶段都需要由一个专门的着色器进行控制。

1）顶点着色阶段（vertex shading stage）将接收你在顶点缓存对象中给出的顶点数据，独立处理每个顶点。这个阶段对于所有的 OpenGL 程序都是唯一且必需的，并且 OpenGL 程序在绘制时必须绑定一个着色器。第 3 章将对顶点着色的操作进行介绍。

2）细分着色阶段（tessellation shading stage）是一个可选的阶段，与应用程序中显式地指定几何图元的方法不同，它会在 OpenGL 管线内部生成新的几何体。这个阶段启用之后，会收到来自顶点着色阶段的输出数据，并且对收到的顶点进行进一步的处理。第 9 章会介绍细分着色阶段的内容。

细分阶段实际上是通过两个着色器来完成的，分别叫做细分控制着色器（tessellation control shader）和细分赋值着色器（tessellation evaluation shader）。我们会在第 9 章中介绍详细的内容。我们使用 "细分着色器" 来表达这两个着色阶段中的任意一个，或者它们全部。有的时候也会用控制着色器（control shader）和赋值着色器（evaluation shader）来简短地表达这两个阶段。

3）几何着色阶段（geometry shading stage）也是一个可选的阶段，它会在 OpenGL 管线内部对所有几何图元进行修改。这个阶段会作用于每个独立的几何图元。此时你可以选择从输入图元生成更多的几何体，改变几何图元的类型（例如将三角形转化为线段），或者放弃所有的几何体。如果这个阶段被启用，那么几何着色阶段的输入可能会来自顶点着色阶段完成几何图元的顶点处理之后，也可能来自细分着色阶段生成的图元数据（如果它也被启用）。第 10 章会介绍几何着色阶段的内容。

4）OpenGL 着色管线的最后一个部分是片元着色阶段（fragment shading stage）。这个阶段会处理 OpenGL 光栅化之后生成的独立片元（如果启用了采样着色的模式，就是采样数据），并且这个阶段也必须绑定一个着色器。在这个阶段中，计算一个片元的颜色和深度值，然后传递到管线的片元测试和混合的模块。片元着色阶段的介绍将会贯穿本书的很多章节。

5）计算着色阶段（compute shading stage）和上述阶段不同，它并不是图形管线的一部分，而是在程序中相对独立的一个阶段。计算着色阶段处理的并不是顶点和片元这类图形数据，而是应用程序给定范围的内容。计算着色器在应用程序中可以处理其他着色器程序所创建和使用的缓存数据。这其中也包括帧缓存的后处理效果，或者我们所期望的任何事物。计算着色器的介绍参见第 12 章。

现在我们需要大概了解一个重要的概念，就是着色阶段之间数据传输的方式。正如在第 1 章中看到的，着色器类似一个函数调用的方式——数据传输进来，经过处理，然后再传输出去。例如，在 C 语言中，这一过程可以通过全局变量，或者函数参数来完成。GLSL与之稍有差异。每个着色器看起来都像是一个完整的 C 程序，它的输入点就是一个名为 main() 的函数。但与 C 不同的是，GLSL 的 main() 函数没有任何参数，在某个着色阶段中输入和输出的所有数据都是通过着色器中的特殊全局变量来传递的（请不要将它们与应用程序中的全局变量相混淆——着色器变量与你在应用程序代码中声明的变量是完全不相干的）。例如，下面的例 2.1 中的内容。

例 2.1　一个简单的顶点着色器

```
#version 450 core

in vec4   vPosition;
in vec4   vColor;
out vec4   color;

uniform mat4  ModelViewProjectionMatrix;

void
main()
{
    color = vColor;
    gl_Position = ModelViewProjectionMatrix * vPosition;
}
```

虽然这是一个非常短的着色器，但是还是有许多需要注意的地方。我们先不考虑自己需要对哪个着色阶段进行编程，所有常见的着色器代码都应该与这个例子有着相同的结构。在程序起始的位置总是要使用 #version 来声明所使用的版本。

首先，应注意这些全局变量。OpenGL 会使用输入和输出变量来传输着色器所需的数据。除了每个变量都有一个类型之外（例如 vec4，后文将深入地进行介绍），OpenGL 还定义了 in 变量将数据拷贝到着色器中，以及 out 变量将着色器的内容拷贝出去。这些变量的值会在 OpenGL 每次执行着色器的时候更新（如果 OpenGL 处理的是顶点，那么这里会为每个顶点传递新的值；如果是处理片元，那么将为每个片元传递新值）。另一类变量是直接从 OpenGL 应用程序中接收数据的，称作 uniform 变量。uniform 变量不会随着顶点或者片元的变化而变化，它对于所有的几何体图元的值都是一样的，除非应用程序对它进行了更新。

2.3 OpenGL 着色语言概述

本节将会对 OpenGL 中着色语言的使用进行一个概述。GLSL 具备了 C++ 和 Java 的很多特性，它也被 OpenGL 所有阶段中使用的着色器所支持，尽管不同类型的着色器也会有一些专属特性。我们首先介绍 GLSL 的需求、类型，以及其他所有着色阶段所共有的语言特性，然后对每种类型的着色器中的专属特性进行讨论。

2.3.1 使用 GLSL 构建着色器

我们将在这里介绍如何创建一个完整的着色器。

从这里出发

一个着色器程序和一个 C 程序类似，都是从 main() 函数开始执行的。每个 GLSL 着色器程序一开始都如下所示：

```
#version 330 core

void
main()
{
    // 在这里编写代码
}
```

这里的 // 是注释符号，它到当前行的末尾结束，这一点与 C 语言一致。此外，着色器程序也支持 C 语言形式的多行注释符号——/* 和 */。但是，与 ANSI C 语言不同，这里的 main() 函数不需要返回一个整数值，它被声明为 void。此外，着色器程序与 C 语言以及衍生的各种语言相同，每一行的结尾都必须有一个分号。这里给出的 GLSL 程序绝对合法，可以直接编译甚至运行，但是它的功能目前还是空白。为了能够进一步丰富着色器代码中的内容，下面将进一步介绍变量的概念以及相关的操作。

变量的声明

GLSL 是一种强类型语言，所有变量都必须事先声明，并且要给出变量的类型。变量名称的命名规范与 C 语言相同：可以使用字母、数字，以及下划线字符（_）来组成变量的名字。但是数字不能作为变量名称的第一个字符。此外，变量名称也不能包含连续的下划线（这些名称是 GLSL 保留使用的）。

表 2-1 中给出了 GLSL 支持的基本数据类型。

这些类型（以及后文中它们的聚合类型）都是透明的。也就是说，它们的内部形式都是暴露出来的，因此着色器代码中可以假设其内部的构成方式。

表 2-1　GLSL 中的基本数据类型

类型	描述
float	IEEE 32 位浮点数
double	IEEE 64 位浮点数
int	有符号二进制补码的 32 位整数
uint	无符号的 32 位整数
bool	布尔值

与之对应的一部分类型，称作不透明类型，它们的内部形式没有暴露出来。这些类型包括采样器（sampler）、图像（image），以及原子计数器（atomic counter）。它们所声明的变量相当于一个不透明的句柄，可以用来读取纹理贴图、图像，以及原子计数器数据，参见第 4 章。

不同的采样器类型以及它们的应用可以参见第 6 章。

变量的作用域

虽然所有的变量都需要声明，但是我们可以在使用它们之前的任何时候声明这些变量（这一点与 C++ 一致）。我们可以对照 C++ 的语法来了解 GLSL 变量的作用域规则，如下所示：

❑ 在任何函数定义之外声明的变量拥有全局作用域，因此对着色器程序中的所有函数都是可见的。

❑ 在一组大括号之内（例如函数定义、循环或者"if"引领的代码块等）声明的变量，只能在大括号的范围内存在。

❑ 循环的迭代自变量，例如，下面的循环中的 i：

```
for (int i = 0; i < 10; ++i) {
    // 循环体
}
```

只能在循环体内起作用。

变量的初始化

所有变量都必须在声明的同时进行初始化。例如：

```
int     i, numParticles = 1500;
float   force, g = -9.8;
bool    falling = true;
double  pi = 3.1415926535897932384626LF;
```

整型字面量常数可以表示为八进制、十进制或者十六进制的值。我们也可以在数字之前加上一个符号来表示负数，或者在末尾添加 "u" 或者 "U" 来表示一个无符号的整数。

浮点字面量必须包含一个小数点，除非我们用科学计数法来表示它，例如 3E-7（不过，很多时候我们也可以将一个整数隐式地转换为一个浮点数）。此外，浮点数也可以选择在末尾添加一个 "f" 或者 "F" 后缀，这一点与 C 语言中浮点数的表示法相同。如果要表达一个 double 精度的浮点数，必须在末尾添加后缀 "1F" 或者 "LF"。

布尔变量可以是 true 或者 false，对它进行初始化的时候，可以直接指定这两个值之一，也可以对一个布尔表达式进行解析并且将结果赋予变量。

构造函数

正如前面提到的，GLSL 比 C++ 更注重类型安全，因此它支持的数值隐式转换更少一些。例如，

```
int f = false;
```

这样的写法会返回一个编译错误，因为布尔值不能赋予整型变量。可以进行隐式转换的类型如表 2-2 所示。

上面的类型转换适用于这些类型的标量、向量以及矩阵。转换不会改变向量或者矩阵本身的形式，也不会改变它们的组成元素数量。类型转换不能应用于数组或者结构体之上。

所有其他的数值转换都需要提供显式的转换构造函数。这里构造函数的意义与 C++ 等语言类似，它是一个名字与类型名称相同的函数，返回值就是对应类型的值。例如：

表 2-2　GLSL 中的隐式类型转换

所需的类型	可以从这些类型隐式转换
uint	int
float	int、uint
double	int、uint、float

```
float f = 10.0;
int   ten = int(f);
```

这里用到了一个 int 转换构造函数来完成转换。此外，其他一些类型也有转换构造函数，包括 float、double、uint、bool，以及这些类型的向量和矩阵。每种构造函数都可以传入多个其他类型的值并且进行显式转换。这些函数也体现了 GLSL 的另一个特性：函数重载，即每个函数都可以接受不同类型的输入，但是它们都使用了同一个基函数名称。我们稍后将对函数进行更多的讲解。

聚合类型

GLSL 的基本类型可以进行合并，从而与核心 OpenGL 的数据类型相匹配，以及简化计算过程的操作。

首先，GLSL 支持 2 个、3 个以及 4 个分量的向量，每个分量都可以使用 bool、int、uint、float 和 double 这些基本类型。此外，GLSL 也支持 float 和 double 类型的矩阵。表 2-3 给出了所有可用的向量和矩阵类型。

表 2-3 GLSL 的向量与矩阵类型

基本类型	2D 向量	3D 向量	4D 向量	矩阵类型		
float	vec2	vec3	vec4	mat2	mat3	mat4
				mat2 × 2	mat2 × 3	mat2 × 4
				mat3 × 2	mat3 × 3	mat3 × 4
				mat4 × 2	mat4 × 3	mat4 × 4
double	dvec2	dvec3	dvec4	dmat2	dmat3	dmat4
				dmat2 × 2	dmat2 × 3	dmat2 × 4
				dmat3 × 2	dmat3 × 3	dmat3 × 4
				dmat4 × 2	dmat4 × 3	dmat4 × 4
int	ivec2	ivec3	ivec4	—		
uint	uvec2	uvec3	uvec4	—		
bool	bvec2	bvec3	bvec4	—		

矩阵类型需要给出两个维度的信息，例如 mat4x3，其中第一个值表示列数，第二个值表示行数。

使用这些类型声明的变量的初始化过程与它们的标量部分是类似的：

vec3 velocity = **vec3**(0.0, 2.0, 3.0);

类型之间也可以进行等价转换：

ivec3 steps = **ivec3**(velocity);

向量的构造函数还可以用来截短或者加长一个向量。如果将一个较长的向量传递给一个较短向量的构造函数，那么向量将被自动取短到对应的长度。

vec4 color;
vec3 RGB = **vec3**(color); // 现在 RGB 只有前三个分量了

类似地，也可以使用同样的方式来加长一个向量。这也是唯一的一类构造函数，它的输入参数比变量的实际分量数更少。

vec3 white = **vec3**(1.0); // white = (1.0, 1.0, 1.0)
vec4 translucent = **vec4**(white, 0.5);

矩阵的构建方式与此相同，并且可以将它初始化为一个对角矩阵或者完全填充的矩阵。对于对角矩阵，只需要向构造函数传递一个值，矩阵的对角线元素就设置为这个值，其他元素全部设置为 0，例如：

$$m = \mathrm{mat3}(4.0) = \begin{pmatrix} 4.0 & 0.0 & 0.0 \\ 0.0 & 4.0 & 0.0 \\ 0.0 & 0.0 & 4.0 \end{pmatrix}$$

矩阵也可以通过在构造函数中指定每一个元素的值来构建。传入元素可以是标量和向量的集合，只要给定足够数量的数据即可，每一列的设置方式也遵循这样的原则。此外，矩阵的指定需要遵循列主序的原则，也就是说，传入的数据将首先填充列，然后填充行（这一点与 C 语言中二维数组的初始化是相反的）。

例如，可以通过下面几种形式之一来初始化一个 3×3 的矩阵：

```
mat3 M = mat3(1.0, 2.0, 3.0,
              4.0, 5.0, 6.0,
              7.0, 8.0, 9.0);

vec3 column1 = vec3(1.0, 2.0, 3.0);
vec3 column2 = vec3(4.0, 5.0, 6.0);
vec3 column3 = vec3(7.0, 8.0, 9.0);

mat3 M = mat3(column1, column2, column3);
```

甚至是

```
vec2 column1 = vec2(1.0, 2.0);
vec2 column2 = vec2(4.0, 5.0);
vec2 column3 = vec2(7.0, 8.0);

mat3 M = mat3(column1, 3.0,
column2, 6.0,
column3, 9.0);
```

得到的结果都是一样的，

$$\begin{pmatrix} 1.0 & 4.0 & 7.0 \\ 2.0 & 5.0 & 8.0 \\ 3.0 & 6.0 & 9.0 \end{pmatrix}$$

访问向量和矩阵中的元素

向量与矩阵中的元素是可以单独访问和设置的。向量支持两种类型的元素访问方式：使用分量的名称，或者数组访问的形式。矩阵可以以二维数组的形式进行访问。

向量中的各个分量是可以通过名称进行访问的，例如：

```
float red = color.r;
float v_y = velocity.y;
```

或者通过一个从 0 开始的索引。下面的代码与上面的结果是完全等价的：

```
float red = color[0];
float v_y = velocity[1];
```

事实上，正如表 2-4 所示，分量的名称总共有三种形式的集合，它们实现的工作是一样的。不同的名称集合只是为了在使用时便于区分不同的操作。

表 2-4　向量分量的访问符

分量访问符	符号描述
(x, y, z, w)	与位置相关的分量
(r, g, b, a)	与颜色相关的分量
(s, t, p, q)	与纹理坐标相关的分量

这种分量访问符的一个常见应用叫做 swizzle，对于颜色的处理，比如颜色空间的转换时可能会用到它。例如，可以通过下面的代码，基于输入颜色的红色分量来设置一个亮度值：

```
vec3 luminance = color.rrr;
```

类似地，如果需要改变向量中分量各自的位置，可以这样做：

```
color = color.abgr; // 反转 color 的每个分量
```

唯一的限制是，在一条语句的一个变量中，只能使用一种类型的访问符。也就是说，下面的代码是错误的：

```
vec4 color = otherColor.rgz; // 错误："z"来自不同的访问符集合
```

此外，如果我们访问的元素超出了变量类型的范围，也会引发编译时错误。例如：

```
vec2 pos;
float zPos = pos.z; // 错误：2D 向量不存在"z"分量
```

矩阵元素的访问可以使用数组标记方式。或者从矩阵中直接得到一个标量值，或者一组元素：

```
mat4 m = mat4(2.0);
vec4 zVec = m[2];        // 获取矩阵的第 2 列
float yScale = m[1][1];  // 也可以使用 m[1].y
```

结构体

你也可以从逻辑上将不同类型的数据组合到一个结构体当中。结构体可以简化多组数据传入函数的过程。如果定义了一个结构体，那么它会自动创建一个新类型，并且隐式定义一个构造函数，将各种类型的结构体元素作为输入参数。

```
struct Particle {
    float lifetime;
    vec3 position;
    vec3 velocity;
};
Particle p = Particle(10.0, pos, vel); // pos、vel 均为 vec3s 类型
```

与 C 语言中的用法类似，如果我们需要引用结构体的某个元素，可以直接使用"点"(.) 符号。

数组

GLSL 还支持任意类型的数组，包括结构体数组。和 C 语言相同，数组的索引可以通过方括号来完成（[ ]）。一个大小为 n 的数组的元素范围是 0 到 n−1。但是与 C 语言中不同的是，负数形式的数组索引，或者超出范围的索引值都是不允许的。GLSL 4.3 中，数组的组成元素也可以是另一个数组，因此可以处理多维度的数据。不过，GLSL 4.2 和更早的版本不允许建立数组类型的数组（因此无法创建多维度的数组）。

数组可以定义为有大小的，或者没有大小的。我们可以使用没有大小的数组作为一个数组变量的前置声明，然后重新用一个合适的大小来声明它。数组的声明需要用到方括号的形式，例如：

```
float coeff[3]; // 有 3 个 float 元素的数组
float[3] coeff; // 与上面相同
int indices[]; // 未定义维数，稍后可以重新声明它的维数
```

数组属于 GLSL 中的第一等（first-class）类型，也就是说它有构造函数，并且可以用作函数的参数和返回类型。如果我们要静态初始化一个数组的值，那么可以按照下面的形式

来使用构造函数：

```
float coeff[3] = float[3](2.38, 3.14, 42.0);
```

这里构造函数的维数值可以不填。

此外，GLSL 的数组与 Java 类似，它有一个隐式的方法可以返回元素的个数，即取长度的方法 length()。如果我们需要操作一个数组中所有的值，可以根据下面的例子来使用 length() 方法：

```
for (int i = 0; i < coeff.length(); ++i) {
    coeff[i] *= 2.0;
}
```

向量和矩阵类型也可以使用 length() 方法。向量的长度也就是它包含的分量的个数，矩阵的长度是它包含的列的个数。事实上，当我们使用数组的形式来索引向量和矩阵的值的时候（例如，m[2] 是矩阵 m 的第三列），这个方法返回的就是我们需要的数据。

```
mat3x4 m;
int c = m.length();                  // m 包含的列数为 3
int r = m[0].length();               // 第 0 个列向量中分量的个数为 4
```

因为长度值在编译时就是已知的，所以 length() 方法会返回一个编译时常量，我们可以在需要使用常量的场合直接使用它，例如：

```
mat4 m;
float diagonal[m.length()];          // 设置数组的大小与矩阵大小相等
float x[gl_in.length()];             // 设置数组的大小与几何着色器的输入顶点数相等
```

对于所有向量和矩阵，以及大部分的数组来说，length() 都是一个编译时就已知的常量。但是对于某些数组来说，length() 的值在链接之前可能都是未知的。如果使用链接器来减少同一阶段中多个着色器的大小，那么可能发生这种情况。对于着色器中保存的缓存对象（使用 buffer 来进行声明，后文将会介绍），length() 的值直到渲染时才可能得到。如果我们需要 length() 返回一个编译时常量，那么我们需要保证着色器中的数组大小在使用它的 length() 方法之前就已经确定了。

多维数组相当于从数组中再创建数组，它的语法与 C 语言当中类似：

```
float coeff[3][5];                   // 一个大小为 3 的数组，其中包含了大小为 5 的多个数组
coeff[2][1] *= 2.0;                  // 内层索引设置为 1，外层设置为 2
coeff.length();                      // 这个方法会返回常量 3
coeff[2];                            // 这是一个大小为 5 的一维数组
coeff[2].length();                   // 这个方法会返回常量 5
```

多维数组可以使用任何类型或者形式来构成。如果需要与应用程序共享，那么最内层（最右侧）维度的数据在内存布局中的变化是最快的。

2.3.2　存储限制符

数据类型也可以通过一些修饰符来改变自己的行为。GLSL 中一共定义了几种全局范围内的修饰符，如表 2-5 所示。

表 2-5　GLSL 的类型修饰符

类型修饰符	描述
const	将一个变量定义为只读形式。如果它初始化时用的是一个编译时常量，那么它本身也会成为编译时常量
in	设置这个变量为着色器阶段的输入变量
out	设置这个变量为着色器阶段的输出变量
uniform	设置这个变量为用户应用程序传递给着色器的数据，它对于给定的图元而言是一个常量
buffer	设置应用程序共享的一块可读写的内存。这块内存也作为着色器中的存储缓存（storage buffer）使用
shared	设置变量是本地工作组（local work group）中共享的。它只能用于计算着色器中

const 存储限制符

与 C 语言中相同，`const` 类型的修饰符设置变量为只读类型。例如，下面的语句

```
const float Pi = 3.141529;
```

会设置一个变量 Pi 为圆周率 π 的近似值。对变量的声明添加了 `const` 修饰符之后，如果再向这个变量写入，那么将会产生一个错误，因此这种变量必须在声明的时候就进行初始化。

in 存储限制符

`in` 修饰符用于定义着色器阶段的输入变量。这类输入变量可以是顶点属性（对于顶点着色器），或者前一个着色器阶段的输出变量。

片元着色器也可以使用一些其他的关键词来限定自己的输入变量，这会在第 4 章中进行讲解。

out 存储限制符

`out` 修饰符用于定义一个着色器阶段的输出变量——例如，顶点着色器中输出变换后的齐次坐标，或者片元着色器中输出的最终片元颜色。

uniform 存储限制符

在着色器运行之前，`uniform` 修饰符可以指定一个在应用程序中设置好的变量，它不会在图元处理的过程中发生变化。`uniform` 变量在所有可用的着色阶段之间都是共享的，它必须定义为全局变量。任何类型的变量（包括结构体和数组）都可以设置为 `uniform` 变量。着色器无法写入到 `uniform` 变量，也无法改变它的值。

举例来说，我们可能需要设置一个给图元着色的颜色值。此时可以声明一个 `uniform` 变量，将颜色值信息传递到着色器当中。而着色器中会进行如下声明：

```
uniform vec4 BaseColor;
```

在着色器中，可以根据名字 BaseColor 来引用这个变量，但是如果需要在用户应用程序中设置它的值，还需要多做一些工作。GLSL 编译器会在链接着色器程序时创建一个 `uniform` 变量列表。如果需要设置应用程序中 BaseColor 的值，我们需要首先获得

BaseColor 在列表中的索引，这一步可以通过 glGetUniformLocation() 函数来完成。

GLint **glGetUniformLocation**(GLuint program, const char* name);

返回着色器程序中 uniform 变量 name 对应的索引值。name 是一个以 NULL 结尾的字符串，不存在空格。如果 name 与启用的着色器程序中的所有 uniform 变量都不相符，或者 name 是一个内部保留的着色器变量名称（例如，以 gl_ 开头的变量），那么返回值为 −1。

name 可以是单一的变量名称、数组中的一个元素（此时 name 主要包含方括号以及对应的索引数字），或者结构体的域变量（设置 name 时，需要在结构体变量名称之后添加 "."符号，再添加域变量名称，并与着色器程序中的写法一致）。对于 uniform 变量数组，也可以只通过指定数组的名称来获取数组中的第一个元素（例如，直接用 "arrayName"），或者也可以通过指定索引值来获取数组的第一个元素（例如，写作 "arrayName[0]"）。

除非我们重新链接着色器程序（参见 **glLinkProgram()**），否则这里的返回值不会发生变化。

当得到 uniform 变量的对应索引值之后，我们就可以通过 **glUniform*()** 或者 **glUniform-Matrix*()** 系列函数来设置 uniform 变量的值了。

例 2.2 是一个获取 uniform 变量的索引并且设置具体值的示例。

例 2.2　获取 uniform 变量的索引并且设置具体值

```
GLint    timeLoc; /* 着色器中的 uniform 变量 time 的索引 */
GLfloat timeValue; /* 程序运行时间 */

timeLoc = glGetUniformLocation(program, "time");
glUniform1f(timeLoc, timeValue);
```

---

void **glUniform**{1234}{fdi ui}(GLint location, TYPE value);
void **glUniform**{1234}{fdi ui}v(GLint location, GLsizei count, const TYPE* values);
void **glUniformMatrix**{234}{fd}v(GLint location, GLsizei count, GLboolean transpose, const GLfloat* values);
void **glUniformMatrix**{2x3,2x4,3x2,3x4,4x2,4x3}{fd}v(GLint location, GLsizei count, GLboolean transpose, const GLfloat* values);

设置与 location 索引位置对应的 uniform 变量的值。其中向量形式的函数会载入 count 个数据的集合（根据 **glUniform*()** 的调用方式，读入 1 ~ 4 个值），并写入 location 位置的 uniform 变量。如果 location 是数组的起始索引值，那么数组之后的连续 count 个元素都会被载入。

GLfloat 形式的函数（后缀中有 f）可以用来载入单精度类型的浮点数、float 类型的

向量、float 类型的数组，或者 float 类型的向量数组。与之类似，GLdouble 形式的函数（后缀中有 d）可以用来载入双精度类型的标量、向量和数组。GLfloat 形式的函数也可以载入布尔数据。

GLint 形式的函数（后缀中有 i）可以用来更新单个有符号整型、有符号整型向量、有符号整型数组，或者有符号整型向量数组。此外，可以用这种形式载入独立纹理采样器或者纹理数组、布尔类型的标量、向量和数组。与之类似，GLuint 形式的函数（后缀中有 ui）也可以用来载入无符号整型标量、向量和数组。

对于 glUniformMatrix{234}*() 系列函数来说，可以从 values 中读入 2×2、3×3 或者 4×4 个值来构成矩阵。

对于 glUniformMatrix{2x3,2x4,3x2,3x4,4x2,4x3}*() 系列函数来说，可以从 values 中读入对应矩阵维度的数值并构成矩阵。如果 transpose 设置为 GL_TRUE，那么 values 中的数据是以行主序的顺序读入的（与 C 语言中的数组类似），如果是 GL_FALSE，那么 values 中的数据是以列主序的顺序读入的。

buffer 存储限制符

如果需要在应用程序中共享一大块缓存给着色器，那么最好的方法是使用 buffer 变量。它与 uniform 变量非常类似，不过也可以用着色器对它的内容进行修改。通常来说，需要在一个 buffer 块中使用 buffer 变量，本章后面将对"块"的概念进行介绍。

buffer 修饰符指定随后的块作为着色器与应用程序共享的一块内存缓存。这块缓存对于着色器来说是可读的也是可写的。缓存的大小可以在着色器编译和程序链接完成后设置。

shared 存储限制符

shared 修饰符只能用于计算着色器当中，它可以建立本地工作组内共享的内存。第 12 章会详细介绍它。

2.3.3 语句

着色器的真正工作是计算数值以及完成一些决策工作。与 C++ 中的形式类似，GLSL 也提供了大量的操作符，来实现各种数值计算所需的算术操作，以及一系列控制着色器运行的逻辑操作。

算术操作符

任何一种语言的教程如果缺少有关操作符以及优先级的介绍（参见表 2-6），那么这个教程是不完整的。表 2-6 中操作符的优先级采取降序排列。总体上来说，操作符对应的类型必须是相同的，并且对于向量和矩阵而言，操作符的操作对象也必须是同一维度的。在表 2-6 中注明的整型包括 int 和 uint，以及对应的向量；浮点数类型包括 float 和 double，以及对应的向量与矩阵；算术类型包括所有的整型和浮点数类型，以及所有相关的结构体和数组。

表 2-6　GLSL 操作符与优先级

优先级	操作符	可用类型	描述
1	()	—	成组操作
2	[] f() .（句点） ++ −−	数组、矩阵、向量 函数 结构体 算术类型	数组的下标 函数调用与构造函数 访问结构体的域变量或者方法 后置递增 / 递减
3	++ −− + − ~ !	算术类型 算术类型 整型 布尔型	前置递增 / 递减 一元正 / 负数 一元按位"非"（not） 一元逻辑"非"（not）
4	* / %	算术类型	乘法运算
5	+ −	算术类型	相加运算
6	<< >>	整型	按位操作
7	< > <= >=	算术类型	关系比较操作
8	== !=	任意	相等操作
9	&	整型	按位"与"（and）
10	^	整型	按位"异或"（xor）
11	|	整型	按位"或"（or）
12	&&	布尔型	逻辑"与"（and）
13	^^	布尔型	逻辑"异或"（xor）
14	||	布尔型	逻辑"或"（or）
15	a ? b : c	布尔型 ? 任意 : 任意	三元选择操作符（相当于内部进行了条件判断，如果 a 成立则执行 b，否则执行 c）
16	= += −= *= /= %= <<= >>= &= ^= |=	任意 算术类型 算术类型 整型 整型	赋值 算术赋值
17	,（逗号）	任意	操作符序列

操作符重载

　　GLSL 中的大部分操作符都是经过重载的，也就是说它们可以用于多种类型的数据操作。特别是，矩阵和向量的算术操作符（包括前置和后置的递增 / 递减符号"++"和"−−"）在 GLSL 中都是经过严格定义的。例如，如果我们需要进行向量和矩阵之间的乘法（注意，操作数的顺序非常重要，从数学上来说，矩阵乘法是不遵循交换律的），可以使用下面的操作：

```
vec3 v;
mat3 m;
vec3 result = v * m;
```

　　基本的限制条件是要求矩阵和向量的维度必须是匹配的。此外，也可以对向量或者矩阵执行标量乘法，以得到希望的结果。一个必须要提及的例外是，两个向量相乘得到的是一个逐分量相乘的新向量，但是两个矩阵相乘得到的是通常矩阵相乘的结果。

```
vec2 a, b, c;
mat2 m, u, v;
c = a * b; //   c = (a.x*b.x, a.y*b.y)
m = u * v; //   m = (u00*v00+u01*v10     u00*v01+u01*v11
           //        u01*v00+u11*v10     u10*v01+u11*v11)
```

我们还可以通过函数调用的方式实现常见的一些向量操作（例如，点乘和叉乘），以及各种逐分量执行的向量和矩阵操作。

流控制

GLSL 的逻辑控制方式用的也是流行的 if-else 和 switch 语句。与 C 语言中的方式相同，else 的分支是可选的，并且有多行语句时必须用到语句块：

```
if (truth) {
    // 条件为 true 的分支
}
else {
    // 条件为 false 的分支
}
```

switch 语句的使用（从 GLSL 1.30 开始）与 C 语言中也是类似的，可以采用下面的方式：

```
switch (int_value) {
    case n:
      // 语句
      break;

    case m:
      // 语句
      break;

    default:
      // 语句
      break;
}
```

GLSL 的 switch 语句也支持"fall-through"形式：一个 case 语句如果没有使用 break 结尾，那么会继续执行下一个 case 的内容。每个 case 都需要执行一些语句，直到整个 switch 块结束（在右花括号之前）。此外，与 C++ 当中不同的是，GLSL 不允许在第一个 case 之前添加语句。如果所有的 case 条件都不符合，那么将会找到并执行 default 分支中的内容。

循环语句

GLSL 支持 C 语言形式的 for、while 和 do ... while 循环。其中 for 循环可以在循环初始化条件中声明循环迭代变量。此时迭代变量的作用域只限于循环体内。

```
for (int i = 0; i < 10; ++i) {
    ...
}
while (n < 10) {
```

```
    }       ...

    do {
        ...
    } while (n < 10);
```

流控制语句

除了条件和循环之外，GLSL 还支持一些别的控制语句。表 2-7 所示为其他可用的流控制语句。

表 2-7　GLSL 的流控制语句

语句	描述
break	终止循环体的运行，并且继续执行循环体外的内容
continue	终止循环体内当前迭代过程的执行，跳转到代码块开始部分并继续执行下一次迭代的内容
return [结果]	从当前子例程返回，可以带有一个函数返回值（返回值必须与函数声明的返回类型相符）
discard	丢弃当前的片元，终止着色器的执行。discard 语句只在片元着色器中有效

discard 语句只适用于片元着色器中。片元着色器的运行会在 discard 语句的位置上立即终止，不过这也取决于具体的硬件实现。

函数

我们可以使用函数调用来取代可能反复执行的通用代码。这样当然可以减少代码的总量，并且减少发生错误的机会。GLSL 支持用户自定义函数，同时它也定义了一些内置函数，具体列表可以参见附录 C。用户自定义函数可以在单个着色器对象中定义，然后在多个着色器程序中复用。

声明

函数声明语法与 C 语言非常类似，只是变量名需要添加访问修饰符：

```
returnType functionName([accessModifier] type1 variable1,
                        [accessModifier] type2 varaible2,
                            ...)
{
    // 函数体
    return returnValue; // 如果 returnType 为 void，则不需要 return 语句
}
```

函数名称可以是任何字符、数字和下划线字符的组合，但是不能使用数字、连续下划线或者 gl_ 作为函数的开始。

返回值可以是任何内置的 GLSL 类型，或者用户定义的结构体和数组类型。返回值为数组时，必须显式地指定其大小。如果一个函数的返回值类型是 void，那么它可以没有返回值。

函数的参数也可以是任何类型，包括数组（但是也必须设置数组的大小）。

在使用一个函数之前，必须声明它的原型或者直接给出函数体。GLSL 的编译器与 C++
一致，必须在使用函数之前找到函数的声明，否则会产生错误。如果函数的定义和使用不
在同一个着色器对象当中，那么必须声明一个函数原型。函数原型只是给出了函数的形式，
但是并没有给出具体的实现内容。下面是一个简单的例子：

```
float HornerEvalPolynomial(float coeff[10], float x);
```

参数限制符

尽管 GLSL 中的函数可以在运行后修改和返回数据，但是它与"C"或者 C++ 不同，
并没有指针或者引用的概念。不过与之对应，此时函数的参数可以指定一个参数限制符，
来表明它是否需要在函数运行时将数据拷贝到函数中，或者从函数中返回修改的数据。
表 2-8 给出了 GLSL 中可用的参数限制符。

表 2-8　GLSL 函数参数的访问修饰符

访问修饰符	描述
in	将数据拷贝到函数中（如果没有指定修饰符，默认这种形式）
const in	将只读数据拷贝到函数中
out	从函数中获取数值（因此输入函数的值是未定义的）
inout	将数据拷贝到函数中，并且返回函数中修改的数据

关键字 in 是可选的。如果一个变量没有包含任何访问修饰器，那么参数的声明会默认
设置为使用 in 修饰符。但是，如果变量的值需要从函数中拷贝出来，那么我们就必须设置
它为 out（只能写出的变量）或者 inout（可以读入也可以写出的变量）修饰符。如果我们
写出到一个没有设置上述修饰符的变量上，那么会产生编译时错误。

此外，如果需要在编译时验证函数是否修改了某个输入变量，可以添加一个 const in 修
饰符来阻止函数对变量进行写操作。如果不这么做，那么在函数中写入一个 in 类型的变量，
相当于对变量的局部拷贝进行了修改，因此只在函数自身范围内产生作用。

2.3.4　计算的不变性

GLSL 无法保证在不同的着色器中，两个完全相同的计算式会得到完全一样的结果。
这一情形与 CPU 端应用程序进行计算时的问题相同，即不同的优化方式可能会导致结果
非常细微的差异。这些细微的差异对于多通道的算法会产生问题，因为各个着色器阶段可
能需要计算得到完全一致的结果。GLSL 有两种方法来确保着色器之间的计算不变性，即
invariant 或者 precise 关键字。

这两种方法都需要在图形设备上完成计算过程，来确保同一表达式的结果可以保证重
复性（不变性）。但是，对于宿主计算机和图形硬件各自的计算，这两种方法都无法保证结
果是完全一致的。着色器编译时的常量表达式是由编译器的宿主计算机计算的，因此我们
无法保证宿主机计算的结果与图形硬件计算的结果完全相同。例如：

```
uniform float ten;           // 假设应用程序设置这个值为 10.0
const float f = sin(10.0);   // 宿主机的编译器负责计算
float g = sin(ten);          // 图形硬件负责计算

void main()
{
    if (f == g)              // f 和 g 不一定相等
        ;
}
```

在这个例子当中，无论对任何一个变量设置 invariant 或者 precise 限制符，结果都不会有任何改变，因为它们都只能影响到图形设备中的计算结果。

invariant 限制符

invariant 限制符可以设置任何着色器的输出变量。它可以确保如果两个着色器的输出变量使用了同样的表达式，并且表达式中的变量也是相同值，那么计算产生的结果也是相同的。

可以将一个内置的输出变量声明为 invariant，也可以声明一个用户自定义的变量为 invariant。例如：

```
invariant gl_Position;
invariant centroid out vec3 Color;
```

你可能还记得，输出变量的作用是将一个着色器的数据从一个阶段传递到下一个。可以在着色器中用到某个变量或者内置变量之前的任何位置，对该变量设置关键字 invariant。标准的做法是只使用 invariant 来声明这个变量，如上文中对 gl_Position 的设置。

在调试过程中，可能需要将着色器中的所有可变量都设置为 invariance。可以通过顶点着色器的预编译命令 pragma 来完成这项工作。

```
#pragma STDGL invariant(all)
```

全局都设置为 invariance 可以帮助我们解决调试问题，但是，这样对于着色器的性能也会有所影响。而为了保证不变性，通常也会导致 GLSL 编译器所执行的一些优化工作被迫停止。

precise 限制符

precise 限制符可以设置任何计算中的变量或者函数的返回值。它的名字有点望文生义，它的用途并不是增加数据精度，而是增加计算的可复用性。我们通常在细分着色器中用它来避免造成几何体形状的裂缝。第 9 章将大致介绍细分着色的内容，并且在其中对 precise 限制符进行更进一步的讲解和示例分析。

总体上说，如果必须保证某个表达式产生的结果是一致的，即使表达式中的数据发生了变化（但是在数学上并不影响结果）也是如此，那么此时我们应该使用 precise 而非 invariant。举例来说，下面的表达式中，即使 a 和 b 的值发生了交换，得到的结果也是不变的。此外即使 c 和 d 的值发生了交换，或者 a 和 c 同时与 b 和 d 发生了交换等，都应该得到同样的计算结果。

```
Location = a * b + c * d;
```

precise 限制符可以设置内置变量、用户变量，或者函数的返回值。

```
precise gl_Position;
precise out vec3 Location;
precise vec3 subdivide(vec3 P1, vec3 P2) { ... }
```

在着色器中，关键字 precise 可以在使用某个变量之前的任何位置上设置这个变量，并且可以修改之前已经声明过的变量。

编译器使用 precise 的一个实际影响是，类似上面的表达式不能再使用两种不同的乘法命令来同时参与计算。例如，第一次相乘使用普通的乘法，而第二次相乘使用混合乘加运算（fused multiply-and-add, fma）。这是因为这两个命令对于同一组值的计算结果可能会存在微小的差异。而这种差异是 precise 所不允许的，因此编译器会直接阻止你在代码中这样做。由于混合乘加运算对于性能的提升非常重要，因此不可能完全禁止用户使用它们。所以 GLSL 提供了一个内置的函数 fma()，让用户可以直接使用这个函数代替原先的操作。

```
precise out float result;
...
float f = c * d;
float result = fma(a, b, f);
```

当然，如果不需要考虑交换 a 和 c 的值，那么没有必要使用这种写法，因为那个时候也没有必要使用 precise 了。

2.3.5 着色器的预处理器

编译一个 GLSL 着色器的第一步是解析预处理器。这一点与 C 语言中的预处理器类似，并且 GLSL 同样提供了一系列命令来有条件地生成编译代码块，或者定义数值。不过，与 C 语言的预处理器不同的是，GLSL 中没有文件包含的命令（#include）。

预处理器命令

表 2-9 给出了 GLSL 预处理器所支持的预处理器命令以及对应的函数。

表 2-9　GLSL 的预处理器命令

预处理器命令	描述
#define #undef	控制常量与宏的定义，与 C 语言的预处理器命令类似
#if #ifdef #ifndef #else #elif #endif	代码的条件编译，与 C 语言的预处理器命令和 defined 操作符均类似。 条件表达式中只可以使用整数表达式或者 #define 定义的值

（续）

预处理器命令	描述
#error text	强制编译器将 text 文字内容（直到第一个换行符为止）插入到着色器的信息日志当中
#pragma options	控制编译器的特定选项
#extension options	设置编译器支持特定 GLSL 扩展功能
#version number	设置当前使用的 GLSL 版本名称
#line options	设置诊断行号

宏定义

GLSL 预处理器可以采取与 C 语言预处理器类似的宏定义方式，不过它不支持字符串替换以及预编译连接符。宏可以定义为单一的值，例如：

```
#define NUM_ELEMENTS 10
```

或者带有参数，例如：

```
#define LPos(n) gl_LightSource[(n)].position
```

此外，GLSL 还提供了一些预先定义好的宏，用于记录一些诊断信息（可以通过 #error 命令输出），如表 2-10 所示。

表 2-10 GLSL 预处理器中的预定义宏

宏名称	描述
__LINE__	行号，默认为已经处理的所有换行符的个数加一，也可以通过 #line 命令修改
__FILE__	当前处理的源字符串编号
__VERSION_	OpenGL 着色语言版本的整数表示形式

此外，也可以通过 #undef 命令来取消之前定义过的宏（GLSL 内置的宏除外）。例如：

```
#undef LPos
```

预处理器中的条件分支

GLSL 的预处理器与 C 语言的预处理器相同，都可以根据宏定义以及整型常数的条件来判断进入不同的分支，包含不同的代码段。

宏定义可以通过两种方式来参与条件表达式，第一种方式是使用 #ifdef 命令：

```
#ifdef NUM_ELEMENTS
    ...
#endif
```

或者在 #if 和 #elif 命令中使用操作符来进行判断：

```
#if defined(NUM_ELEMENTS) && NUM_ELEMENTS > 3
    ...
#elif NUM_ELEMENTS < 7
    ...
#endif
```

2.3.6   编译器的控制

#pragma 命令可以向编译器传递附加信息，并在着色器代码编译时设置一些额外属性。

编译器优化选项

优化选项用于启用或者禁用着色器的优化，它会直接影响该命令所在的着色器源代码。可以通过下面的命令分别启用或者禁用优化选项：

```
#pragma optimize(on)
```

或者

```
#pragma optimize(off)
```

这类选项必须在函数定义的代码块之外设置。一般默认所有着色器都开启了优化选项。

编译器调试选项

调试选项可以启用或者禁用着色器的额外诊断信息输出。可以通过下面的命令分别启用或者禁用调试选项：

```
#pragma debug(on)
```

或者

```
#pragma debug(off)
```

与优化选项一样，这些选项只在函数定义的代码块之外设置，而默认情况下，所有着色器都会禁用调试选项。

2.3.7   全局着色器编译选项

另一个可用的 #pragma 命令选项就是 STDGL。这个选项目前用于启用所有输出变量值的不变性检查。

着色器的扩展功能处理

GLSL 与 OpenGL 类似，都可以通过扩展的方式来增加功能。设备生产商也可以在自己的 OpenGL 实现中加入特殊的扩展，因此很有必要对着色器中可能用到的扩展功能进行编译级别的控制。

GLSL 预处理器提供了 #extension 命令，用于提示着色器的编译器在编译时如何处理可用的扩展内容。对于任何扩展，或者全部扩展，我们都可以在编译器编译过程中设置它们的处理方式。

```
#extension extension_name : <directive>
```

这里只是调用一个扩展功能，或者也可以使用：

```
#extension all : <directive>
```

从而直接影响所有扩展的行为。

<directive> 可用的选项如表 2-11 所示。

表 2-11 GLSL 扩展命令修饰符

命令	描述
require	如果无法支持给定的扩展功能，或者被设置为 all，则提示错误
enable	如果无法支持给定的扩展功能，则给出警告；如果设置为 all，则提示错误
warn	如果无法支持给定的扩展功能，或者在编译过程中使用了任何扩展，则给出警告
disable	禁止支持给定的扩展（即强制编译器不提供对扩展功能的支持），或者如果设置为 all 则禁止所有的扩展支持，之后当代码中涉及这个扩展使用时，提示警告或者错误

2.4 数据块接口

着色器与应用程序之间，或者着色器各阶段之间共享的变量可以组织为变量块的形式，并且有的时候必须采用这种形式。uniform 变量可以使用 uniform 块，输入和输出变量可以使用 in 和 out 块，着色器的存储缓存可以使用 buffer 块。

它们的形式都是类似的。首先了解一下 uniform 块的写法，第一个变量是匿名数据表，第二个是有名称的数据表。

```
uniform b {         // 限定符可以为 uniform、in、out 或者 buffer
    vec4 v1;        // 块中的变量列表
    bool v2;        // ...
};                  // 访问匿名块成员时使用 v1、v2
```

或者

```
uniform b {         // 限定符可以为 uniform、in、out 或者 buffer
    vec4 v1;        // 块中的变量列表
    bool v2;        // ...
} name;             // 访问有名块成员时使用 name.v1、name.v2
```

各种类型的块接口的详细介绍如下文所示。综合来说，块（block）开始部分的名称（上面的代码中为 b）对应于外部访问时的接口名称，而结尾部分的名称（上面的代码中为 name）用于在着色器代码中访问具体成员变量。

2.4.1 uniform 块

如果着色器程序变得比较复杂，那么其中用到的 uniform 变量的数量也会上升。通常会在多个着色器程序中用到同一个 uniform 变量。由于 uniform 变量的位置是着色器链接的时候产生的（也就是调用 glLinkProgram() 的时候），因此它在应用程序中获得的索引可能会有变化，即使我们给 uniform 变量设置的值可能是完全相同的。而 uniform 缓存对象（uniform buffer object）就是一种优化 uniform 变量访问，以及在不同的着色器程序之间共享 uniform 数据的方法。

正如你所知道的，uniform 变量是同时存在于用户应用程序和着色器当中的，因此需要同时修改着色器的内容并调用 OpenGL 函数来设置 uniform 缓存对象。

2.4.2　指定着色器中的 uniform 块

访问一组 uniform 变量的方法是使用诸如 glMapBuffer() 的 OpenGL 函数（参见第 3 章），但是我们需要在着色器中对它们的声明方式略作修改。不再分别声明每个 uniform 变量，而是直接将它们成组，形成一个类似结构体的形式，也就是 uniform 块。一个 uniform 块需要使用关键字 uniform 指定。然后将块中所有需要用到的变量包含在一对花括号当中，如例 2.3 所示。

例 2.3　声明一个 uniform 块

```
uniform Matrices {
    mat4 ModelView;
    mat4 Projection;
    mat4 Color;
};
```

注意，着色器中的数据类型有两种：不透明的和透明的；其中不透明类型包括采样器、图像和原子计数器。一个 uniform 块中只可以包含透明类型的变量。此外，uniform 块必须在全局作用域内声明。

uniform 块的布局控制

在 uniform 块中可以使用不同的限制符来设置变量的布局方式。这些限制符可以用来设置单个的 uniform 块，也可以用来设置所有后继 uniform 块的排列方式（需要使用布局声明）。可用的限制符及其介绍如表 2-12 所示。

表 2-12　uniform 的布局限制符

布局限制符	描述
binding = N	设置缓存的绑定位置，需要用到 OpenGL API
shared	设置 uniform 块是多个程序间共享的（这是默认的布局方式，与 shared 存储限制符不存在混淆）
packed	设置 uniform 块占用最小的内存空间，但是这样会禁止程序间共享这个块
std140	使用标准布局方式来设置 uniform 块或者着色器存储的 buffer 块，参见附录 H
std430	使用标准布局方式来设置 uniform 块，参见附录 I
offset = N	强制设置成员变量位于缓存的 N 字节偏移处
align = N	强制设置成员变量的偏移位置是 N 的倍数
row_major	使用行主序的方式来存储 uniform 块中的矩阵
column_major	使用列主序的方式来存储 uniform 块中的矩阵（这也是默认的顺序）

例如，如果需要共享一个 uniform 块，并且使用行主序的方式来存储数据，那么可以使用下面的代码来声明它：

```
layout (shared, row_major) uniform { ... };
```

多个限制符可以通过圆括号中的逗号来分隔。如果需要对所有后继的 uniform 块设置同一种布局，那么可以使用下面的语句：

```
layout (packed, column_major) uniform;
```

这样一来，当前行之后的所有 uniform 块都会使用这种布局方式，除非再次改变全局的布局，或者对某个块的声明单独设置专属的布局方式。

如果你在着色器和应用程序之间共享了一块缓存，那么这两者都需要确认成员变量所处的内存偏移地址。因此，这里就需要明确布局设置，也就是 std140 和 std430 所提供的功能。

虽然 std140 和 std430 已经提供了比较合理的显式缓存布局，但是用户可能还是希望更好的缓存布局控制方式。此时可以通过 offset 限制符来控制成员的精确位置，或者用 align 限制符来设置一个模糊的对齐方式。你可以只对某些成员应用这些限制符，从而确保应用程序和着色器之间的布局是同步的。

连续的无限制符成员变量会自动进行偏移位置的对齐，这也是 std140 和 std430 的标准。

```
#version 440
layout (std140) uniform b {
    float size;                      // 默认从 0 字节位置开始
    layout(offset=32) vec4 color;   // 从 32 字节开始
    layout(align=1024) vec4 a[12];  // 从下一个 1024 倍数的字节位置开始
    vec4 b[12];                      // 从 a[12] 之后的偏移地址开始
} buf;
```

在用户程序设置缓存结构体的时候，可以使用 C/C++ struct 结构体形式的语言工具，也可以直接向缓存的偏移地址写入数据。这里唯一的问题就是偏移值和对齐方式的可读性。成员变量的地址偏移值是逐渐增加的，并且必须按照 std140 或者 std430 的规则对齐。总之，对于浮点数和双精度浮点数的结构体来说，对齐过程是自然的，只不过 std140 需要对类似 vec4 这样的类型增加一个额外的 16 字节对齐的限制。

注意 N 的定义：GLSL 的布局限制符在任何时候都是 layout (ID = N) 的形式，这里的 N 必须是一个非负整数。对于 #version 430 或者更早版本来说，它必须是一个字面整数值。不过从 #version 440 开始，N 也可以是一个常整数的表达式了。

访问 uniform 块中声明的 uniform 变量

虽然 uniform 块已经命名了，但是块中声明的 uniform 变量并不会受到这个命名的限制。也就是说，uniform 块的名称并不能作为 uniform 变量的父名称，因此在两个不同名的 uniform 块中声明同名变量会在编译时造成错误。然而，在访问一个 uniform 变量的时候，也不一定非要使用块的名称。

2.4.3　从应用程序中访问 uniform 块

uniform 变量是着色器与应用程序之间共享数据的桥梁，因此如果着色器中的 uniform 变量是定义在命名的 uniform 块中，那么就有必要找到不同变量的偏移值。如果获取了这些变量的具体位置，那么就可以使用数据对它们进行初始化，这一过程与处理缓存对象（使用 glNamedBufferSubData() 等函数）是一致的。

首先假设已知应用程序的着色器中 uniform 块的名字。如果要对 uniform 块中的 uniform 变量进行初始化，那么第一步就是找到块在着色器程序中的索引位置。可以调用 glGetUniformBlockIndex() 函数返回对应的信息，然后在应用程序的地址空间里完成 uniform 变量的映射。

GLuint glGetUniformBlockIndex(GLuint program, const char * uniformBlockName);

返回 program 中名称为 uniformBlockName 的 uniform 块的索引值。如果 uniformBlockName 不是一个合法的 uniform 程序块，那么返回 GL_INVALID_INDEX。

如果要初始化 uniform 块对应的缓存对象，那么我们需要使用 glBindBuffer() 将缓存对象绑定到目标 GL_UNIFORM_BUFFER 之上（第 3 章将会给出更详细的解释）。

当对缓存对象进行初始化之后，我们需要判断命名的 uniform 块中的变量总共占据了多大的空间。我们可以使用函数 glGetActiveUniformBlockiv() 并且设置参数为 GL_UNIFORM_BLOCK_DATA_SIZE，这样就可以返回编译器分配的块的大小（根据 uniform 块的布局设置，编译器可能会自动排除着色器中没有用到的 uniform 变量）。glGetActiveUniformBlockiv() 函数还可以用来获取一个命名的 uniform 块的其他一些相关参数。

在获取 uniform 块的索引之后，我们需要将一个缓存对象与这个块相关联。最常见的方法是调用 glBindBufferRange()，或者如果 uniform 块是全部使用缓存来存储的，那么可以使用 glBindBufferBase()。

---

void glBindBufferRange(GLenum target, GLuint index, GLuint buffer, GLintptr offset, GLsizeiptr size);
void glBindBufferBase(GLenum target, GLuint index, GLuint buffer);

将缓存对象 buffer 与索引为 index 的命名 uniform 块关联起来。target 必须是支持索引的某个缓存绑定目标。index 是 uniform 块的索引。offset 和 size 分别指定了 uniform 缓存映射的起始索引和大小。

调用 glBindBufferBase() 等价于调用 glBindBufferRange() 并设置 offset 为 0，size 为缓存对象的大小。

在下列情况下调用这两个函数可能会产生 OpenGL 错误 GL_INVALID_VALUE：size 小于 0；offset+size 大于缓存大小；offset 或 size 不是 4 的倍数；index 小于 0 或者大于等于 target 设置的绑定目标所支持的最大索引数。

当建立了命名 uniform 块和缓存对象之间的关联之后，只要使用缓存相关的命令即可对块内的数据进行初始化或者修改。

我们也可以直接设置某个命名 uniform 块和缓存对象之间的绑定关系，也就是说，不使用链接器内部自动绑定块对象并且查询关联结果的方式。如果多个着色器程序需要共享同一个 uniform 块，那么你可能需要用到这种方法。这样可以避免对于不同的着色器程序同一个块有不同的索引号。如果需要显式地控制一个 uniform 块的绑定方式，可以在调用 glLinkProgram() 之前调用 glUniformBlockBinding() 函数。

GLint **glUniformBlockBinding**(GLuint program, GLuint uniformBlockIndex, GLuint uniformBlockBinding);

　　显式地将块 uniformBlockIndex 绑定到 uniformBlockBinding。

在一个命名的 uniform 块中，uniform 变量的布局是通过各种布局限制符在编译和链接时控制的。如果使用了默认的布局方式，那么需要判断每个变量在 uniform 块中的偏移量和数据存储大小。为此，需要调用两个命令：glGetUniformIndices() 负责获取指定名称 uniform 变量的索引位置，而 glGetActiveUniformsiv() 可以获得指定索引位置的偏移量和大小，如例 2.4 所示。

---

void **glGetUniformIndices**(GLuint program, GLsizei uniformCount, const char** uniformNames, GLuint* uniformIndices);

　　返回所有 uniformCount 个 uniform 变量的索引位置，变量的名称通过字符串数组 uniformNames 来指定，程序返回值保存在数组 uniformIndices 当中。在 uniformNames 中的每个名称都是以 NULL 来结尾的，并且 uniformNames 和 uniformIndices 的数组元素数都应该是 uniformCount 个。如果在 uniformNames 中给出的某个名称不是当前启用的 uniform 变量名称，那么 uniformIndices 中对应的位置将会记录为 GL_INVALID_INDEX。

例 2.4　初始化一个命名 uniform 块中的 uniform 变量

```
// 顶点着色器和片元着色器共享同一个名称为 "Uniforms" 的 uniform 块
const char* vShader = {
    "#version 330 core\n"
    "uniform Uniforms {"
    "    vec3  translation;"
    "    float scale;"
    "    vec4  rotation;"
    "    bool  enabled;"
    "};"
```

```
    "in vec2  vPos;"
    "in vec3  vColor;"
    "out vec4  fColor;"
    "void main()"
    "{"
    "    vec3   pos = vec3(vPos, 0.0);"
    "    float  angle = radians(rotation[0]);"
    "    vec3   axis = normalize(rotation.yzw);"
    "    mat3   I = mat3(1.0);"
    "    mat3   S = mat3(        0, -axis.z,  axis.y, "
    "                       axis.z,       0, -axis.x, "
    "                      -axis.y,  axis.x,        0);"
    "    mat3   uuT = outerProduct(axis, axis);"
    "    mat3   rot = uuT + cos(angle)*(I - uuT) + sin(angle)*S;"
    "    pos *= scale;"
    "    pos *= rot;"
    "    pos += translation;"
    "    fColor = vec4(scale, scale, scale, 1);"
    "    gl_Position = vec4(pos, 1);"
    "}"
};

const char* fShader = {
    "#version 330 core\n"
    "uniform Uniforms {"
    "    vec3   translation;"
    "    float  scale;"
    "    vec4   rotation;"
    "    bool   enabled;"
    "};"
    "in vec4  fColor;"
    "out vec4 color;"
    "void main()"
    "{"
    "    color = fColor;"
    "}"
};

// 用于将 GLSL 类型转换为存储大小的辅助函数
size_t
TypeSize(GLenum type)
{
    size_t  size;

    #define CASE(Enum, Count, Type) \
    case Enum: size = Count * sizeof(Type); break

    switch (type) {
      CASE(GL_FLOAT,             1,  GLfloat);
      CASE(GL_FLOAT_VEC2,        2,  GLfloat);
      CASE(GL_FLOAT_VEC3,        3,  GLfloat);
      CASE(GL_FLOAT_VEC4,        4,  GLfloat);
      CASE(GL_INT,               1,  GLint);
      CASE(GL_INT_VEC2,          2,  GLint);
      CASE(GL_INT_VEC3,          3,  GLint);
      CASE(GL_INT_VEC4,          4,  GLint);
```

```
        CASE(GL_UNSIGNED_INT,      1,   GLuint);
        CASE(GL_UNSIGNED_INT_VEC2, 2,   GLuint);
        CASE(GL_UNSIGNED_INT_VEC3, 3,   GLuint);
        CASE(GL_UNSIGNED_INT_VEC4, 4,   GLuint);
        CASE(GL_BOOL,              1,   GLboolean);
        CASE(GL_BOOL_VEC2,         2,   GLboolean);
        CASE(GL_BOOL_VEC3,         3,   GLboolean);
        CASE(GL_BOOL_VEC4,         4,   GLboolean);
        CASE(GL_FLOAT_MAT2,        4,   GLfloat);
        CASE(GL_FLOAT_MAT2x3,      6,   GLfloat);
        CASE(GL_FLOAT_MAT2x4,      8,   GLfloat);
        CASE(GL_FLOAT_MAT3,        9,   GLfloat);
        CASE(GL_FLOAT_MAT3x2,      6,   GLfloat);
        CASE(GL_FLOAT_MAT3x4,      12,  GLfloat);
        CASE(GL_FLOAT_MAT4,        16,  GLfloat);
        CASE(GL_FLOAT_MAT4x2,      8,   GLfloat);
        CASE(GL_FLOAT_MAT4x3,      12,  GLfloat);
#undef CASE
        default:
        fprintf(stderr, "Unknown type: 0x%x\n", type);
        exit(EXIT_FAILURE);
        break;
    }

    return size;
}


void
init()
{
    GLuint  program;

    glClearColor(1, 0, 0, 1);

    ShaderInfo shaders[] = {
        { GL_VERTEX_SHADER, vShader },
        { GL_FRAGMENT_SHADER, fShader },
        { GL_NONE, NULL }
    };

    program = LoadShaders(shaders);
    glUseProgram(program);

    /* 初始化 uniform 块 "Uniforms" 中的变量 */
    GLuint   uboIndex;
    GLint    uboSize;
    GLuint   ubo;
    GLvoid   *buffer;

    /* 查找 "Uniforms" 的 uniform 缓存索引，并判断整个块的大小 */
    uboIndex = glGetUniformBlockIndex(program, "Uniforms");

    glGetActiveUniformBlockiv(program, uboIndex,
    GL_UNIFORM_BLOCK_DATA_SIZE, &uboSize);
```

```
    buffer = malloc(uboSize);

if (buffer == NULL) {
    fprintf(stderr, "Unable to allocate buffer\n");
    exit(EXIT_FAILURE);
}
else {
    enum { Translation, Scale, Rotation, Enabled, NumUniforms };

  /* 准备存储在缓存对象中的值 */
  GLfloat    scale = 0.5;
  GLfloat    translation[] = { 0.1, 0.1, 0.0 };
  GLfloat    rotation[] = { 90, 0.0, 0.0, 1.0 };
  GLboolean  enabled = GL_TRUE;

  /* 我们可以建立一个变量名称数组，对应块中已知的 uniform 变量 */
  const char* names[NumUniforms] = {
    "translation",
    "scale",
    "rotation",
    "enabled"
  };

  /* 查询对应的属性，以判断向数据缓存中写入数值的位置 */
  GLuint    indices[NumUniforms];
  GLint     size[NumUniforms];
  GLint     offset[NumUniforms];
  GLint     type[NumUniforms];

  glGetUniformIndices(program, NumUniforms, names, indices);
  glGetActiveUniformsiv(program, NumUniforms, indices,
                        GL_UNIFORM_OFFSET, offset);
  glGetActiveUniformsiv(program, NumUniforms, indices,
                        GL_UNIFORM_SIZE, size);
  glGetActiveUniformsiv(program, NumUniforms, indices,
                        GL_UNIFORM_TYPE, type);

  /* 将 uniform 变量值拷贝到缓存中 */
  memcpy(buffer + offset[Scale], &scale,
         size[Scale] * TypeSize(type[Scale]));
  memcpy(buffer + offset[Translation], &translation,
         size[Translation] * TypeSize(type[Translation]));
  memcpy(buffer + offset[Rotation], &rotation,
         size[Rotation] * TypeSize(type[Rotation]));
  memcpy(buffer + offset[Enabled], &enabled,
         size[Enabled] * TypeSize(type[Enabled]));

  /* 建立 uniform 缓存对象，初始化存储内容，并且与着色器程序建立关联 */
  glGenBuffers(1, &ubo);
  glBindBuffer(GL_UNIFORM_BUFFER, ubo);
  glBufferData(GL_UNIFORM_BUFFER, uboSize,
               buffer, GL_STATIC_RAW);

  glBindBufferBase(GL_UNIFORM_BUFFER, uboIndex, ubo);
}
...
}
```

2.4.4　buffer 块

GLSL 中的 buffer 块，或者对于应用程序而言，就是着色器的**存储缓存对象**（shader storage buffer object），它的行为类似 uniform 块。不过两者之间有两个决定性的差别，使得 buffer 块的功能更为强大。首先，着色器可以写入 buffer 块，修改其中的内容并呈现给其他的着色器调用或者应用程序本身。其次，可以在渲染之前再决定它的大小，而不是编译和链接的时候。例如：

```
buffer BufferObject {   // 创建一个可读写的 buffer 块
    int mode;           // 序言（preamble）成员
    vec4 points[];      // 最后一个成员可以是未定义大小的数组
};
```

如果在着色器中没有给出上面的数组的大小，那么可以在应用程序中编译和连接之后，渲染之前设置它的大小。着色器中可以通过 length() 方法获取渲染时的数组大小。

着色器可以对 buffer 块中的成员执行读或写操作。写入操作对着色器存储缓存对象的修改对于其他着色器调用都是可见的。这种特性对于计算着色器非常有意义，尤其是对非图像的内存区域进行处理的时候。

有关 buffer 块的内存限制符（例如 coherent）以及原子操作的相关深入讨论请参见第 11 章。

设置着色器存储缓存对象的方式与设置 uniform 缓存的方式类似，不过 glBindBuffer()、glBindBufferRange() 和 glBindBufferBase() 需要使用 GL_SHADER_STORAGE_BUFFER 作为目标参数。我们可以在 11.2 节中看到一个更完整的例子。

如果你不需要写入缓存中，那么可以直接使用 uniform 块，并且硬件设备本身可能也没有足够的资源空间来支持 buffer 块，但是 uniform 块通常是足够的。此外，记住 buffer 块只可以使用 std430 布局，而 uniform 块可以选择 std140 或者 std430 布局。

2.4.5　in/out 块、位置和分量

着色器变量从一个阶段输出，然后再输入到下一个阶段中，这一过程可以使用块接口来表示。使用逻辑上成组的方式来进行组织也更有利于判断两个阶段的数据接口是否一致，同样对单独程序的链接也会变得更为简单。

例如，一个顶点着色器的输出可能为：

```
out Lighting {
    vec3 normal;
    vec2 bumpCoord;
};
```

它必须与片元着色器的输入是匹配的：

```
in Lighting {
    vec3 normal;
    vec2 bumpCoord;
};
```

顶点着色器可以输出材质和光照的信息，并且都分成独立的数据块。

在本书中，layout (location = N) 被用于每个独立的输入和输出变量，但是从 OpenGL 4.4 版本开始，它也可以作用于输入和输出块的成员，显式地设置它们的位置：

```
#version 440
in Lighting {
    layout(location=1) vec3 normal;
    layout(location=2) vec2 bumpCoord;
};
```

无论这些 location 位置信息是否在块中，都是可以等价于一个 vec4 的。如果用户希望把多个小的对象设置到同一个位置上，那么也可以使用分量（component）关键字：

```
#version 440
in Lighting {
    layout(location=1, component=0) vec2 offset;
    layout(location=1, component=2) vec2 bumpCoord;
};
```

与其声明一个 vec4 combined，然后使用 combined.xy 和 combined.zw 来模拟 offset 和 bumpCoord，这个方法显然要好得多。它在块的外部也是可以使用的。

OpenGL 着色语言中内置的接口同样也是以块的方式存在的，例如 gl_PerVertex，其中包含了内置变量 gl_Position 等信息。我们可以在附录 C 中找到一个完整的内置变量列表。

2.5 着色器的编译

OpenGL 着色器程序的编写与 C 语言等基于编译器的语言非常类似。我们使用编译器来解析程序，检查是否存在错误，然后将它翻译为目标代码。然后，在链接过程中将一系列目标文件合并，并产生最终的可执行程序。在程序中使用 GLSL 着色器的过程与之类似，只不过编译器和链接器都是 OpenGL API 的一部分而已。

图 2-1 给出了创建 GLSL 着色器对象并且通过链接来生成可执行着色器程序的过程。

对于每个着色器程序，我们都需要在应用程序中通过下面的步骤进行设置。

对于每个着色器对象：

1）创建一个着色器对象。

2）将着色器源代码编译为对象。

3）验证着色器的编译是否成功。

然后需要将多个着色器对象链接为一个着色器程序，包括：

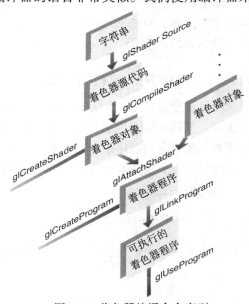

图 2-1　着色器编译命令序列

1）创建一个着色器程序。

2）将着色器对象关联到着色器程序。

3）链接着色器程序。

4）判断着色器的链接过程是否成功完成。

5）使用着色器来处理顶点和片元。

为什么要创建多个着色器对象？这是因为我们有可能在不同的程序中复用同一个函数，而 GLSL 程序也是同一个道理。我们创建的通用函数可以在多个着色器中得到复用。因此不需要使用大量的通用代码来编译大量的着色器资源，只需要将合适的着色器对象链接为一个着色器程序即可。

调用 glCreateShader() 来创建着色器对象。

GLuint **glCreateShader**(GLenum type);

分配一个着色器对象。`type` 必须是 GL_VERTEX_SHADER、GL_FRAGMENT_SHADER、GL_TESS_CONTROL_SHADER、GL_TESS_EVALUATION_SHADER、GL_GEOMETRY_SHADER 或 GL_COMPUTE_SHADER 中的一个。返回值可能是一个非零的整数值，如果为 0 则说明发生了错误。

当我们使用 glCreateShader() 创建了着色器对象之后，就可以将着色器的源代码关联到这个对象上。这一步需要调用 glShaderSource() 函数。

---

void **glShaderSource**(GLuint shader, GLsizei count, const GLchar** string, const GLint* length);

将着色器源代码关联到一个着色器对象 shader 上。string 是一个由 count 行 GLchar 类型的字符串组成的数组，用来表示着色器的源代码数据。string 中的字符串可以是 NULL 结尾的，也可以不是。而 length 可以是以下三种值的一种。如果 length 是 NULL，那么我们假设 string 给出的每行字符串都是 NULL 结尾的。否则，length 中必须有 count 个元素，它们分别表示 string 中对应行的长度。如果 length 数组中的某个值是一个整数，那么它表示对应的字符串中的字符数。如果某个值是负数，那么 string 中的对应行假设为 NULL 结尾。

如果要编译着色器对象的源代码，需要使用 glCompileShader() 函数。

---

void **glCompileShader**(GLuint shader);

编译着色器的源代码。结果查询可以调用 glGetShaderiv()，并且参数为 GL_COMPILE_STATUS。

　　这里与 C 语言程序的编译类似，需要自己判断编译过程是否正确地完成。调用 glGetShaderiv() 并且参数为 GL_COMPILE_STATUS，返回的就是编译过程的状态。如果返回为 GL_TRUE，那么编译成功，下一步可以将对象链接到一个着色器程序中。如果编译失败，那么可以通过调取编译日志来判断错误的原因。glGetShaderInfoLog() 函数会返回一个与具体实现相关的信息，用于描述编译时的错误。这个错误日志的大小可以通过调用 glGetShaderiv()（带参数 GL_INFO_LOG_LENGTH）来查询。

---

void glGetShaderInfoLog(GLuint shader, GLsizei bufSize, GLsizei* length, char* infoLog);

　　返回 shader 的最后编译结果。返回的日志信息是一个以 NULL 结尾的字符串，它保存在 infoLog 缓存中，长度为 length 个字符串。日志可以返回的最大值是通过 bufSize 来定义的。如果 length 设置为 NULL，那么将不会返回 infoLog 的大小。

　　当创建并编译了所有必要的着色器对象之后，下一步就是链接它们以创建一个可执行的着色器程序。这个过程与创建着色器对象的过程类似。首先，我们创建一个着色器程序，以便将着色器对象关联到其上。这里用到了 glCreateProgram() 函数。

GLuint glCreateProgram(void);

　　创建一个空的着色器程序。返回值是一个非零的整数，如果为 0 则说明发生了错误。

　　当得到着色器程序之后，下一步可以将它关联到必要的着色器对象上，以创建可执行的程序。关联着色器对象的步骤可以通过调用 glAttachShader() 函数来完成。

---

void glAttachShader(GLuint program, GLuint shader);

　　将着色器对象 shader 关联到着色器程序 program 上。着色器对象可以在任何时候关联到着色器程序，但是它的功能只有经过程序的成功链接之后才是可用的。着色器对象可以同时关联到多个不同的着色器程序上。

　　与之对应的是，如果我们需要从程序中移除一个着色器对象，从而改变着色器的操作，那么可以调用 glDetachShader() 函数，设置对应的着色器对象标识符来解除对象的关联。

---

void glDetachShader(GLuint program, GLuint shader);

　　移除着色器对象 shader 与着色器程序 program 的关联。如果着色器已经被标记为要删除的对象（调用 glDeleteShader()），然后又被解除了关联，那么它将会被即时删除。

当我们将所有必要的着色器对象关联到着色器程序之后，就可以链接对象来生成可执行程序了。这一步需要调用函数 glLinkProgram()。

---

void glLinkProgram(GLuint program);

　　处理所有与 program 关联的着色器对象来生成一个完整的着色器程序。链接操作的结果查询可以调用 glGetProgramiv()，且参数为 GL_LINK_STATUS。如果返回 GL_TRUE，那么链接成功；否则，返回 GL_FALSE。

由于着色器对象中可能存在问题，因此链接过程依然可能会失败。我们可以调用 glGetProgramiv()（带参数 GL_LINK_STATUS）来查询链接操作的结果。如果返回 GL_TRUE，那么链接操作成功，然后我们可以指定着色器程序来处理顶点和片元数据了。如果链接失败，即返回结果为 GL_FALSE，那么我们可以通过调用 glGetProgramInfoLog() 函数来获取程序链接的日志信息并判断错误原因。

---

void glGetProgramInfoLog(GLuint program, GLsizei bufSize, GLsizei* length, char* infoLog);

　　返回最后一次 program 链接的日志信息。日志返回的字符串以 NULL 结尾，长度为 length 个字符，保存在 infoLog 缓存中。log 可返回的最大值通过 bufSize 指定。如果 length 为 NULL，那么不会再返回 infoLog 的长度。

如果我们成功地完成了程序的链接，那么就可以调用函数 glUseProgram() 来运行着色器代码，并且参数设置为程序对象的句柄来启用顶点或者片元程序。

---

void glUseProgram(GLuint program);

　　使用链接过的着色器程序 program。如果 program 为零，那么所有当前使用的着色器都会被清除。如果没有绑定任何着色器，那么 OpenGL 的操作结果是未定义的，但是不会产生错误。

　　如果已经启用了一个程序，而它需要关联新的着色器对象，或者解除之前关联的对象，那么我们需要重新对它进行链接。如果链接过程成功，那么新的程序会直接替代之前启用的程序。如果链接失败，那么当前绑定的着色器程序依然是可用的，不会被替代，直到我们成功地重新链接或者使用 glUseProgram() 指定了新的程序为止。

当着色器对象的任务完成之后，我们可以通过 glDeleteShader() 将它删除，并且不需

要关心它是否关联到某个活动程序上。这一点与 C 语言程序的链接是相同的，当我们得到可执行程序之后，就不再需要对象文件了，直到我们再次进行编译为止。

---

void glDeleteShader(GLuint shader);

删除着色器对象 shader。如果 shader 当前已经链接到一个或者多个激活的着色器程序上，那么它将被标识为"可删除"，当对应的着色器程序不再使用的时候，就会自动删除这个对象。

与此类似，如果我们不再使用某个着色器程序，也可以直接调用 glDeleteProgram() 删除它。

---

void glDeleteProgram(GLuint program);

立即删除一个当前没有在任何环境中使用的着色器程序 program，如果程序正在被某个环境使用，那么等到它空闲时再删除。

最后，为了确保接口的完整性，还可以调用 glIsShader() 来判断某个着色器对象是否存在，或者通过 glIsProgram() 判断着色器程序是否存在。

GLboolean glIsShader(GLuint shader);

如果 shader 是一个通过 glCreateShader() 生成的着色器对象的名称，并且没有被删除，那么返回 GL_TRUE。如果 shader 是零或者不是着色器对象名称的非零值，则返回 GL_FALSE。

GLboolean glIsProgram(GLuint program);

如果 program 是一个通过 glCreateProgram() 生成的程序对象的名称，并且没有被删除，那么返回 GL_TRUE。如果 program 是 0 或者不是着色器程序名称的非零值，则返回 GL_FALSE。

为了简化应用程序中使用着色器的过程，我们在示例中使用一个 LoadShaders() 函数来辅助载入和创建着色器程序。我们已经在第 1 章的第一个程序中用到了这个函数来加载简单的着色器代码。

2.6 着色器子程序

高级技巧

GLSL 允许我们在着色器中定义函数，而这些函数的调用过程总是静态的。如果需要动态地选择调用不同的函数，那么可以创建两个不同的着色器，或者使用 if 语句来进行运行时的选择，如例 2.5 所示。

例 2.5 静态着色器的控制流程

```
#version 330 core

void func_1() {  ...  }
void func_2() {  ...  }

uniform int func;

void
main()
{
    if (func == 1)
        func_1();
    else
        func_2();
}
```

着色器子程序在概念上类似于 C 语言中的函数指针，它可以实现动态子程序选择过程。在着色器当中，可以预先声明一个可用子程序的集合，然后动态地指定子程序的类型。然后，通过设置一个子程序的 uniform 变量，从预设的子程序中选择一个并加以执行。

2.6.1 GLSL 的子程序设置

当我们需要在着色器中进行子程序的选择时，通常需要三个步骤来设置一个子程序池。

1）通过关键字 subroutine 来定义子程序的类型：

```
subroutine returnType subroutineType(type param, ...);
```

其中 returnType 可以是任何类型的函数返回值，而 subroutineType 是一个合法的子程序名称。由于它相当于函数的原型，因此我们只需要给出参数的类型，不一定给出参数的名称（我们可以将它设想为 C 语言中的 typedef，而 subroutineType 就是新定义的类型）。

2）使用刚才定义的 subroutineType，通过 subroutine 关键字来定义这个子程序集合的内容，以便稍后进行动态的选择。某个子程序函数的原型定义类似于下面的形式：

```
subroutine (subroutineType) returnType functionName(...);
```

3）最后，指定一个子程序 uniform 变量，其中保存了相当于"函数指针"的子程序选择信息，这可以在应用程序中更改：

```
subroutine uniform subroutineType variableName;
```

将上面的三个步骤整合在一起，我们可以通过例 2.6 来实现环境光照和漫反射光照方式的动态选择。

例 2.6 声明一个子程序集合

```
subroutine vec4 LightFunc(vec3); // 第 1 步

subroutine (LightFunc) vec4 ambient(vec3 n) // 第 2 步
{
    return Materials.ambient;
}

subroutine (LightFunc) vec4 diffuse(vec3 n) // 第 2 步（重复）
{
    return Materials.diffuse *
      max(dot(normalize(n), LightVec.xyz), 0.0);
}

subroutine uniform LightFunc materialShader; // 第 3 步
```

子程序并不一定只属于一个子程序类型（例如，例 2.6 中的 LightFunc）。如果定义了多种类型的子程序，那么我们可以设置一个子程序属于多个类型，方法是在定义子函数时把类型添加到列表中，如下所示：

```
subroutine void Type_1();
subroutine void Type_2();
subroutine void Type_3();

subroutine (Type_1, Type_2) Func_1();
subroutine (Type_1, Type_3) Func_2();

subroutine uniform Type_1 func_1;
subroutine uniform Type_2 func_2;
subroutine uniform Type_3 func_3;
```

在上面的例子中，func_1 可以使用 Func_1 和 Func_2，这是因为两个子程序都指定了 Type_1。但是，func_2 就只能使用 Func_1，而 func_3 只能使用 Func_2。

2.6.2 选择着色器子程序

如果我们已经在着色器中定义了所有子程序类型和函数，那么只需要在链接后的着色器程序中查询一些数值，然后使用这些数值来选择合适的函数即可。

在之前所示的步骤 3 当中，我们声明了一个子程序的 uniform 变量，之后就可以获取它的位置并设置它的值。与其他的 uniform 变量不同的是，子程序的 uniform 需要使用 glGetSubroutineUniformLocation() 来获取自身的位置。

GLint **glGetSubroutineUniformLocation**(GLuint program, GLenum shadertype, const char* name);

返回名为 name 的子程序 uniform 的位置，相应的着色阶段通过 shadertype 来指定。name 是一个以 NULL 结尾的字符串，而 shadertype 的值必须是 GL_VERTEX_ SHADER、GL_TESS_CONTROL_SHADER、GL_TESS_EVALUATION_SHADER、GL_

GEOMETRY_SHADER 或者 GL_FRAGMENT_SHADER 中的一个。

　　如果 name 不是一个激活的子程序 uniform，则返回 –1。如果 program 不是一个可用的着色器程序，那么会生成一个 GL_INVALID_OPERATION 错误。

　　当取得了子程序 uniform 数值之后，我们需要判断某个子程序在着色器中的索引号。这一步可以通过调用函数 glGetSubroutineIndex() 来完成。

GLuint glGetSubroutineIndex(GLuint program, GLenum shadertype, const char* name);

　　从程序 program 中返回 name 所对应的着色器函数的索引，相应的着色阶段通过 shadertype 来指定。name 是一个以 NULL 结尾的字符串，而 shadertype 的值必须是 GL_VERTEX_SHADER、GL_TESS_CONTROL_SHADER、GL_TESS_EVALUATION_SHADER、GL_GEOMETRY_SHADER 或者 GL_FRAGMENT_SHADER 中的一个。

　　如果 name 不是 shadertype 着色器的一个活动子程序，那么会返回 GGL_INVALID_INDEX。

　　当我们得到了子程序的索引以及 uniform 的位置之后，可以使用 glUniformSubroutinesuiv() 来指定在着色器中执行哪一个子程序函数。某个着色阶段中，所有的子程序 uniform 都必须先经过初始化的过程。

GLuint glUniformSubroutinesuiv(GLenum shadertype, GLsizei count, const GLuint* indices);

　　设置所有 count 个着色器子程序 uniform 使用 indices 数组中的值，相应的着色阶段通过 shadertype 来指定。shadertype 的值必须是 GL_VERTEX_SHADER、GL_TESS_CONTROL_SHADER、GL_TESS_EVALUATION_SHADER、GL_GEOMETRY_SHADER 或者 GL_FRAGMENT_SHADER 中的一个。第 i 个子程序 uniform 对应于 indices[i] 的值。

　　如果 count 不等于当前绑定程序的着色阶段 shadertype 的 GL_ACTIVE_SUBROUTINE_UNIFORM_LOCATIONS 值，那么会产生一个 GL_INVALID_VALUE 错误。indices 中的所有值都必须小于 GL_ACTIVE_SUBROUTINES，否则会产生一个 GL_INVALID_VALUE 错误。

　　将上面的步骤组合在一起，可以得到下面的代码段，它演示了例 2.6 中的顶点着色器的调用过程。

```
GLint   materialShaderLoc;
GLuint ambientIndex;
GLuint diffuseIndex;

glUseProgram(program);

materialShaderLoc = glGetSubroutineUniformLocation(
    program, GL_VERTEX_SHADER, "materialShader");

if (materialShaderLoc < 0) {
    // 错误: materialShader 不是着色器中启用的子程序 uniform
    // uniform in the shader.
}

ambientIndex = glGetSubroutineIndex(program,
                                    GL_VERTEX_SHADER,
                                    "ambient");
diffuseIndex = glGetSubroutineIndex(program,
                                    GL_VERTEX_SHADER,
                                    "diffuse");
if (ambientIndex == GL_INVALID_INDEX ||
        diffuseIndex == GL_INVALID_INDEX) {
    // 错误: 指定的子程序在 GL_VERTEX_SHADER 阶段当前绑定的程序中没有启用

}
else {
    GLsizei n;
    glGetIntegerv(GL_MAX_SUBROUTINE_UNIFORM_LOCATIONS, &n);

    GLuint *indices = new GLuint[n];
    indices[materialShaderLoc] = ambientIndex;

    glUniformSubroutinesuiv(GL_VERTEX_SHADER, n, indices);

    delete [] indices;
}
```

📝 **注意**   调用 **glUseProgram()** 时会重新设置所有子程序 uniform 的值，具体的顺序与硬件实现相关。

2.7 独立的着色器对象

高级技巧

在 OpenGL 4.1 版本之前（不考虑扩展功能），在应用程序中，同一时间只能绑定一个着色器程序。如果你的程序需要使用多个片元着色器来处理来自同一个顶点着色器的几何体变换数据，那么这样会变得很不方便。此时只能将同一个顶点着色器复制多份，并且多次绑定到不同的着色器程序，从而造成了资源的浪费和代码的重复。

独立的着色器对象可以将不同程序的着色阶段（例如顶点着色）合并到同一个程序管线中。第一步，我们需要创建用于着色器管线的着色器程序。我们可以调用 **glProgramParameteri()**

函数并且设置参数为 GL_PROGRAM_SEPARABLE，然后再链接着色器程序。这样该程序就被标识为在程序管线中使用。如果想要简化这个过程，还可以直接使用新增的 glCreateShaderProgramv() 来封装着色器编译过程，并且将程序标识为可共享（如上文所述），然后链接到最终的对象。

将着色器程序集合合并之后，就需要用这个新的着色器管线结构来合并多个程序中的着色阶段。对于 OpenGL 中的大部分对象来说，都有一个生成－绑定－删除的过程，以及对应可用的函数。着色器管线的创建可以调用 glCreateProgramPipelines()，即创建一个未使用的程序管线标识符，然后将它传入 glBindProgramPipeline()，使得该程序可以自由编辑（例如，添加或者替换着色阶段）和使用。与其他生成的对象相似，程序管线可以通过 glDeleteProgramPipelines() 来删除。

当绑定了一个程序管线之后，可以调用 glUseProgramStages() 将之前标记为独立的程序对象关联到管线上，它通过位域的方式来描述该管线处理几何体和着色片元时，给定程序所处的着色阶段。而之前的 glUseProgram() 只能直接调用一个程序并且替换当前绑定的程序管线。

为了确保管线可以使用，着色器阶段之间的接口——in 和 out 变量——也必须是匹配的。非独立的着色器对象在程序链接时就可以检查这些接口的匹配情况，与之相比，使用独立程序对象的着色器管线只能在绘制－调用过程中进行检查。如果接口没有正确匹配，那么所有的可变变量（out 变量）都未定义。

内置的 gl_PerVertex 块必须重新声明，以便显式地指定固定管线接口中的哪些部分可以使用。如果管线用到了多个程序，那么这一步是必需的。

例如：

```
out gl_PerVertex {
    vec4 gl_Position;    // 设置 gl_Position 在接口中可用
    float gl_PointSize;  // 设置 gl_PointSize 在接口中可用
};                       // 不再使用 gl_PerVertex 的其他成员
```

这样我们就建立了着色器的输出接口，它将用于后继的管线阶段当中。这里必须使用 gl_PerVertex 自己的内置成员。如果不同的着色器程序都用到了同一个内置的块接口，那么所有的着色器都必须使用相同的方式重新声明这个内置的块。

因为独立的着色器对象可以有各自独立的程序 uniform 集合，所以我们可以使用两种方法来设置 uniform 变量的值。第一种方法是通过 glActiveShaderProgram() 来选择一个活动的着色器程序，然后调用 glUniform*() 和 glUniformMatrix*() 来设置某个着色器程序的 uniform 变量的值。另一种推荐的方法是调用 glProgramUniform*() 和 glProgramUniformMatrix*() 函数，它们有一个显式的 program 对象参数，这样可以独立地设置某个程序的 uniform 变量的值。

void **glProgramUniform**{1234}{fdi ui}(GLuint program, GLint location, TYPE value);
void **glProgramUniform**{1234}{fdi ui}v(GLuint program, GLint location, GLsizei count, const TYPE* values);

void **glProgramUniformMatrix**{234}{fd}v(GLuint program, GLint location, GLsizei count, GLboolean transpose, const GLfloat* values);

void **glProgramUniformMatrix**{2x3,2x4,3x2,3x4,4x2,4x3}{fd}v(GLuint program, GLint location, GLsizei count, GLboolean transpose, const GLfloat* values);

glProgramUniform*() 和 **glProgramUniformMatrix*()** 函数的使用与 **glUniform*()** 和 **glUniformMatrix*()** 的使用是一样的，唯一的区别是使用一个 program 参数来设置准备更新 uniform 变量的着色器程序。这些函数的主要优点是，program 可以不是当前绑定的程序（即最后一个使用 **glUseProgram()** 指定的着色器程序）。

2.8 SPIR-V

SPIR-V 是 Khronos 标准的一种中间语言，这是一种着色器程序分发的替代方案。OpenGL 支持 GLSL 形式的着色器程序，同样也支持 SPIR-V 形式的着色器程序。通常来说，我们需要某些离线的处理工具，从 GLSL 这样的高级着色语言来生成 SPIR-V 形式的代码，进而在用户程序当中发布已生成的 SPIR-V 程序，而不是直接发布 GLSL 的源代码。

SPIR-V 的创建、发布和使用都是采用二进制单元的模块（module）形式。一个 SPIR-V 模块在内存中是一段 32 位词的内容，或者直接存储为 32 位词的文件。不过，OpenGL 和 GLSL 都不会直接操作文件，所以 SPIR-V 模块必须是作为内存中的 32 位词数据指针传递到 OpenGL 中使用的。

每个 SPIR-V 模块都可以包含一个或者多个入口点，用来启动一段着色器程序，并且每个入口点都隶属于已知的 OpenGL 流水线阶段（pipeline stage）。每个这样的入口点都会构成一段独立而完整的 OpenGL 流水线阶段。换句话说，桌面 GLSL 会保存多个编译过的着色器单元，然后将它们组合成一个阶段，但是 SPIR-V 着色器不同。它的编译过程是在离线状态下，通过某个前端工具将高级语言翻译成 SPIR-V 完成的，因此得到的是一个完整的阶段。即使对于同一个阶段来说，一个独立的 SPIR-V 模块也可能包含多个入口点。

SPIR-V 模块是可以专有化的，也就是说，我们可以在最后编译之前实时修改模块中某些特定的标识常量。这样做是为了降低一个着色器的多个（轻微修改后的）版本对应的 SPIR-V 模块的数量。

2.8.1 选择 SPIR-V 的理由

如果用户期望发布 SPIR-V 形式的着色器，而不是 GLSL 形式的，那么可能有以下几种原因。有些原因可能符合你目前的状况，有些可能不符合：

❑ 更好的可移植性。有一类可移植性问题是因为不同平台的驱动程序对于 GLSL 的高级语法会有稍微不同的解释。而高级语言之所以被称作高级，部分原因就是它们节约了开发者的宝贵时间。但是，这种便利的前提条件有的时候是很难完全确定的，因而导致了驱动层面的不同结果。SPIR-V 更为严格，对于语法的表达也更为规范，因此解释过程中并没有很大的歧义。所以 SPIR-V 在不同平台的解释过程中变数更小，因而提升了可移植性。当然，我们并没有使用 SPIR-V 进行编码，而是继续使用诸如 GLSL 这样的高级语言。但是为了生成 SPIR-V 程序，需要选择一个针对全平台的前端工具。也就是说，选择了一个独立的 GLSL 前端之后，我们就消除了因为不同平台的 GLSL 语法解释过程而产生的可移植性问题。有些人可能会选择其他的前端来编写着色器代码，这样也没有问题。我们真正要关注的重点是：应用程序中的 GLSL 着色器是否都采用了平台一致的 GLSL 解释方式，进而生成一致的 SPIR-V 代码。

- ❑ 多种源语言支持。SPIR-V 可以支持 GLSL 之外的其他高级语言。只要最后发布的 SPIR-V 是正确格式的，我们就不需要关心它是如何生成的。

- ❑ 减少发布尺寸。SPIR-V 有多种特性来显著降低着色器发布后的尺寸。对于独立的着色器来说，SPIR-V 的形式通常比 GLSL 的形式更大一些，但这两者生成的最终结果其实都很小。但是如果将相关的着色器集合起来，尺寸就会大得多。而 SPIR-V 提供了两种特性来处理这种集合的形式：每个模块的专有化和多重入口点。专有化可以让我们延迟修改某些常量数值，而同一个 SPIR-V 模块中的多重入口点可以在多个程序段中共享同一个函数体的实例。发布 GLSL 的时候，需要针对每一个着色器都发布一份函数体的拷贝，而 SPIR-V 的发布只需要一个拷贝即可。

- ❑ 保护源代码。有时候也叫做代码的混淆，因为很多时候我们并不希望用过于清晰的方式来发布自己的着色器源代码。着色器的源码可能是某种新奇想法或者知识产权，而你不一定愿意把这些成果完全透明地发布给其他人，让他们随意改动。采用离线编译源代码到 SPIR-V，然后发布 SPIR-V 代码的方法，就可以避免直接发布自己的源代码。这样其他人就很难理解这样的着色器代码是如何工作的。没错，这样的代码依然可以反编译成 GLSL 或其他高级着色语言的形式，或者重新再转换成 SPIR-V 的语言。不过，这样的逆向工程需要得到对应的法律许可，因而也就为发布者提供了真正的知识产权保护机制。

我们选择中间语言而非高级语言的另一个理由是为了保证实时编译器的性能，但是这里也要注意。高性能的着色器执行过程通常需要对应的调度和寄存器分配算法，而实时运行这件事本身是需要消耗时间的。这些后续步骤无法通过可移植的中间语言来消除。而实时编译器的性能是可以通过多种途径来提升的。例如，解析高级语言的过程需要花费时间。虽然解析只是整个编译过程的一小部分，但是如果着色器代码中含有大量无用的代码段，或者我们需要将多段着色器代码编译为相同的中间结果的话，这里的性能损耗还是非常显著的。在这种情况下，使用 SPIR-V 可以明显降低解析所需的时间。同样，有些高级的优化特性也可以离线完成，但是需要避免使用那些平台相关的优化方法，否则在某些平台上可能会损害性能。举例来说，是否将所有的函数设置为内联形式，这就是一个平台相关的特性。

2.8.2 SPIR-V 与 OpenGL

在 OpenGL 中使用 SPIR-V 着色器的方法，与使用 GLSL 着色器非常类似。正如之前所介绍的，创建了着色器对象之后，我们还需要两个步骤来关联 SPIR-V 的入口点与每个着色器对象。第一步是调用 glShaderBinary() 来关联 SPIR-V 模块与着色器对象：

---

void **glShaderBinary**(GLsizei count, const GLuint *shaders, enum binaryformat, const void *binary, GLsizei length);

如果 binaryformat 设置为 GL_SHADER_BINARY_FORMAT_SPIR_V_ARB，那么 binary 中需要设置 SPIR-V 模块所关联的一组着色器对象。shaders 包含一组着色器对象的句柄，大小为 count。每个着色器对象句柄对应一个唯一的着色器类型，可以是 GL_VERTEX_SHADER、GL_FRAGMENT_SHADER、GL_TESS_CONTROL_SHADER、GL_TESS_EVALUATION_SHADER、GL_GEOMETRY_SHADER 或者 GL_COMPUTE_SHADER 中的一种。binary 指向一个合法 SPIR-V 模块的第一个字节，而 length 包含了 SPIR-V 模块的字节长度。如果我们成功地使用了 SPIR-V 模块，那么 shaders 中的每个入口都可以从这个 SPIR-V 模块中获取入口点。这些着色器编译的状态会被设置为 GL_FALSE。

因为 SPIR-V 通常是由 32 位的数据流所组成的，因此我们需要将自己的 SPIR-V 代码大小转换成字节数再传递给 glShaderBinary()。glShaderBinary() 函数也可以用于其他非源码形式的着色器，因此它是一个通用的函数，而不是专用于 SPIR-V 的，除非指定 SHADER_BINARY_FORMAT_SPIR_V_ARB。

第二步是使用 glSpecializeShader() 来关联 SPIR-V 入口点与着色器对象，如果成功的话，那么编译状态会从 glShaderBinary() 所设置的 GL_FALSE 变成 GL_TRUE：

---

void **glSpecializeShader**(GLuint shader, const char* pEntryPoint, GLuint numSpecializationConstants, const uint* pConstantIndex, const uint* pConstantValue);

设置 SPIR-V 模块中入口点的名字，并设置 SPIR-V 模块中专有化常量的值。shader 表示与 SPIR-V 模块关联（使用 glShaderBinary()）的着色器对象的名字。而 pEntryPoint 是一个 UTF-8 字符串指针，使用 NULL 截断，它表示 SPIR-V 模块中 name 着色器对应的入口点名称。如果 pEntryPoint 为空，那么默认字符串为 "main"。

numSpecializationConstants 表示本次调用过程中专有化常量的数量。pConstantIndex 表示一个数组的指针，它包含了 numSpecializationConstants 个无符号整型数据。

pConstantValue 中对应的数据即被用来设置专有化常量的值，其索引位置由 pConstantIndex 中的数据决定。虽然这个数组是无符号整型数据组成的，但是每个数值都是根据模块中设置的类型来进行按位转换的。因此，我们也可以在 pConstantValue 数组中使用浮点数常量，并采用 IEEE-754 标准的表示方法。pConstantIndex 中没有引用的专有化常量在 SPIR-V 模块中依然保留原有的数值。当着色器的专有化完成之后，着色器的编译状态将会设置为 GL_TRUE。如果失败的话，着色器的编译状态会设置为 GL_FALSE，同时我们可以在着色器编译日志中找到相关的失败信息。

我们将会在本节后面的部分讨论 GLSL 专有化的方法。

完成这两步之后，我们就可以使用 glAttachShader() 和 glLinkProgram() 了，这和我们以前使用 glShaderSource() 来编写 GLSL 代码的过程是一样的，其他的工作流程也完全一致。

2.8.3 使用 GLSL 在 OpenGL 中生成 SPIR-V

OpenGL 对于生成 SPIR-V 的方法并没有要求，只需要 SPIR-V 本身完整即可。这对于很多高级语言的支持，以及创建 SPIR-V 的本地工具来说是很好的特性，并且也可以方便我们编写和交换标准高级语言格式的着色器。为了辅助这一点，Khronos 对于 GLSL 创建 SPIR-V 的过程进行了标准化。

GLSL 有两种创建 SPIR-V 形式的着色器的方法：一种是创建 Vulkan 对应的 SPIR-V（通过 KHR_glsl_vulkan 扩展）；另一种是创建 OpenGL 对应的 SPIR-V（通过 ARB_gl_spirv 扩展）。当然，这里会着重讨论 OpenGL 对应的 SPIR-V 在 GLSL 中的生成过程。这里所说的 GLSL 也就是标准 GLSL，但是会有少量的增加和少量的删减，以及一部分更改。总体上来说，它的所有输入和输出都需要设置一个 location，而 I/O 与 SSO 模型的用法是类似的。其他方面则与本章所介绍的 GLSL 完全相同。

验证 SPIR-V

OpenGL 驱动并不会完全支持 SPIR-V 的实时验证，因为 SPIR-V 在离线状态下生成对于系统性能来说更有利。OpenGL 只需要正确执行经过完整验证的 SPIR-V 数据即可。也就是说，如果 SPIR-V 无效，那么得到的结果也是无法预知的。Khronos 已经开发了一个 SPIR-V 的验证工具，以及其他一些工具，可以在下面的地址下载：

https://github.com/KhronosGroup/SPIRV-Tools

它是离线的，可以确保你要发布的 SPIR-V 是可用的。这个工具需要集成到你自己的离线工具链当中，以便最大限度地符合着色器的可移植性需求。

GLSL 中针对 SPIR-V 生成的增补项

OpenGL GLSL 中针对 SPIR-V 的核心增补项就是专有化。专有化常量可以很大程度上降低着色器中可变量的数量。因此着色器的常量可以延迟发生改变，而不需要重新生成着色器。

总体上来说，如果在编译阶段就知道哪些数值是常量，那么我们就可以优化并生成更快的可执行代码（否则系统可能会访问一直保持不变的数值）。循环语句执行的次数是可知的，因此计算量也可以简化。因为常量具有这些益处，GLSL 着色器通常会通过预编译宏或者某些自动生成的代码来进行此类参数化的工作。然后就会因为参数数值的差别而生产成多组不同的着色器代码。如果使用专有化常量，这样的参数就会被特别标注出来，并给定一个默认值，并且被当作一个常量对待（虽然它的数值在最终运行时编译的时候还是可以发生变化）。因此，我们可以只创建一个着色器，然后使用专有化常量发布，之后在运行时设置正确的常量数值。在 GLSL 中可以这样书写：

```
layout (constant_id = 17) const int param = 8;
```

这里我们声明 param 是一个专有化常量（通过 constant_id），默认值为 8。数值 17 表示 param 在运行时的标识，如果用户程序想通过 OpenGL API（也就是之前的 glSpecializeShader()）来改变默认值，就需要引用这个数值。

编译 SPIR-V 的时候，SPIR-V 着色器会把 param 作为一个专有化常量进行追踪。如果要为这个着色器创建一个渲染流水线，那么 SPIR-V 着色器中会给出正确的常量值并且针对它进行优化。因此，我们就不需要为了常量的多个变化值而修改同一个着色器对象了。

SPIR-V 中移除的 GLSL 特性

有些 GLSL 的传统特性并不受到 SPIR-V 的支持。我们将这些特性列在这里，并且给出建议的替代方案。

子程序（subroutine）：OpenGL GLSL 的子程序特性在 SPIR-V 中无法使用。我们可以使用 GLSL 的其他方法来替代这个功能，比如 switch 语句以及函数调用。举例来说：

```
switch (material) {
case 1:   result = material1(...); break;
case 2:   result = material2(...); break;
case 3:   result = material3(...); break;
}
```

过时特性：过时的特性本来就应当避免，其中有一些会被 SPIR-V 完全忽略掉。其中包括一些过时的纹理函数，例如 `texture2D()`，它无法使用的原因是 `texture2D` 现在已经被保留为类型关键字，用来生成不用独立采样和 2D 纹理的 `sampler2D`。它的替代者是 `texture`，这个新版本的内置函数被用来执行纹理查找的操作。

兼容模式（compatibility profile）：总体上来说，凡是只属于兼容模式的特性都不会被 SPIR-V 所支持，并且兼容模式的 GLSL 也不允许用来生成 SPIR-V。你需要设置着色器使用核心模式（core profile）的特性，包括我们之前提到的，专用于 GLSL 中的 SPIR-V 的特性。

gl_DepthRangeParameters()：SPIR-V 没有为深度范围参数设置内置的变量。如果用户希望在着色器中使用此类信息，可以直接声明自己的 uniform 变量，并且通过 API 显式设置它们的数值。

SPIR-V 中变更的 GLSL 特性

gl_FragColor 广播：直接使用 GLSL 而不通过 SPIR-V 的时候，写入到 gl_FragColor 相当于对所有的颜色输出附件（color-output attachment）统一写入。但是 SPIR-V 不支持这个特性。理想情况下，我们需要声明想要写入的输出变量，并且显式地进行写入。如果依然使用 gl_FragColor 的话，那么写入它的数值相当于只写入到位置 0 的那一个颜色输出附件。

2.8.4　Glslang

Khronos Group 提供了一个 GLSL 的参考前端工具，可以用来从 GLSL 生成 SPIR-V，并且支持 OpenGL 和 Vulkan。要注意的是，你必须指定你生成的 SPIR-V 是对应哪个 API 的，它们对应的特性不同，GLSL 语义也不同。虽然这是 Khronos 提供的验证 GLSL 正确性的前端工具，但它只是一个 SPIR-V 编译器的示例程序而已，并不是唯一能够做这件事的工具。

Glslang 是 GitHub 上维护的一个开源项目，地址为：

https://github.com/KhronosGroup/glslang

注意，glslang 是一个 Khronos 提供的参考工具，可以验证 OpenGL GLSL 或者 OpenGL ES 的 ESSL 的语义正确性。不过目前它还没有被 Khronos 认可为 SPIR-V 生成所用的检测工具，只是一个示例性质的实现而已。

2.8.5　SPIR-V 中包含了什么

SPIR-V 采用简单的纯二进制格式，可以表达为一种高级的中间语言。它采用简单的 32 位词的简单线性队列进行存储。如果你要从一个离线的编译器获取结果，或者将结果设置给 API，那么它会被表达为一个 32 位词的数据流（但是你需要把尺寸乘以 4，以便得到 glShaderBinary() 所期望的字节数）。它采用自包含的形式，字符串词并没有进行进一步的封装，而是直接从文件中读写原始词序列，或者设置给 API 的入口点。在序列当中，前几个字段的数据提供了对后面数据的可用性检查功能，包括数据伊始的 SPIR-V 魔法数字（magic number），它应当是 0x07230203。如果你得到的结果在字节上是反向的，那么你取得的可能不是一个完整的 32 位词，也可能你的大小端（endianness）设置与文件本身相反。

一个用高级语言编写的着色器转换到 SPIR-V 之后，几乎不会丢失信息。它可以保留紧凑的控制特性和其他高级的结构、GLSL 自有的类型，以及内置变量数据，因此进行更高性能的优化时不会导致目标平台上的结果丢失信息。

对于 SPIR-V 更多内部细节的讲解超出了本书的范畴，我们只是希望告诉用户如何使用 GLSL 来生成 SPIR-V，并且在应用程序中发布它，而不涉及自己编写 SPIR-V 的方法。

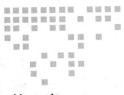

第 3 章

OpenGL 绘制方式

本章目标

阅读完本章内容之后，你将会具备以下的能力：

❑ 辨别所有 OpenGL 中可用的渲染图元。

❑ 初始化和设置数据缓存，用于几何体的渲染。

❑ 使用多实例渲染（instanced rendering）等高级技法对渲染进行优化。

OpenGL 的主要作用就是将图形渲染到帧缓存当中。为了实现这一要求，需要将复杂的物体分解成图元的形式（包括点、线，以及三角形），当它们的分布密度足够高时，就可以表达为 2D 以及 3D 物体的形态。OpenGL 中包含了很多渲染这类图元的函数。这些函数允许我们描述图元在内存中的布局、渲染的数量和渲染所采取的形式，甚至是同一组图元在一个函数调用中所复制的数量。这些函数几乎是 OpenGL 最为重要的函数组成，如果没有它们的话，那么我们可能除了清除屏幕之外无法再完成任何事情。

这一章将会包含以下几节：

❑ 3.1 节介绍 OpenGL 中可以用于渲染的图元类型。

❑ 3.2 节解释 OpenGL 中数据处理的机制。

❑ 3.3 节给出顶点数据的渲染以及顶点着色器中的处理过程。

❑ 3.4 节介绍高效地使用同一顶点数据来实现多个物体的实例化渲染方法。

3.1 OpenGL 图元

OpenGL 可以支持很多种不同的图元类型。不过它们最后都可以归结为三种类型中的一种，即点、线，或者三角形。线和三角形图元类型可以再组合为条带、循环体（线），或者扇面（三角形）。点、线和三角形也是大部分图形硬件设备所支持的基础图元类型⊖。OpenGL 还支持其他一些图元类型，包括作为细分器输入的 Patch 类型，以及作为几何着色器输入的邻接图元（adjacency primitive）。细分（以及细分着色器）的介绍可以参见第 9 章，而几何着色器的介绍可以参见第 10 章。在这两章中也会对 Patch 和邻接图元类型进行讲解。在这一节当中，我们只介绍点、线和三角形这三种图元类型。

3.1.1　点

点可以通过单一的顶点来表示。一个点也就是一个四维的齐次坐标值。因此，点实际上不存在面积，因此在 OpenGL 中它是通过显示屏幕（或者绘制缓存）上的一个四边形区域来模拟的。当渲染点图元的时候，OpenGL 会通过一系列光栅化规则来判断点所覆盖的像素位置。在 OpenGL 中对点进行光栅化是非常直接的，如果某个采样值落入点在窗口坐标系中的四边形当中，那么就认为这个采样值被点所覆盖。四边形区域的边长等于点的大小，它是一个固定的状态（通过 glPointSize() 设置），也可以在顶点、细分和几何着色器中向内置变量 gl_PointSize 写入值来进行改变。只有开启了 GL_PROGRAM_POINT_SIZE 状态之后，我们才能在着色器中写入 gl_PointSize，否则这个值将被忽略，系统依然会使用 glPointSize() 所设置的数值。

---

void **glPointSize**(GLfloat size);

设置固定的像素大小，如果没有开启 GL_PROGRAM_POINT_SIZE，那么它将被用于设置点的大小。

默认的点大小为 1.0。因此当我们渲染点的时候，每个顶点实际上都是屏幕上的一个像素（当然，被剪切的点除外）。如果点的大小增加（无论是通过 **glPointSize()** 还是向 gl_PointSize 写入一个大于 1.0 的值），那么每个点的顶点都会占据超过 1 个像素的值。例如，如果点的尺寸为 1.2，并且顶点正好处于一个像素的中心，那么只有这个像素会受到光照的影响。但是如果顶点正好处于两个水平或者垂直的相邻像素中心之间，那么这两个像素都会受到光照的影响（即这两个像素都会被照亮）。如果顶点正好位于 4 个相邻像素的中点上，那么这 4 个像素都被照亮，也就是说一个点会同时影响 4 个像素的值！

点精灵

如果使用 OpenGL 来渲染点，那么点的每个片元都会执行片元着色器。在本质上每个点都是屏幕上的方形区域，而每个像素都可以使用不同的颜色来着色。我们可以在片元着色器中通过解析纹理图来实现点的着色。OpenGL 的片元着色器中提供了一个特殊的内置

⊖ 所谓的硬件支持，也就是图形处理器当中直接提供了这些图元类型的光栅化操作。其他图元类型，例如 Patch 和邻接图元，是无法直接进行光栅化的。

变量来辅助这一需求，它叫做 gl_PointCoord，其中包含了当前片元在点区域内的坐标信息。gl_PointCoord 只能在片元着色器中工作（将它包含在其他着色器中也没有什么意义），它的值只对于点的渲染有效。如果将 gl_PointCoord 作为输入纹理坐标使用，那么就可以使用位图和纹理替代简单的方块颜色。将结果进行 alpha 融混或者直接抛弃某些片元（使用 discard 关键字）之后，我们还可以创建不同形状的点精灵（point sprite）对象。

我们会在后面的内容即 6.13 节中给出有关点精灵的简短例子。

3.1.2 线、条带与循环线

OpenGL 当中的线表示一条线段，而不是数学上的无限延伸的方向向量。独立的线可以通过一对顶点来表达，每个顶点表示线的一个端点。多段线也可以进行链接来表示一系列的线段，它们还可以是首尾闭合的。闭合的多段线叫做循环线（line loop），而开放的多段线（没有首尾闭合）叫做条带线（line strip）。与点类似的是，线从原理上来说也不存在面积，因此也需要使用特殊规则来判断线段的光栅化会影响哪些像素值。线段光栅化的规则也称作 diamond exit 规则。在 OpenGL 的标准说明书中给出了其详细的解释。但是，在这里还是需要对它进行重新讲解。假设每个像素在屏幕上的方形区域中都存在一个菱形，当对一条从点 A 到点 B 的线段进行光栅化，并且线段穿过了菱形的假想边时，这个像素应该受到其影响——除非菱形中包含的正好是点 B（即线段的末端点位于菱形内）。不过，如果还绘制了另一条从点 B 到点 C 的线段，那么此时 B 点所在的像素只会更新一次。

diamond exit 规则对于细线段是有效的，但是 OpenGL 也可以通过 **glLineWidth()** 函数来设置线段的宽度大小（相当于之前的 **glPointSize()**）。

---

void **glLineWidth**(GLfloat width);

设置线段的固定宽度。默认值为 1.0。这里的 width 表示线段的宽度，它必须是一个大于 0.0 的值，否则会产生一个错误信息。

线段并不能通过类似 gl_PointSize 的着色器变量来设置，OpenGL 中的线段绘制必须通过固定宽度的渲染状态来切换。如果线段宽度大于 1，那么线段将被水平和垂直复制宽度大小的次数。如果线段为 Y 主序（即它主要是向垂直方向延伸的，而不是水平方向），那么复制过程是水平方向的。如果它是 X 主序，那么复制过程就是垂直方向进行的。

如果没有开启反走样的话，OpenGL 标准对于线段端点的表示方法以及线宽的光栅化方法是相对自由的。如果开启了反走样的话，那么线段将被视为沿着线方向对齐的矩形块，其宽度等于当前设置的线宽。

3.1.3 三角形、条带与扇面

三角形是三个顶点的集合组成的。当我们分别渲染多个三角形的时候，每个三角形都与其他三角形完全独立。三角形的渲染是通过三个顶点到屏幕的投影以及三条边的链接来完成的。如果屏幕像素的采样值位于三条边的正侧半空间内的话，那么它受到了三角形的影响。如果两个三角形共享了一条边（即共享一对顶点），那么不可能有任何采样值同时位于这两个三角形之内。这一点非常重要的原因是，虽然 OpenGL 可以支持多种不同的光栅化算法，但是对于共享边上的像素值设置却有着严格的规定：

❑ 两个三角形的共享边上的像素值因为同时被两者所覆盖，因此不可能不受到光照计算的影响。

❑ 两个三角形的共享边上的像素值，不可能受到多于一个三角形的光照计算的影响。

这也就是说，OpenGL 对于模型三角形共享边的光栅化过程不会产生任何裂缝，也不会产生重复的绘制⊖。这一点对于三角形条带（triangle strip）或者扇面（triangle fan）的光栅化过程非常重要，此时前三个顶点将会构成第一个三角形，后继的顶点将与之前三角形的后两个顶点一起构成新的三角形。这一过程的图示如图 3-1 所示。

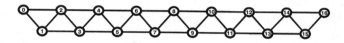

图 3-1　三角形条带的顶点布局

当渲染三角形扇面的时候，第一个顶点会作为一个共享点存在，它将作为每一个后继三角形的组成部分。而之后的每两个顶点都会与这个共享点一起组成新的三角形。三角形条带可以用于表达任何复杂程度的凸多边形形状。图 3-2 所示为三角形扇面的顶点布局。

这些图元类型都可以用于下一节介绍的绘制函数当中。它们通过 OpenGL 的枚举量来进行表达，并且作为渲染函数的输入参数。表 3-1 所示为 t 图元类型与 OpenGL 枚举量之间的对应关系。

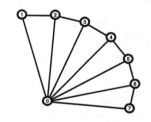

图 3-2　三角形扇面的顶点布局

表 3-1　OpenGL 图元的模式标识

图元类型	OpenGL 枚举量
点	GL_POINTS
线	GL_LINES
条带线	GL_LINE_STRIP
循环线	GL_LINE_LOOP
独立三角形	GL_TRIANGLES
三角形条带	GL_TRIANGLE_STRIP
三角形扇面	GL_TRIANGLE_FAN

⊖　重复绘制也就是对同一个像素执行多于一次的光照计算，这样可能会造成一些问题，例如在融混（blending）时产生错误的结果。

将多边形渲染为点集、轮廓线或者实体

一个多边形有两个面：正面和背面，当不同的面朝向观察者时，它们的渲染结果可能是不一样的。因此在观察一个实体物体的剖面时，可以很明显地区分出它的内部和外部表面。默认情况下，正面和背面的绘制方法是一致的。如果要改变这一属性，或者仅仅使用轮廓线或者顶点来进行绘制的话，可以调用 **glPolygonMode()** 命令。

---

void glPolygonMode(GLenum face, GLenum mode);

控制多边形的正面与背面绘制模式。参数 face 必须是 GL_FRONT_AND_BACK，而 mode 可以是 GL_POINT、GL_LINE 或者 GL_FILL，它们分别设置多边形的绘制模式是点集、轮廓线还是填充模式。默认情况下，正面和背面的绘制都使用填充模式来完成。

多边形面的反转和裁减

从惯例上来说，多边形正面的顶点在屏幕上应该是逆时针方向排列的。因此我们可以构建任何"可能"的实体表面——从数学上来说，这类表面称作有向流形（orientable manifold），即方向一致的多边形——例如球体、环形体和茶壶等都是有向的；而克林瓶（Klein bottle）和莫比乌斯带（Möbius strip）不是。换句话说，这样的多边形可以是完全顺时针的，或者完全逆时针的。

假设我们一致地描述了一个有向的模型表面，但是它的外侧需要使用顺时针方向来进行描述。此时可以通过 OpenGL 的函数 **glFrontFace()** 来反转（reversing）背面，并重新设置多边形正面所对应的方向。

---

void glFrontFace(GLenum mode);

控制多边形正面的判断方式。默认模式为 GL_CCW，即多边形投影到窗口坐标系之后，顶点按照逆时针排序的面作为正面。如果模式为 GL_CW，那么采用顺时针方向的面将被认为是物体的正面。

📷 **注意** 顶点的方向（顺时针或者逆时针）也可以被称为顶点的趋势（winding）。

对于一个由不透明的且方向一致的多边形组成的、完全封闭的模型表面来说，它的所有背面多边形都是不可见的——它们永远会被正面多边形所遮挡。如果位于模型的外侧，那么可以开启裁减（culling）来直接抛弃 OpenGL 中的背面多边形。与之类似，如果位于模型之内，那么只有背面多边形是可见的。如果需要指示 OpenGL 自动抛弃正面或者背面的多边形，可以使用 **glCullFace()** 命令，同时通过 **glEnable()** 开启裁减。

---

void **glCullFace**(GLenum mode);

在转换到屏幕空间渲染之前，设置需要抛弃（裁减）哪一类多边形。mode 可以是 GL_FRONT、GL_BACK 或者 GL_FRONT_AND_BACK，分别表示正面、背面或者所有多边形。要使命令生效，我们还需要使用 **glEnable**() 和 GL_CULL_FACE 参数来开启裁减；之后也可以使用 **glDisable**() 和同样的参数来关闭它。

高级技巧

从更专业的角度来说，判断多边形的面是正面还是背面，需要依赖于这个多边形在窗口坐标系下的面积计算。而面积计算的一种方法是

$$a = \frac{1}{2} \sum_{i=0}^{n-1} x_i y_{i \oplus 1} - x_{i \oplus 1} y_i$$

其中 x_i 和 y_i 分别为多边形的 n 个顶点中第 i 个顶点的窗口坐标 x 和 y，而 $i \oplus 1$ 是公式 $(i + 1)$ mod n 的缩写形式，其中 mod 表示取余数的操作。

假设我们设置为 GL_CCW，那么 $a > 0$ 的时候，顶点所对应的多边形就是位于正面的；否则它位于背面。如果设置为 GL_CW 且 $a < 0$，那么对应的多边形位于正面；否则它位于背面。

3.2　OpenGL 缓存数据

几乎所有使用 OpenGL 完成的事情都用到了缓存 buffers 中的数据中。OpenGL 的缓存表示为缓存对象（buffer object）。第 1 章已经简要地介绍了缓存对象的意义。不过，这一节将稍微深入到缓存对象的方方面面当中，包括它的种类、创建方式、管理和销毁，以及与缓存对象有关的一些最优解决方案。

3.2.1　创建与分配缓存

与 OpenGL 中的很多其他实现类似，缓存对象也是使用 GLuint 的值来进行命名的。这个值可以使用 **glCreateBuffers**() 命令来创建。我们已经在第 1 章介绍过这个函数了，但是在这里会再次给出它的原型，以方便读者参考。

---

void **glCreateBuffers**(GLsizei n, GLuint* buffers);

返回 n 个当前未使用的缓存对象名称（每个都表示一个新创建的缓存对象），并保存到 buffers 数组中。

调用 glCreateBuffers() 完成之后，我们将在 buffers 中得到一个缓存对象名称的数组。这些缓存对象已经被创建了，但是还没有连接到任何存储空间。用户需要使用 glNamedBufferStorage() 为每个缓存对象分配存储空间。拥有存储空间之后，我们就可以绑定⊖对象到缓存目标了。可用的缓存目标（target）如表 3-2 中所示。

表 3-2　缓存绑定的目标

目标	用途
GL_ARRAY_BUFFER	这个结合点可以用来保存 glVertexAttribPointer() 设置的顶点数组数据。在实际工程中这一目标可能是最为常用的
GL_COPY_READ_BUFFER 和 GL_COPY_WRITE_BUFFER	这两个目标是一对互相匹配的结合点，用于拷贝缓存之间的数据，并且不会引起 OpenGL 的状态变化，也不会产生任何特殊形式的 OpenGL 调用
GL_DRAW_INDIRECT_BUFFER	如果采取间接绘制（indirect drawing）的方法，那么这个缓存目标用于存储绘制命令的参数，详细的解释请参见下一节
GL_ELEMENT_ARRAY_BUFFER	绑定到这个目标的缓存中可以包含顶点索引数据，以便用于 glDrawElements() 等索引形式的绘制命令
GL_PIXEL_PACK_BUFFER	这一缓存目标用于从图像对象中读取数据，例如纹理和帧缓存数据。相关的 OpenGL 命令包括 glGetTexImage() 和 glReadPixels() 等
GL_PIXEL_UNPACK_BUFFER	这一缓存目标与之前的 GL_PIXEL_PACK_BUFFER 相反，它可以作为 glTexSubImage2D() 等命令的数据源使用
GL_TEXTURE_BUFFER	纹理缓存也就是直接绑定到纹理对象的缓存，这样就可以直接在着色器中读取它们的数据信息。GL_TEXTURE_BUFFER 可以提供一个操控此类缓存的目标，但是我们还需要将缓存关联到纹理，才能确保它们在着色器中可用
GL_TRANSFORM_FEEDBACK_BUFFER	transform feedback 是 OpenGL 提供的一种便捷方案，它可以在管线的顶点处理部分结束时（即经过了顶点着色，可能还有几何着色阶段），将经过变换的顶点重新捕获，并且将部分属性写入到缓存对象中。这一目标就提供了这样的结合点，可以建立专门的缓存来记录这些属性数据。transform feedback 的详细介绍请参见 5.4 节的内容
GL_UNIFORM_BUFFER	这个目标可以用于创建 uniform 缓存对象（uniform buffer object）的缓存数据。uniform 缓存的相关介绍请参见 2.4.1 节的内容

缓存对象的建立，实际上就是通过调用 glCreateBuffers() 函数生成一系列名称，然后通过 glBindBuffer() 将一个名称绑定到表 3-2 中的一个目标来完成的。第 1 章当中已经介绍过 glCreateBuffers() 和 glBindBuffer() 函数，不过这里将再次给出函数的原型，以保证文字的完整性。

⊖　我们也可以在分配存储空间之前绑定缓存，但是它只有在分配了存储空间之后才会起作用。

void **glBindBuffer**(GLenum target, GLuint buffer);

　　将名称为 buffer 的缓存对象绑定到 target 所指定的缓存结合点。target 必须是 OpenGL 支持的缓存绑定目标之一，buffer 必须是通过 **glCreateBuffers**() 分配的名称。如果 buffer 是第一次被绑定，那么它所对应的缓存对象也将同时被创建。

　　好了，现在我们已经将缓存对象绑定到表 3-2 中的某一个目标上了，然后呢？新创建的缓存对象的默认状态，相当于是不存在任何数据的一处缓存区域。如果想要将它实际使用起来，就必须向其中输入一些数据才行。

3.2.2　向缓存输入和输出数据

　　将数据输入和输出 OpenGL 缓存的方法有很多种。比如直接显式地传递数据，又比如用新的数据替换缓存对象中已有的部分数据，或者由 OpenGL 负责生成数据然后将它记录到缓存对象中。向缓存对象中传递数据最简单的方法就是在分配内存的时候读入数据。这一步可以通过 **glNamedBufferStorage**() 函数来完成。下面再次给出 **glNamedBufferStorage**() 的原型。

void **glNamedBufferStorage**(GLuint buffer, GLsizeiptr size, const void *data, GLbitfield flags);

　　为缓存对象 buffer 分配 size 大小（单位为字节）的存储空间。如果参数 data 不是 NULL，那么将使用 data 所在的内存区域的内容来初始化整个空间。flags 用来设置缓存的预期用途信息。这些 flags 标识量在用户程序和 OpenGL 之间构建了协议，允许 OpenGL 尽可能极致地优化缓存的存储空间。

　　对于 **glNamedBufferStorage**() 来说，最重要的参数可能就是 flags 参数了。flags 是一系列标识量的按位合并的结果，这些标识量如表 3-3 所示。

表 3-3　缓存用途标识符

标识符	意义
GL_DYNAMIC_STORAGE_BIT	设置之后，缓存的内容可以随后通过 glNamedBufferSubData() 直接进行修改。如果没有设置，那么缓存内容的修改只能在 GPU 端完成，例如通过着色器来写入
GL_MAP_READ_BIT	设置之后，我们可以映射缓存数据到 CPU 端进行读取。如果没有设置的话，当前缓存调用 glMapNamedBufferRange() 来获取读取权限的做法都会失败
GL_MAP_WRITE_BIT	设置之后，我们可以映射缓存数据到 CPU 端进行写入。如果没有设置的话，当前缓存调用 glMapNamedBufferRange() 来获取写入权限的做法都会失败

(续)

标识符	意义
GL_MAP_PERSISTENT_BIT	设置之后，对缓存数据的映射将是永久性的。也就是说，它们在渲染的过程中始终有效。这个标识必须在映射的时候同时设置才能创建永久的映射表
GL_MAP_COHERENT_BIT	设置之后，缓存数据在 GPU 端和 CPU 端的映射将保持一致。这个标识必须在映射的时候同时进行设置才能创建一致的映射表
GL_CLIENT_STORAGE_BIT	对于不一致的内存（nonuniform memory）系统架构来说，有些内存可能从宿主机访问更为高效，而有些内存可能从 GPU 访问效率更高。在确保其他标识量都设置正确之后，我们可以通过这个标识来引导 OpenGL 优先选择 CPU（宿主）端进行访问来提升效率

　　准确判断 flags 参数，对于性能的优化以及正确执行都非常重要。这个参数向 OpenGL 传达了有关用户如何使用缓存的关键数据。

缓存的部分初始化

　　假设有一个包含部分顶点数据的数组，另一个数组则包含一部分颜色信息，还有一个数组包含纹理坐标或者别的什么数据。你需要将这些数据进行紧凑的打包，并且存入一个足够大的缓存对象让 OpenGL 使用。在内存中数组之间可能是连续的，也可能不连续，因此无法简单地使用 glNamedBufferStorage() 来存储数据，以及一次性地更新所有的数据。此外，如果使用 glNamedBufferStorage() 进行更新的话，那么首先是顶点数据，然后缓存的大小与顶点数据的大小一致，并且也就不再有空间存储颜色或者纹理坐标信息了。因此我们需要引入新的 glNamedBufferSubData() 函数。

---

void glNamedBufferSubData(GLuint buffer, GLintptr offset, GLsizeiptr size, const void *data);

　　使用新的数据替换缓存对象 buffer 中的部分数据。缓存中从 offset 字节处开始需要使用地址为 data、大小为 size 的数据块来进行更新。如果 offset 和 size 的总和超出了缓存对象绑定数据的范围，那么将产生一个错误。

　　缓存 buffer 中存储的数据必须经过 glNamedBufferStorage() 初始化，并且标识量应当设置为 GL_DYNAMIC_STORAGE_BIT。

　　如果将 glNamedBufferStorage() 和 glNamedBufferSubData() 结合起来使用，那么我们就可以对一个缓存对象进行分配和初始化，然后将数据更新到它的不同区块当中。一个相应的示例可以参见例 3.1。

　　例 3.1　使用 glNamedBufferStorage() 来初始化缓存对象

```
// 顶点位置
static const GLfloat positions[] =
{
```

```
    -1.0f, -1.0f, 0.0f, 1.0f,
     1.0f, -1.0f, 0.0f, 1.0f,
     1.0f,  1.0f, 0.0f, 1.0f,
    -1.0f,  1.0f, 0.0f, 1.0f
};

// 顶点颜色
static const GLfloat colors[] =
{
    1.0f, 0.0f, 0.0f,
    0.0f, 1.0f, 0.0f,
    0.0f, 0.0f, 1.0f,
    1.0f, 1.0f, 1.0f,
};

// 缓存对象
GLuint buffer;

// 创建新的缓存对象
glCreateBuffers(1, &buffer);
// 分配足够的空间（sizeof(positions) + sizeof(colors)）
glNamedBufferStorage(buffer,                                   // 目标
                     sizeof(positions) + sizeof(colors),       // 总计大小
                     nullptr,                                  // 无数据
                     GL_DYNAMIC_STORAGE_BIT);                  // 标识量
// 将位置信息放置在缓存的偏移地址为 0 的位置
glNamedBufferSubData(buffer,                                   // 目标
                     0,                                        // 偏移地址
                     sizeof(positions),                        // 大小
                     positions);                               // 数据
// 放置在缓存中的颜色信息的偏移地址为当前填充大小值的位置，也就是 sizeof(positions)
glNamedBufferSubData(buffer,                                   // 目标
                     sizeof(positions),                        // 偏移地址
                     sizeof(colors),                           // 大小
                     colors);                                  // 数据
// 现在位置信息位于偏移 0，而颜色信息保存在同一缓存中，紧随其后
```

如果只是希望将缓存对象的数据清除为一个已知的值，那么也可以使用 glClear-NamedBufferData() 或者 glClearNamedBufferSubData() 函数。它们的原型如下所示：

---

void **glClearNamedBufferData**(GLuint buffer, GLenum internalformat, GLenum format, GLenum type, const void* data);

void **glClearNamedBufferSubData**(GLuint buffer, GLenum internalformat, GLintptr offset, GLsizeiptr size, GLenum format, GLenum type, const void* data);

清除缓存对象中所有或者部分数据。名为 buffer 的缓存存储空间将使用 data 中存储的数据进行填充。format 和 type 分别指定了 data 对应数据的格式和类型。

首先将数据被转换到 internalformat 所指定的格式，然后填充缓存数据的指定区域范围。

对于 glClearNamedBufferData() 来说，整个区域都会被指定的数据所填充。而对于 glClearNamedBufferSubData() 来说，填充区域是通过 offset 和 size 来指定的，它们分别给出了以字节为单位的起始偏移地址和大小。

glClearNamedBufferData() 和 glClearNamedBufferSubData() 函数允许我们初始化缓存对象中存储的数据，并且不需要保留或者清除任何一处系统内存。

缓存对象中的数据也可以使用 glCopyNamedBufferSubData() 函数互相进行拷贝。与 glNamedBufferSubData() 函数对较大缓存中的数据依次进行组装的做法不同，此时我们可以使用 glNamedBufferStorage() 将数据更新到独立的缓存当中，然后将这些缓存直接用 glCopyNamedBufferSubData() 拷贝到一个较大的缓存中。你也可以分配一系列缓存对象，然后循环对它们进行两两操作，确保正在写入的数据不会同时被使用，从而实现拷贝数据的叠加。

glCopyNamedBufferSubData() 的原型如下所示：

---

void glCopyNamedBufferSubData(GLuint readBuffer, GLuint writeBuffer, GLintptr readoffset, GLintptr writeoffset, GLsizeiptr size);

将名为 readBuffer 的缓存对象的一部分存储数据拷贝到名为 writeBuffer 的缓存对象的数据区域上。readBuffer 对应的数据从 readoffset 位置开始复制 size 个字节，然后拷贝到 writeBuffer 对应数据的 writeoffset 位置。如果 readoffset 或者 writeoffset 与 size 的和超出了绑定的缓存对象的范围，那么 OpenGL 会产生一个 GL_INVALID_VALUE 错误。

glCopyNamedBufferSubData() 可以在两个目标对应的缓存之间拷贝数据，而 GL_COPY_READ_BUFFER 和 GL_COPY_WRITE_BUFFER 这两个目标正是为了这个目的而生。它们不能用于其他 OpenGL 的操作当中，并且如果将缓存与它们进行绑定，并且只用于数据的拷贝和存储目的，不影响 OpenGL 的状态也不需要记录拷贝之前的目标区域信息的话，那么整个操作过程都是可以保证安全的。

读取缓存的内容

我们可以通过多种方式从缓存对象中回读数据。第一种方式就是使用 glGet-NamedBufferSubData() 函数。这个函数可以从绑定到某个目标的缓存中回读数据，然后将它放置到应用程序保有的一处内存当中。glGetNamedBufferSubData() 的原型如下所示：

---

void glGetNamedBufferSubData(GLenum target, GLintptr offset, GLsizeiptr size, void* data);

返回当前名为 buffer 的缓存对象中的部分或者全部数据。起始数据的偏移字节位置为 offset，回读的数据大小为 size 个字节，它们将从缓存的数据区域拷贝到 data 所指向

的内存区域中。如果缓存对象当前已经被映射，或者 offset 和 size 的和超出了缓存对象数据区域的范围，那么将提示一个错误。

如果我们使用 OpenGL 生成了一些数据，然后希望重新获取到它们的内容，那么此时应该使用 glGetNamedBufferSubData()。这样的例子包括在 GPU 级别使用 transform feedback 处理顶点数据，以及将帧缓存或者纹理数据读取到像素缓存对象（Pixel Buffer Object）中。后文将依次给出这些内容的具体介绍。当然，我们也可以使用 glGetBufferSubData() 简单地将之前存入到缓存对象中的数据读回到内存中。

3.2.3　访问缓存的内容

目前为止，本节给出的所有函数（glNamedBufferData()、glCopyNamedBufferSubData() 和 glGetNamedBufferSubData()）都存在同一个问题，就是它们都会导致 OpenGL 进行一次数据的拷贝操作。glNamedBufferSubData() 会将应用程序内存中的数据拷贝到 OpenGL 管理的内存当中。显而易见 glCopyNamedBufferSubData() 会将源缓存中的内容进行一次拷贝（到另一个缓存或同一个缓存的不同位置）。glGetNamedBufferSubData() 则是将缓存对象的数据拷贝到应用程序内存中。根据硬件的配置，其实也可以通过获取一个指针的形式，直接在应用程序中对 OpenGL 管理的内存进行访问。当然，获取这个指针的对应函数就是 glMapBuffer()。

void* **glMapBuffer**(GLenum target, GLenum access);

将当前绑定到 target 的缓存对象的整个数据区域映射到客户端的地址空间中。之后可以根据给定的 access 策略，通过返回的指针对数据进行直接读或者写的操作。如果 OpenGL 无法将缓存对象的数据映射出来，那么 **glMapBuffer()** 将产生一个错误并且返回 NULL。发生这种情况的原因可能是与系统相关的，比如可用的虚拟内存过低等。

当我们调用 glMapBuffer() 时，这个函数会返回一个指针，它指向绑定到 target 的缓存对象的数据区域所对应的内存。注意这块内存只是对应于这个缓存对象本身——它不一定就是图形处理器用到的内存区域。access 参数指定了应用程序对于映射后的内存区域的使用方式。它必须是表 3-4 中列出的标识符之一。

表 3-4　glMapBuffer() 的访问模式

标识符	意义
GL_READ_ONLY	应用程序仅对 OpenGL 映射的内存区域执行读操作
GL_WRITE_ONLY	应用程序仅对 OpenGL 映射的内存区域执行写操作
GL_READ_WRITE	应用程序对 OpenGL 映射的内存区域可能执行读或者写的操作

如果 **glMapBuffer()** 无法映射缓存对象的数据，那么它将返回 NULL。access 参数相当于用户程序与 OpenGL 对内存访问的一个约定。如果用户违反了这个约定，那么将产生很不好的结果，例如写缓存的操作将被忽略，数据将被破坏，甚至用户程序会直接崩溃[⊖]。

注意 当你要求映射到应用程序层面的数据正处于无法访问的内存当中，OpenGL 可能会被迫将数据进行移动，以保证能够获取到数据的指针，也就是你期望的结果。与之类似，当你完成了对数据的操作，以及对它进行了修改，那么 OpenGL 将再次把数据移回到图形处理器所需的位置上。这样的操作对于性能上的损耗是比较高的，因此必须特别加以对待。

如果缓存已经通过 GL_READ_ONLY 或者 GL_READ_WRITE 访问模式进行了映射，那么缓存对象中的数据对于应用程序就是可见的。我们可以回读它的内容，将它写入磁盘文件，甚至直接对它进行修改（如果使用了 GL_READ_WRITE 作为访问模式的话）。如果访问模式为 GL_READ_WRITE 或者 GL_WRITE_ONLY，那么可以通过 OpenGL 返回的指针向映射内存中写入数据。当结束数据的读取或者写入到缓存对象的操作之后，必须使用 **glUnmapNamedBuffer()** 执行解除映射操作，它的原型如下所示：

GLboolean glUnmapNamedBuffer(Gluint buffer);

解除 **glMapNamedBufferRange()** 针对缓存对象 buffer 创建的映射。如果对象数据的内容在映射过程中没有发生损坏，那么 **glUnmapBuffer()** 将返回 GL_TRUE。发生损坏的原因通常与系统相关，例如屏幕模式发生了改变，这会影响图形内存的可用性。这种情况下，函数的返回值为 GL_FALSE，并且对应的数据内容是不可预测的。应用程序必须考虑到这种几率较低的情形，并且及时对数据进行重新初始化。

如果解除了缓存的映射，那么之前写入到 OpenGL 映射内存中的数据将会重新对缓存对象可见。这句话的意义是，我们可以先使用 **glNamedBufferStorage()** 分配数据空间，并且在 data 参数中直接传递 NULL，之后进行映射并且直接将数据写入，最后解除映射，从而完成了数据向缓存对象传递的操作。例 3.2 所示就是一个将文件内容读取并写入到缓存对象的例子。

⊖ 遗憾的是，很多应用程序都会破坏这样的约定，而大部分 OpenGL 的实现都会假设用户其实不知道如何正确调用 **glMapBuffer()**，因此直接将访问模式参数重新设定为 GL_READ_WRITE，因此这些程序还是可以正常工作的。

例 3.2　使用 **glMapBuffer()** 初始化缓存对象

```
GLuint buffer;
FILE * f;
size_t filesize;

// 打开文件并确定它的大小
f = fopen("data.dat", "rb");
fseek(f, 0, SEEK_END);
filesize = ftell(f);
fseek(f, 0, SEEK_SET);

// 生成缓存名字并将它绑定到缓存绑定点上——这里是
// GL_COPY_WRITE_BUFFER (在这里这个绑定点并没有实际意义),
// 这样就可以创建缓存了
glGenBuffers(1, &buffer);
glBindBuffer(GL_COPY_WRITE_BUFFER, buffer);

// 分配缓存中存储的数据空间, 向 data 参数传入 NULL 即可

glBufferData(GL_COPY_WRITE_BUFFER, (GLsizei)filesize, NULL,
             GL_STATIC_DRAW);
// 映射缓存……
void * data = glMapBuffer(GL_COPY_WRITE_BUFFER, GL_WRITE_ONLY);

// 将文件读入缓存
fread(data, 1, filesize, f);

// 好了, 现在我们已经完成了实验, 可以解除缓存映射并关闭文件了
glUnmapBuffer(GL_COPY_WRITE_BUFFER);
fclose(f);
```

在例 3.2 中，文件的所有内容都在单一操作中被读入到缓存对象当中。缓存对象创建时的大小与文件是相同的。当缓存映射之后，我们就可以直接将文件内容读入到缓存对象的数据区域当中。应用程序端并没有拷贝的操作，并且如果数据对于应用程序和图形处理器都是可见的，那么 OpenGL 端也没有进行任何拷贝的操作。

使用这种方式来初始化缓存对象可能会带来显著的性能优势。其理由如下：如果调用 **glNamedBufferStorage()** 或者 **glNamedBufferSubData()**，当返回这些函数后，我们可以对返回的内存区域中的数据进行任何操作——释放它，使用它做别的事情——都是可以的。这也就是说，这些函数在完成后不能与内存区域再有任何瓜葛，因此必须采取数据拷贝的方式。但是，如果调用 **glMapNamedBufferRange()**，它所返回的指针是 OpenGL 端管理的。当调用 **glUnmapNamedBuffer()** 时，OpenGL 依然负责管理这处内存，而用户程序与这处内存已经不再有瓜葛了。这样的话即使数据需要移动或者拷贝，OpenGL 都可以在调用 **glUnmapNamedBuffer()** 之后才开始这些操作并且立即返回，而内容操作是在系统的空闲时间之内完成，不再受到应用程序的影响。因此，OpenGL 的数据拷贝操作与应用程序之后的操作（例如建立更多的缓存，读取别的文件，等等）实际上是同步进行的。如果不需要进行拷贝的话，那么结果就再好不过了！此时在本质上解除映射的操作相当于是对空间的释放。

异步和显式的映射

为了避免 glMapBuffer() 可能造成的缓存映射问题（例如应用程序错误地指定了 access 参数，或者总是使用 GL_READ_WRITE），glMapNamedBufferRange() 函数使用额外的标识符来更精确地设置访问模式，glMapNamedBufferRange() 函数的原型如下所示：

---

void * glMapNamedBufferRange(GLuint buffer, GLintptr offset, GLsizeiptr length, GLbitfield access);

将缓存对象数据的全部或者一部分映射到应用程序的地址空间中。buffer 设置了缓存对象的名字。offset 和 length 一起设置了准备映射的数据范围（单位为字节）。access 是一个位域标识符，用于描述映射的模式。

对于 glMapNamedBufferRange() 来说，access 位域中必须包含 GL_MAP_READ_BIT 和 GL_MAP_WRITE_BIT 中的一个或者两个，以确认应用程序是否要对映射数据进行读操作、写操作，或者两者皆有。此外，access 中还可以包含一个或多个其他的标识符，如表 3-5 所示。

表 3-5　glMapNamedBufferRange() 中使用的标识符

标识符	意义
GL_MAP_INVALIDATE_RANGE_BIT	如果设置的话，给定的缓存区域内任何数据都可以被抛弃以及无效化。如果给定区域范围内任何数据没有被随后重新写入的话，那么它将变成未定义的数据。这个标识符无法与 GL_MAP_READ_BIT 同时使用
GL_MAP_INVALIDATE_BUFFER_BIT	如果设置的话，缓存的整个内容都可以被抛弃和无效化，不再受到区域范围的设置影响。所有映射范围之外的数据都会变成未定义的状态，而如果范围内的数据没有被随后重新写入的话，那么它也会变成未定义。这个标识符无法与 GL_MAP_READ_BIT 同时使用
GL_MAP_FLUSH_EXPLICIT_BIT	应用程序将负责通知 OpenGL 映射范围内的哪个部分包含了可用数据，方法是在调用 glUnmapNamedBuffer() 之前调用 glFlushMappedNamedBufferRange()。如果缓存中较大范围内的数据都会被映射，而并不是全部被应用程序写入的话，应当使用这个标识符。这个位标识符必须与 GL_MAP_WRITE_BIT 结合使用。如果 GL_MAP_FLUSH_EXPLICIT_BIT 没有定义的话，那么 glUnmapNamedBuffer() 会自动刷新整个映射区域的内容
GL_MAP_UNSYNCHRONIZED_BIT	如果这个位标识符没有设置的话，那么 OpenGL 会等待所有正在处理的缓存访问操作结束，然后再返回映射范围的内存。如果设置了这个标识符，那么 OpenGL 将不会尝试进行这样的缓存同步操作

正如你在表 3-5 中看到的这些标识符所提示的，对于 OpenGL 数据的使用以及数据访问时的同步操作，这个命令可以实现一个更精确的控制过程。

如果打算通过 GL_MAP_INVALIDATE_RANGE_BIT 或者 GL_MAP_INVALIDATE_BUFFER_BIT 标识符来实现缓存数据的无效化，那么也就意味着 OpenGL 可以对缓存对象中任何已有的数据进行清理。除非你确信自己要同时使用 GL_MAP_WRITE_BIT 标识符对缓存进行写入操作，否则不要设置这两个标识符中的任意一个。如果你设置了 GL_MAP_INVALIDATE_RANGE_BIT 的话，你的目的应该是对某个区域的整体进行更新（或者至少是其中对你的程序有意义的部分）。如果设置了 GL_MAP_INVALIDATE_BUFFER_BIT，那么就意味着你不打算再关心那些没有被映射的缓存区域的内容了，或者你准备在后继的映射当中对缓存中剩下的部分进行更新[⊖]。由于此时 OpenGL 是可以抛弃缓存数据中剩余的部分，因此即使你将修改过的数据重新合并到原始缓存中也没有什么意义了。因此，如果打算对映射缓存的第一个部分使用 GL_MAP_INVALIDATE_BUFFER_BIT，然后对缓存其他的部分使用 GL_MAP_INVALIDATE_RANGE_BIT，那么应该是一个不错的想法。

GL_MAP_UNSYNCHRONIZED_BIT 标识符用于禁止 OpenGL 数据传输和使用时的自动同步机制。没有这个标志符的话，OpenGL 会在使用缓存对象之前完成任何正在执行的命令。这一步与 OpenGL 的管线有关，因此可能会造成性能上的损失。如果可以确保之后的操作可以在真正修改缓存内容之前完成（不过在调用 glMapNamedBufferRange() 之前这并不是必须的），例如调用 glFinish() 或者使用一个同步对象（参见 11.3 节），那么 OpenGL 也就不需要专门为此维护一个同步功能了。

最后，GL_MAP_FLUSH_EXPLICIT_BIT 标识符表明了应用程序将通知 OpenGL 它修改了缓存的哪些部分，然后再调用 glUnmapNamedBuffer()。通知的操作可以通过 glFlushMappedBufferRange() 函数的调用来完成，其原型如下：

---

void **glFlushMappedNamedBufferRange**(GLuint buffer, GLintptr offset, GLsizeiptr length);

　　通知 OpenGL，映射缓存 buffer 中由 offset 和 length 所划分的区域已经发生了修改，需要立即更新到缓存对象的数据区域中。

我们可以对缓存对象中独立的或者互相重叠的映射范围多次调用 glFlushMappedNamedBufferRange()。缓存对象的范围是通过 offset 和 length 划分的，这两个值必须位于缓存对象的映射范围之内，并且映射范围必须通过 glMapNamedBufferRange() 以及 GL_MAP_FLUSH_EXPLICIT_BIT 标识符来映射。当执行这个操作之后，会假设 OpenGL 对于映射缓存对象中指定区域的修改已经完成，并且开始执行一些相关的操作，例如重新激活数据的可用性，将它拷贝到图形处理器的显示内存中，或者进行刷新，数据缓存的重新更新等。就算缓存的一部分或者全部还处于映射状态下，这些操作也可以顺利完成。这一操作对于 OpenGL 与其他应用程序操作的并行化处理是非常有意义的。举例来说，如果需要从文件加载一个非常庞大的数据块并将他们送入缓存，那么需要在缓存中分配足够囊括整个文件大小的区域，然后读取文件的各个子块，并且对每个子块都调用一次

⊖　不要对每个区域都设置 GL_MAP_INVALIDATE_BUFFER_BIT，否则只有最后一个映射区域中的数据才是有效的！

glFlushMappedNamedBufferRange()。然后 OpenGL 就可以与应用程序并行地执行一些工作，从文件读取更多的数据并且存入下一个子块当中。

通过这些标识符的不同混合方式，我们可以对应用程序和 OpenGL 之间的数据传输过程进行优化，或者实现一些高级的技巧，例如多线程或者异步的文件操作。

3.2.4　丢弃缓存数据

高级技巧

如果已经完成了对缓存数据的处理，那么可以直接通知 OpenGL 我们不再需要使用这些数据。例如，如果我们正在向 transform feedback 的缓存中写入数据，然后使用这些数据进行绘制。如果最后访问数据的是绘制命令，那么我们就可以及时通知 OpenGL，让它适时地抛弃数据并且将内存用作其他用途。这样 OpenGL 的实现就可以完成一些优化工作，诸如紧密的内存分配策略，或者避免系统与多个 GPU 之间产生代价高昂的拷贝操作。

如果要抛弃缓存对象中的部分或者全部数据，那么我们可以调用 **glInvalidateBufferData()** 或者 **glInvalidateBufferSubData()** 函数。这两个函数的原型如下所示：

void **glInvalidateBufferData**(GLuint buffer);
void **glInvalidateBufferSubData**(GLuint buffer, GLintptr offset, GLsizeiptr length);

通知 OpenGL，应用程序已经完成对缓存对象中给定范围内容的操作，因此可以随时根据实际情况抛弃数据。**glInvalidateBufferSubData()** 会抛弃名称为 buffer 的缓存对象中，从 offset 字节处开始共 length 字节的数据。**glInvalidateBufferData()** 会直接抛弃整个缓存的数据内容。

注意，从理论上来说，如果调用 **glBufferData()** 并且传入一个 NULL 指针的话，那么所实现的功能与直接调用 **glInvalidateBufferData()** 是非常相似的。这两个方法都会通知 OpenGL 实现可以安全地抛弃缓存中的数据。但是，从逻辑上 **glBufferData()** 会重新分配内存区域，而 **glInvalidateBufferData()** 不会。根据 OpenGL 的具体实现，通常调用 **glInvalidateBufferData()** 的方法会更为优化一些。此外，**glInvalidateBufferSubData()** 也是唯一一个可以抛弃缓存对象中的区域数据的方法。

3.3　顶点规范

现在我们已经在缓存中存储了数据，并且知道如何编写一个基本的顶点着色器，因此我们有必要将数据传递到着色器当中。我们已经了解顶点数组对象（vertex array object）的概念，它包含数据的位置和布局信息，以及类似 **glVertexAttribPointer()** 的一系列函数。现在，我们将更深入地了解顶点规范的相关内容、glVertexAttribPointer() 的其他变种函数，以及如何设置一些非浮点数或者还没有启用的顶点属性数据。

3.3.1　深入讨论 VertexAttribPointer

我们已经在第 1 章里简要地介绍过 glVertexAttribPointer() 命令。它的原型如下所示：

---

void **glVertexAttribPointer**(GLuint index, GLint size, GLenum type, GLboolean normalized, GLsizei stride, const GLvoid* pointer);

设置顶点属性在 index 位置可访问的数据值。pointer 的起始位置也就是数组中的第一组数据值，它是以基本计算机单位（例如字节）度量的，由绑定到 GL_ARRAY_BUFFER 目标的缓存对象中的地址偏移量确定的。size 表示每个顶点中需要更新的元素个数。type 表示数组中每个元素的数据类型。normalized 表示顶点数据是否需要在传递到顶点数组之前进行归一化处理。stride 表示数组中两个连续元素之间的偏移字节数。如果 stride 为 0，那么在内存当中各个数据就是紧密贴合的。

glVertexAttribPointer() 所设置的状态会保存到当前绑定的顶点数组对象（VAO）中。size 表示属性向量的元素个数（1、2、3、4），或者是一个特殊的标识符 GL_BGRA，它专用于压缩顶点数据的格式设置。type 参数设置了缓存对象中存储的数据类型。表 3-6 所示就是 type 中可以指定的标识符名称，以及对应的 OpenGL 数据类型。

表 3-6　glVertexAttribPointer() 的数据类型标识符

标识符	OpenGL 类型
GL_BYTE	GLbyte（有符号 8 位整型）
GL_UNSIGNED_BYTE	GLubyte（无符号 8 位整型）
GL_SHORT	GLshort（有符号 16 位整型）
GL_UNSIGNED_SHORT	GLushort（无符号 16 位整型）
GL_INT	GLint（有符号 32 位整型）
GL_UNSIGNED_INT	GLuint（无符号 32 位整型）
GL_FIXED	GLfixed（有符号 16 位定点型）
GL_FLOAT	GLfloat（32 位 IEEE 单精度浮点型）
GL_HALF_FLOAT	GLhalf（16 位 S1E5M10 半精度浮点型）
GL_DOUBLE	GLdouble（64 位 IEEE 双精度浮点型）
GL_INT_2_10_10_10_REV	GLuint（压缩数据类型）
GL_UNSIGNED_INT_2_10_10_10_REV	GLuint（压缩数据类型）

注意，如果在 type 中传入了 GL_SHORT 或者 GL_UNSIGNED_INT 这样的整数类型，那么 OpenGL 只能将这些数据类型存储到缓存对象的内存中。OpenGL 必须将这些数据转换为浮点数才可以将它们读取到浮点数的顶点属性中。执行这一转换过程可以通过 normalize 参数来

控制。如果 normalize 为 GL_FALSE，那么整数将直接被强制转换为浮点数的形式，然后再传入到顶点着色器中。换句话说，如果将一个整数 4 置入缓存，设置 type 为 GL_INT，而 normalize 为 GL_FALSE，那么着色器中传入的值就是 4.0。如果 normalize 为 GL_TRUE，那么数据在传入到顶点着色器之前需要首先进行归一化。为此，OpenGL 会使用一个固定的依赖于输入数据类型的常数去除每个元素。如果数据类型是有符号的，那么相应的计算公式如下：

$$f = \frac{c}{2^b - 1}$$

如果数据类型是无符号的，那么相应的计算公式如下：

$$f = \frac{2c + 1}{2^b - 1}$$

这两个公式当中，f 的结果就是浮点数值，c 表示输入的整数分量，b 表示数据类型的位数（例如 GL_UNSIGNED_BYTE 就是 8，GL_SHORT 就是 16，以此类推）。注意，无符号数据类型在除以类型相关的常数之前，还需要进行缩放和偏移操作。之前我们向整数顶点属性中传入 4 作为示例，那么这里我们将得到：

$$f = \frac{4}{2^{32} - 1}$$

这个结果相当于 0.000000009313——这是一个非常小的数字！

整型顶点属性

如果你对浮点数值的工作方式比较熟悉的话，那么你应该也知道如果它的数值很大的时候，会造成精度的丢失，因此大范围的整数值不能直接使用浮点型属性传入顶点着色器中。因此，我们需要引入整型顶点属性。它们在顶点着色器中的表示方法为 `int`、`ivec2`、`ivec3` 以及 `ivec4`，当然也有无符号的表现形式，即 `uint`、`uvec2`、`uvec3` 以及 `uvec4`。

我们需要用到另一个顶点属性的函数将整数传递到顶点属性中，它不会执行自动转换到浮点数的操作。这个函数叫做 glVertexAttribIPointer()，其中 I 表示整型的意思。

---

void glVertexAttribIPointer(GLuint index, GLint size, GLenum type, GLsizei stride, const GLvoid* pointer);

与 glVertexAttribPointer() 类似，不过它专用于向顶点着色器中传递整型的顶点属性。type 必须是整型数据类型的一种，包括 GL_BYTE、GL_UNSIGNED_BYTE、GL_SHORT、GL_UNSIGNED_SHORT、GL_INT，以及 GL_UNSIGNED_INT。

注意，glVertexAttribIPointer() 的参数与 glVertexAttribPointer() 是完全等价的，只是不再需要 normalize 参数。这是因为 normalize 对于整型顶点属性来说是没有意义的。这里的 type 参数只能使用 GL_BYTE、GL_UNSIGNED_BYTE、GL_SHORT、GL_UNSIGNED_

SHORT、GL_INT，以及 GL_UNSIGNED_INT 这些标识符。

双精度顶点属性

glVertexAttribPointer() 的第三个变化就是 glVertexAttribLPointer()——这里的 L 表示 "long"。这个函数专门用于将属性数据加载到 64 位的双精度浮点型顶点属性中。

---

void glVertexAttribLPointer(GLuint index, GLint size, GLenum type, GLsizei stride, const GLvoid* pointer);

与 glVertexAttribPointer() 类似，不过对于传入顶点着色器的 64 位的双精度浮点型顶点属性来说，type 必须设置为 GL_DOUBLE。

这里再次说明，normalize 参数依然是不需要的。glVertexAttribPointer() 中的 normalize 只是用来处理那些不适宜直接使用的整型类型，因此在这里它并不是必须的。如果 glVertexAttribPointer() 函数也使用了 GL_DOUBLE 类型，那么实际上数据在传递到顶点着色器之前会被自动转换到 32 位单精度浮点型方式——即使我们的目标顶点属性已经声明为双精度类型，例如 double、dvec2、dvec3、dvec4，或者双精度的矩阵类型，例如 dmat4。但是，glVertexAttribLPointer() 可以保证输入数据的完整精度，并且将它们直接传递到顶点着色器阶段。

顶点属性的压缩数据格式

回到 glVertexAttribPointer() 命令，之前已经提及，size 参数的可选值包括 1、2、3、4，以及一个特殊的标识符 GL_BGRA。此外，type 参数也可以使用某些特殊的数值，即 GL_INT_2_10_10_10_REV 或者 GL_UNSIGNED_INT_2_10_10_10_REV，它们都对应于 GLuint 数据类型。这些特殊的标识符可以用来表达 OpenGL 支持的压缩数据格式。GL_INT_2_10_10_10_REV 和 GL_UNSIGNED_INT_2_10_10_10_REV 标识符表示了一种有四个分量的数据格式，前三个分量均占据 10 个字节，第四个分量占据 2 个字节，这样压缩后的大小是一个 32 位单精度数据（GLuint）。GL_BGRA 可以被简单地视为 GL_ZYXW 的格式⊖。根据 32 位字符类型的数据布局方式，我们可以得到如图 3-3 的数据划分方式。

图 3-3　BGRA 格式的压缩顶点属性数据元素分布

图 3-3 中，顶点元素分布在一个 32 位单精度整数中，顺序为 w、x、y、z——反转之后就是 z、y、x、w，或者用颜色分量来表示就是 b、g、r、a。图 3-4 中，各个分量的压缩顺

⊖　这不是一个真的 OpenGL 标识符，只是为了更好地解释这个问题。

序为 w、z、y、x，反转并写作颜色分量的形式就是 r、g、b、a。

图 3-4　RGBA 格式的压缩顶点属性数据元素分布

顶点数据可以使用 GL_INT_2_10_10_10_REV 或者 GL_UNSIGNED_INT_2_10_10_10_REV 这两种格式中的一种来设置。如果 glVertexAttribPointer() 的 type 参数设置为其中一种标识符，那么顶点数组中的每个顶点都会占据 32 位。这个数据会被分解为各个分量然后根据需要进行归一化（根据 normalize 参数的设置），最后被传递到对应的顶点属性当中。这种数据的排布方式对于法线等类型的属性设置特别有益处，三个主要分量的大小均为 10 位，因此精度可以得到额外的提高，并且此时通常不需要达到半浮点数的精度级别（每个分量占据 16 位）。这样节约了内存空间和系统带款，因此有助于提升程序性能。

3.3.2　静态顶点属性的规范

在第 1 章里，我们已经了解了 glEnableVertexAttribArray() 和 glDisableVertexAttrib-Array() 函数。

这些函数用来通知 OpenGL，顶点缓存中记录了哪些顶点属性数据。在 OpenGL 从顶点缓存中读取数据之前，我们必须使用 glEnableVertexAttribArray() 启用对应的顶点属性数组。如果某个顶点属性对应的属性数组没有启用的话，会发生什么事情呢？此时，OpenGL 会使用静态顶点属性。每个顶点的静态顶点属性都是一个默认值，如果某个属性没有启用任何属性数组的话，就会用到这个默认值。举例来说，我们的顶点着色器中可能需要从某个顶点属性中读取顶点的颜色值。如果某个模型中所有的顶点或者一部分顶点的颜色值是相同的，那么我们使用一个常数值来填充模型中所有顶点的数据缓存，这无疑是一种内存浪费和性能损失。因此，这里可以禁止顶点属性数组，并且使用静态的顶点属性值来设置所有顶点的颜色。

每个属性的静态顶点属性可以通过 glVertexAttrib*() 系列函数来设置。如果顶点属性在顶点着色器中是一个浮点型的变量（例如 float、vec2、vec3、vec4 或者浮点型矩阵类型，例如 mat4），那么我们就可以使用下面的 glVertexAttrib*() 来设置它的数值。

```
void glVertexAttrib{1234}{fds}(GLuint index, TYPE values);
void glVertexAttrib{1234}{fds}v(GLuint index, const TYPE* values);
void glVertexAttrib4{bsifd ub us ui}v(GLuint index, const TYPE* values);
```

设置索引为 index 的顶点属性的静态值。如果函数名称末尾没有 v，那么最多可以指定 4 个参数值，即 x、y、z、w 参数。如果函数末尾有 v，那么最多有 4 个参数值是保存在一个数组中传入的，它的地址通过 values 来指定，存储顺序依次为 x、y、z 和 w 分量。

　　所有这些函数都会自动将输入参数转换为浮点数（除非它们本来就是浮点数形式），然后再传递到顶点着色器中。这里的转换就是简单的强制类型转换。也就是说，输入的数值被转换为浮点数的过程，与缓存中的数据通过 glVertexAttribPointer() 并设置 normalize 参数为 GL_FALSE 的转换过程是一样的。对于函数中需要传入整型数值的情况，我们也可以使用另外的函数，将数据归一化到 [0, 1] 或者 [−1, 1] 的范围内，其依据是输入参数是否为有符号（或者无符号）类型。这些函数的声明为：

```
void glVertexAttrib4Nub(GLuint index, GLubyte x, GLubyte y, GLubyte z, GLubyte w);
void glVertexAttrib4N{bsi ub us ui}v(GLuint index, const TYPE* v);
```

　　设置属性 index 所对应的一个或者多个顶点属性值，并且在转换过程中将无符号参数归一化到 [0, 1] 的范围，将有符号参数归一化到 [−1, 1] 的范围。

　　即使使用了这些函数，输入参数依然会转换为浮点数的形式，然后再传递给顶点着色器。因此他们只能用来设置单精度浮点数类型的静态属性数据。如果顶点属性变量必须声明为整数或者双精度浮点数的话，那么应该使用下面的函数形式：

```
void glVertexAttribI{1234}{i ui}(GLuint index, TYPE values);
void glVertexAttribI{123}{i ui}v(GLuint index, const TYPE* values);
void glVertexAttribI4{bsi ub us ui}v(GLuint index, const TYPE* values);
```

　　设置一个或者多个静态整型顶点属性值，以用于 index 位置的整型顶点属性。

　　此外，如果顶点属性声明为双精度浮点数类型，那么应该使用带有 L 字符的 glVertexAttrib*() 函数，也就是：

```
void glVertexAttribL{1234}(GLuint index, TYPE values);
void glVertexAttribL{1234}v(GLuint index, const TYPE* values);
```

　　设置一个或者多个静态顶点属性值，以用于 index 位置的双精度顶点属性。

　　glVertexAttribI*() 和 glVertexAttribL*() 系列函数都是 glVertexAttrib*() 的变种，它们将参数到传递顶点属性的过程与 glVertexAttribIPointer() 等函数的实现过程是一样的。
　　如果你使用了某个 glVertexAttrib*() 函数，但是传递给顶点属性的分量个数不足的话（例如使用 glVertexAttrib*() 的 2f 形式，所设置的顶点属性实际上声明为 vec4），那么缺少的分量中将自动填充为默认的值。对于 w 分量，默认值为 1.0，而 y 和 z 分量的默认值为 0.0 [⊖]。如

―――――――

　　⊖　我们故意没有设置 x 分量的默认值——因为当我们设置 y、z、w 的属性值的时候，不可能漏过 x 的值。

果函数中包含的分量个数多于着色器中顶点属性的声明个数，那么多余的分量会被简单地
进行抛弃处理。

> **注意** 静态顶点属性值是保存在当前 VAO 当中的，而不是程序对象。这也就意味着，如果当前的顶点着色器中存在一个 vec3 的输入属性，而我们使用 **glVertexAttrib*()** 的 4fv 形式设置了一个四分量的向量给它，那么第四个分量值虽然会被忽略，但是依然被保存了。如果改变顶点着色器的内容，重新设置当前属性为 vec4 的输入形式，那么之前设置的第四个分量值就会出现在属性 w 分量当中了。

3.4　OpenGL 的绘制命令

　　大部分 OpenGL 绘制命令都是以 Draw 这个单词开始的[⊖]。绘制命令大致可以分为两个部分：索引形式和非索引形式的绘制。索引形式的绘制需要用到绑定 GL_ELEMENT_ARRAY_BUFFER 的缓存对象中存储的索引数组，它可以用来间接地对已经启用的顶点数组进行索引。另一方面，非索引的绘制不需要使用 GL_ELEMENT_ARRAY_BUFFER，只需要简单地按顺序读取顶点数据即可。OpenGL 当中，最基本的非索引形式的绘制命令就是 **glDrawArrays()**。

---

void **glDrawArrays**(GLenum mode, GLint first, GLsizei count);

　　使用数组元素建立连续的几何图元序列，每个启用的数组中起始位置为 first，结束位置为 first + count–1。mode 表示构建图元的类型，它必须是 GL_TRIANGLES、GL_LINE_LOOP、GL_LINES、GL_POINTS 等类型标识符之一。

　　与之类似，最基本的索引形式的绘制命令是 **glDrawElements()**。

---

void **glDrawElements**(GLenum mode, GLsizei count, GLenum type, const GLvoid* indices);

　　使用 count 个元素来定义一系列几何图元，而元素的索引值保存在一个绑定到 GL_ELEMENT_ARRAY_BUFFER 的缓存中（元素数组缓存，element array buffer）。indices 定义了元素数组缓存中的偏移地址，也就是索引数据开始的位置，单位为字节。type 必须是 GL_UNSIGNED_BYTE、GL_UNSIGNED_SHORT 或者 GL_UNSIGNED_INT 中的一个，它给出了元素数组缓存中索引数据的类型。mode 定义了图元构建的方式，它必须是图元类型标识符中的一个，例如 GL_TRIANGLES、GL_LINE_LOOP、GL_LINES 或者 GL_POINTS。

　　⊖　实际上，OpenGL 中还出现了两个 Draw 字样的函数，但是不会执行任何绘制操作，它们是 **glDrawBuffer()** 和 **glDrawBuffers()**。

这些函数都会从当前启用的顶点属性数组中读取顶点的信息，然后使用它们来构建 mode 指定的图元类型。顶点属性数组的启用可以通过 glEnableVertexAttribArray() 来完成，如第 1 章所介绍的。而 glDrawArrays() 只是直接将缓存对象中的顶点属性按照自身的排列顺序，直接取出并使用。glDrawElements() 使用了元素数组缓存中的索引数据来索引各个顶点属性数组。所有看起来更为复杂的 OpenGL 绘制函数，在本质上都是基于这两个函数来完成功能实现的。例如，glDrawElementsBaseVertex() 可以将元素数组缓存中的索引数据进行一个固定数量的偏移。

void glDrawElementsBaseVertex(GLenum mode, GLsizei count, GLenum type, const GLvoid* indices, GLint basevertex);

本质上与 glDrawElements() 并无区别，但是它的第 i 个元素在传入绘制命令时，实际上读取的是各个顶点属性数组中的第 indices[i] + basevertex 个元素。

glDrawElementsBaseVertex() 可以根据某个索引基数来解析元素数组缓存中的索引数据。例如，如果一个模型存在多个版本（例如模型动画的多帧数据），并且保存在一个独立的顶点缓存集合中，只通过缓存中不同的偏移量来区分。那么 glDrawElementsBaseVertex() 就可以通过设置某一帧对应的索引基数，直接绘制这一帧所对应的动画数据。而每一帧用到的索引数据集总是一致的。

另一个与 glDrawElements() 行为很类似的函数是 glDrawRangeElements()。

void glDrawRangeElements(GLenum mode, GLuint start, GLuint end, GLsizei count, GLenum type, const GLvoid* indices);

这是 glDrawElements() 的一种更严格的形式，它实际上相当于应用程序（也就是开发者）与 OpenGL 之间形成的一种约定，即元素数组缓存中所包含的任何一个索引值（来自 indices）都会落入到 start 和 end 所定义的范围当中。

我们还可以通过这些功能的组合来实现一些更为高级的命令，例如，glDrawRangeElementsBaseVertex() 就相当于 glDrawElementsBaseVertex() 与 glDrawRangeElements() 功能的一种组合形式。

void glDrawRangeElementsBaseVertex(GLenum mode, GLuint start, GLuint end, GLsizei count, GLenum type, const GLvoid* indices, GLint basevertex);

同应用程序之间建立一种约束，其形式与 glDrawRangeElements() 类似，不过它同时也支持使用 basevertex 来设置顶点索引的基数。在这里，这个函数将首先检查元素数组缓存中保存的数据是否落入 start 和 end 之间，然后再对其添加 basevertex 基数。

这些函数同时还存在一些多实例的版本。多实例的介绍请参见下一节"多实例渲染"。多实例形式的命令包括 glDrawArraysInstanced()、glDrawElementsInstanced()，甚至还有 glDrawElementsInstancedBaseVertex()。最后，我们还要介绍两个特殊的命令，它们的参数不是直接从程序中得到的，而是从缓存对象当中获取的。它们被称作间接绘制函数，如果要使用的话，必须先将一个缓存对象绑定到 GL_DRAW_INDIRECT_BUFFER 目标上。glDrawArrays() 的间接版本叫做 glDrawArraysIndirect()。

void **glDrawArraysIndirect**(GLenum mode, const GLvoid* indirect);

特性与 **glDrawArraysInstanced()** 完全一致，不过绘制命令的参数是从绑定到 GL_DRAW_INDIRECT_BUFFER 的缓存（间接绘制缓存，draw indirect buffer）中获取的结构体数据。indirect 记录间接绘制缓存中的偏移地址。mode 必须是 **glDrawArrays()** 所支持的某个图元类型。

glDrawArraysIndirect() 中的实际绘制命令参数，是从间接绘制缓存中 indirect 地址的结构体中获取的。这个结构体的 C 语言形式的声明如例 3.3 所示。

例 3.3 DrawArraysIndirectCommand 结构体的声明

```
typedef struct DrawArraysIndirectCommand_t
{
    GLuint count;
    GLuint primCount;
    GLuint first;
    GLuint baseInstance;
} DrawArraysIndirectCommand;
```

DrawArraysIndirectCommand 结构体的所有域成员都会作为 **glDrawArraysInstanced()** 的参数进行解析。其中 first 和 count 会被直接传递到内部函数中。primCount 表示多实例的个数，而 baseInstance 就相当于多实例顶点属性的 baseInstance 偏移（不用担心，我们马上就会介绍多实例渲染的相关命令）。

glDrawElements() 的间接版本叫做 **glDrawElementsIndirect()**，它的原型定义如下：

void **glDrawElementsIndirect**(GLenum mode, GLenum type, const GLvoid* indirect);

本质上与 **glDrawElements()** 是一致的，但是绘制命令的参数是从绑定到 GL_DRAW_INDIRECT_BUFFER 的缓存中获取的。indirect 记录了间接绘制缓存中的偏移地址。mode 必须是 glDrawElements() 所支持的某个图元类型，而 type 指定了绘制命令调用时元素数组缓存中索引值的类型。

如果要使用 glDrawArraysIndirect()，那么 glDrawArraysIndirect() 中需要的参数也来自于元素数组缓存中 indirect 偏移地址所存储的结构体。这个结构体的 C 语言形式的声明如例 3.4 所示：

例 3.4　DrawElementsIndirectCommand 结构体的声明

```
typedef struct DrawElementsIndirectCommand_t
{
    GLuint  count;
    GLuint  primCount;
    GLuint  firstIndex;
    GLuint  baseVertex;
    GLuint  baseInstance;
} DrawElementsIndirectCommand;
```

DrawArraysIndirectCommand 结构体中，所有 DrawElementsIndirectCommand 的域成员都会作为 glDrawElementsInstancedBaseVertex() 的参数进行解析。count 和 baseVertex 会被直接传递到内部函数中。与 glDrawArraysIndirect() 中一致，primCount 也表示多实例的个数，firstIndex 可以与 type 参数所定义的索引数据大小相结合，以计算传递到 glDrawElementsInstancedBaseVertex() 的索引数据结果。此外，baseInstance 用来表示结果绘制命令中，所有多实例顶点属性的实例偏移值。

现在，我们将讨论一些不是以 Draw 开头的绘制命令。它们属于绘制命令的多变量形式，包括 glMultiDrawArrays()、glMultiDrawElements() 和 glMultiDrawElementsBaseVertex()。每个函数都记录了一个 first 参数的数组，以及一个 count 参数的数组，其工作方式相当于对每个数组的元素，都会执行一次原始的单一变量函数。举例来说，glMultiDrawArrays() 函数的原型如下：

---

void **glMultiDrawArrays**(GLenum mode, const GLint* first, const GLint* count, GLsizei primcount);

在一个 OpenGL 函数调用过程中绘制多组几何图元集。first 和 count 都是数组的形式，数组的每个元素都相当于一次 glDrawArrays() 调用，元素的总数由 primcount 决定。

调用 glMultiDrawArrays() 等价于下面的 OpenGL 代码段：

```
void glMultiDrawArrays(GLenum mode,
                       const GLint * first,
                       const GLint * count,
                       GLsizei primcount)
{
    GLsizei i;

    for (i = 0; i < primcount; i++)
```

```
    {
        glDrawArrays(mode, first[i], count[i]);
    }
}
```

类似地，glDrawElements() 的多变量版本就是 glMultiDrawElements()，它的原型如下：

---

void **glMultiDrawElements**(GLenum mode, const GLint* count, GLenum type, const GLvoid* const* indices, GLsizei primcount);

在一个 OpenGL 函数调用过程中绘制多组几何图元集。first 和 indices 都是数组的形式，数组的每个元素都相当于一次 **glDrawElements()** 调用，元素的总数由 primcount 决定。

调用 **glMultiDrawElements()** 等价于下面的 OpenGL 代码段：

```
void glMultiDrawElements(GLenum mode,
                         const GLsizei * count,
                         GLenum type,
                         const GLvoid * const * indices,
                         GLsizei primcount);
{
    GLsizei i;

    for (i = 0; i < primcount; i++)
    {
        glDrawElements(mode, count[i], type, indices[i]);
    }
}
```

glMultiDrawElements() 的扩展版本包含了额外的 baseVertex 参数，也就是 **glMulti-DrawElementsBaseVertex()** 函数。它的原型如下所示：

---

void **glMultiDrawElementsBaseVertex**(GLenum mode, const GLint* count, GLenum type, const GLvoid* const* indices, GLsizei primcount, const GLint* baseVertex);

在一个 OpenGL 函数调用过程中绘制多组几何图元集。first、indices 和 baseVertex 都是数组的形式，数组的每个元素都相当于一次 **glDrawElementsBaseVertex()** 调用，元素的总数由 primcount 决定。

与之前所述的其他 OpenGL 多变量绘制命令类似，**glMultiDrawElementsBaseVertex()** 也可以等价于下面的 OpenGL 代码段：

```
void glMultiDrawElementsBaseVertex(GLenum mode,
                                   const GLsizei * count,
                                   GLenum type,
```

```
                            const GLvoid * const * indices,
                            GLsizei primcount,
                            const \GLint * baseVertex);
{
    GLsizei i;

    for (i = 0; i < primcount; i++)
    {
        glDrawElements(mode, count[i], type,
                       indices[i], baseVertex[i]);
    }
}
```

最后，如果有大量的绘制内容需要处理，并且相关参数已经保存到一个缓存对象中，可以直接使用 glDrawArraysIndirect() 或者 glDrawElementsIndirect() 处理的话，那么也可以使用这两个函数的多变量版本，即 glMultiDrawArraysIndirect() 和 glMultiDraw-ElementsIndirect()。

---

void glMultiDrawArraysIndirect(GLenum mode, const void* indirect, GLsizei drawcount, GLsizei stride);

绘制多组图元集，相关参数全部保存到缓存对象中。在 glMultiDrawArraysIndirect() 的一次调用当中，可以分发总共 drawcount 个独立的绘制命令，命令中的参数与 glDrawArraysIndirect() 所用的参数是一致的。每个 DrawArraysIndirectCommand 结构体之间的间隔都是 stride 个字节。如果 stride 是 0 的话，那么所有的数据结构体将构成一个紧密排列的数组。

---

void glMultiDrawElementsIndirect(GLenum mode, GLenum type, const void* indirect, GLsizei drawcount, GLsizei stride);

绘制多组图元集，相关参数全部保存到缓存对象中。在 glMultiDrawElementsIndirect() 的一次调用当中，可以分发总共 drawcount 个独立的绘制命令，命令中的参数与 glDrawElementsIndirect() 所用的参数是一致的。每个 DrawElementsIndirectCommand 结构体之间的间隔都是 stride 个字节。如果 stride 是 0 的话，那么所有的数据结构体将构成一个紧密排列的数组。

OpenGL 绘制练习

这里给出一个相对比较简单的例子，它使用了本章中介绍的一部分 OpenGL 绘制命令。例 3.5 中所示为数据载入到缓存中，并准备用于绘制的过程。例 3.6 中所示为绘制命令调用的过程。

例 3.5 绘制命令的准备过程示例

```
// 4 个顶点
static const GLfloat vertex_positions[] =
{
    -1.0f, -1.0f, 0.0f, 1.0f,
     1.0f, -1.0f, 0.0f, 1.0f,
    -1.0f,  1.0f, 0.0f, 1.0f,
    -1.0f, -1.0f, 0.0f, 1.0f,
};

// 每个顶点的颜色
static const GLfloat vertex_colors[] =
{
    1.0f, 1.0f, 1.0f, 1.0f,
    1.0f, 1.0f, 0.0f, 1.0f,
    1.0f, 0.0f, 1.0f, 1.0f,
    0.0f, 1.0f, 1.0f, 1.0f
};

// 三个索引值 (我们这次只绘制一个三角形)
static const GLushort vertex_indices[] =
{
    0, 1, 2
};

// 设置元素数组缓存
glGenBuffers(1, ebo);
glBindBuffer(GL_ELEMENT_ARRAY_BUFFER, ebo[0]);
glBufferData(GL_ELEMENT_ARRAY_BUFFER,
             sizeof(vertex_indices), vertex_indices, GL_STATIC_DRAW);

// 设置顶点属性
glGenVertexArrays(1, vao);
glBindVertexArray(vao[0]);

glGenBuffers(1, vbo);
glBindBuffer(GL_ARRAY_BUFFER, vbo[0]);
glBufferData(GL_ARRAY_BUFFER,
             sizeof(vertex_positions) + sizeof(vertex_colors),
             NULL, GL_STATIC_DRAW);
glBufferSubData(GL_ARRAY_BUFFER, 0,
                sizeof(vertex_positions), vertex_positions);
glBufferSubData(GL_ARRAY_BUFFER,
                sizeof(vertex_positions), sizeof(vertex_colors),
                vertex_colors);
```

例 3.6 绘制命令示例

```
// DrawArrays
model_matrix = vmath::translation(-3.0f, 0.0f, -5.0f);
glUniformMatrix4fv(render_model_matrix_loc, 4, GL_FALSE, model_matrix);
glDrawArrays(GL_TRIANGLES, 0, 3);

// DrawElements
model_matrix = vmath::translation(-1.0f, 0.0f, -5.0f);
```

```
glUniformMatrix4fv(render_model_matrix_loc, 4, GL_FALSE, model_matrix);
glDrawElements(GL_TRIANGLES, 3, GL_UNSIGNED_SHORT, NULL);

// DrawElementsBaseVertex
model_matrix = vmath::translation(1.0f, 0.0f, -5.0f);
glUniformMatrix4fv(render_model_matrix_loc, 4, GL_FALSE, model_matrix);
glDrawElementsBaseVertex(GL_TRIANGLES, 3, GL_UNSIGNED_SHORT, NULL, 1);

// DrawArraysInstanced
model_matrix = vmath::translation(3.0f, 0.0f, -5.0f);
glUniformMatrix4fv(render_model_matrix_loc, 4, GL_FALSE, model_matrix);
glDrawArraysInstanced(GL_TRIANGLES, 0, 3, 1);
```

例 3.5 和例 3.6 的程序运行结果如图 3-5 所示。它看起来并不是特别引人入胜，不过这里你可以看到四个相似的三角形，并且每个三角形的渲染都用到了一个不同的绘制命令。

图 3-5　绘制命令的简单示例

3.4.1　图元的重启动

当需要处理较大的顶点数据集的时候，我们可能会被迫执行大量的 OpenGL 绘制操作，并且每次绘制的内容总是与前一次图元的类型相同（例如 GL_TRIANGLE_STRIP）。当然，我们可以使用 glMultiDraw*() 形式的函数，但是这样需要额外去管理图元的起始索引位置和长度的数组。

OpenGL 支持在同一个渲染命令中进行图元重启动的功能，此时需要指定一个特殊的值，叫做图元重启动索引（primitive restart index），OpenGL 内部会对它做特殊的处理。如果绘制调用过程中遇到了这个重启动索引，那么就会从这个索引之后的顶点开始，重新开始进行相同图元类型的渲染。图元重启动索引的定义是通过 glPrimitiveRestartIndex() 函数来完成的。

---

void glPrimitiveRestartIndex(GLuint index);

设置一个顶点数组元素的索引值，用来指定渲染过程中，从什么地方启动新的图元绘制。如果在处理定点数组元素索引的过程中遇到了一个符合该索引的数值，那么系统不会处理它对应的顶点数据，而是终止当前的图元绘制，并且从下一个顶点重新开始渲染同一类型的图元集合。

如果顶点的渲染需要在某一个 glDrawElements() 系列的函数调用中完成，那么它可以用到 glPrimitiveRestartIndex() 所指定的索引，并且检查这个索引值是否会出现在元素数组缓存中。不过，我们必须启用图元重启动特性之后才可以进行这种检查。图元重启动的控制可以通过 glEnable() 和 glDisable() 函数来完成，调用的参数为 GL_PRIMITIVE_RESTART。

考虑图 3-6 中的顶点布局，它给出了一个三角形条带，并且通过图元重启动的方式打断为两个部分。在图中，图元重启动索引设置为 8。在三角形渲染过程中，OpenGL 会一直监控元素数组缓存中是否出现索引 8，当这个值出现的时候，OpenGL 不会创建一个顶点，而是结束当前的三角形条带绘制。下一个顶点（索引 9）将成为一个新的三角形条带的第一个顶点，因此我们最终构建了两个三角形条带。

图 3-6   使用图元重启动的特性打断三角形条带

下面的例子演示了图元重启动的一个简单应用——这里使用图元重启动索引将一个立方体分割为两个三角形条带。例 3.7 和例 3.8 所示为立方体的数据设置过程，以及绘制过程。

例 3.7   初始化立方体数据，它是由两个三角形条带组成的

```
// 设置立方体的 8 个角点，边长为 2，中心为原点
static const GLfloat cube_positions[] =
{
    -1.0f, -1.0f, -1.0f, 1.0f,
    -1.0f, -1.0f,  1.0f, 1.0f,
    -1.0f,  1.0f, -1.0f, 1.0f,
    -1.0f,  1.0f,  1.0f, 1.0f,
     1.0f, -1.0f, -1.0f, 1.0f,
     1.0f, -1.0f,  1.0f, 1.0f,
     1.0f,  1.0f, -1.0f, 1.0f,
     1.0f,  1.0f,  1.0f, 1.0f
};

// 每个顶点的颜色
static const GLfloat cube_colors[] =
{
    1.0f, 1.0f, 1.0f, 1.0f,
    1.0f, 1.0f, 0.0f, 1.0f,
    1.0f, 0.0f, 1.0f, 1.0f,
    1.0f, 0.0f, 0.0f, 1.0f,
    0.0f, 1.0f, 1.0f, 1.0f,
    0.0f, 1.0f, 0.0f, 1.0f,
    0.0f, 0.0f, 1.0f, 1.0f,
    0.5f, 0.5f, 0.5f, 1.0f
};

// 三角形条带的索引
static const GLushort cube_indices[] =
{
    0, 1, 2, 3, 6, 7, 4, 5,              // 第一组条带
```

```
    0xFFFF,                        // <<- - 这是重启动的索引
    2, 6, 0, 4, 1, 5, 3, 7         // 第二组条带
};

// 设置元素数组缓存
glGenBuffers(1, ebo);
glBindBuffer(GL_ELEMENT_ARRAY_BUFFER, ebo[0]);
glBufferData(GL_ELEMENT_ARRAY_BUFFER,
             sizeof(cube_indices),
             cube_indices, GL_STATIC_DRAW);

// 设置顶点属性
glGenVertexArrays(1, vao);
glBindVertexArray(vao[0]);

glGenBuffers(1, vbo);
glBindBuffer(GL_ARRAY_BUFFER, vbo[0]);
glBufferData(GL_ARRAY_BUFFER,
             sizeof(cube_positions) + sizeof(cube_colors),
             NULL, GL_STATIC_DRAW);
glBufferSubData(GL_ARRAY_BUFFER, 0,
                sizeof(cube_positions), cube_positions);
glBufferSubData(GL_ARRAY_BUFFER, sizeof(cube_positions),
                sizeof(cube_colors), cube_colors);

glVertexAttribPointer(0, 4, GL_FLOAT,
                      GL_FALSE, 0, NULL);
glVertexAttribPointer(1, 4, GL_FLOAT,
                      GL_FALSE, 0,
                      (const GLvoid *)sizeof(cube_positions));
glEnableVertexAttribArray(0);
glEnableVertexAttribArray(1);
```

图 3-7 所示就是例 3.7 给出的三角形数据，它使用两个独立的三角形条带来表达一个立方体的形状。

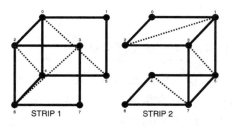

图 3-7　使用两个三角形条带组成立方体

例 3.8　使用图元重启动的方式绘制由两个三角形条带组成的立方体

```
// 设置使用 glDrawElements
glBindVertexArray(vao[0]);
glBindBuffer(GL_ELEMENT_ARRAY_BUFFER, ebo[0]);

#if USE_PRIMITIVE_RESTART
```

```
// 如果开启了图元重启动，那么只需要调用一次绘制命令
glEnable(GL_PRIMITIVE_RESTART);
glPrimitiveRestartIndex(0xFFFF);
glDrawElements(GL_TRIANGLE_STRIP, 17, GL_UNSIGNED_SHORT, NULL);
#else
// 如果没有开启图元重启动，那么需要调用两次绘制命令
glDrawElements(GL_TRIANGLE_STRIP, 8, GL_UNSIGNED_SHORT, NULL);
glDrawElements(GL_TRIANGLE_STRIP, 8, GL_UNSIGNED_SHORT,
               (const GLvoid *)(9 * sizeof(GLushort)));

#endif
```

> **注意** 每当 OpenGL 在元素数组缓存中遇到当前设置的重启动索引时，都会执行图元重启动的操作。因此，不妨将重启动索引设置为一个代码中绝对不会用到的数值。默认的重启动索引为 0，但是这个值非常容易出现在元素数组缓存当中。一个不错的选择是 $2^n - 1$，这里的 n 表示索引值的位数（例如 GL_UNSIGNED_SHORT 的索引就是 16，而 GL_UNSIGNED_INT 的索引就是 32）。这个数不太可能是一个真实的索引值。如果将它作为重启动索引标准值的话，那么我们也就不需要为程序中的每一个模型都单独设置一个索引了。

3.4.2 多实例渲染

实例化（instancing）或者多实例渲染（instanced rendering）是一种连续执行多条相同的渲染命令的方法，并且每个渲染命令所产生的结果都会有轻微的差异。这是一种非常有效的，使用少量 API 调用来渲染大量几何体的方法。OpenGL 中已经提供了一些常用绘制函数的多变量形式来优化命令的多次执行。此外，OpenGL 中也提供了多种机制，允许着色器使用绘制的不同实例作为输入，并且对每个实例（而不是每个顶点）都赋予不同的顶点属性值。最简单的多实例渲染的命令是：

---

void **glDrawArraysInstanced**(GLenum mode, GLint first, GLsizei count, GLsizei primCount);

通过 mode、first 和 count 所构成的几何体图元集（相当于 **glDrawArrays()** 函数所需的独立参数），绘制它的 primCount 个实例。对于每个实例，内置变量 gl_InstanceID 都会依次递增，新的数值会被传递到顶点着色器，以区分不同实例的顶点属性。

这个函数是 **glDrawArrays()** 的多实例版本，我们可以注意到这两个函数之间的相似之处。**glDrawArraysInstanced()** 的参数与 **glDrawArrays()** 是完全等价的，只是多了一个 primCount 参数。这个参数用于设置准备渲染的实例个数。当 OpenGL 执行这个函数的时候，它实际上会执行 **glDrawArrays()** 的 primCount 次拷贝，每次的 mode、first 和 count 参数都是直接传入的。其他 OpenGL 的绘制命令也有对应的 *Instanced 版本，例如

glDrawElementsInstanced()（对应 glDrawElements()）和 glDrawElementsInstancedBaseVe
rtex()（对应 glDrawElementsBaseVertex()）。glDrawElementsInstanced() 函数的定义如下：

---

void **glDrawElementsInstanced**(GLenum mode, GLsizei count, GLenum type, const void* indices, GLsizei primCount);

通过 mode、count 和 indices 所构成的几何体图元集（相当于 **glDrawElements()** 函数所需的独立参数），绘制它的 primCount 个实例。与 **glDrawArraysInstanced()** 类似，对于每个实例，内置变量 gl_InstanceID 都会依次递增，新的数值会被传递到顶点着色器，以区分不同实例的顶点属性。

再次注意到，**glDrawElementsInstanced()** 的参数与 **glDrawElements()** 的是等价的，只是新增了 primCount 参数。每次调用多实例函数时，在本质上 OpenGL 都会根据 primCount 参数来设置多次运行整个命令。这看起来并不是很有用的功能。不过，OpenGL 提供了两种机制来设置对应不同实例的顶点属性，并且在顶点着色器中可以获取当前实例所对应的索引号。

---

void **glDrawElementsInstancedBaseVertex**(GLenum mode, GLsizei count, GLenum type, const void* indices, GLsizei instanceCount, GLuint baseVertex);

通过 mode、count、indices 和 baseVertex 所构成的几何体图元集（相当于 **glDrawElementsBaseVertex()** 函数所需的独立参数），绘制它的 instanceCount 个实例。与 **glDrawArraysInstanced()** 类似，对于每个实例，内置变量 gl_InstanceID 都会依次递增，新的数值会被传递到顶点着色器，以区分不同实例的顶点属性。

多实例的顶点属性

多实例的顶点属性与正规的顶点属性是类似的。它们在顶点着色器中的声明和使用方式都是完全一致的。对于应用程序端来说，它们的配置方法与正规的顶点属性也是相同的。也就是说，它们需要保存到缓存对象中，可以通过 **glGetAttribLocation()** 查询，通过 **glVertexAttribPointer()** 来设置，以及通过 **glEnableVertexAttribArray()** 和 **glDisableVertexAttribArray()** 进行启用与禁用。下面的重要的函数就是用来启用多实例的顶点属性的：

---

void **glVertexAttribDivisor**(GLuint index, GLuint divisor);

设置多实例渲染时，位于 index 位置的顶点着色器中顶点属性是如何分配值到每个实例的。divisor 的值如果是 0 的话，那么该属性的多实例特性将被禁用，而其他的值则表示顶点着色器，每 divisor 个实例都会分配一个新的属性值。

glVertexAttribDivisor() 函数用于控制顶点属性更新的频率。index 表示设置多实例特性的顶点属性的索引位置，它与传递给 glVertexAttribPointer() 和 glEnableVertexAttribArray() 的索引值是一致的。默认情况下，每个顶点都会分配到一个独立的属性值。如果 divisor 设置为 0 的话，那么顶点属性将遵循这一默认，非实例化的规则。如果 divisor 设置为一个非零的值，那么顶点属性将启用多实例的特性，此时 OpenGL 从属性数组中每隔 divisor 个实例都会读取一个新的数值（而不是之前的每个顶点）。此时在这个属性所对应的顶点属性数组中，数据索引值的计算将变成 instance/divisor 的形式，其中 instance 表示当前的实例数目，而 divisor 就是当前属性的更新频率值。对于每个多实例的顶点属性来说，在顶点着色器中，每个实例中的所有顶点都会共享同一个属性值。如果 divisor 设置为 2 的话，那么每两个实例会共享同一个属性值；如果值为 3，那么就是每三个实例，以此类推。我们可以参考例 3.9 中的顶点属性声明，这其中已经包含了一些多实例的属性。

例 3.9　多实例的顶点着色器属性示例

```
#version 410 core

// 位置和法线都是规则的顶点属性
layout (location = 0) in vec4 position;
layout (location = 1) in vec3 normal;


// 颜色是一个逐实例的属性
layout (location = 2) in vec4 color;

// model matrix 是一个逐实例的变换矩阵。注意一个 mat4 会占据 4 个连续的位置，
// 因此它实际上占据了 3、4、5、6 四个索引位
layout (location = 3) in mat4 model_matrix;
```

注意在例 3.9 中，多实例顶点属性 color 和 model_matrix 的声明并没有什么特别的地方。现在再阅读例 3.10 中的代码，其中已经将例 3.9 中的一部分顶点属性设置为多实例的形式。

例 3.10　多实例顶点属性的设置示例

```
// 获取顶点属性在 prog 当中的位置，prog 就是我们准备用于渲染的着色器程序对象
// 注意，这一步并不是必需的，因为我们已经在顶点着色器中设置了所有属性的位置
// 这里的代码可以编写的更简单一些，只需要直接给出程序中已经设置的属性位置即可

int position_loc    = glGetAttribLocation(prog, "position");
int normal_loc      = glGetAttribLocation(prog, "normal");
int color_loc       = glGetAttribLocation(prog, "color");
int matrix_loc      = glGetAttribLocation(prog, "model_matrix");

// 配置正规的顶点属性数组——顶点和法线
glBindBuffer(GL_ARRAY_BUFFER, position_buffer);
glVertexAttribPointer(position_loc, 4, GL_FLOAT, GL_FALSE, 0, NULL);
glEnableVertexAttribArray(position_loc);
glBindBuffer(GL_ARRAY_BUFFER, normal_buffer);
glVertexAttribPointer(normal_loc, 3, GL_FLOAT, GL_FALSE, 0, NULL);
```

```
glEnableVertexAttribArray(normal_loc);

// 设置颜色的数组。我们希望几何体的每个实例都有一个不同的颜色，因此
// 直接将颜色值置入缓存对象中，然后设置一个实例化的顶点属性
glBindBuffer(GL_ARRAY_BUFFER, color_buffer);
glVertexAttribPointer(color_loc, 4, GL_FLOAT, GL_FALSE, 0, NULL);
glEnableVertexAttribArray(color_loc);
// 这里的设置很重要……设置颜色数组的更新频率为 1，那么 OpenGL 会给每个实例
// 设置一个新的颜色值，而不是每个顶点的设置了
glVertexAttribDivisor(color_loc, 1);

// 与之类似，我们给模型矩阵也做同样的设置。注意输入到顶点着色器的矩阵
// 会占据 N 个连续的输入位置，其中 N 表示矩阵的列数。因此……我们等于设置了
// 4 个顶点属性
glBindBuffer(GL_ARRAY_BUFFER, model_matrix_buffer);
// 循环遍历矩阵的每一列……
for (int i = 0; i < 4; i++)
{
    // 设置顶点属性
    glVertexAttribPointer(matrix_loc + i,                 // 位置
                          4, GL_FLOAT, GL_FALSE,          // vec4
                          sizeof(mat4),                   // 数据步幅
                          (void *)(sizeof(vec4) * i));    // 起始偏移值
    // 启用顶点属性
    glEnableVertexAttribArray(matrix_loc + i);
    // 实现多实例化
    glVertexAttribDivisor(matrix_loc + i, 1);
}
```

例 3.10 当中，position 和 normal 是规则的，非实例化的顶点属性。而 color 是一个 divisor 被设置为 1 的多实例顶点属性。也就是说，每个实例的 color 属性都会有一个独立的值（而实例当中的所有顶点都会使用这一个值）。此外，model_matrix 属性也被设置为多实例的属性，它可以为每个实例都提供一个新的模型变换矩阵。mat4 类型的属性会占用多个连续的位置。因此我们需要遍历矩阵的每一列并且分别进行设置。顶点着色器中剩余的代码部分可以参见例 3.11。

例 3.11　多实例属性的顶点着色器示例

```
// 观察矩阵和投影矩阵在绘制过程中都是常数
uniform mat4 view_matrix;
uniform mat4 projection_matrix;

// 顶点着色器的输出（对应于片元着色器的输入）
out VERTEX
{
    vec3    normal;
    vec4    color;
} vertex;

// 现在开始
void main(void)
```

```
{
    // 根据 uniform 的观察矩阵和逐实例的模型矩阵构建完整的模型 - 视点矩阵
    mat4 model_view_matrix = view_matrix * model_matrix;

    // 首先用模型 - 视点矩阵变换位置，然后是投影矩阵
    gl_Position = projection_matrix * (model_view_matrix * position);

    // 使用模型 - 视点矩阵的左上 3×3 子矩阵变换法线
    vertex.normal = mat3(model_view_matrix) * normal;

    // 将逐实例的颜色值直接传入片元着色器
    vertex.color = color;
}
```

上面的代码设置了各个实例的模型矩阵，然后使用例 3.12 中的着色器代码来绘制几何体实例。每个实例都有自己的模型矩阵，而观察矩阵（包括一个绕 Y 轴的旋转，以及一个 Z 方向的平移操作）对于所有的实例都是相同的。模型矩阵是通过 **glMapBuffer()** 映射的方式直接写入到缓存中的。每个模型矩阵都会将物体移动到远离原点的位置，然后绕着原点对平移过的物体进行旋转。观察和投影矩阵都是简单地通过 uniform 变量来传递的。然后，我们直接调用一次 **glDrawArraysInstanced()**，绘制模型的所有实例。

例 3.12　多实例绘制的代码示例

```
// 映射缓存
mat4 * matrices = (mat4 *)glMapBuffer(GL_ARRAY_BUFFER,
                                      GL_WRITE_ONLY);

// 设置每个实例的模型矩阵
for (n = 0; n < INSTANCE_COUNT; n++)
{
    float a = 50.0f * float(n) / 4.0f;
    float b = 50.0f * float(n) / 5.0f;
    float c = 50.0f * float(n) / 6.0f;

    matrices[n] = rotation(a + t * 360.0f, 1.0f, 0.0f, 0.0f) *
                  rotation(b + t * 360.0f, 0.0f, 1.0f, 0.0f) *
                  rotation(c + t * 360.0f, 0.0f, 0.0f, 1.0f) *
                  translation(10.0f + a, 40.0f + b, 50.0f + c);
}

// 完成后解除映射
glUnmapBuffer(GL_ARRAY_BUFFER);

// 启用多实例的程序
glUseProgram(render_prog);

// 设置观察矩阵和投影矩阵
mat4 view_matrix(translation(0.0f, 0.0f, -1500.0f) *
                 rotation(t * 360.0f * 2.0f, 0.0f, 1.0f, 0.0f));
mat4 projection_matrix(frustum(-1.0f, 1.0f,
                               -aspect, aspect, 1.0f, 5000.0f));
```

```
glUniformMatrix4fv(view_matrix_loc, 1,
                    GL_FALSE, view_matrix);
glUniformMatrix4fv(projection_matrix_loc, 1,
                    GL_FALSE, projection_matrix);

// 渲染 INSTANCE_COUNT 个模型
glDrawArraysInstanced(GL_TRIANGLES, 0, object_size, INSTANCE_COUNT);
```

图 3-8　多实例顶点属性的渲染结果

　　程序运行的结果如图 3-8 所示。在这个例子中，常量 INSTANCE_COUNT（在例 3.10 和例 3.12 的代码中被使用）的值为 100。一共绘制了 100 份模型的拷贝，每个拷贝都有一个不同的位置和颜色。这些模型也可以很简单地改成森林中的数目、太空舰队中的飞船，或者城市中的一栋建筑。

　　例 3.9 到例 3.12 中存在一些效率问题。每个实例中的所有顶点都会产生一些相同的结果值，但是它们依然会被逐顶点地进行计算。有的时候应当考虑解决这类问题。例如，model_view_matrix 的计算结果矩阵对于单个实例中的所有顶点都是相同的。这里，我们可以通过第二个实例化的 mat4 属性，输入逐实例的模型视点矩阵数据来避免重复的计算工作，其他时候可能无法避免这种计算，但是还是可以把它移动到几何着色器中完成，这样每次计算都是逐图元，而非逐顶点完成的，或者也可以用到几何着色器的多实例方法。我们会在第 10 章介绍这些技术的内容。

> **注意**　调用一个多实例的绘制命令，与多次调用它的非实例化的版本然后再执行其他的 OpenGL 命令，几乎是等价的操作。因此，如果将循环当中已有的一系列 OpenGL 函数直接转换成一系列的实例化绘制命令，那么得到的结果不会是一致的。

　　另一个使用多实例顶点属性的例子就是将一系列纹理打包到一个 2D 纹理数组中，然后将数组的序号通过实例化的顶点属性传递给每个实例。顶点着色器可以将实例对应的序号传递到片元着色器中，然后使用不同的纹理来渲染不同的几何体实例。

　　我们也可以在系统内部设置一个偏移值，以改变顶点缓存中得到实例化的顶点属性时的索引位置。与 glDrawElementsBaseVertex() 中提供的 baseVertex 参数类似，在多实例绘制函数当中，实例的索引偏移值可以通过一个额外的 baseInstance 参数来设置。带有这个 baseInstance 参数的函数包括 glDrawArraysInstancedBaseInstance()、glDrawElementsInstancedBaseInstance() 和 glDrawElementsInstancedBaseVertexBaseInstance()。它们的原型如下：

void glDrawArraysInstancedBaseInstance(GLenum mode, GLint first, GLsizei count, GLsizei instanceCount, GLuint baseInstance);

对于通过 mode、first 和 count 所构成的几何体图元集（相当于 **glDrawArrays()** 函数所需的独立参数），绘制它的 primCount 个实例。对于每个实例，内置变量 gl_InstanceID 都会依次递增，新的数值会被传递到顶点着色器，以区分不同实例的顶点属性。此外，baseInstance 的值用来对实例化的顶点属性设置一个索引的偏移值，从而改变 OpenGL 取出的索引位置。

void glDrawElementsInstancedBaseInstance(GLenum mode, GLsizei count, GLenum type, const GLvoid* indices, GLsizei instanceCount, GLuint baseInstance);

对于通过 mode、count 和 indices 所构成的几何体图元集（相当于 **glDrawElements()** 函数所需的独立参数），绘制它的 primCount 个实例。与 **glDrawArraysInstanced()** 类似，对于每个实例，内置变量 gl_InstanceID 都会依次递增，新的数值会被传递到顶点着色器，以区分不同实例的顶点属性。此外，baseInstance 的值用来对实例化的顶点属性设置一个索引的偏移值，从而改变 OpenGL 取出的索引位置。

void glDrawElementsInstancedBaseVertexBaseInstance(GLenum mode, GLsizei count, GLenum type, const GLvoid* indices, GLsizei instanceCount, GLuint baseVertex, GLuint baseInstance);

对于通过 mode、count、indices 和 baseVertex 所构成的几何体图元集（相当于 **glDrawElementsBaseVertex()** 函数所需的独立参数），绘制它的 primCount 个实例。与 **glDrawArraysInstanced()** 类似，对于每个实例，内置变量 gl_InstanceID 都会依次递增，新的数值会被传递到顶点着色器，以区分不同实例的顶点属性。此外，baseInstance 的值用来对实例化的顶点属性设置一个索引的偏移值，从而改变 OpenGL 取出的索引位置。

在着色器中使用实例计数器

除了多实例的顶点属性之外，当前实例的索引值可以在顶点着色器中通过内置 gl_InstanceID 变量获得。这个变量被声明为一个整数。它从 0 开始计数，每当一个实例被渲染之后，这个值都会加 1。gl_InstanceID 总是存在于顶点着色器中，即使当前的绘制命令并没有用到多实例的特性也是如此。这种时候，它的值保持为 0。gl_InstanceID 的值可以作为 uniform 数组的索引使用，也可以作为纹理查找的参数使用，或者作为某个分析函数的输入，以及其他的目的。

在下面的例子中，我们使用 gl_InstanceID 重现了例 3.9 到例 3.12 的功能，不过这一次使用的是纹理缓存对象（Texture Buffer Objects，TBO）而非实例化的顶点属性。这里我们将例 3.9 中的顶点属性替换为 TBO 的查找，因此移除了相应的顶点属性设置代码。使用一个 TBO 来记录每个实例的颜色值，而第二个 TBO 用来记录模型矩阵的值。其他顶点属性的声明和设置代码与例 3.9 和例 3.10 的内容相同（当然，忽略了 color 和 model_matrix 属性的设置）。因为现在采用显式的方法在顶点着色器中获得了每个实例的颜色和模型矩阵，所以在顶点着色器的主体中也要添加更多额外的代码，如例 3.13 所示。

例 3.13　顶点着色器的 gl_VertexID 示例

```
// 矩阵和投影矩阵在绘制过程中都是常数
uniform mat4 view_matrix;
uniform mat4 projection_matrix;
// 设置 TBO 来保存逐实例的颜色数据和模型矩阵数据
uniform samplerBuffer color_tbo;
uniform samplerBuffer model_matrix_tbo;

// 顶点着色器的输出（对应于片元着色器的输入）
out VERTEX
{
    vec3    normal;
    vec4    color;
} vertex;

// 现在开始
void main(void)
{
    // 使用 gl_InstanceID 从颜色值的 TBO 当中获取数据
    vec4 color = texelFetch(color_tbo, gl_InstanceID);

    // 模型矩阵的生成更为复杂一些，因为我们不能直接在 TBO 中存储 mat4 数据
    // 我们需要将每个矩阵都保存为四个 vec4 的变量，然后在着色器中重新装配
    // 为矩阵的形式。首先，获取矩阵的四列数据（注意，矩阵在内存中的存储
    // 采用了列主序的方式）
    vec4 col1 = texelFetch(model_matrix_tbo, gl_InstanceID * 4);
    vec4 col2 = texelFetch(model_matrix_tbo, gl_InstanceID * 4 + 1);
    vec4 col3 = texelFetch(model_matrix_tbo, gl_InstanceID * 4 + 2);
    vec4 col4 = texelFetch(model_matrix_tbo, gl_InstanceID * 4 + 3);

    // 现在将四列装配为一个矩阵
    mat4 model_matrix = mat4(col1, col2, col3, col4);

    // 根据 uniform 观察矩阵和逐实例的模型矩阵构建完整的模型 - 视点矩阵

    mat4 model_view_matrix = view_matrix * model_matrix;

    // 首先用模型 - 视点矩阵变换位置，然后是投影矩阵
    //
    gl_Position = projection_matrix * (model_view_matrix *
                                        position);
    // 使用模型 - 视点矩阵的左上 3×3 子矩阵变换法线
    vertex.normal = mat3(model_view_matrix) * normal;
    // 将逐实例的颜色值直接传入片元着色器
    vertex.color = color;
}
```

为了使用例 3.13 中的着色器，我们还需要创建和初始化 TBO 对象，以存储 color_tbo 和 model_matrix_tbo 的采样信息，只是不需要再初始化多实例的顶点属性了。不过，除了这些代码设置之间存在差异之外，程序的本质是没有发生变化的。

例 3.14 多实例顶点属性的设置示例

```
// 获取顶点属性在 prog 当中的位置，prog 就是准备用于渲染的着色器程序
// 对象。注意，这一步并不是必需的，因为我们已经在顶点着色器中设置了所
// 有属性的位置。这里的代码可以编写的更简单一些，只需要直接给出程序中
// 已经设置的属性位置即可
int position_loc    = glGetAttribLocation(prog, "position");
int normal_loc      = glGetAttribLocation(prog, "normal");

// 配置正规的顶点属性数组——顶点和法线
glBindBuffer(GL_ARRAY_BUFFER, position_buffer);
glVertexAttribPointer(position_loc, 4, GL_FLOAT, GL_FALSE, 0, NULL);
glEnableVertexAttribArray(position_loc);
glBindBuffer(GL_ARRAY_BUFFER, normal_buffer);
glVertexAttribPointer(normal_loc, 3, GL_FLOAT, GL_FALSE, 0, NULL);
glEnableVertexAttribArray(normal_loc);

// 现在设置多实例颜色和模型矩阵的 TBO……
// 首先创建 TBO 来存储颜色值，绑定一个缓存然后初始化数据格式。缓存必须
// 在之前已经创建，并且大小可以包含一个 vec4 的逐实例数据
glCreateTextures(1, GL_TEXTURE_BUFFER, &color_tbo);
glTextureBuffer(color_tbo, GL_RGBA32F, color_buffer);
glBindTextureUnit(0, color_buffer);

// 再次使用 TBO 来存储模型矩阵值。这个缓存对象（model_matrix_buffer）必须
// 在之前已经创建，并且大小可以包含一个 mat4 的逐实例数据
glCreateTextures(1, GL_TEXTURE_BUFFER, &model_matrix_tbo);
glTextureBuffer(model_matrix_tbo, GL_RGBA32F, model_matrix_buffer);
glBindTextureUnit(1, model_matrix_tbo);
```

注意，例 3.14 中的代码实际上比例 3.10 更为短小和简单。这是因为不再使用内置的 OpenGL 功能来获取逐实例的数据，而是直接使用着色器写出。这一点从例 3.13 比例 3.11 增加的复杂性就可以看出。而这样的变化也带来了更多的强大功能和灵活性。举例来说，如果实例的数量较少，那么使用 uniform 数组可能比使用 TBO 来存储数据更为合适，但是后者对性能的改善更为理想。除此之外，使用 gl_InstanceID 来驱动的方法与原始的例子相比并没有更多的改动。实际上，例 3.12 中的渲染代码是被完整迁移过来的，它所产生的渲染结果与原来的程序完全相同。我们可以参看下面的截图（见图 3-9）。

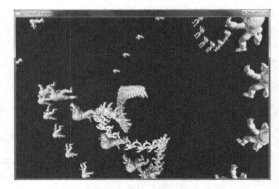

图 3-9 使用 gl_InstanceID 进行多实例渲染的结果

多实例方法的回顾

如果要在程序中使用多实例的方法，那么我们应当：

❑ 为准备实例化的内容创建顶点着色器输入。

❑ 使用 glVertexAttribDivisor() 设置顶点属性的分隔频率。

❑ 在顶点着色器中使用内置的 gl_InstanceID 变量。

❑ 使用渲染函数的多实例版本，例如 glDrawArraysInstanced()、glDrawElementsInstanced() 和 glDrawElementsInstancedBaseVertex()。

Chapter 4 | 第 4 章

颜色、像素和片元

本章目标

阅读完本章内容之后，你将会具备以下能力：

- 了解 OpenGL 在生成的图像中处理和表现颜色的方式。
- 区分 OpenGL 中不同类型的缓存，并且控制它们的写入和清除。
- 列举片元着色过程后的不同片元测试和操作方式。
- 使用 alpha 融合的方式更逼真地渲染半透明物体。
- 使用多重采样和反走样的方式来去除走样的瑕疵。
- 使用遮挡查询和条件渲染的方式来优化渲染。
- 获取渲染后的图像，将像素从一处拷贝到另一处，或者从一处帧缓存到另一处。

总体上说，计算机图形学的目的就是计算一幅图像中的颜色值。对于 OpenGL 来说，图像通常是显示在计算机屏幕的窗口中的，它本身是由规则矩形的像素数组构成的，而每个像素都可以显示自己的颜色。本章将了解如何使用 OpenGL 的着色器来生成这些帧缓存像素的颜色值。我们还将讨论程序中的颜色集设置是如何影响到片元的颜色，以及片元着色器完成之后的一些处理过程，除此之外，还有图像生成的一些改进方法。这一章将包含如下几节：

- 4.1 节将简要介绍光照的物理特性，以及 OpenGL 中的颜色表示方法。
- 4.2 节介绍不同种类的缓存，它们的清除方法、使用方法，以及 OpenGL 对它们的操作方式。
- 4.3 节介绍 OpenGL 管线中对颜色的处理过程。
- 4.4 节介绍片元着色器执行结束之后的各种独立片元的测试与操作，包括 alpha 融合。
- 4.5 节介绍 OpenGL 的反走样技术，以及它对光栅化过程的影响。

- 4.6 节介绍使用融混（blending）对独立图元的表达效果进行平滑的方法。
- 4.7 节讲解读取渲染结果的方法。
- 4.8 节讨论 OpenGL 当中将一块像素数据从帧缓存的一个区域拷贝到另一处的方法。

4.1　基本颜色理论

物理世界中，光是由光子（photon）所组成的，简单来说，也就是细小的粒子沿着一条直线路径进行运动[⊖]，每个粒子都有自己的"色彩"，使用物理学来定量描述，也就是粒子的波长（或者频率）[⊖]。

我们可以看到的光子在可见光光谱中都有对应的波长，范围从大约 390 纳米（紫色）到 720 纳米（红色）。这一范围内的所有颜色组成了七色彩虹：紫色、靛蓝、蓝色、绿色、黄色、橙色、红色。

人的眼睛里包含了名为视杆细胞和视锥细胞的光敏感结构。视杆细胞对于光的强度（intensity）是敏感的，而视锥细胞对于光强不是很敏感，反而能够区分出光的不同波长（wavelength）。现今的研究认为视锥细胞一共有三种，每一种都对光波长的某个波段敏感。通过计算这三种视锥细胞的响应结果，大脑可以感知多种不同的颜色，而不只是组成彩虹的七种颜色。举例来说，理想的白色光是由全部可见波长的等量光子所组成的。与之相比，激光就是一种单频光，也就是说所有光子的频率都相等。

那么，这与计算机图形学以及 OpenGL 又有什么关系呢？现代显示设备对于可以显示的颜色有着更严格的范围规定——可见光谱当中只有一部分是可用的（虽然设备也在不断改进这一点）。实际上，设备可以显示的颜色范围通常是由它的色域来表示的。OpenGL 所支持的绝大多数显示设备都会使用一种组合三原色的方法来构成颜色值，三原色也就是红色、绿色和蓝色，它们构成了显示设备的整个颜色域。我们将其称作 RGB 颜色空间，并且使用这三个值的组合来表达每一种颜色。我们只使用三种颜色来表达可见光谱中的如此庞大的一个范围的理由是，这三种颜色非常接近于人眼光锥细胞的响应曲线的中心区域。

OpenGL 当中，通常会在这三个颜色分量之外再增加第四个 alpha 分量（我们会在 4.4.6 节中介绍），因此可以称为 RGBA 颜色空间。作为 RGB 的一种补充，OpenGL 还支持 sRGB 颜色空间。我们会在讨论帧缓存对象与纹理贴图的时候再次讲解与 sRGB 相关的内容。

> **注意** 颜色空间的种类还有很多，例如 HSV（色调－饱和度－值，Hue-Saturation-Value），或者 CMYK（青－品红－黄－黑，Cyan-Magenta-Yellow-Black）。如果数据保存在一个不同于 RGB 的颜色空间中，那么你需要将它转换到 RGB（或者 sRGB）空间，然后再使用 OpenGL 进行处理。

⊖ 当然，重力的影响忽略不计。
⊖ 光子的频率和波长可以通过方程式 $c = v\lambda$ 来表达，其中 c 表示光传播的速度（3×10^8 m/s），v 表示光子的频率，λ 表示波长。当然，也有很多人对于光的波粒二象性有自己的看法，这些问题不妨以后坐下来慢慢讨论。

对于真实物理世界的光照来说，光的频率和强度都是连续变化的，但是计算机的帧缓存只能使用相对变化较小的离散数值来进行表达（尽管可用的颜色值通常有数百万种）。强度的这种量子化限制了显示的颜色数量。通常来说，每个分量的强度都是使用一定数量的位来保存的（称为像素深度，bit depth），而每个分量的像素深度的总和（alpha 分量除外）就决定颜色缓存的深度，因此也就决定可以显示的颜色的总数量。

举例来说，颜色缓存的一个通常格式是，每个红色、绿色和蓝色分量都占用 8 位。因此我们得到了一个像素深度为 24 位的颜色缓存，它可以显示总共 2^{24} 种独立的颜色。3.2 节列举了 OpenGL 中可用的缓存类型，并且介绍了与这些缓存数据进行交互的方法。

4.2 缓存及其用途

几乎所有图形程序共有的一个重要目标，就是在屏幕上绘制图像（或者绘制到离屏的一处缓存中）。帧缓存（通常也就是屏幕）是由矩形的像素数组组成的，每个像素都可以在图像对应的点上显示一小块方形的颜色值。经过光栅化阶段，也就是执行片元着色器之后，得到的数据还不是真正的像素——只是候选的片元。每个片元都包含与像素位置对应的坐标数据，以及颜色和深度的存储值。

如图 4-1 所示，OpenGL 窗口左下角的像素通常也就是 (0, 0) 位置的像素，这个像素对应该像素占据的 1 × 1 区域左下角窗口坐标。通常来说，像素 (x, y) 填充的区域是以 x 为左侧，$x + 1$ 为右侧，y 为底部，而 $y + 1$ 为顶部的一处矩形区域。

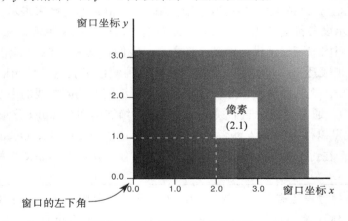

图 4-1　一个像素所涵盖的区域

我们将以颜色缓存为例，更深入地去了解该缓存中所包含的颜色信息是怎样显示到屏幕上的。假设屏幕大小为 1920 像素 × 1080 像素，并且颜色的像素深度为 24 位，换句话说，我们总共可以显示 2^{24}（或者 16 777 216）种不同的颜色。由于 24 位可以用 3 个字节（每个字节为 8 位）来表示，因此这个示例中的颜色缓存中，每个像素将存储至少 3 字节的数据，而屏幕上总共有 2 073 600（1920×1080）个像素。特定硬件系统的物理屏幕可能会包含更多或者更少的像素点，而每个像素中的颜色数据大小也不同。不过，任何特定类型的颜色缓存记录到屏幕上每个像素的数据总量总是相同的。

颜色缓存只是记录像素信息的多个缓存中的一个。实际上，一个像素可能会关联多个颜色缓存。一个显示系统的帧缓存（framebuffer）中包含了所有这些缓存类型，我们也可以在自己的应用程序中使用多个帧缓存。我们将在 6.16 节对此进行探讨。除了主颜色缓存之外，通常不需要直接观察其他缓存的内容，而是使用它们来执行一些特定的任务，比如隐藏表面的去除、模板操作、动态纹理生成，等等。

OpenGL 系统中通常包含以下几种类型的缓存：

❏ 一个或者多个可用的颜色缓存（color buffer）

❏ 深度缓存（depth buffer）

❏ 模板缓存（stencil buffer）

所有这些缓存都是集成到帧缓存当中的，尽管我们可以自由决定需要用到哪些缓存。当启动应用程序之后，我们使用的是默认的帧缓存（default framebuffer），它是与应用程序窗口所关联的帧缓存。默认帧缓存总是会包含一个颜色缓存。

不同的 OpenGL 实现会决定自己可用的缓存以及缓存中的每个像素所包含的位数。此外，也可能用到多种视效方式，或者窗口类型，因此可能需要更多不同的缓存。下面将会讲解各种不同的缓存类型，同时介绍它们的特性，包括数据存储形式和精度。

现在将简要地介绍不同缓存当中存储的数据类型，然后介绍这些缓存在实际工程当中的用途。

颜色缓存

颜色缓存是我们通常进行绘制的缓存对象。它包含 RGB 或者 sRGB 形式的颜色数据，也可能包含帧缓存中每个像素的 alpha 值。帧缓存中可能会含有多个颜色缓存。其中，默认帧缓存中的"主"颜色缓存需要特别对待，因为它是与屏幕上的窗口相关联的，所以绘制到其中的图像都会直接显示到屏幕上（显示这幅图像应该也是我们的本意），而所有其他的颜色缓存都是与屏幕无关的。

颜色缓存中的像素，可能是采用每个像素存储单一颜色值的形式，也可能从逻辑上被划分为多个子像素，因此启用了一种名为多重采样（multisampling）的反走样技术形式。我们将会在 4.5 节详细介绍这一技术。

我们已经在动画的制作中广泛用到了双重缓冲技术。双重缓冲的实现需要将主颜色缓存划分为两个部分：直接在窗口中显示的前置缓存（front buffer），以及用来渲染新图像的后备缓存（back buffer）。当我们执行交换缓存操作的时候（例如调用 **glfwSwapBuffers()** 函数），前置、后备缓存将进行交换。注意，只有默认帧缓存中的主颜色缓存可以使用双重缓冲的特性。

此外，某些 OpenGL 的实现还可能支持立体显示，也就是每个颜色缓存（即使已经是双重缓冲的形式）都会再划分出左颜色缓存和右颜色缓存，以展现立体图像。

深度缓存

深度缓存为每个像素保存一个深度值，它可以用来判断三维空间中物体的可见性。这里深度是物体与观察者眼睛的距离，因此深度缓存值较大的像素会被深度缓存值较小的像素所覆盖。这种特性是非常有用的，不过深度缓存的特性也可以通过"深度测试"的方式来改变，我们将在 4.4.5 节中介绍。深度缓存有时也叫做 z 缓存（z-buffer，这是因为我们通过 x 和 y 值来描述屏幕的水平和竖直方向信息，所以这里使用 z 来描述垂直于屏幕的距离值）。

模板缓存

最后，还可以使用模板缓存来限制屏幕特定区域的绘制。我们可以将它想象成一个带有孔洞花纹的硬纸板，将它按在纸面上再使用喷漆进行喷绘，就可以得到非常精确的花纹图案了。举例来说，模板缓存的一个经典用途就是模拟汽车的后视镜视角。首先将镜子本身的形状渲染到模板缓存中，然后绘制整个场景。此时模板缓存可以阻止所有在镜子形状之外的绘制操作。我们将在 4.4.3 节详细介绍模板缓存的使用。

4.2.1　缓存的清除

通常在一帧渲染完成之后，最常见的图形操作就是清除缓存了。每帧都需要（至少）清除一次缓存，因此 OpenGL 提供了一些尽可能最优化的函数来完成这些工作。正如在之前的示例中看到的，我们在 init() 函数中设置不同类型的缓存初始化数值（如果不打算使用默认值），然后对所有需要操作的缓存数据执行清除操作。

如果要清除颜色缓存，需要调用 glClearBufferfv()，我们已经在第 1 章介绍过这个函数，它的原型为：

```
void glClearBufferfv(GLenum buffer, GLint drawbuffer, const GLfloat *value);
```

如果你调用 glClearBufferfv() 并设置 buffer 参数为 GL_COLOR，那么关联的一个颜色缓存将被清除。后文中我们会讨论同时绘制到多个颜色缓存的方法。而现在我们只要设置 drawbuffer 为 0 即可。value 是一个指向四个浮点数组成的数组的指针，它表示清除颜色缓存之后的初始颜色值，浮点数值依次表示红、绿、蓝和 alpha。

你也可以使用 glClearBufferfv() 清除深度缓存，设置 buffer 为 GL_DEPTH 即可。这样的话，drawbuffer 必须设置为 0（因为我们只有一个深度缓存），而 value 指向一个浮点数，即清除深度缓存之后的初始深度值。

这个函数还有一些替代的版本，可以用来清除模板缓存（其中保存的是整数数据），或者同时清除深度和模板缓存。这个操作非常常见，并且硬件上通常会提供一些更快速的方法来完成深度和模板缓存的同时绘制。

```
void glClearBufferiv(GLenum buffer, GLint drawbuffer, const GLint *value);
void glClearBufferuiv(GLenum buffer, GLint drawbuffer, const GLuint *value);
void glClearBufferfi(GLenum buffer, GLint drawbuffer, GLfloat depth, GLint stencil);
```

使用 glClearBufferiv() 或者 glClearBufferuiv() 来清除整型类型的缓存。glClearBufferiv() 可以用来清除模板缓存。value 表示一个有符号或者无符号整数数组的指针，其中包含了缓存清除后的数值。

glClearBufferfi() 可以同时清除深度和模板缓存。这里的 buffer 必须设置为 GL_DEPTH_STENCIL，且 drawbuffer 必须是 0。

4.2.2　缓存的掩码

在 OpenGL 向颜色、深度或者模板缓存写入数据之前，可以对数据执行一次掩码操作，其中可能用到的命令如下：

```
void glColorMask(GLboolean red, GLboolean green, GLboolean blue, GLboolean alpha);
void glColorMaski(GLuint buffer, GLboolean red, GLboolean green, GLboolean blue,
GLboolean alpha);
void glDepthMask(GLboolean flag);
void glStencilMask(GLboolean mask);
void glStencilMaskSeparate(GLenum face, GLuint mask);
```

它们可设置用于控制写入不同缓存的掩码。

如果 glDepthMask() 的参数 flag 为 GL_TRUE，那么深度缓存可以写入；否则，无法写入。glStencilMask() 的 mask 参数用于与模板值进行按位"与"操作，如果对应位操作的结果为 1，那么像素的模板值可以写入；如果为 0 则无法写入。

所有 GLboolean 掩码的默认值均为 GL_TRUE，而所有 GLuint 掩码的默认值都是 1。

glStencilMaskSeparate() 可以为多边形的正面和背面设置不同的模板掩码值。

如果需要渲染到多个颜色缓存，glColorMaski() 可以对特定的缓存对象（通过 buffer 参数指定）设置颜色掩码。

注意　glStencilMask() 所设置的掩码用于控制写入的模板位平面。这个掩码与 glStencilFunc() 中的第三个掩码参数没有关系，后者用于指定模板函数所对应的位平面值。

4.3 颜色与 OpenGL

在 OpenGL 中是如何使用颜色的？正如你之前所了解的，片元着色器将负责设置每个片元的颜色值。而有多种方式来完成这一操作。

❑ 片元着色器可以不借助任何"外部"数据（即传入片元着色器中的数据）直接就生成片元的颜色值。第 1 章给出了一个很简单的例子，在这里给每个片元都设置一个常量颜色值。

❑ 每个输入的顶点都会提供一个附加的颜色数据，可以在其他着色阶段（例如，顶点着色）修改后再传入片元着色器，并且用它来判断颜色值。我们会在 4.3.2 节介绍这种方法。

❑ 数据的补充，不只是特定的颜色值，都可以在片元着色器中通过计算来生成颜色值（相关的技术请参见第 7 章）。

❑ 外部数据，例如数字图像等，也可以在片元着色器中引用，用于查找颜色值（或者其他数据值）。这些数据保存在纹理贴图当中，并且需要用到纹理映射（texture mapping）技术，参见第 6 章。

4.3.1 颜色的表达与 OpenGL

在深入介绍相关技术之前，不妨先讨论一下 OpenGL 内部是如何使用颜色值的。我们已经知道，帧缓存中需要红色、绿色和蓝色的值来组成一个像素的颜色，因此我们的工作就是在片元着色器中提供足够的信息，以生成这些数值。

最常见的情形下，OpenGL 内部会使用浮点数来表示一个颜色分量，并且负责维护它的精度，直到数据保存到帧缓存中为止。换句话说，除非另有设置，否则片元着色器的输入总是浮点数类型，为片元颜色设置的数值也是如此，并且这些值总是要限制在 [0.0, 1.0] 的范围内——称为归一化数值（normalized value）⊖。这样的颜色写入到帧缓存之后，会被映射到帧缓存所支持的数值区间内。例如，如果帧缓存的每个红色、绿色和蓝色分量都有 8 位，那么最后颜色分量的区间范围为 [0, 255]。

用户应用程序提供给 OpenGL 的数据基本上都是 C 语言的数据类型（例如 int 或者 float）。我们可以选择让 OpenGL 自动将非浮点数类型转换为归一化的浮点数。即通过 glVertexAttribPointer() 或者 glVertexAttribN*() 系列函数，此时 OpenGL 把输入的数据类型转换到对应的归一化数值范围（范围与输入的数据类型相关，例如有符号或者无符号数据类型）。表 4-1 给出了各种数据类型转换的结果。

⊖ 有符号的归一化数值将被截断到 [−1.0, 1.0] 区间内。

表 4-1　将输入数据转换到归一化的浮点数值

OpenGL 类型	OpenGL 枚举量	最小值	映射后的最小值	最大值	映射后的最大值
GLbyte	GL_BYTE	−128	−1.0	127	1.0
GLshort	GL_SHORT	−32 768	−1.0	32 767	1.0
GLint	GL_INT	−2 147 483 648	−1.0	2 147 483 647	1.0
GLubyte	GL_UNSIGNED_BYTE	0	0.0	255	1.0
GLushort	GL_UNSIGNED_SHORT	0	0.0	65 535	1.0
GLuint	GL_UNSIGNED_INT	0	0.0	4 294 967 295	1.0
GLfixed	GL_FIXED	−32 767	−1.0	32 767	1.0

4.3.2　平滑数据插值

我们将对顶点颜色数据的设置进行进一步的了解。还记得在第 1 章里,我们将多种数值与顶点相关联,其中当然也包括颜色值。与其他的顶点数据类似,颜色数据也必须保存到顶点缓存对象(VBO)当中。当数据从顶点着色器传递到片元着色器的时候,OpenGL 会沿着被渲染的图元的每个面对数据进行平滑的插值。在片元着色器中使用这些数据来生成颜色时,可以在屏幕上得到平滑着色的效果。这就是我们常说的 Gouraud 着色。例 4.1 中将顶点的颜色和位置依次交替插入缓存中,然后使用整数类型来强制 OpenGL 对数据进行归一化。

例 4.1　设置顶点的颜色和位置数据:gouraud.cpp

```
//////////////////////////////////////////////////////////////
//
//  Gouraud.cpp
//
//////////////////////////////////////////////////////////////

#include <iostream>
using namespace std;

#include "vgl.h"
#include "LoadShaders.h"
enum VAO_IDs { Triangles, NumVAOs };
enum Buffer_IDs { ArrayBuffer, NumBuffers };
enum Attrib_IDs { vPosition = 0, vColor = 1 };

GLuint   VAOs[NumVAOs];
GLuint   Buffers[NumBuffers];

const GLuint   NumVertices = 6;

//------------------------------------------------------------
//
// init
//

void
```

```
init(void)
{
    glGenVertexArrays(NumVAOs, VAOs);
    glBindVertexArray(VAOs[Triangles]);

    struct VertexData {
        GLubyte color[4];
        GLfloat position[4];
    };

    VertexData vertices[NumVertices] = {
        {{ 255,   0,   0, 255 }, { -0.90, -0.90 }},  // 三角形 1
        {{   0, 255,   0, 255 }, {  0.85, -0.90 }},
        {{   0,   0, 255, 255 }, { -0.90,  0.85 }},
        {{  10,  10,  10, 255 }, {  0.90, -0.85 }},  // 三角形 2
        {{ 100, 100, 100, 255 }, {  0.90,  0.90 }},
        {{ 255, 255, 255, 255 }, { -0.85,  0.90 }}
    };

    glGenBuffers(NumBuffers, Buffers);
    glBindBuffer(GL_ARRAY_BUFFER, Buffers[ArrayBuffer]);
    glBufferData(GL_ARRAY_BUFFER, sizeof(vertices),
                 vertices, GL_STATIC_DRAW);

    ShaderInfo  shaders[] = {
        { GL_VERTEX_SHADER, "gouraud.vert" },
        { GL_FRAGMENT_SHADER, "gouraud.frag" },
        { GL_NONE, NULL }
    };

    GLuint program = LoadShaders(shaders);
    glUseProgram(program);

    glVertexAttribPointer(vColor, 4, GL_UNSIGNED_BYTE,
                          GL_TRUE, sizeof(VertexData),
                          BUFFER_OFFSET(0));
    glVertexAttribPointer(vPosition, 2, GL_FLOAT,
                          GL_FALSE, sizeof(VertexData),
                          BUFFER_OFFSET(sizeof(vertices[0].color)));

    glEnableVertexAttribArray(vColor);
    glEnableVertexAttribArray(vPosition);
}
```

例 4.1 只对第 1 章中的例子 triangles.cpp 做了少量修改。首先创建一个简单的 VertexData 结构体，将单个顶点对应的所有数据组装在一起，即顶点的一个 RGBA 颜色值，以及空间的位置。与之前的做法类似，将所有数据打包到一个数组当中，然后载入到顶点缓存对象里。因为顶点数据有两个顶点属性，所以需要增加一个顶点属性指针来获取新的顶点颜色值，从而在着色器中使用。对于顶点颜色而言，我们还需要设置第四个参数为 GL_TRUE，以便 OpenGL 对数据进行归一化。

如果要使用顶点颜色，需要修改着色器以考虑新的数据类型。首先来看例 4.2 中顶点着色器的内容。

例 4.2　Gouraud 着色的简单顶点着色器

```
#version 330 core

layout (location = 0) in vec4 vPosition;
layout (location = 1) in vec4 vColor;

out vec4 fs_color;

void
main()
{
    fs_color = vColor;
    gl_Position = vPosition;
}
```

让例 4.2 中的顶点着色器支持新的顶点颜色属性的方法很简单。我们只需要加入新的输入和输出变量即可，即 vColor 和 color。这样就完成了顶点颜色输入和输出着色器的整个装配过程。在这里，我们还需要简单地将颜色数据输入到片元着色器当中，见例 4.3。

例 4.3　Gouraud 着色的简单片元着色器

```
#version 330 core

in   vec4 fs_color;

out vec4 color;

void
main()
{
    color = fs_color;
}
```

例 4.3 中的片元着色器看起来也非常简单，它只是将着色器的输入颜色与片元的输出颜色相关联而已。但是要注意的是，输入到片元着色器的颜色并不是直接来自之前的着色阶段（即顶点着色器），而是来自光栅化的结果。

4.4　片元的测试与操作

当我们在屏幕上绘制几何体的时候，OpenGL 会按照下面的顺序来处理管线：首先执行当前绑定的顶点着色器；然后依次是细分和几何着色器（如果它们存在于当前流水线中）；然后将最终几何体装配为图元并送入光栅化阶段，这里将计算出窗口中哪些像素受到了几何体的影响。当 OpenGL 确定当前需要生成一个独立的片元时，它将执行片元着色器的内容，然后再经过几个处理阶段，判断片元是否可以作为像素绘制到帧缓存中，以及控制绘制的方式。举例来说，如果片元超出了帧缓存的矩形区域，或者它与当前帧缓存中同位置的像素相比，距离视点更远，那么正在处理的过程都会停止，片元也不会被绘制。而另一个阶段当中，片元的颜色会与当前帧缓存中的像素颜色进行混合。

　　这一节将介绍片元进入到帧缓存之前所需要经过的完整测试过程，以及片元写入时可以执行的一些操作。这些测试和操作大部分都可以通过 glEnable() 和 glDisable() 来分别启用和禁止。这些测试和操作的发生顺序如下所示。如果一个片元在某个测试过程中丢弃，那么之后所有的测试或者操作都不会再执行：

　　1）剪切测试（scissor test）

　　2）多重采样的片元操作

　　3）模板测试（stencil test）

　　4）深度测试（depth test）

　　5）融混（blending）

　　6）逻辑操作

我们将在后面的小节中对所有这些测试和操作依次进行详细阐述。

注意　我们将在 6.16 节中了解到，可以同时渲染输出到多个缓存当中。那么对于大部分的片元测试和操作而言，它们也可以采取逐缓存的方式来进行控制，或者统一进行处理。没有意外的话，在介绍 OpenGL 设置函数的时候都会介绍对所有缓存统一处理的函数形式，以及影响单个缓存的例程。而大多数情形下，单个缓存的处理函数往往就是在函数名的最后添加一个 "i" 字母即可。

4.4.1　剪切测试

　　片元可见性判断的第一个附加测试，叫做剪切测试（scissor test）。我们将程序窗口中的一个矩形区域称作一个剪切盒（scissor box），并且将所有的绘制操作都限制在这个区域内。我们可以使用 glScissor() 命令来设置这个剪切盒，并且使用 glEnable() 设置参数为 GL_SCISSOR_TEST 开启测试。如果片元位于矩形区域内，那么它将通过剪切测试。

---

void glScissor(GLint x, GLint y, GLsizei width, GLsizei height);

　　设置剪切矩形（或者剪切盒）的位置与大小。函数的参数定义了矩形的左下角 (x, y) 以及宽度（width）和高度（height）。所有位于矩形之内的像素都会通过剪切测试。剪切可以通过 glEnable() 和 glDisable() 来开启或者禁止，相应的参数为 GL_SCISSOR_TEST。默认条件下，剪切矩形与窗口的大小是相等的，并且剪切测试是关闭的。

　　如果已经开启测试，那么所有的渲染（包括窗口的清除）都被限制在剪切盒区域内（这一点与视口的设置不同，后者不会限制屏幕的清除操作）。如果要判断是否开启剪切测试，或者获取剪切矩形的参数，可以使用 glIsEnabled() 与参数 GL_SCISSOR_TEST，或者

glGetIntegerv() 与参数 GL_SCISSOR_BOX 来实现。

OpenGL 实际上有多个剪切矩形。默认情况下所有的渲染测试都是在第一个矩形上完成的（如果开启了剪切测试），并且 glScissor() 函数负责设置所有渲染对应的数值。如果要访问其他剪切矩形（不用到扩展功能），则需要用到几何着色器，我们会在 10.6 节中介绍这一点。

4.4.2　多重采样的片元操作

默认情况下，多重采样在计算片元的覆盖率时不会考虑 alpha 的影响。不过，如果使用 glEnable() 开启下面的某个特定模式，那么片元的 alpha 值将被纳入计算过程中，这里假设多重采样本身已经开启，并且帧缓存已经关联了一个多重采样的缓存数据。可用的特定模式如下所示：

- ❏ GL_SAMPLE_ALPHA_TO_COVERAGE 使用片元的 alpha 值来计算最后的采样覆盖率，并且这一过程与具体的硬件实现无关。
- ❏ GL_SAMPLE_ALPHA_TO_ONE 将片元的 alpha 值设置为最大的 alpha 值，然后使用这个值来进行覆盖率的计算。如果 GL_SAMPLE_ALPHA_TO_COVERAGE 也被启动的话，那么系统将使用替代前的片元的 alpha 值，而不是替代值 1.0。
- ❏ GL_SAMPLE_COVERAGE 将使用 glSampleCoverage() 中设置的数值，与覆盖率计算的结果进行合并（"与"操作）。此外，由此生成的样本掩码也可以通过 glSampleCoverage() 函数的 invert 参数来进行反转。

---

void **glSampleCoverage**(GLfloat value, GLboolean invert);

设置多重采样覆盖率的参数，以正确解算 alpha 值。如果开启 GL_SAMPLE_COVERAGE 或者 GL_SAMPLE_ALPHA_TO_COVERAGE，那么 value 是一个临时的采样覆盖值。invert 是一个布尔变量，用于设置这个临时覆盖值是否需要先进行位反转，然后再与片元覆盖率进行合并（"与"操作）。

- ❏ GL_SAMPLE_MASK 设置了一个精确的位掩码来计算和表达覆盖率（而不是让 OpenGL 自己去生成这个掩码）。这个掩码与帧缓存中的每个采样值都有一位（bit）进行对应，它将与片元的采样覆盖值再次进行"与"操作。采样掩码是通过 glSampleMaski() 函数来设置的。

---

void **glSampleMaski**(GLuint index, GLbitfield mask);

设置一个 32 位的采样掩码 mask。如果当前帧缓存包含了多于 32 个采样数，那么采样掩码的长度可能是多个 32 位大小的 WORD 字段组成，其中第一个 WORD 表示前 32

位的数据，第二个 WORD 表示之后 32 位的数据，以此类推。掩码本身的索引位置通过 index 来设置，而新的掩码值通过 mask 来设置。当采样结果准备写入到帧缓存时，只有当前采样掩码值中对应位的数据才会被更新，而其他的数据将会被丢弃。

采样掩码也可以在片元着色器中通过写入 gl_SampleMask 变量来设置，后者也是一个 32 位数据的数组。有关 gl_SampleMask 的详细资料可以参见附录 C。

4.4.3　模板测试

只有在建立窗口的过程中预先请求模板缓存的前提下，才能够使用模板测试（如果没有模板缓存，模板测试总是通过的）。模板测试过程中会取像素在模板缓存中的值，然后与一个参考值进行比较。根据测试结果的不同，我们可以对模板缓存中的数据进行更改。我们可以使用各种特定的比较函数、参考值，然后使用 glStencilFunc() 和 glStencilOp() 命令来完成修改的操作。

---

void glStencilFunc(GLenum func, GLint ref , GLuint mask);

void glStencilFuncSeparate(GLenum face, GLenum func, GLint ref , GLuint mask);

设置比较函数 func、参考值 ref 以及掩码 mask 以完成模板测试。参考值将与模板缓存中已有的值进行比较，但是在此之前需要与 mask 参数进行按位"与"操作，丢弃结果为 0 的位平面。比较函数可以是 GL_NEVER、GL_ALWAYS、GL_LESS、GL_LEQUAL、GL_EQUAL、GL_GEQUAL、GL_GREATER 或者 GL_NOTEQUAL 中的一种。

举例来说，如果函数为 GL_LESS，那么当 ref 比模板缓存中的数值更小时，片元将通过测试。如果模板缓存包含了 s 个位平面，那么 mask 参数中较低的 s 个位数据将分别与模板缓存中的值，以及参考值进行"与"操作，然后再执行具体的比较。

经过掩码操作的数据均被解析成非负数据。模板测试的开启和禁止是通过 glEnable() 和 glDisable()，以及参数 GL_STENCIL_TEST 来完成的。默认情况下，func 为 GL_ALWAYS，ref 为 0，而 mask 的所有位均为 1，并且模板测试默认为禁止。

glStencilFuncSeparate() 允许我们为多边形的正面和背面单独设置模板函数参数（与 glCullFace() 的做法类似）。

如果支持 GL_ARB_shader_stencil_export 扩展的话，可以从片元着色器中生成或者导出 ref 的数值。这样就可以给不同的片元设置不同的参考值。如果要支持这个特性，需要在着色器中开启 GL_ARB_shader_stencil_export 扩展，然后写入到内置变量 gl_FragStencilRefARB 中。我们在片元着色器中向这个变量写入的逐片元的值，将会在 glStencilFunc() 和 glStencilFuncSeparate() 中作为 ref 的值使用。

void **glStencilOp**(GLenum fail, GLenum zfail, GLenum zpass);
void **glStencilOpSeparate**(GLenum face, GLenum fail, GLenum zfail, GLenum zpass);

设置当片元通过或者没有通过模板测试的时候，要如何处理模板缓存中的数据。三个函数参数 fail、zfail 和 zpass 都可以设置为 GL_KEEP、GL_ZERO、GL_REPLACE、GL_INCR、GL_INCR_WRAP、GL_DECR、GL_DECR_WRAP 或者 GL_INVERT 中的一个。它们依次等价于保持当前值、替换为 0 值、替换为参考值、增加 1（使用饱和运算）、增加 1（不使用饱和运算）、减少 1（使用饱和运算）、减少 1（不使用饱和运算），以及按位反转。加 1 和减 1 函数的结果值总是落在 0 到最大无符号整数值（如果模板缓存有 s 位，那么就是 $2^s - 1$）的区间内。

如果片元没有通过模板测试，则将执行 fail 函数；如果通过了模板测试，但是没有通过深度测试，那么执行 zfail 函数；如果通过深度测试或者没有开启深度测试，则执行 zpass 函数。默认情况下，这三个模板操作的函数均设置为 GL_KEEP。

glStencilOpSeparate() 允许我们为多边形的正面和背面单独设置模板测试参数（与 **glCullFace**() 的做法类似）。

这里"使用饱和运算"的意思就是将模板值截断到区间的极值上。也就是说，如果 0 值再减 1，那么饱和运算之后的结果依然是 0。"不使用饱和运算"的意思是数值超出区间范围之后，将它重新变换到区间的另一端。那么如果我们将 0 值再减 1，那么不使用饱和运算的情形下，模板值将会变成当前的最大无符号整数值（这个数可能非常大！）。

模板查询

通过查询函数 **glGetIntegerv**() 以及表 4-2 中列出的枚举值，我们可以获取所有 6 个与模板相关的参数数值。

表 4-2　模板测试的查询参数

查询参数	意义
GL_STENCIL_FUNC	模板函数
GL_STENCIL_REF	模板参考值
GL_STENCIL_VALUE_MASK	模板掩码
GL_STENCIL_FAIL	模板测试失败的处理函数
GL_STENCIL_PASS_DEPTH_FAIL	模板测试通过但是深度测试失败的处理函数
GL_STENCIL_PASS_DEPTH_PASS	模板测试和深度测试均通过的处理函数

我们也可以向 **glIsEnabled**() 函数传入 GL_STENCIL_TEST 来判断模板测试是否已经开启。

4.4.4　模板的例子

模板测试最为有用的一个功能，也许就是在屏幕上通过掩码构成一个不规则形状的区域，然后阻止在其中进行任何绘制。如果要实现这件事，首先使用 0 值来填充模板掩码，然后在模板缓存中绘制所需的形状并设置值为 1。虽然我们无法直接绘制几何体到模板缓存中，但是可以在绘制到颜色缓存的过程中选择一个合适的 zpass 参数值（例如 GL_REPLACE）来完成这一操作。在执行绘制操作过程中，模板缓存中也会写入相应的数值（这个例子中，写入的是参考值）。为了避免模板缓存的绘制影响到颜色缓存的内容，我们需要设置颜色掩码为 0（或者 GL_FALSE）。当然可能也需要禁止写入深度缓存。当完成对模板区域的定义之后，设置参考值为 1，同时设置比较函数为当参考值等于模板值的时候片元通过模板测试。而在再次绘制过程中，我们不需要再修改模板平面中的内容了。

例 4.4 中所示为模板缓存的用法。我们绘制了两个圆枕形状，而场景中心有一个菱形的镂空区域。在菱形的模板掩码中，我们绘制了一个球体。在这个例子中，只在窗口需要重绘的时候才重新绘制到模板缓存，因此颜色缓存的值会在模板掩码被创建之后立即清空。

例 4.4 使用模板测试：stencil.c

```
void
init(void)
{
    ...// 设置顶点数组等信息

    // 设置模板的清除值
    glClearStencil(0x0);

    glEnable(GL_DEPTH_TEST);
    glEnable(GL_STENCIL_TEST);
}

// 我们在菱形区域内绘制一个球体，它正好位于两个圆环的窗口中心
void
display(void)
{
    glClear(GL_COLOR_BUFFER_BIT | GL_DEPTH_BUFFER_BIT);

    // 模板值为 1 的时候绘制球体
    glStencilFunc(GL_EQUAL, 0x1, 0x1);
    glStencilOp(GL_KEEP, GL_KEEP, GL_KEEP);
    drawSphere();

    // 模板值不是 1 的时候绘制圆环
    glStencilFunc(GL_NOTEQUAL, 0x1, 0x1);
    drawTori();
}

// 窗口发生变形之后，重新定义坐标系并且重绘模板区域
void
reshape(int width, int height)
{
    glViewport(0, 0, width, height);

    // 创建一个菱形的模板区域
    glClear(GL_STENCIL_BUFFER_BIT);
    glStencilFunc(GL_ALWAYS, 0x1, 0x1);
    glStencilOp(GL_REPLACE, GL_REPLACE, GL_REPLACE);
    drawMask();
}
```

下面给出了与模板测试相关的其他可能用法。

1）加盖：假设绘制一个封闭的凸多边形物体（或者多个这样的物体，并且它们之间不存在相交和包含关系），然后有一个裁切平面，它所在的位置可能切开这个凸面体，也可能不切开。假设当这个平面与物体发生相交的时候，我们不希望物体的内部被看到，那么就需要添加一个常颜色值的表面，作为这个被切开的物体的封盖。为了实现这个功能，我们可以将模板缓存清除为 0 值，然后启用模板测试，设置比较函数为总是让片元通过测试，然后进行绘制。而每次片元通过测试的时候，我们都要将模板位面中的数据进行反转。

2）点画效果：假设需要绘制一个带有点画图案的图像。首先我们可以将点画图案写入模板缓存中，然后根据模板缓存的内容有条件地绘制图像。在初始的点画图案绘制完毕之后，我们在绘制图像的时候不需要再改动模板缓存，这样所有的场景物体都会受到模板平面中存储的点画样式的影响。

4.4.5　深度测试

对于屏幕上的每个像素来说，深度缓存都会记录场景中物体与视点在这个像素上的距离信息。深度测试用来比较已经存储的数据和新的片元数据，并据此决定结果的处理方法。如果输入的深度值可以通过指定的深度测试环节，那么它就可以替换当前深度缓存中已有的深度值。

深度缓存的主要用途是隐藏表面的消除。如果当前像素有一个新的候选颜色，那么只有对应的物体比之前的物体更靠近观察者的时候，我们才会绘制这个颜色。这样的话，当完成整个场景的渲染之后，只有那些没有被其他物体所遮盖的物体才会出现在视野里。初始状态下，深度缓存的值是一个距离视点尽可能远的值，而所有物体的深度值都需要比这个值更靠近观察者。如果应用程序中确实打算这样使用深度缓存，那么只需要简单地向 glEnable() 中传入参数 GL_DEPTH_TEST 开启测试即可，并且在每帧重绘场景的时候都要清除深度缓存数据（参见 4.2.1 节）。不过你也可以使用 glDepthFunc() 函数设置一个不同的深度测试比较函数。

---

void **glDepthFunc**(GLenum func);

设置深度测试的比较函数。比较函数可以是 GL_NEVER、GL_ALWAYS、GL_LESS、GL_LEQUAL、GL_EQUAL、GL_GEQUAL、GL_GREATER 或者 GL_NOTEQUAL 中的一种。对于任何输入的片元，如果它的 z 值与深度缓存中已有的值相比符合函数定义的条件，则测试通过。默认的比较函数为 GL_LESS，即只有输入片元的 z 值比深度缓存中已有的值更小的时候，深度测试才会通过。而这里的 z 值也就对应于物体到视点的距离，更小的值意味着对应的物体更靠近视点所在的位置。

我们可以在 5.3 节了解更多有关深度范围设置的内容。

多边形偏移

如果需要将一个实体物体的边缘加亮，那么我们可以设置这个物体的多边形模式为 GL_FILL，绘制一次，然后设置一个不同的颜色，并且设置多边形模式为 GL_LINE，再绘制一次。但是，因为线和填充多边形的光栅化过程并不是完全一致的，所以线和多边形边长的深度值通常也不是一样的，即使两个端点都是相同的也是如此。这样的话，加亮的线可能会隐没在与多边形重叠的区域内，这一现象称作"斑驳"（stitching），它看起来非常不舒服。

这种不期望的现象可以通过多边形偏移（polygon offset）的方式来消除，其方法是添加一个恰当的偏移值，让发生重叠的 z 值强行分离，这样就可以把多边形的边长与加亮的轮廓线区分开（模板缓存也可以用来消除这种斑驳现象，但是多边形偏移几乎肯定比模板的方法更快）。多边形偏移对于物体表面的贴花操作也很有意义，也就是去除隐藏线（hidden-line removal）来渲染图像的操作。除了处理线与填充多边形之外，这种技术也可以用来处理点的绘制。

启用多边形偏移的方法有三种，分别对应于三种不同的多边形光栅化方式：GL_FILL、GL_LINE 和 GL_POINT。我们可以向 **glEnable()** 传入对应的参数来开启多边形偏移，即 GL_POLYGON_OFFSET_FILL、GL_POLYGON_OFFSET_LINE 和 GL_POLYGON_OFFSET_POINT。我们也需要调用 **glPolygonMode()** 来设置当前的多边形光栅化方式。

---
void **glPolygonOffset**(GLfloat factor, GLfloat units);

开启之后，每个片元的深度值都会被修改，在执行深度测试之前添加一个计算偏移值。这个偏移值的计算过程为：

$$offset = m \cdot factor + r \cdot units$$

其中 m 是多边形的最大深度斜率（在光栅化过程中计算得到），r 是两个不同深度值之间的、可识别的最小差值，它是一个与平台实现相关的常量。参数 factor 和 units 也可以是负数。

为了避免视觉上的瑕疵，获得更好的边缘加亮的实体渲染效果，我们可以向这个实体物体添加一个正数偏移值（让它距离观察者更远），或者给线框设置一个负数偏移值（让它距离观察者更近）。这里的一个大问题是：这个偏移值具体应该设置多少？遗憾的是，偏移值的计算与多个参数都是相关的，这包括每个多边形的深度斜率，以及线框线段的宽度值。

OpenGL 计算深度斜率的方法如图 4-2 所示，它的意义是，当我们遍历多边形的时候，z 值（深度）与 x 或者 y 坐标方向上的变化做除法。深度值被限制在 [0, 1] 区间内，而 x 和 y 坐标值属于窗口坐标。如果要计算一个多边形的最大深度斜率（也就是上面的公式中的 m），我们可以使用下面的公式：

$$m = \sqrt{\left(\frac{\partial z}{\partial x}\right)^2 + \left(\frac{\partial z}{\partial y}\right)^2}$$

或者也可以使用下面的近似公式：

$$m = \max\left(\frac{\partial z}{\partial x}, \frac{\partial z}{\partial y}\right)$$

对于那些与近裁切平面和远裁切平面相互平行的多边形来说，深度斜率的值为 0。这些多边形可以直接设置一个较小的常数偏移值，也就是在调用 glPolygonOffset() 函数的时候设置 factor = 0.0 以及 units = 1.0。

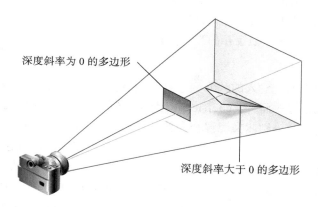

图 4-2 多边形和深度斜率

对于那些与裁切平面有一个较大的夹角的多边形，深度斜率可能会非常大，因此也就需要一个很大的偏移值。我们可以给 factor 设置一个较小的非零值，例如 0.75 或者 1.0，这样对于深度值的清晰化通常已经足够了，因此也就有助于去除不理想的视觉瑕疵。

有些情形下，给 factor 和 units 都设置一个简单的值（均为 1.0）并不是一个好主意。举例来说，如果那些加亮边缘的线宽度大于 1，那么我们也有必要随之增加 factor 的值。此外，由于透视投影条件下深度值并不是线性地变换到窗口坐标当中的，因此与近裁切平面更接近的多边形需要的偏移值也就更小，而那些远处的多边形就需要更大的偏移值。我们可能需要对 glPolygonOffset() 中传入的数据进行多次实验，才能得到自己期望的结果。

4.4.6 融混

如果一个输入的片元通过了所有相关的片元测试，那么它就可以与颜色缓存中当前的内容通过某种方式进行合并了。最简单的，也是默认的方式，就是直接覆盖已有的值，实际上这样不能称作是合并。除此之外，我们也可以将帧缓存中已有的颜色与输入的片元颜色进行混合——这个过程称作融混（blending）。大多数情况下，融混是与片元的 alpha 值直接相关的，不过这也并不是一个硬性的要求。虽然我们在之前已经多次提及 alpha 的概念，但是还没有给出一个合理的解释。alpha 是颜色的第四个分量，OpenGL 中的所有颜色都会带有 alpha 值（无论你是否显式地设置了它）。但是，你是无法看到 alpha 值的，只能看到它所产生的效果：根据用法的不同，它可以是透明度（或不透明度）的一种度量方式，我们可以用它来实现各种半透明物体的模拟，比如有色玻璃。

但是，我们必须使用 glEnable() 和 GL_BLEND 参数来开启融混，或者使用一些高级的技巧，比如使用与顺序无关的透明算法（order-independent transparency，参见 11.4 节）时，alpha 值才不会被 OpenGL 管线所忽略。我们知道，即使是真实世界中的半透明物体，它的颜色其实是它本身的色彩与它背后所有物体透过来的色彩叠加的效果。如果需要在 OpenGL 中使用 alpha 值，那么管线就需要得到更多有关当前图元颜色（也就是片元着色器输出的颜色值）的信息；并且必须知道帧缓存的当前像素位置已经写入过什么颜色值。

融混参数

在基本的融混模式下，输入的片元颜色将采用线性的方式与当前像素的颜色进行混合。而对于所有线性的混合方式而言，coefficients 都会控制各个输入量的贡献值。对于 OpenGL 的融混来说，这样的系数分别叫做源混合参数（source-blending factor），以及目标混合参数（destination-blending factor）。源混合参数对应于片元着色器输出的颜色，类似地，目标混合参数对应于帧缓存中已有的颜色值。

如果使用 $(S_r 、 S_g 、 S_b 、 S_a)$ 来表示源混合参数，使用 $(D_r 、 D_g 、 D_b 、 D_a)$ 来表示目标混合参数，使用 $(R_s 、 G_s 、 B_s 、 A_s)$ 和 $(R_d 、 G_d 、 B_d 、 A_d)$ 分别表示源（片元）和目标像素的颜色值，那么由此可以得到一个融混方程式，并计算得到最终的颜色值：

$$(S_r R_s + D_r R_d, S_g G_s + D_g G_d, S_b B_s + D_b B_d, S_a A_s + D_a A_d)$$

默认的融混操作是相加操作，不过我们也可以在"融混方程"一节中了解到自定义融混操作的方法。

控制融混的参数

有两种不同的方式来设置源和目标融混参数。我们可以调用 glBlendFunc() 并且分别设置两个融混参数：第一个参数对应于源数据的 RGBA，第二个参数对应于目标的 RGBA。另一种方式是使用 glBlendFuncSeparate() 来设置融混的参数，此时我们可以对数据 RGB 和 alpha 值设置不同的融混操作。

注意　我们在这里也列出了 glBlendFunci() 和 glBlendFuncSeparatei() 函数，它们用于同步绘制到多个缓存当中。6.16 节将介绍这个高级的技巧，不过这两个函数在本质上与 glBlendFunc() 和 glBlendFuncSeparate() 是等价的，因此将它们一起列举如下：

---

void glBlendFunc(GLenum srcfactor, GLenum destfactor);

void glBlendFunci(GLuint buffer, GLenum srcfactor, GLenum destfactor);

控制片元输出的颜色值（源）与存储在帧缓存中的值（目标）来进行混合。各参数的可用值可以参见表 4-3。参数 srcfactor 设置源融混参数的计算方式，而 destfactor 设置目标融混参数的计算方式。

glBlendFunc() 设置所有可绘制缓存的融混参数，而 glBlendFunci() 只会设置缓存 buffer 的融混参数。

对于无符号和有符号的归一化帧缓存格式，融混参数将被分别限制在 [0, 1] 或者 [−1, 1] 的区间内。如果帧缓存采用浮点数格式，那么参数是不存在上限和下限的。

void glBlendFuncSeparate(GLenum srcRGB, GLenum destRGB, GLenum srcAlpha, GLenum destAlpha);

void glBlendFuncSeparatei(GLuint buffer, GLenum srcRGB, GLenum destRGB, GLenum srcAlpha, GLenum destAlpha);

glBlendFuncSeparate() 与 glBlendFunc() 类似，是控制片元输出的颜色值（源）与存储在帧缓存中的值（目标）之间的混合方式。glBlendFuncSeparate() 能够接受的参数类型与 glBlendFunc() 也是相同的（参见表 4-3）。参数 srcRGB 设置颜色值的源融混参数，destRGB 设置颜色值的目标融混参数。而参数 srcAlpha 设置 alpha 值的源融混参数，destAlpha 设置 alpha 值的目标融混参数。

glBlendFuncSeparate() 设置所有可绘制缓存的融混参数，而 glBlendFuncSeparatei() 只会设置缓存 buffer 的融混参数。

注意　表 4-3 中，如果有下标 s_1 字样，那么说明它是双源的融混参数，6.17.9 节将对其进行讲解。

表 4-3　源和目标融混参数

枚举常量	RGB 融混参数	Alpha 融混参数
GL_ZERO	$(0, 0, 0)$	0
GL_ONE	$(1, 1, 1)$	1
GL_SRC_COLOR	(R_s, G_s, B_s)	A_s
GL_ONE_MINUS_SRC_COLOR	$(1, 1, 1)-(R_s, G_s, B_s)$	$1-A_s$
GL_DST_COLOR	(R_d, G_d, B_d)	A_d
GL_ONE_MINUS_DST_COLOR	$(1, 1, 1)-(R_d, G_d, B_d)$	$1-A_d$

(续)

枚举常量	RGB 融混参数	Alpha 融混参数
GL_SRC_ALPHA	(A_s, A_s, A_s)	A_s
GL_ONE_MINUS_SRC_ALPHA	$(1, 1, 1) - (A_s, A_s, A_s)$	$1 - A_s$
GL_DST_ALPHA	(A_d, A_d, A_d)	A_d
GL_ONE_MINUS_DST_ALPHA	$(1, 1, 1) - (A_d, A_d, A_d)$	$1 - A_d$
GL_CONSTANT_COLOR	(R_c, G_c, B_c)	A_c
GL_ONE_MINUS_CONSTANT_COLOR	$(1, 1, 1) - (R_c, G_c, B_c)$	$1 - A_c$
GL_CONSTANT_ALPHA	(A_c, A_c, A_c)	A_c
GL_ONE_MINUS_CONSTANT_ALPHA	$(1, 1, 1) - (A_c, A_c, A_c)$	$1 - A_c$
GL_SRC_ALPHA_SATURATE	(f, f, f), $f = \min(A_s, 1 - A_d)$	1
GL_SRC1_COLOR	(R_{s1}, G_{s1}, B_{s1})	A_{s1}
GL_ONE_MINUS_SRC1_COLOR	$(1, 1, 1) - (R_{s1}, G_{s1}, B_{s1})$	$1 - A_{s1}$
GL_SRC1_ALPHA	(A_{s1}, A_{s1}, A_{s1})	A_{s1}
GL_ONE_MINUS_SRC1_ALPHA	$(1, 1, 1) - (A_{s1}, A_{s1}, A_{s1})$	$1 - A_{s1}$

如果我们使用 GL_CONSTANT 这个融混枚举量，那么必须使用 glBlendColor() 来设置对应的常量颜色值。

void glBlendColor(GLclampf red, GLclampf green, GLclampf blue, GLclampf alpha);

如果融混模式为 GL_CONSTANT_COLOR，那么设置一组红色、绿色、蓝色和 alpha 值作为常量颜色 (R_c、G_c、B_c、A_c)。

类似地，我们可以使用 glDisable() 和 GL_BLEND 来禁止融混。注意，如果设置 GL_ONE 作为源参数，GL_ZERO 作为目标参数，那么得到的结果与禁止融混是一样的，因为它们也是默认的参数值。

融混方程

对于标准的融混来说，帧缓存中的颜色值是与输入的片元颜色叠加混合的，并由此产生新的帧缓存颜色。如果使用 glBlendEquation() 或者 glBlendEquationSeparate()，那么我们就可以使用更多的数学方法来完成片元颜色和帧缓存像素之间的混合操作，例如相减、求最小值、求最大值等。

void glBlendEquation(GLenum mode);
void glBlendEquationi(GLuint buffer, GLenum mode);

设置帧缓存和源数据颜色之间混合的方法。mode 可用的数值包括 GL_FUNC_ADD

（默认值）、GL_FUNC_SUBTRACT、GL_FUNC_REVERSE_SUBTRACT、GL_MIN 和 GL_
MAX。这些模式的意义如表 4-4 所示。

glBlendEquation() 为所有的缓存设置融混模式，而 glBlendEquationi() 可以为
buffer 参数指定的缓存设置模式，buffer 指的是缓存的整数索引名。

---

void glBlendEquationSeparate(GLenum modeRGB, GLenum modeAlpha);
void glBlendEquationSeparatei(GLuint buffer, GLenum modeRGB, GLenum modeAlpha);

设置帧缓存和源数据颜色之间混合的方法，并且允许 RGB 和 alpha 颜色分量使用不
同的融混模式。参数 modeRGB 和 modeAlpha 可用的枚举量与 glBlendEquation() 中的
模式相同。

再次强调，glBlendEquationSeparate() 设置的是所有缓存的融混模式，而 glBlend-
EquationSeparatei() 设置由 buffer 索引所指定的缓存融混模式。

与 glBlendFunci() 和 glBlendFuncSeparatei() 类似，我们同样有 glBlendEquationi()
和 glBlendEquationSeparatei() 函数，用于同时渲染到多个缓存当中，我们将在 6.16 节对
此进行详细讲解。

表 4-4 中，C_s 和 C_d 分别表示源和目标的颜色。其中 S 和 D 参数表示 glBlendFunc() 或
者 glBlendFuncSeparate() 设置的源融混参数和目标融混参数。

表 4-4　融混方程的数学操作符

融混模式参数	数学操作
GL_FUNC_ADD	$C_sS + C_dD$
GL_FUNC_SUBTRACT	$C_sS - C_dD$
GL_FUNC_REVERSE_SUBTRACT	$C_dD - C_sS$
GL_MIN	$\min(C_sS, C_dD)$
GL_MAX	$\max(C_sS, C_dD)$

融混方程中的 GL_MIN 和 GL_MAX 有一个奇特的地方，就是它们不包含源和目标参
数 S_{rgba} 和 D_{rgb}，它们只对源和目标颜色值 $RGBA_s$ 和 $RGBA_d$ 起作用。

4.4.7　逻辑操作

片元的最后一个操作就是逻辑操作，包括或（OR）、异或（XOR）和反转（INVERT），
它作用于输入的片元数据（源）以及当前颜色缓存中的数据（目标）。这类片元操作对于位
块传输（bit-blt）类型的系统是非常有用的，因为对它们来说，主要的图形操作就是将窗口
中的某一处矩形数据拷贝到另外一处，或者从窗口拷贝到处理器内存，以及从内存拷贝到

窗口。通常情况下，这一步拷贝操作不会将数据直接写入内存上，而是允许用户对输入的数据和已有数据之间做一次逻辑操作，然后用操作的结果替换当前已有的数据。

由于这个过程的实现代价对于硬件来说是非常低廉的，因此很多系统都允许这种做法。我们以异或（XOR）操作为例，它可以用来实现可逆的图像绘制操作，因为只要第二次使用 XOR 进行绘制，就可以还原原始图像。

我们可以将 GL_COLOR_LOGIC_OP 参数传递给 glEnable() 和 glDisable() 来开启和禁用逻辑操作，否则它将保持默认的状态值，也就是 GL_COPY。

---

void **glLogicOp(GLenum opcode);**

对于给定的输入片元（源）和当前颜色缓存的像素（目标），选择需要执行的逻辑操作。表 4-5 所示为 opcode 的可用值以及它们的含义（s 表示数据源，d 表示目标）。默认值为 GL_COPY。

表 4-5　16 种不同的逻辑操作

参数	操作	参数	操作
GL_CLEAR	0	GL_AND	s ∧ d
GL_COPY	s	GL_OR	s ∨ d
GL_NOOP	d	GL_NAND	¬ (s ∧ d)
GL_SET	1	GL_NOR	?(s ∨ d)
GL_COPY_INVERTED	¬ s	GL_XOR	s XOR d
GL_INVERT	¬ d	GL_EQUIV	¬ (s XOR d)
GL_AND_REVERSE	s ∧ ¬ d	GL_AND_INVERTED	¬ s ∧ d
GL_OR_REVERSE	s ∨ ¬ d	GL_OR_INVERTED	¬ s ∨ d

对于浮点型缓存，或者 sRGB 格式的缓存来说，逻辑操作将被自动忽略。

4.4.8　遮挡查询

深度和模板测试可以用来判断每个片元的可见性。我们可以使用遮挡查询（occlusion query）的方法判断一系列几何体的可见性，这一步是在逐片元的各种测试之后完成的。

这是一种合理的性能优化方法。这种方法对于复杂的几何物体（带有很多多边形）是非常有效的。它不需要渲染一个复杂物体的全部几何信息，而是先渲染它的包围体或者其他简化的表达形式，这样降低了渲染资源的消耗，然后再计算通过了所有测试的片元的数量。如果 OpenGL 将这个简化几何体渲染之后，没有得到任何片元或者采样值，那么我们就知道这个复杂物体在这一帧是不可见的，那么对于这一帧来说，我们就可以忽略这个物体的渲染。

下面给出了遮挡查询方法的必要实现步骤：

1）每次遮挡查询都要创建一个查询对象，设置类型为 GL_SAMPLES_PASSED、GL_ANY_SAMPLES_PASSED 或者 GL_ANY_SAMPLES_PASSED_CONSERVATIVE。

2）调用 glBeginQuery()，开始进行遮挡查询。

3）渲染几何体，以完成遮挡测试。

4）调用 glEndQuery()，完成本次遮挡查询。

5）获取本次通过深度测试的样本数量。

为了确保遮挡查询的执行过程尽可能地高效，我们有必要禁止所有的渲染模式，以免造成渲染时间的增加，但对像素的可见性没有影响。

创建查询对象

为了使用遮挡查询，我们首先要获取查询测试的标识符。glCreateQueries() 可以生成指定个数的查询对象，以便后续使用。

---

void **glCreateQueries**(GLenum target, GLsizei n, GLuint* ids);

创建 n 个新的查询对象，它们使用时对应的目标由 target 决定。新的查询对象的名称被放置在 ids 对应的数组当中，ids 中保存的名称不一定是连续的整数数列。

0 是一个被保留的遮挡查询对象名称，**glCreateQueries**() 永远不会返回 0 值作为有效的对象名。

我们也可以通过 glIsQuery() 函数来判断某个标识符是否对应一个可用的遮挡查询对象。

GLboolean **glIsQuery**(GLuint id);

如果 id 是一个遮挡查询对象的名称，那么返回 GL_TRUE。如果 id 为 0 或者是一个非零值，但是不是遮挡查询对象的名称，那么返回 GL_FALSE。

遮挡查询测试的初始化

如果要指定遮挡查询过程中用到的几何体，我们只需要将它的渲染操作放置在 glBeginQuery() 和 glEndQuery() 之间即可，如例 4.5 所示。

例 4.5 使用遮挡查询方法渲染几何体：occquery.c

```
glBeginQuery(GL_SAMPLES_PASSED, Query);
glDrawArrays(GL_TRIANGLES, 0, 3);
glEndQuery(GL_SAMPLES_PASSED);
```

遮挡查询启用之后，所有的 OpenGL 操作都是可用的，除了 glCreateQueries() 和 glDeleteQueries() 之外，它们会产生一个 GL_INVALID_OPERATION 错误。

---

void **glBeginQuery**(GLenum target, GLuint id);

  启动遮挡查询操作。target 必须是 GL_SAMPLES_PASSED、GL_ANY_SAMPLES_PASSED 或者 GL_ANY_SAMPLES_PASSED_CONSERVATIVE。id 是一个无符号整型的标识符，用于标识本次遮挡查询操作。

---

void **glEndQuery**(GLenum target);

  结束遮挡查询操作。target 必须是 GL_SAMPLES_PASSED、GL_ANY_SAMPLES_PASSED 或者 GL_ANY_SAMPLES_PASSED_CONSERVATIVE。

  这里要注意的是，我们已经介绍了三种遮挡查询的目标，它们都与样本值的计数结果有关。列举如下：

  ❑ GL_SAMPLE_PASSED 会得到精确的片元数量，这些片元全都通过了逐片元的测试过程。使用这个查询类型可能会降低 OpenGL 的性能，因此只应在需要精确结果的场合下使用。

  ❑ GL_ANY_SAMPLES_PASSED 也叫做是非遮挡查询（Boolean occlusion query），得到的是一个近似的计数结果。事实上，这个目标量唯一能够确保的是：如果没有任何片元能够通过逐片元的测试，那么查询的结果一定是 0。否则，结果就是某个非零值。在某些硬件实现中，这个非零值可能是一个相对精确的通过测试的片元数量值，但是你不能完全信任这个数据。

  ❑ GL_ANY_SAMPLES_PASSED_CONSERVATIVE 提供了一个比 GL_ANY_SAMPLES_PASSED 更为宽松的结果。对于这个查询类型来说，只有 OpenGL 绝对确信不会有任何片元通过测试，查询的结果才会为 0。但是即使实际上并没有片元能通过测试，查询的返回值也可能是一个非零值。这种测试类型的性能是最高的，但是得到的结果是最不准确的，而在实际当中，性能的差异有可能是很小的。不过不管怎么说，我们还是应当根据自己的需要选用合适的类型，如果并不需要足够精确的结果的话，GL_ANY_SAMPLES_PASSED_CONSERVATIVE 确实是一个好的选择。

  查询对象的机制并不仅用在遮挡查询当中。我们在计算顶点数、图元数，甚至时间的时候都会用到不同的查询类型。这些查询类型所涉及的方向并不相同，但是都会用到刚才介绍的 glBeginQuery() 和 glEndQuery() 函数（或者其他变体）。

判断遮挡查询的结果

  在遮挡查询中完成几何体的渲染之后，我们需要获取查询结果。这一步可以通过调用 glGetQueryObjectiv() 或者 glGetQueryObjectuiv() 来完成，如例 4.6 所示，它返回的是片元数目，或者如果开启了多重采样，那么就是样本的数目。

void **glGetQueryObjectiv**(GLenum id, GLenum pname, GLint* params);
void **glGetQueryObjectuiv**(GLenum id, GLenum pname, GLuint* params);

获取遮挡查询对象的状态信息。id 是遮挡查询物体的名称。如果 pname 是 GL_ QUERY_RESULT，那么通过深度测试的片元或者样本（如果开启了多重采样）的数量将被写入到 params 中，如果返回值为 0，那么表示这个物体已经被完全遮挡了。

遮挡查询操作结束之后可能会有一点延迟才能获取结果。如果 pname 为 GL_ QUERY_RESULT_AVAILABLE，并且查询 id 的结果已经可以读取，那么 params 中会写入 GL_TRUE；否则会写入 GL_FALSE。

例 4.6　获取遮挡查询的结果

```
count = 1000; /* 使用计数器来避免陷入无限循环 */

do
{
    glGetQueryObjectiv(Query, GL_QUERY_RESULT_AVAILABLE, &queryReady);
} while (!queryReady && count--);

if (queryReady)
{
    glGetQueryObjectiv(Query, GL_QUERY_RESULT, &samples);
    cerr << "Samples rendered: " << samples << endl;
}
else
{
    cerr << " Result not ready ... rendering anyway" << endl;
    samples = 1; /* 确保进行一次渲染 */
}

if (samples > 0)
{
    glDrawArrays(GL_TRIANGLE_FAN}, 0, NumVertices);
}
```

清除遮挡查询对象

当我们完成遮挡查询测试之后，就可以通过 **glDeleteQueries**() 函数将这些对象所对应的资源全部释放。

void **glDeleteQueries**(GLsizei n, const GLuint* ids);

删除 n 个遮挡查询对象，它们的名字为数组 ids 中的元素。

释放查询对象之后，就可以重新使用了（例如通过 **glCreateQueries**() 函数再次生成）。

4.4.9 条件渲染

高级技巧

关于遮挡查询的一个问题是，OpenGL 需要暂时停止几何体和片元的处理，先计算深度缓存中受到影响的样本数目，然后将数值返回给应用程序。对于现代图形硬件设备来说，这种形式的停止操作可能会造成性能上的损失，尤其是对于那些注重性能的应用程序而言。为了避免 OpenGL 操作因此被暂停，图形服务器（硬件）需要通过条件渲染的方式来判断遮挡查询是否得到了有效的片元结果，然后继续渲染后面的命令。根据 **glGetQuery*()** 的返回结果，条件渲染将有条件地执行后继的渲染操作。

---

void **glBeginConditionalRender**(GLuint id, GLenum mode);
void **glEndConditionalRender**(void);

记录一系列 OpenGL 渲染命令，系统会根据遮挡查询对象 id 的结果来决定是否自动抛弃他们。mode 设置 OpenGL 中要如何使用遮挡查询的结果，它必须是以下枚举量之一：GL_QUERY_WAIT、GL_QUERY_NO_WAIT、GL_QUERY_BY_REGION_WAIT 或者 GL_QUERY_BY_REGION_NO_WAIT。

如果 id 不是有效的遮挡查询对象，那么将产生 GL_INVALID_VALUE 错误。如果在条件渲染队列已经开始执行的时候再次调用 glBeginConditionalRender()，或者在条件渲染没有启用的时候调用了 glEndConditionalRender()，或者 id 作为遮挡查询对象被设置为 GL_SAMPLES_PASSED 以外的模式，或者 id 对应的遮挡查询还在进行中，都会产生 GL_INVALID_OPERATION 错误。

例 4.7 中所示的代码可以完全替换例 4.6 的代码片段。它不仅更为简洁，而且更加高效，因为它完全去除了 OpenGL 端返回查询结果的过程，而这其实是一个主要的性能瓶颈。

例 4.7　使用条件渲染的方式进行渲染

```
glBeginConditionalRender(Query, GL_QUERY_WAIT);
glDrawArrays(GL_TRIANGLE_FAN, 0, NumVertices);
glEndConditionalRender();
```

你可能已经注意到，glBeginConditionalRender() 有一个 mode 参数，它的取值可以是 GL_QUERY_WAIT、GL_QUERY_NO_WAIT、GL_QUERY_BY_REGION_WAIT 或者 GL_QUERY_BY_REGION_NO_WAIT。这些模式负责控制 GPU 是否在获取查询结果完成之后才继续进行渲染，以及 GPU 是否需要考虑所有的结果，或者只是屏幕部分区域中与遮挡查询结果相关的部分。

❏ 如果 mode 为 GL_QUERY_WAIT，那么 GPU 将等待遮挡查询的结果返回，然后判断它是否要继续进行渲染。

❑ 如果 mode 为 GL_QUERY_NO_WAIT，那么 GPU 可以不等待遮挡查询的结果返回，就继续进行渲染。如果结果还未返回的话，那么它将选择条件渲染区域内的一部分场景进行渲染。

❑ 如果 mode 为 GL_QUERY_BY_REGION_WAIT，那么 GPU 将判断片元的结果是否对条件渲染有所贡献，并等待这些结果渲染完成。同时它也会等待完整的遮挡查询结果返回。

❑ 如果 mode 为 GL_QUERY_BY_REGION_NO_WAIT，那么 GPU 将会抛弃帧缓存中所有对遮挡查询没有贡献的区域，并且即使结果还没有返回，它也会开始渲染其他区域的内容。

我们可以通过灵活运用这些模式来提升系统的性能。举例来说，等待遮挡查询的结果可能会花费较多的时间，而有条件地渲染场景的一部分则耗时较少。特别是，如果大部分渲染操作并不会受到场景遮挡查询的结果影响的话，那么从整体上来说，使用 NO_WAIT 形式的模式可能速度更快一些，即使此时渲染的工作比预期的要多一些也是如此。

4.5　多重采样

多重采样（multisampling）是一种对几何图元的边缘进行平滑的技术——通常也称作反走样（antialiasing）。反走样的处理方法有很多种，并且 OpenGL 也可以支持不同的反走样方法。由于还没有接触到其中一些方法所需的理论知识，因此我们将相关的讨论推迟到 4.6 节进行讲述。

多重采样的工作方式对每个像素的几何图元进行多次采样。此时每个像素点不会只保存单个颜色值（以及深度和模板值，如果存在的话），而是记录多个样本值，它们类似于更小型的像素，可以用来存储每个样本位置的颜色、深度和模板值。当我们需要表示最终图像的内容时，这个像素的所有样本值会被解析为最终像素的颜色。除了在初始化阶段需要一点工作，并且开启相应的特性之外，多重采样功能对于应用程序的改动是非常有限的。

用户程序需要先请求一处多重采样的缓存（这一步在创建窗口时完成）。我们可以通过 glGetIntegerv() 函数来查询 GL_SAMPLE_BUFFERS，以判断是否请求成功（因为并不是所有的设备都支持多重采样）。如果结果为 1，那么可以使用多重采样光栅化的方法；否则，只能使用之前单一采样的光栅化方法。为了在渲染时启用多重采样，我们需要使用 GL_MULTISAMPLE 作为参数来调用 glEnable()。多重采样在渲染每个图元的时候可能会花费更多的时间，因此有时不一定需要使用多重采样来渲染场景中的所有几何对象。

接下来我们有必要了解每个像素中有多少个样本值会用于实现多重采样，这一步骤可以通过调用 glGetIntegerv() 并设置参数为 GL_SAMPLES 来完成。这个值可以帮助我们了解像素中记录的样本位置信息，然后通过 glGetMultisamplefv() 函数进行查找。

---

void **glGetMultisamplefv(GLenum pname, GLuint index, GLfloat* val);**

如果设置 pname 为 GL_SAMPLE_POSITION，那么 **glGetMultisamplefv()** 会返回第 index 个样本的位置信息作为存储在 val 参数中的一对浮点数值。位置信息的区间为 [0, 1]，即该样本相对于像素左下角位置的偏移值。

如果 index 大于或者等于系统所支持的样本数（即通过 **glGetIntegerv()** 设置参数为 GL_SAMPLES 来获取的结果），那么将产生一个 GL_INVALID_VALUE 错误。

在片元着色器当中，可以通过读取 gl_SamplePosition 变量的内容来获取相同的信息。此外，也可以通过 gl_SampleID 变量来判断片元着色器当前正在处理哪个样本值。

如果只启用多重采样，那么片元着色器的执行过程与平常无异，最终颜色值会被自动分配给该像素所有的样本。也就是说，所有的颜色值都是一样的，但是每个样本经过光栅化之后得到的深度值和模板值是不同的。然而，如果片元着色器当中使用之前提及的 gl_Sample* 变量，或者使用 sample 关键字限定着色器的输入变量，那么片元着色器将会在同一像素上执行多次，每次都会输出不同的样本位置信息。

例 4.8 多重采样形式的片元着色器

```
#version 430 core

sample in vec4 color;

out vec4   fColor;

void main()
{
   fColor = color;
}
```

例 4.8 中只是简单地添加了 sample 关键字，这样每个采样着色器（sample shader，这个术语专用于描述逐样本执行的片元着色器）的实例结果都会因为样本的位置偏差而产生轻微的差异。使用这一特性之后，对纹理贴图的采样也会得到更好的结果。

采样着色

如果不能使用 sample 关键字来修改片元着色器（例如，这是另一个程序员所创建的库，内部调用了着色器代码），那么可以通过 **glEnable()** 启用 GL_SAMPLE_SHADING，强制 OpenGL 使用采样着色的方式。这样，没有修改过的片元着色器也会自动使用样本位置插值的方式来处理变量。

我们也可以控制样本的数量，即可以从片元着色器中获取独立样本插值数据的采样点数量，方法是使用 **glMinSampleShading()** 设置最小采样着色的比率。

---

void glMinSampleShading(GLfloat value);

设置每个像素中独立着色的样本值数量。value 设置的是独立着色样本占总样本数的比率，因此需要限制在 [0, 1] 区间内，其中 1.0 表示所有的样本都会使用唯一一组采样数据。

你可能会感到奇怪，为什么要设置比率，而不是直接设置样本的绝对数量呢？这是因为不同的 OpenGL 实现中，每个像素所包含的样本数量可能是不同的。使用比率的方式可以减少对多重采样配置参数的查询需求。

此外，多重采样中使用采样着色的方式，对像素颜色进行计算也会增加不少额外的负担。如果系统中设置每像素 4 个采样点的话，那么光栅化图元时每个像素上的工作都相当于原来的 4 倍，这样有可能影响到应用程序的性能。glMinSampleShading() 可以控制每个像素中具体有多少样本会使用独立的着色结果（也就是有多少个样本位置会独立执行一次片元着色器）。如果它已经受限于片元着色的速度，那么降低最小采样着色的比率有助于提升应用程序的性能。

如我们在 4.4 节介绍的，片元的 alpha 值同样会受到多个样本位置的着色结果的影响。

4.6　逐图元的反走样

你可能已经注意到，有些 OpenGL 的结果图像中的线存在锯齿问题，尤其是那些几乎水平和几乎垂直的线。之所以会产生这种锯齿，是因为一条理想直线是通过像素网格上的一系列像素点去逼近的。由此产生的锯齿问题叫做走样（aliasing），而这一节当中我们将讨论通过一种反走样的技术来消减这个问题。图 4-3 所示为两条相交的线，分别是走样的情形和反走样的情形。图像进行了适当放大处理以突出显示效果。

图 4-3　走样和反走样的线段

图 4-3 所示宽度为 1 个像素的对角线段覆盖了比一般线段更多的像素块。事实上，当我们实现反走样的时候，OpenGL 会根据屏幕上每个像素块所覆盖的范围来计算每个片元的覆盖值。OpenGL 会将片元 alpha 值与这个覆盖值相乘。然后我们就可以使用 alpha 值来实现

片元与帧缓存中已有像素的融混操作了。

覆盖值计算的细节是非常复杂的，很难概要地进行讲述。事实上，不同的 OpenGL 实现中的计算方法也是存在细微差别的。我们可以使用 glHint() 来进行进一步的控制，在图像质量和速度上做出权衡，不过并不是所有的设备实现都会受到这个函数的影响。

---

void glHint(GLenum target, GLenum hint);

控制 OpenGL 的一些具体特性。target 参数用来设置要控制的特性类型，它的可用值可以参见表 4-6。hint 参数可以设置为 GL_FASTEST，表示使用效率最高的方式，而 GL_NICEST 表示使用质量最高的方式，GL_DONT_CARE 表示没有偏好。hint 参数的解析方式是与平台相关的；有些 OpenGL 的实现可能会完全忽略它们的影响。

表 4-6　glHint() 中可用的参数值

参数	描述
GL_LINE_SMOOTH_HINT	线的反走样质量
GL_POLYGON_SMOOTH_HINT	多边形边的反走样质量
GL_TEXTURE_COMPRESSION_HINT	纹理图像压缩的质量和性能（细节请参见第 6 章）
GL_FRAGMENT_SHADER_DERIVATIVE_HINT	片元处理内置函数的导数精度，包括 dFdx、dFdy 以及 fwidth（细节请参见附录 C）

之前已经讨论过多重采样的反走样技术了，不过，它通常并不是线段反走样的最佳方案。如果程序中不是十分需要多重采样的效果，那么对线段和多边形反走样的另一种方法就是通过 glEnable() 开启反走样，然后将 GL_LINE_SMOOTH 或者 GL_POLYGON_SMOOTH 作为参数传入。你可能也需要通过 glHint() 来设置一个质量参考值。我们会在随后的章节里介绍几种图元类型的反走样步骤。

4.6.1　线段的反走样

首先，需要开启融混。融混参数通常可以设置为 GL_SRC_ALPHA（源）和 GL_ONE_MINUS_SRC_ALPHA（目标）。或者也可以使用 GL_ONE 作为目标参数，这样线段相交的地方会显得更亮。现在我们可以使用反走样的方式来绘制点和线段了。如果用的 alpha 值足够高，那么反走样效果是非常明显的。注意当你设置使用融混时，需要考虑好渲染的顺序。不过大多数情况下，忽略顺序也不会带来很明显的问题。

例 4.9 所示为线段反走样的初始化过程。

例 4.9　设置反走样线段的融混特性：antilines.cpp

```
glEnable (GL_LINE_SMOOTH);
glEnable (GL_BLEND);
glBlendFunc (GL_SRC_ALPHA, GL_ONE_MINUS_SRC_ALPHA);
glHint (GL_LINE_SMOOTH_HINT, GL_DONT_CARE);
```

4.6.2　多边形的反走样

填充多边形的边的反走样与线段的反走样过程相似。由于不同的多边形的边之间存在着交叠，因此我们需要适当地对颜色值进行融混。

为了对多边形进行反走样，需要使用 alpha 值来表达多边形边的覆盖值。通过 glEnable() 设置参数 GL_POLYGON_SMOOTH 来开启多边形的反走样功能。这样多边形边上的像素就会根据覆盖率来设置 alpha 值，这一点与线段的反走样是一致的。当然，如果需要的话，我们也可以设置 GL_POLYGON_SMOOTH_HINT 的质量值。

为了确保边的融混方式恰当，我们可以设置融混参数为 GL_SRC_ALPHA_SATURATE（源）和 GL_ONE（目标）。通过这个特定的融混函数，得到的最终颜色将是目标颜色和成比例的源颜色的总和；比例系数其实就是以下两者中的较小者：输入源的 alpha 值、1 减去目标 alpha 值。这也就是说，对于一个 alpha 值很大的像素，连续输入像素对于最终颜色的影响很小，因为 1 减去目标 alpha 几乎为 0。通过这种方式，多边形边的像素就可以与之后绘制的其他多边形的颜色很好地融合在一起了。

最后，还需要对场景中的所有多边形进行排序，保证它们按照从前往后的顺序排列后再做渲染。

注意　深度缓存对于反走样的使用有一定的负面影响，因为某些像素可能本来需要融混，但是却在深度测试后被抛弃了。如果要保证融混和反走样的正确性，那么我们也许需要禁止深度缓存。

4.7　像素数据的读取和拷贝

渲染工作结束之后，我们可能需要获取渲染后的图像以作他用。这种情形，我们可以使用 glReadPixels() 函数从可读帧缓存中读取像素，然后将像素返回到应用程序中。我们可以在程序中分配一处内存空间以保存返回的像素，或者使用当前绑定的像素压缩缓存（如果存在的话）。

```
void glReadPixels(GLint x, GLint y, GLsizei width, GLsizei height, GLenum format,
GLenum type, void* pixels);
```

从可读的帧缓存中读取像素数据，读取的矩形区域范围的左下角定义为窗口坐标的 (x, y)，尺寸为 width 和 height，然后将数据数组保存到 pixels 中。format 用于指定要读取的像素数据元素的类型（颜色、深度或者模板值，如表 4-7 所示），而 type 用于指定每个元素的数据类型（如表 4-8 所示）。

glReadPixels() 的错误使用也会产生一些 OpenGL 的错误信息。如果 format 设置为 GL_DEPTH 但是不存在深度缓存，或者 format 为 GL_STENCIL 但是不存在模板缓存，或者 format 为 GL_DEPTH_STENCIL，但是帧缓存当中没有同时关联深度和模板缓存，那么都会产生 GL_INVALID_OPERATION 错误。如果 format 为 GL_DEPTH_STENCIL，但是 type 不是 GL_UNSIGNED_INT_24_8 也不是 GL_FLOAT_32_UNSIGNED_INT_24_8_REV，则会产生 GL_INVALID_ENUM 错误。

表 4-7　glReadPixels() 的数据格式

枚举量	像素格式
GL_RED 或者 GL_RED_INTEGER	单一的红色颜色分量
GL_GREEN 或者 GL_GREEN_INTEGER	单一的绿色颜色分量
GL_BLUE 或者 GL_BLUE_INTEGER	单一的蓝色颜色分量
GL_ALPHA 或者 GL_ALPHA_INTEGER	单一的 alpha 分量
GL_RG 或者 GL_RG_INTEGER	依次为红色分量、绿色分量
GL_RGB 或者 GL_RGB_INTEGER	依次为红色分量、绿色分量、蓝色分量
GL_RGBA 或者 GL_RGBA_INTEGER	依次为红色分量、绿色分量、蓝色分量、alpha 分量
GL_BGR 或者 GL_BGR_INTEGER	依次为蓝色分量、绿色分量、红色分量
GL_BGRA 或者 GL_BGRA_INTEGER	依次为蓝色分量、绿色分量、红色分量、alpha 分量
GL_STENCIL_INDEX	单一的模板索引值
GL_DEPTH_COMPONENT	单一的深度分量
GL_DEPTH_STENCIL	深度和模板值的合并结果

表 4-8　glReadPixels() 的数据类型

枚举量	数据类型	是否压缩格式
GL_UNSIGNED_BYTE	GLubyte	否
GL_BYTE	GLbyte	否
GL_UNSIGNED_SHORT	GLushort	否
GL_SHORT	GLshort	否
GL_UNSIGNED_INT	GLuint	否
GL_INT	GLint	否
GL_HALF_FLOAT	GLhalf	
GL_FLOAT	GLfloat	否
GL_UNSIGNED_BYTE_3_3_2	GLubyte	是
GL_UNSIGNED_BYTE_2_3_3_REV	GLubyte	是
GL_UNSIGNED_SHORT_5_6_5	GLushort	是
GL_UNSIGNED_SHORT_5_6_5_REV	GLushort	是
GL_UNSIGNED_SHORT_4_4_4_4	GLushort	是
GL_UNSIGNED_SHORT_4_4_4_4_REV	GLushort	是
GL_UNSIGNED_SHORT_5_5_5_1	GLushort	是

（续）

枚举量	数据类型	是否压缩格式
GL_UNSIGNED_SHORT_1_5_5_5_REV	GLushort	是
GL_UNSIGNED_INT_8_8_8_8	GLuint	是
GL_UNSIGNED_INT_8_8_8_8_REV	GLuint	是
GL_UNSIGNED_INT_10_10_10_2	GLuint	是
GL_UNSIGNED_INT_2_10_10_10_REV	GLuint	是
GL_UNSIGNED_INT_24_8	GLuint	是
GL_UNSIGNED_INT_10F_11F_11F_REV	GLuint	是
GL_UNSIGNED_INT_5_9_9_9_REV	GLuint	是
GL_FLOAT_32_UNSIGNED_INT_24_8_REV	GLfloat	是

我们可能还需要设置从哪个缓存读取像素数据。例如，对于双重缓冲的窗口来说，我们可以从前缓存或者后缓存中读取像素。此时需要使用 glReadBuffer() 来设置要读取像素的缓存名称。

返回值的截断处理

OpenGL 中各种不同类型的缓存——尤其是那些浮点数类型的缓存——都可以保存范围在 [0, 1]（OpenGL 归一化之后的颜色值）之外的数据。当使用 glReadPixels() 读回这些数据的时候，可以自行设置这些数值是否需要使用 glClampColor() 截断到归一化的范围内，或者保留原始的全数据范围形式。

void **glClampColor**(GLenum target, GLenum clamp);

　　控制浮点数和定点数缓存的颜色值截断方式，如果 target 设置为 GL_CLAMP_READ_COLOR 则开启截断。如果 clamp 设置为 GL_TRUE，那么从缓存读回的颜色值将被截断到 [0, 1] 范围；反之如果 clamp 为 GL_FALSE，那么不会进行截断。如果用户程序使用的是定点数与浮点数混合的缓存类型，那么设置 clamp 为 GL_FIXED_ONLY 的时候，只截断定点数数据，而浮点数数据仍然保留原始形式返回。

4.8　拷贝像素矩形

如果要在一块缓存的不同区域之间进行拷贝，或者在不同的帧缓存之间进行拷贝，则可以使用 glBlitFramebuffer() 函数。它在拷贝过程中会使用像素滤波的方式，这与纹理映射的做法非常类似（事实上，拷贝过程中也会用到相同的滤波策略，包括 GL_NEAREST 和 GL_LINEAR）。此外，这个函数支持多重采样的缓存类型，并且支持不同帧缓存（通过帧缓存对象来控制）之间的拷贝操作。

---

void **glBlitNamedFramebuffer**(GLuint readFramebuffer, GLuint drawFramebuffer, GLint srcX0, GLint srcY0, GLint srcX1, GLint srcY1, GLint dstX0, GLint dstY0, GLint dstX1, GLint dstY1, GLbitfield mask, GLenum filter);

将矩形的像素数据从可读帧缓存的一处区域拷贝到可绘制帧缓存的另一处区域中，在这一过程中可能会存在自动缩放、反转、转换和滤波的操作。srcX0、srcY0、srcX1 和 srcY1 表示像素数据源的区域范围，目标区域的矩形范围通过 dstX0、dstY0、dstX1 和 dstY1 来设置。buffers 中可以通过按位"或"的方式设置 GL_COLOR_BUFFER_BIT，GL_DEPTH_BUFFER_BIT 以及 GL_STENCIL_BUFFER_BIT，以设置拷贝所在的缓存类型。最后，如果两处矩形区域的大小不同的话，那么 filter 用设置插值的方法，可用的值包括 GL_NEAREST 和 GL_LINEAR；如果区域的大小是一致的，那么不会产生滤波的操作。

如果当前存在多个颜色绘制缓存，那么每个缓存都会进行一次源数据的拷贝。

如果 srcX1 < srcX0 或者 dstX1 < dstX0，那么图像将在水平方向进行反转。类似地，如果 srcY1 < srcY0 或者 dstY1 < dstY0，那么图像将在竖直方向进行反转。但是如果源和目标的尺寸值在相同方向均设置为负数，那么不会产生任何的翻转操作。

如果源数据缓存和目标数据缓存的格式不同，那么多数情况下像素数据的转换操作会自动进行。但是如果可读颜色缓存是浮点数类型，而任何一个写入的颜色缓存不是（反之亦然），或者可读颜色缓存是有符号（无符号）的整数类型，但是某个写入的缓存不是的话，那么都会产生 GL_INVALID_OPERATION 的错误，并且不会拷贝任何像素数据。

多重采样的缓存对于像素数据的拷贝也有一定影响。如果源缓存是多重采样的，而目标缓存不是的话，那么所有的样本值都会被归总到单一的像素值并存入目标缓存。反之，如果目标缓存是多重采样的，但是源缓存不是的话，那么源数据将被多次拷贝，以匹配所有的样本值。最后，如果两个缓存都是多重采样的形式，并且采样数是相同的，那么所有的样本不需要修改就可以直接拷贝。但是，如果两个缓存的采样数不同，那么无法拷贝像素，并且会产生一个 GL_INVALID_OPERATION 错误。

如果 buffers 中含有多余的类型值，或者 filter 不是 GL_LINEAR 或者 GL_NEAREST，那么将会产生 GL_INVALID_VALUE 错误。

视口变换、裁减、剪切与反馈

本章目标

阅读完本章内容之后，你将会具备以下的能力：

❑ 通过对三维几何模型的变换，以任意的尺寸、角度和透视形式进行观察。

❑ 了解各种不同的坐标系统，OpenGL 中使用的坐标系统，以及坐标系之间的变换方法。

❑ 对表面法线进行变换。

❑ 沿着任意平面对几何模型进行剪切。

❑ 在显示模型之前，捕获它的几何变换信息。

之前的章节中，我们已经了解如何对几何模型进行控制，使它与屏幕的观察区域相匹配，而在本章中，我们将更全面地了解这一过程。本章介绍的内容包括：反馈（feedback），也就是将数据回传到应用程序的方法；裁减（culling），剔除无法被看到的物体；剪切（clipping），即经由 OpenGL 或者用户自行通过多个平面与几何体进行交集运算。

通常我们会用到很多场景物体，而它们各自有特定的几何坐标。此时需要通过空间变换（移动、缩放和旋转）将其置入场景内。然后，我们还需要设置一个特定的位置、方向、缩放比例和朝向角度，以便观察场景本身。

这一章将会包含以下几节：

❑ 5.1 节概述计算机图形学中，三维世界在二维显示设备中的模拟方式。

❑ 5.2 节总结我们可以在着色器中使用的不同变换方式，以操作物体的顶点数据。

❑ 5.3 介绍 OpenGL 所实现的空间变换方式。

❑ 5.4 节介绍顶点变换着色器中对于顶点数据的处理和存储，以及优化渲染性能的方法。

5.1 观察视图

如果直接在显示设备上显示标准几何模型的坐标，我们可能什么都看不到。模型坐标的范围（可能从 −100 ~ 100 米）是不会与显示设备的坐标范围（可能是 0 ~ 1919 像素）相对应的，如果要强制坐标必须对应，那么无疑是一件麻烦事。此外，我们需要从不同的位置、方向和透视角度来观察物体。我们该如何去处理这种情形呢？

基本上来说，显示器本身是一个平面的、固定的，二维矩形区域，但是模型却是一个三维空间的几何体。本章我们将学习如何将模型的三维坐标投影到固定的二维屏幕坐标上。

将三维空间的模型投影到二维的关键方法，就是齐次坐标（homogeneous coordinate）的应用、矩阵乘法的线性变换方法，以及视口映射。我们将在下文中详细讨论这些方法。

5.1.1 视图模型

到目前为止，我们都着重于考虑三维空间坐标与屏幕绘制与否的关系。现在就从像素的角度去考虑绘制问题的话，未免有些过早。因此有必要在三维空间内尝试完成可视化的操作。稍后，在本章介绍完视图变换的内容之后，我们将讨论像素相关的一些话题。

5.1.2 相机模型

常见的视图变换操作可以类比为使用照相机拍摄照片的过程，如图 5-1 所示，使用相机（或者计算机）的主要步骤列举如下：

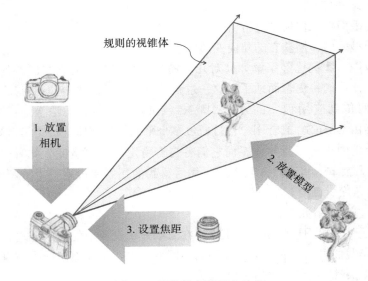

图 5-1　视锥体的配置和放置

1）将相机移动到准备拍摄的位置，将它对准某个方向（视图变换，view transform）。

2）将准备拍摄的对象移动到场景中必要的位置上（模型变换，model transform）。

3）设置相机的焦距，或者调整缩放比例（投影变换，projection transform）。

4）拍摄照片（应用变换结果）。

5）对结果图像进行拉伸或者挤压，将它变换到需要的图片大小（视口变换，viewport transform）。对于 3D 图形来说，这里同样需要对深度信息进行拉伸或者挤压（深度范围的缩放）。这一步与第 3 步并不一样，后者只是选择捕捉场景的范围大小，并不是对结果的拉伸。

注意，我们也可以认为上面的第 1 步和第 2 步做的是同一件事情，只不过方向相反而已。我们可以把相机固定在原地，然后把感兴趣的物品拿过来拍摄，或者也可以保持物体的位置不动，然后把相机移动过来。将相机移动到左边的操作相当于将物体移动到右边。而沿着顺时针转动相机也就相当于沿着逆时针转动物体。因此第 1 步和第 2 步各自有多少操作，这完全是由用户自己决定的。正因为如此，通常可以将这两个步骤合并为一个模型－视图变换（model-view transform）。然而，这一过程中将总包含多级平移、旋转和缩放操作。而这一合并过程的主要特性，就是构建一个独立的、统一的空间系统，将场景中所有的物体都变换到视图空间，或者人眼空间（eye space）当中。

OpenGL 当中，我们可以直接在着色器中完成上面的第 1 步到第 3 步。也就是说，我们传递给 OpenGL 的坐标应该是已经完成模型视图变换和投影变换的。我们还需要告诉 OpenGL 如何完成第 5 步所述的视口变换，当然固定渲染管线中会自动完成这个变换过程，如 5.3 节中所述。

图 5-2 所示总结了 OpenGL 的整个处理过程中所用到的坐标系统。到目前为止，我们讨论的都是第二个盒子（用户变换）当中的内容，但是也可以看到整个观察矩阵堆栈中包含的

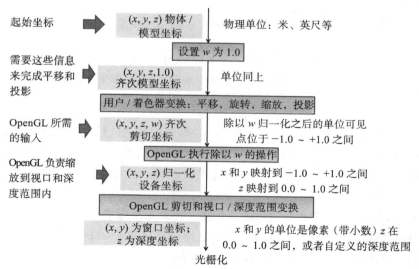

图 5-2　OpenGL 中的坐标系统（坐标系统均使用左侧的盒子来表达，中间的盒子表示从一个坐标系统变换到另一个的过程。右侧给出了不同过程中的数据单位）

所有内容，而最后一步就是设置 OpenGL 的视口和深度范围。OpenGL 得到的最终坐标是归一化之后的齐次坐标，并且将进行裁减、剪切和光栅化的操作。也就是说，最后要绘制的坐标总是在 [−1.0, 1.0] 的范围内，直到 OpenGL 对它们进行缩放以匹配视口大小为止。

我们有必要把其他的坐标系统都用专属的名字来标识，它们同样存在于视图、模型和投影变换当中。它们并不是 OpenGL 的一部分，但是用途却非常广泛，并且当我们使用着色器来装配整个场景或者计算光照时，可以提供很多便捷。图 5-3 给出了图 5-2 中的用户变换的一种解释。尤其要提出的是，着色器中的大部分光照计算都是在人眼空间完成的。我们将在第 7 章中给出有关人眼空间应用的更多案例。

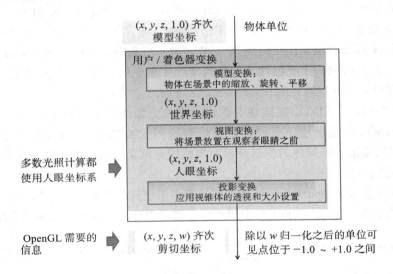

图 5-3　OpenGL 中未定义用户坐标系统（这些坐标系统不是 OpenGL
所使用的，但是对于光照和其他着色器计算非常重要）

视锥体

我们操作相机的第 3 步当中设置了焦距或者缩放的数值。这样其实是在相机拍摄场景的时候，设置取景用的矩形锥体的宽度或者窄度。只有落在这个锥体之内的几何体才会出现在最终图像上。同时，第 3 步还计算用于透视投影的"近大远小"效果的相关参数（齐次坐标的第四个坐标值 w）。

OpenGL 还可以去除过近或是过远的几何体，也就是比近平面更近，或者在远平面之后的几何体。从相机拍摄的角度来说，并不存在这样一种特性（不过相机焦距之内的物体是可以被清除的），但是这个特性在很多时候是非常有用的。最重要的是，如果一个物体非常靠近视景椎体的顶端点的话，那么它的大小是无限大的，这样会带来很多问题，尤其是物体位于顶端点的时候。而从另一个角度来说，场景中距离观察者非常远的物体最好也不要绘制，这样可以改善渲染的性能以及深度精度，因为深度值不需要再涵盖一个非常大的范围。

因此，我们需要再增加两个平面，并且与已有的视景锥体的四个平面相交。如图 5-4 所示，这 6 个平面将会定义出一个锥体（frustum）形状的观察范围。

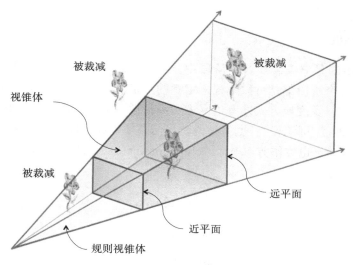

被裁减

被裁减

视锥体

被裁减

远平面

近平面

规则视锥体

图 5-4　视锥体

视锥体的剪切

如果某个图元落在组成视锥体的四个平面之外，那么它将不会被绘制（它将被裁减，cull），因为此时这个图元已经落在矩形的显示区域之外了。此外，任何比近平面更近，或者在远平面之后的内容也会被裁减。那么，如果有一个图元正好穿过这里的某个平面呢？此时 OpenGL 将会对此图元进行剪切（clip）。也就是说，它会负责计算几何体与平面的交集，然后对落入视锥体范围内的形状进行计算后会生成新的几何体。

因为 OpenGL 需要通过剪切操作来保证绘制的正确性，所以应用程序就必须告诉 OpenGL 当前视锥体的参数值。这也是上文中相机拍摄过程的第 3 步，而着色器将负责变换的应用过程。此外 OpenGL 还要通过这些参数来完成剪切的操作。着色器中也可以使用用户自定义的平面来进行剪切，我们将在后文中详细介绍，但是无论如何，视锥体的 6 个平面都是 OpenGL 最本质的部分之一。

5.1.3　正交视图模型

有的时候，我们并不需要透视形式的窗口，而需要采用正交（orthographic）投影的方式。这种投影方式常见于建筑设计图和计算机辅助设计领域，它的主要作用是在投影之后依然保持物体的真实大小以及相互之间的角度。我们可以简单地通过忽略 x、y、z 三个坐标轴中的一个来实现这一效果，也就是用其余两个构成二维坐标。当然，在这之前我们需要通过模型视图变换，将物体和相机都放置在场景合适的方位上。不过，在那之后我们还是需要对结果模型进行定位和缩放运算，以便在归一化的设备坐标系中进行显示。我们将在下一节的最后部分介绍与之相关的变换过程。

5.2 用户变换

图 5-5 中给出的是渲染管线各个阶段中，对于三维坐标的变换情况。从本质上来说，在光栅化之前的各个阶段都是可以编程来定制的。正因为这些阶段都是可编程的，我们对于坐标的处理方式以及变换方式才有这巨大的灵活性。但是，最终还是要将输出传递给后继的几个固定阶段（不可编程）。也就是说，我们必须生成可以用于透视除法（perspective division）的齐次坐标（也称作剪切坐标，clip coordinate）。而后文中我们要讨论的就是这一过程的意义和实现方法。

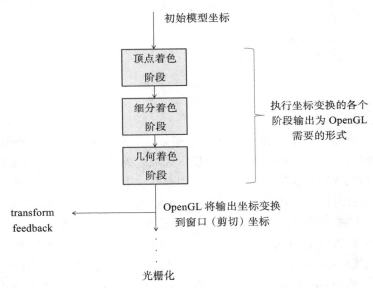

图 5-5 渲染管线中，用户／着色器所使用的坐标变换

以上所述的视图模型的每个步骤都可以通过一次空间变换来表达。它们全部是线性变换方式，可以通过齐次坐标的矩阵乘法来完成。后文将针对这一点进一步阐述有关矩阵乘法和齐次坐标的问题。而对这些问题的理解将是我们真正理解 OpenGL 变换过程的关键所在。

在着色器中当中，使用矩阵对一个顶点进行变换的过程如下所示：

```
#version 330 core

uniform mat4 Transform; // 对于各个顶点都是一致的（图元级别的粒度）
```

```
in vec4 Vertex;          // 每次传递的逐顶点数据
                         // 着色器开始运行

void main()
{
    gl_Position = Transform * Vertex;
}
```

线性变换是可以级联的。虽然相机拍照的过程需要四个空间变换的步骤，但是我们并不一定真的需要对数据做四次变换。事实上，以上所有的变换都可以合并为一次变换过程。如果需要使用变换矩阵 A 对模型进行变换，然后再使用变换矩阵 B 进行变换，那么我们可以定义一个变换矩阵 C，它可以表示为：

$$C = BA$$

（由于之前给出的矩阵与顶点的乘法是把顶点放置在右侧，而矩阵位于左侧，因此级联之后的变换需要采取逆序的方式，即 B 应用到已经应用 A 的顶点上。我们会进一步对这一过程做更清晰的阐述。）

因此，现在可以将任意数量的线性变换过程合并为一次矩阵乘法，这无疑可以让整个计算过程变得更为自由和方便。

5.2.1　矩阵乘法的回顾

对于我们来说，矩阵和矩阵乘法只不过是一种表达线性变换的简洁方式而已，它可以很方便地实现对坐标的控制，进而满足模型显示的需求。我们将在这里对矩阵的主要机制进行阐述，而与之相关的应用则会在后继的讨论过程中逐步展开。

首先是矩阵乘法的定义。一个 4×4 的矩阵与一个 4 维向量相乘，得到的是一个新的 4 维向量，其规则如下：

$$\begin{bmatrix} a & b & c & d \\ e & f & g & h \\ i & j & k & l \\ m & n & o & p \end{bmatrix} \begin{pmatrix} x \\ y \\ z \\ w \end{pmatrix} \rightarrow \begin{pmatrix} ax & + & by & + & cz & + & dw \\ ex & + & fy & + & gz & + & hw \\ ix & + & jy & + & kz & + & lw \\ mx & + & ny & + & oz & + & pw \end{pmatrix}$$

我们可以观察到如下一些事实：

- ❑ 新向量的每个分量都是所有旧向量分量的一个线性函数，而矩阵的所有 16 个值都包含在其中。
- ❑ 向量 (0, 0, 0, 0) 与矩阵相乘的结果仍然是 (0, 0, 0, 0)。这是线性变换的特点，同时也是 3×3 的矩阵与三维向量相乘时无法表达平移操作的原因。在这里可以看到，三维向量需要使用 4×4 的矩阵和齐次坐标的概念才能够表达自己的平移过程。

对于视图模型来说，我们需要对一个向量进行多次变换，这一过程可以通过矩阵 A 和矩阵 B 的乘法来表达：

$$v'= Av \qquad\qquad (5\text{-}1)$$
$$v''= Bv' = B(Av) = (BA)v \qquad\qquad (5\text{-}2)$$

我们可以据此迅速得到一个矩阵 C，且有

$$v''= Cv$$

其中

$$C = BA$$

根据线性变换的特性，我们可以将 B 与 A 合成为一个单一的变换矩阵 C。下文中的定义对这一矩阵连乘过程进行了解释。

$$\begin{bmatrix} b_{11} & b_{12} & b_{13} & b_{14} \\ b_{21} & b_{22} & b_{23} & b_{24} \\ b_{31} & b_{32} & b_{33} & b_{34} \\ b_{41} & b_{42} & b_{43} & b_{44} \end{bmatrix} \begin{bmatrix} a_{11} & a_{12} & a_{13} & a_{14} \\ a_{21} & a_{22} & a_{23} & a_{24} \\ a_{31} & a_{32} & a_{33} & a_{34} \\ a_{41} & a_{42} & a_{43} & a_{44} \end{bmatrix} \rightarrow \begin{bmatrix} c_{11} & c_{12} & c_{13} & c_{14} \\ c_{21} & c_{22} & c_{23} & c_{24} \\ c_{31} & c_{32} & c_{33} & c_{34} \\ c_{41} & c_{42} & c_{43} & c_{44} \end{bmatrix}$$

其中

$$C_{ij} = b_{i1}a_{1j} + b_{i2}a_{2j} + b_{i3}a_{3j} + b_{i4}a_{4j}$$

即

$$\begin{aligned} c_{11} &= b_{11}a_{11} + b_{12}a_{21} + b_{13}a_{31} + b_{14}a_{41} \\ c_{12} &= b_{11}a_{12} + b_{12}a_{22} + b_{13}a_{32} + b_{14}a_{42} \\ c_{13} &= b_{11}a_{13} + b_{12}a_{23} + b_{13}a_{33} + b_{14}a_{43} \\ c_{14} &= b_{11}a_{14} + b_{12}a_{24} + b_{13}a_{34} + b_{14}a_{44} \end{aligned}$$

$$\begin{aligned} c_{21} &= b_{21}a_{11} + b_{12}a_{21} + b_{13}a_{31} + b_{14}a_{41} \\ c_{22} &= b_{21}a_{12} + b_{22}a_{22} + b_{23}a_{32} + b_{24}a_{42} \\ &\vdots \qquad \vdots \\ c_{44} &= b_{41}a_{14} + b_{42}a_{24} + b_{43}a_{34} + b_{44}a_{44} \end{aligned}$$

矩阵的乘法是不可交换的：总体上来说，如果我们将矩阵 A 与 B 相乘，则

$$AB \neq BA$$

那么矩阵 A 与向量 v 的乘法，有下面的规律：

$$Av \neq vA$$

所以有必要确定正确的乘法顺序。幸运的是，矩阵的乘法遵循结合律：

$$C(BA) = (CB)A = CBA$$

这是非常有用的，因此我们可以将所有与向量相乘的矩阵预先结合。

$$C(B(Av)) = (CBA)v$$

我们将利用这一关键特性来提升程序的性能。

5.2.2　齐次坐标

我们准备进行变换的几何体本身就是三维形式的。但是将三维的笛卡儿坐标转换为四维的齐次坐标，这样有两个主要的好处。其一，这样可以进一步完成透视变换；其二，这样可以使用线性变换来实现模型的平移。也就是说，如果使用四维坐标系统，就可以通过矩阵乘法完成所有的旋转、平移、缩放和投影变换操作。更为准确地说，这里的投影变换是透视效果实现的关键步骤，也是我们必须在着色器中实现的一个步骤（对第 4 个坐标分量进行处理之后，系统将负责完成最后一步工作）。

如果希望进一步了解这一过程以及齐次坐标的意义，那么可以继续阅读下一小节。如果只是需要了解在工作中使用 4×4 矩阵的理由，那么可以跳过下一小节继续阅读后面的部分。

进阶：什么是齐次坐标

三维数据可以通过三维向量与 3×3 矩阵的乘法操作，来完成缩放和旋转的线性变换。

但是，对三维笛卡儿坐标的平移（移动 / 滑动）操作是无法通过与 3×3 矩阵的乘法操作来完成的。我们还需要一个额外的向量，将点 (0, 0, 0) 移动到另一个位置。这一步叫做仿射变换（affine transformation），它不属于线性变换（你应该还记得线性变换的一个重要规律，它总是将 (0, 0, 0) 映射到 (0, 0, 0)）。加入这个额外的运算过程意味着我们将无法再运用线性变换的各种优势，例如将多个变换过程合成为一次变换。因此，我们需要找到一种方法，通过使用线性变换来表达平移过程。幸运的是，只要将数据置入四维坐标空间当中，仿射变换就回归成为一种简单的线性变换了（也就是说，我们可以直接使用 4×4 矩阵的乘法来完成模型的移动操作了）。

举例来说，将数据沿着 y 轴移动 0.3，假设第四个向量坐标为 1.0，则有：

$$\begin{bmatrix} 1.0 & 0.0 & 0.0 & 0.0 \\ 0.0 & 1.0 & 0.0 & 0.3 \\ 0.0 & 0.0 & 1.0 & 0.0 \\ 0.0 & 0.0 & 0.0 & 1.0 \end{bmatrix} \begin{pmatrix} x \\ y \\ z \\ 1.0 \end{pmatrix} \rightarrow \begin{pmatrix} x \\ y+0.3 \\ z \\ 1.0 \end{pmatrix}$$

在这里可以了解到，这个额外的第四分量其实是用来实现透视投影变换的。

齐次坐标总是有一个额外的分量，并且如果所有的分量都除以一个相同的值，那么将不会改变它所表达的坐标位置。

举例来说，以下所有的坐标都表达了同一个点：

(2.0, 3.0, 5.0, 1.0)

(4.0, 6.0, 10.0, 2.0)

(0.2, 0.3, 0.5, 0.1)

这样的话，齐次坐标所表达的其实是方向而不是位置；对一个方向值的缩放不会改变方向本身。这一点如图 5-6 所示。从 (0, 0) 点开始，齐次点 (1, 2)、(2, 4) 等均沿着同一条线排列，表达的是同一个位置。如果将它们投影到一维空间，那么它们实际上表达的都是一维点 2。

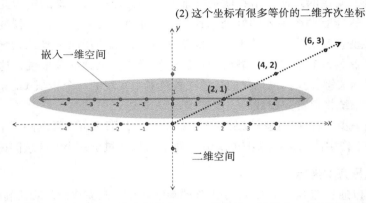

图 5-6　一维齐次坐标（在一维空间加入 y = 1 位置的二维信息，从而得到齐次坐标）

斜移（skewing）是一种线性变换。对图 5-6 进行斜移也就是对一维空间的平移，如图 5-7 所示，它保持二维空间中的 (0, 0) 位置不变（所有的线性变换都要保持原点不变）。

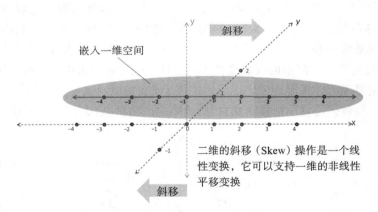

图 5-7　斜移变换

我们需要以线性变换的方式对一维空间的点进行平移。这在一维空间内是不可能的，因为原点也会随之移动，所以一维的线性变换无法实现。不过，通过二维的线性斜移变换，我们就可以实现对一维空间进行平移。

如果齐次坐标的最后一个分量为 0，那么它表示的是一个"无限远处的点"。一维空间只有两个点位于无限远处，一个位于正方向，而另一个位于负方向。但是，如果是通过四维坐标的齐次空间去表达三维空间，那么任何一个方向都会存在无限远处的点。而在两条平行线（例如建筑的边际线，或者铁轨的轨迹线）最终相交的位置上，将会构成透视投影的点。这就是我们所期望的透视效果的实现，并且不需要特别去考虑这种情形。

我们可以直接添加第四个 w 分量，并设置值为 1.0 来实现齐次坐标的建立：

$$(2.0, 3.0, 5.0) \rightarrow (2.0, 3.0, 5.0, 1.0)$$

然后可以使用第四个分量除以所有的分量，并且将其舍弃，以重新得到笛卡儿坐标：

$$(4.0, 6.0, 10.0, 2.0) \xrightarrow{\text{除以 } w} (2.0, 3.0, 5.0, 1.0) \xrightarrow{\text{舍弃 } w} (2.0, 3.0, 5.0)$$

透视变换会将 w 分量修改为 1.0 以外的值。如果 w 更大，那么坐标将位于更远的位置。当 OpenGL 准备显示几何体的时候，它会使用最后一个分量除以前三个分量，从而将齐次坐标重新变换到三维的笛卡儿坐标。因此距离更远的物体（w 值更大）的笛卡儿坐标也会更小，从而绘制的比例也就更小。w 为 0.0 表示 (x, y) 坐标位于无限近的位置（物体与观察点非常近，以至于它的透视效果是无限大的）。这样可能会产生无法预知的结果。而从理论上来说，使用负数的 w 值并没有错误，例如下面的坐标值就表达同一个点：

$$(2.0, 3.0, 5.0, 1.0)$$
$$(-2.0, -3.0, -5.0, -1.0)$$

但是负数 w 值可能会给图形管线的某些环节带来麻烦，尤其是可能会与其他的整数 w 值进行插值计算，而得到的结果有可能非常接近或者正好为 0.0。要避免这个问题，最简单的方法就是保证 w 值总是正数。

5.2.3　线性变换与矩阵

为了将数据映射到设备坐标系当中，首先对三维的笛卡儿坐标添加第四个分量，并且设置值为 1.0，从而构建了齐次坐标。这些坐标通过与一个或多个 4×4 矩阵的乘法运算来表达旋转、缩放、平移以及透视投影的变换过程。以下给出了各种变换的具体使用示例。总体上来说，这些变换都可以通过 4×4 矩阵的乘法来表达，并且我们可以将一系列变换结果合并为一个单一的 4×4 矩阵，然后用于更多顶点数据的运算过程。

平移

物体的平移需要用到我们刚刚添加给模型坐标的第四个分量，以及 4×4 变换矩阵的第四列。我们需要得到一个矩阵 T，它与模型所有的顶点 v 相乘的结果就是平移后的顶点 v'：

$$v' = Tv$$

顶点的每个分量都与 T 中第四列的不同数据相乘，得到一个不同的值。举例来说，如果我们要沿着 x 轴正方向平移 2.5，而 y 和 z 方向保持不变，则有：

$$T = \begin{bmatrix} 1.0 & 0.0 & 0.0 & 2.5 \\ 0.0 & 1.0 & 0.0 & 0.0 \\ 0.0 & 0.0 & 1.0 & 0.0 \\ 0.0 & 0.0 & 0.0 & 1.0 \end{bmatrix}$$

这个矩阵与向量 $v = (x, y, z, 1)$ 相乘的结果为：

$$\begin{pmatrix} x+2.5 \\ y \\ z \\ 1.0 \end{pmatrix} = \begin{bmatrix} 1.0 & 0.0 & 0.0 & 2.5 \\ 0.0 & 1.0 & 0.0 & 0.0 \\ 0.0 & 0.0 & 1.0 & 0.0 \\ 0.0 & 0.0 & 0.0 & 1.0 \end{bmatrix} \begin{pmatrix} x \\ y \\ z \\ 1.0 \end{pmatrix}$$

这一过程如图 5-8 所示。

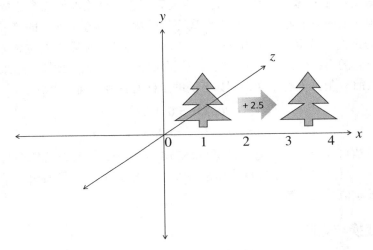

图 5-8　将一个物体沿 x 轴正方向平移 2.5 距离

当然，我们最好能提前封装好此类矩阵操作。与之相关的工具库有很多，在这里我们选择 vmath.h。在本书的第 3 章中已经使用过它了。如果要使用这个工具库构建一个平移矩阵，可以调用：

vmath::mat4 vmath::translate(float x, float y, float z);

返回一个平移矩阵，平移距离为 (x, y, z)。

下面的代码给出了具体的使用示例。

```
// C++ 程序代码
#include "vmath.h"
    .
    .
    .
// 构建一个变换矩阵, 将坐标平移 (1, 2, 3)
vmath::mat4 translationMatrix = vmath::translate(1.0, 2.0, 3,0);
```

```
// 将这个矩阵传递给当前的着色器程序
glUniformMatrix4fv(matrix_loc, 1, GL_FALSE, translationMatrix);
        .
        .
        .
```

我们会在了解过下一种变换形式之后，给出一个合成变换的代码示例。

缩放

如图 5-9 所示，我们可以在矩阵的前三个对角线分量中设置合适的缩放值，以实现物体的增长或者压缩变换。这里假设一个矩阵 S，它与模型所有的顶点 v 相乘的结果将会改变它的大小。

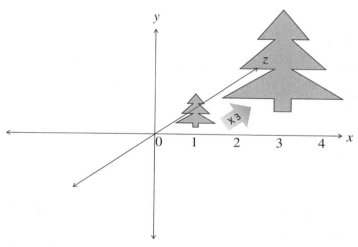

图 5-9　将一个物体放大 3 倍（注意，如果这个物体并不在原点上，
那么这个操作会使得物体远离 $(0,0,0)$ 点 3 倍距离）

下面的例子将几何体变换为原来大小的 3 倍。

$$S = \begin{bmatrix} 3.0 & 0.0 & 0.0 & 0.0 \\ 0.0 & 3.0 & 0.0 & 0.0 \\ 0.0 & 0.0 & 3.0 & 0.0 \\ 0.0 & 0.0 & 0.0 & 1.0 \end{bmatrix}$$

$$\begin{pmatrix} 3x \\ 3y \\ 3z \\ 1 \end{pmatrix} = \begin{bmatrix} 3.0 & 0.0 & 0.0 & 0.0 \\ 0.0 & 3.0 & 0.0 & 0.0 \\ 0.0 & 0.0 & 3.0 & 0.0 \\ 0.0 & 0.0 & 0.0 & 1.0 \end{bmatrix} \begin{pmatrix} x \\ y \\ z \\ 1.0 \end{pmatrix}$$

注意，因为缩放值也是针对每个分量的，所以我们很容易做到非同型的缩放变换，但是在设置模型和视图变换的时候我们很少这么做。（如果需要将结果进行垂直或者水平的拉伸，可以在视图变换完成之后再进行。过早进行缩放会导致物体在旋转的时候变形。）注意当我们进行缩放的时候，并不会影响到 w 值，否则会由于齐次坐标本身的特性（最后所有的分量都会除以 w），结果将不会发生任何改变。

　　如果物体缩放时其中心没有处于 $(0, 0, 0)$ 点，那么这个简单的矩阵在缩放的同时也会将物体远离或者靠近 $(0, 0, 0)$。通常来说，为了能比较容易理解操作的过程，我们可以先将物体放置在 $(0, 0, 0)$。此时缩放在改变物体大小的时候不会再影响到它的位置。如果需要改变一个偏离中心的物体的大小，并且不希望它的位置同时发生改变，那么首先我们可以将物体中心移动到 $(0, 0, 0)$，然后再缩放其大小，最后平移回到原来的位置。这一过程如图 5-10 所示。

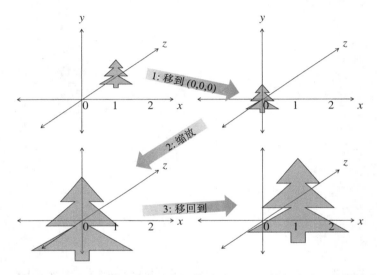

图 5-10　缩放任意位置的物体（首先移动物体到 $(0, 0, 0)$，执行缩放，然后移动回原位）

　　这里我们用到三个矩阵：T、S 和 T^{-1}，分别用于平移到 $(0, 0, 0)$、缩放，还有平移回原位。物体的每个顶点 v 依次与这几个矩阵相乘，最后的结果就是物体在原位发生了大小的变化，得到新的顶点 v'：

$$v' = T^{-1}(S(Tv))$$

或者

$$v' = (T^{-1}ST)v$$

这里我们也可以预先将三个矩阵级联为一个矩阵，然后进行运算：

$$M = T^{-1}ST$$
$$v' = Mv$$

这里的矩阵 M 可以用来实现偏离原点的物体的缩放运算。

　　如果要使用之前的工具库完成缩放变换，那么可以使用函数：

vmath::mat4 vmath::scale(float s);

返回一个缩放倍数为 s 的变换矩阵。

结果矩阵可以直接与其他的变换矩阵相乘，从而合成为一个单一的矩阵，它能够执行多个变换运算。

```cpp
// C++ 程序代码
#include "vmath.h"
        .
        .
        .
// 将平移和缩放变换进行合并

vmath::mat4 translateMatrix = vmath::translate(1.0, 2.0, 3,0);
vmath::mat4 scaleMatrix = vmath::scale(5.0);
vmath::mat4 scaleTranslateMatrix = scaleMatrix * translateMatrix;
        .
        .
        .
```

使用这种方式，任何数量的变换最后都可以合成为一个矩阵。

旋转

旋转物体的形式与上述过程类似。我们需要使用一个矩阵 R 与模型的所有顶点 v 相乘，并完成旋转的操作。如图 5-11 所示，我们沿着 z 轴进行 50 度的逆时针旋转。图 5-12 所示为不改变物体中心的旋转过程，否则物体本身也会沿着 z 轴整体旋转。

$$R = \begin{bmatrix} \cos 50 & -\sin 50 & 0.0 & 0.0 \\ \sin 50 & \cos 50 & 0.0 & 0.0 \\ 0.0 & 0.0 & 1.0 & 0.0 \\ 0.0 & 0.0 & 0.0 & 1.0 \end{bmatrix}$$

$$\begin{pmatrix} \cos 50 \cdot x - \sin 50 \cdot y \\ \sin 50 \cdot x + \cos 50 \cdot y \\ z \\ 1.0 \end{pmatrix} = \begin{bmatrix} \cos 50 & -\sin 50 & 0.0 & 0.0 \\ \sin 50 & \cos 50 & 0.0 & 0.0 \\ 0.0 & 0.0 & 1.0 & 0.0 \\ 0.0 & 0.0 & 0.0 & 1.0 \end{bmatrix} \begin{pmatrix} x \\ y \\ z \\ 1.0 \end{pmatrix}$$

当物体的顶点在 xy 平面内绕着 z 轴旋转时，它们的 z 值是保持不变的。如果需要绕着 x 轴旋转 θ 角度，则有：

$$R_x = \begin{bmatrix} 1.0 & 0.0 & 0.0 & 0.0 \\ 0.0 & \cos\theta & -\sin\theta & 0.0 \\ 0.0 & \sin\theta & \cos\theta & 0.0 \\ 0.0 & 0.0 & 1.0 & 0.0 \\ 0.0 & 0.0 & 0.0 & 1.0 \end{bmatrix}$$

绕 y 轴旋转时：

$$R_y = \begin{bmatrix} \cos\theta & 0.0 & -\sin\theta & 0.0 \\ 0.0 & 1.0 & 0.0 & 0.0 \\ \sin\theta & 0.0 & \cos\theta & 0.0 \\ 0.0 & 0.0 & 0.0 & 1.0 \end{bmatrix}$$

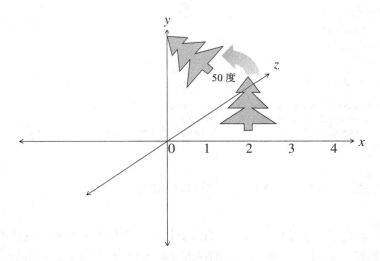

图 5-11　旋转（将物体在 xy 平面内绕着 z 轴旋转 50 度。注意如果物体本身
偏离原点，那么这一操作也会导致物体整体沿着 $(0,0,0)$ 发生转动）

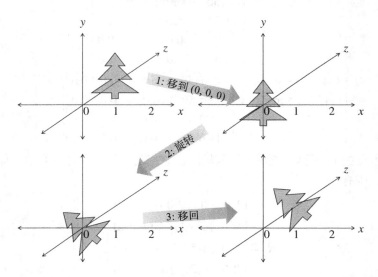

图 5-12　任意位置的旋转（首先将物体移动到 $(0,0,0)$，执行旋转，然后再移回原位）

　　所有这些情况下，旋转都是沿着第一个轴的方向朝向第二个轴运动的。也就是说，按照各轴正向的顺序，从 cos −sin 形式的一行旋转到 sin cos 的一行。如果被旋转的物体中心不是 (0, 0, 0)，那么上面的矩阵也会绕 (0, 0, 0) 将物体整体进行转动，因而改变了它的位置。与缩放时的操作类似，我们可以首先将物体中心放置在 (0, 0, 0) 上。因此整个过程就是平移到 (0, 0, 0)，执行旋转变换，然后平移回原位。这样我们用到 T、R 和 T^{-1} 三个矩阵，分别对应于平移到 (0, 0, 0)、旋转，以及平移回原位的操作。

$$v' = T^{-1}(R(Tv))$$

或者

$$v' = (T^{-1}RT)v$$

　　这一过程还是可以处理为一个单一的矩阵。

　　如果要使用之前的工具库构建一个旋转变换，那么我们可以使用：

```
vmath::mat4 vmath::rotate(float x, float y, float z);
```

　　返回一个变换矩阵，它可以绕 x 轴转动 x 度、绕 y 轴转动 y 度，以及绕 z 轴转动 z 度。我们可以直接将这个矩阵（左乘）级联到当前矩阵之上。

透视投影

　　这个变换过程相对复杂一些。假设模型和视图变换都已经完成，如果得到的模型坐标 z 值较大，则说明物体距离观察点较远。

　　我们将考虑以下两种情形：

　　1）中心对称的视锥体，z 轴位于锥体的中央位置。

　　2）不对称的视锥体，就好像是我们靠近窗口去观察景色，但是没有正对窗户中心的情形。

　　对于所有的情况而言，此时观察点总是位于 (0, 0, 0)，并且朝向 z 轴正方向。

　　不过，首先我们要考虑一种简化（理想）的透视投影：

$$\begin{bmatrix} 1.0 & 0.0 & 0.0 & 0.0 \\ 0.0 & 1.0 & 0.0 & 0.0 \\ 0.0 & 0.0 & 1.0 & 0.0 \\ 0.0 & 0.0 & 1.0 & 0.0 \end{bmatrix} \begin{pmatrix} x \\ y \\ z \\ 1.0 \end{pmatrix} \rightarrow \begin{pmatrix} x \\ y \\ z \\ z \end{pmatrix}$$

　　可以注意到，矩阵的最后一行将 w（第四个）坐标分量替换为 z 坐标。这样 z 值更大的物体（距离更远）看起来会显得更小，因为所有的分量都会除以 w，这样就实现了透视效果。但是，这种特殊的方法有一些缺陷。举例来说，此时所有的 z 值结果都是 1.0，因此丢失了深度的信息。而我们对投影的锥体以及矩形也没有太多的控制。最后，我们并没有将结果缩放到视口变换所需的 $[-1.0, 1.0]$ 范围之内。而后文将对这些要求逐一予以实现。

现在考虑一个更合适的 OpenGL 实现，并且使用中心对称的视锥体。我们可以从图 5-13 中看到视锥体的形状与近平面的大小。

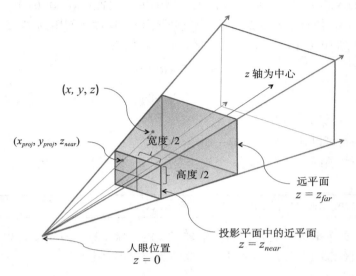

图 5-13　视锥体投影（视锥体的近平面以及它的半宽度和半高度均在图中标出）

我们需要将视锥体当中的点投影到近平面上，方向均为朝向 $(0, 0, 0)$ 的直线。所有从 $(0, 0, 0)$ 发射的直线都保持顶点的 z/x 以及 z/y 的比例不变。因此，投影到近平面上的 (x_{proj}, y_{proj}) 的值的比例总是 $\frac{z_{near}}{z} = \frac{x_{proj}}{x}$ 和 $\frac{z_{near}}{z} = \frac{y_{proj}}{y}$。我们知道，为了去除齐次坐标，需要做一次深度的除法，因此在齐次空间求取 x_{proj} 的结果可以简单地写作 $x_{proj} = x \cdot z_{near}$。与之类似有 $y_{proj} = y \cdot z_{near}$。如果再使用近平面的大小去做一次除法，将数据映射到范围 $[-1.0, 1.0]$，那么我们就完成了对投影变换矩阵中前两个对角线元素的计算。

$$\begin{bmatrix} \dfrac{z_{near}}{width\,/\,2} & 0.0 & 0.0 & 0.0 \\[2mm] 0.0 & \dfrac{z_{near}}{height\,/\,2} & 0.0 & 0.0 \\[2mm] 0.0 & 0.0 & -\dfrac{z_{far} + z_{near}}{z_{far} - z_{near}} & \dfrac{2z_{far}z_{near}}{z_{far} - z_{near}} \\[2mm] 0.0 & 0.0 & -1.0 & 0.0 \end{bmatrix}$$

（如果有必要，也可以从视锥体的角度出发进行同样的计算。）

之后，我们将考虑第二种透视投影的情形，即不对称的视锥体。这也是更为通用的视锥体类型，此时近平面的中心可能不在 z 轴上。z 轴甚至有可能完全在近平面之外，就像之前提过的，从内侧的墙面侧过去看窗外一样。我们的观察方向是 z 轴正方向，但是它并没有穿过窗户。我们眼中的窗户是偏向一边的，也就是说，此时窗外的场景是一个不对称的透视视角。这种情形下，近平面上点的位置依然是正确的，但是，由于近平面上的投影已经不居中了，所以远离近平面的点就需要重新进行调整。我们可以从矩阵的第 3 列中了解这种调整，它实际上可以将点沿着偏离近平面投影中心的方向移动一定距离，并且根据点的远近距离进行缩放（因为这一列的值都要乘以 z）。

$$
\begin{bmatrix}
\dfrac{z_{near}}{width/2} & 0.0 & \dfrac{left+right}{width/2} & 0.0 \\
0.0 & \dfrac{z_{near}}{height/2} & \dfrac{top+botton}{height/2} & 0.0 \\
0.0 & 0.0 & -\dfrac{z_{far}+z_{near}}{z_{far}-z_{near}} & \dfrac{2z_{far}z_{near}}{z_{far}-z_{near}} \\
0.0 & 0.0 & -1.0 & 0.0
\end{bmatrix}
$$

所有上述过程，旋转、缩放、平移、投影，以及其他种种变换，都可以通过矩阵相乘的方法合并为一个单一的矩阵。只要将顶点与这个新矩阵相乘，我们就可以立即完成所有缩放、平移、旋转和透视投影的变换操作。

如果要使用之前的工具库创建一个透视投影的变换矩阵，我们可以选择多个不同的函数。例如刚才所述的对视锥体进行完全的控制，可以使用 frustum 函数，或者我们也可以使用更为直观的 lookAt 函数。

---

vmath::mat4 vmath::**frustum**(float left, float right, float bottom, float top, float near, float far);

根据给定的视锥体设置返回一个透视投影矩阵。近平面的矩形通过 left、right、bottom 和 top 定义。近平面和远平面的距离通过 near 和 far 定义。

---

vmath::mat4 **vmath::lookAt**(vmath::vec3 eye, vmath::vec3 center, vmath::vec3 up);

根据 eye 朝向 center 的视线，以及 up 定义的上方向，返回一个透视投影矩阵[⊖]。

运算结果的向量依然有四个坐标值，这也正是 OpenGL 管线所需要的齐次坐标值。

透视投影到屏幕上的最后一个步骤是遍历每个顶点 v'，使用其中的 w 坐标去除 (x、y、z) 坐标。不过这一步是 OpenGL 内部完成的，我们不需要在着色器中完成这些工作。

⊖ 原文这里提供的函数应该是有问题的，lookAt 通常用于设置视图矩阵而非投影矩阵。——译者注

正交投影

正交投影得到的观察体形状是一个矩形的平行六面体，或者说的更通俗一些，是一个盒子（如图 5-14 所示）。与透视投影不同的是，这个观察体远近两端的尺寸是不会发生变化的，因此物体与相机的距离不会造成物体大小的变化。

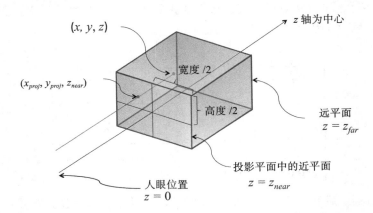

图 5-14　正交投影（从平行六面体的正面直接进行投影。x、y、z 都需要经过缩放以分别符合 [−1, 1]、[−1, 1] 和 [0, 1] 的范围要求。这一过程可以通过顶点除以模型的宽度、高度和深度来完成）

这一步操作是在所有的平移、缩放和旋转完成之后进行的，此时我们是从 z 轴正向去观察模型的。如果没有透视的话，那么顶点的 w 值总是 1.0，也就是说，变换矩阵的最后一行总是 (0, 0, 0, 1)。我们需要对 z 值做进一步的缩放，让它进入 [0, 1] 的范围内，这样 z 缓存才能正确处理模型的遮挡关系，但是无论 z 还是 w 对于物体在屏幕上的位置都不会有任何影响。这样我们就可以直接根据模型的宽度将 x 缩放到 [−1, 1]，y 坐标也是如此。对于对称的观察体来说（z 轴正方向穿过平行六面体的中心位置），这一步可以使用下面的矩阵来完成：

$$
\begin{bmatrix}
\dfrac{1}{width/2} & 0.0 & 0.0 & 0.0 \\[2ex]
0.0 & \dfrac{1}{height/2} & 0.0 & 0.0 \\[2ex]
0.0 & 0.0 & -\dfrac{1}{(z_{far}-z_{near})/2} & -\dfrac{z_{far}+z_{near}}{z_{far}-z_{near}} \\[2ex]
0.0 & 0.0 & 0.0 & 1.0
\end{bmatrix}
$$

如果 z 轴正方向没有穿过观察体的中心（但是依然平行于 z 轴观察模型），那么这个矩阵会变得稍微复杂一点。此时我们需要使用对角线来进行缩放，并且将第四列居中。

$$\begin{bmatrix} \dfrac{1}{(right-left)/2} & 0.0 & 0.0 & -\dfrac{right+left}{right-left} \\[2mm] 0.0 & \dfrac{1}{(top-bottom)/2} & 0.0 & -\dfrac{top+bottom}{top-bottom} \\[2mm] 0.0 & 0.0 & -\dfrac{1}{(z_{far}-z_{near})/2} & -\dfrac{z_{far}+z_{near}}{z_{far}-z_{near}} \\[2mm] 0.0 & 0.0 & 0.0 & 1.0 \end{bmatrix}$$

如果要使用之前的工具库创建一个正交投影变换矩阵，我们可以使用下面的函数：

vmath::mat4 vmath::ortho(vmath::vec3 eye, vmath::vec3 center, vmath::vec3 up);

　　返回一个正交投影变换矩阵，它从观察点 eye 出发朝向 center，并且使用 up 定义了正方向$^{\ominus}$。

5.2.4　法线变换

　　除了顶点的变换之外，还需要对表面法线进行变换，也就是从某个点出发，方向与物体表面垂直的一个向量。法线（normal）可能是最难以理解的名词术语之一，法线是需要进行归一化的，也就是它长度必须为 1.0。但是，"法线"垂直于表面和"法线"的归一化是完全无关的两件事，之所以要对法线进行归一化处理，主要是出于光照计算的目的。

　　通常来说，当计算光照时，每个顶点都会关联一个法线数据，这样在光照的计算过程中我们就可以知道物体表面的哪个方向会反射光线。我们会在第 7 章中介绍如何使用着色器完成这些计算。而在这里，我们将讨论法线变换的基础概念，包括它们的旋转、缩放等，同时考虑对应的模型顶点信息。

　　法线向量通常是只有三个分量的向量；没有使用齐次坐标。我们要注意一件事，就是物体表面的平移不会影响到法线的值，因此法线是不用考虑平移操作的，这也是不使用齐次坐标的原因之一。由于法线的主要作用是光照计算，而这一步通常是在透视变换之前完成的，因此这就是我们不需要使用齐次坐标（处理投影变换）的另一个原因了。

　　与直觉相违背的是，法线向量的变换与顶点或者位置向量的变换方式是不同的。假设模型表面有一个倾斜角度，而它受到一个拉伸变换的影响。这个拉伸导致表面的角度更小，因而改变了垂直于表面的方向，但是这个变化与我们直接将同一个变换应用到法线上所产生的变化是相反的。例如当我们将一个球体拉伸为一个椭球的时候，就会发生这种情形。我们需要使用一个不同的变换矩阵来处理法线的变换，而不是直接使用顶点的变换矩阵。

　　那么如何变换法线呢？我们首先令 M 为一个 3×3 矩阵，它已经包含必要的旋转和缩放

　　$\ominus$　原文这里提供的函数原型同样可能是有问题的，ortho 不可能使用与 lookAt 相同的参数，应当与 frustum 参数设置一致。——译者注

信息，可以将物体从模型坐标系变换到眼坐标系，但是不包含透视变换的信息。这也就是之前的 4×4 变换矩阵的左上 3×3 子矩阵，没有包含平移或者透视变换的运算。然后，我们需要使用下面的方程式来完成法线的变换：

$$n' = M^{-1T} n$$

也就是说，我们取 M 的逆矩阵的转置来完成法线的变换。如果变换的内容只涉及旋转和等轴缩放（不产生形状的变化），那么只需要使用 M 来变换方向。这里缩放的值可能是不同的，但是由于我们随后会对法线进行归一化处理，因此不需要考虑这一问题。

5.2.5 OpenGL 矩阵

由于着色器中可以完成矩阵的乘法运算，因此不需要使用 OpenGL 核心模式的 API 去进行矩阵运算，只需要将它们（或者其转置）通过 uniform 和逐顶点的属性设置给着色器即可。我们自己可以根据着色器中的具体需要去构建矩阵，也可以直接使用之前章节所提到的辅助库函数。

在应用程序中我们可能需要预先对矩阵做乘法运算，然后再设置给着色器，这样在性能上更有优势。举例来说，假设现在需要使用矩阵来完成以下的变换过程：

1）将相机移动到正确的观察位置：平移和旋转。

2）将模型移动到视野内：平移、旋转和缩放。

3）应用透视投影。

这里总共有 6 个矩阵。我们可以使用顶点着色器来完成所有的数学运算，如例 5.1 所示。

例 5.1　在顶点着色器中完成多个矩阵的乘法运算

```
#version 330 core

uniform mat4 ViewT, ViewR, ModelT, ModelR, ModelS, Project;
in vec4 Vertex;

void main()
{
    gl_Position = Project
                * ModelS * ModelR * ModelT
                * ViewR * ViewT
                * Vertex;
}
```

但是，这里我们是对每个顶点分别进行运算的，并且这里的计算结果对于所有的顶点都是一样的。为了能够用于更大规模的（矩阵）变换运算，并且始终保持对每个顶点的运算结果都是一致的，我们有必要选择在应用程序端预计算变换结果，然后直接将一个结果矩阵传递给着色器。

```
// C++ 应用程序代码
#include "vmath.h"
    ·
    ·
    ·
```

```
vmath::mat4 ViewT = vmath::rotate(...)
vmath::mat4 ViewR = vmath::translate(...);
vmath::mat4 View = ViewR * ViewT;
vmath::mat4 ModelS = vmath::scale(...);
vmath::mat4 ModelR = vmath::rotate(...);
vmath::mat4 ModelT = vmath::translate(...);
vmath::mat4 Model = ModelS * ModelR * ModelT;
vmath::mat4 Project = vmath::frustum(...);
vmath::mat4 ModelViewProject = Project * Model * View;
```

通常情况下，虽然需要进行多组不同的模型变换操作，但是只需要一个视图变换以及一个透视投影变换。如果需要在同一个视图状态下，对同一个模型的多个实例进行变换，那么可以使用下面的代码：

```
#version 330 core

uniform mat4 View, Model, Project;
in vec4 Vertex;

void main()
{
    gl_Position = View * Model * Project * Vertex;
}
```

此时，应用程序对模型矩阵的更改更为频繁。如果我们每次改变 Model 矩阵之前都要绘制很大数量的顶点，那么这样做会更加合适。如果每个实例中只需要绘制有限的顶点，那么应当考虑直接将模型矩阵作为顶点的属性传入。

```
#version 330 core

uniform mat4 View, Project;

in vec4 Vertex;
in mat4 Model;       // 逐顶点的变换矩阵

void main()
{
    gl_Position = View * Model * Project * Vertex;
}
```

（另一种创建多个实例的方法是，在顶点着色器中根据内置变量 gl_InstanceID 来完成模型变换的计算。相关内容参见第 3 章。）

当然，如果可以使用同一个合成的变换矩阵来完成大量顶点的绘制，那么完全可以在着色器中只进行一次乘法运算。

```
#version 330 core

uniform mat4 ModelViewProject;
in vec4 Vertex;

void main()
{
    gl_Position = ModelViewProject * Vertex;
}
```

OpenGL 中的矩阵行与列

本书中所使用的表示法是传统的矩阵表示方法。在使用这一表示法的同时，并不考虑数据是如何设置给矩阵的。因此这里所说的一列，总是指矩阵在垂直方向的一组数据。

而在这种传统的表示法之外，还可以使用其他的一些操作符来设置或者访问矩阵的某些部分，这些操作符总是列对齐的。在着色器中，可以使用数组的语法来获取矩阵中的数据，它返回的是矩阵某一列数据的向量：

```
mat3x4 m; // 3 列 4 行的矩阵
vec4 v = m[1]; // v 记录了矩阵 m 第二列的数据值
```

> 📷 **注意** 无论是传统的表示法还是这些列对齐的操作符，与矩阵的列主序或者行主序都是无关的，后者指的只是矩阵中数据的内存排列关系。而内存排列与本书中的表示法，或者 GLSL 中的语法操作符都是无关的：事实上，我们并不需要知道矩阵内部到底是按照列主序还是行主序的方式记录的。

只有一种情形下我们需要考虑矩阵的列主序或者行主序关系，那就是将 GLSL 矩阵放入自定义的内存块时。当将矩阵传递到 uniform 块中时，就需要考虑这个问题。如第 2 章所述，当管理 uniform 块时，为了通知 GLSL 从内存中正确加载矩阵数据，需要使用布局限定符 row_major 和 column_major。

由于 OpenGL 不负责创建或者解析矩阵数据，因此我们可以根据需要自行处理它们。如果需要使用矩阵乘法的方式来完成顶点的变换，并且矩阵位于方程式的右侧，那么有：

```
#version 330 core

uniform mat4 M;
in vec4 Vertex;

void main()
{
    gl_Position = Vertex * M; // 非常规的乘法顺序
}
```

此时，gl_Position.x 将是 Vertex 与 M 的第一列的点积值，gl_Position 的 y、z 和 w 分量以此类推，分别是矩阵的第 2 列、第 3 列、第 4 列变换的结果。不过，在这里我们依然按照传统的方式，在方程式中将矩阵置于左侧，而顶点值置于乘法的右侧。

> 📷 **注意** 如果在矩阵乘法运算中将一个 GLSL 向量置于乘法的左侧或者右侧，那么它会自动处理为行向量或者列向量的形式。这种时候，它是不遵循一个单列矩阵或者单行矩阵的特性的。

5.3 OpenGL 变换

如果我们需要通知 OpenGL 在何处放置近平面和远平面，则可以使用 **glDepthRange()**

命令。

```
void glDepthRange(GLclampd near, GLclampd far);
void glDepthRangef(GLclampf near, GLclampf far);
```

设置 z 轴上的近平面位于 near，而远平面位于 far。这个函数定义了视口变换过程中 z 坐标的变化范围。近平面和远平面的值也就是深度缓存中所保存的最小值和最大值。默认情况下，它们分别是 0.0 和 1.0，这对于大部分应用程序都是适用的。这个函数的参数设置范围必须是 [0, 1] 之间的数值。

视口

我们可以使用下面的命令来通知 OpenGL，在指定的矩形观察区域内显示数据：

```
void glViewport(GLint x, GLint y, GLint width, GLint height);
```

在程序窗口中定义一个矩形的像素区域，并且将最终渲染的图像映射到其中。这里的 x 和 y 参数设置了视口（viewport）的左下角坐标，而 width 和 height 设置了视口矩形的像素大小。默认情况下，视口初始值设置为 (0, 0, winWidth, winHeight)，其中 winWidth 和 winHeight 为窗口的像素尺寸。

平台的窗口操作系统，而非 OpenGL 本身，将负责在屏幕上打开一个窗口。默认情况下的视口设置为打开窗口的整个像素区域。我们可以使用 glViewport() 来选择一个更小的绘制区域。例如，我们可以通过分割窗口来模拟同一个窗口中多个视图分裂的效果。

多视口

有的时候我们需要使用多个视口来完成一个场景的渲染。OpenGL 提供了相应的命令支持，并且可以在几何着色阶段选择具体要进行绘制的视口。我们会在 10.6 节中介绍相关的内容和示例。

高级技巧：z 的精度

上述变换可能会产生一个不太理想的效果，就是 z-fighting。计算过程中，硬件的浮点数精度支持是有限的。因此有的时候虽然在数学上深度坐标应该是不同的，但是硬件中最终记录的浮点数 z 值可能是相同的（甚至与实际结果相反）。这样就会造成深度缓存中的隐藏面计算结果不正确。由于这个现象可能对多个像素都有影响，因而导致相互距离较为接近的物体会发生闪烁交叠的情形。经过透视变换之后，z 的精度问题可能会恶化，无论对于深度坐标还是其他类型的坐标值都是如此：此时如果深度坐标远离近剪切平面，那么它的位置精度将越来越低，如图 5-15 所示。

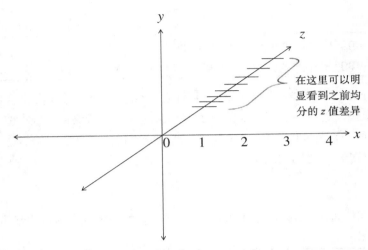

图 5-15 z 的精度（这里使用夸张的示意方法，给出了透视变换之后的相邻深度值的变化过程）

就算没有经过透视变换，浮点数的精度也是有限的，而透视的结果会导致它恶化并且成为非线性的形式，这样在深度值较大的时候会带来更多的问题。这个问题的根源是我们在一个过小的 z 值区域内绘制了过多的数据。如果要避免这个问题，我们需要尽量将远平面与近平面靠近，并且尽可能不要在一个很小的区域内绘制过多的 z 值。

5.3.1 高级技巧：用户裁减和剪切

OpenGL 会自动根据视口和近平面与远平面的设置来裁减和剪切几何体。用户裁减和剪切的意思就是再添加一些任意方向的平面，与几何数据相交，例如只允许几何体在平面的一侧可见，而另一侧不可见。我们也可以使用这种方法来完成一些复杂物体的截面显示操作，此时需要使用裁减平面来剔除落入平面一侧的图元，然后再使用剪切平面。

OpenGL 的用户裁减和剪切操作需要特殊的内置顶点着色器数组 gl_CullDistance[] 和 gl_ClipDistance 联合产生作用，我们需要自行设置它的内容。这两个变量允许我们控制裁减和剪切平面与顶点的关系。它们的值经过插值之后设置给顶点之间的各个片元。例 5.2 就是这个内置变量的一种最直接的用法。

例 5.2 gl_ClipDistance 的简单用法

```
#version 450 core

uniform vec4 Plane;    // 平面方程 Ax + By + Cz + D = 0 的四个系数
in vec4 Vertex;        // w == 1.0
float gl_ClipDistance[1]; // 使用一个剪切平面

void main()
{
    // 计算平面方程
```

```
    gl_ClipDistance[0] = dot(Vertex, Plane);
    // 也可以使用 gl_CullDistance[0] 来进行裁减
}
```

这个变量的含义是，距离为 0 表示顶点落在平面之上，正数值表示顶点在剪切平面的内侧（保留这个顶点），负数值表示顶点在剪切平面的外侧（裁减这个顶点）。在图元中剪切距离是线性插值的。OpenGL 会负责将完全落在某个裁减平面之外的图元剔除。（如果图元与所有的裁减平面相交且有一部分落在它们的内侧，则认为它应当被保留。）此外，OpenGL 会直接抛弃所有距离值小于 0 的片元。

gl_ClipDistance 和 gl_CullDistance 数组的每个元素都对应于一个平面。平面的数量是有限的，通常为 8 个或者更多，并且通常这个数量是 gl_ClipDistance 和 gl_CullDistance 数组共享的。也就是说，你可以分配 8 个剪切平面，或者分配 8 个裁减平面，或者各分配 4 个，或者按照 2 个和 6 个来划分，但是这两个数组的平面总数不能超过 8 个。这个总数的具体值可以通过 gl_MaxCombinedClipAndCullDistances 来查询，此外针对裁减平面的最大值是 gl_MaxCullDistances，针对剪切平面的最大值是 gl_MaxClipDistances。

注意，内置的 gl_ClipDistance[] 变量在声明时并没有指定大小，而我们用到的平面数量（数组元素）是在着色器中设置的。因此需要重新声明它的大小，或者将它作为一个编译时的常量使用。这里的大小表示我们将会使用的平面数量。

所有声明或者使用了 gl_ClipDistance[] 与 gl_CullDistance[] 的着色器都必须将数组设置为同样的大小。这个数组内必须包含所有已经通过 OpenGL API 启用的剪切平面，如果它没有包括所有启用的剪切平面，那么得到的结果可能是不确定的。如果需要启用例 5.2 中的 OpenGL 剪切平面，可以在程序中使用下面的枚举量：

```
    glEnable(GL_CLIP_PLANE0);
```

其他可用的枚举量还有 GL_CLIP_PLANE1、GL_CLIP_PLANE2 等。这些枚举量是按顺序定义的，因此 GL_CLIP_PLANEi 总是等价于 GL_CLIP_PLANE0 + i。这样我们就可以通过程序逻辑来控制要使用的用户剪切或裁减平面数量。着色器中必须写入所有启用的平面距离值，否则可能会得到奇怪的剪切结果。

在片元着色器中内置变量 gl_CullDistance 和 gl_ClipDistance 也是可用的，没有被剪切的片元可以读取每个剪切平面的距离插值结果，以作他用。

5.3.2 OpenGL 变换的控制

很多 OpenGL 的固定流水线函数操作都是在剪切空间发生的，也就是顶点着色器（或者细分和几何着色器，如果开启了的话）生成的坐标。默认情况下，OpenGL 会映射剪切空间的坐标 (0, 0) 到窗口空间的中心，x 坐标轴正向指向右侧，y 坐标轴正向指向上方。因此 (−1, −1) 将位于窗口的左下方，(1, 1) 将位于窗口的右上方。如果这是一幅坐标图的话，那么数学、建筑学和其他工程领域所定义的 y 轴都是向上的。但是很多图形系统所定义的 y 轴正向却是朝下的，这是因为早期的电子射线管扫描屏幕电子束的机制所遗留的问题。当时显示内存中数据的布局方式更适合采用 y 向下的机制。

此外，考虑到连续性和正交性的需求，可见的 x 和 y 的取值范围是从 -1.0 到 1.0，因此可见的深度取值范围也应当是 -1.0 到 1.0，这里的 -1.0 表示近平面所在的位置，1.0 表示远平面的位置。但是必须说明的是，由于浮点数本身的工作机制，精度比较高的区域主要集中在 0.0 附近，而这个区域距离观察者可能是比较远的，但是我们期望的实际上是靠近观察者（近平面）的区域能够有更高的深度精度。当然，其他一些图形系统会使用另一种映射的方式，剪切空间中 $-z$ 的坐标值表示观察者身后的位置，因此可见的深度范围在剪切空间中会被映射到 0.0 到 1.0。

OpenGL 允许你重新配置这两种映射方式，只要单独调用 glClipControl() 函数即可，它的原型为：

---

void **glClipControl**(GLenum origin, GLenum depth);

设置剪切坐标到窗口坐标的映射方式。origin 设置的是窗口坐标 x 和 y 的原点，而 depth 设置的是剪切空间深度值映射到 glDepthRange() 所设置的数值的方式。

origin 必须是 GL_LOWER_LEFT 或者 GL_UPPER_LEFT 中的一个。如果 origin 是 GL_LOWER_LEFT，那么剪切空间的 xy 坐标 $(-1.0, -1.0)$ 对应窗口坐标的左下角，剪切空间中的 y 轴正向对应窗口空间中的上方向。如果 origin 是 GL_UPPER_LEFT，那么剪切空间的 xy 坐标 $(-1.0, -1.0)$ 对应窗口坐标的左上角，剪切空间中的 y 轴正向对应窗口空间中的下方向。

如果 depth 设置为 GL_NEGATIVE_ONE_TO_ONE，那么窗口空间中的深度对应于剪切空间的 $[-1.0, 1.0]$ 范围。如果 depth 设置为 GL_ZERO_TO_ONE，那么剪切空间的 $[0.0, 1.0]$ 范围将被映射到窗口空间的深度值，此时 0.0 表示近平面，1.0 表示远平面。剪切空间的 z 负值变换后将处于近平面的后方，但是观察者眼前的数据精度值会变得更高。

5.4 transform feedback

transform feedback 是 OpenGL 管线中，顶点处理阶段结束之后，图元装配和光栅化之前的一个步骤[⊖]。transform feedback 可以重新捕获即将装配为图元（点、线段、三角形）的顶点，然后将它们的部分或者全部属性传递到缓存对象中。实际上，最小的 OpenGL 管线就是一个顶点着色器加上 transform feedback 的组合——这里不一定用到片元着色器。每当一个顶点传

⊖ 更准确地说，transform feedback 是与图元装配过程紧密结合的，这是因为整个图元数据都会被捕获到缓存对象中。而这里我们可以认为是缓存的空间不够，因此必须丢弃一部分图元。为了确保这一过程，需要在 transform feedback 阶段给出当前的图元类型信息。

递到图元装配阶段时，将所有需要捕获的属性数据记录到一个或者多个缓存对象当中。用户程序可以回读这些缓存对象的内容，或者 OpenGL 将它们用于后继的渲染工作。

5.4.1　transform feedback 对象

transform feedback 状态是封装在一个 transform feedback 对象中的。这个状态中包括所有用于记录顶点数据的缓存对象、用于标识缓存对象的充满程度的计数器，以及用于标识 transform feedback 当前是否启用的状态量。transform feedback 对象的创建需要一个对象名称，然后将它绑定到当前环境的 transform feedback 对象绑定点上。如果要分配一个 transform feedback 对象的名称，则可以使用：

---
void glCreateTransformFeedbacks(GLsizei n, GLuint* ids);

创建 n 个新的 transform feedback 对象，并且将生成的名称记录到数组 ids 中。

参数 n 设置要分配的 transform feedback 对象名称的数量，而 ids 设置一组数组地址，用于保存所有生成的名称。如果我们只需要一个名称，那么设置 n 为 1，并且将一个 GLuint 变量的地址传递到 ids 中即可。当我们创建了一个 transform feedback 对象之后，它会包含一个默认的 transform feedback 状态，并在需要的时候绑定到环境。如果要将一个 transform feedback 对象绑定到当前环境，需要使用：

---
void glBindTransformFeedback(GLenum target, GLuint id);

将一个名称为 id 的 transform feedback 对象绑定到目标 target 上，目标的值必须是 GL_TRANSFORM_FEEDBACK。

这个函数可以将名称为 id 的 transform feedback 绑定到 target 所指定的环境中，这里的 target 必须是 GL_TRANSFORM_FEEDBACK。如果要判断某个值是否是一个 transform feedback 对象的名称，可以调用 glIsTransformFeedback() 函数，它的原型如下所示：

GLboolean glIsTransformFeedback(GLenum id);

如果 id 是一个已有的 transform feedback 对象的名称，那么返回 GL_TRUE，否则返回 GL_FALSE。

当绑定一个 transform feedback 对象之后，所有可能会影响到 transform feedback 状态的命令都会作用于这个对象。我们不需要只是为了使用 transform feedback 相关的功能而特义绑定一个 transform feedback 对象，因为系统会内置一个默认的对象。这个默认 transform feedback 对象的 id 为 0，因此如果给 **glBindTransformFeedback()** 的 id 参数传递 0，则相当于重新回到默认的 transform feedback 对象上（解除所有之前绑定的 transform feedback 对象）。但是，我们也需要考虑 transform feedback 的一些更复杂的应用，此时将相关的状态封装到一个 transform feedback 对象中就是一个很便捷的方式。因此，就算我们只用到一个 transform feedback 对象，也有必要为此专门创建一个对象，并且绑定它。

如果我们不再需要某个 transform feedback 对象，那么可以通过下面的命令删除它：

---

void **glDeleteTransformFeedbacks**(GLsizei n, const GLuint* ids);

删除 n 个 transform feedback 对象，其名称保存在数组 ids 中。如果 ids 的某个元素不是 transform feedback 对象的名称，或者设置为 0，那么都会被直接忽略，不会给出提示。

这个函数会删除 n 个 transform feedback 对象，它们的名称保存在通过 ids 传递的数组当中。删除对象的操作会延迟到所有相关的操作结束之后才进行。也就是说，如果当前 transform feedback 对象处于启用状态，而我们调用 **glDeleteTransformFeedbacks()**，那么只有本次 transform feedback 结束之后，才会删除对象。

5.4.2　transform feedback 缓存

transform feedback 对象主要用于管理将顶点捕捉到缓存对象的相关状态。这个状态中包含当前连接到 transform feedback 缓存绑定点的缓存对象。我们可以同时给 transform feedback 绑定多个缓存，也可以绑定缓存对象的多个子块。我们甚至可以将同一个缓存对象的不同子块同时绑定到不同的 transform feedback 缓存绑定点。如果要将整个缓存对象绑定到某个 transform feedback 缓存绑定点上，我们可以使用：

---

void **glTransformFeedbackBufferBase**(GLuint xfb, GLuint index, GLuint buffer);

将名为 buffer 的缓存对象绑定到名为 xfb 的 transform feedback 对象上，其索引通过 index 设置。如果 index 为 0，那么 buffer 将被绑定到默认的 transform feedback 对象的绑定点。

这里的 index 必须是当前绑定的 transform feedback 对象的缓存绑定点索引。绑定点的总数是一个与具体设备实现相关的常量，可以通过 GL_MAX_TRANSFORM_FEEDBACK_BUFFERS 的值来查询，而 index 必须小于这个值。所有的 OpenGL 设备实现都可以支持至少 64 个 transform feedback 缓存绑定点。我们也可以将一个缓存对象的一部分绑定到某个

transform feedback 缓存绑定点，相关函数为：

---

void glTransformFeedbackBufferRange(GLuint xfb, GLuint index, GLuint buffer, GLintptr offset, GLsizeiptr size);

将缓存对象 buffer 的一部分绑定到名为 xfb 的 transform feedback 对象的绑定点索引 index 上。offset 和 size 的单位均为字节，它们设置了要绑定的缓存对象的范围。如果 xfd 为 0，那么 buffer 将被绑定到默认的 transform feedback 对象的绑定点。

再次强调，index 必须是大于等于 0 且小于 GL_MAX_TRANSFORM_FEEDBACK_BUFFERS 的值，而 buffer 表示被绑定的缓存对象的名称。offsest 和 size 参数定义了要绑定的缓存对象的区域。这个函数可以用来将同一个缓存对象的不同区域绑定到不同的 transform feedback 绑定点。我们需要保证这些区域是互不交叠的。如果对同一个缓存对象的多个互相重叠区域应用 transform feedback，那么得到的结果将是不确定的，有可能会造成数据的错误，或者更糟的情况。

为了分配 transform feedback 的缓存，我们需要使用例 5.3 所示的代码来完成这一工作。

例 5.3　transform feedback 缓存的初始化过程示例

```
// 创建新的缓存对象
GLuint buffer;
glCreateBuffers(1, &buffer);

// 调用glNamedBufferStorage并分配
glNamedBufferStorage(buffer,       // 缓存
                1024 * 1024,       // 1MB空间
                NULL,              // 无初始数据
                0);                // 标志量

// Now we can bind it to indexed buffer binding points.
glTransformFeedbackBufferRange(xfb,   // 对象
                0,                     // 索引0
                buffer,                // 缓存名称
                0,                     // 数据范围的起始地址
                512 * 1024); // 缓存的前半部分

glTransformFeedbackBufferRange(xfb,   // 对象
                1,                     // 索引1
                buffer,                // 同一个缓存
                512 * 1024,            // 数据范围的起始地址
                512 * 1024); // 缓存的后半部分
```

注意在例 5.3 中，新创建的缓存对象首先被 glNamedBufferStorage() 调用来分配空间。glNamedBufferStorage() 的 data 参数需要设置为 NULL，这样我们只需要直接分配空间，但是不会给缓存设置初始数据。这种情形下，缓存的内容在初始状态下是未定义的。此外，设置 glNamedBufferStorage() 的标识量为 0。因此 OpenGL 实现中会这样去假设缓存对象的用途：

它不会被映射，也不会在 CPU 端改变内容，因此 OpenGL 驱动应当据此优化数据。这些信息足以帮助我们自动分配和优化缓存对象的内存空间，以便 transform feedback 过程中使用。

当缓存创建并分配好对应的空间之后，我们可以把它的一部分区域绑定到 transform feedback 缓存绑定点，此时需要调用 glTransformFeedbackBufferRange() 两次：第一次是将缓存的前半部分绑定到第一个绑定点，第二次将缓存的第二部分绑定到第二个绑定点。这也就是为什么在使用 glTransformFeedbackBufferRange() 绑定缓存之前需要先执行创建和分配空间的操作。glTransformFeedbackBufferRange() 需要一个 offset 和一个 size 参数，用来描述缓存对象中的一段区间范围。但是它无法用来判断对象是否仍然不存在。

在例 5.3 中，我们两次调用了 glTransformFeedbackBufferRange()。在这个简单的例子中这并不是什么问题，不过 OpenGL 还提供了另一个快捷的函数，可以帮助用户绑定到大量不同的范围或者大量不同的缓存。这就是 glBindBuffersRange() 函数，它可以用来绑定一系列范围相同或者不同的缓存到同一个目标的多个不同的索引点。它的原型为：

---

void glBindBuffersRange(GLenum target, GLuint first, GLsizei count, const GLuint *buffers, const GLintptr *offsets, const GLsizeiptr *sizes);

绑定来自一个或者多个缓存的多个范围值，对应于 target 所指定的目标绑定点。first 表示绑定缓存范围的第一个索引值，count 表示要绑定的数量。

这里的 buffers、offsets、sizes 参数分别对应于数组中的 count 个缓存名称，count 个起始地址偏移量，count 个绑定范围的大小。offsets 和 sizes 中保存的数值是采用字节方式设置的。这里的每一个范围数据都是通过 offsets 和 sizes 中的对应元素指定的，然后绑定到 target 所指定的索引位置，从 first 开始计数。

如果 buffers 为 NULL，那么 offsets 和 sizes 将被忽略，同时 target 的索引绑定点上所有的绑定关系会被删除。

从功能上来说，glBindBuffersRange() 等价于：

```
for (i = 0; i < count; i++)
{
    if (buffers != NULL)
    {
        glBindBufferRange(target,
                          first + i,
                          buffers[i],
                          offsets[i],
                          sizes[i]);
    }
    else
    {
        glBindBufferBase(target, first + i, 0);
    }
}
```

5.4.3　配置 transform feedback 的变量

transform feedback 所绑定的缓存是与一个 transform feedback 对象关联在一起的，顶点（或者几何）着色器的输出要记录在那些缓存当中，这些配置信息是保存在当前程序对象当中的。

有两种方法可以设置 transform feedback 过程中要记录的变量：

❏ 通过 OpenGL API：glTransformFeedbackVaryings()。

❏ 通过着色器：xfb_buffer、xfb_offset 和 xfb_stride。

从编写代码的角度来说，用户可能会觉得在着色器中声明的方式更加直接一些。不过用户完全可以根据自己的喜好来选择方法，同时只能使用一种方法来配置。下面我们将会分别予以讨论。

通过 OpenGL API 配置 transform feedback 的变量

使用 OpenGL API 设置 transform feedback 过程中要记录哪些变量时，我们需要调用：

```
void glTransformFeedbackVaryings(GLuint program, GLsizei count, const GLchar**
varyings, GLenum bufferMode);
```

设置使用 varyings 来记录 transform feedback 的信息，所用的程序通过 program 来指定。count 设置 varyings 数组中所包含的字符串的数量，它们存储的也是所有要捕获的变量的名称。bufferMode 设置的是捕获变量的模式——可以是分离模式（GL_SEPARATE_ATTRIBS）或者交叉模式（GL_INTERLEAVED_ATTRIBS）。

在这个函数中，program 设置了 transform feedback 所用的程序对象。varyings 是一个字符串数组，其中记录所有输出到片元（或者几何）着色器中的，同时需要通过 transform feedback 获取的变化量。count 设置的是 varyings 中字符串的数量。bufferMode 是一个标记量，它标识 transform feedback 中捕获的变量是如何分配的。如果 bufferMode 设置为 GL_INTERLEAVED_ATTRIBS，那么所有的变量是一个接着一个记录在绑定到当前 transform feedback 对象的第一个绑定点的缓存对象里的。如果 bufferMode 为 GL_SEPARATE_ATTRIBS，那么每个变量都会记录到一个单独的缓存对象中。

glTransformFeedbackVaryings() 用法的一个示例如下面的例 5.4 所示。

例 5.4　transform feedback 变量设置的示例用法

```
// 创建一个包含准备记录变量名称的数组
static const char * const vars[] =
{
    "foo", "bar", "baz"
};
// 调用 glTransformFeedbackVaryings 函数
```

```
glTransformFeedbackVaryings(prog,
                            sizeof(vars) / sizeof(vars[0]),
                            varyings,
                            GL_INTERLEAVED_ATTRIBS);
// 现在程序对象已经设置完成, 可以在同一个缓存对象中连续记录多个变量了, 当然, 我们也可以调用
glTransformFeedbackVaryings(prog,
                            sizeof(vars) / sizeof(vars[0]),
                            varyings,
                            GL_SEPARATE_ATTRIBS);
// 这样可以将变量记录到分离的缓存当中
// 现在 (非常重要), 我们需要链接程序对象……即使之前已经链接过程序也如此
glLinkProgram(prog);
```

注意例 5.4 当中, 在调用 glTransformFeedback-
Varyings() 之后直接调用 glLinkProgram()。这是因为我
们在 glTransformFeedbackVaryings() 中所选择的变量只
有程序对象再一次被链接的时候才会起作用。如果程序之
前已经经过了链接, 而这一次没有重新进行链接的话, 那
么不会产生错误, 但是 transform feedback 的过程中也不
会返回结果⊖。

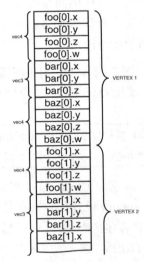

图 5-16 transform feedback 的变量在
单一缓存中的存放方式

在运行了例 5.4 中的代码之后, 只要我们启用了
transform feedback, 那么只要执行 prog 就会将写入到
foo、bar 和 baz 的数据记录到当前 transform feedback 对
象所绑定的缓存当中。如果 bufferMode 参数设置为 GL_
INTERLEAVED_ATTRIBS, 那么 foo、bar 和 baz 的值在
第一个 transform feedback 缓存的绑定点中将会以紧密相
连的方式保存到缓存中, 如图 5-16 所示。

如果 bufferMode 设置为 GL_SEPARATE_ATTRIBS, 那么 foo、bar 和 baz 将分别保存
到自己对应的缓存对象当中, 如图 5-17 所示。

这两种情况下, 属性都是紧密排列着保存的。缓存对象中每个变量所占据的空间总量
是由它在顶点着色器中的类型所决定的。也就是说, 如果 foo 在顶点着色器中定义为一个
vec3 变量, 那么它在缓存对象中将占据 3 个浮点数的大小。如果 bufferMode 设置为 GL_
INTERLEAVED_ATTRIBS, 那么 bar 的数据会直接保存在 foo 变量之后。如果 bufferMode
为 GL_SEPARATE_ATTRIBS, 那么 foo 的值将保存到一个单独的缓存中, 并且两个数值之
间没有任何的空隙 (bar 和 baz 的数值也是如此)。

这样看起来已经非常严谨了。不过有的时候我们也需要将写入到 transform feedback 缓
存的数据使用不同的方式进行对齐 (比如在缓存中留出一些空隙不写入数据)。另外, 有时

⊖ 调用 glTransformFeedbackVaryings(), 但是没有及时重新链接之前已经链接的程序对象, 这个常见的
错误就算是有经验的 OpenGL 开发者也会遇到。

可能需要将不止一个变量保存到一个缓存当中，然后在另一个缓存中记录其他的变量。举例来说，我们可能希望把 foo 和 bar 保存到一个缓存中，然后把 baz 保存到另一个缓存中。为了增加 transform feedback 变量设置的灵活性，并且实现这样的工作方式，需要引入一些特殊的 OpenGL 变量名称，用于标识 transform feedback 的输出缓存中是否需要留出空隙，或者在缓存中进行移动。相关的内置变量包括 gl_SkipComponents1、gl_SkipComponents2、gl_SkipComponents3、gl_SkipComponents4 和 gl_NextBuffer。如果 OpenGL 遇到了任何一个 gl_SkipComponents 变量，就会在 transform feedback 缓存中留出一个指定数量（1、2、3、4）的空隙。只有 bufferMode 设置为 GL_INTERLEAVED_ATTRIBS 时，我们才可以使用这些变量。一个相关的示例可以参见例 5.5。

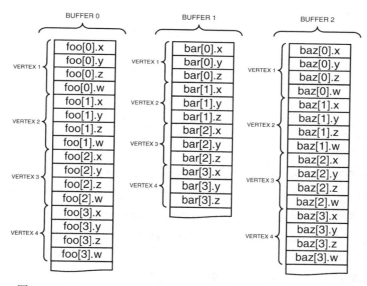

图 5-17　transform feedback 的变量分别在多个缓存中存放的方式

例 5.5　在 transform feedback 缓存中留出空隙

```
// 声明 transform feedback 的变量名称
static const char * const vars[] =
{
    "foo",
    "gl_SkipComponents2",
    "bar",
    "gl_SkipComponents3",
    "baz"
};

// 设置各个变量
glTransformFeedbackVaryings(prog,
                            sizeof(vars) / sizeof(vars[0]),
                            varyings,
                            GL_INTERLEAVED_ATTRIBS);
// 不要忘记重新链接程序
glLinkProgram(prog);
```

如果 OpenGL 遇到了另一个内置变量 gl_NextBuffer，那么它会将变量传递到当前绑定的下一个 transform feedback 缓存中。这样就可以将多个变量保存到单一的缓存对象中。此外，如果 bufferMode 为 GL_SEPARATE_ATTRIBS 时我们遇到 gl_NextBuffer，或者在 GL_INTERLEAVED_ATTRIBS 模式下一行中遇到两个或者多个 gl_NextBuffer 的示例，那么它将会直接跳过当前的绑定点，并且在当前绑定的缓存中不会记录任何的数据。gl_NextBuffer 用法的示例如例 5.6 所示。

例 5.6 将 transform feedback 输出到不同的缓存当中

```
// 声明 transform feedback 的变量名称
static const char * const vars[] =
{
    "foo", "bar"              // 记录到缓存 0 当中的变量
    "gl_NextBuffer",          // 移动到绑定点 1
    "baz"                     // 记录到缓存 1 当中的变量
};

// 设置各个变量
glTransformFeedbackVaryings(prog,
                            sizeof(vars) / sizeof(vars[0]),
                            varyings,
                            GL_INTERLEAVED_ATTRIBS);
// 不要忘记重新链接程序
glLinkProgram(prog);
```

这些特殊的变量名称 gl_SkipComponentsN 和 gl_NextBuffer 可以合在一起使用，从而实现非常灵活的顶点布局方式。如果要跳过多于 4 个分量，那么我们可以多次使用多个 gl_SkipComponents 的示例。但是我们也要注意对 gl_SkipComponents 的使用方式，因为这些跳过的分量依然会增加 transform feedback 过程中捕获的数据量的总数，即使没有向其中写入任何数据。这样可能会造成性能的损失，甚至可能无法完成程序的链接过程。当缓存中未变化的静态数据过多时，有必要将数据划分为动态和静态两个部分，然后使用独立的缓存对象来保存静态数据，而动态数据可以采取更为紧密的排列方式进行存储。

最后，例 5.7 中给出了一个（虽然还很粗糙）有关如何同时使用 gl_SkipComponents 和 gl_NextBuffer 的例子，而图 5-18 中给出了最终 tansform feedback 缓存中数据的存储方式。

例 5.7 将 transform feedback 输出到不同的缓存中

```
// 声明 transform feedback 的变量名称
static const char * const vars[] =
{
    // 记录 foo，然后是 1 个浮点数间隔、bar，然后是 2 个浮点数间隔
    "foo", "gl_SkipComponents1", "bar", "gl_SkipComponents2",
    // 移动到下一个绑定点 1
    "gl_NextBuffer",
    // 留出 4 个浮点数的间隔，然后记录 baz，然后再留出 2 个浮点数的间隔
    "gl_SkipComponents4" "baz", "gl_SkipComponents2",
    // 移动到下一个绑定点 2
```

```
    "gl_NextBuffer",
    // 直接移动到绑定点 3，因此不会向绑定点 2 写入任何内容
    "gl_NextBuffer",
    // 记录 iron，留出 3 个浮点数的间隔，然后记录 copper
    "iron", "gl_SkipComponents3", "copper"
};

// 设置变量
glTransformFeedbackVaryings(prog,
                            sizeof(vars) / sizeof(vars[0]), varyings,
                            GL_INTERLEAVED_ATTRIBS);
// 一定要重新链接程序对象
glLinkProgram(prog);
```

正如你在例 5.7 中看到的，gl_SkipComponents 可以出现在变量名称中间，也可以出现在变量列表的开始或者结束位置，并记录到单个缓存当中，如果我们将一个 gl_SkipComponents 变量放置在要获取的变量列表的最前面，那么在缓存记录数据之前 OpenGL 总会留出一个空隙（每组数据中间也会留出空隙）。此外，我们也可以反复使用多个 gl_NextBuffer 变量，遍历缓存的绑定点，或者在某个缓存中不记录任何的数据。由此得到的输出结果的排列方式如图 5-18 所示。

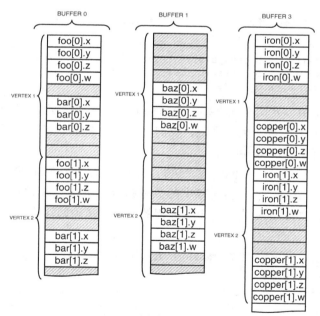

图 5-18　将 transform feedback 的变量记录到多个缓存当中

通过着色器配置 transform feedback 的变量

在着色器中显式声明 transform feedback 缓存的做法比使用 API 函数 glTransformFeedbackVaryings() 更为自然，代价也更大。如果要使用着色器中的 transform feedback 变

量，我们就不要使用 glTransformFeedbackVaryings()。此时我们需要使用以下的着色器 layout 限定符：

❑ xfb_buffer 设置变量对应的缓存。

❑ xfb_offset 设置变量在缓存中的位置。

❑ xfb_stride 设置数据从一个顶点到下一个的排列方式。

相关的用法参见下面的例子。例 5.8 使用了一个缓存，对应于图 5-16，例 5.9 使用了多个独立的缓存，对应于图 5-17。

例 5.8 针对一个缓存条件的 transform feedback 着色器定义

```
// 一个缓存中的不同变量位置布局
layout(xfb_offset=0)  out vec4 foo;  // 默认 xfb_buffer 为 0
layout(xfb_offset=16) out vec3 bar;
layout(xfb_offset=28) out vec4 barz;

// 也可以在块中完成同样的操作
layout(xfb_offset=0) out {  // 表示偏移地址对应所有变量
    vec4 foo;
    vec3 bar;  // 下一个有效的偏移地址
    vec4 barz;
} captured;
```

例 5.9 针对多个缓存条件的 transform feedback 着色器定义

```
// 多个缓存中的布局
layout(xfb_buffer=0, xfb_offset=0) out vec4 foo;  // 必须有 xfb_offset
layout(xfb_buffer=1, xfb_offset=0) out vec3 bar;
layout(xfb_buffer=2, xfb_offset=0) out vec4 barz;
```

如果是针对输出值，我们必须直接对输出变量或者块成员使用 xfb_offset，或者放在块的声明处以作用于所有成员。也就是说，我们是否要捕获某个变量的数据，取决于是否给它设置或者全局设置了 xfb_offset。

如果要在缓存中声明一个"洞"或者进行对齐，也是非常简单的。顶点之间的数据对齐可以直接通过 xfb_stride 来声明缓存中的数据跨幅来完成。在顶点数据块中创建"洞"（忽略某些数据）的方法，则是直接每个要捕捉的变量的精确偏移值。例 5.10 的代码对应于图 5-18。

例 5.10 针对多个缓存条件的 transform feedback 着色器定义

```
// 多个缓存中的布局（有洞）
layout(xfb_buffer=0, xfb_stride=40, xfb_offset=0)  out vec4 foo;
layout(xfb_buffer=0, xfb_stride=40, xfb_offset=20) out vec3 bar;
layout(xfb_buffer=1, xfb_stride=40, xfb_offset=16) out vec4 barz;

layout(xfb_buffer=2, xfb_stride=44) out {
    layout(xfb_offset=0) vec4 iron;
    layout(xfb_offset=28) vec4 copper;
    vec4 zinc; // 没有 xfb_offset，不做捕获
};
```

跨幅和偏移量的设置值必须是 4 的倍数，除非其中包含了双精度（double）类型的数据，此时必须设置为 8 的倍数。当然，一个缓存中可以只有一个跨幅设置，此时该缓存对应的所有的 xfb_stride 都需要是一致的。例如，我们可以针对一个缓存的情况设置默认的跨幅，此时不需要指定变量：

```
layout(xfb_buffer=1, xfb_stride=40) out;
```

之后对这个缓存的数据再使用 xfb_offset 的时候，会直接采用之前的默认跨幅值。

5.4.4　transform feedback 的启动和停止

transform feedback 可以随时启动或者停止，甚至暂停。如果启动 transform feedback 时，它并没有处于暂停的状态，那么正如我们所期望的，它会重新开始将数据记录到当前绑定的 transform feedback 缓存中。不过，如果 transform feedback 正处于暂停的状态，那么再次启动它将会从之前暂停的位置开始记录。如果需要将场景的某些部分记录到 transform feedback 当中，但是不想记录中间渲染的其他内容，那么这个特性是非常有用的。

如果要启用 transform feedback，可以调用 glBeginTransformFeedback()。

---

void **glBeginTransformFeedback**(GLenum primitiveMode);

设置 transform feedback 准备记录的图元类型。primitiveMode 必须是 GL_POINTS、GL_LINES 或者 GL_TRIANGLES。在这之后的绘制命令中的图元类型必须与这里的 primitiveMode 相符，或者几何着色器（如果存在的话）的输出类型必须与 primitiveMode 相符。

---

glBeginTransformFeedback() 函数从当前绑定的 transform feedback 对象开始执行。primitiveMode 参数必须是 GL_POINTS、GL_LINES 或者 GL_TRIANGLES，并且必须与之后图元装配所用的图元类型相符。注意，如果我们用到了细分着色器或者几何着色器，那么绘制命令的图元类型不一定与这里的参数相符，因为这些阶段会再次改变图元类型。我们会在第 9 章和第 10 章介绍这些内容。现在，我们只需要保证 primitiveMode 与准备绘制的图元类型相符即可。表 5-1 给出了可以互相兼容的 transform feedback 图元类型和绘制命令图元类型。

一旦启动了 transform feedback，它就已经处于启用状态了。我们可以使用 glPauseTransformFeedback() 暂停它的运行。当 transform feedback 暂停之后，它依然是启用状态，但是暂时不会向 transform feedback 缓存中记录任何数据。有关 transform feedback 启用之后在暂停模式下的状态变化，还有其他一些限制条件如下。

表 5-1　transform feedback 阶段可用的绘制模式

transform feedback 的 primitiveMode	允许的绘制类型
GL_POINTS	GL_POINTS
GL_LINES	GL_LINES、GL_LINE_STRIP、GL_LINE_LOOP、GL_LINES_ADJACENCY、GL_LINE_STRIP_ADJACENCY
GL_TRIANGLES	GL_TRIANGLES、GL_TRIANGLE_STRIP、GL_TRIANGLE_FAN、GL_TRIANGLES_ADJACENCY、GL_TRIANGLE_STRIP_ADJACENCY

❏ 当前绑定的 transform feedback 对象不可改变。

❏ 不允许将其他的缓存绑定到 GL_TRANSFORM_FEEDBACK_BUFFER 的绑定点。

❏ 当前的程序对象不可改变⊖。

---

void glPauseTransformFeedback(void);

　　暂停 transform feedback 对变量的记录。我们可以通过 glResumeTransformFeedback() 重新启动 transform feedback。

　　如果当前的 transform feedback 没有启用，或者已经处于暂停状态，glPauseTransform-Feedback() 将产生一个错误。要重新启用一个已经暂停的 transform feedback，我们必须使用 glResumeTransformFeedback()（而不是 glBeginTransformFeedback()）。相类似，如果 transform feedback 没有启用或者已经启用但是没有处于暂停状态，glResume-TransformFeedback() 都会产生一个错误。

---

void glResumeTransformFeedback(void);

　　重新启用一个之前通过 glPauseTransformFeedback() 暂停的 transform feedback 过程。

　　如果已经完成了所有 transform feedback 图元的渲染，我们可以重新切换到正常的渲染模式，方法是直接调用 glEndTransformFeedback()。

---

void glEndTransformFeedback(void);

　　完成 transform feedback 模式下的变量记录过程。

⊖　事实上，我们还是有可能改变当前程序对象的，但是这样会在调用 glResumeTransformFeedback() 时产生一个错误，因为我们在调用 glBeginTransformFeedback() 时当前的程序对象已经改变了。因此，我们必须在调用 glResumeTransformFeedback() 之前将原来的程序对象重新设置为当前对象。

5.4.5 transform feedback 的示例：粒子系统

这一节当中我们将会介绍一个有关 transform feedback 的较为复杂的应用。这个程序通过两个步骤使用 transform feedback 实现了一个粒子系统。第一步当中，使用 transform feedback 获取 OpenGL 管线中的几何数据。然后在第二步同时使用捕获的几何数据和另一个 transform feedback 的实例一起实现一个粒子系统，其中使用顶点着色器来实现粒子和之前渲染的几何体的碰撞检测。这个系统的概要设计如图 5-19 所示。

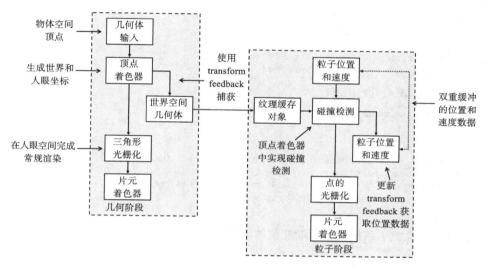

图 5-19　粒子系统模拟的概要设计

这个程序当中，粒子系统的模拟是在世界空间完成的。在第一步当中，我们使用顶点着色器将局部空间的几何体同时变换到世界空间（用于之后粒子系统的模拟）和人眼空间（用于渲染）。世界空间的结果将使用 transform feedback 记录到缓存当中，而人眼空间的结果会直接传递到光栅化过程中。将世界空间几何信息的缓存关联到一个纹理缓存对象（TBO），这样我们就可以在第二步的模拟过程中在顶点着色器里对它进行随机存取，以实现碰撞检测的需求。使用这种机制，我们可以捕获任何正常渲染的对象，只要通过顶点（或者几何）着色器同时输出世界坐标和人眼坐标的顶点即可。这样我们的粒子系统就可以与多个物体进行交互，并且这些物体渲染所用的着色器组合可以是不同的——我们甚至可以使用一些经过细分处理或者其他过程中处理的几何体◯。

在第二步当中我们将完成粒子系统的模拟。粒子的位置和速度向量被保存在两个缓存当中。使用两个缓存的原因是我们无法做到立即更新顶点数据，因此需要采取双重缓冲的方式。缓存中的每个顶点都表示系统中的一个单一粒子。顶点着色器的每个实例都会对粒

◯ 需要注意的是，细分可能会产生大量的几何体，而模拟粒子必须与所有的几何数据进行碰撞测试，这样可能对性能产生很大的影响，并且中间几何体的存储需求也会急剧增加。

子（使用速度来计算当前时间间隔内粒子运动的距离）与之前捕获的所有几何信息进行碰撞检测。由此计算得到新的位置和速度向量，并且再次通过 transform feedback 捕获，然后写入到缓存对象中以便下一次在模拟过程中使用。

例 5.11 中包含顶点着色器的源代码，它用于将输入的几何信息变换到世界和人眼空间，然后通过例 5.12 实现 transform feedback 对世界空间的几何体数据的捕获。

例 5.11 粒子系统模拟器的几何体阶段所用的顶点着色器

```
#version 420 core

uniform mat4 model_matrix;
uniform mat4 projection_matrix;

layout (location = 0) in vec4 position;
layout (location = 1) in vec3 normal;

out vec4 world_space_position;

out vec3 vs_fs_normal;

void main(void)
{
    vec4 pos = (model_matrix * (position * vec4(1.0, 1.0, 1.0, 1.0)));
    world_space_position = pos;
    vs_fs_normal = normalize((model_matrix * vec4(normal, 0.0)).xyz);
    gl_Position = projection_matrix * pos;
};
```

例 5.12 配置粒子系统模拟器的几何体阶段

```
static const char * varyings2[] =
{
    "world_space_position"
};

glTransformFeedbackVaryings(render_prog, 1, varyings2,
                            GL_INTERLEAVED_ATTRIBS);
glLinkProgram(render_prog);
```

在第一步的几何体阶段中，例 5.11 和例 5.12 的代码负责将世界空间的几何体捕获到缓存对象中。缓存中的每个三角形都是通过三个顶点来表达的⊖，而第二阶段的顶点着色器会按照三个一组的形式对它们进行读取，并且执行线段与三角形的交集测试。我们使用 TBO来访问这个中间缓存的数据，并且在一个简单的 for 循环中读取三个顶点。测试线段是通过粒子的当前位置和速度计算得到的，因为速度和当前的时间间隔可以用来获取线段的终点。这个测试将对每个捕获的三角形执行一次。如果产生了碰撞，那么这个点的新位置将会沿三角形所在平面进行反射，从而产生粒子被几何体"弹开"的效果。

例 5.13 中的顶点着色器代码用于在模拟阶段执行碰撞检测。

⊖ 这里只用到了三角形。因为我们不太可能在一条线段和另一条线段或者点之间执行一个明确的物理碰撞检测。此外，我们必须使用独立的三角形来完成这一过程。如果输入几何体是条带或者扇形，那么有必要再使用一个几何着色器将这些连接的三角形转换到独立的三角形。

例 5.13　粒子系统模拟器的模拟阶段所用的顶点着色器

```
#version 420 core

uniform mat4 model_matrix;
uniform mat4 projection_matrix;
uniform int triangle_count;

layout (location = 0) in vec4 position;
layout (location = 1) in vec3 velocity;

out vec4 position_out;
out vec3 velocity_out;

uniform samplerBuffer geometry_tbo;
uniform float time_step = 0.02;

bool intersect(vec3 origin, vec3 direction, vec3 v0, vec3 v1, vec3 v2,
               out vec3 point)
{
    vec3 u, v, n;
    vec3 w0, w;
    float r, a, b;

    u = (v1 - v0);
    v = (v2 - v0);
    n = cross(u, v);

    w0 = origin - v0;
    a = -dot(n, w0);
    b = dot(n, direction);

    r = a / b;
    if (r < 0.0 || r > 1.0)
        return false;

    point = origin + r * direction;

    float uu, uv, vv, wu, wv, D;

    uu = dot(u, u);
    uv = dot(u, v);
    vv = dot(v, v);
    w = point - v0;
    wu = dot(w, u);
    wv = dot(w, v);
    D = uv * uv - uu * vv;

    float s, t;

    s = (uv * wv - vv * wu) / D;
    if (s < 0.0 || s > 1.0)
        return false;
    t = (uv * wu - uu * wv) / D;
    if (t < 0.0 || (s + t) > 1.0)
        return false;

    return true;
}
```

```
vec3 reflect_vector(vec3 v, vec3 n)
{
    return v - 2.0 * dot(v, n) * n;
}
void main(void)
{
    vec3 acceleration = vec3(0.0, -0.3, 0.0);
    vec3 new_velocity = velocity + acceleration * time_step;
    vec4 new_position = position + vec4(new_velocity * time_step, 0.0);
    vec3 v0, v1, v2;
    vec3 point;
    int i;
    for (i = 0; i < triangle_count; i++)
    {
        v0 = texelFetch(geometry_tbo, i * 3).xyz;
        v1 = texelFetch(geometry_tbo, i * 3 + 1).xyz;
        v2 = texelFetch(geometry_tbo, i * 3 + 2).xyz;
        if (intersect(position.xyz, position.xyz - new_position.xyz,
                    v0, v1, v2, point))
        {
            vec3 n = normalize(cross(v1 - v0, v2 - v0));
            new_position = vec4(point
                                + reflect_vector(new_position.xyz -
                                    point, n), 1.0);
            new_velocity = 0.8 * reflect_vector(new_velocity, n);
        }
    }
    if (new_position.y < -40.0)
    {
        new_position = vec4(-new_position.x * 0.3, position.y + 80.0,
                        0.0, 1.0);
        new_velocity *= vec3(0.2, 0.1, -0.3);
    }
    velocity_out = new_velocity * 0.9999;
    position_out = new_position;
    gl_Position = projection_matrix * (model_matrix * position);
};
```

例 5.14 中所示为使用 transform feedback 捕获更新后的粒子位置和速度向量的代码。

例 5.14　配置粒子系统模拟器的模拟阶段

```
static const char * varyings[] =
{
    "position_out", "velocity_out"
};

glTransformFeedbackVaryings(update_prog, 2, varyings,
                            GL_INTERLEAVED_ATTRIBS);

glLinkProgram(update_prog);
```

这个程序的内层渲染循环非常简单。首先，绑定几何体渲染所用的程序对象，并且使用一个 transform feedback 对象来捕获世界空间的几何体。然后渲染场景中的所有实体，将所有世界空间的几何信息记录到中间缓存当中。之后，将粒子位置更新的程序对象设置为当前对象，并且使用 transform feedback 对象来捕获粒子系统的位置和速度数据。最后，渲染粒子数据。这个循环的代码如例 5.15 所示。

　　例 5.15　粒子系统模拟器的主渲染循环

```
glUseProgram(render_prog);
glUniformMatrix4fv(render_model_matrix_loc, 1, GL_FALSE, model_matrix);
glUniformMatrix4fv(render_projection_matrix_loc, 1, GL_FALSE,
                   projection_matrix);

glBindVertexArray(render_vao);

glBindBufferBase(GL_TRANSFORM_FEEDBACK_BUFFER, 0, geometry_vbo);
glBeginTransformFeedback(GL_TRIANGLES);
object.Render();
glEndTransformFeedback();

glUseProgram(update_prog);
glUniformMatrix4fv(model_matrix_loc, 1, GL_FALSE, model_matrix);
glUniformMatrix4fv(projection_matrix_loc, 1, GL_FALSE,
                   projection_matrix);
glUniform1i(triangle_count_loc, object.GetVertexCount() / 3);

if ((frame_count & 1) != 0)
{
    glBindVertexArray(vao[1]);
    glBindBufferBase(GL_TRANSFORM_FEEDBACK_BUFFER, 0, vbo[0]);
}
else
{
    glBindVertexArray(vao[0]);
    glBindBufferBase(GL_TRANSFORM_FEEDBACK_BUFFER, 0, vbo[1]);
}

glBeginTransformFeedback(GL_POINTS);
glDrawArrays(GL_POINTS, 0, min(point_count, (frame_count >> 3)));
glEndTransformFeedback();

glBindVertexArray(0);

frame_count++;
```

程序运行的结果如图 5-20 所示。

图 5-20　粒子系统模拟器的运行结果

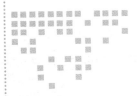

Chapter 6 第 6 章

纹理与帧缓存

本章目标

阅读完本章内容之后，你将会具备以下能力：

❏ 理解纹理映射对场景渲染有什么贡献。

❏ 设置压缩格式和非压缩格式的纹理图像。

❏ 控制纹理图像数据传递到片元时的滤波方式。

❏ 创建和管理纹理对象中的纹理图像。

❏ 设置纹理坐标来描述哪一部分纹理图像会映射到场景物体表面。

❏ 在单个着色器中使用多重纹理来执行复杂的纹理操作。

❏ 设置点精灵对应的纹理。

❏ 创建和使用帧缓存对象直接绘制到纹理。

通常来讲，计算机图形学的目标是计算一张图片上每个组成部分的颜色。虽然我们可以通过着色器中的算法来计算像素的颜色，不过很多时候这种着色器的实现过程太过复杂，不适合实际使用。这种时候，我们可以选择使用纹理——它是由大块的图像数据组成的，可以用来绘制到物体的表面以增强其真实感。本章将讨论在用户程序中（通过着色器）应用纹理进行绘制的各种方法和技术。我们还会介绍帧缓存对象，它可以取代第 4 章所介绍的（默认存在的）帧缓存的工作，直接将场景绘制到纹理。

本章主要包含以下几节：

❏ 6.1 节介绍纹理映射的整个过程。

❏ 6.2 节提供对于 OpenGL 中可用的各种纹理类型的概述。

❏ 6.3 节讲解如何在用户程序中创建和设置纹理，包括使用纹理代理（proxy texture）来检查 OpenGL 具体实现中是否支持某个功能的方法。

❑ 6.4 节介绍如何在 OpenGL 中格式化设置纹理数据，以及如何将数据传递给纹理对象。

❑ 6.5 节介绍用于存储纹理数据的内部和外部格式。

❑ 6.6 节介绍在用户程序中使用压缩纹理数据的方法，这样可以节省内存和带宽资源，而这两者正是性能提升的关键考量。

❑ 6.7 节讲解在 OpenGL 着色器中使用采样器对象（sampler object）从纹理中读取数据的方法。

❑ 6.8 节介绍在着色器中使用纹理的一些实用方法。

❑ 6.9 节介绍 OpenGL 中提供的一些更为高级的纹理类型，包括纹理数组、立方体映射纹理、深度和缓存纹理。

❑ 6.10 节介绍一个纹理与另一个纹理或者多个纹理之间共享数据的方法，以及多种不同的解释方式。

❑ 6.11 节介绍多种不同的纹理元素群组合并的方法，这样可以减少图像的瑕疵，提升渲染图像的质量。

❑ 6.12 节对 GLSL 中提供的一些更高级的函数进行深入的讲解，它们可以在读取纹理数据的同时提供更好的控制机制。

❑ 6.13 节介绍不进行纹理绑定和重绑定的前提下使用纹理的方法。

❑ 6.14 节介绍创建和使用超大纹理（无法全部进入内存）的方法，只有当前被激活使用的部分会装载到内存中。

❑ 6.15 节介绍使用 gl_PointCoord 来渲染点精灵的方法。

❑ 6.16 节讨论如何使用自己的帧缓存来进行离屏渲染，并避免额外的数据拷贝操作。

❑ 6.17 节解释使用帧缓存对象直接渲染场景到一张纹理贴图的过程。

❑ 6.18 节回顾使用纹理和（作为纹理的）缓存对象的方法，并且给出一些实际使用当中的建议。

6.1　纹理综述

在物理世界中，视域内的颜色会发生快速的变化。例如你正在一栋建筑物内阅读本书⊖。你可以观察房间里的墙壁、天花板、地板以及其他物品。除非屋子里空无一物，否则你将会看到很多物体的表面上都会呈现出丰富的颜色，并且在狭小的面积上产生多彩的变化。要捕捉细节如此丰富的色彩变化是非常辛苦和缜密的工作（你需要有效地辨别每个线性色彩变化区域中的每个三角形）。如果能够找到一张图片，然后把它"粘"到物体表面上，就像贴墙纸一样的话，那就简单多了。这就是纹理映射（texture mapping）。这一技术允许用户

⊖　如果你走出建筑物也坚持读书的话，那么值得赞赏，除非你是打算一边看书一边开车。

在着色器中从一种特殊的表类型变量中查找数据，例如颜色值。OpenGL 的所有着色阶段都允许我们访问这类纹理贴图（texture map）变量，不过我们将首先讨论片元处理过程中的用法，因为这是纹理最常被使用的阶段。

通常来说，纹理贴图（或者简称为纹理）是通过摄像机拍摄或者艺术家绘制的一张图片，不过这并不是一个必要条件——纹理也可能通过程序生成（参见第 8 章）或者由 OpenGL 将纹理作为一种显示设备渲染得到。自然世界中的纹理是二维的，但是 OpenGL 也支持其他类型的纹理格式：一维纹理、三维纹理、立方体映射纹理，以及缓存纹理。同时还支持数组纹理，它可以被视为一系列相同维度和格式的纹理切片，然后封装到一个纹理对象之后的结果。我们将在后文中深入讨论这些内容。

纹理是由纹素（texel）组成的，其中通常包含颜色数据信息。不过，也有很多工具将纹理作为一种数据表，然后在着色器中进行查询并且用于特定的工作。

如果要在自己的程序中使用纹理映射，需要遵循以下几个步骤：

❏ 创建一个纹理对象并且加载纹素数据。
❏ 为顶点数据增加纹理坐标。
❏ 如果要在着色器中使用纹理采样器，将它关联到纹理贴图。
❏ 在着色器中通过纹理采样器获取纹素数据。

我们将在下面的章节里讨论上述步骤的具体做法。

6.2 基本纹理类型

OpenGL 支持很多种纹理对象的类型，包括不同的维度和布局。每个纹理对象都代表一种可以构成完整纹理的图片形式。我们有必要将一个纹理对象看作是一组图片的集合，每张图片都可以独立访问，然后所有图片一起进行操作，而这一过程在概念上是不同于纹理这个自然名词本身的。每张图片都是由一维、二维或者三维纹素的数组构成，多张图片可以进行"堆叠"，也就是将一张图片摞在另一张上面，因此构成了一个被称作 mipmap 的金字塔形式。有关 mipmap 的更多知识，以及它们会怎样影响纹理映射的过程，我们将在 6.11.2 节中讲解。另外，纹理可能是由一维或者二维图片切片组成的数组。这叫做数组纹理，数组中的每一个元素都称为一张切片。立方体映射是一种特殊形式的数组纹理，它只有 6 的倍数个切片。一张立方体映射纹理总是有 6 个面，而立方体映射数组中总是由多个立方体映射纹理组成，因此它的总面数是 6 的倍数。纹理也可以用来表达多重采样的表面，此时需要用到多重采样的二维或者二维数组纹理类型。多重采样（multisampling）是一种反锯齿的实现方案，它要求每个纹素（或者像素）都记录多个独立的颜色数据，然后在渲染流程当中将这些颜色进行合并得到最终的输出结果。一张多重采样纹理的每个纹素可能会有多个采样值（通常是 2 ~ 8 个）。

纹理绑定到 OpenGL 环境中需要通过纹理单元（texture unit）来完成，它是一个不小于

0，不大于设备所支持的最大单元数量的绑定点整数值。如果环境支持多个纹理单元，多个纹理可以同时绑定到同一个环境当中。一旦纹理绑定到环境中，我们就可以在着色器中通过采样器变量的方式去访问它，而后者需要提前进行声明，并确保声明的纹理维度和实际情况是一致的。表 6-1 给出了着色器中可用的一系列纹理维度信息（也称作纹理目标），以及对应的采样器类型（从而实现对这类纹理纹素的访问）。

表 6-1　纹理目标和对应的采样器类型

目标（GL_TEXTURE_*）	采样器类型	维度
1D	sampler1D	一维
1D_ARRAY	sampler1DArray	一维数组
2D	sampler2D	二维
2D_ARRAY	sampler2DArray	二维数组
2D_MULTISAMPLE	sampler2DMS	二维多重采样
2D_MULTISAMPLE_ARRAY	sampler2DMSArray	二维多重采样数组
3D	sampler3D	三维
CUBE	samplerCube	立方体映射纹理
ARRAY	samplerCubeArray	立方体映射纹理数组
RECTANGLE	samplerRect	二维长方形
BUFFER	samplerBuffer	一维缓存

表 6-1 列出了一系列特殊的纹理目标类型。首先是长方形纹理目标（GL_TEXTURE_RECTANGLE），它是一种特殊的二维纹理类型，可以表达简单的长方形区域中的纹素集合，它不能有 mipmap 也不能构成数组类型。此外，长方形纹理也不支持某些纹理封装的模式。然后是缓存纹理（GL_TEXTURE_BUFFER），它表示任意一维的纹素数组。与长方形纹理类似，它也没有 mipmap 且无法构成数组。此外，缓存纹理的存储区域（即内存）通常是通过缓存对象来表达的。正因为这样，缓存纹理的尺寸最大边界会比通常的一维纹理要大得多。缓存纹理的存在使得我们可以在任意着色器阶段访问诸如顶点数据这样的内容，而不需要将数据再重新复制到纹理图片中。在本章前面的小节里，我们会把二维纹理作为基本的纹理类型，用来介绍纹理的创建、初始化以及着色器中的访问方法。而在本章的后面部分，从 6.9 节开始，我们将讨论更多复杂的纹理类型，例如体纹理、缓存纹理以及纹理数组。首先，我们还是继续使用二维纹理类型作为范本介绍纹理的概念，之后再研究特殊类型纹理的用法。

6.3　创建并初始化纹理

在 OpenGL 中使用纹理的第一步是创建纹理对象，然后将对象绑定到环境的纹理单元。与 OpenGL 中的其他对象一样，纹理也需要设置名称。而纹理的维度和类型都需要在创建纹理的时候指定。我们需要调用 glCreateTextures() 来创建一个新的纹理对象，并且设置纹理的类型，要保留的名称的数量，以及对应的数组地址。glCreateTextures() 的原型为：

---

void **glCreateTextures**(GLenum target, GLsizei n, GLuint *textures);

返回 n 个当前没有使用的纹理对象名称，并保存到 textures 数组中。textures 中返回的名称不一定是一组连续的整数值。

textures 中返回的名称表示 n 个新创建的纹理，采用默认的状态信息以及 target 中设置的维度类型（例如一维、二维或者三维）。

0 是一个保留的纹理名称，永远不会由 glCreateTextures() 返回。

当不需要纹理对象的时候，需要删除它。删除纹理的函数是 **glDeleteTextures()**，它与 **glCreateTextures()** 的工作过程类似，同样是传入一定数量的待删除纹理对象，然后用一个参数数组包含这些对象的名称。纹理所对应的存储内容的所有引用都会被删除，存储空间本身则会在它不再被使用之后由 OpenGL 负责释放。

---

void **glDeleteTextures**(GLsizei n, const GLuint *textures);

删除 n 个纹理对象，它们的名字被保存为数组 textures 的元素。被释放后的纹理名称可以再次使用（例如由 glCreateTextures() 再次分配）。

如果一个当前绑定到环境的纹理被删除了，那么这个绑定点也会被删除，相当于调用 **glBindTextureUnit()** 并设置 texture 参数为 0。如果试图删除不存在的纹理名称，或者纹理名称为 0，那么命令将被忽略且不会产生错误提示。

如果使用 glDeleteTextures() 删除了一个纹理对象，那么它的名称将再次可用，并且可能会在下一次调用 glCreateTextures() 的时候被重新返回。

如果想知道某个名称是不是属于一个纹理对象，可以调用 **glIsTexture()**。

GLboolean **glIsTexture**(GLuint texture);

如果 texture 是一个已经被创建的纹理的名称，并且没有被删除，那么返回 GL_TRUE；如果 texture 为 0 或者是一个非 0 值，但是并非是已有纹理的名称，那么返回 GL_FALSE。

创建好纹理对象的名称之后，纹理会保持 target 对应的默认纹理状态⊖，但是没有任何内容。在向纹理传入数据之前，我们需要告诉 OpenGL 这个纹理的大小是多少。这样纹理就

⊖ 关于纹理对象的默认状态的介绍可以在 OpenGL 标准说明书的状态表中查询。

可以分配内存空间来管理这些数据。根据纹理类型的不同，我们可能需要调用这 3 个函数中的一个——glTextureStorage1D()、glTextureStorage2D() 或者 glTextureStorage3D()——从而分配存储的空间。它们的原型定义如下：

---

void **glTextureStorage1D**(GLuint texture, GLsizei levels, GLenum internalformat, GLsizei width);

void **glTextureStorage2D**(GLuint texture, GLsizei levels, GLenum internalformat, GLsizei width, GLsizei height);

void **glTextureStorage3D**(GLuint texture, GLsizei levels, GLenum internalformat, GLsizei width, GLsizei height, GLsizei depth);

　　函数 glTextureStorage1D()、glTextureStorage2D() 和 glTextureStorage3D() 分别负责分配一维、二维以及三维的纹理数据。而对于某个维度的纹理数组数据的分配而言，通常我们需要把存储空间的维度加 1。也就是说，一维数组纹理的分配需要使用 glTextureStorage2D()，而二维数组纹理的分配需要使用 glTextureStorage3D()。立方体映射纹理可以被认为是与二维数组纹理等价的。

　　对于上述所有函数来说，texture 指的是准备分配存储空间的纹理对象的名称。levels 是分配给纹理的 mipmap 的层数。第 0 层也就是纹理的基础层，后续金字塔的每一层都会比之前的层数据要更少。width、height 和 depth 表示纹理基础层的宽度、高度和深度值。对于一维数组纹理来说，height 就是纹理切片的数量，而对于二维数组纹理来说，depth 是切片的数量。对于立方体映射数组，可以使用 glTextureStorage3D() 并且设置 depth 为立方体映射表面的数量。在这里，depth 应当设置为 6 的整数倍。

　　internalformat 设置纹理存储时使用的内部数据格式。

　　一旦我们为纹理分配了存储空间，那么它就无法被重新分配或者释放了。只有纹理自己被删除的时候才会删除对应的存储空间。

　　从 glTextureStorage1D() 到 glTextureStorage3D() 都是用来为纹理创建永久的存储空间的。纹理存储空间的属性也就是用来存储给定纹理中的所有纹素（以及所有 mipmap 层次中的纹素）的内存总量，它需要根据选定的内部格式和对应的分辨率来决定。一旦我们使用上面的函数分配了空间，这个空间是无法再次被定义的。注意，对于纹理的不可变性而言，只有上述存储空间的属性是永久不变的；至于纹理的内容，是可以通过 glTextureSubImage2D() 这样的函数来更改的，如 6.4 节中所述。

　　对于数组纹理来说，多出来的那一个维度就是用来设置数组大小的。例如，glTextureStorage2D() 用来初始化一维数组纹理的存储空间，而 glTextureStorage3D() 用来初始化二维数组纹理以及立方体映射数组纹理的存储空间。我们将在 6.9.2 节中更详细地介绍纹理数组。

如果要实际使用一个纹理，也就是在着色器中读取它的数据，需要将它绑定到纹理单元。为此需要调用 glBindTextureUnit() 函数，原型如下：

---

void **glBindTextureUnit**(GLuint unit, GLuint texture);

glBindTextureUnit() 会完成两项工作。首先，如果绑定了一个已经创建的纹理对象，那么这个纹理对象在给定纹理单元 unit 上会被激活。其次，如果设置绑定名称 texture 为 0，那么 OpenGL 会删除当前激活的纹理单元上所有已经绑定的对象，也就是不绑定纹理的状态。

如果一个纹理对象已经初始化，那么它的维度信息应该是 glCreateTextures() 的 target 参数所设置的，也就是 GL_TEXTURE_1D、GL_TEXTURE_2D、GL_TEXTURE_3D、GL_TEXTURE_1D_ARRAY、GL_TEXTURE_2D_ARRAY、GL_TEXTURE_RECTANGLE、GL_TEXTURE_BUFFER、GL_TEXTURE_CUBE_MAP、GL_TEXTURE_CUBE_MAP_ARRAY、GL_TEXTURE_2D_MULTISAMPLE 或者 GL_TEXTURE_2D_MULTISAMPLE_ARRAY 中的其中一个。

如果 texture 不是 0 也不是通过 glCreateTextures() 创建的名称，那么将产生 GL_INVALID_OPERATION 错误。如果 texture 是一个已经存在的纹理对象，但是它的维度信息与 target 所设置的维度不匹配的话，将产生 GL_INVALID_OPERATION 错误。

OpenGL 支持的纹理单元的最大值可以通过 GL_MAX_COMBINED_TEXTURE_IMAGE_UNITS 常量的数值来查询，在 OpenGL 4.0 中应当至少是 80 个。在 glBindTextureUnit() 中，unit 参数必须设置为 0 到（当前 OpenGL 实现所支持的）最大单元值减 1 之间的某个值。当纹理被绑定到纹理单元之后，我们就可以通过着色器来访问它了。

创建好一些纹理对象之后，我们需要设置存储空间并且存入数据。每一种维度上的纹理对象都会对应一个关联的存储空间函数，用来定义纹理的边界。这些函数包括 glTextureStorage1D()、glTextureStorage2D() 和 glTextureStorage3D()，可以分别设置一维、二维和三维纹理的存储空间。

代理纹理

除了表 6-1 所列出的纹理目标之外，OpenGL 还支持代理纹理目标。对于每一个标准的纹理目标⊖，都可以有一个对应的代理纹理目标。表 6-2 列出了标准纹理目标和对应的代理纹理目标之间的关系。

⊖ 除了 GL_TEXTURE_BUFFER 之外的所有纹理目标都有一个对应的代理目标。

表 6-2　纹理目标与对应的代理目标

纹理目标（GL_TEXTURE_*）	代理纹理目标（GL_PROXY_TEXTURE_*）
1D	1D
1D_ARRAY	1D_ARRAY
2D	2D
2D_ARRAY	2D_ARRAY
2D_MULTISAMPLE	2D_MULTISAMPLE
2D_MULTISAMPLE_ARRAY	2D_MULTISAMPLE_ARRAY
3D	3D
CUBE	CUBE
CUBE_ARRAY	CUBE_ARRAY
RECTANGLE	RECTANGLE
BUFFER	/

代理纹理目标可以用来测试 OpenGL 具体实现的能力，检查是否存在一些特定的限制。举例来说，我们可能需要某个 OpenGL 硬件实现能否支持最大尺寸为 16 384 的纹理（这是 OpenGL 4 的最小需求）。如果某个环境可以创建 16 384 × 16 384 的大小，内部格式为 GL_RGBA8（每个纹素存储 4 个字节）的纹理，那么这样一个纹理所需的总存储空间至少是 1GB——如果还有 mipmap 或者其他内部存储的需求，那么这个数值还会更大。因此，对于可用纹理存储空间已经不足 1GB 的环境来说，这样的请求将会失败。如果通过代理纹理目标来请求分配这个纹理的话，硬件系统会告诉用户这个请求对于标准目标而言是否可以成功⊖，或者必然会失败。如果代理纹理目标对应的纹理分配失败的话，那么虚拟代理目标产生的纹理的宽度和高度都是 0。如果查询代理目标的尺寸，就可以知道刚才的调用是否成功，以及在实际目标上进行请求是否可以成功。

函数 glTextureStorage1D()、glTextureStorage2D() 和 glTextureStorage3D() 只能分配单采样点的纹理的存储空间。如果使用多重采样纹理，可以调用 glTextureStorage2DMultisample() 或者 glTextureStorage3DMultisample() 来创建存储空间。

---
void **glTextureStorage2DMultisample**(GLuint texture, GLsizei samples, GLenum internalformat, GLsizei width, GLsizei height, GLboolean fixedsamplelocations);
void **glTextureStorage3DMultisample**(GLuint texture, GLsizei samples, GLenum internalformat, GLsizei width, GLsizei height, GLsizei depth, GLboolean fixedsamplelocations);

设置 texture 所指定的多重采样纹理对象的永久纹理存储空间。对于 glTextureStorage-

⊖ 纹理空间的分配在代理纹理目标上成功，不能完全代表它在实际目标上也可以成功。有这样一些因素也可能导致分配失败，例如其他纹理已经分配的内存总量，或者内存碎片等。不过，如果代理纹理目标调用失败的话，那么实际的纹理目标也必然会失败。

2DMultisample() 来说，texture 必须是 GL_TEXTURE_2D_MULTISAMPLE 类型，然后设置二维多重采样纹理的存储空间，width 和 height 用于设置纹理的尺寸。glTexture-Storage3DMultisample() 用来设置二维多重采样纹理数组的存储空间，texture 必须是 GL_TEXTURE_2D_MULTISAMPLE_ARRAY 类型。对于二维多重采样纹理数组来说，width 和 height 用于设置单张纹理切片的尺寸，depth 用来设置数组中切片的数量。在这两个函数中，samples 设置了纹理中采样点的数值。如果 fixedsamplelocations 为 GL_TRUE，OpenGL 将会对每个纹素中的同一个采样点使用同一个子纹素位置。如果 fixedsamplelocations 为 GL_FALSE，OpenGL 会选择空间上变化的位置来匹配每个纹素中的同一个采样点。

6.4 指定纹理数据

本节介绍将图像数据载入到纹理对象的方法。我们将介绍两种方法。首先介绍如何直接将图像加载到纹理对象中（图像来自于用户程序中的数组数据或者缓存对象）。这里还会演示纹理对象的存储和数据格式的使用。然后，我们会演示如何使用 vglLoadImage() 函数，它是本书附带的示例代码的一部分，可以帮助用户从文件中加载图像。

6.4.1 显式设置纹理数据

为了介绍 OpenGL 中设置纹理数据的过程，最简单的方法应该就是直接在程序中提供图像数据。纹理数据的排列方式⊖可能就是你想象的那样：从左到右，从上到下排列。在例 6.1 中，我们通过 C 语言的常量数组来存储纹理数据。

例 6.1 通过 C 语言直接声明图像数据

```
// 下面是一个 8x8 的棋盘格图案，采用 GL_RED 和 GL_UNSIGNED_BYTE 格式的数据
static const GLubyte tex_checkerboard_data[] =
{
    0xFF, 0x00, 0xFF, 0x00, 0xFF, 0x00, 0xFF, 0x00,
    0x00, 0xFF, 0x00, 0xFF, 0x00, 0xFF, 0x00, 0xFF,
    0xFF, 0x00, 0xFF, 0x00, 0xFF, 0x00, 0xFF, 0x00,
    0x00, 0xFF, 0x00, 0xFF, 0x00, 0xFF, 0x00, 0xFF,
    0xFF, 0x00, 0xFF, 0x00, 0xFF, 0x00, 0xFF, 0x00,
    0x00, 0xFF, 0x00, 0xFF, 0x00, 0xFF, 0x00, 0xFF,
    0xFF, 0x00, 0xFF, 0x00, 0xFF, 0x00, 0xFF, 0x00,
    0x00, 0xFF, 0x00, 0xFF, 0x00, 0xFF, 0x00, 0xFF
};

// 下面的数据表示一个 2x2 的纹理（红绿蓝黄四种颜色纹素），采用 GL_RGBA 和 GL_FLOAT 格式的数据
static const GLfloat tex_color_data[] =
```

⊖ OpenGL 所支持的一些参数可以改变图像数据在内存中的布局方式。我们会在本章后面部分进行讨论，不过这个例子中直接使用了默认的布局。

```
{
    // 红色纹素                          绿色纹素
    1.0f, 0.0f, 0.0f, 1.0f,          0.0f, 1.0f, 0.0f, 1.0f,
    // 蓝色纹素                          黄色纹素
    0.0f, 0.0f, 1.0f, 1.0f,          1.0f, 1.0f, 0.0f, 1.0f
};
```

当然，直接在代码中手动设置纹理数据的方法并不是很有效率。对于一些简单的情形，例如单色或者棋盘格这种基础的花纹，这么做是可以的。然后用户可以通过 glTextureSubImage1D()、glTextureSubImage2D() 或者 glTextureSubImage3D() 函数将数据载入到纹理对象当中。

---

void **glTextureSubImage1D**(GLuint texture, GLint level, GLint xoffset, GLsizei width, GLenum format, GLenum type, const void *pixels);

void **glTextureSubImage2D**(GLuint texture, GLint level, GLint xoffset, GLint yoffset, GLsizei width, GLsizei height, GLenum format, GLenum type, const void *pixels);

void **glTextureSubImage3D**(GLuint texture, GLint level, GLint xoffset, GLint yoffset, GLint zoffset, GLsizei width, GLsizei height, GLsizei depth, GLenum format, GLenum type, const void *pixels);

替换 texture 所指定的纹理的某个区域中的数据，使用 data 所指定的新数据内容。level 中设置了需要更新的 mipmap 层，而 format 和 type 参数指定了新的纹理数据的外部存储格式。

data 中包含了这个子图像的纹理数据。width、height 和 depth（如果存在）是这个子区域的大小，它会替代当前纹理图像的全部或者一部分。xoffset、yoffset 和 zoffset（如果存在）分别表示 x、y、z 三个维度上的纹素偏移量。target 设置要修改的纹理对象所对应的纹理目标。如果 target 表示一维的数组纹理，那么 yoffset 和 height 分别指定更新后数组的第一层切片和总的切片数；否则，它们表示的就是纹理坐标。如果 target 是二维数组纹理、立方体映射数组，那么 zoffset 和 depth 表示更新后数组的第一层切片和总的切片数；否则，它们表示的也是纹理坐标。

函数中指定的更新区域不能包含任何超出原始纹理数组范围的纹素数据。

例 6.1 中所示的数据是两个直接编码进常量数组的简单纹理。第一个数组 tex_checkerboard_data 设置了一个简单的 8×8 纹素区域，分别由完全填充（0xFF）和零填充（0x00）的无符号单字节数来表示。例 6.1 的第二个数组展示了颜色数据，它采用 4 通道的浮点数类型进行存储——这里的通道表示每个纹素中的红色、绿色、蓝色和 alpha ⊖ 的总数

⊖　Alpha 通常用来表达不透明度（opacity），不过这里我们把 alpha 通道直接设置为它的最大值，以便表达完全不透明的纹素。

值。例 6.2 所示为通过 glTextureSubImage2D() 将数据加载到纹理对象中的过程。

例 6.2　将静态数据载入到纹理对象

```
// 首先是黑白相间的棋盘格纹理……
// 分配纹理数据的存储空间
glTextureStorage2D(tex_checkerboard, 4, GL_R8, 8, 8);
// 设置纹理数据
glTextureSubImage2D(tex_checkerboard,              // 纹理
                    0,                             // mipmap 层 0
                    0, 0,                          // x 和 y 偏移
                    8, 8,                          // 宽度和高度
                    GL_RED, GL_UNSIGNED_BYTE,      // 格式和类型
                    tex_checkerboard_data);        // 数据

// 下一个是浮点数的颜色值,分配存储空间
glTextureStorage2D(tex_color, 2, GL_RGBA32F, 2, 2);
// 设置纹理数据
glTextureSubImage2D(tex_color,                     // 纹理
                    0,                             // mipmap 层 0
                    0, 0,                          // x 和 y 偏移
                    2, 2,                          // 宽度和高度
                    GL_RGBA, GL_FLOAT,             // 格式和类型
                    tex_color_data);               // 数据
```

注意,例 6.2 中设置了纹理的内部格式,它需要和提供的纹理数据互相匹配。对于无符号字节所组成的数组数据,可以使用内部格式 GL_R8,也就是单通道的 8 位格式。而对于颜色数据,我们使用 GL_RGBA32F,也就是 4 通道的 32 位浮点数格式。我们不一定要使用和数据完全一致的内部格式。OpenGL 中定义了一些很好的规则来进行用户数据和内部格式的转化,我们可以在 OpenGL 规格说明书中找到相关的详细解释。

6.4.2　从缓存中加载纹理

glTextureSubImage2D() 的 data 参数可以通过两种方式来解释。第一种方式是通过用户程序中存储的自然数据指针解释。这也是例 6.2 中给出的使用方式。第二种 data 数据的解释方式,则是通过绑定到 GL_PIXEL_UNPACK_BUFFER 目标的缓存对象来完成,作为缓存对象的偏移位置。用户程序此时可以将数据存储到缓存对象当中,然后再传递到纹理对象里。如果 GL_PIXEL_UNPACK_BUFFER 目标没有绑定任何缓存对象,那么 data 会被解释成一个本地的指针,如果绑定了缓存,那么 data 会被解释成缓存中的一个偏移位置。

在例 6.3 中,我们首先将源数据(tex_checkerboard_data)放入一个缓存对象,而它被绑定到 GL_PIXEL_UNPACK_BUFFER 绑定点,之后调用 glTextureSubImage2D(),与之前一样。不过,这一次 data 将被解释成缓存对象的偏移位置参数,而不是一个单纯的指针(因为我们已经绑定了缓存)。此时 OpenGL 将会从缓存对象中获取数据,并且没有必要立即执行这一操作。使用缓存对象来存储纹理数据的一个主要的好处在于:数据不是立即从缓存对象向纹理进行传输的,而是在着色器请求数据的时候才会执行这一操作。因此应用程序的运行和数据的传输操作可以并行进行。如果数据在应用程序本地内存中,那么

glTextureSubImage2D() 需要先对数据进行拷贝，然后函数才会返回，这是不可能并行完成的。不过这种方法的好处在于：应用程序在函数返回之后依然可以自由修改之前传输的 data 数据。

例 6.3 使用缓存对象将数据加载到纹理中

```
// 创建缓存对象
glCreateBuffers(1, &buf);

// 将源数据传递到缓存中
glNamedBufferStorage(buf,
                     sizeof(tex_checkerboard_data),
                     tex_checkerboard_data,
                     0);

// 分配纹理数据的存储空间
glTextureStorage2D(texture, 4, GL_R8, 8, 8);

// 把缓存绑定到 GL_PIXEL_UNPACK_BUFFE
glBindBuffer(GL_PIXEL_UNPACK_BUFFER, buf);

// 设置纹理数据
glTextureSubImage2D(texture,              // 目标纹理
                    0,                    // mipmap 第 0 层
                    0, 0,                 // x 和 y 偏移
                    8, 8,                 // 宽度和高度
                    GL_RED,               // 格式
                    GL_UNSIGNED_BYTE,     // 数据类型
                    NULL);                // 数据（缓存中的偏移地址）
```

6.4.3 从文件加载图像

在 C 代码中直接使用数组（或者缓存对象）来存储图像数据的方式并不是非常实用，尤其是对于磁盘上的大尺寸图像数据。大多数的用户程序都会选择将纹理数据存储到一些特定格式的图像文件当中，例如 JPEG、PNG、GIF，或者其他一些格式。OpenGL 的纹理可以使用无压缩的像素数据，也可以使用特定算法压缩后的数据。因此，用户程序需要设法将图像文件解码到内存中，然后 OpenGL 才可以读取数据并初始化内部的纹理存储空间。为了简化本书中的例子程序的处理过程，我们编写了一个名为 vglLoadImage() 的函数，它可以直接读取一个图像文件⊖并返回内存中的纹素数据，同时还会传递其他一些信息，帮助 OpenGL 对像素数据进行解析，主要包括：

❑ 宽度（以像素为单位）
❑ 高度（以像素为单位）
❑ OpenGL 像素格式（例如 GL_RGB 表示 RGB 形式的像素点）
❑ 建议在纹理中使用的内部格式
❑ 纹理中 mipmap 的层次数量

⊖ 目前 vglLoadImage() 可以支持 DDS 格式的文件。

❑ 像素中每个分量的数据类型

❑ 图像数据本身

所有这些数据都会被存储在 **vglImageData** 类型的结构体中，它是在 LoadImage.h 中定义的。vglImageData 的定义如例 6.4 所示。

例 6.4 **vglImageData** 结构体的定义

```
// OpenGL 4.x 以及更高版本中所需的 mipmap 的最大层级数量，对于 16K x 16K 的纹理也是足够的
#define MAX_TEXTURE_MIPS    14

// 每个纹理图像数据的结构体中都会包含一个 MAX_TEXTURE_MIPS 大小的数组来记录 mipmap 的信息。
// 这个结构体定义了某一级 mipmap 数据的所有信息
struct vglImageMipData
{
    GLsizei width;              // 该级 mipmap 的宽度
    GLsizei height;             // 该级 mipmap 的高度
    GLsizei depth;              // 该级 mipmap 的深度
    GLsizeiptr mipStride;       // 相邻级别的 mipmap 在内存中的距离
    GLvoid* data;               // 数据指针
};

// 主要的图像数据结构体，其中包含了所有必要的 OpenGL 参数，可以将纹理数据传递到纹理对象中
struct vglImageData
{
    GLenum target;              // 纹理目标（二维，立方体映射等）
    GLenum internalFormat;      // 推荐的内部格式
    GLenum format;              // 内存中的格式
    GLenum type;                // 内存中的数据类型（GL_RGB 等）
    GLenum swizzle[4];          // RGBA 分量的乱序设置（swizzle）
    GLsizei mipLevels;          // mipmap 的层次数量
    GLsizei slices;             // （对于纹理数组）切片的数量
    GLsizeiptr sliceStride;     // 纹理数组中相邻切片之间的距离
    GLsizeiptr totalDataSize;   // 纹理总共分配的数据大小
    vglImageMipData mip[MAX_TEXTURE_MIPS];  // 实际的 mipmap 数据
};
```

对于内存中图像数据的创建、初始化、属性修改和删除操作，我们还定义了两个函数：vglLoadImage() 和 vglUnloadImage()。每个函数都需要传入一个 vglImageData 的结构体指针。vglLoadImage() 负责向指针填充数据，而 vglUnloadImage() 负责释放我们在上一次调用 vglLoadImage() 时分配的所有资源。vglLoadImage() 和 vglUnloadImage() 函数的原型如下所示：

---

void **vglLoadImage**(const char* filename, vglImageData* image);

void **vglUnloadImage**(vglImageData* image);

---

vglLoadImage() 负责从磁盘文件中加载图像。filename 指定要加载的文件名称。image 传入的是一个 vglImageData 结构体的地址，如果文件加载成功，图像数据和参数将会被填充进来。如果失败，image 将会被清除。vglUnloadImage() 负责释放上一次成功调用 vglLoadImage() 消耗的所有资源。

如果要加载一个图像文件，只需要在应用程序中添加例 6.5 所示的代码。

例 6.5　加载图像文件的简单例子

```
vglImageData  image;
vglLoadImage(filename, &image);
// 这里可以使用图像数据
vglUnloadImage(&image);
```

调用 vglLoadImage() 之后，指定的图像文件中的纹理数据被加载到内存当中，同时图像数据的相关参数信息将被存储到 vglImageData 结构体中。

完成了从文件加载图像数据的操作之后，我们可以准备将纹素数据传递到纹理对象中了。我们需要将图像数据和纹理的维度参数传递给正确的纹理图像函数。首先将纹理分配为一个永久性的对象（例如 glTextureStorage2D()），然后将图像数据设置为纹理子图像（例如 glTextureSubImage2D()）。这里的 vglImageData 结构体中包含了初始化图像所需的所有参数。

例 6.6 中所示为一个简单但是完整的例子，首先使用 vglLoadImage() 函数从磁盘加载图像文件，然后用 glTextureStorage2D() 函数分配纹理对象中的存储空间，最后用 glTextureSubImage2D() 将图像数据加载到纹理对象中。

例 6.6　使用 LoadTexture() 载入纹理

```
GLuint LoadTexture(const char* filename,
                   GLuint texture,
                   GLboolean generateMips)
{
    vglImageData image;
    int level;

    vglLoadImage(filename, &image);

    if (texture == 0)
    {
        glCreateTextures(1, image.target, &texture);
    }

    switch (image.target)
    {
        case GL_TEXTURE_2D:
            glTextureStorage2D(texture,
                               image.mipLevels,
                               image.internalFormat,
                               image.mip[0].width,
                               image.mip[0].height);
        // 这里还可以处理其他纹理目标
        default:
            break;
    }

    // 假设这是一个二维纹理
    for (level = 0; level < image.mipLevels; ++level)
    {
        glTextureSubImage2D(texture,
```

```
                                level,
                                0, 0,
                                image.mip[level].width,
                                image.mip[level].height,
                                image.format, image.type,
                                image.mip[level].data);
        }

        // 现在可以卸载图像数据了，因为 glTexSubImage2D 已经使用了图像，我们在本地不再需要它了
        vglUnloadImage(&image);

        return texture;
}
```

正如你所看到的，这里的代码可以更为复杂，这取决于你的纹理加载函数是否具有足够的普适性，以及你希望加载多少种类型的纹理。如果不希望这么麻烦，我们还封装了一个函数 vglLoadTexture()，它的内部使用 vglLoadImage() 来加载图像文件，并且把它的内容传递到纹理对象当中。上文中给出的只是 vglLoadTexture() 的一个简化版本，它只是读取了一个图像文件，然后把它加载到一个二维纹理对象里。事实上这个函数还可以处理其他维度的图像、数组纹理、立方体映射、压缩纹理，以及其他可以通过 vglLoadImage() 函数读取的内容。vglLoadTexture() 的完整实现可以参见本书网站中附带的源代码。

GLuint vglLoadTexture(const char* filename, GLuint texture, vglImageData* image);

从磁盘加载纹理并将它传递给一个 OpenGL 纹理对象。filename 设置了要加载的文件名称。texture 设置了纹理对象的名称，我们将把数据加载到其中。如果 texture 是 0，vglLoadTexture() 会创建一个新的纹理对象来存储图像数据。image 是 vglImageData 结构体的地址，可以用来存储函数返回的图像参数数据。如果 image 不是 NULL，那么它将负责记录图像的参数信息，并且不会主动释放本地的图像数据。此时用户程序需要使用 vglUnloadImage() 来释放图像相关的所有资源。如果 image 是 NULL，那么将使用内部的数据结构体来加载图像，并且自动释放本地的图像数据。如果 vglLoadTexture() 成功，那么它将返回一个纹理对象名称，纹理图像已经被加载到其中。如果 texture 非 0，那么返回值应当与 texture 相同；否则会新建一个纹理对象并返回。如果函数运行失败，vglLoadTexture() 将返回 0。

注意，我们不能直接设置多重采样纹理的图像数据。如果要对一个多重采样纹理传递数据，唯一的方法是将它关联到一个帧缓存对象上，然后渲染到纹理中。有关帧缓存和多重采样的相关知识可以参见本书第 4 章。

6.4.4　获取纹理数据

当我们向纹理中传输了数据之后，可以再次读取数据并传递回用户程序的本地内存中，

或者传递给一个缓存对象。从纹理中读取图像数据的函数名为 glGetTextureImage()：

---

void **glGetTextureImage**(GLuint texture, GLint level, GLenum format, GLenum type, GLsizei bufSize, void *pixels);

　　从纹理 texture 中获取图像数据。lod 表示细节层次的层数。format 和 type 表示所需数据的像素格式和数据类型。pixels 可以被理解为用户内存中的一个地址，用来存储图像数据，或者如果当前有缓存对象绑定到 GL_PIXEL_PACK_BUFFER，这里设置的就是图像数据传递到缓存对象时的数据偏移地址。

　　使用 glGetTextureImage() 的时候需要特别小心。具体写入到 pixels 中的数据是由当前绑定的纹理的维度、format 和 type 参数共同决定的。因此它可能会返回一组巨大的数据，并且 OpenGL 并不会对用户内存进行任何边界检查。因此，如果对这个函数使用不当，可能会造成缓存溢出或者其他不可预知的后果。

　　此外，从纹理中回读像素数据并不是一个很高效率的操作。这个操作的频率应当尽量少，并且不应当存在于用户程序的性能关键流程中。如果你必须从纹理回读数据，那么我们十分建议使用 GL_PIXEL_PACK_BUFFER 绑定缓存对象的方式，然后将纹素回读到缓存中，之后我们可以再把缓存映射到内存里，从而将像素数据传递给用户程序。

6.4.5　纹理数据的排列布局

　　到现在为止，我们对于纹理图像相关命令和函数的讲解，都没有涉及图像数据在内存中的物理排列方式。在很多情形下，图像数据的布局是按照从左到右，从上到下[○]的顺序存放在内存中的，并且各个纹素之间是紧密排列的。但是，这种布局并不适用于所有的情况，因此 OpenGL 也提供了一些控制函数，让用户可以自己描述程序中的图像数据布局方式。

　　相关参数的设置需要通过 glPixelStorei() 和 glPixelStoref() 来完成，它们的原型如下：

---

void **glPixelStorei**(GLenum pname, GLint param);
void **glPixelStoref**(GLenum pname, GLfloat param);

　　设置像素存储的参数 pname 以及对应的数值 param。pname 必须是下面的像素解包（unpack）参数名称之一：GL_UNPACK_ROW_LENGTH、GL_UNPACK_SWAP_BYTES、GL_UNPACK_SKIP_PIXELS、GL_UNPACK_SKIP_ROWS、GL_UNPACK_SKIP_IMAGES、GL_UNPACK_ALIGNMENT、GL_UNPACK_IMAGE_HEIGHT，或 GL_

○　事实上纹理并没有"上"和"下"；正确的说法是原点和纹理坐标递增的方向。至于某一帧在窗口坐标中是如何渲染的，哪里是它的顶部，这完全取决于纹理坐标的设置。

UNPACK_LSB_FIRST；或者打包（pack）参数名称之一：GL_PACK_ROW_LENGTH、GL_PACK_SWAP_BYTES、GL_PACK_SKIP_PIXELS、GL_PACK_SKIP_ROWS、GL_PACK_SKIP_IMAGES、GL_PACK_ALIGNMENT、GL_PACK_IMAGE_HEIGHT，或 GL_PACK_LSB_FIRST。

通过 glPixelStorei() 和 glPixelStoref() 设置的解包参数（以 GL_UNPACK_ 开头）设置的是 OpenGL 从用户内存或者 GL_PIXEL_UNPACK_BUFFER 中读取数据时的布局方式，例如运行 glTextureSubImage2D() 的时候。而打包参数设置的是 OpenGL 将纹理数据写入内存中的布局方式，例如运行 glGetTextureImage() 的时候。

因为解包和打包的参数实际具有相同的意义，因此在本节后面的部分我们会把它们放在一起讨论，并且忽略 GL_PACK_ 和 GL_UNPACK_ 的前缀。举例来说，*SWAP_BYTES 同时对应于 GL_PACK_SWAP_BYTES 和 GL_UNPACK_SWAP_BYTES。如果 *SWAP_BYTES 的参数是 GL_FALSE（默认），那么用户内存中的字节顺序保持原样；否则字节将进行反转。字节反转的操作会应用到每一个数据元素上，但是它仅对多字节的元素才有意义。

字节反转（byte swapping）的作用对于不同的 OpenGL 实现来说是不一样的。假设某个 OpenGL 实现中定义 GLubyte 为 8 位，GLushort 为 16 位，GLuint 为 32 位，那么图 6-1 给出的就是不同数据类型的字节反转方式。可以看到字节反转对于单字节的数据是没有作用的。

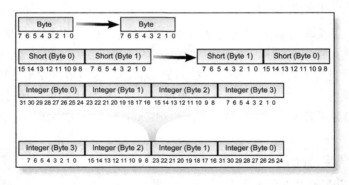

图 6-1　字节反转对于 byte、short 和 int 类型数据的效果

> 📷 **注意** 如果程序并不需要和其他机器共享图像数据，可以无视字节顺序的因素。但是如果程序需要渲染其他机器上传递过来的 OpenGL 图像，而这两台机器之间的字节顺序是不同的，那么就有必要用 *SWAP_BYTES 来进行字节反转了。不过，*SWAP_BYTES 并不能重新定义各个分量的意义（例如，将红色和绿色反转）。

*LSB_FIRST 参数只对 1 位的图像数据（也就是每个像素只有 1 位的数据）的绘制和读取起作用。如果 *LSB_FIRST 设置为 GL_FALSE（默认），那么系统将会从最高位开始读取数据；否则系统将会沿着相反的方向进行处理。举例来说，如果 *LSB_FIRST 为 GL_FALSE，而给定的字节数据是 0x31，那么位数据的读取顺序是 {0, 0, 1, 1, 0, 0, 0, 1}。如果 *LSB_FIRST 为 GL_TRUE，那么顺序为 {1, 0, 0, 0, 1, 1, 0, 0}。

有的时候用户希望从内存中的图像数据选取一个子矩形，然后绘制或者读取其中的子数据。如果内存数据的实际矩形比给定的子矩形要大，那么我们就需要使用 *ROW_LENGTH 来设置较大矩形的实际长度（以像素为单位）。如果 *ROW_LENGTH 为 0（默认），那么我们认为内存数据的每行长度和 glTextureSubImage2D() 设置的宽度值是相等的。我们还需要指定内存数据起始的多行或者多个像素是否需要被忽略（然后再开始拷贝子矩形的数据）。这两个参数的设置是通过 *SKIP_ROWS 和 *SKIP_PIXELS 来完成的，如图 6-2 所示。默认情况下，这两个参数都是 0，也就是说数据直接从左下角开始读取。

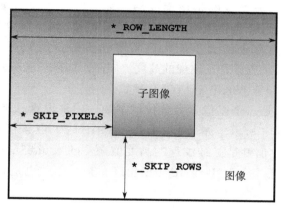

图 6-2　通过 *SKIP_ROWS、*SKIP_PIXELS 和 *ROW_LENGTH 来设置子图像

很多时候，如果我们在内存中移动像素数据，那么可能需要考虑系统硬件对字节对齐方式的优化。举例来说，对于 32 位的机器来说，硬件针对 4 字节的倍数（32 位）的边界对齐的数据传输可能会更快。同理，64 位的机器硬件针对 8 字节倍数的边界对齐的数据传输也会更快。不过也有一些系统可能并没有特别的字节对齐优化方案。

还是举例来说，假设你的系统可以针对 4 字节的边界对齐数据进行优化。那么每一行都以 4 字节的倍数为边界的图像数据的处理会更有效率。如果这个图像的像素宽度为 5，而每个像素都包含 1 字节的红色、1 字节的绿色和 1 字节的蓝色分量，那么一行数据也就是 5×3 = 15 字节的数据。如果能够确保图像的第一行以及后续每一行都是按照 4 字节边界的方式来排列，那么就可以得到更高的显示效率，因此有必要在内存存储的时候每一行都多浪费一个字节。如果你需要按照这种方式来存储数据，那么需要正确设置 *ALIGNMENT 参数（在这里需要设置为 4）。

如果 *ALIGNMENT 参数设置为 1，那么每个字节之间是紧密排列的。如果设置为 2，那么在每一行的末尾都会自动空出 2 个字节，因此每一行在内存中的地址都是 2 的倍数。对于位图（或者 1 位图像）来说，每个像素都存储为一位，这种字节对齐的方式依然有效，但是你需要自己对独立的位数据进行计数。举例来说，如果每个像素都只有一位，而每行的长度为 75，字节对齐参数设置为 4，那么每一行就需要 75/8，或者 91/8 字节。大于 91/8 的数字，同时又是 4 的倍数的最小数值为 12，那么每一行就需要 12 字节的内存空间。如果对齐参数为 1，那么每一行需要 10 字节，因为 75/8 等于 9 3/8，取整数为 10。

> 📷 **注意** *ALIGNMENT 的默认值是 4。因此一个常见的编程错误就是把图像数据当作是紧密排列的，并且字节紧密对齐（也就是自认为 *ALIGNMENT 是 1）。

---

*IMAGE_HEIGHT 和 *SKIP_IMAGES 参数只会影响三维纹理和二维纹理数组的定义和查询。这两个参数设置的是像素存储，它们可以实现 glTextureSubImage3D() 和 glGetTextureImage() 函数访问纹理数组的子切片时的空间区域设置。

如果三维纹理在内存中的大小比用户需要设置的子区域更大，那么就需要通过 *IMAGE_HEIGHT 参数设置单个子图像的高度。同时，如果子区域并不是从第一层切片开始计算的，那么还需要设置 *SKIP_IMAGES 参数。

*IMAGE_HEIGHT 是一个以像素为单位的参数，用来设置三维纹理图像中单层切片的高度（行数），如图 6-3 所示。如果 *IMAGE_HEIGHT 为 0（该值不能为负数），那么每个二维矩形图像的行数也就是三维纹理的高度值——glTextureSubImage3D() 中传递的参数。（这种情况最为常见，并且 *IMAGE_HEIGHT 的默认参数也是 0。）否则，单层高度为 *IMAGE_HEIGHT。

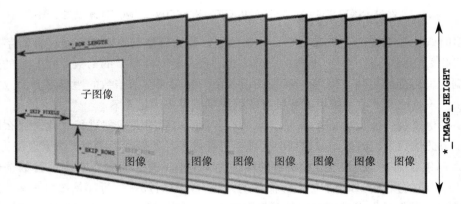

图 6-3　*IMAGE_HEIGHT 像素存储模式

*SKIP_IMAGES 定义了可用的子区域数据之前还需要跳过的图像层数。如果 *SKIP_IMAGES 的值是一个正整数（例如 n），那么纹理图像数据中的指针将首先递增 n 层（n * 每

层的纹素数据大小）。得到的结果子区域将从第 n 层切片开始，并延续一定的层数。这个层数是通过 glTextureSubImage3D() 中传递的深度参数来决定的。如果 *SKIP_IMAGES 为 0（默认），那么系统将从纹理数组的第一层开始读取纹素数据。

图 6-4 所示为 *SKIP_IMAGES 参数略过多层切片之后再定位子区域起点的过程。在本例中，*SKIP_IMAGES 为 4，也就是说子区域是从第 4 层开始计算的。

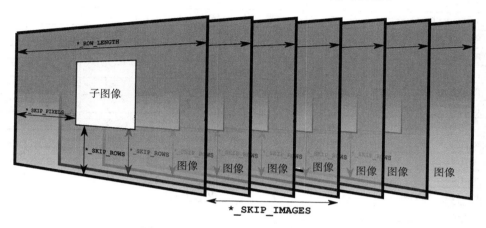

图 6-4　*SKIP_IMAGES 像素存储模式

6.5　纹理格式

函数 glTextureStorage1D()、glTextureStorage2D() 和 glTextureStorage3D() 都需要设置一个 internalformat 参数，它负责判断 OpenGL 存储内部纹理数据的格式。我们将在下面对这些格式设置做具体的讲解。

6.5.1　内部格式

纹理的内部格式（internal format）也就是 OpenGL 内部用来存储用户提供的纹理数据的格式。在图像传输的过程中，用户数据将被转换（如果有必要的话）为这种格式。OpenGL 支持一系列的内部格式用来存储图像数据，每个格式都有尺寸、性能和画面质量上的权衡比重。作为应用程序的开发者，你有权决定自己最期望的格式是什么。表 6-3 给出了所有 OpenGL 支持的内部格式，以及它们对于每个分量设置的位尺寸。

表 6-3　含有尺寸信息的内部格式定义

内部格式（含尺寸）	内部格式（基础）	R 位	G 位	B 位	A 位	共享位
GL_R8	GL_RED	8				
GL_R8_SNORM	GL_RED	s8				
GL_R16	GL_RED	16				

（续）

内部格式（含尺寸）	内部格式（基础）	R 位	G 位	B 位	A 位	共享位
GL_R16_SNORM	GL_RED	s16				
GL_RG8	GL_RG	8	8			
GL_RG8_SNORM	GL_RG	s8	s8			
GL_RG16	GL_RG	16	16			
GL_RG16_SNORM	GL_RG	s16	s16			
GL_R3_G3_B2	GL_RGB	3	3	2		
GL_RGB4	GL_RGB	4	4	4		
GL_RGB5	GL_RGB	5	5	5		
GL_RGB565	GL_RGB	5	6	5		
GL_RGB8	GL_RGB	8	8	8		
GL_RGB8_SNORM	GL_RGB	s8	s8	s8		
GL_RGB10	GL_RGB	10	10	10		
GL_RGB12	GL_RGB	12	12	12		
GL_RGB16	GL_RGB	16	16	16		
GL_RGB16_SNORM	GL_RGB	s16	s16	s16		
GL_RGBA2	GL_RGBA	2	2	2	2	
GL_RGBA4	GL_RGBA	4	4	4	4	
GL_RGB5_A1	GL_RGBA	5	5	5	1	
GL_RGBA8	GL_RGBA	8	8	8	8	
GL_RGBA8_SNORM	GL_RGBA	s8	s8	s8	s8	
GL_RGB10_A2	GL_RGBA	10	10	10	2	
GL_RGB10_A2UI	GL_RGBA	ui10	ui10	ui10	ui2	
GL_RGBA12	GL_RGBA	12	12	12	12	
GL_RGBA16	GL_RGBA	16	16	16	16	
GL_RGBA16_SNORM	GL_RGBA	s16	s16	s16	s16	
GL_SRGB8	GL_RGB	8	8	8		
GL_SRGB8_ALPHA8	GL_RGBA	8	8	8	8	
GL_R16F	GL_RED	f16				
GL_RG16F	GL_RG	f16	f16			
GL_RGB16F	GL_RGB	f16	f16	f16		
GL_RGBA16F	GL_RGBA	f16	f16	f16	f16	
GL_R32F	GL_RED	f32				
GL_RG32F	GL_RG	f32	f32			
GL_RGB32F	GL_RGB	f32	f32	f32		
GL_RGBA32F	GL_RGBA	f32	f32	f32	f32	
GL_R11F_G11F_B10F	GL_RGB	f11	f11	f10		
GL_RGB9_E5	GL_RGB	9	9	9		5
GL_R8I	GL_RED	i8				

（续）

内部格式（含尺寸）	内部格式（基础）	R 位	G 位	B 位	A 位	共享位
GL_R8UI	GL_RED	ui8				
GL_R16I	GL_RED	i16				
GL_R16UI	GL_RED	ui16				
GL_R32I	GL_RED	i32				
GL_R32UI	GL_RED	ui32				
GL_RG8I	GL_RG	i8	i8			
GL_RG8UI	GL_RG	ui8	ui8			
GL_RG16I	GL_RG	i16	i16			
GL_RG16UI	GL_RG	ui16	ui16			
GL_RG32I	GL_RG	i32	i32			
GL_RG32UI	GL_RG	ui32	ui32			
GL_RGB8I	GL_RGB	i8	i8	i8		
GL_RGB8UI	GL_RGB	ui8	ui8	ui8		
GL_RGB16I	GL_RGB	i16	i16	i16		
GL_RGB16UI	GL_RGB	ui16	ui16	ui16		
GL_RGB32I	GL_RGB	i32	i32	i32		
GL_RGB32UI	GL_RGB	ui32	ui32	ui32		
GL_RGBA8I	GL_RGBA	i8	i8	i8	i8	
GL_RGBA8UI	GL_RGBA	ui8	ui8	ui8	ui8	
GL_RGBA16I	GL_RGBA	i16	i16	i16	i16	
GL_RGBA16UI	GL_RGBA	ui16	ui16	ui16	ui16	
GL_RGBA32I	GL_RGBA	i32	i32	i32	i32	
GL_RGBA32UI	GL_RGBA	ui32	ui32	ui32	ui32	

对于表 6-3 中列出的每种格式来说，它的完整格式信息都是通过基础格式（base format）的定义、一个或多个尺寸标识符，以及可选的数据类型标识符构成的。基础格式从本质上定义了纹理像素的分量构成。以 GL_R 开头的格式只有红色的分量；GL_RG 格式则同时包含红色和绿色；GL_RGB 格式包含了红色、绿色和蓝色；最后还有 GL_RGBA，它包含了红色、绿色、蓝色和 alpha 通道。

之后的尺寸标识符记录了纹理数据存储的位大小。大多数情况下，我们只需要一个尺寸参数即可。这种时候所有的像素分量都是按照同样的位尺寸来存储的。默认情况下，OpenGL 会将纹理数据存储为无符号归一化（unsigned normalized）的格式。

如果数据被存储为无符号归一化的形式，那么纹素保存在内存中的值是一个整数，而它被读取到着色器之后将会除以对应整数类型的最大值，并转换为浮点数形式。因此着色器中的数据结果将被限制在 0.0 ~ 1.0 的范围之内（即归一化）。如果类型中有 _SNORM 的后缀（例如 GL_RGB8_SNORM），那么数据就是有符号归一化（signed normalized）的形式。

这种情况下，内存中的数据将被视为一个有符号的整数，当我们在着色器中读取它的时候，它会除以有符号整型类型的最大值，然后转换为浮点数，因此着色器中得到的浮点数结果被限制在 −1.0 ~ 1.0 的范围内。

内部格式的名称中同样会包含类型的标识符。这些类型标记包括 I、UI 和 F，分别表示有符号整数、无符号整数，以及浮点数。有符号和无符号的整数类型内部格式分别对应于着色器中的有符号和无符号采样器（例如 isampler2D 和 usampler2D）。而浮点数类型的内部格式则会直接在内存中保存真正的浮点数据，并且在着色器中返回的数值也是全精度的浮点数（根据具体 OpenGL 实现的支持）。在这种情况下，纹素对应的浮点数据范围不一定在 −1.0 ~ 1.0 的范围内。

有些情况下，对于像素的每个通道都会使用不同的尺寸标识符。这个时候 OpenGL 会使用不同位大小的内存来存储不同的通道。例如，GL_RGB10_A2 类型的纹理的每个纹素都有 32 位的大小，其中红色、绿色和蓝色通道分别有 10 位的存储空间，而 alpha 通道只有 2 位的存储空间。这种格式的纹理对于表达高动态范围图像是非常有用的，其中不需要过多的不透明度级别（或者使用 alpha 通道来存储其他属性的数据，而不是传统的不透明度）。而 GL_R11F_G11F_B10F 类型使用 11 位的空间来存储红色和绿色通道，10 位的空间存储蓝色通道，每个通道中存储的是特殊类型的低精度浮点数。这种 11 位的分量并没有符号位，而是由 5 位的指数位（exponent）和 6 位的尾数位（mantissa）组成。

GL_RGB9_E5 格式非常特殊，因为它采用一种共享指数（shared exponent）的格式进行存储。每个分量都单独存储了 9 位的尾数信息，但是 5 位的指数数据是所有分量一起存储的。这样纹理就可以保存为相对高动态范围的格式，但是每个纹素的存储空间只需要使用 16 位。

GL_SRGB8 和 GL_SRGB8_ALPHA8 格式都是建立在 sRGB 颜色空间的 RGB 纹理，前者不带有 alpha 通道，而后者带有 alpha 通道。在 GL_SRGB8_ALPHA8 格式中的 alpha 通道是单独存储的，因为它并不属于 sRGB 颜色空间，因此也不应当受到其他分量的 gamma 运算的影响。

6.5.2　外部格式

所谓的外部格式（external format）指的是用户向 OpenGL API 提供数据时所用的格式，它是通过 glTextureSubImage2D() 这样的函数中的 format 和 type 参数来设置的。format 描述了每个像素数据的分量组成方式，也可以使用可选的 INTEGER 后缀。此外，我们可以使用一种打包整数（packed integer）的格式来表达打包之前的纹理数据，然后使用内部格式将它们保存到纹理中。

format 参数的可用参数如表 6-4 所示，其中列出了外部格式的标识符，对应的分量、分量顺序，以及是否使用整数类型来压缩数据。

表 6-4　外部纹理格式

格式	分量的表达
GL_RED	红色
GL_GREEN	绿色
GL_BLUE	蓝色
GL_RG	红色、绿色
GL_RGB	红色、绿色、蓝色
GL_RGBA	红色、绿色、蓝色、alpha
GL_BGR	蓝色、绿色、红色
GL_BGRA	蓝色、绿色、红色、alpha
GL_RED_INTEGER	红色（整数）
GL_GREEN_INTEGER	绿色（整数）
GL_BLUE_INTEGER	蓝色（整数）
GL_RG_INTEGER	红色、绿色（整数）
GL_RGB_INTEGER	红色、绿色、蓝色（整数）
GL_RGBA_INTEGER	红色、绿色、蓝色、alpha（整数）
GL_BGR_INTEGER	蓝色、绿色、红色（整数）
GL_BGRA_INTEGER	蓝色、绿色、红色、alpha（整数）

再次要注意的是，表 6-4 给出的格式标识符已经描述了像素的分量组成（包括红色、绿色、蓝色，以及 alpha）、它们的排列顺序，以及可选的 _INTEGER 后缀。如果这个后缀存在，那么数据传递到 OpenGL 的时候会被看待为一个没有归一化的整数数据，依次使用。如果纹理的内部格式是浮点数格式，这个数据会直接转换为浮点数的形式。也就是说，整数 100 将会变成浮点数 100.0，输入的数据类型在这里并不重要。如果你希望在着色器中直接获取整数，可以直接使用整型采样器类型，以及整型的内部格式（例如 GL_RGBA32UI），同时还有整型的外部数据格式和类型（例如 GL_RGBA_INTEGER 和 GL_UNSIGNED_INT）。

format 参数与 type 参数共同描述了内存中的纹理数据。type 通常是 GL_BYTE、GL_UNSIGNED_BYTE、GL_SHORT、GL_UNSIGNED_SHORT、GL_INT、GL_UNSIGNED_INT、GL_HALF_FLOAT 以及 GL_FLOAT 中的一种，分别表示有符号 / 无符号 byte、有符号 / 无符号 short、有符号 / 无符号 int、半精度浮点数以及全精度浮点数。我们也可以使用 GL_DOUBLE 来表达双精度浮点数。这些类型同时也对应着 GLbyte、GLubyte、GLshort、GLushort、GLint、GLuint、GLhalf、GLfloat，以及 GLdouble。

除了这些传统类型的标识符之外，我们还可能用到一些特殊的标识符来表达打包格式或者混合类型的格式。如果数据被打包成巨大的传统数据类型，并且各个分量之间的边界排列并不是 byte、short、int 这样的形式，这样的定义就有用武之地了。这类标识符名称通常是由标准类型标记（例如 GL_UNSIGNED_INT）和表达数据在内存中的排列方式的后缀共同组成。表 6-5 所示为使用打包格式记录的分量数据以及对应的标识符。

表 6-5　示例的分量布局以及像素打包格式

格式标识符	分量布局
GL_UNSIGNED_BYTE_3_3_2	红 绿 蓝
GL_UNSIGNED_BYTE_2_3_2_REV	蓝 绿 红
GL_UNSIGNED_SHORT_5_6_5	红 绿 蓝
GL_UNSIGNED_SHORT_5_6_5_REV	蓝 绿 红
GL_UNSIGNED_SHORT_4_4_4_4	红 绿 蓝 A
GL_UNSIGNED_SHORT_4_4_4_4_REV	A 蓝 绿 红
GL_UNSIGNED_SHORT_5_5_5_1	红 绿 蓝 A
GL_UNSIGNED_SHORT_1_5_5_5_REV	A 蓝 绿 红
GL_UNSIGNED_INT_10_10_10_2	红 绿 蓝 A
GL_UNSIGNED_INT_2_10_10_10_REV	A 蓝 绿 红
GL_UNSIGNED_INT_10F_11F_11F_REV	蓝 绿 红
GL_UNSIGNED_INT_5_9_9_9_REV	A 蓝 绿 红

6.6　压缩纹理

　　压缩是一种降低存储或者信息传输所需的数据总量的方法。由于纹理数据会消耗大量的内存（包括内存带宽），OpenGL 支持压缩形式的纹理存储方法来降低纹理的尺寸。压缩算法的实现方式有两大类：无损和有损。无损压缩算法不会丢失任何信息，解压缩之后可以得到原始数据的完全准确的拷贝结果。不过有损压缩的过程中就会牺牲掉一些原始的信息，以确保剩下的数据内容能够充分适用于压缩算法并缩减它的尺寸。这样一定程度上会降低数据的质量，不过在降低内存耗费方面会有更大的提升。对于某些形式的数据（例如可执行的程序、文本文档），是不允许任何信息丢失的。此时用户会经常使用一些无损压缩的方法来处理这种文档，例如 zip 格式。

　　而另外一些数据就可以考虑降低质量的方式了。例如常见的音频和视频压缩算法 MPEG 就是有损的。它会丢掉一些数据来提升压缩比率。此时在质量的损失和文件大小的改变这两个方面，我们需要做出一些权衡。如果不采用有损压缩的方法，MP3 的播放器和视频流的传输恐怕都是不太可能的。

　　多数情况下，大多数用户无法察觉数据的损失⊖。你听音乐的时候能够察觉音乐数据是

⊖　无损压缩的算法，例如 FLAC，在数字音乐的保存方面也是很常用的。这些算法的压缩比通常能达到原始数据的 30% ~ 50%。不过日常生活中，我们会用到 MP3 和 AC3 这样的有损算法，它们可以达到 10% 左右的压缩比，且音乐质量仍能保证大多数用户的体验要求。

经过压缩的吗？如今使用的大多数纹理压缩机制都是基于有损压缩的算法设计的，并且它们应当很容易进行解压缩，不过如今的压缩算法在压缩机制上已经非常复杂了。

OpenGL 中有两种可以传输压缩纹理数据的方法。第一种是由 OpenGL 负责压缩数据。这种情况下，我们可以直接提供未压缩的数据，但是要设置一个压缩格式的内部格式。OpenGL 的实现平台会使用未压缩的、原始的纹理数据并尝试进行压缩。因为这个过程是实时进行的，因此 OpenGL 的压缩器通常只会实现一个非常简单的算法，以便快速地压缩数据，而得到的压缩纹理结果质量并不会很高。另一种方法是用户采用离线的方式（在程序运行之前）压缩纹理数据，然后将结果直接传递给 OpenGL。这时我们可以花足够的时间来达到自己期望的压缩质量，并且不用牺牲运行时性能。

无论是哪种方法，第一步要做的都是选择一种压缩形式的内部格式。纹理压缩算法和格式的种类繁多，而不同的硬件和 OpenGL 实现也会支持不同类型的格式，大部分都是采用扩展功能的形式实现。如果想知道你所使用的 OpenGL 平台能够支持什么格式，可以直接查阅它的扩展功能列表。

虽然 OpenGL 的不同实现平台可能包含各种私有和没有通用性的压缩格式支持，我们还是可以找到两种最常用且肯定被 OpenGL 本身支持的压缩格式。它们就是 RGTC（Red-Green 纹理压缩算法）和 BPTC（Block Partitioned 纹理压缩算法）。这两种格式都是基于区块的，可按照 4×4 的纹素块来保存数据。也就是说，每幅图像都是按照 4×4 的纹素区块形式来记录的，而每个区块会独立进行压缩。这样的块在硬件层面的解压非常迅速，这一过程会在数据从主内存传递图形处理器的纹理缓存的阶段完成。

如果选择由 OpenGL 来压缩纹理数据，那么需要选择一个合适的压缩形式内部格式，然后像往常一样提供纹素数据。OpenGL 会负责获取数据并进行压缩。不过用户也可以选择离线处理纹素数据，然后调用压缩纹理图像相关的函数直接将结果数据传递给 OpenGL。如果我们需要为压缩格式的纹理数据分配永久存储空间，还是需要使用之前提到过的 glTextureStorage1D()、glTextureStorage2D() 和 glTextureStorage3D() 函数。

当设置压缩数据的时候，数据的绝对尺寸是由压缩格式决定的。因此所有的图像压缩数据函数都需要一个参数来设置这个尺寸（单位为字节）。用户程序要负责确保这个尺寸是正确的，以及传递给 OpenGL 的数据必须是合法且匹配函数参数的压缩格式。当我们分配了纹理对象的存储空间之后，就可以使用下面的函数来更新纹理数据的部分了。

```
void glCompressedTextureSubImage1D(GLuint texture, GLint level, GLint xoffset,
GLsizei width, GLenum format, GLsizei imageSize, const void *data);
void glCompressedTextureSubImage2D(GLuint texture, GLint level, GLint xoffset, GLint
yoffset, GLsizei width, GLsizei height, GLenum format, GLsizei imageSize, const void *data);
void glCompressedTextureSubImage3D(GLuint texture, GLint level, GLint xoffset, GLint
yoffset, GLint zoffset, GLsizei width, GLsizei height, GLsizei depth, GLenum format,
```

GLsizei imageSize, const void *data);

更新压缩过的纹理数据，纹理名称为 texture，层级为 level。xoffset 和 width 负责设置 x 方向的偏移值和纹理数据的宽度（以纹素为单位）。对于二维和三维纹理，还需要 yoffset 和 height 来设置 y 方向的偏移值和纹理数据的高度。对于一维数组纹理来说，yoffset 和 height 相当于数组中的起始切片和要更新的切片数量。对于三维纹理，zoffset 和 depth 设置 了 z 方向的偏移值和纹理数据的深度。而对于二维数组纹理来说，这两个参数设置的是数 组中的起始切片和要更新的切片数量。format 设置了压缩图像数据的格式，它必须和纹理 的内部格式匹配。imageSize 和 data 设置了准备更新的纹理数据的尺寸以及数据的地址。

6.7 采样器对象

我们可以通过着色器中带有纹理单元信息的采样器变量来读取纹理，使用 GLSL 内置 的函数从纹理图像中读取纹素。而纹素读取的方式依赖于另一个对象中的参数，名为采样 器对象（sampler object）。采样器对象会绑定到采样器单元，这类似于纹理对象绑定到纹理 单元。为了简便起见，我们在每一个纹理对象中包含了一个默认内置的采样器对象，如果 没有把采样器对象绑定到专门的采样器单元，这个对象可以用来从纹理对象中读取数据。

要创建一个采样器对象，与创建其他大部分 OpenGL 对象的方式类似，我们都需要调 用对应的对象类型的创建函数——在这里就是 glCreateSamplers()。glCreateSamplers() 函数 的原型如下：

void glCreateSamplers(GLsizei n, GLuint *samplers);

返回 n 个保存在数组 samplers 中的采样器对象的名称。samplers 中返回的对象名称 表示新初始化的一系列采样器对象，使用默认的状态。

0 是一个保留字，glCreateSamplers() 不会返回这个数值。

glCreateSamplers() 会返回一系列没有使用过的采样器对象名称，它们对应了一系列新 初始化的采样器对象。创建好名称之后，它们就可以绑定到对应的采样器绑定点了，这里 要用到 glBindSampler() 或者 glBindSamplers() 函数，原型分别如下：

void **glBindSampler**(GLuint unit, GLuint sampler);
void **glBindSamplers**(GLuint first, GLsizei count, const GLuint *samplers);

glBindSampler() 将一个采样器对象 sampler 绑定到 unit 所设置的采样器单元。glBind-

Samplers() 则是将多个采样器对象绑定到连续的采样器单元。这里的第一个单元通过参数 first 给出，采样器单元的数量通过 count 给出，而 samplers 指向采样器对象名称的数组。如果 sampler 或者 samplers 中某个元素为 0，那么对应的目标单元中已经绑定的采样器对象将被解除绑定，当前单元位置恢复为未绑定的状态。

在一个名称被真正绑定到采样器单元之前，我们不认为它是一个合法的采样器对象。如果要判断某个数值是否是一个已知的采样器对象的名称，可以调用 glIsSampler() 函数，它的原型为：

GLboolean glIsSampler(GLenum id);

如果 id 是一个已知的采样器对象，返回 GL_TRUE，否则返回 GL_FALSE。

注意 glBindSampler() 和 glBindSamplers() 并没有 target 参数，这一点与 glBindTexture-Unit() 函数不同。这是因为采样器并没有目标的概念，它们总是与纹理相关联。采样器对象并没有内在的维度概念，因此也就没有必要在多种采样器对象类型中进行区分了。

采样器参数

每个采样器对象都对应了一系列用于控制纹理对象中纹素读取过程的参数。采样器对象的参数是通过 glSamplerParameteri() 和 glSamplerParameterf() 函数来设置的（分别用于整数和浮点数参数），此外还有 glSamplerParameteriv() 和 glSamplerParameterfv() 函数（用于整数和浮点数向量参数）。

void glSamplerParameter{fi}(GLuint sampler, GLenum pname, Type param);
void glSamplerParameter{fi}v(GLuint sampler, GLenum pname, const Type* param);
void glSamplerParameterI{i ui}v(GLuint sampler, GLenum pname, const Type* param);

对于名为 sampler 的采样器对象，设置参数 pname 的数值为 param 给定的值。glSamplerParameteri() 中的 param 是一个整数值，而 glSamplerParameterf() 中的 param 是一个浮点数值。glSamplerParameteriv() 中的 param 是一个整数值数组的地址，而 glSamplerParameterfv() 中的 param 是一个浮点数数组的地址。

glSamplerParameteri() 和类似函数都可以直接设置采样器对象的参数。其中的 sampler 参数是准备修改的采样器对象的名字。但是也要注意，每个纹理对象都会包含一个默认的采样器对象，可以在不需要绑定到相应采样器单元的前提下直接从纹理中读取数据。如果要修改这个对象的参数，可以调用名为 glTextureParameter 的函数。

---

void glTextureParameter{fi}(GLuint texture, GLenum pname, Type param);
void glTextureParameter{fi}v(GLuint texture, GLenum pname, const Type *param);
void glTextureParameterl{i ui}v(GLuint texture, GLenum pname, const Type *param);

设置纹理对象 texture 的参数 pname 的数值为 param 给定的值。glTextureParameteri() 中的 param 是一个整数值，而 glTextureParameterf() 中的 param 是一个浮点数值。glTextureParameteriv() 和 glTextureParameterIiv() 中的 param 是一个整数值数组的地址，而 glTextureParameterfv() 中的 param 是一个浮点数数组的地址。最后，glTextureParameterIuiv() 中的 param 是一个无符号整数值数组的地址。如果 pname 设置的是采样器对象的参数，那么函数会访问这个纹理的内置默认采样器对象。

对于 glSamplerParameter 和 glTextureParameter 类的函数来说，它们都有一系列可以使用的 pname 参数值。每个值控制的都是采样的不同方面，不过 glTextureParameter 函数的一些 pname 参数值和采样器并没有关系。我们并不打算在这里马上介绍 pname 的每一个合法值的意义，而是在后文合适的章节里进行讲解。

当完成了对采样器对象的试用之后，和处理其他类型的 OpenGL 对象类似，我们最好也删除这些不再使用的对象。要删除一个采样器对象，可以使用 glDeleteSamplers() 函数。

---

void glDeleteSamplers(GLsizei count, const GLuint *samplers);

删除 count 个采样器，它们的名称保存在数组 samplers 中。删除之后，samplers 中的名称都会恢复到未使用的状态，可以经由 glCreateSamplers() 的调用再次返回。

6.8 纹理的使用

当我们创建和初始化了一个纹理对象，并且将图像数据传递进去之后，就可以在程序中通过着色器来读取它了。正如我们已经说过的那样，着色器中的纹理是通过不同维度和类型的采样器变量来表达的。每个采样器变量都是由纹理对象传入的图像数据，以及采样器对象（或者纹理内置的采样器对象）传入的采样参数来共同定义的。纹理需要绑定到纹理单元上，而采样器对象需要绑定到对应的采样器单元上，它们共同作用来实现纹理图像的读取。这一过程被称作采样（sampling），它是通过 GLSL 内置的函数 texture（或者其他的变种）来实现的。

在 GLSL 中从纹理读取数据的通常方式是使用内置的函数。GLSL 支持函数的重载（overloading），这个概念与 C++ 等编程语言中的同名概念类似。函数重载的过程也就是使用同一个函数名称来表达多种不同的参数类型构成的多个不同的函数声明。在编译过程中，编译器会根据传入参数的类型来判断到底应当调用哪个版本的函数。texture 的基本重载类型如下所示（如果要了解所有的纹理函数，可以参考附录 C）。

```
gvec4 texture(gsampler1D tex, float P[, float bias]);
gvec4 texture(gsampler2D tex, vec2 P[, float bias]);
gvec4 texture(gsampler3D tex, vec3 P[, float bias]);
gvec4 texture(gsamplerCube tex, vec3 P[, float bias]);
gvec4 texture(gsampler1DArray tex, vec2 P[, float bias]);
gvec4 texture(gsampler2DArray tex, vec3 P[, float bias]);
gvec4 texture(gsampler2DRect tex, vec2 P);
gvec4 texture(gsamplerCubeArray tex, vec4 P[, float bias]);
```

从名为 tex 的采样器中采样一个纹素，对应的纹理坐标为 P。如果对象支持 mipmap，并且设置了 bias，那么这个参数将被用于 mipmap 细节层次（level-of-detail）的偏移量计算，来判断采样应当在哪一层进行。函数的返回值是一个包含了采样后的纹理数据的向量。

> **注意** 这里有一个专业术语上的解释：对于很多 GLSL 函数的原型，我们都可以看到 gvec4（或者其他维度的向量）这样的定义。它实际上是一个"占位符"类型，标识任何类型的一个向量。它可以用来表达 vec4、ivec4 或 uvec4。同理，gsampler2D 也是一个这样的占位符，它可以表达 sampler2D、isampler2D 或者 usampler2D 类型。此外，我们在书写函数参数的时候如果添加了方括号（[和]），说明这个参数是可选的，可以忽略不计。

GLSL 中的每个纹理函数都需要一个采样器变量，以及一组纹理坐标作为输入。函数的返回值也就是从原始纹理经过采样器计算得到的结果。

纹理函数中传入的采样器参数可以是一个采样器数组的某个元素，也可以是函数的一个参数。对于所有的情形来说，参数都必须是动态统一的。也就是说，参数必须是一个表达式的解析结果，而这个表达式中必须包含 uniform、常量，或者其他已知对于该着色器的所有实例都能返回一致结果的变量（例如循环计数变量）。

例 6.7 中所示为使用纹理函数从纹理中读取纹素的一个例子。

例 6.7 简单的纹理查找示例（片元着色器）

```
#version 330 core

uniform sampler2D tex;

in vec2 vs_tex_coord;

layout (location = 0) out vec4 color;

void main(void)
{
    color = texture(tex, vs_tex_coord);
}
```

例 6.7 中是通过片元着色器从纹理中读取数据的。纹理可以在任何着色器阶段使用，但是只有片元着色器中最适合表现纹理所产生的效果。在着色器的开始部分，我们声明了一个二维 uniform 采样器 tex。片元着色器的唯一输入变量就是纹理坐标（vs_tex_coord），它被声明为一个 vec2，片元着色器的输出是一个颜色值 color。

与之对应的顶点着色器如例 6.8 所示。

例 6.8 简单的纹理查找示例（顶点着色器）

```
#version 330 core

layout (location = 0) in vec4 in_position;
layout (location = 1) in vec2 in_tex_coord;

out vec2 vs_tex_coord;

void main(void)
{
    gl_Position = in_position;
    vs_tex_coord = in_tex_coord;
}
```

例 6.8 中的两个输入变量是顶点的位置和纹理坐标，它们直接被传递到着色器的输出变量中。在本例中，我们用到了内置输出 gl_Position 以及用户定义的输出 vs_tex_coord，并且传递到例 6.7 的片元着色器中，其中包含了名称相同的输入变量。

6.8.1 纹理坐标

纹理坐标也就是纹理中的坐标，用于对图像进行采样。它们通常是按照逐顶点的方式来设置的，然后对结果几何体区域进行插值来获得逐片元的坐标值。这个坐标值是在片元着色器中使用的，以便读取纹理数据并返回纹理中的颜色值作为结果片元。例 6.7 和例 6.8 中的纹理坐标都是由应用程序提供的，并且传递到顶点着色器的输入变量 in_tex_coord，经由 OpenGL 进行插值，然后传递给片元着色器的输入变量 vs_tex_coord，用户将使用这个变量来完成纹理数据的读取。

有关简单设置纹理坐标的用户程序代码，可以参见例 6.9。

例 6.9　简单的纹理示例

```
// prog 是已经链接的着色器程序对象，其中包含示例的顶点和片元着色器
glUseProgram(prog);

// tex 是纹理对象的名称，已经经过了初始化并设置了纹理数据
glBindTexture(GL_TEXTURE_2D, tex);

// 一个简单的四边形，由纹理坐标设置
static const GLfloat quad_data[] =
{
    // 顶点位置
    -1.0f, -1.0f, 0.0f, 1.0f,
     1.0f, -1.0f, 0.0f, 1.0f,
     1.0f,  1.0f, 0.0f, 1.0f,
    -1.0f,  1.0f, 0.0f, 1.0f,
    // 纹理坐标
     0.0f,  0.0f,
     1.0f,  0.0f,
     1.0f,  0.0f,
     0.0f,  0.0f
};

// 创建并初始化一个缓存对象
GLuint buf;

glGenBuffers(1, &buf);
glBindBuffer(GL_ARRAY_BUFFER, buf);
glBufferData(GL_ARRAY_BUFFER, quad_data,
             sizeof(quad_data), GL_STATIC_DRAW);

// 设置顶点属性
GLuint vao;

glGenVertexArrays(1, &vao);
glBindVertexArray(vao);
glVertexAttribPointer(0, 4, GL_FLOAT, GL_FALSE, 0, (GLvoid*)0);
glEnableVertexAttribArray(0);
glVertexAttribPointer(1, 2, GL_FLOAT, GL_FALSE, 0,
                        (GLvoid*)(16 * sizeof(float)));
glEnableVertexAttribArray(1);

// 现在可以绘制了
glDrawArrays(GL_TRIANGLE_FAN, 0, 4);
```

例 6.9 中的几何体只是缓存对象中存储的一个简单四边形，四个顶点都设置了纹理坐标。顶点的位置数据发送给顶点属性 0，而纹理坐标发送给顶点属性 1。在这个例子中，prog 是着色器程序对象的名称，它已经编译和链接了之前例 6.7 和例 6.8 中的着色器代码，而 tex 是一个纹理对象，已经加载了纹理的数据。程序渲染的结果如图 6-5 所示。

GLSL 中的每个纹理查找函数都需要一系列的坐标来进行纹素的采样。我们将纹理视为一片区域，它的覆盖范围会沿着每个坐标轴从 0.0 扩展到 1.0。（记住你可能会使用一维、二维甚至三维的纹理。）用户程序自己会负责向纹理函数提供可用的纹理坐标，正如例 6.9 中

所示。通常来说，它们会以顶点输入的形式被传递到顶点着色器中，然后由 OpenGL 负责沿着每个多边形的每个面进行数据的插值，然后传递到片元着色器中。例 6.9 中的纹理坐标范围是 0.0 ~ 1.0，因此所有的插值坐标结果也都会落在这个范围之内。如果传递给纹理查找函数的纹理坐标超出了 0.0 ~ 1.0 的取值范围，那么它们必须经过重新修改以便正确落在范围之内。OpenGL 提供了多种方式来完成这一需求，并且通过 GL_TEXTURE_WRAP_S、GL_TEXTURE_WRAP_T、GL_TEXTURE_WRAP_R 这几个采样器参数来进行控制。

图 6-5 简单贴过纹理的四边形例子

GL_TEXTURE_WRAP_S、GL_TEXTURE_WRAP_T、GL_TEXTURE_WRAP_R 参数负责控制纹理坐标超出了 0.0 ~ 1.0 的取值范围之后的处理方式，它们分别对应于纹理范围的 S、T 和 R 轴向⊖。而每个轴向对应的数据截断方式可以通过 GL_CLAMP_EDGE、GL_CLAMP_TO_BORDER、GL_REPEAT、GL_MIRRORED_REPEAT 中的一个参数来设置。截断方式的工作流程分别如下：

❑ 模式为 GL_CLAMP_EDGE 时，如果纹理坐标超出 0.0 ~ 1.0 的范围，那么纹理边缘的纹素将作为结果值直接返回给着色器。

❑ 模式为 GL_CLAMP_TO_BORDER 时，读取到纹理范围之外的时候将返回一个常数边界颜色值，作为函数的最终结果。

❑ 模式为 GL_REPEAT 时，纹理将被视为是无限重复的形式然后直接截断。从本质上来说，这相当于只使用纹理坐标的小数部分来实现纹素的查找，而整数部分将被直接丢弃。

❑ 模式为 GL_MIRRORED_REPEAT 时，纹理将被视为特殊的镜像方式，然后作为无限重复的形式进行截取。纹理坐标的整数部分为偶数的时候，只取小数部分来进行数据读取。纹理坐标的整数部分为奇数的时候（例如 1.3、3.8 等），将使用 1.0 减去小数部分，从而得到最终的坐标值。这种模式可以有效避免简单重复纹理带来的贴图边界瑕疵。

图 6-6 所示为每种纹理模式处理纹理坐标的过程，取值范围为 0.0 ~ 4.0。当越界发生的时候，所有的模式（除了 GL_CLAMP_TO_BORDER 之外）都会自动从纹理数据存储空间的某个位置再次读取纹素。而对于 GL_CLAMP_TO_BORDER 的情形，返回的纹素也就

⊖ 纹理坐标的轴通常被命名为 s、t、r 和 q，以便与空间坐标轴（x，y，z，w）和颜色坐标轴（r，g，b，a）进行区分。我们要特别说明的是，GLSL 中的 r 已经对应于红色分量，因此纹理坐标的四个分量将被定义为 s、t、p 和 q。

是这个纹理的虚拟边界颜色值，它是一个常量。默认情况下，这个颜色是黑色透明的（即颜色的每个分量都是 0.0）。但是我们也可以通过设置采样器参数 GL_TEXTURE_BORDER_COLOR 来设置新的数值。例 6.10 给出了设置纹理边界颜色为红色的过程。

图 6-6　不同纹理截断方式的效果：GL_CLAMP_EDGE（左上）、GL_CLAMP_TO_BORDER（右上）、GL_REPEAT（左下）、GL_MIRRORED_REPEAT（右下）

例 6.10　设置采样器的边界颜色

```
GLuint sampler; // 采样器名称的变量
GLuint texture; // 纹理名称的变量
const GLfloat red[] = { 1.0f, 0.0f, 0.0f, 1.0f}; // 红色

// 设置采样器对象的 GL_TEXTURE_BORDER_COLOR 参数
glSamplerParameterfv(sampler, GL_TEXTURE_BORDER_COLOR, red);

// 另一种方法是设置纹理对象的边界颜色
// 如果纹理已经绑定到纹理单元，但是没有设置采样器对象的话，需要采用这种方式
glTextureParameterfv(texture, GL_TEXTURE_BORDER_COLOR, red);
```

6.8.2　排列纹理数据

假设你有一个外部的纹理数据源，比如是一个图像编辑程序，或者你自己的程序中有这样的组件，但是它是用其他的编程语言或者 API 写成以致你没有办法控制它。这种情况下纹理数据可能是采用特殊的分量顺序来存储的，并不是常见的红色、绿色、蓝色和 alpha（RGBA）。举例来说，我们也常见到 ABGR 格式（也就是以 little endian 顺序存储的 RGBA 字节），以及 ARGB 甚至是 RGBx(即 RGB 数据打包到 32 位的词中，有一个字节没有使用)。OpenGL 很擅长处理这种类型的数据，并且将它迅速转换到标准的 RGBA 数据并传递给着

色器。要做到这一步,我们需要使用纹理乱序(texture swizzle)机制,也就是对当前实时纹理数据的分量顺序重新进行排列,然后交给图形硬件去读取。

纹理乱序是一种纹理参数集合,需要对纹理的每个通道使用 glTextureParameteri() 函数单独进行设置,并且将乱序参数名和对应的参数值传递给函数。纹理乱序的参数名包括 GL_TEXTURE_SWIZZLE_R、GL_TEXTURE_SWIZZLE_G、GL_TEXTURE_SWIZZLE_B 和 GL_TEXTURE_SWIZZLE_A,分别对应了正常顺序的红色、绿色、蓝色和 alpha 纹理通道。此外还有一个单独的参数名 GL_TEXTURE_SWIZZLE_RGBA,可以在一次调用之内就直接配置四个通道的内容,此时需要调用 glTextureParameteriv()。这些参数设置了源数据在纹理当中存储的对应通道名称,取值需要是以下这些类型中的一个:GL_RED、GL_GREEN、GL_BLUE、GL_ALPHA、GL_ONE 或 GL_ZERO。它们分别对应于结果纹理中的红色、绿色、蓝色和 alpha 通道,或者常量 1 和 0。

默认情况下,乱序参数的设置与实际情况是没有区别的。也就是说,GL_TEXTURE_SWIZZLE_R、GL_TEXTURE_SWIZZLE_G、GL_TEXTURE_SWIZZLE_B 和 GL_TEXTURE_SWIZZLE_A 分别对应 GL_RED、GL_GREEN、GL_BLUE、GL_ALPHA。

例 6.11 给出了纹理参数设置的方法,可以用于读取 ABGR 或者 RGBx 类型的数据。对于 RGBx 格式,我们将其中缺失的 alpha 通道设置为常数 1.0。

例 6.11　纹理乱序示例

```
// ABGR 格式的纹理名称
GLuint abgr_texture;
// RGBx 格式的纹理名称
GLyint rgbx_texture;

// 为了在一次调用中就设置好 ABGR 乱序格式,在这里建立一个数组
static const GLenum abgr_swizzle[] =
{
    GL_ALPHA, GL_RED, GL_GREEN, GL_BLUE
};

// 绑定 ABGR 纹理
glBindTexture(GL_TEXTURE_2D, abgr_texture);
// 调用 glTexParameteriv 函数并设置所有的乱序参数
glTexParameteriv(GL_TEXTURE_2D,
                 GL_TEXTURE_SWIZZLE_RGBA,
                 abgr_swizzle);

// 现在绑定 RGBx 纹理
glBindTexture(GL_TEXTURE_2D, rgbx_texture);
// 我们只需要设置 GL_TEXTURE_SWIZZLE_A 参数即可,因为 R、G、B 三个分量的
// 乱序设置与它们的默认值相同
glTexParameteri(GL_TEXTURE_2D,
                GL_TEXTURE_SWIZZLE_A,
                GL_ONE);
```

6.8.3　使用多重纹理

现在我们已经看到了一个简单的纹理渲染程序，可能也发现了这个例子中的一些遗漏之处。举例来说，例 6.9 中并没有设置片元着色器里采样器的取值。这是因为我们只用到了一个纹理。事实上，OpenGL 可以同时支持很多个纹理。一个着色器阶段可以最少支持 16 个纹理，如果乘以 OpenGL 支持的着色器阶段的数量那就是 80 个纹理了！而实际上，OpenGL 确实有 80 个纹理单元，它们对应于标识符 GL_TEXTURE0 ~ GL_TEXTURE79。

如果要在着色器中使用多重纹理，我们还需要定义多个 uniform 类型的采样器变量。每个变量都对应着一个不同的[⊖]纹理单元。从应用程序的角度来说，采样器 uniform 和一般的整数 uniform 非常类似。它们可以使用通常的 glGetActiveUniform() 函数来进行枚举，也可以使用 glUniform1i() 函数来设置数值。设置给采样器 uniform 的整数数值也就是它所关联的纹理单元的索引值。

在一个着色器（或者程序对象）中使用多重纹理的步骤如下所示。首先，我们需要使用 glBindTextureUnit() 函数将纹理绑定到纹理单元上。对于每一个将会在着色器中使用的纹理单元，我们都要重复这个操作。然后在着色器中，将每个采样器 uniform 都关联到一个纹理单元上，这时候要用到 binding 布局限定符。

我们会修改之前的例子来演示这一过程，这次会使用两个纹理。首先修改例 6.8 的顶点着色器，以便生成两组纹理坐标。更新后的顶点着色器如例 6.12 所示。

例 6.12　简单的多重纹理示例（顶点着色器）

```
#version 330 core

layout (location = 0) in vec2 in_position;
layout (location = 1) in vec2 in_tex_coord;

out vec2 tex_coord0;
out vec2 tex_coord1;
uniform float time;

void main(void)
{
    const mat2 m = mat2(vec2(cos(time), sin(time)),
                        vec2(-sin(time), cos(time)));
    tex_coord0 = in_tex_coord * m;
    tex_coord1 = in_tex_coord * transpose(m);
    gl_Position = vec4(in_position, 0.5, 1.0);
}
```

新的顶点着色器可以通过 uniform 变量 time 来产生一个旋转的矩阵，然后用它来旋转输入的纹理坐标使它们转向不同的方向，从而产生简单的动画效果。然后，我们修改例 6.7

⊖　从技术上来说，这些变量也可以关联到相同的纹理单元上。如果有两个或者更多采样器都关联到同一个纹理单元，它们将对同一个纹理进行数据的采样工作。

中的片元着色器，纳入两个采样器 uniform 变量，分别读取一个纹素然后将结果合并到一起。新的着色器如例 6.13 所示。

例 6.13　简单的多重纹理示例（片元着色器）

```
#version 330 core

in vec2 tex_coord0;
in vec2 tex_coord1;

layout (location = 0) out vec4 color;

layout (binding = 0) uniform sampler2D tex1;
layout (binding = 1) uniform sampler2D tex2;

void main(void)
{
    color = texture(tex1, tex_coord0) + texture(tex2, tex_coord1);
}
```

在例 6.13 中，我们使用不同的纹理坐标从两个纹理当中分别进行采样。不过，我们也完全可以使用相同的纹理坐标来操作两个不同的纹理。为了确保着色器能够正常工作，需要设置两个采样器 uniform：tex1 和 tex2，然后将纹理绑定到对应的纹理单元。我们需要使用 glBindTextureUnit() 函数来完成这一操作，如例 6.14 所示。

例 6.14　简单的多重纹理示例

```
// prog 是已经链接的着色器程序对象，其中包含了示例的顶点和片元着色器
glUseProgram(prog);

// 绑定纹理到纹理单元 0
glBindTextureUnit(0, tex1);

// 重复步骤，绑定纹理到纹理单元 1
glBindTextureUnit(1, tex2);
```

本例的两个源纹理数据如图 6-7 所示，使用更新后的片元着色器渲染的结果如图 6-8 所示，其中已经绑定了这两个纹理。

图 6-7　多重纹理示例中用到的两个纹理

图 6-8 多重纹理示例的输出结果

6.9 复杂纹理类型

我们通常会觉得纹理只是一维或者二维的图像数据，这可以从中进行读取。但是实际上还有几种类型的纹理，包括 3D 纹理、纹理数组、立方体映射、阴影、深度 – 模板，以及缓存纹理。本节所讨论的就是这些特殊的纹理类型以及它们的主要用途。

6.9.1 3D 纹理

3D 纹理可以被认为是 3D 网格形式排列的一种纹素体。要创建一个 3D 纹理，需要生成一个纹理对象并绑定到 GL_TEXTURE_3D 目标。一旦绑定完成之后，我们就可以使用 glTextureStorage3D() 来创建纹理对象的存储空间。3D 纹理不只有宽度和高度，还有深度值。3D 纹理的最大宽度和高度与 2D 纹理相同，可以通过 GL_MAX_TEXTURE_SIZE 的值来获取。OpenGL 实现所支持的 3D 纹理的最大深度值可以通过 GL_MAX_3D_TEXTURE_SIZE 来获取，它可能与纹理宽度和高度的最大值不同。

在着色器中读取 3D 纹理的时候需要用到三维纹理坐标。除此之外，它的工作流程与其他纹理类型非常类似。3D 纹理的一种典型用途就是体渲染，用在医疗影像和流体模拟的领域。在这种类型的程序当中，纹理的内容通常是一个密度图像，每个体素（voxel）⊖都表达介质密度中的一个采样值。

渲染体积的一个简单方法就是，沿着体积像渲染有纹理的四边形一样渲染切平面，而 3D 纹理坐标取自顶点属性。例 6.15 中的顶点着色器展示了如何使用变换矩阵将 2D 纹理坐标转换为三维空间。这些坐标会经由 OpenGL 插值并且在例 6.16 的片元着色器中使用。

⊖ 体素也就是体积内的一个元素，它和像素（表示一幅图像中的一个元素）以及纹素（即纹理中的一个元素）的意义类似。

例 6.15 简单的体纹理的顶点着色器

```
#version 330 core

// 来自用户程序的顶点和 2D 纹理坐标
layout (location = 0) in vec2 in_position;
layout (location = 1) in vec2 in_tex_coord;

// 输出变换后的三维纹理坐标
out vec3 tex_coord;

// 用于将纹理坐标变换到三维空间的变换矩阵
uniform mat4 tc_rotate;

void main(void)
{
    // 使用变换矩阵乘以纹理坐标得到三维空间的结果
    tex_coord = (vec4(in_tex_coord, 0.0, 1.0) * tc_rotate).stp;
    // 直接传递位置属性
    gl_Position = vec4(in_position, 0.5, 1.0);
}
```

例 6.16 简单的体纹理的片元着色器

```
#version 330 core

// 从顶点着色器输入的纹理坐标
in vec3 tex_coord;

// 最终的颜色
layout (location = 0) out vec4 color;

// 体纹理
uniform sampler3D tex;

void main(void)
{
    // 直接从 3D 纹理中读取纹理坐标对应位置的数据，然后在 R、G、B、A 四个通道上重复即可
    color = texture(tex, tex_coord).rrrr;
}
```

使用例 6.15 和例 6.16 中的顶点和片元着色器渲染的结果如图 6-9 所示。在这个例子中，体纹理中包含了一片云的密度场。这个例子通过切平面沿着体积运动，以及对 3D 纹理经过平面的每个点进行采样的方法，实现了云的动态效果。

6.9.2 纹理数组

对于某些应用程序来说，用户可能需要同时链接一系列一维或者二维的纹理，但是

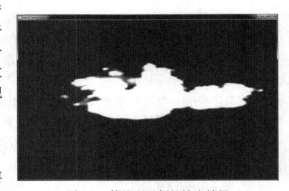

图 6-9 体纹理示例的输出结果

又希望在一个绘制调用过程中完成。假设你正在编写一款游戏，它支持同样的几何体形状的多个角色，每个都有自己的服装贴图。又或者你是准备给角色提供多层不同属性的纹理，例如漫反射颜色、法线贴图、高光密度贴图，以及其他一些属性。

当你需要针对上面的需求使用多个纹理的时候，就需要在绘制指令之前将所有所需的纹理都绑定好。而如果 OpenGL 还需要更新纹理对象本身，每一次绘制的时候调用 glBindTextureUnit() 都可能对应用程序产生一些性能上的影响。

纹理数组可以帮助你将多幅一维或者二维纹理合并到一个集合中，它们的尺寸和格式必须是相同的，然后保存到更高一个维度的纹理中（例如，一组二维纹理需要使用类似三维纹理形式的集合去保存）。但是如果直接用一个三维纹理去保存一组二维纹理，你会遇到一些不方便的地方：用来索引的纹理坐标 r 在这种情况下是被归一化到 [0, 1] 区间的。如果你有一组 7 张纹理，需要访问第 3 张的时候就需要设置坐标为 0.35714（约数），但是你可能更希望直接设置索引为 2。纹理数组就符合这种情况下的需求。此外，纹理数组还允许按索引进行纹理之间的 mipmap 滤波。与之相比，三维纹理对纹理"切片"之间的滤波可能就无法返回我们所期望的结果了。

---

gvec4 **texture**(gsampler2D tex, vec2 P[, float bias]);

gvec4 **texture**(gsampler2DArray tex, vec3 P[, float bias]);

我们可以比较二维纹理和二维纹理数组的 texture 函数原型。第二个函数使用的采样器类型为 sampler2DArray，并且纹理坐标 P 有一个额外的维度。P 的第三个分量也就是数组的索引值，或者切片值。

6.9.3　立方体映射纹理

立方体映射纹理是一种特殊形式的纹理，特别适用于环境贴图（environment mapping），它会将一系列图像作为一个立方体的 6 个面来处理。这六个面分别对应于 6 幅子图像，它们必须是正方形且大小相等。当我们对立方体映射进行采样的时候，所使用的纹理坐标是三维形式，并且被视为从原点触发的一个方向向量。这个方向向量本质上就是立方体表面读取纹理数据的一个点。假设你正站在一个正方形房间的中央，并且手里有一个激光器。你可以打开激光器并指向任意一个方向，让激光在房屋的墙壁上、天花板，或者地板上投射一个点。激光器投射的这个点也就是我们准备采样读取纹理贴图的位置。立方体映射很适合表达周遭的环境信息、光照，以及反射的效果，它还可以用于复杂物体的纹理截取操作。

如果需要分配立方体映射纹理的存储空间，我们需要调用 glCreateTextures()，并设置 target 为 GL_TEXTURE_CUBE_MAP，然后为新纹理调用 glTextureStorage2D()。这一次调用会直接创建立方体映射 6 个面的存储空间。注意，即使我们调用的是二维纹理的存储空间函数，立方体映射还是会生成 6 层，就像一个二维数组纹理一样。立方体映射数组的表现也很像是一个有 6 的倍数层的纹理图像的数组。每个立方体面都有自己的 mipmap 集合。这个纹理可以通过 glTextureSubImage3D() 来设置立方体每个面的数据（这里是三维，因为这个纹理与数组纹理很类似）。例 6.17 所示为创建和初始化立方体映射纹理的过程。

例 6.17 初始化立方体映射纹理

```
GLuint tex; // 要创建的纹理

extern const GLvoid* texture_data[6]; // 各个面的数据

// 生成、绑定和初始化纹理对象，使用 GL_TEXTURE_CUBE_MAP 目标
glCreateTextures(1, GL_TEXTURE_CUBE_MAP, &tex);
glTextureStorage2D(tex, 10, GL_RGBA8, 1024, 1024);

// 已经分配了纹理对象的存储空间，我们可以设置纹素数组中的纹理数据了
for (int face = 0; face < 6; face++)
{
    glTextureSubImage3D(texure,                    // 面
                        0,                         // 层次
                        0, 0,                      // X 和 Y 偏移
                        face,                      // Z 偏移（面索引）
                        1024, 1024,                // 面的尺寸
                        1,                         // 每次一个面（深度）
                        GL_RGBA,                   // 格式
                        GL_UNSIGNED_BYTE,          // 数据类型
                        texture_data[face]);       // 数据
}

// 现在，如果需要的话，还可以设置每个面的低层 mipmap 的数据
```

立方体映射纹理可以组合成数组。可以用 GL_TEXTURE_CUBE_MAP_ARRAY 纹理目标来创建和修改立方体映射数组纹理。立方体映射数组中的每个立方体映射是底层数组纹理的 6 个连续切片。因此，5 个立方体映射纹理数组共有 30 个切片。例 6.18 修改例 6.17 示例来创建一个纹理中有 5 个立方体映射的立方体映射数组。

例 6.18 初始化立方体映射数组纹理

```
GLuint tex; // 要创建的纹理

extern const GLvoid* texture_data[6][5]; // 各个面的数据

// 生成、绑定和初始化纹理对象，使用 GL_TEXTURE_CUBE_MAP_ARRAY 目标
glGenTextures(1, &tex);
glBindTexture(GL_TEXTURE_CUBE_MAP_ARRAY, tex);
glTexStorage3D(GL_TEXTURE_CUBE_MAP_ARRAY, 10,
               GL_RGBA8, 1024, 1024, 5);

// 已经分配了纹理对象的存储空间，可以设置纹素数组中的纹理数据了
for (int cube_index = 0; cube_index < 5; cube_index++)
{
    for (int face = 0; face < 6; face++)
    {
```

```
GLenum target = GL_TEXTURE_CUBE_MAP_POSITIVE_X + face;
glTexSubImage3D(target,                          // 面
                0,                               // 层数
                0, 0,                            // 偏移
                cube_index,                      // 立方体面索引
                1024, 1024,                      // 宽度、高度
                1,                               // 面数
                GL_RGBA,                         // 格式
                GL_UNSIGNED_BYTE,                // 数据类型
                texture_data[face][cube_index]); // 数据
    }
}
```

立方体映射示例：天空盒

立方体映射纹理的一个常见的用途是作为天空盒（sky box）。所谓天空盒是纹理的一种应用方式，它可以将整个场景高效地封装到一个立方体的大盒子里，同时确保观察者位于盒子的正中央。在场景渲染的时候，场景内任何没有被遮挡的物体都会出现在盒子的内部。通过选择合适的纹理内容，我们就可以让整个立方体从观察者的角度看起来就是环境本身。

图 6-10a 所示为从场景外部看立方体映射的样子⊖，可以看出所谓的天空盒也就只是一个贴了纹理的立方体而已。而图 6-10b 所示就是缩放视角直到天空盒与近平面相切的天空盒内部的景象。最后，图 6-10c 所示为立方体中心的观察者所看到的景象，就仿佛是身处于立方体映射所呈现出的环境当中一样。

图 6-10　分别从外部、近处和中心所渲染的天空盒

为了渲染图 6-10 中所示的图像，我们需要渲染一个单位立方体，它位于场景原点，并且采用物体局部空间位置作为纹理坐标，以便对立方体映射进行采样。这个例子的顶点着色器代码参见例 6.19，片元着色器代码参见例 6.20。

⊖　本例中所示的立方体映射图像来自 http://humus.name 的授权。

例 6.19 简单的天空盒示例：顶点着色器

```
#version 330 core

layout (location = 0) in vec3 in_position;

out vec3 tex_coord;

uniform mat4 tc_rotate;

void main(void)
{
    tex_coord = in_position;
    gl_Position = tc_rotate * vec4(in_position, 1.0);
}
```

例 6.20 简单的天空盒示例：片元着色器

```
#version 330 core

in vec3 tex_coord;

layout (location = 0) out vec4 color;

uniform samplerCube tex;

void main(void)
{
    color = texture(tex, tex_coord);
}
```

使用立方体映射实现环境映射

现在已经创建了环境并将它放置在场景当中，我们可以新建物体并让它成为环境的一部分。这就是环境映射的定义，也是立方体映射纹理的另一个常见用法。这种时候，立方体映射被当作一种环境贴图（environment map）来使用，可以在场景中投射物体。为了实现环境映射，我们需要重新计算纹理坐标，方法是在准备贴图的物体表面点上，围绕表面法线对入射的视角向量进行反射，然后通过反射向量对立方体映射进行采样。

例 6.21 所示的顶点着色器负责将物体空间坐标变换到人眼中，方法是乘以一个模型 - 视点 - 投影矩阵（model-view-projection matrix）。它还可以将表面法线变换到人眼空间，方法是乘以模型 - 视点矩阵（model-view matrix）。

例 6.21 立方体映射环境映射的示例：顶点着色器

```
#version 330 core

// 输入位置和法线
layout (location = 0) in vec4 in_position;
layout (location = 1) in vec3 in_normal;

// 输出表面法线和人眼空间的位置
out vec3 vs_fs_normal;
out vec3 vs_fs_position;
```

```
// 模型－视点－投影矩阵和模型－视点矩阵
uniform mat4 mat_mvp;
uniform mat4 mat_mv;

void main(void)
{
    // 剪切空间的位置坐标
    gl_Position = mat_mvp * in_position;
    // 人眼空间的法线和位置
    vs_fs_normal = mat3(mat_mv) * in_normal;
    vs_fs_position = (mat_mv * in_position).xyz;
}
```

我们将人眼空间的表面法线和位置数据传递到片元着色器，然后使用 GLSL 的 reflect 函数将每个片元的人眼空间的位置值沿着表面法线进行反射。这样就高效地实现了视点向量沿物体表面的反射，并与立方体映射相交。将这个反射向量作为纹理坐标并对立方体映射进行采样，用得到的结果纹素对表面进行着色。这样做的结果就是环境信息被反射到物体的表面上。执行这一系列操作的片元着色器的代码如例 6.22 所示。

例 6.22　立方体映射环境映射的示例：片元着色器

```
#version 330 core

// 输入表面法线和人眼空间的位置
in vec3 vs_fs_normal;
in vec3 vs_fs_position;

// 最后的片元颜色
layout (location = 0) out vec4 color;

// 立方体映射纹理
uniform samplerCube tex;

void main(void)
{
    // 沿着表面法线对人眼空间的位置坐标进行反射，从而计算纹理坐标
    vec3 tc =  reflect(-vs_fs_position, normalize(vs_fs_normal));
    // 对纹理进行采样，并且让结果的片元值呈现出金黄的颜色
    color = vec4(0.3, 0.2, 0.1, 1.0) +
            vec4(0.97, 0.83, 0.79, 0.0) *
            texture(tex, tc);
}
```

片元着色器同样需要一定的修改，让立方体映射采样得到的纹理数值稍微呈现出金黄色。通过例 6.21 和例 6.22 所示的顶点着色器与片元着色器所渲染出的结果如图 6-11 所示。

无缝的立方体映射采样

立方体映射是 6 个独立的立方体面的集合，它们也可以扩展成立方体的数组，面的总数是 6 的倍数。当 OpenGL 对一个立方体映射进行采样的时候，第一步会使用三维纹理坐标的特征分量去判断哪个立方体面将要被采样。当这个面被判断出来之后，系统就可以很高效地将它视为一个二维纹理并且查找纹素数值。默认情况下，纹理的边界部分依然采用

默认的纹理坐标截取方式。粗看起来这样是合理的，因为生成的二维纹理坐标应当落在立方体面之内，我们不应该看到有瑕疵的情形。

但是，如果纹理的滤波方式设置为线性，那么沿着立方体各个面的边界部分，那些互相连接的表面的纹素就不是理想的最终结果值了。它会造成滤波后的纹理产生一条明显的接缝。更严重的是，如果纹理坐标的截取方式被设置为重复方式或者镜像方式，还可能会用到立方体面的另一边的纹素数据，从而产生完全不正确的结果。

图 6-12 所示为立方体映射纹理沿着两个面的接缝进行采样的结果。从画面中可以看出，立方体映射中相邻的面之间会存在一条明显的接缝。

图 6-11　金色的环境映射的圆环

图 6-12　立方体映射中的可见接缝

为了避免立方体映射的相邻面之间有这样的接缝出现，我们可以开启无缝立方体映射滤波。此时需要调用 glEnable() 并设置参数为 GL_TEXTURE_CUBE_MAP_SEAMLESS。打开无缝立方体映射滤波之后，OpenGL 就会使用相邻的立方体映射面上的纹素来获取滤波后的纹素结果。这样可以消除一些瑕疵，尤其是对于分辨率较低的立方体映射来说，相邻面上可能存在的颜色突变的问题。图 6-13 所示为开启了无缝立方体映射滤波之后的渲染结果。可以看到刚才那条明显的像素线这次已经不见了。

6.9.4　阴影采样器

GLSL 中有一类特殊的采样器叫做阴影采样器（shadow sampler）。阴影采样器需要纹理坐标中增加一个额外的分量，用来与返回的纹素数据进行比较。使用阴影采样器的时候，纹理函数返回的值是 0.0 ~ 1.0 的一个浮点数，

图 6-13　无缝立方体映射滤波的效果

它表示准备进行比较的纹素数据的小数部分。如果访问纹理的时候使用只采样一个纹素的方式（需要 GL_NEAREST 滤波方式，没有 mipmap，并且每个纹素一个采样点），那么比较之后返回的值可能是 0.0 也可能是 1.0（这取决于纹素是否通过了比较）。如果着色器中返回的数据是通过不止一个纹素构建而成的（例如线性的滤波方式，或者使用了多重采样），那么返回值应当在 0.0 ~ 1.0 之间，这取决于有多少个纹素通过了比较测试。阴影纹理的相关函数如下所示：

```
float texture(gsampler1DShadow tex, vec3 P[, float bias]);
float texture(gsampler2DShadow tex, vec3 P[, float bias]);
float texture(gsamplerCubeShadow tex, vec4 P[, float bias]);
float texture(gsampler1DArrayShadow tex, vec3 P[, float bias]);
float texture(gsampler2DArrayShadow tex, vec4 P[, float bias]);
float texture(gsampler2DRectShadow tex, vec3 P);
float texture(gsamplerCubeArrayShadow tex, vecP P, float compare);
```

　　对绑定到 tex 所对应的纹理单元的阴影纹理进行采样，纹理坐标通过 P 来设置。返回值是一个浮点数，用来衡量阴影比较操作的结果，即获取的纹素数据中通过了比较测试的数据所占的分数。

　　如果要开启采样器的比较功能，需要调用 glSamplerParameteri()（或 glTexture-Parameteri()，如果没有使用采样器对象的话），并且设置 pname 为 GL_TEXTURE_COMPARE_MODE，param 为 GL_COMPARE_REF_TO_TEXTURE。如果要关闭的话则 param 设置为 GL_NONE。如果纹理比较模式已经设置为 GL_COMPARE_REF_TO_TEXTURE，那么对应的采样器还要设置比较的方式。我们需要调用 glSamplerParameteri() 并设置 pname 为 GL_TEXTURE_COMPARE_FUNC，param 为以下这些比较函数中的一个：GL_LEQUAL、GL_GEQUAL、GL_LESS、GL_GREATER、GL_EQUAL、GL_NOTEQUAL、GL_ALWAYS 和 GL_NEVER。这些比较函数的含义和深度测试时用到的同名函数一致。

　　如果要一个比较完整的用到阴影采样器的案例，可以参见 7.4 节。

6.9.5　深度 – 模板纹理

　　与图片不同，纹理还可以存储深度和模板数据，也是采用逐纹素的方式，对应的纹理格式为 GL_DEPTH_STENCIL。如果需要帧缓存来存储深度数据的 z 分量，以及模板数据（参见第 4 章），那么这就是最通用的方法。使用深度 – 模板纹理去进行映射的时候，着色器默认会直接读取深度信息。但是对于 4.3 版本的着色器来说，同样可以读取模板的数据。不过应用程序中必须先设置 GL_DEPTH_STENCIL_TEXTURE_MODE 为 GL_STENCIL_

COMPONENTS，此外着色器必须使用整数类型的采样器。

6.9.6 缓存纹理

缓存纹理是一种特殊形式的纹理，它允许从着色器中直接访问缓存对象的内容，将它当作一个巨大的一维纹理使用。缓存纹理与一般的一维纹理相比有一些限制和不同，但是在代码中所体现出的形态是非常类似的。我们可以把它当作一般的纹理对象创建，绑定到纹理单元，并使用 glTextureParameteri() 控制它们的参数⊖。但是，纹理数据的存储实际上是由一个缓存对象（它必须是有名称的）来管理和控制的。此外，缓存纹理也没有内置的采样器，并且采样器对象也不会对缓存纹理产生效果。缓存纹理与一般的一维纹理相比有如下不同之处：

❑ 一维纹理的尺寸受限于 GL_MAX_TEXTURE_SIZE 对应的最大值，但是缓存纹理的尺寸受限于 GL_MAX_TEXTURE_BUFFER_SIZE 的值，通常能达到 2GB 甚至更多。

❑ 一维纹理支持滤波、mipmap、纹理坐标的截取，以及其他一些采样器参数，但是缓存纹理不行。

❑ 一维纹理的纹理坐标是归一化的浮点数值，但是缓存纹理使用的是没有归一化的整数纹理坐标。

我们需要根据自己的实际需求，在应用程序中选择使用缓存纹理或者一维纹理。如果要创建缓存纹理，需要调用 glCreateTextures() 来创建纹理对象，并将 GL_TEXTURE_BUFFER 作为输入的目标参数，然后使用 glTextureBuffer() 函数将纹理与一个缓存对象关联起来。

---

void **glTextureBuffer**(GLuint texture, GLenum internalformat, GLuint buffer);

将缓存对象 buffer 的存储空间与缓存纹理 texture 进行关联。buffer 的存储数据将被视为一组数据格式为 internalformat 的元素进行解析，注意数据格式必须是有尺寸后缀的。如果 buffer 为 0，那么缓存纹理 texture 中当前已经存在的关联信息将被断开，缓存数据将无法再读取。

例 6.23 是上述缓存创建、初始化数据存储，然后与一个缓存纹理进行关联的全过程示例。

例 6.23 创建和初始化缓存纹理

```
// 作为数据存储的缓存对象
GLuint buf;
// 作为缓存纹理使用的纹理对象
GLuint tex;
```

⊖ 并不是所有的纹理参数都适用于缓存纹理，并且缓存纹理也没有采样器，因此会忽略所有的采样器参数。

```
// 数据应当被保存到程序内存中了
extern const GLvoid* data;

// 生成、绑定和初始化缓存对象，设置绑定点为 GL_TEXTURE_BUFFER。假设这里用到的数据量是 1MB
glGenBuffers(1, &buf);
glBindBuffer(GL_TEXTURE_BUFFER, buf);
glBufferData(GL_TEXTURE_BUFFER, 1024 * 1024,
             data, GL_STATIC_DRAW);

// 现在创建缓存纹理对象并将它与缓存对象关联
glCreateTextures(1, GL_TEXTURE_BUFFER, &tex);
glTextureBuffer(tex, GL_R32F, buf);
```

如果只需要关联缓存对象的一部分到缓存纹理中，需要使用 glTextureBufferRange() 函数，它的原型如下所示：

---

void **glTextureBufferRange**(GLuint texture, GLenum internalformat, GLuint buffer, GLintptr offset, GLsizeiptr size);

　　将缓存对象 buffer 中从 offset 开始，总共 size 字节的一部分存储区域，关联给缓存纹理 texture。buffer 的存储数据将被视为一组数据格式为 internalformat 的元素进行解析，注意数据格式必须是有尺寸后缀的。如果 buffer 为 0，那么缓存纹理 texture 中当前已经存在的关联信息将被断开，缓存数据将无法再读取。offset 必须是一个整数值，并且是系统平台所定义的常量 GL_TEXTURE_BUFFER_OFFSET_ALIGNMENT 的倍数。

　　为了在着色器中访问缓存纹理，还需要创建一个 uniform 变量 samplerBuffer（对于有符号或者无符号整型的变量，还可以使用 isamplerBuffer 和 usamplerBuffer），然后用 texelFetch 函数⊖来读取单独的纹素采样数据并使用。用于缓存纹理的 texelFetch 函数的定义如下：

---

vec4 **texelFetch**(samplerBuffer s, int coord);

ivec4 **texelFetch**(isamplerBuffer s, int coord);

uvec4 **texelFetch**(usamplerBuffer s, int coord);

　　对一个单独的纹素执行查找，纹理当前绑定到 s，而纹理坐标设置为 coord。

有关声明缓存采样器并使用 texelFetch 来读取数据的过程，可以参见例 6.24。

⊖　texelFetch 函数除了用于缓存纹理，也可以用于一般的纹理。如果我们用它来采样一个非缓存纹理，那么纹理的采样器参数将被忽略，并且纹理坐标在这里会被视为一个没有经过归一化的整数数值（这一点与缓存纹理的用法相同）。我们选择在这里单独介绍这个函数，是因为它是使用缓存纹理时最常用到的。

例 6.24 从缓存纹理中查找纹素

```
#version 450 core

layout (binding = 0) uniform samplerBuffer buf;

in int buf_tex_coord;

layout (location = 0) out vec4 color;

void main(void)
{
    color = texelFetch(buf, tex_coord);
}
```

6.10 纹理视图

目前，我们已经知道如何将纹理视为特殊格式的大缓存管理，并且占用一定数量的存储空间。存储空间的大小取决于格式和其他一些参数，例如纹理的维度，以及是否含有mipmap。但是，从理论上来说，纹理的底层存储空间需求和它的格式以及（某种意义上）尺寸都是不直接相关的。举例来说，很多纹理内部格式的纹素数据都占用了相同的存储空间大小，有的时候我们也可以直接解析不同尺寸的纹理对象——比如取纹理数组的一个切片，然后把它作为单独的二维纹理处理。

OpenGL 允许用户在多个纹理之间共享存储数据，每个纹理可以有自己的格式和维度设置。首先，我们需要创建一个纹理并使用相关函数初始化数据存储空间（例如glTextureStorage2D()）。然后我们可以创建这个"父"纹理的纹理视图。它会对第一个纹理的底层存储空间做引用计数加 1 的操作，也就是将视图引用到存储空间上。创建纹理视图的方法是调用 glTextureView()，其原型为：

---

void **glTextureView**(GLuint texture, GLenum target, GLuint origTexture, GLenum internalFormat, GLuint minLevel, GLuint numLevels, GLuint minLayer, GLuint numLayers);

针对纹理 origTexture 创建一个新的纹理视图，原始纹理的名称必须有效，并且已经初始化数据空间。texture 会被关联到 origTexture 的存储空间，并且成为一个目标为target 的永久纹理。texture 的内部格式通过 internalFormat 来设置，它必须和 origTexture的内部格式是兼容的。minLevel 和 numLevels 分别设置了新纹理的第一个 mipmap 层以及 mipmap 的层次数量。与之类似，minLayer 和 numLayers 设置了新纹理的第一层切片和总切片数，如果它是纹理数组的话。

当我们创建已有纹理的视图的时候，新纹理的目标必须和已有纹理的目标是兼容的。目标兼容性的问题如表 6-6 所示。

表 6-6　纹理视图的目标兼容性

原始纹理目标（GL_TEXTURE_*）	兼容目标（GL_TEXTURE_*）
1D	1D、1D_ARRAY
2D	2D、2D_ARRAY
3D	3D
CUBE_MAP	CUBE_MAP、2D、2D_ARRAY、CUBE_MAP_ARRAY
RECTANGLE	RECTANGLE
BUFFER	无
1D_ARRAY	1D、1D_ARRAY
2D_ARRAY	2D、2D_ARRAY
CUBE_MAP_ARRAY	CUBE_MAP、2D、2D_ARRAY、CUBE_MAP_ARRAY
2D_MULTISAMPLE	2D_MULTISAMPLE、2D_MULTISAMPLE_ARRAY
2D_MULTISAMPLE_ARRAY	2D_MULTISAMPLE、2D_MULTISAMPLE_ARRAY

　　除了目标的兼容性之外，新的视图的内部格式与原始父纹理也必须是相同的格式类别（例如纹素的位）。表 6-7 给出了纹理格式的类别与对应的兼容内部格式。

表 6-7　纹理视图兼容的内部格式

原始目标	兼容的目标
128-bit	GL_RGBA32F、GL_RGBA32UI、GL_RGBA32I
96-bit	GL_RGB32F、GL_RGB32UI、GL_RGB32I
64-bit	GL_RGBA16F、GL_RG32F、GL_RGBA16UI、GL_RG32UI、GL_RGBA16I、GL_RG32I、GL_RGBA16、GL_RGBA16_SNORM
48-bit	GL_RGB16、GL_RGB16_SNORM、GL_RGB16F、GL_RGB16UI、GL_RGB16I
32-bit	GL_RG16F、GL_R11F_G11F_B10F、GL_R32F、GL_RGB10_A2UI、GL_RGBA8UI、GL_RG16UI、GL_R32UI、GL_RGBA8I、GL_RG16I、GL_R32I、GL_RGB10_A2、GL_RGBA8、GL_RG16、GL_RGBA8_SNORM、GL_RG16_SNORM、GL_SRGB8_ALPHA8、GL_RGB9_E5
24-bit	GL_RGB8、GL_RGB8_SNORM、GL_SRGB8、GL_RGB8UI、GL_RGB8I
16-bit	GL_R16F、GL_RG8UI、GL_R16UI、GL_RG8I、GL_R16I、GL_RG8、GL_R16、GL_RG8_SNORM、GL_R16_SNORM
8-bit	GL_R8UI、GL_R8I、GL_R8、GL_R8_SNORM
GL_RGTC1_RED	GL_COMPRESSED_RED_RGTC1、GL_COMPRESSED_SIGNED_RED_RGTC1
GL_RGTC2_RG	GL_COMPRESSED_RG_RGTC2、GL_COMPRESSED_SIGNED_RG_RGTC2
GL_BPTC_UNORM	GL_COMPRESSED_RGBA_BPTC_UNORM、GL_COMPRESSED_SRGB_ALPHA_BPTC_UNORM
GL_BPTC_FLOAT	GL_COMPRESSED_RGB_BPTC_SIGNED_FLOAT、GL_COMPRESSED_RGB_BPTC_UNSIGNED_FLOAT

　　根据表 6-7 中给出的格式和目标兼容性要求，我们就可以同时用多种方式来解析纹理中的数据。举例来说，我们可以为一个 RGB8 纹理创建两个视图：一个使用无符号归一化格式（在着色器中返回浮点数据）；另一个使用无符号整数纹理格式（在着色器中返回整数数

据）。例 6.25 给出了实现这一过程的案例。

例 6.25 使用新的格式创建一个纹理视图

```
// 创建两个纹理名称：一个是父纹理；另一个就用作纹理视图
GLuint tex[2];
glGenTextures(2, &tex);

// 绑定第一个纹理并初始化数据
// 这里设置的存储空间是 1024×1024 的二维纹理，带有 mipmap 并且格式为
// GL_RGB8——每个分量为 8 位，无符号归一化类型
glBindTexture(GL_TEXTURE_2D, tex[0]);
glTexStorage2D(GL_TEXTURE_2D, 10, GL_RGB8, 1024, 1024);

// 现在创建纹理的视图，这一次使用 GL_RGB8UI 格式，即直接获取纹理的原始数据
glTextureView(tex[1],              // 纹理视图
              GL_TEXTURE_2D,       // 新视图的目标
              tex[0],              // 源纹理
              GL_RGB8UI,           // 新的格式
              0, 10,               // 所有的 mipmap 层次
              0, 1);               // 只有一个切片
```

在第二个例子中，我们考虑一个更大的二维数组纹理，需要从数组中获取单独的一个切片并作为独立的二维纹理使用。要实现这个需求，可以使用 GL_TEXTURE_2D 创建一个视图，而原始纹理为 GL_TEXTURE_2D_ARRAY。例 6.26 所示为示例代码。

例 6.26 使用新的目标创建一个纹理视图

```
// 创建两个纹理名称：一个是父纹理；另一个就用作纹理视图
GLuint tex[2];
glCreateTextures(1, GL_TEXTURE_2D_ARRAY, &tex[0]);
glCreateTextures(2, GL_TEXTURE_2D, &tex[1]);

// 绑定第一个纹理并初始化数据
// 这一次我们会创建一个二维数组纹理，它的每一层都是 256x256 大小的纹素数据，共有 100 层
glTextureStorage3D(tex[0], 8, GL_RGAB32F, 256, 256, 100);

// 现在创建一个 GL_TEXTURE_2D 的纹理视图，将之前数组中间部分的一个切片抽取出来使用
glTextureView(tex[1],              // 新的纹理视图
              GL_TEXTURE_2D,       // 新视图的目标
              tex[0],              // 源纹理
              GL_RGBA32F,          // 格式设置与源纹理相同
              0, 8,                // 所有的 mipmap 层次
              50, 1);              // 只用到其中一层切片
```

创建好一个纹理视图之后，它可以在任何有关纹理的场合使用，例如加载图像并存储，或者作为帧缓存的附件。我们也可以为纹理视图创建新的视图（以及进一步再创建视图），而这里的每个视图都引用了原始的数据空间并进行计数。我们也可以直接删除原始的父纹理。只要还有一个视图在引用数据本身，数据就不会被删除。

纹理视图的其他用途还包括多种格式数据的混叠操作。举例来说，我们可以同时映射出浮点数和整数形式的视图，以便支持原子操作和 OpenGL 的逻辑运算，而它们原本并不能直接用在浮点数上。我们还可以把一个数据存储空间混叠成 sRGB 和线性数据的形式，

这样着色器中就可以同时访问同一处数据，不需要再进行额外的 sRGB 转换。我们也可以很高效地为一个纹理数据添加多种不同格式的数据层，只要创建多个纹理数组视图，然后再渲染不同的输出结果到不同的切片中即可。通过诸如此类的跨域思考，我们可以让纹理视图变成管理纹理数据的一种强大武器。

6.11　滤波方式

纹理贴图可以是线性的、方形的、长方形的，甚至是三维的形式，但是当它被映射到多边形或者物体表面，再变换到屏幕坐标系之后，纹理上的独立纹素几乎不可能直接和屏幕上的最终画面像素直接对应起来。根据所用的变换方法和纹理贴图的不同，屏幕上的一个像素可能对应了一个纹素的一小部分（放大），或者大量的纹素集合（缩小），如图 6-14 所示。无论是哪一种情况，我们都无法精确知道应该使用哪些纹素值，以及如何对它们求平均或者插值。因此，OpenGL 允许用户从多种不同的滤波选项中进行选择，来完成上述计算需求。不同的滤波选项在速度和画面质量之间做出了不同的权衡。此外，也可以单独为放大和缩小设置设定不同的滤波方式。

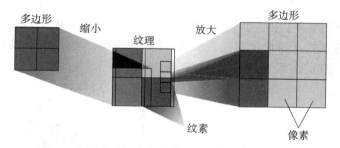

图 6-14　纹理放大和缩小的效果

有些情形下，我们也不是很清楚到底该调用放大还是缩小的设置。如果纹理贴图需要同时在 x 和 y 方向被拉伸（或者收缩），那么肯定需要调用放大（或者缩小）设置。如果纹理贴图在一个方向上需要拉伸，在另一个方向上需要收缩，那么 OpenGL 会自动在放大和缩小选项之间做一个选择⊖，在多数情况下这个选择可以得到最好的结果。不过我们最好能够通过纹理坐标的调整，避免出现这样的选择和畸变。

6.11.1　线性滤波

线性滤波技术的含义是：使用坐标值从一组离散的采样信号中选择相邻的采样点，然后将信号曲线拟合成线性近似的形式。图 6-15 所示为一组这样的信号曲线。

⊖　如果纹理在水平和垂直方向的扩张数值是不同的，这被称作各向异性滤波（anisotropic filtering）。一部分 OpenGL 实现中将它作为一种扩展暴露给用户使用。但是核心 OpenGL 并不提供这样的组件。

图 6-15   在一个方向上对信号进行重采样

图 6-15 中，实线所对应的信号被离散采样为图中的圆点。但是我们无法通过直接在两点之间连线来重新构建原始信号。在信号的某些区域中，线性的重建结果与原始信号是可以较好地匹配的。但是在其他一些区域中，重建结果与原始信号的差异较大，重采样的结果会出现明显的尖锐转折。

对于图像数据来说，我们也可以使用相同的技术。因为纹理的采样率（分辨率）相比图像数据（细节）中的尖锐转折来说是足够高的，所以对图像进行线性的重构理论上可以得到较高的质量。对于图 6-15 中的信号转换到纹理的过程，很容易假设后者是一维纹理。然后我们将采样点放置到一维纹理当中，从而从采样点重建了原始的一维图像。

为了完成这个过程，OpenGL 会将用户传递的纹理坐标视为浮点数值，然后找到两个离它最近的采样点。坐标到这两个采样点的距离也就是两个采样点参与计算的权重，从而得到加权平均后的最终结果。因为线性重采样是可分解的[⊖]，OpenGL 可以先在一个维度上应用这个过程，然后在第二个维度上应用，从而重构二维图像，当然也可以再应用第三个维度来得到三维纹理。图 6-16 所示就是二维纹理重构的过程。

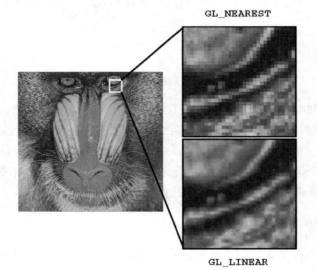

图 6-16   双线性重采样

⊖   可分解的操作（separable operation）也就是可以解构成两次或者更多操作的意思，每次对数据的操作过程通常都是类似的。在本文中，我们对图像数据的每个维度都执行了一次操作。

线性滤波不仅可以用在采样点到一维、二维和三维纹理的平滑变换过程中，它还可以用于纹理相邻 mipmap 层之间的采样过程中的纹素混合操作。它的工作流程和上文所述类似。OpenGL 会根据所选择的采样点来计算 mipmap 的层次，而计算的结果往往是一个带有小数部分的浮点数值。它通常被视为一个带有小数位的纹理坐标，直接在相邻的纹素之间进行采样。而在这里我们会选择两个相邻的 mipmap 层来构建一对采样值，并且把细节层次计算得到的小数位作为两个采样值的权重，参与到平均值的计算中。

所有上述的滤波选项都是通过 OpenGL 采样器对象中的纹理滤波（texture filter）模式来控制的，参见 6.7 节中的介绍，我们知道采样器对象对应了一系列可以控制纹素读取的参数的集合。其中有两个参数：GL_TEXTURE_MAG_FILTER 和 GL_TEXTURE_MIN_FILTER，负责控制 OpenGL 纹理滤波的方式。第一个参数控制纹理放大的参数，也就是说，此时渲染需要的细节分辨率已经超过了最高分辨率的 mipmap 层（默认是第 0 层），mipmap 计算的层级结果是一个小于等于 0 的数值。由于放大的情形下只有最高层级的 mipmap 会被使用，因此 GL_TEXTURE_MAG_FILTER 只有两个可以选择的参数。它们是 GL_NEAREST 和 GL_LINEAR。前者会禁止滤波并直接返回与采样位置距离最近的纹素。后者会开启滤波。

纹理缩小的设置中 mipmap 层次会起到作用，我们会在后文中详细介绍这一过程。

高级技巧

从信号学的角度来说，纹理对原始信号进行采样的时候，至少应该达到最高频率数据的两倍频率。这样才有足够的采样点来精确重建原始的图像。但是，线性滤波不能做到这种级别的重建，因此会产生锯齿走样（aliasing）。另外，如果不能做到原始滤波和 2 倍频的采样，也会产生走样或者其他的画面瑕疵。我们会在第 8 章中深入讨论这一现象以及 mipmap 技术的作用。用户还可以使用纹素收集（texel gather）的函数来实现自定义的滤波方式，尽可能改善线性滤波的瑕疵问题。我们会在本章后面的部分讨论纹素收集的内容。

6.11.2　使用和生成 mipmap

与其他场景中的对象一样，纹理对象也可以从不同的视点距离进行观察。在一个动态的场景中，当贴了纹理的物体远离视点运动时，屏幕像素与纹理纹素之间的比率会变得非常低，因此纹理的采样频率也会变得非常低。这样会产生渲染图像上的瑕疵，因为有纹理数据的下采样（undersampling）的缘故。举例来说，如果要渲染一面砖墙，可能会用到一张很大的纹理图像（比如 1024×1024 个纹素），在观察者距离墙很近的时候这样是没问题的。但是如果这面墙正在远离观察者运动，直到它在屏幕上变成了一个像素点，那么纹理采样的结果可能会在某个过渡点上发生突然的变化。

为了降低这个效果的影响，可以对纹理贴图进行提前滤波，并且将滤波后的图像存储为连续的低分辨率的版本（原始图像为全分辨率）。这就叫做 mipmap，如图 6-17 所示。

mipmap 这个名词是 Lance Williams 创造的，他在自己的论文《 Pyramidal Parametrics 》（SIGGRAPH 1983 Proceedings）中介绍了这一概念。mip 来自于拉丁语 multum in parvo，也就是"在一个小区域的很多东西"的意思。mipmap 技术使用了一些聪明的做法将图像数据打包到内存中。

原始图像

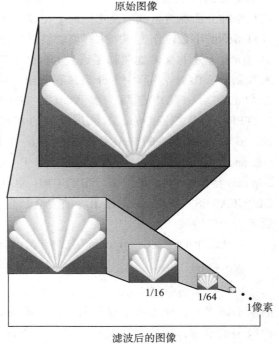

OpenGL 在使用 mipmap 的时候会自动判断当前应当使用纹理贴图的哪个分辨率层级，这是基于被映射的物体的尺寸（像素为单位）来决定的。通过这种方法，我们可以根据纹理贴图的细节层次（level of detail），找到当前绘制到屏幕的最合适的图像。如果物体的图像变得更小，那么纹理贴图层次的尺寸也会减小。mipmap 需要一些额外的计算和纹理存储的区域。不过如果我们不使用 mipmap 的话，纹理被映射到较小的运动物体上之后可能会产生闪烁的问题。

我们介绍 OpenGL mipmap 的时候，并没有讨论纹素尺寸和多边形尺寸之间的缩放参数（被称作 λ）。此外还假设 mipmap 的所有参数都使用了默认值。我们可以在 6.11.3 节中了解有关 λ 的解释，以及 mipmap 参数的效果。更多有关用户程序如何控制 λ 的方法可以在 6.11.4 节中了解。

1/16　　1/64　　•••

1像素

滤波后的图像

图 6-17　预先滤波后的 mipmap 金字塔

参数 GL_TEXTURE_MIN_FILTER 负责控制 mipmap 层次大于 0 的时候，纹素构建的方式。这个参数总共有 6 个可以设置的参数值。前 2 个值和纹理放大（magnification）的参数值是相同的：GL_NEAREST 和 GL_LINEAR。选择这 2 个参数，OpenGL 会关闭 mipmap 并且仅仅使用纹理的基本层（0 层）。其他 4 个参数分别是：GL_NEAREST_MIPMAP_NEAREST、GL_NEAREST_MIPMAP_LINEAR、GL_LINEAR_MIPMAP_NEAREST、GL_LINEAR_MIPMAP_LINEAR。注意每个模式参数都是由两部分组成的，名称的结构总是 GL_{A}_MIMPMAP_{B} 的形式。这里的 {A} 和 {B} 都可以是 NEAREST 或者 LINEAR 中的一个。第一部分 {A} 负责控制每个 mipmap 层次的纹素构成方式，它与 GL_TEXTURE_MAG_FILTER 中的设置是按照同样的方式工作的。第二部分 {B} 负责控制采样点在两个 mipmap 层次之间的融合方式。如果设置为 NEAREST，那么计算只用到最近的 mipmap 层。如果设置为 LINEAR，那么两个最近的 mipmap 层数据之间会进行线性的插值计算。

为了演示 GL_TEXTURE_MIN_FILTER 参数对于带有 mipmap 的纹理的影响，图 6-18

中给出了每个参数值在不同的 mipmap 金字塔分辨率中，对于同一张简单的棋盘格花样的影响。注意如果 {A} 部分的滤波方式为 NEAREST（包括 GL_NEAREST_MIPMAP_NEAREST 和 GL_NEAREST_MIPMAP_LINEAR），那么棋盘格花纹会变得十分明显；如果是 LINEAR（包括 GL_LINEAR_MIPMAP_NEAREST 和 GL_LINEAR_MIPMAP_LINEAR）的话，那么效果会差一些，纹理显得有些模糊。与此类似，如果 {B} 部分是 NEAREST（包括 GL_NEAREST_MIPMAP_NEAREST 和 GL_LINEAR_MIPMAP_NEAREST），那么纹理 mipmap 的边界会变得清晰可见。但是如果 {B} 为 LINEAR（包括 GL_NEAREST_MIPMAP_LINEAR 和 GL_LINEAR_MIPMAP_LINEAR），滤波后的边界会被掩盖掉。

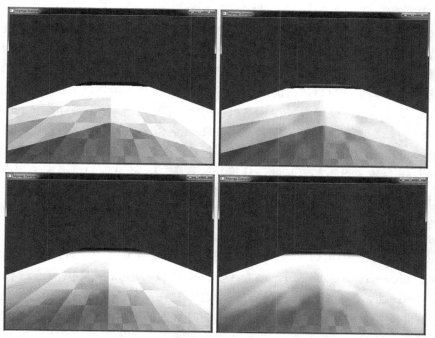

图 6-18　纹理缩小的 mipmap 滤波影响：GL_NEAREST_MIPMAP_NEAREST（左上）、GL_LINEAR_MIPMAP_NEAREST（右上）、GL_NEAREST_MIPMAP_LINEAR（左下）、GL_LINEAR_MIPMAP_LINEAR（右下）

如果要使用 mipmap，用户需要给出纹理从最大尺寸到 1×1 之间的所有尺寸，按照 2 的幂进行划分。如果你不希望 mipmap 总是会递减到 1×1 纹理，也可以设置 GL_TEXTURE_MAX_LEVEL 的值，决定程序所支持的最大层次，OpenGL 在计算纹理 mipmap 的时候将不再考虑任何更进一步的层次数据。如果纹理最高分辨率层次的数据不是正方形的形状，那么某一个维度的分辨率会比另一个维度更快到达 1。这种情况下，我们需要继续构建新的层次，让另一个维度的数据继续见效，直到整个层数据的大小为 1×1 为止。举例来说，如果用户的最高分辨率贴图是 64×16，那么我们还需要提供 32×8、16×4、8×2、

4×1、2×1 和 1×1 尺寸的贴图。更小的那些贴图都经过了滤波，它们本质上都是原始贴图的下采样版本，其中的每个纹素都是经过更高级别的纹理的 4 个对应纹素加权平均得到的。（由于 OpenGL 不需要任何特殊的方法来计算低分辨率的贴图，因此这些不同尺寸的纹理之间可以是完全不相关的。但是实际上，不相关的纹理会导致 mipmap 层次之间的过渡变得十分明显，如图 6-19 所示。）

图 6-19   使用了不相关的颜色值的 mipmap 层次

图 6-19 中的图像是通过创建一个 64×64 的纹理来生成的，它的 7 个 mipmap 层次都填充了不同的颜色。最高分辨率的层次被填充为红色，然后沿着 mipmap 金字塔分别是绿色、蓝色、黄色，等等。我们将纹理设置给一个巨大的沿着距离方向延伸的平面。这个平面距离观察者越远，它在屏幕空间所占的区域越狭窄，纹理被压缩的程度越高。OpenGL 会自动选择连续的从高层次到低层次的 mipmap 数据。为了进一步体现运行的效果，这个例子中还设置 mipmap 的滤波模式为 NEAREST，并且设置了一个偏移值来计算 mipmap 层次。

要设置这些纹理的话，我们需要使用 glTextureStorage2D() 分配纹理空间，然后调用 glTextureSubImage2D()，对纹理贴图的每个分辨率都要执行一次，但是 level、width、height 和 image 参数的设置都不相同。从第 0 层开始，level 设置的是金字塔层次中每层纹理的索引；在前面的例子中，最高分辨率的纹理是 64×64，那么它相当于 level = 0，那么 32×32 的纹理就是 level = 1，以此类推。此外，如果要让 mipmap 的纹理产生效果，用户还需要选择一个 mipmap 相关的纹理缩小参数，如前文所述。

OpenGL 提供了一个函数，在用户程序控制下快速生成一个纹理的所有 mipmap。这个函数叫做 glGenerateTextureMipmap()，OpenGL 的具体实现会提供对应的机制来下采样高分辨率的图像，产生低分辨率的 mipmap 图。这一过程通常是内部通过着色器或者纹理滤波的硬件设备来完成的。实现这个技术的时候人们通常会考虑更高的性能，而不是质量，不过不同的 OpenGL 实现的效果也各有不同。如果你需要高质量，画面理想的结果图像的话，你最好还是自己生成 mipmap 图像并把它赋予纹理对象。但是如果你的目标是快速生成 mipmap 连续图像，并且对结果图像还比较满意的话，那么完全可以考虑使用 glGenerateTextureMipmap()。

---

void glGenerateTextureMipmap(GLuint texture);

为纹理图像 texture 生成一个完整的 mipmap 层次结构，纹理类型必须是下面的类型：GL_TEXTURE_1D、GL_TEXTURE_2D、GL_TEXTURE_3D、GL_TEXTURE_1D_ARRAY、GL_TEXTURE_2D_ARRAY、GL_TEXTURE_CUBE_MAP。mipmap 的层次构建是通过 GL_TEXTURE_BASE_LEVEL 和 GL_TEXTURE_MAX_LEVEL 来控制的。如

果这些参数值依然使用默认值，那么整个 mipmap 都会被构建起来，直到单个纹素的最后一层纹理。创建连续的每层纹理的滤波方法是由 OpenGL 的具体硬件平台自己完成的。

6.11.3　计算 mipmap 层次

有关某个像素点对应的纹理 mipmap 层级的计算，是取决于当前纹理图像和贴纹理的多边形的尺寸（以像素为单位）之间的缩放比例的。我们将这个缩放比例称作 ρ，并且定义第二个数值 λ，其中 $\lambda=\log_2\rho+lod_{bias}$。（因为纹理图像可能有多个维度，因此我们有必要澄清，ρ 是所有的维度中最大的缩放比例值。）

lod_{bias} 是采样器的细节层次偏移值，它是一个常数值，通过 glSamplerParameteri() 来设置，pname 参数为 GL_TEXTURE_LOD_BIAS，它的作用是调节 λ 的值。默认的 lod_{bias} 是 0.0，也就是没有效果，我们最好还是先位置这个默认值，然后有必要的话慢慢增加一些数值。如果 $\lambda \leqslant 0.0$，那么纹素会比像素更小，因此会调用纹理放大滤波器。如果 $\lambda>0.0$，会调用纹理缩小滤波器。如果纹理缩小的时候用到了 mipmap，那么 λ 还给出了 mipmap 的层次。（从纹理缩小滤波到放大滤波的切换节点通常就是 $\lambda=0.0$ 的时候，但并不总是这样。mipmap 滤波的选项有可能会导致这个切换的节点发生移动。）

举例来说，如果纹理图像是 64×64 纹素大小，多边形的尺寸为 32×32 像素，$\rho=2.0$（不是 4.0），由此得到 $\lambda=1.0$。如果纹理图像变成 64×32 纹素，多边形尺寸 8×16 像素，$\rho=8.0$（x 缩放为 8.0，y 缩放为 2.0，取最大值），得到 $\lambda=3.0$。

计算 λ 和 ρ 的公式如下所示：

$$\lambda_{base}(x, y) = \log_2[\rho(x, y)] \tag{6-1}$$

$$\lambda'(x, y) = \lambda_{base} + clamp(bias_{texobj} + bias_{shader}) \tag{6-2}$$

mipmap 层次的计算还可以通过一些采样器参数来控制。尤其是 GL_TEXTURE_LOD_BIAS 参数，它可以用来偏移 λ 的值。当我们计算了 λ 之后，它将被限制在一个用户定义的范围内，这个范围的边界通过 GL_TEXTURE_MIN_LOD 和 GL_TEXTURE_MAX_LOD 参数来设置，对应的函数是 glSamplerParameterf()（如果没有单独设置采样器对象，则使用 glTextureParameterf()）。默认的 GL_TEXTURE_MIN_LOD 和 GL_TEXTURE_MAX_LOD 取值为 -1000.0 和 1000.0，这样基本上任何数值都可以落在这个范围之内。下面公式中给出了 GL_TEXTURE_MIN_LOD 和 GL_TEXTURE_MAX_LOD 的作用，分别用 lod_{min} 和 lod_{max} 表示。

$$\lambda = \begin{cases} lod_{max}, & \lambda' > lod_{max} \\ \lambda', & lod_{min} \leqslant \lambda' \leqslant lod_{max} \\ lod_{min}, & \lambda' < lod_{min} \\ \text{未定义}, & lod_{min} > lod_{max} \end{cases} \tag{6-3}$$

GL_TEXTURE_MAG_FILTER 和 GL_TEXTURE_MIN_FILTER 的默认参数分别是 GL_

LINEAR 和 GL_LINEAR_MIPMAP_LINEAR。注意默认的缩小滤波器会启用 mipmap。因此我们使用 glTextureStorage2D() 分配了纹理之后，总会带有完整的 mipmap 层次，但是对应的纹理数据在刚创建的时候并不存在。一些新的 OpenGL 开发者经常会犯这样一个错误，就是忘记设置滤波模式参数，或者忘记给新创建的纹理设置 mipmap 数据，导致他们的纹理代码完全无法工作。

6.11.4　mipmap 细节层次的控制

除了控制 lod_{min} 和 lod_{max} 的参数，以及用于计算 λ 的 λ_{base}，我们还可以对 mipmap 金字塔的层次选择机制进行更多的控制，即 GL_TEXTURE_BASE_LEVEL 和 GL_TEXTURE_MAX_LEVEL 参数，它们是通过 glSamplerParameteri() 函数设置的。GL_TEXTURE_BASE_LEVEL 设置了采样所用的最低层次的 mipmap 纹理（也就是最高的分辨率），并且无视 λ 的影响；而 GL_TEXTURE_MAX_LEVEL 设置了采样的最高 mipmap 层次（也就是最低的分辨率）。这样我们就可以将采样的过程限制到整个 mipmap 金字塔的一个子集当中。

GL_TEXTURE_BASE_LEVEL 的一个潜在用法是纹理的流式加载（texture streaming）。使用这个机制的时候，整个纹理对象的存储是通过 glTextureStorage2D() 来分配的，但是一开始并不会加载数据。当用户程序运行并且新的对象进入视野的时候，它们的纹理数据将会按照低分辨率 mipmap 到高分辨率 mipmap 的顺序被加载进来。为了确保用户总能看到一些有意义的画面（此时整个纹理可能并没有被加载进来），我们需要设置 GL_TEXTURE_BASE_LEVEL 的值为当前已经加载过的最大分辨率的层次。这样的话，随着越来越多的纹理数据被加载进来，整个物体在屏幕上的外观也就变得越来越生动可信了。

6.12　高级纹理查询函数

除了简单的纹理采样函数，例如 texture 和 texelFetch 之外，着色语言还支持其他几种纹理获取的函数。我们将在本节中对它们进行讲解。

6.12.1　显式的细节层次控制

通常来说，使用 mipmap 的时候，OpenGL 会负责计算细节层次并得到 mipmap 层级的结果，再将采样结果返回给用户。（有关 OpenGL 计算 mipmap 层次的方法，请参见 6.11.3 节。）不过，我们也可以自己取代这个计算过程，通过纹理获取函数的参数来显式设置细节层次。函数 textureLod 就提供了一个 lod 参数，而不是 texture 函数通常提供的（可选的）bias 参数。和 GLSL 支持的其他纹理函数类似，textureLod 也提供了很多重载的函数原型，适合于不同的数据类型和各种维度的采样器。下面列出了 textureLod 的一些关键原型函数。（我们可以在附录 C 中看到一个完整的列表。）

```
gvec4 textureLod(gsampler1D tex, float P, float lod);
gvec4 textureLod(gsampler2D tex, vec2 P, float lod);
gvec4 textureLod(gsampler3D tex, vec3 P, float lod);
gvec4 textureLod(gsamplerCube tex, vec3 P, float lod);
gvec4 textureLod(gsampler1DArray tex, vec2 P, float lod);
gvec4 textureLod(gsampler2DArray tex, vec3 P, float lod);
gvec4 textureLod(gsampler2DRect tex, vec2 P, float lod);
gvec4 textureLod(gsamplerCubeArray tex, vec4 P, float lod);
```

从给定的采样器 tex 采样一个纹素，纹理坐标为 P，显式的细节层次设置为 lod。

注意这些函数并不支持 mipmap，此外 textureLod 也不支持 samplerBuffer 和 samplerRect 这两种采样器类型。

6.12.2　显式的梯度设置

我们也可以通过另一种方式来实现 mipmap 的细节层次计算，而不是直接设置细节层次参数。当我们使用梯度纹理函数的时候，会将传递纹理坐标的偏导数作为参数。我们给出了一些关键的函数原型。（我们可以在附录 C 中看到一个完整的列表。）

```
gvec4 textureGrad(gsampler1D tex, float P,float dPdx, float dPdy);
gvec4 textureGrad(gsampler2D tex, vec2 P,vec2 dPdx, vec2 dPdy);
gvec4 textureGrad(gsampler3D tex, vec3 P,vec3 dPdx, vec3 dPdy);
gvec4 textureGrad(gsamplerCube tex, vec3 P,vec3 dPdx, vec3 dPdy);
gvec4 textureGrad(gsampler1DArray tex, vec2 P,float dPdx, float dPdy);
gvec4 textureGrad(gsampler2DArray tex, vec3 P,vec2 dPdx, vec2 dPdy);
gvec4 textureGrad(gsamplerCubeArray tex, vec4 P,vec3 dPdx, vec3 dPdy);
```

从给定的采样器 tex 读取纹素，纹理坐标为 P，此外 P 在 x 和 y 方向的偏导数分别由 dPdx 和 dPdy 给定。

在 textureGrad 函数中，6.11.3 节中提到的变量 ρ 会通过 dPdx 和 dPdy 的形式传入。如果我们可以获得纹理坐标的导数的解析公式，或者纹理坐标不可导的时候，这个函数就有价值了。

6.12.3　带有偏移参数的纹理获取函数

有的程序需要获取某个区域中的多个纹素数据，或者需要在采样的时候稍微对纹理坐标进行偏移。GLSL 中提供了这种功能的函数，并且会比直接在着色器中手动改变纹理坐标的值更为高效。textureOffset 函数同样提供了一系列重载的原型，下面列出其中的一部分函数原型。（我们可以在附录 C 中看到一个完整的列表。）

```
gvec4 textureOffset(gsampler1D tex, float P, int offset, [float bias]);
gvec4 textureOffset(gsampler2D tex, vec2 P, ivec2 offset, [float bias]);
gvec4 textureOffset(gsampler3D tex, vec3 P, ivec3 offset, [float bias]);
gvec4 textureOffset(gsampler1DArray tex, vec2 P, int offset, [float bias]);
gvec4 textureOffset(gsampler2DArray tex, vec3 P, ivec2 offset, [float bias]);
gvec4 textureOffset(gsampler2DRect tex, vec2 P, ivec2 offset, [float bias]);
```

从采样器 tex 中读取一个纹素，纹理坐标为 P。当浮点数类型的纹理坐标被缩放和转换到合适的绝对纹理坐标范围之后，还可以用 offset 参数对纹理坐标进行偏移，然后再进行读取的工作。

注意 textureOffset 函数中的 offset 参数是一个整数值。实际上，它必须是一个常数表达式，并且有一定的限定范围。这个限定范围可以通过内置的 GLSL 常量 gl_MinProgram-TexelOffset 和 gl_MaxProgramTexelOffset 来获取。

6.12.4 投影纹理

投影纹理（projective texture）也就是使用一个透视变换矩阵对纹理坐标进行变换。变换的输入参数是一组齐次坐标，输出结果是变换后的向量，但是最后一个分量不一定是 1。textureProj 函数就是用来处理最后一个分量的，它会把结果的纹理坐标投影到纹理的坐标空间当中。对于某些场合，例如将花纹投影到平面表面上（或者手电在墙上照出一个光圈），以及阴影图映射[注]，这个技术非常有用。这里我们仅给出一些函数原型。（我们可以在附录 C 中看到一个完整的列表。）

```
gvec4 textureProj(gsampler1D tex, vec2 P[, float bias);
gvec4 textureProj(gsampler1D tex, vec4 P[, float bias);
gvec4 textureProj(gsampler2D tex, vec3 P[, float bias);
gvec4 textureProj(gsampler2D tex, vec4 P[, float bias);
gvec4 textureProj(gsampler3D tex, vec4 P[, float bias);
gvec4 textureProj(gsamplerRect tex, vec3 P);
```

⊖ 我们会在 7.4 节详细介绍。

gvec4 **textureProj**(gsamplerRect tex, vec4 P);

执行带有投影信息的纹理查找。纹理坐标为 P，但是会除以它的最后一个分量并且通过结果值来执行纹理查找，后半部分与 texture 函数并无区别。

6.12.5　在着色器中执行纹理查询

下面给出的两个内置 GLSL 函数并不会真的从纹理中读取数据，而是会返回纹理数据处理的相关信息。第一个函数是 textureQueryLod，它会获取硬件固定流水线的 mipmap 计算结果并返回。

vec2 **textureQueryLod**(gsampler1D tex, float P);

vec2 **textureQueryLod**(gsampler2D tex, vec2 P);

vec2 **textureQueryLod**(gsampler3D tex, vec3 P);

vec2 **textureQueryLod**(gsamplerCube tex, vec3 P);

vec2 **textureQueryLod**(gsampler1DArray tex, float P);

vec2 **textureQueryLod**(gsampler2DArray tex, vec2 P);

vec2 **textureQueryLod**(gsamplerCubeArray tex, vec3 P);

vec2 **textureQueryLod**(sampler1DShadow tex, float P);

vec2 **textureQueryLod**(sampler2DShadow tex, vec2 P);

vec2 **textureQueryLod**(samplerCubeShadow tex, vec3 P);

vec2 **textureQueryLod**(sampler1DArrayShadow tex, float P);

vec2 **textureQueryLod**(sampler2DArrayShadow tex, vec2 P);

vec2 **textureQueryLod**(samplerCubeArrayShadow tex, vec3 P);

返回 mipmap 的处理信息，其中 x 分量是当前访问的 mipmap 数组，y 分量是当前计算得到的细节层（相对于纹理 base 层次的差）。

对于上面的每个 textureQueryLod() 函数来说，都有一个对应的查询函数 texture-QueryLevels()，它会返回当前的 mipmap 层次数。

int **textureQueryLevels**(gsampler1D tex);

int **textureQueryLevels**(gsampler2D tex);

int **textureQueryLevels**(gsampler3D tex);

int **textureQueryLevels**(gsamplerCube tex);

int **textureQueryLevels**(gsampler1DArray tex);

int textureQueryLevels(gsampler2DArray tex);
int textureQueryLevels(gsamplerCubeArray tex);
int textureQueryLevels(sampler1DShadow tex);
int textureQueryLevels(sampler2DShadow tex);
int textureQueryLevels(samplerCubeShadow tex);
int textureQueryLevels(sampler1DArrayShadow tex);
int textureQueryLevels(sampler2DArrayShadow tex);
int textureQueryLevels(samplerCubeArrayShadow tex);

返回给定的采样器包含的 mipmap 层次。

有的时候，我们有必要了解正在采样的纹理的尺寸。举例来说，我们可能需要对一个整数纹理坐标（表达绝对的纹素位置）缩放到某个浮点数区间，或者迭代当前纹理中所有的采样器。textureSize 函数会返回纹理的某个层次的尺寸。它的原型如下所示。（我们可以在附录 C 中看到一个完整的列表。）

int textureSize(gsampler1D tex, int lod);
ivec2 textureSize(gsampler2D tex, int lod);
ivec3 textureSize(gsampler3D tex, int lod);
ivec2 textureSize(gsamplerCube tex, int lod);
ivec2 textureSize(gsamplerRect tex, int lod);
ivec3 textureSize(gsamplerCubeRect tex);
ivec2 textureSize(gsampler1DArray tex, int lod);
ivec3 textureSize(gsampler2DArray tex, int lod);
int textureSize(gsamplerBuffer tex);

返回当前绑定到采样器的纹理 tex 在某个细节层次 lod（如果存在的话）上的尺寸。返回值的分量会按照纹理宽度、高度、深度的顺序进行填充。对于数组形式的纹理来说，返回值的最后一个分量表示数组中的切片数量。

我们还可以在着色器中获取一个多重采样纹理中，每个纹素的采样点数：

int textureSamples(gsampler2DMS tex);
int textureSamples(gsampler2DMSArray tex);

返回 tex 中每个纹素对应的采样点数量。

6.12.6　纹素收集

textureGather 函数是一个特殊的函数，可以在着色器中直接读取四个采样值，从二维纹理（或者立方体映射、长方形纹理，以及对应的纹理数组）中创建双线性滤波的纹素结果。通常这里会读取单通道的纹理数据，可选的参数 comp 设置了要读取的分量通道的索引（而不是默认的 x 或者 r 分量）。和直接多次采样同一个纹理并且读取它的某个通道的做法相比，这个函数会体现出显著的性能优势来，这是因为它依赖于特殊的接口机制，可以把纹理查找的次数降低到预期的四分之一。

```
gvec4 textureGather(gsampler2D tex, vec2 P[, int comp]);
gvec4 textureGather(gsampler2DArray tex, vec3 P[, int comp]);
gvec4 textureGather(gsamplerCube tex, vec3 P[, int comp]);
gvec4 textureGather(gsamplerCubeArray tex, vec4 P[, int comp]);
gvec4 textureGather(gsamplerRect tex, vec2 P[, int comp]);
```

直接从长方形、二维（数组）或者立方体映射（数组）类型的纹理 tex 中读取和收集 4 个纹素，以便创建一个双线性滤波的纹素结果，这 4 个纹素的选定通道数据会被返回，并分别存储在返回结果的 4 个通道里。如果有必要的话，我们可以用 comp 参数来指定要获取的通道索引，0、1、2、3 分别表示 x、y、z、w 分量。如果没有指定 comp，那么默认返回 x 分量。

6.12.7　组合功能的特殊函数

除了上面所述的特殊类型的纹理函数，我们还会发现更多的集合了多种特性的纹理函数。举例来说，如果我们需要的是投影纹理，然后又需要显式设置它的细节层次或者梯度（参见 6.12.2 节），那么可以使用合并的函数 textureProjLod 或者 textureProjGrad。我们给出了采样器参数为二维的组合函数。除此之外，还有其他不同维度和采样器类型的函数变种，我们可以在附录 C 中看到一个完整的列表。

```
gvec4 textureProjLod(gsampler2D tex, vec2 P, float lod);
gvec4 textureProjGrad(gsampler2D tex, vec3 P, vec2 dPdx, vec2 dPdy);
gvec4 textureProjOffset(gsampler2D tex, vec3 P, ivec2 offset[, float bias);
gvec4 textureGradOffset(gsampler2D tex, vec2 P, vec2 dPdx, vec2 dPdy, ivec2 offset);
gvec4 textureProjLodOffset(gsampler2D tex, vec3 P, float lod, ivec2 offset);
gvec4 textureProjGradOffset(gsampler2D tex, vec3 P, vec2 dPdx, vec2 dPdy, ivec2 offset);
```

高级纹理查找函数可以进行合并，从而在一次函数调用中执行多个特殊的功能。textureProjLod 会为绑定的纹理 tex 执行投影变换（类似 textureProj），同时显式地设置它的细节层次 lod（类似 textureLod）。以此类推，textureProjGrad 会执行 textureProj 形式的投影变换，同时传递 dPdx 和 dPdy 参数来显式地设置梯度数据（类似 textureGrad）。textureProjOffset 会执行纹理坐标的投影变换，同时对变换后的纹理坐标进行偏移。textureProjLodOffset 和 textureProjGradOffset 合并了更多的特殊功能。第一个函数会进行投影纹理变换，使用显式的细节层次设置和纹素偏移（类似 textureOffset），第二个函数会进行投影纹理变换，同时显式设置梯度和纹素偏移值。

6.13   无绑定纹理

到目前为止，当我们需要在着色器中使用纹理的时候，都需要将它绑定到纹理单元，然后把纹理单元和着色器中的采样器关联起来，再使用内置函数读取纹理数据。OpenGL 支持一定数量的全局纹理单元，而一个着色器中可以使用的最大纹理数量也是有限的。如果用户程序使用了大量的纹理，那么用户就需要在绘制每个场景物体的过程中反复绑定和重新绑定纹理。从性能的角度考虑，在对象绑定到环境的过程中，应用程序还是会消耗掉相当可观的时间的。

我们的替代方案就是使用无绑定纹理（bindless texture），它不需要将纹理和采样器关联起来，而是直接将纹理对象本身表达成一个 64 位的数字。此时我们也不需要使用采样器 uniform 变量，而是直接使用采样器句柄（handle）。这些句柄的值是 OpenGL 提供的，我们也不需要关心这些数值是怎么被着色器解析的，只要它们还是保持原样就可以。举例来说，用户可以把这个 64 位数值设置给一个 uniform 块或者顶点属性，甚至是从纹理中获取。当我们在着色器中得到了这个 64 位的纹理句柄之后，就可以直接创建一个采样器。这个采样器也可以通过一对 32 位的数值来创建。当采样器被创建之后，它就可以和其他类型的采样器一起在着色器中工作，从纹理中读取纹素。我们也可以直接把采样器放置到 uniform 块当中，在应用程序中，它也被定义为一个 64 位的整数值。

OpenGL 对于无绑定纹理必须通过 GL_ARB_bindless_texture 扩展来实现，因此在调用下面的函数之前，必须确定当前系统支持这个扩展。如果这个扩展不被支持，那么用户可以自己决定是编写一个自动重新绑定纹理的回调函数，还是提示使用者及时更新自己的图形硬件和驱动。

6.13.1   纹理句柄

如果要获取一个纹理对象的句柄，可以调用下面的函数：

```
GLuint64 GetTextureHandleARB(GLuint texture);
GLuint64 GetTextureSamplerHandleARB(GLuint texture, GLuint sampler);
```

GetTextureHandleARB() 会返回一个对应于纹理 texture 的 64 位句柄。GetTexture-SamplerHandleARB() 会返回一个对应于纹理 texture 的 64 位句柄，同时使用采样器对象 sampler 的参数进行替代。这些函数的结果句柄可以传递给着色器并且用来采样纹理数据，使用纹理自己的采样参数（GetTextureHandleARB() 的句柄）或者使用 sampler 的采样参数（GetTextureSamplerHandleARB() 的句柄）。

　　一旦用户获取了纹理的句柄之后，纹理的参数（以及采样器参数）就会被"烘焙"到句柄中。也就是说，就算用户改变了纹理或者采样器的参数，句柄也依然是指向这个纹理或者采样器之前的参数，而不会发生变化。我们可以利用这个特性——如获取一个纹理的句柄（它已经带有一组参数）——修改纹理的某个参数，例如滤波方式或者基础层索引，然后获取这个纹理的第二个句柄，再次对它进行采样并比较。不过，如果用户改变了纹理的内容，那么之后再进行采样的时候也会直接读取新的内容，而不是以前的。

6.13.2　纹理驻留

　　在实际开始在着色器中使用纹理句柄之前，我们需要确定纹理本身是常驻的（resident）。通常这是 OpenGL 负责的工作：将纹理绑定到环境的时候，OpenGL 会有效地维护一个着色器可用的全部纹理的列表，因为着色器只能够从已经绑定的纹理集合中采样数据。在运行着色器代码之前，OpenGL 会确认已经绑定的纹理中全部的数据都已经正确驻留在内存中，可以随时读取。对于无绑定的纹理来说，我们要访问的纹理句柄可能来自于任何地方。我们可以把句柄放在内存里然后通过 uniform 缓存去读取，也可以从纹理中采样读取。因此 OpenGL 无法判断当前采用哪个数据集合。这个检查的工作也就落到了用户程序的身上，我们需要告诉 OpenGL 是否可以在着色器中访问某个句柄，或者不可以访问它。

　　如果要告诉 OpenGL 准备访问的纹理句柄是什么，可以调用以下函数：

```
void MakeTextureHandleResidentARB(GLuint64 handle);
void MakeTextureHandleNonResidentARB(GLuint64 handle);
```

MakeTextureHandleResidentARB() 和 MakeTextureHandleNonResidentARB() 会向当前的驻留纹理列表中添加或者删除一个纹理句柄。纹理句柄是通过之前的 GetTextureHandleARB() 和 GetTextureSamplerHandleARB() 返回的。在着色器中访问一个没有驻留的纹理可能带来无法预知的问题，包括应用程序崩溃。

虽然最好在用户程序中自己记录当前纹理驻留的情况，不过 OpenGL 还是提供了判断纹理句柄是否已经驻留的函数机制，如下所示：

GLboolean IsTextureHandleResidentARB(GLuint64 handle);

如果纹理句柄 handle 当前已经驻留，那么返回 true，如果没有驻留或者 handle 不是一个纹理句柄，那么返回 false。

经 过 MakeTextureHandleResidentARB() 和 MakeTextureHandleNonResidentARB() 处 理的句柄会持续有效，直到纹理被删除为止。当纹理被删除之后，它所产生的任何句柄都会无效化，并且不能再次被使用。句柄本身不需要特地执行删除操作。

6.13.3 采样无绑定纹理

将纹理的句柄传递到着色器当中之后，我们就可以创建一个采样器句柄，并且和往常一样使用它了。此外，也可以直接将一个采样器变量放置到 uniform 块中直接使用。这种情况下，块中的采样器需要采取等价于 GLuint64 的主机端内存排列方式。因此，我们可以映射一块缓存，然后将 GLuint64 形式的句柄（由 glGetTextureHandleARB() 产生）写入到缓存中。这样会比直接调用 glBindTextureUnit() 要快得多。例 6.27 所示就是在着色器中使用无绑定纹理句柄的过程。

例 6.27 在着色器中使用无绑定纹理句柄

```
#version 450 core

#extension GL_ARB_bindless_texture : require

in FS_INPUTS
{
    vec2 i_texcoord;
    flat int i_texindex;
};

layout (location = 0) out vec4 o_color;

layout (binding = 0) uniform ALL_TEXTURES

{
    sampler2D my_textures[200];
};

void main(void)
{
    o_color = texture(m_textures[i_texindex], i_texcoord);
}
```

正如我们在例 6.27 中看到的，uniform 块 ALL_TEXTURES 中包含了 200 个纹理句柄。

它比通常情况下着色器中支持的纹理数量要更多，并且从一个纹理换到另一个纹理的速度要大大加快。这里我们只是在 uniform 绑定点上绑定了一个新的缓存，然后就可以做到在着色器中同时使用 200 个不同的纹理对象了。

6.14　稀疏纹理

对于一些大场景尺度的程序来说，纹理可能是最为耗费的一种资源数据形式（主要指内存耗费）。压缩纹理是有用的，但是并不够用。在实际工程中，很多程序需要加载大量的纹理数据，但是并不需要在一帧内生成所有的纹理数据。举例来说，如果一个物体距离观察者非常之远，那么就没必要在着色器中采样它的纹理 mipmap 最高级别。如果一个物体已经超出了当前的视锥体范围或者被其他物体完全遮挡，那么根本不需要渲染它。此时我们可以利用稀疏纹理（sparse texture）的特性，这种纹理在逻辑上是完整的，但是每次只需要用到它的一部分数据。

如果 OpenGL 实现中有 GL_ARB_sparse_texture 扩展字符串，那么它就可以支持稀疏纹理。这是一个可选的功能，但是大多数系统都已经实现，因此有必要考虑在用户程序中提供对应的支持，合理运用大量的纹理数据。

要创建稀疏纹理的话，首先要调用 glCreateTextures() 创建一个纹理对象。然后调用 glTextureParameteri() 并设置 GL_TEXTURE_SPARSE_ARB 属性。之后对纹理调用 glTextureStorage*D()，OpenGL 将为纹理分配虚拟空间（virtual space），但是不会真的分配对应的物理空间。因为纹理的分配是虚拟出来的，我们可以创建比实际内存还要大得多的纹理。例如一个 2048 × 2048 × 2048 的二维数组纹理，内部格式为 GL_RGBA8，它应当消耗的内存空间是 32GB——这超出了目前任何一款家用图形显卡的能力。不过现代 GPU 可以很轻易地将它映射到虚拟的地址空间。例 6.28 所示就是这样一个纹理的创建过程。

例 6.28　分配巨大的稀疏纹理

```
GLuint tex;

// 首先创建一个纹理对象
glCreateTextures(GL_TEXTURE_2D_ARRAY, 1, &tex);

// 开启它的稀疏属性
glTextureParameteri(tex, GL_TEXTURE_SPARSE_ARB, GL_TRUE);

// 现在分配纹理的虚拟存储空间
glTextureStorage3D(tex, 11, GL_RGBA8, 2048, 2048, 2048);
```

执行了例 6.28 的代码之后，tex 就会成为一个纹理对象的名称，它没有实际的存储内容，但是从逻辑上占用了 32GB 的虚拟内存，有 2048 × 2048 × 2048 个纹素。

6.14.1　稀疏纹理的数据提交

到目前为止，我们已经有了一个完全可用的纹理对象。可以把纹理绑定到纹理单元，然后在着色器中访问它，或者也可以使用无绑定纹理的形式。但是，如果在着色器中对纹理进行采样，得到的数值只有 0。如果使用 glTextureSubImage2D() 去传递纹理数据，传入的数据也会被直接抛弃，因为实际上并没有对应的存储空间可用。

为了从物理上给稀疏纹理传递数据，我们需要用到 glTexturePageCommitmentEXT() 函数⊖。它负责控制稀疏纹理的单独页面的提交操作。原型为：

---

void **TexturePageCommitmentEXT**(GLuint texture, GLint level, GLint xoffset, GLint yoffset, GLint zoffset, GLsizei width, GLsizei height, GLsizei depth, GLboolean commit);

设置稀疏纹理某个页面的提交操作。要执行提交修改的纹理对象为 texture。这个纹理对象的 GL_TEXTURE_SPARSE_ARB 属性必须设置为 GL_TRUE。level 设置的是指定页面对应的纹理层次，它必须是 0 到纹理总层数减 1 之间的数值。

xoffset、yoffset 和 zoffset 参数设置了页面的纹素偏移值，分别对应于 X、Y 和 Z 方向。而 width、height 和 depth 参数设置了页面的总纹素大小。

所有 xoffset、yoffset、zoffset、width、height 和 depth 这些参数都必须是 texture 页面大小的整数倍，除非这个区域正好扩展到了纹理层次的边界。

6.14.2　稀疏纹理的页面

glTexturePageCommitmentEXT() 函数负责控制纹理对象的页面粒度的提交过程。这里的一个页面也就是一个尺寸单位为纹素的区域。这个区域的大小通常在存储空间中是固定的，因此它的纹素大小也取决于纹理的内部格式。要判断某个特定格式对应的页面大小，我们需要调用 glGetInternalformativ() 函数，并且传入参数为 GL_VIRTUAL_PAGE_SIZE_X、GL_VIRTUAL_PAGE_SIZE_Y 或 GL_VIRTUAL_PAGE_SIZE_Z。

OpenGL 实现中针对某个纹理格式可能提供了多种不同的页面大小，因为我们可能会有多种方式来排列一个规则区域中的纹素。要判断一个给定的内部格式有多少种支持的页面大小，需要调用 glGetInternalformativ() 函数，并且传入参数为 GL_NUM_VIRTUAL_PAGE_SIZES。当我们查询某个格式对应的页面尺寸的时候，需要传入一个足够大的数组，以便包含所有可用尺寸的整数数值。如果 OpenGL 查询的结果返回 0，那么这种格式中不支持稀疏纹理。根据 OpenGL 的规格说明，大多数（但不是全部）格式是可以支持稀疏纹理的。

如果要选择纹理使用的尺寸和排列方式，需要调用 glTextureParameteri() 并传入 GL_VIRTUAL_PAGE_SIZE_INDEX_ARB 参数。这个参数的值也就是页面大小列表中的索引号。参数的默认值为 0，如果页面大小的效率上有什么差异，OpenGL 实现通常会把最佳的排列方式放在第一位。因此，除非用户有什么特殊的目的，否则不需要修改这个参数，只

⊖　这个函数的后缀带有 EXT，这是因为 GL_ARB_sparse_texture 扩展产生的较早，在它之后 direct state access 的功能才被提交到核心功能中。

使用默认值即可。

我们也可以调用 glGetTextureParameteriv() 来查询纹理使用的排列方式的索引，也就是说，给定任意纹理，我们都可以判断它采用的布局方式的索引，以及页面大小对应的格式属性。

6.15　点精灵

点精灵（point sprite）本质上就是使用片元着色器来渲染 OpenGL 的点，并且使用点内的片元坐标来完成计算的过程。点内的坐标是通过一个二维向量 gl_PointCoord 来计算的。我们可以在任何时候使用这个变量。它的两个常见用法是作为纹理坐标使用（这也是点精灵这个名词的经典起源），或者用来解析计算颜色和覆盖度。下面给出了一些使用 gl_PointCoord 向量，在片元着色器中完成各种有趣效果的案例。

6.15.1　纹理点精灵

在片元着色器中使用 gl_PointCoord 从纹理中直接查找纹素，就可以生成一个简单的点精灵。每个点精灵都会将纹理渲染为一个正方形。例 6.29 所示为顶点着色器的内容。注意，我们会在顶点着色器中写入 gl_PointSize。这是为了控制点精灵的大小。它们的缩放比率取决于它们到近平面的距离。这里使用简单的线性映射，不过也可以考虑更为复杂的指数形式的映射算法。

例 6.29　简单的点精灵顶点着色器

```
uniform mat4 model_matrix;
uniform mat4 projection_matrix;

layout (location = 0) in vec4 position;

void main(void)
{
    vec4 pos = projection_matrix * (model_matrix * position);
    gl_PointSize = (1.0 - pos.z / pos.w) * 64.0;
    gl_Position = pos;
}
```

例 6.30 给出了对应的片元着色器的内容。这里并不需要纹理和输出向量的声明部分，只要一行代码就够了！我们会使用 gl_PointCoord 作为纹理坐标来完成纹理的查找操作。

例 6.30　简单的点精灵片元着色器

```
uniform sampler2D sprite_texture;

out vec4 color;

void main(void)
{
    color = texture(sprite_texture, gl_PointCoord);
}
```

我们在一个以原点为中心，长度单位为 2 的立方体中随机渲染和放置 400 个点，得到的结果如图 6-20 所示。

解析颜色和形状

点精灵的构建完全不限于纹理的方式。纹理的分辨率是有限的，但是 gl_PointCoord 的精度是足够高的。例 6.31 中所示的片元着色器中使用解析的方法来判断结果的覆盖度。在这里我们把 gl_PointCoord 设置到原点附近，计算片元到点精灵中心点的平方距离。如果它大于 0.25（点精灵宽度的一半的平方根，或者就是一个容许圆圈的半径），那么直接使用 discard 关键字丢弃片元；否则我们在两个颜色值之间进行插值来产生最终的结果。这样我们可以得到一个非常完美的圆。注意这个例子所使用的顶点着色器与例 6.29 完全相同。

例 6.31 解析形状的片元着色器

```
out vec4 color;

void main(void)
{
    const vec4 color1 = vec4(0.6, 0.0, 0.0, 1.0);
    const vec4 color2 = vec4(0.9, 0.7, 1.0, 0.0);

    vec2 temp = gl_PointCoord - vec2(0.5);
    float f = dot(temp, temp);

    if (f > 0.25)
        discard;

    color = mix(color1, color2, smoothstep(0.1, 0.25, f));
}
```

图 6-21 给出了本例的执行结果。

图 6-20 简单的纹理点精灵渲染的结果

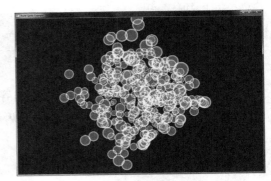

图 6-21 解析计算的点精灵

增加点精灵的尺寸，以及降低场景中点的数量之后，我们会看到非常平滑的圆盘边缘，它是完全通过片元着色器来生成的，如图 6-22 所示。

图 6-22　圆盘点精灵的平滑边界

6.15.2　控制点的显示

我们有多种不同的方法来控制点在用户程序中的显示。这些参数是通过 glPoint-Parameterf() 和 glPointParameteri() 来设置的。

```
void glPointParameteri(GLenum pname, GLint param);
void glPointParameterf(GLenum pname, GLfloat param);
void glPointParameteriv(GLenum pname, const GLint * param);
void glPointParameterfv(GLenum pname, const GLfloat * param);
```

　　设置点的参数 pname 的数值为 param。pname 必须是 GL_POINT_SPRITE_COORD_ORIGIN 或者 GL_POINT_FADE_THRESHOLD_SIZE。如果 pname 是 GL_POINT_SPRITE_COORD_ORIGIN，那么 param 必须是 GL_LOWER_LEFT 或者 GL_UPPER_LEFT（或者是一个包含了这两个值之一的变量地址）。如果 pname 是 GL_POINT_FADE_THRESHOLD_SIZE，param 必须是一个大于等于 0 的浮点数或者是一个包含了数据值的变量地址）。

　　我们通过 glPointParameterf() 和 glPointParameteri() 设置的两个参数分别表示 gl_PointCoord 的原点（GL_POINT_SPRITE_COORD_ORIGIN），以及点消隐的阈值（GL_POINT_FADE_THRESHOLD_SIZE）。点精灵坐标的原点设置了 gl_PointCoord.y 在片元着色器中增加的方向（从上到下还是从下到上）。默认情况下，GL_POINT_SPRITE_COORD_ORIGIN 的值是 GL_UPPER_LEFT，即从上到下的方向。注意这与窗口坐标的增量方向是相反的，后者的原点位于左下角。如果我们设置 GL_POINT_SPRITE_COORD_ORIGIN 参数为 GL_LOWER_LEFT，那么 gl_PointCoord.y 增加的方向与 gl_FragCoord.y 就是相同的，后者表示了片元的实际窗口坐标。

　　另一个可用的参数 GL_POINT_FADE_THRESHOLD_SIZE，负责控制点（以及点精灵）

反走样的方式。如果点的大小比这个阈值更低的话，OpenGL 就有权不再对这个点执行真正的反走样，而是直接将点的颜色与背景进行融混。这个参数的默认值是 1.0，也就是说如果点经过光栅化之后的尺寸小于 1.0，OpenGL 将不再对每个片元做一次光照的采样计算，而是对采样点的所有片元统一进行光照计算，然后通过点的消隐因数来衰减 alpha 分量，计算公式如下所示：

$$fade = \begin{cases} 1 & \text{若 } derived\ size \geq threshold \\ \left(\dfrac{derived\ size}{threshold}\right)^2 & \text{其他} \end{cases}$$

6.16 帧缓存对象

到目前为止，我们所有有关缓存的讨论都是集中在窗口系统的缓存，也就是你调用 glfwCreateWindow() 这样的函数得到的缓存。虽然你已经可以对这类缓存应用各种各样的技术了，但是仍然有很多操作需要在不同的缓存之间大量地迁移数据。这就是帧缓存对象存在的意义。通过帧缓存对象，我们可以创建自己的帧缓存，并且将他们绑定到渲染缓存（renderbuffer）上，将数据拷贝的消耗最小化，同时对性能进行优化。

帧缓存对象对于离屏渲染技术、纹理贴图的更新，以及缓存乒乓技术（buffer ping-ponging，这是 GPGPU 中用到的一种数据传输方法）的实现非常有意义。

窗口系统所提供的帧缓存是唯一可以被图形服务器的显示系统所识别的帧缓存，也就是说，我们在屏幕上看到的只能是这个缓存。系统对于这种在窗口打开时才被创建的缓存也有其他一些限制。而相比较而言，应用程序中创建的帧缓存无法被显示器所显示，它们只能用于离屏渲染的场合。

窗口系统的缓存和自己创建的帧缓存之间还有另外一个区别，就是窗口系统所管理的帧缓存有自己的缓存对象（颜色、深度和模板），它们诞生于窗口创建之时。而如果你创建了一个应用程序管理的帧缓存对象，还需要创建额外的渲染缓存并与帧缓存对象相关联。窗口系统管理的缓存是无法与应用程序创建的帧缓存关联的，反之亦然。

如果要分配一个程序创建的帧缓存对象，需要调用 glCreateFramebuffers()，从而得到一个未使用的帧缓存对象标识符，此时它已经被赋予默认的帧缓存状态了。

---

void **glCreateFramebuffers**(GLsizei n, GLuint* framebuffers);

分配 n 个未使用的帧缓存对象名称，将它们存储到地址位于 framebuffers 的数组中。每个返回的名称都代表一个新的帧缓存对象，并且赋予了默认的帧缓存状态。

如果 n 为负数，那么将产生一个 GL_INVALID_VALUE 错误。

调用 glCreateFramebuffers() 创建了一个帧缓存对象之后，我们可以继续使用 glBind-Framebuffer() 将它绑定到当前环境中。glBindFramebuffer() 的行为模式与 OpenGL 当中其他大部分 glBind*() 函数是类似的。调用这个函数会将帧缓存对象置于激活的状态，任何后继的 OpenGL 渲染操作都会被导向到这个帧缓存对象中。如果没有绑定任何的帧缓存对象，那么渲染操作会被导向到默认帧缓存里，也就是操作系统自身所提供的帧缓存。glBindFramebuffer() 函数的原型为：

---

void **glBindFramebuffer**(GLenum target, GLuint framebuffer);

设置一个可读或者可写的帧缓存。如果 target 为 GL_DRAW_FRAMEBUFFER，那么 framebuffer 设置的是绘制时的目标帧缓存。类似地，如果 target 设置为 GL_READ_FRAMEBUFFER，那么 framebuffer 就是读取操作的数据源。如果 target 设置为 GL_FRAMEBUFFER，那么 framebuffer 所设置的帧缓存是既可读也可写的。

framebuffer 设置为 0 的话，表示绑定目标到默认的窗口系统帧缓存，或者也可以设置为一个 glGenFramebuffers() 所生成的帧缓存对象。

如果 framebuffer 不是 0 也不是一个可用的帧缓存对象（可用的对象是通过 glGenFramebuffers() 生成的，并且没有被 glDeleteFramebuffers() 所释放），那么将产生一个 GL_INVALID_OPERATION 错误。

与 OpenGL 中的其他对象类型一样，我们也可以释放程序分配的帧缓存，即调用 glDeleteFramebuffers() 函数。这个函数可以将帧缓存对象的名字重新标记为未分配的状态，并且将帧缓存对象相关联的资源全部释放。

---

void **glDeleteFramebuffers**(GLsizei n, const GLuint* ids);

将 n 个帧缓存对象释放，对象的名称保存在 ids 中。如果某个帧缓存对象当前已经被绑定（例如它的名字在最近一次调用 glBindFramebuffer() 时被使用），那么删除它意味着帧缓存的目标被立即重置为 0（也就是窗口系统的帧缓存），同时帧缓存对象本身被释放。

如果 n 为负数，那么 glDeleteFramebuffers() 将产生一个 GL_INVALID_VALUE 错误。如果传入的名称是未分配的，或者传入 0，那么函数不会产生错误，而是直接忽略这些值。

从函数完整性上考虑，我们也可以通过调用 glIsFramebuffer() 来判断某个无符号整数是否是程序分配的帧缓存对象。

GLboolean glIsFramebuffer(GLuint framebuffer);

如果 framebuffer 是某个 glCreateFramebuffers() 所生成的帧缓存的名称，那么返回 GL_TRUE。如果 framebuffer 为 0（窗口系统的默认帧缓存），或者值是未分配的，或者已经被 glDeleteFramebuffers() 删除，那么将返回 GL_FALSE。

---

void glNamedFramebufferParameteri(GLuint framebuffer, GLenum pname, GLint param);

设置帧缓存对象的参数，前提是帧缓存对象还没有进行关联，否则这些参数的值将通过帧缓存附件来设置。

framebuffer 必须是一个通过 glCreateFrameBuffers() 创建并返回的帧缓存对象的名称，并且它还没有被 glDeleteFrameBuffers() 删除。

pname 设置的是帧缓存对象的参数，它必须是以下枚举量：GL_FRAMEBUFFER_DEFAULT_WIDTH、GL_FRAMEBUFFER_DEFAULT_HEIGHT、GL_FRAMEBUFFER_DEFAULT_LAYERS、GL_FRAMEBUFFER_DEFAULT_SAMPLES，或者 GL_FRAMEBUFFER_DEFAULT_FIXED_SAMPLE_LOCATIONS。

大体上说，创建帧缓存对象之后，还是有很多工作需要完成。我们需要指定一处空间用作绘制操作或者读取操作，这处空间称作帧缓存附件（framebuffer attachment）。在介绍完渲染缓存，也就是能够与帧缓存对象关联的一种缓存类型之后，我们将进一步讨论与帧缓存附件相关的内容。

6.17 渲染到纹理贴图

帧缓存对象的一个最常见的用途恐怕就是直接渲染到纹理贴图了。我们可以用这种方法改变一个物体表面上的纹理呈现（例如在游戏中对墙壁造成伤害），或者在 GPGPU 之类的计算操作中更新纹理查找表中的数据。在这些情况下，我们需要绑定纹理贴图的一个级别为帧缓存的附件。在渲染完成后，可以从帧缓存对象中解除对纹理贴图的关联，然后继续执行下一步的渲染。

🔍 注意　就算纹理已经被绑定成帧缓存附件并且正在进行写入操作，我们依然可以自由地读取纹理的内容。这种情况被称作帧缓存渲染的循环，因此两个同时进行的操作都可能产生不确定的结果。也就是说，从被绑定的纹理中采样读取的结果，以及写入到纹理某层的数据结果，都是不确定的，有可能完全不正确。

---

void **glNamedFramebufferTexture**(GLuint framebuffer, GLenum attachment, GLuint texture, GLint level);

void **glNamedFramebufferTextureLayer**(GLuint framebuffer, GLenum attachment, GLuint texture, GLint level, GLint layer);

---

glNamedFramebufferTexture* 这类函数可以将纹理贴图的一个层次关联到帧缓存附件中，对应的帧缓存对象名为 framebuffer。glNamedFramebufferTexture() 会关联纹理对象 texture（假设它的值不是 0）的层次 level 到附件 attachment。

glNamedFramebufferTextureLayer() 将一个数组纹理的某一层关联到帧缓存中，这个时候 texture 必须是一个纹理数组类型，layer 是这个纹理的层索引，用于关联到帧缓存附件。

attachment 必须是下面列出的某个帧缓存附件类型：GL_COLOR_ATTACHMENTi、GL_DEPTH_ATTACHMENT、GL_STENCIL_ATTACHMENT、GL_DEPTH_STENCIL_ATTACHMENT（它对应的纹理内部格式必须是 GL_DEPTH_STENCIL）。

如果 texture 是 0，就表示任何绑定到 attachment 的纹理都会被释放掉，并且 attachment 上不会再有别的绑定物。此时 level 和 layer（如果有的话）参数都会被忽略。

如果 texture 非 0，它必须是一个已经存在的纹理对象（通过 glCreateTextures() 创建），并且 texturetarget 必须与关联的纹理对象的类型（例如 GL_TEXTURE_1D）相匹配，或者对于立方体映射形式的纹理，texturetarget 必须是立方体映射的某个面；否则将生成一个 GL_INVALID_OPERATION 错误。

level 表示被关联为渲染目标的纹理图像的 mipmap 层次。对于三维纹理或者二维纹理数组来说，layer 表示纹理的层索引。如果 texturetarget 是 GL_TEXTURE_RECTANGLE 或者 GL_TEXTURE_2D_MULTISAMPLE，那么 level 必须是 0。

例 6.32 给出了创建纹理并且将它的某一层关联到帧缓存对象的过程。

例 6.32　将纹理的一层关联到帧缓存附件

```
GLsizei  TexWidth, TexHeight;
GLuint   framebuffer, texture;

void init()
{
    // 创建一个空的纹理
    glCreateTextures(GL_TEXTURE_2D, 1, &texture);
    glTextureStorage2D(texture,
                       1, GL_RGBA8,
                       TexWidth, TexHeight);

    // 将纹理关联到帧缓存
    glCreateFramebuffers(1, &framebuffer);
```

```
    glNamedFramebufferTexture2D(framebuffer,
      GL_COLOR_ATTACHMENT0, GL_TEXTURE_2D, texture, 0);
}

void
display()
{
    // 渲染到渲染缓存当中
    glBindFramebuffer(GL_DRAW_FRAMEBUFFER, framebuffer);
    glViewport(0, 0, TexWidth, TexHeight);
    glClearColor(1.0, 0.0, 1.0, 1.0);
    glClear(GL_COLOR_BUFFER_BIT | GL_DEPTH_BUFFER_BIT);
    ...

    // 生成纹理的 mipmap
    glGenerateTextureMipmap(texture);

    // 解绑纹理（它可以贴到别的物体上了），然后绑定到窗口系统的帧缓存
    glBindFramebuffer(GL_FRAMEBUFFER, 0);
    glViewport(0, 0, windowWidth, windowHeight);
    glClearColor(0.0, 0.0, 1.0, 1.0);
    glClear(GL_COLOR_BUFFER_BIT | GL_DEPTH_BUFFER_BIT);

    // 使用刚才的纹理进行渲染
    glEnable(GL_TEXTURE_2D);
    ...
}
```

6.17.1 抛弃渲染数据

我们总是需要在渲染新的一帧之前清除帧缓存数据，这是一个经验法则。而现代 GPU 实现了压缩和其他技术来提升这个操作的性能，降低内存带宽的需求，等等。当我们清除帧缓存的时候，OpenGL 实现就会知道它需要抛弃目前帧缓存中的所有渲染数据，并且尽可能返回到一个干净的、压缩过的状态。但是，如果你自己知道该怎么处理目前的帧缓存并且进行后继处理呢？这种时候再清除一次数据也许就是浪费了，因为用户本来就打算完全覆盖整个区域去进行绘制。如果你确实想用新的渲染数据完全替换当前帧缓存的内容，可以选择调用 glInvalidateNamedFramebufferData() 或者 glInvalidateNamedFramebufferSubData() 来主动"抛弃"。

---

void **glInvalidateNamedFramebufferData**(GLuint framebuffer, GLsizei numAttachments, const GLenum *attachments);

void **glInvalidateNamedFramebufferSubData**(GLuint framebuffer, GLsizei numAttachments, const GLenum *attachments, GLint x, GLint y, GLsizei width, GLsizei height);

通知 OpenGL 给定的帧缓存附件的内容将会被抛弃，数据范围通过 x、y、width 和 height 来设置。glInvalidateFramebuffer() 可以抛弃指定帧缓存附件中所有的内容。附

件的数量是通过 numAttachments 来设置的，attachments 是一个数组的地址，其中包含了附件相关的标识量。对于非默认的帧缓存而言，这里的附件标识量必须来自 GL_DEPTH_ATTACHMENT、GL_STENCIL_ATTACHMENT、GL_DEPTH_STENCIL_ATTACHMENT、GL_COLOR_ATTACHMENTi（i 表示颜色附件的索引）。

抛弃帧缓存中的内容，根据具体的 OpenGL 的不同，这个操作比直接清除可能要高效一点。此外，这个操作也可以避免多 GPU 系统中进行一些无谓而耗时的数据拷贝工作。如果并不想抛弃帧缓存对象附件的数据，或是打算直接抛弃纹理内容，那么我们可以调用 glInvalidateTexImage() 或者 glInvalidateTexSubImage()。glInvalidateTexImage() 和 glInvalidateTexSubImage() 的函数原型如下：

---
void **glInvalidateTexImage**(GLuint texture, GLint level);
void **glInvalidateTexSubImage**(GLuint texture, GLint level, GLint xoffset, GLint yoffset, GLint zoffset, GLint width, GLint height, GLint depth);

通知 OpenGL 给定的纹理 texture 中某一层 level 的内容将会被抛弃。glInvalidate-TexImage() 会抛弃纹理对象的整个图像层次，而 glInvalidateTexSubImage() 只会抛弃给定范围内的数据，这个范围的大小通过 width、height、depth 设置，原点通过 xoffset、yoffset、zoffset 来设置。

6.17.2　渲染缓存

渲染缓存（renderbuffer）是 OpenGL 所管理的一处高效的内存区域，它可以存储格式化的图像数据。渲染缓存中的数据只有关联到一个帧缓存对象之后才有意义，并且需要保证图像缓存的格式必须与 OpenGL 要求的渲染格式相符（例如不能将颜色值渲染到深度缓存中）。

与 OpenGL 中的其他缓存类型类似，渲染缓存的分配和删除也是采用与之前类似的方式。创建新的渲染缓存时可以调用 glCreateRenderbuffers() 函数。

---
void **glCreateRenderbuffers**(GLsizei n, GLuint* renderbuffers);

分配 n 个未使用的渲染缓存对象名称，并且将它们保存到 renderbuffers 中。

类似地，glDeleteRenderbuffers() 可以用来释放渲染缓存所关联的内容。

---
void **glDeleteRenderbuffers**(GLsizei n, const GLuint* ids);

释放 n 个渲染缓存对象，它们的名称由 ids 参数提供。如果某个渲染缓存当前已经

被绑定，然后又调用了 glDeleteRenderbuffers()，那么当前的帧缓存附件点（framebuffer attachment point）会被重新绑定到 0，再将这处渲染缓存释放。

glDeleteRenderbuffers() 不会产生任何错误。如果名称是不可用的或者是 0，它们将被直接忽略。

当然，也可以通过 glIsRenderbuffer() 来检查某个名字是否表示一个合法的渲染缓存。

---

void **glIsRenderbuffer**(GLuint renderbuffer);

如果 renderbuffer 是 glCreateRenderbuffers() 所产生的一个渲染缓存，则返回 GL_TRUE。如果当前帧缓存为 0（窗口系统的默认帧缓存），或者给定的值是未分配的，或者已经被 glDeleteRenderbuffers() 所删除，那么返回 GL_FALSE。

帧缓存对象经过绑定之后才可以修改自己的状态，相应地，我们也可以调用 glBindRenderbuffer() 来创建渲染缓存，并且修改它所对应的状态，包括它的图像数据格式。

---

void **glBindRenderbuffer**(GLenum target, GLuint renderbuffer);

创建并绑定一个名字为 renderbuffer 的渲染缓存。target 必须是 GL_RENDERBUFFER。而 renderbuffer 可以是 0，即移除当前的绑定，也可以是 glCreateRenderbuffers() 所生成的一个名字；否则，系统将产生一个 GL_INVALID_OPERATION 错误。

6.17.3 创建渲染缓存的存储空间

当使用 glCreateRenderbuffers() 创建了一个新的渲染缓存对象的时候，OpenGL 服务器会创建一个所有状态信息均为默认值的渲染缓存。这个时候它还没有分配存储空间来存储图像信息。将渲染缓存关联到帧缓存并渲染到其中之前，需要分配存储空间并且设置图像格式。这一步可以通过 glNamedRenderbufferStorage() 或者 glNamedRenderbufferStorageMultisample() 函数来完成。

---

void **glNamedRenderbufferStorage**(GLuint renderbuffer, GLenum internalformat, GLsizei width, GLsizei height);
void **glNamedRenderbufferStorageMultisample**(GLuint renderbuffer, GLsizei samples, GLenum internalformat, GLsizei width, GLsizei height);

为渲染缓存 renderbuffer 分配图像数据的空间。对于一个可以绘制颜色信息的缓存来

说，internalformat 必须是下面各个枚举量中的一个：

GL_RED	GL_R8	GL_R16
GL_RG	GL_RG8	GL_RG16
GL_RGB	GL_R3_G3_B2	GL_RGB4
GL_RGB5	GL_RGB8	GL_RGB10
GL_RGB12	GL_RGB16	GL_RGBA
GL_RGBA2	GL_RGBA4	GL_RGB5_A1
GL_RGBA8	GL_RGB10_A2	GL_RGBA12
GL_RGBA16	GL_SRGB	GL_SRGB8
GL_SRGB_ALPHA	GL_SRGB8_ALPHA8	GL_R16F
GL_R32F	GL_RG16F	GL_RG32F
GL_RGB16F	GL_RGB32F	GL_RGBA16F
GL_RGBA32F	GL_R11F_G11F_B10F	GL_RGB9_E5
GL_R8I	GL_R8UI	GL_R16I
GL_R16UI	GL_R32I	GL_R32UI
GL_RG8I	GL_RG8UI	GL_RG16I
GL_RG16UI	GL_RG32I	GL_RG32UI
GL_RGB8I	GL_RGB8UI	GL_RGB16I
GL_RGB16UI	GL_RGB32I	GL_RGB32UI
GL_RGBA8I	GL_RGBA8UI	GL_RGBA16I
GL_RGBA16UI	GL_RGBA32I	GL_R8_SNORM
GL_R16_SNORM	GL_RG8_SNORM	GL_RG16_SNORM
GL_RGB8_SNORM	GL_RGB16_SNORM	GL_RGBA8_SNORM
GL_RGBA16_SNORM		

　　如果渲染缓存是作为深度缓存使用的，那么它必须可以写入深度信息，也就是设置 internalformat 为 GL_DEPTH_COMPONENT、GL_DEPTH_COMPONENT16、GL_DEPTH_COMPONENT32 或 GL_DEPTH_COMPONENT32F。

　　如果渲染缓存要作为模板缓存使用，那么 internalformat 必须设置为 GL_STENCIL_INDEX、GL_STENCIL_INDEX1、GL_STENCIL_INDEX4、GL_STENCIL_INDEX8 或 GL_STENCIL_INDEX16。

　　对于压缩的深度模板格式，internalformat 必须设置为 GL_DEPTH_STENCIL，这样就允许渲染缓存绑定到深度缓存或者模板缓存，甚至是合并的深度模板附件点了。

　　width 和 height 用来设置渲染缓存的像素大小，而 samples 可以设置逐像素多重采样的样本个数。对于 glRenderbufferStorageMultisample() 来说，设置 samples 为 0，与

glRenderbufferStorage() 就已经是等价的了。

如果 width 和 height 超出了 GL_MAX_RENDERBUFFER_SIZE 所定义的数值范围，或者 samples 超出了 GL_MAX_SAMPLES 所定义的范围，那么将产生一个 GL_INVALID_VALUE 错误。如果 internalformat 是有符号或者无符号的整数类型（例如名称中带有 I 或者 UI 字样的格式枚举量），并且 samples 非零，而且硬件实现无法支持多重采样的整数缓存的话，那么系统将产生一个 GL_INVALID_OPERATION 错误。最后，如果渲染缓存的大小和格式合起来超出了可分配的内存范围，系统将产生一个 GL_OUT_OF_MEMORY 错误。

例 6.33 创建一个 256 x 256 的 RGBA 颜色渲染缓存

```
glCreateRenderbuffers(1, &color);
glNamedRenderbufferStorage(color, GL_RGBA, 256, 256);
```

如例 6.33 所示，当我们创建了渲染缓存的存储空间之后，就需要将它真正关联到帧缓存对象上了，然后渲染到这处缓存中。

6.17.4　帧缓存附件

当我们开始渲染时，可以将渲染的结果保存到以下几个地方：

❑ 创建图像到颜色缓存，甚至是多个颜色缓存，前提是你使用了多重渲染目标（multiple render targets，参见 6.17.7 节）。

❑ 将遮挡信息保存到深度缓存。

❑ 将逐像素的渲染掩码保存到模板缓存。

这些缓存类型每个都表示了一种帧缓存的附件，换句话说，就是将对应的图像缓存（无论是刚渲染完成的，还是准备读取的），直接附加到帧缓存之上。可用的帧缓存附件点如表 6-8 所示。

表 6-8　帧缓存附件

附件名称	描述
GL_COLOR_ATTACHMENTi	第 i 个颜色缓存。i 的范围从 0（默认颜色缓存）到 GL_MAX_COLOR_ATTACHMENTS – 1
GL_DEPTH_ATTACHMENT	深度缓存
GL_STENCIL_ATTACHMENT	模板缓存
GL_DEPTH_STENCIL_ATTACHMENT	这是一种特殊的附件类型，用于保存压缩后的深度—模板缓存（此时需要渲染缓存的像素格式被设置为 GL_DEPTH_STENCIL）

现在，我们可以选择将这些附件关联到两种不同类型的渲染表面之上：渲染缓存，或者纹理图像的某个层级。

首先讨论渲染缓存关联到帧缓存对象的情形，这一步是通过 glNamedFramebufferRenderbuffer() 函数完成的。

---

void **glNamedFramebufferRenderbuffer**(GLuint framebuffer, GLenum attachment, GLenum renderbuffertarget, GLuint renderbuffer);

将渲染缓存 renderbuffer 关联到当前绑定的帧缓存对象 framebuffer 的附件 attachment 上。attachment 必须是 GL_COLOR_ATTACHMENTi、GL_DEPTH_ATTACHMENT、GL_STENCIL_ATTACHMENT 或者 GL_DEPTH_STENCIL_ATTACHMENT 中的一个。

renderbuffertarget 必须设置为 GL_RENDERBUFFER，而 renderbuffer 必须是 0（表示将附件所关联的渲染缓存移除）或者从 glCreateRenderbuffers() 生成的名称，否则将会产生一个 GL_INVALID_OPERATION 错误。

例 6.34 中，我们创建和关联了两个渲染缓存：一个用作颜色；另一个用作深度信息。然后进行渲染，并且将最终结果重新拷贝到窗口系统的帧缓存中以便显示。用户可以使用这种技术来生成一个离屏渲染的影片的序列帧，并且不用担心帧缓存中的数据是否会受到窗口重叠的影响，或者有人改变窗口大小时是否会中断渲染的过程。

有一点很重要，那就是我们可能需要在渲染之前为每个帧缓存重设视口，尤其是应用程序的帧缓存大小与窗口系统提供的帧缓存大小不一致的时候。

例 6.34　关联渲染缓存并用做渲染

```
enum { Color, Depth, NumRenderbuffers };

GLuint framebuffer, renderbuffer[NumRenderbuffers]

void
init()
{
    glCreateRenderbuffers(NumRenderbuffers, renderbuffer);
    glNamedRenderbufferStorage(renderbuffer[color], GL_RGBA, 256, 256);
    glNamedRenderbufferStorage(renderbuffer[Depth], GL_DEPTH_COMPONENT24,
                        256, 256);

    glGenFramebuffers(1, &framebuffer);
    glBindFramebuffer(GL_DRAW_FRAMEBUFFER, framebuffer);

    glNamedFramebufferRenderbuffer(framebuffer, GL_COLOR_ATTACHMENT0,
                            GL_RENDERBUFFER, renderbuffer[Color]);

    glNamedFramebufferRenderbuffer(framebuffer, GL_DEPTH_ATTACHMENT,
                            GL_RENDERBUFFER, renderbuffer[Depth]);

    glEnable(GL_DEPTH_TEST);
}

void
display()
{
```

```
// 准备渲染到渲染缓存当中

glBindFramebuffer(GL_DRAW_FRAMEBUFFER, framebuffer);

glViewport(0, 0, 256, 256);

// 渲染到渲染缓存

glClearColor(1.0, 0.0, 0.0, 1.0);
glClear(GL_COLOR_BUFFER_BIT | GL_DEPTH_BUFFER_BIT);

...

// 设置从渲染缓存读取，然后绘制到窗口系统的帧缓存中

glBindFramebuffer(GL_READ_FRAMEBUFFER, framebuffer);
glBindFramebuffer(GL_DRAW_FRAMEBUFFER, 0);

glViewport(0, 0, windowWidth, windowHeight);
glClearColor(0.0, 0.0, 1.0, 1.0);

glClear(GL_COLOR_BUFFER_BIT | GL_DEPTH_BUFFER_BIT);

/* 执行拷贝操作 */

glBlitFramebuffer(0, 0, 255, 255, 0, 0, 255, 255,
                  GL_COLOR_BUFFER_BIT, GL_NEAREST);
glfwSwapBuffers(window);
}
```

6.17.5　帧缓存的完整性

纹理和缓存的格式组合是多种多样的，再加上不同的帧缓存附件设置，我们可能会遇到很多不同的问题，以致程序自定义的帧缓存对象无法正常完成渲染。因此当我们修改了帧缓存对象的附件信息之后，最好对帧缓存的当前状态进行一次检查，方法是调用 glCheckFramebufferStatus() 函数。

GLenum glCheckFramebufferStatus(GLenum target);

返回帧缓存完整性状态检查的结果，返回值如表 4-9 所示。target 必须是 GL_READ_FRAMEBUFFER、GL_DRAW_FRAMEBUFFER 或者 GL_FRAMEBUFFER（等价于 GL_DRAW_FRAMEBUFFER）。

如果 glCheckFramebufferStatus() 产生了一个错误，那么返回值为 0。

帧缓存配置时产生的不同类型的错误如表 6-9 所示。

表 6-9　glCheckFramebufferStatus() 返回的错误信息

帧缓存完整性状态枚举量	描述
GL_FRAMEBUFFER_COMPLETE	帧缓存和它的附件完全符合渲染或者数据读取的需求

（续）

帧缓存完整性状态枚举量	描述
GL_FRAMEBUFFER_UNDEFINED	绑定的帧缓存可能是默认的帧缓存（例如 glBindFramebuffer() 中设置帧缓存的参数为 0），而默认的帧缓存是不存在的
GL_FRAMEBUFFER_INCOMPLETE_ATTACHMENT	绑定的帧缓存没有设置必需的附件信息
GL_FRAMEBUFFER_INCOMPLETE_MISSING_ ATTACHMENT	帧缓存没有关联任何的图像（例如纹理层或者渲染缓存）
GL_FRAMEBUFFER_INCOMPLETE_DRAW_BUFFER	每个绘制缓存（例如 glDrawBuffers() 所指定的 GL_ DRAW_BUFFERi）都必须有一个附件
GL_FRAMEBUFFER_INCOMPLETE_READ_BUFFER	每个用 glReadBuffer() 设置的缓存都必须有一个附件
GL_FRAMEBUFFER_UNSUPPORTED	关联到帧缓存对象的图像数据与 OpenGL 设备实现的需求不兼容
GL_FRAMEBUFFER_INCOMPLETE_MULTISAMPLE	帧缓存各个附件所关联的所有图像的采样值数量互相不匹配

在这些错误当中，GL_FRAMEBUFFER_UNSUPPORTED 可能是最难调试的一类错误，并且它与具体的平台实现也是密切相关的。

6.17.6　帧缓存的无效化

OpenGL 的某些实现可能是基于一个内存有限的环境使用的（包括移动平台或者嵌入式设备上的 OpenGL ES）。而帧缓存有可能占用相当大的内存资源（尤其是多个帧缓存、多重采样的颜色附件以及纹理的情形）。因此 OpenGL 提供了一种机制，可以将帧缓存的一块区域或者整体声明为不再使用的，可以立即释放。这一操作可以通过 glInvalidate-SubFramebuffer() 或者 glInvalidateFramebuffer() 函数来完成。

```
void glInvalidateFramebuffer(GLenum target, GLsizei numAttachments, const GLenum
*attachments);
void glInvalidateSubFramebuffer(GLenum target, GLsizei numAttachmens, const GLenum
*attachments, GLint x, GLint y, GLsizei width, GLsizei height);
```

设置绑定的帧缓存对象的一部分或者整体将不再保留。对于这两个函数而言，target 参数必须是 GL_DRAW_FRAMEBUFFER、GL_READ_FRAMEBUFFER 或者 GL_FRAMEBUFFER（同时指向绘制和读取目标）。attachments 中保存了一系列附件的标识符，包括：GL_ COLOR_ATTACHMENTi、GL_DEPTH_ATTACHMENT，以及 GL_STENCIL_ATTACHMENT；而 numAttachments 设置了这个附件列表中元素的个数。

对于 glInvalidateSubFramebuffer() 来说，可以通过左下角的坐标 (x, y) 以及宽度 width 和高度 height（从 (x, y) 出发）来设置它的作用区域，而这个区域对于所有 attachments 中的附件而言，都将不再使用。

　　这两个函数可能会触发以下错误：如果标识符不是来自于上面的列表，那么返回 GL_INVALID_ENUM ；如果某个附件的索引（例如 GL_COLOR_ATTACHMENTi 的 i 值）大于等于颜色附件的最大索引值，那么返回 GL_INVALID_OPERATION ；如果 numAttachments、width 或者 height 为负数，那么返回 GL_INVALID_VALUE。

6.17.7　多重渲染缓存的同步写入

　　帧缓存对象的多渲染缓存（或者多纹理）特性，也就是在一个片元着色器中同时写入到多个缓存的能力，通常也叫做 MRT（多重渲染目标，multiple-render target）渲染。这通常是一种性能的优化方案，它可以避免因为多次处理同一组顶点列表而浪费时间，并且不需要多次对同样的图元进行光栅化。

　　这项技术经常应用于 GPGPU 领域，不过它也可以用来生成几何体或者其他信息（例如纹理和法线贴图），这些信息可以在同一个渲染过程中被写入到不同的缓存当中。如果要使用这项技术，那么必须设置一个帧缓存对象并附加多组颜色值（可能还有深度和模板值）附件，再对片元着色器进行一定的修改。之前已经讨论过多个附件点的设置，现在讨论片元着色器的内容。

　　正如我们之前说过的，片元着色器是通过 out 变量来输出数据的。如果要设置 out 变量与帧缓存附件之间的对应关系，只需要使用 layout 限定符直接将变量设置到正确的位置即可。例如，例 6.35 就演示了两个变量是如何与颜色附件位置 0 和 1 对应起来的。

　　例 6.35　设置 MRT 渲染的 layout 限定符

```
layout (location = 0) out vec4 color;
layout (location = 1) out vec4 normal;
```

　　如果当前绑定的帧缓存的附件与当前绑定的片元着色器之间没有完全匹配，那么那些未对应的数据（例如，片元着色器写出的数据并没有关联到附件）会直接被忽略，只是宇宙的尘埃而已。

　　此外，如果你在 MRT 渲染的时候使用了双源融混的机制（参见 6.17.9 节），那么你只能设置 layout 限定符当中的 location 和 index 选项。

　　我们建议在着色器当中使用 layout 限定符来确保片元着色器的输出与帧缓存的附件互相关联，但是如果没有指定，OpenGL 会在着色器链接的阶段完成这项工作。我们可以使用 glBindFragDataLocation() 函数来引导链程序完成正确的关联工作，也可以使用 glBindFragDataLocationIndexed() 来设置片元的 index 索引值。如果在着色器代码中已经设置了片元着色器的关联关系，那么它会继续沿用，这两个函数所设置的位置值不会产生作用。

void **glBindFragDataLocation**(GLuint program, GLuint colorNumber, const GLchar *name);
void **glBindFragDataLocationIndexed**(GLuint program, GLuint colorNumber, GLuint index, const GLchar *name);

使用 colorNumber 的值来对应片元着色器的变量 name，从而与着色器程序 program 的输出位置进行关联。对于有颜色索引的情形，index 可以用来同时设置输出的索引位置。

如果 program 不是一个着色器程序，或者 index 大于 1，或 colorNumber 大于等于最大的颜色附件索引值，都将生成 GL_INVALID_VALUE 错误。

程序链接完成之后，我们就可以通过调用 glGetFragDataLocation() 和 glGetFragDataIndex() 来获取片元着色器的变量输出位置和索引（如果它们可用的话）了。

GLint **glGetFragDataLocation**(GLuint program, const GLchar* name);
GLint **glGetFragDataIndex**(GLuint program, const GLchar* name);

如果片元着色器变量 name 已经与链接后的着色器程序相关联，返回它的位置或者索引。

如果 name 不是一个可用的程序变量，或者 program 已经链接但是没有设置片元着色器，或者 program 没有完成链接的话，返回值均为 –1。对于 program 链接失败的情形，同时还会产生一个 GL_INVALID_OPERATION 错误。

6.17.8　选择颜色缓存来进行读写操作

绘制或者读取操作的结果通常与以下几种颜色缓存的内容关联：
❑ 默认帧缓存中的前、后、左前、左后、右前、右后缓存；
❑ 或者用户自定义帧缓存对象中的前缓存，或者任意渲染缓存附件。
我们可以选择一个独立的缓存来完成目标的绘制或者读取。对于绘制操作来说，还可以同时向多个缓存中写入目标。在这里可以使用 glDrawBuffer() 或者 glDrawBuffers() 来选择要写入的缓存，以及使用 glReadBuffer() 来选择读取用的缓存，并作为 glReadPixels() 函数的数据源。

void **glDrawBuffer**(GLenum mode);
void **glDrawBuffers**(GLsizei n, const GLenum* buffers);

设置可以进行写入或者清除操作的颜色缓存，同时将禁止之前一次 glDrawBuffer() 或者 glDrawBuffers() 所设置的缓存。我们可以一次性启用多个缓存。mode 的值必须是下面几种枚举量中的一种：

GL_FRONT	GL_FRONT_LEFT	GL_NONE
GL_BACK	GL_FRONT_RIGHT	GL_FRONT_AND_BACK
GL_LEFT	GL_BACK_LEFT	GL_COLOR_ATTACHMENTi
GL_RIGHT	GL_BACK_RIGHT	

如果 mode 或者 buffers 中的对象不属于上述任何一种，那么将产生一个 GL_INVALID_ENUM 错误。此外，如果当前绑定了一个帧缓存对象，并且它不是默认帧缓存，那么我们只能使用 GL_NONE 或者 GL_COLOR_ATTACHMENTi 模式，否则也会产生 GL_INVALID_ENUM 错误。

名称中忽略了 LEFT 和 RIGHT 的枚举量，可以同时用于立体缓存中的左缓存和右缓存；以此类推，名称中不包含 FRONT 或者 BACK 的枚举量也可以同时用于前缓存和后缓存。默认条件下，mode 被设置为 GL_BACK，以用于双重缓冲的情形。

glDrawBuffers() 函数可以设置多个颜色缓存来接收多组颜色值。buffers 是一个缓存枚举量的数组，它只能接受 GL_NONE、GL_FRONT_LEFT、GL_FRONT_RIGHT、GL_BACK_LEFT 和 GL_BACK_RIGHT 这几种类型。

当我们使用了双重缓冲技术的时候，通常希望在后缓存中进行绘制（完成绘制之后再交换缓存）。不过有时候，可能也需要将双重缓冲的窗口作为一个单缓冲的窗口来使用，此时可以调用 glDrawBuffer(GL_FRONT_AND_BACK)，这样就能够同时写入到前缓存和后缓存中了。

如果要选择读取用的缓存的话，需要使用 glReadBuffer() 函数。

---

void **glReadBuffer**(GLenum mode);

设置可以用作像素读取的缓存，像素读取的相关函数包括 glReadPixels()、glCopyTexImage*() 和 glCopyTexSubImage*() 等。这个函数会禁止上一次使用 glReadBuffer() 所设置的缓存。mode 的值必须是下面几种枚举量中的一种：

GL_FRONT	GL_FRONT_LEFT	GL_NONE
GL_BACK	GL_FRONT_RIGHT	GL_FRONT_AND_BACK
GL_LEFT	GL_BACK_LEFT	GL_COLOR_ATTACHMENTi
GL_RIGHT	GL_BACK_RIGHT	

如果 mode 的值不属于上述任何一种，那么将产生一个 GL_INVALID_ENUM 错误。

正如我们所见到的，如果帧缓存对象有多个附件的话，可以自由控制作为附件的渲染缓存的方方面面，例如控制剪切盒的大小，或者执行融混。我们可以使用 glEnablei() 和

glDisablei() 指令，对每个附件分别进行精确的控制。

---

void **glEnablei**(GLenum capability, GLuint index);

void **glDisablei**(GLenum capability, GLuint index);

开启或者关闭缓存 index 的某项功能。

如果 index 大于等于 GL_MAX_DRAW_BUFFERS，那么将产生一个 GL_INVALID_VALUE 错误。

GLboolean **glIsEnabledi**(GLenum capability, GLuint index);

判断缓存 index 是否已经开启了某项功能。

如果 index 超出了许可的范围，那么将产生一个 GL_INVALID_VALUE 错误。

6.17.9　双源融混

高级技巧

我们在本章的早些时候已经介绍过两个特殊的融混参数，它们都是第二源混合参数，因为它们实际上是通过片元着色器中的第二个输出量来控制的。这两个参数就是 GL_SRC1_COLOR 和 GL_SRC1_ALPHA，它们的值是通过片元着色器中写入到索引为 1 的变量来输出的（而不是默认的索引 0）。如果要创建这样的输出，首先需要使用 layout 限定符中的 index 在片元着色器中声明变量。例 6.36 所示就是这类声明的一个例子。

例 6.36　通过布局限定符设置片元着色器输出变量的索引

```
layout (location = 0, index = 0) out vec4 first_output;
layout (location = 0, index = 1) out vec4 second_output;
```

当我们调用 glBlendFunc()、glBlendFunci()、glBlendFuncSeparate() 或者 glBlendFuncSeparatei() 的时候，GL_SRC_COLOR、GL_SRC_ALPHA、GL_ONE_MINUS_SRC_COLOR，还有 GL_ONE_MINUS_SRC_ALPHA 参数都会使用 first_input 中的值作为混合方程式的输入。但是，GL_SRC1_COLOR、GL_SRC1_ALPHA、GL_ONE_MINUS_SRC1_COLOR 和 GL_ONE_MINUS_SRC1_ALPHA 则会使用 second_output 中的值。这样我们就可以实现一些有趣的混合方式，即分别在混合的源和目标参数中使用第一个源和第二个源的数据，以得到不同的合并效果。

举例来说，如果设置源参数为 GL_SRC1_COLOR，而目标参数为 GL_ONE_MINUS_SRC1_COLOR，那么这个融混函数本质上就在片元着色器中建立了一个逐通道的 alpha 计算机制。对于一些次像素级别精度的反走样算法在片元着色器中的实现，这个功能是非常有意义的。我们考虑像素中红色、绿色和蓝色分量的位置，其中每个分量的覆盖率都可以在片元着色器中生成，然后通过一个覆盖率的函数来有选择地加亮每个颜色值。图 6-23 所示就是在液晶电脑屏幕上，一个红、绿、蓝三色组成的图像的近距离效果。此时次像素已经非常明显了，当然我们从平常的距离去观察，显示的结果还是白色。如果这里将每个红色、绿色和蓝色元素分别予以加亮的话，那么就有可能实现一些品质非常高的反走样算法了。

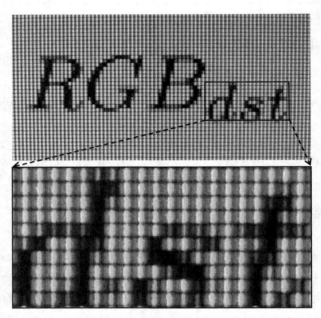

图 6-23　近距离观看 LCD 屏幕上的 RGB 颜色元素

另一种可能的应用就是设置融混公式中的源和目标参数为 GL_ONE 和 GL_SRC1_COLOR。这样的话，第一个颜色的输出将直接加和到帧缓存的内容上，而第二个颜色的输出可以被用来减弱帧缓存的数据。此时的公式可以表示为：

$$RGB_{dst} = RGB_{src0} + RGB_{src1} * RGB_{dst}$$

这就是经典的乘加运算（multiply-add operation），它可以用于很多场合。举例来说，如果我们希望使用有色的镜面高光来渲染一个半透明的物体，可以将物体颜色写入到 second_output，而强光颜色写入到 first_output。

双源融混与多个片元着色器输出

由于片元着色器的第二个输出是双源融混所必需的，而它也可能已经关联到多个帧缓存的附件上（绘制缓存），因此我们对双源融混的计数方法有一些特殊的要求。如果开启了双源融混——也就是说，如果任何赋予 glBlendFunc() 类函数的参数包含了 SRC1 字样的话，那么片元着色器中总输出变量数目将会降低。为了判断我们到底需要多少输出（以及需要同时激活多少个帧缓存附件），需要查询 GL_MAX_DUAL_SOURCE_DRAW_BUFFERS 的值。注意 OpenGL 标准也中说明了，GL_MAX_DUAL_SOURCE_DRAW_BUFFERS 的最小值为 1。那么如果 GL_MAX_DUAL_SOURCE_DRAW_BUFFERS 正好是 1 的话，就说明双源融混和多个绘制缓存的方法互相之间只能选择一者。无法放在一起使用。

6.18　本章总结

本章给出了有关 OpenGL 纹理的概述介绍。纹理相关的程序在计算机图形学中一直广泛运用，并且复杂程度让人难以置信。在一本书的短短一章里，我们能做的就是把表层的信息尽可能地展开，并且（希望）让读者深入理解纹理及其有用性。整本书也可以更高级的纹理使用。在后面的章节我们还会了解有关纹理的信息——包括绘制到纹理的案例，使用缓存纹理，以及在纹理中保存非图像类型的数据。

6.18.1　纹理回顾

如果要在用户程序中使用纹理：

❑ 创建纹理
- 调用 glCreateTextures() 创建新的纹理对象
- 通过 glTextureStorage2D() 或者纹理类型的恰当函数，为纹理设置尺寸和格式
- 通过 glTextureSubImage2D() 或者纹理类型的恰当函数，将数据保存到纹理中

❑ 在着色器中访问纹理
- 在着色器中声明一个 uniform 的采样器变量表示纹理
- 使用 binding 布局标识符将采样器与纹理单元进行关联
- 使用 glBindTextureUnit() 将纹理对象以及可选的采样器对象与正确的纹理单元进行绑定
- 在着色器中使用 texture 或者其他内置的纹理函数，从纹理中读取数据

如果将缓存对象作为纹理使用：

❑ 创建缓存纹理
- 使用 glCreateTextures() 创建一个新的纹理，目标参数为 GL_TEXTURE_BUFFER

❑ 创建和初始化缓存纹理
- 使用 glCreateBuffers() 创建新的缓存
- 使用 glNamedBufferStorage() 定义缓存对象的存储空间

❑ 关联纹理和缓存对象的数据
- 调用 glTextureBuffer() 并传入初始化缓存对象的名称

6.18.2　纹理的最佳实践

我们在这里给出一些建议，可以帮助你更高效地使用 OpenGL 的纹理，确保自己的程序维持在最佳的性能上。这里给出的是一些常见的错误以及如何避免它们的建议。

mipmap

除非有特殊的理由，否则一定要为纹理创建和初始化 mipmap 金字塔。图形硬件可以使用低分辨率的 mipmap，不仅可以提升程序渲染的画面质量，还可以更高效地使用图形处理器的缓存。纹理缓存是内存中的一小部分，专用于存储最近访问的纹理数据。用户程序用到的纹理越小，它们越有可能被放入到缓存中，用户程序的运行速度也就越快。

整型格式的纹理

不要忘记你的着色器中可以使用整型类型的采样器（isampler2D、usampler3D 等），此时纹理数据是没有归一化的整数，并且用户可以直接在着色器中使用这些整数值。一个常见的错误是：用户创建了一个浮点数采样器，然后给这个采样器设置整数类型的内部格式，例如 GL_RED_INTEGER。这种情况下，可能产生的结果是无法预期的。

第 7 章 *Chapter 7*

光照与阴影

本章目标

阅读完本章内容之后，你将会具备以下能力：

☐ 来自多个光源的包含环境光（ambient）、漫反射光（diffuse）和镜面光（specular）的
表面光照的片元着色器（fragment shader）代码。

☐ 基于质量和性能权衡考虑，在片元和顶点着色器（vertex shader）之间转移光照代码。

☐ 使用一个简单的着色器（shader）来收集应用到多种材质中的光源。

☐ 从多种光照模型中选择一种。

☐ 在场景中将物体的阴影投射到其他物体上。

在真实世界中，我们可以看到东西是因为它们反射一个光源的灯光或者因为它们本身
就是光源。在图形学中，就像真实生活一样，除非物体被照亮或者物体就是光源，否则我
们将不能看到它。我们将探索如何使用 OpenGL 着色语言来帮助我们实现一种在可编程图
形硬件上互动执行的模型。

本章主要包含以下几节：

☐ 7.1 节讨论有关光照研究的历史意义。

☐ 7.2 节解释光照基本原理，首先是基于在片元着色器中计算光照，然后在顶点着色器
和片元着色器之间计算。这一节同样展示在单一着色器中如何处理多个光源和材质。

☐ 7.3 节介绍包含半球（hemisphere）光照、基于图像的光照和球面光照等照亮场景的
进阶采样方法。它们可以放在经典光照之上来创建一个混合的模型。

☐ 7.4 节介绍在一个场景中添加阴影的关键技术。

7.1 光照介绍

OpenGL 着色程序几乎允许在场景实现光源的无限可能性。之前固定功能的光照模型比较约束，缺乏一些真实感和在性能质量的权衡。着色程序可以提供更优越的效果，特别是在真实区域中。虽然如此，但它对于我们开始在旧的固定功能中理解经典光照模型也同样很重要，即使我们将在着色阶段使用更灵活的方式来实现。这个光照模型同样提供基于大多数光栅光照技术的基本原理，它是我们掌握更先进技术的跳板。

在这种光照中，我们将首先展示一系列简单的着色器，其中每个实现经典光照模型的某些部分，最终的目标就是你可以选择想要在场景中实现的技术，并结合它们，然后将这些合并到你的着色器中。视图变换和其他渲染部分将会在这些着色器中移除，因此我们可能仅仅专注于光照部分。

在本章节的最后例子中展示多种复杂的着色器来实现更灵活的效果。但是即使有这些更灵活的着色器，我们也是仅仅局限在自己的假想中，需要继续探索新的光照模型。

7.2 经典光照模型

经典光照模型通过单独计算光源成分得到综合光照效果，然后添加到材质表面上特定点。这些成分包括环境光、漫反射光和镜面光，我们将在本节后面描述，其中图 7-1 所示可以直观展示它们的效果。

图 7-1 经典光照模型部分（将环境光（左上）、漫反射光（右上）和
镜面光（底下）添加到一个整体逼真的效果）

环境光是不来自任何特定方向的光。在整个场景中经典光照模型把它当成一个常量，组成一个合适的第一近似值来缩放场景中的光照成分。计算这个光照并不涉及任何关于光

源方向或者眼睛观察场景的方向。它也可以当成积累每个光源的基础贡献值或者当成预先计算的单一全局效果。

漫反射光是散射在各个方向上均匀的表面特定光源。漫反射光通过光照照亮才能看到表面，即使这个表面没有直接将光源反射到你的眼睛。它跟眼睛方向没有关系，但是跟光源方向有关系。当表面直接面向光源时，那么看起来会亮一点，仅仅因为在这个方向上比在倾斜方向上可以收集更多的光。漫反射光依赖于表面法线方向和光源方向来计算，但没有包含视线方向。它同样依赖于表面的颜色。

镜面光是由表面直接反射的高亮光。这个高亮就像镜子一样，跟表面材质多少有关。一个高度抛光的金属球能反射一个非常尖锐明亮的镜面高光，而一个磨砂的表面可以反射更大、更暗的镜面亮光，以及一个布球则一点都没有反射。这个特定角度效果的强度简称为光泽度（shininess）。计算镜面高光需要知道表面方向的近似度，也就是在光源和眼睛方向之间的直接反射大小，因此，它需要知道表面的法线、光源的方向和眼睛的方向。镜面高光可能结合或者可能不结合表面的颜色。作为第一个近似值，它在不涉及任何表面颜色时会显得更真实。不管怎么说基础的颜色都会存在漫反射选项，给予它正确的色彩。

7.2.1　不同光源类型的片元着色器

我们将在下面谈论如何计算不同光源类型的环境光成分、漫反射成分和镜面光成分，包括方向光、点光源和聚光灯。在这里我们将提供从最简单到更复杂的顶点和片元着色器配对。最终的着色器看起来可能很长，但是如果你一开始就使用最简单的，然后逐步添加，那么将会很容易理解。

注意 每个例子明亮的注释表示从前一个步骤的改变或者不同的地方，这样看起来更简单而且可以区分新概念。

没有光照

我们将最简单的光照开始——没有光照！这样并不意味着任何东西看起来都是黑色，而是我们将仅仅用不包含任何光源效果的颜色来绘制模型。这是低廉的版本，偶尔还是有用的，这也是我们建立的基础。除非你的模型是一个完美的镜子，否则将需要这个颜色作为即将计算光照的基础颜色，所有光照计算将用来调制这个基础颜色。在顶点着色器中设置每个顶点是一件很简单的事情，这将通过插值和片元着色器中显示出来，如例 7.1 所示。

例 7.1　设置没有光照的最终颜色值

```
----------------------- 顶点着色器 -----------------------
// 无光照的顶点着色器
#version 330 core

uniform mat4 MVPMatrix; // 模型视图投影矩阵
```

```
in vec4 VertexColor;      // 应用程序端发送，包含 alpha
in vec4 VertexPosition; // 变换之前的位置

out vec4 Color;              //输出到光栅化阶段进行插值

void main()
{
    Color = VertexColor;
    gl_Position = MVPMatrix * VertexPosition;
}
```

----------------------- 片元着色器 ------------------------
```
// 无光照的片元着色器

#version 330 core

in vec4 Color;          // 在顶点之间插值

out vec4 FragColor; // 片元的颜色结果

void main()
{
    FragColor = Color;
}
```

在纹理映射或者程序纹理这个例子中，基础颜色来自发送的纹理坐标而不是颜色，并在片元着色器中使用这些坐标来显现颜色。否则，如果设置材质属性，那么颜色将来自于材质查找索引。无论哪种方式，我们都从没有发亮的基础颜色开始。

环境光

环境光在图元之间不会改变，所以我们将从应用程序中用 uniform 变量来传递。

现在正好提起光源自身的颜色，而也不仅仅是亮度。光源颜色跟表面颜色结合产生亮度，这种表面颜色可以有很多种方式跟光源颜色混合。使用 0.0 代表黑色，1.0 代表开启全部亮度，乘法模型得到预期的相互作用。这将在例 7.2 中的环境光中演示。

颜色值可以达到 1.0，特别是当我们开始添加多种光源结合的时候。我们现在开始使用 min() 函数来饱和白色光。当我们将输出颜色作为输出显示帧缓存区的最终值时，这将变得非常重要。然而，如果作为中间值结果，那么将跳过饱和阶段，并在应用程序中保存最终的颜色。

例 7.2　环境光

------------------------- 顶点着色器 -------------------------------
```
// 环境光的顶点着色器
#version 330 core

uniform mat4 MVPMatrix;

in vec4 VertexColor;
in vec4 VertexPosition;

out vec4 Color;

void main()
{
```

```
    Color = VertexColor;
    gl_Position = MVPMatrix * VertexPosition;
}

------------------------- 片元着色器 ---------------------------
// 全局环境光的片元着色器

#version 330 core

uniform vec4 Ambient; // 设置光照的等级，对于很多顶点都是相同的

in vec4 Color;

out vec4 FragColor;

void main()
{
    vec4 scatteredLight = Ambient; // 唯一的光源
    // 将表面颜色与光照颜色进行调制，但是最大值是全白色
    FragColor = min(Color * scatteredLight, vec4(1.0));
}
```

你可能会关心在你的颜色值中有一个 alpha（第四个分量）值，并且不想在光源中改变。所以，除非后面实现具体的透明效果，否则确保环境光颜色有一个 1.0 的 alpha 值，或者在计算中仅仅包含 r、g 和 b 分量。

比如说，在片元着色器中的两行代码可以这么读：

```
vec3 scatteredLight = vec3(Ambient); // 这仅仅是光源
vec3 rgb = min(Color.rgb * scatteredLight, vec3(1.0));
FragColor = vec4(rgb, Color.a);
```

在这里直接将 Color 的 alpha 分量传递到输出的 FragColor 的 alpha 分量，仅仅改变 r、g 和 b 分量。我们将在随后的例子中用这样设置。

如果认真观察，也许注意到在顶点着色器执行用 scatteredLight 和颜色相乘，从而代替片元着色器。在这个例子中，插值结果值是一样的。因为通常在顶点着色器中处理的顶点数目比在片元着色器中片元数目少，所以它可能运行更快。然而，对于多光源技术，插值结果值将不一定一样。逐片元的计算比逐顶点计算可以获得更高质量的效果。它是由你在性能和高质量之间权衡，其中可以在特定情况中通过实验使用最好的方法。首先我们将展示在片元着色器中计算，然后讨论将计算移到顶点着色器中做优化（近似值），或者甚至到应用程序。你可以自由将它们移到对你情形最好的地方。

方向光

如果一个光源足够远，这可以与我们表面上所有的点近似有相同的方向。我们可以将这样的光源称为方向光。同样，如果观察者足够远，观察者（眼睛）同样可以近似与我们的表面上每一点有相同的方向。这些假设简化了数学运算，因此方向光的实现代码很简单，并且比其他类型的光源运行速度更快。这种类型光源在模糊一些光源效果，比如说太阳时，

很有用。

我们将从上个例子中计算环境光开始，然后添加漫反射和镜面高光效果。我们将在采光中计算表面每个片元的这些效果。再次说明，就像环境光，方向光也有它自己的颜色，然后我们将表面颜色和用来漫反射的光源颜色进行混合。光源颜色的镜面高光的镜面贡献值将独立计算，并不跟表面颜色混合。

我们需要计算的散射和反射量将通过角度计算的余弦值来表示。一个角度为 0 度余弦值为 1.0 的两个向量方向是相同的。这表明是完全直接反射。随着角度的变大，余弦值将移向 0.0，表明较小的反射光。幸好，如果向量是规范化（长度为 1.0），这些余弦值将简单计算点乘结果，就像在例 7.3 中所示的一样。表面法线将在顶点之间进行插值计算，即使它同样也可以来自于纹理图像或者解析计算。远光源假定我们用 uniform 变量 LightDirection 传递当做光源方向。对于远光源和眼睛来说，镜面高光的顶点都有相同的表面法线方向。我们可以在应用程序计算这个方向一次，然后通过 uniform 变量 HalfVector 传递。然后，这个方向和实际表面方向的余弦值用来当做镜面高光的初始值。

镜面高光的光泽度是用从方向反射减弱为一个锐角的指数来衡量。一个小于 1.0 但是接近 1.0 的数的平方使它更接近于 0.0。高指数会使效果更明显。也就是说，留下角度接近于 0，就是余弦值靠近于 1.0，那么最终的镜面值靠近于 1.0。其他角度会使镜面值迅速衰减为 0.0。因此，我们看到在表面上有一个预期的闪亮点。总之，更高指数会使计算反射的量暗淡，因此在粒子中你将可能会使用一个明亮的光源颜色或者一个额外的乘法系数来抵偿。我们用 uniform 变量传递这样定义的镜面值，因为它们在这个表面中是一个恒定的表面属性。

一个漫反射成分或者一个镜面反射成分能呈现出来的唯一条件就是如果光源方向和表面法线的角度在 [−90.0°, 90.0°] 范围内，法线在 90° 意味着表面自身在光源的边缘上。进一步说，也就是没有光源照射到它。当角度增长超过 90° 时，余弦值将会小于 0。我们假定通过角度来检查漫反射变量。这将设置光源方向和表面法线角度的余弦值大于 0。如果这个值最终设置为 0.0，那么用来决定镜面反射系数的值也会被设置成 0.0。记得假定方向向量和表面法线已经规范化，所以它们之间的点乘结果用来表示它们之间角度的余弦值。

例 7.3 方向光光源着色

```
--------------------------- 顶点着色器 ---------------------------
// 在片元着色器中计算方向光时，所用顶点着色器
#version 330 core

uniform mat4 MVPMatrix;
uniform mat3 NormalMatrix; // 用于变换法线

in vec4 VertexColor;
in vec3 VertexNormal;        // 我们需要传入表面的法线值
in vec4 VertexPosition;

out vec4 Color;
out vec3 Normal;             // 对归一化之后的表面法线进行插值
```

```
void main()
{
    Color = VertexColor;

    // 执行法线变换并归一化，不考虑透视的影响
    Normal = normalize(NormalMatrix * VertexNormal);

    gl_Position = MVPMatrix * VertexPosition;
}
```

------------------------ 片元着色器 ---------------------------
// 计算方向光的光照结果所用的片元着色器

```
#version 330 core

uniform vec3 Ambient;
uniform vec3 LightColor;
uniform vec3 LightDirection;   // 光照的方向
uniform vec3 HalfVector;        // 光泽度的表面方向
uniform float Shininess;        // 高光尖锐程度的指数值
uniform float Strength;         // 用于调整光泽度的数据

in vec4 Color;
in vec3 Normal;                 // 顶点之间插值得到的法线数据

out vec4 FragColor;

void main()
{
    // 计算方向的余弦值，使用点积的方法来判断光照的反射程度
    float diffuse = max(0.0, dot(Normal, LightDirection));
    float specular = max(0.0, dot(Normal, HalfVector));

    // 远离光照方向的表面（负数的点积结果）不会被方向光照亮
    if (diffuse == 0.0)
        specular = 0.0;
    else
        specular = pow(specular, Shininess);  // 高光效果

    vec3 scatteredLight = Ambient + LightColor * diffuse;
    vec3 reflectedLight = LightColor * specular * Strength;
    // 不要将表面颜色与反射光进行调制，只需要和漫反射结果叠加即可

    vec3 rgb = min(Color.rgb * scatteredLight + reflectedLight, vec3(1.0));
    FragColor = vec4(rgb, Color.a);
}
```

这个例子有几个需要注意的。第一，示例中，我们使用标量强度来允许单独调整相对于漫反射光的镜面反射亮度值。这可以潜在分离灯光颜色，允许控制每个通道（红、绿或者蓝），就像在后面例 7.9 中设置材质属性的那样。第二，在例 7.3 所示的结尾，这些光源效果很容易将颜色成分累计大于 1.0。第三，通常想要将保持最亮的最终颜色为 1.0，所以我们使用 min() 函数。同样要注意的是，我们已经不关心得到的负数值，在这个例子中我们

注意当表面面向远离光源时，这时候没办法反射任何东西。然而，如果一个负值来参与这个过程，你将需要使用 clamp() 函数来保持颜色成分在 [0.0, 1.0] 的范围之内。第四，设置 20 左右的光泽度初始值是比较合适的，可以得到相当严密的镜面反射，并且一个在 10 左右的强度将会使它表现出足够的亮度，环境光颜色在 0.2 左右和光源颜色接近于 1.0 也同样如此。这样对于材质颜色接近于 1.0 也是可见的，然后你可以在这里微调找到需要的效果。

点光源

点光源是模拟靠近场景或者在场景中的光源，就像电灯、天花灯或者路灯。在点光源和方向光之间有两个主要的不同点。第一，一个点光源表面上的每个点的光源方向都是不同的，因此不能通过一个 uniform 方向变量来代表。第二，表面接收的光源会随着离光源的距离越远而变少。

这种建立在增加的距离基础上的反射光的衰落叫做衰减。现实与物理是会通过距离的平方来改变光源衰减。然而，这个衰减通常变化太快，除非你将周围所有物体的散射都考虑在内，或者以其他方式将一切物理作用的完整模型添加到光源。在经典模型中，环境光帮助一个没有完整模型填补缺口，然后在一些地方用线性衰减来填充。因此，我们将展示一个包含常量、线性、以及距离的二次函数系数的衰减模型。

其他需要对一个点光源在方向光源之上的额外计算参见例 7.4 所示片元着色器中前面的几行。第一个步骤就是计算从表面到光源位置的光源方向向量。我们可以通过使用 lenght() 函数来计算光源距离。接下来，规范化光源方向向量，所以我们可以使用点积来计算一个合适的余弦值。然后计算衰减系数和最大亮点的方向。剩下的代码跟方向光源着色器相同，除了其中的漫反射光和镜面系数要乘以衰减系数。

例 7.4   点光源照射

```
---------------------------- 顶点着色器 ----------------------------
// 点光源（局部）的顶点着色器，计算部分是在片元着色器中完成的
#version 330 core

uniform mat4 MVPMatrix;
uniform mat4 MVMatrix;        // 我们需要得到透视之前的变换矩阵
uniform mat3 NormalMatrix;

in vec4 VertexColor;
in vec3 VertexNormal;
in vec4 VertexPosition;

out vec4 Color;
out vec3 Normal;
out vec4 Position;     // 位置值输出，这样才知道自己的所在

void main()
{
    Color = VertexColor;
    Normal = normalize(NormalMatrix * VertexNormal);
```

```
    Position = MVMatrix * VertexPosition;         // 透视前的空间
    gl_Position = MVPMatrix * VertexPosition;  // 透视后的空间
}
```

`------------------------ 片元着色器 ---------------------------`
`// 点光源（局部）光照计算的片元着色器`

```
#version 330 core

uniform vec3 Ambient;
uniform vec3 LightColor;
uniform vec3 LightPosition;              // 人眼坐标下光源的位置
uniform float Shininess;
uniform float Strength;

uniform vec3 EyeDirection;
uniform float ConstantAttenuation; // 衰减系数
uniform float LinearAttenuation;
uniform float QuadraticAttenuation;

in vec4 Color;
in vec3 Normal;
in vec4 Position;

out vec4 FragColor;

void main()
{
    // 获取光照的方向和距离，它们会逐个片元地发生改变
    vec3 lightDirection = LightPosition - vec3(Position);
    float lightDistance = length(lightDirection);

    // 对光照方向向量进行归一化，这样点积的结果就是余弦值
    lightDirection = lightDirection / lightDistance;

    // 判断当前片元接受的光照程度
    float attenuation = 1.0 /
            (ConstantAttenuation +
                LinearAttenuation * lightDistance +
                QuadraticAttenuation * lightDistance * lightDistance);

    // 每个片元的最大高光方向也是不断变化的
    vec3 halfVector = normalize(lightDirection + EyeDirection);

    float diffuse = max(0.0, dot(Normal, lightDirection));
    float specular = max(0.0, dot(Normal, halfVector));

    if (diffuse == 0.0)
        specular = 0.0;
    else
        specular = pow(specular, Shininess) * Strength;

    vec3 scatteredLight = Ambient + LightColor * diffuse * attenuation;
    vec3 reflectedLight = LightColor * specular * attenuation;
```

```
    vec3 rgb = min(Color.rgb * scatteredLight + reflectedLight,
                   vec3(1.0));
    FragColor = vec4(rgb, Color.a);
}
```

依赖于后面需要的特殊效果，你可以略去一个或者两个常量、线性，或者二次项系数。或者，你可以降低环境光项。降低环境光是依赖于你是否有一个全局的环境颜色，或者每个光源的环境光颜色，或者两者皆有。它可以是你想要衰减的点光源的每个环境光颜色。同样你也可以在环境光中添加常量衰减，然后在衰减表达式中省略它。

聚光灯

在舞台和电影中，聚光灯投影一个强大的光束来照亮一个明确的区域。照射区域可以进一步通过在光源的侧面使用挡板或者窗板的形状来设置。OpenGL 包含模拟一个简单的聚光灯的光源属性。其中用发射相同方向的光源来模拟点光源，OpenGL 用圆锥体模拟限制生成特定方向上的聚光灯。

聚光灯的方向跟从聚光灯的圆锥体的聚焦方向是不一样的。除非从中间的"点"看（那么，在技术上，它们是相反的方向，可以用一个负号来处理）。再次考虑余弦值，用点积来计算，它将告诉我们这两个方向的接近程度。这就是需要我们来推断知道自己是在光锥的里面还是外面。一个真实的聚光灯需要接近于余弦值为 1.0 的角度，因为你可能需要用一个在 0.99 左右的余弦值来看到一个真实的聚光灯。

就像镜面高光，我们可以通过增大角度的余弦值来锐化（或者钝化）光源的光锥范围来将亮度提升更高。这样当它接近截止的边缘时，允许控制光源光源衰减程度。

顶点着色器和聚光灯的第一部分和最后部分的片元着色器（见例 7.5）看起来跟点光源着色器（请看之前的例 7.4）一样。不同点主要在着色器的中间。我们将使用聚光灯的聚焦方向和光源方向的点积结果，然后跟预先计算的截止角度 SpotCosCutoff 的余弦值计算来判断表面位置是在聚光灯的里面还是外面。如果在外面，那么聚光灯的衰减值设置为 0；否则，这个值将通过 SpotExponent 增大到指定亮度。聚光灯的结果是用衰减系数乘以前面计算的衰减系数来得到总的衰减系数。剩下的代码就跟在点光源中的代码一样。

例 7.5　聚光灯

```
------------------------- 顶点着色器 -------------------------
// 聚光灯的顶点着色器，计算过程在片元着色器完成

#version 330 core

uniform mat4 MVPMatrix;
uniform mat4 MVMatrix;
uniform mat3 NormalMatrix;

in vec4 VertexColor;
in vec3 VertexNormal;
in vec4 VertexPosition;
```

```
out vec4 Color;
out vec3 Normal;
out vec4 Position;

void main()
{
    Color = VertexColor;
    Normal = normalize(NormalMatrix * VertexNormal);
    Position = MVMatrix * VertexPosition;
    gl_Position = MVPMatrix * VertexPosition;
}
```

------------------------ 片元着色器 ----------------------------
```
// 聚光灯计算的片元着色器

#version 330 core

uniform vec3 Ambient;
uniform vec3 LightColor;
uniform vec3 LightPosition;
uniform float Shininess;
uniform float Strength;

uniform vec3 EyeDirection;
uniform float ConstantAttenuation;
uniform float LinearAttenuation;
uniform float QuadraticAttenuation;

uniform vec3 ConeDirection;         // 添加聚光灯属性
uniform float SpotCosCutoff;        // 聚光灯的大小、余弦值
uniform float SpotExponent;         // 聚光灯的衰减系数

in vec4 Color;
in vec3 Normal;
in vec4 Position;

out vec4 FragColor;

void main()
{
    vec3 lightDirection = LightPosition - vec3(Position);
    float lightDistance = length(lightDirection);
    lightDirection = lightDirection / lightDistance;

    float attenuation = 1.0 /
                (ConstantAttenuation +
                    LinearAttenuation * lightDistance +
                QuadraticAttenuation * lightDistance * lightDistance);
    // 我们与聚光灯的距离
    float spotCos = dot(lightDirection, -ConeDirection);

    // 根据聚光灯的相对位置进一步衰减
    if (spotCos < SpotCosCutoff)
        attenuation = 0.0;
    else
        attenuation *= pow(spotCos, SpotExponent);
```

```
    vec3 halfVector = normalize(lightDirection + EyeDirection);

    float diffuse = max(0.0, dot(Normal, lightDirection));
    float specular = max(0.0, dot(Normal, halfVector));

    if (diffuse == 0.0)
        specular = 0.0;
    else
        specular = pow(specular, Shininess) * Strength;

    vec3 scatteredLight = Ambient + LightColor * diffuse * attenuation;
    vec3 reflectedLight = LightColor * specular * attenuation;
    vec3 rgb = min(Color.rgb * scatteredLight + reflectedLight,
                   vec3(1.0));
    FragColor = vec4(rgb, Color.a);
}
```

7.2.2 将计算移到顶点着色器

我们已经在每个片元中做所有这些操作。比如说，位置插值和在每个片元中计算 lightDistance。这可以得到相当高质量的光照，但在每个片元中会有昂贵的平方根计算的代价（隐藏在内置函数 length() 中）。有时候，我们可以交换这些步骤：在顶点着色器中计算每个顶点的光照距离，然后插值这些结果。也就是说，并不是插值所有计算的结果和计算每个片元，而是计算每个顶点和插值结果值。然后片元着色器将得到的这些结果值当做输入并直接使用。

在两个规范化向量（向量长度为 1.0）之间插值向量通常不会产生规范化的向量。（我们很容易想象两个向量点特别是不同方向的向量，它们的平均向量会变得越来越短。）然而，当两个向量接近于相同，它们所有的插值向量会有一个相当于接近 1.0 的长度。如果它们足够接近的话，实际上，在片元着色器中可以完成这些合适的光照计算。因此，这里有一个平衡，在很远部分的顶点可以通过在顶点着色器中计算来改善性能平衡，但是在没有太远的部分光照向量点（平面法线、光照方向，等等）时会有显著的不同方向。

例 7.6 重新考察点光源的代码（见例 7.4）然后将光照计算移到顶点着色器中。

例 7.6 在顶点着色器中的点光源

```
---------------------------- 顶点着色器 ----------------------------
// 从片元着色器中抽取点光源计算的结果到顶点着色器中
#version 330 core

uniform mat4 MVPMatrix;
uniform mat3 NormalMatrix;

uniform vec3 LightPosition;        // 现在传入顶点着色器中
uniform vec3 EyeDirection;
uniform float ConstantAttenuation;
uniform float LinearAttenuation;
uniform float QuadraticAttenuation;
```

```
in vec4 VertexColor;
in vec3 VertexNormal;
in vec4 VertexPosition;

out vec4 Color;
out vec3 Normal;
// out vec4 Position;  // 我们不再需要这个值了

out vec3 LightDirection;       // 直接发送结果
out vec3 HalfVector;
out float Attenuation;

void main()
{
    Color = VertexColor;
    Normal = normalize(NormalMatrix * VertexNormal);

    // 在顶点着色器而不是片元着色器中进行计算

    LightDirection = LightPosition - vec3(VertexPosition);
    float lightDistance = length(LightDirection);

    LightDirection = LightDirection / lightDistance;

    Attenuation = 1.0 /
                (ConstantAttenuation +
                    LinearAttenuation * lightDistance +
                QuadraticAttenuation * lightDistance * lightDistance);

    HalfVector = normalize(LightDirection + EyeDirection);

    gl_Position = MVPMatrix * VertexPosition;
}
```

------------------------- 片元着色器 -------------------------
// 点光源的计算在顶点着色器中完成，此时是片元着色器

```
#version 330 core

uniform vec3 Ambient;
uniform vec3 LightColor;
// uniform vec3 LightPosition;  // 不再需要
uniform float Shininess;
uniform float Strength;

in vec4 Color;
in vec3 Normal;
// in vec4 Position;              // 不再需要

in vec3 LightDirection;           // 从顶点着色器中获取
in vec3 HalfVector;
in float Attenuation;

out vec4 FragColor;

void main()
{
```

```
// LightDirection, HalfVector 和 Attenuation 现在都是从顶点着色器中插值得到的

float diffuse = max(0.0, dot(Normal, LightDirection));
float specular = max(0.0, dot(Normal, HalfVector));

if (diffuse == 0.0)
    specular = 0.0;
else
    specular = pow(specular, Shininess) * Strength;

vec3 scatteredLight = Ambient + LightColor * diffuse * Attenuation;
vec3 reflectedLight = LightColor * specular * Attenuation;
vec3 rgb = min(Color.rgb * scatteredLight + reflectedLight,
               vec3(1.0));
FragColor = vec4(rgb, Color.a);
}
```

这里并没有限制这些计算的位置，选出一个，或者通过实验找出对于表面最好的情况。

在极端情况，颜色可以完全在顶点着色器中计算，而不仅仅是顶点，还有插值。然后在片元着色器中会有少量剩下没有包含光照的计算。这就是 Gouraud 着色的本质。从计算的角度来看虽然是廉价的，但它给观察者留下表面曲面细分的光照模型。这在粗曲面细分和镜面高光会特别明显。

当表面法向量插值并在片元着色器使用，我们获得变种的 Phong 着色。这不能跟 Phong 反射模型相混淆，其本质已经在经典光照整节中描述了。

7.2.3 多个光源和材质

通常，一个场景有很多光源和表面材质。按说，在同一时刻你应该使用一种材质着色，但是很多光源将照射到材质上。我们将展示每次调用着色器选择一种材质，并且应用所有或者一部分的光源来着色的着色模型。

多个光源

通常，我们需要使用多个光源来照射，然而之前写的例子都是仅仅使用一个着色器。比如说，一个场景可能有一个路灯、一个手电筒和月光，其中每个表面片元将得到这三个光源着色。你很可能将这个光源模型分别当做一个点光源、一个聚光灯和一个方向光，然后有一个简单的着色器调用计算这三个光源。

将光源属性组织到结构中，就像在例 7.7 中着色的一样，然后从着色器到程序创建这些数组。

例 7.7　保存光源属性的结构

```
// 保存光照属性的结构体

struct LightProperties {
    bool isEnabled;   // 设置为 true 则启用灯光
    bool isLocal;     // 设置为 true 则使用点光源或者锥光，false 为方向光
    bool isSpot;      // 设置为 true 则使用锥光
    vec3 ambient;     // 光照的环境光分量
```

```
    vec3 color;          // 光的颜色
    vec3 position;       // 如果 isLocal 为 true，则表示光的位置，否则表示光的方向
    vec3 halfVector;     // 方向光的半向量
    vec3 coneDirection;         // 锥光属性
    float spotCosCutoff;
    float spotExponent;
    float constantAttenuation; // 局部参考系的光照衰减参数
    float linearAttenuation;
    float quadraticAttenuation;
    // 其他可能的属性
};
```

在这个例子中，我们使用几个布尔变量、isLocal 和 isSpot 来代表光源选择的光源种类。如果到最后你有很多不同光源类型来选择，这最好通过使用整型和一个 switch 语句来实现。

结构也包含一个环境光颜色贡献。之前，我们使用一个全局的环境光假定代表所有的环境光，但是也可以使每个光源拥有自己的贡献。对于方向光，它并没有什么不同，但是对于局部光源它有衰减自身环境光的贡献。同样你可以添加独立的漫反射光和镜面光源颜色得到更丰富的效果。

第一个成员 isEnable，经常用来选择打开关闭和光源。如果在渲染整个场景中关闭一个光源，它将比在开始没有包含这一系列光源的速度更快。然而，有时我们想要一个表面拥有不同子集的光源，所以频繁可能打开和关闭一个光源。依赖于打开 / 关闭的频繁程度，我们有可能更好的分离数组，或者甚至把它当做每个顶点的输入。

所有这些都整合到例 7.8 中。现在我们需要将这些光源形状一起整合到一个着色器中，所以可以循环不同种类的光源以及对于每个使用正确的计算。这是基于在片元着色器计算所有光源的着色器，但再次，性能 / 质量的权衡可以通过将一些操作移到顶点着色器中来完成。

例 7.8　多个混合的光源

```
---------------------------- 顶点着色器 -----------------------------
// 多光源的顶点着色器，所有的光照计算在片元着色器中完成
#version 330 core

uniform mat4 MVPMatrix;
uniform mat4 MVMatrix;
uniform mat3 NormalMatrix;

in vec4 VertexColor;
in vec3 VertexNormal;
in vec4 VertexPosition;

out vec4 Color;
out vec3 Normal;
out vec4 Position;

void main()
{
    Color = VertexColor;
    Normal = normalize(NormalMatrix * VertexNormal);
```

```
    Position = MVMatrix * VertexPosition;
    gl_Position = MVPMatrix * VertexPosition;
}
```

`------------------------- 片元着色器 ----------------------------`

```glsl
// 多光源的片元着色器

#version 330 core

struct LightProperties {
    bool isEnabled;
    bool isLocal;
    bool isSpot;
    vec3 ambient;
    vec3 color;
    vec3 position;
    vec3 halfVector;
    vec3 coneDirection;
    float spotCosCutoff;
    float spotExponent;
    float constantAttenuation;
    float linearAttenuation;
    float quadraticAttenuation;
};

// 光源的数量，对着色器的每个请求而言
const int MaxLights = 10;
uniform LightProperties Lights[MaxLights];

uniform float Shininess;
uniform float Strength;
uniform vec3 EyeDirection;

in vec4 Color;
in vec3 Normal;
in vec4 Position;

out vec4 FragColor;

void main()
{
    vec3 scatteredLight = vec3(0.0); // 或者设置为全局环境光
    vec3 reflectedLight = vec3(0.0);

    // 遍历所有的光源
    for (int light = 0; light < MaxLights; ++light) {
        if (! Lights[light].isEnabled)
            continue;

        vec3 halfVector;
        vec3 lightDirection = Lights[light].position;
        float attenuation = 1.0;

        // 对于本地光照，计算逐片元的方向、半向量和衰减值
    if (Lights[light].isLocal) {
        lightDirection = lightDirection - vec3(Position);
        float lightDistance = length(lightDirection);
        lightDirection = lightDirection / lightDistance;
```

```
            attenuation = 1.0 /
                (Lights[light].constantAttenuation
                + Lights[light].linearAttenuation    * lightDistance
                + Lights[light].quadraticAttenuation * lightDistance
                                                     * lightDistance);

        if (Lights[light].isSpot) {
            float spotCos = dot(lightDirection,
                                 -Lights[light].coneDirection);
            if (spotCos < Lights[light].spotCosCutoff)
                attenuation = 0.0;
            else
                attenuation *= pow(spotCos,
                                   Lights[light].spotExponent);
        }

        halfVector = normalize(lightDirection + EyeDirection);
    } else {
        halfVector = Lights[light].halfVector;
    }

    float diffuse = max(0.0, dot(Normal, lightDirection));
    float specular = max(0.0, dot(Normal, halfVector));

    if (diffuse == 0.0)
        specular = 0.0;
    else
        specular = pow(specular, Shininess) * Strength;

    // 累加所有光照的效果
    scatteredLight += Lights[light].ambient * attenuation +
                      Lights[light].color * diffuse * attenuation;
    reflectedLight += Lights[light].color * specular * attenuation;
}

vec3 rgb = min(Color.rgb * scatteredLight + reflectedLight,
               vec3(1.0));
FragColor = vec4(rgb, Color.a);
}
```

材质属性

我们能遇到的一个材质属性就是光泽度。我们使用光泽来控制定义的镜面高光的锐化程度。不同的材质有不同大小的镜面高光，而这个是观察在屏幕上渲染一个材质的关键。同样我们可以包含由环境光颜色、漫反射光颜色和镜面光颜色的特殊材质模块。这些很容易添加到计算中：一些金属和布料看起来外观很酷，这是因为它们对散射光和反射光拥有不同的相关颜色属性。你可以选择依赖于你想要创建效果的混合颜色数量。比如说，在下面的方法中，可以看到材质的镜面值 (1.0, 1.0, 1.0, 1.0) 将是模型锐化到上面例子中使用的模型。

材质同样也有它们自己的真实或者表面的光源。比如说，一些发光的也可以发出自己的光。这种光源可以简单地包含不存在任何光源中的颜色。所以光源是不可见的除非将它添加到目前的光源计算中。

我们可以很自然地使用一个结构体来储存材质的属性，就像例 7.9 所示的一样。

例 7.9　保存材质属性的结构

```
struct MaterialProperties {
    vec3 emission;      // 材质产生的照明
    vec3 ambient;       // 反射环境光照的部分
    vec3 diffuse;       // 反射漫发射光照的部分
    vec3 specular;      // 反射镜面光照的部分
    float shininess;   // 镜面反射高光的指数
    // 其他需要的属性
};
```

这些光源属性（和其他你想要添加的）并没有具体到表面位置，所以它们可以当做一个 uniform 结构体传递到着色器中。

场景会有不同属性的多个材质。如果应用程序在材质之间频繁切换，那么你需要考虑使用相同的片元着色器来对许多不同材质着色并避免经常改变着色器或者更新 uniform 变量。要做到这一点，需要创建材质属性的数组，每个元素保存不同材质的说明。传递材质索引作为一个顶点着色器的输入，这个将传递到片元着色器中。然后在片元着色器中将索引到材质数组并且接着渲染那个材质的属性。比如说例 7.10，我们已经修改多个光源着色器的代码来制作一个多光源选择材质的着色器。

例 7.10　使用材质属性数组的片元代码

```
---------------------------- 片元着色器 ----------------------------
// 用于选择多光源对应材质的片元着色器片段
#version 330 core
struct MaterialProperties {
    vec3 emission;
    vec3 ambient;
    vec3 diffuse;
    vec3 specular;
    float shininess;
};

// 每个着色器请求对应的一系列可选材质
const int NumMaterials = 14;
uniform MaterialProperties Material[NumMaterials];

flat in int MatIndex; // 从顶点着色器输入材质索引
.
.
.
void main()
{
    .
    .
    .
        // 累加所有光照的效果
        scatteredLight +=
            Lights[light].ambient * Material[MatIndex].ambient *
```

```
                        attenuation +
                    Lights[light].color * Material[MatIndex].diffuse *
                    diffuse * attenuation;
            reflectedLight +=
                    Lights[light].color * Material[MatIndex].specular *
                    specular * attenuation;
        }

        vec3 rgb = min(Material[MatIndex].emission
                    + Color.rgb * scatteredLight + reflectedLight,
                    vec3(1.0));
        FragColor = vec4(rgb, Color.a);
    }
```

双面光照

你可能想了解渲染的表面，如果眼睛看的是表面的"背面"和表面的正面的不同点。OpenGL 着色语言有一个内置的布尔变量 gl_FrontFacing 允许你这样做。 如果片元是正面图元的一部分，那么对每个片元的 gl_FrontFacing 变量设置成 true ；否则 gl_FrontFacing 变量设置成 false。它只有在片元着色器中才有效。

如果背面的属性跟正面有点不一样，仅仅需要创建两份的 MaterialProperties，如例 7.11 所示。这里还有很多方法来实现。在这里我们选择双倍的数组和使用偶数索引来表示正面，奇数索引来表示背面。这样会比用两个分开的数组更快点。如果属性很广泛并且大部分相同，那么可能使用扩展一个或者两个不同属性的 MaterialProperties 会更有效。

例 7.11 正面和反面材质属性

```
struct MaterialProperties {
    vec3 emission;
    vec3 ambient;
    vec3 diffuse;
    vec3 specular;
    float shininess;
};

// 每个着色器请求对应的一系列可选材质
// 偶数索引为正面表面，奇数为背面
const int NumMaterials = 14;
uniform MaterialProperties Material[2 * NumMaterials];

flat in int MatIndex; // 从顶点着色器输入材质索引
.
.
.
void main()
{
    int mat;
    if (gl_FrontFacing)
        mat = MatIndex;
    else
        mat = MatIndex + 1;
```

```
        .
        .
        .
        // 累加所有光照的效果
        scatteredLight +=
                Lights[light].ambient * Material[mat].ambient *
                attenuation +
                Lights[light].color * Material[mat].diffuse *
                diffuse * attenuation;
        reflectedLight +=
                Lights[light].color * Material[mat].specular *
                specular * attenuation;
    }

    vec3 rgb = min(Material[mat].emission
                + Color.rgb * scatteredLight + reflectedLight,
                vec3(1.0));
    FragColor = vec4(rgb, Color.a);
}
```

7.2.4　光照坐标系统

为了创建任何场景，在光照中计算的所有法线、方向和位置坐标必须来自于相同的坐标系统。如果光源位置坐标是在模型视图变换之后但在透视投影之前，那么所有表面坐标应该跟它们相对应。在典型的情况下，都是在眼睛空间中。也就是说，眼睛是在 (0, 0, 0) 然后看向 z 方向的反方向。这就是通常的三维坐标系统，不需要透视的 4 维齐次空间（参见第 5 章了解眼睛空间在变换堆栈中的位置）。这也是为什么，在上面的例子中，我们分别使用它自己的变换和包含 vec3 和 mat3 的类型来发送位置，而不是 vec4 和 mat4。一般，我们在眼睛空间中使用所有的方向和光照方程中的位置，同时接着齐次坐标将发送到光栅化中。

OpenGL 为了计算镜面反射选项需要知道视线方向。在眼睛空间中，视线方向是平行于 z 轴负方向。在上面的例子中，我们知道的坐标是在眼睛空间中，所以可以用向量 (0, 0, 1) 来代表 EyeDirection。但是为了清晰度和潜在的灵活性，我们使用一个变量。这个可以允许我们设置一个本地的观察者，就像我们拥有一个局部光源，而不仅仅是方向光源。对于一个本地的观察者，多个物体的镜面高光将倾向于朝向眼睛位置而不是所有都相互平行。

7.2.5　经典光照模型的局限

经典光照模型工作得很好：模拟表面的反射特性、模拟每个光源、它们结合在一起模拟调制一个基本色，以及得到一个相当接近现实的散射和反射的颜色。但是，这里还缺乏一些重要的东西。

阴影是一个大的课题。我们照亮每个表面就像它是表面的唯一代表，并没有其他物体挡在光源到表面的路径上。这将在本章的后面部分提供阴影技术。

另外一个很大的问题就是精准的环境光。如果参观一个屋子，你将看不到一个恒定的环境光水平。比如说拐角比其他区域更暗。再举一个例子，假设将一个明亮的红球放在其他物体的旁边。你将可能看到其他物体周围的环境光是由红球产生的并呈现红色调。这些附近的物体将比远离这个球的物体更能反射出一个偏红的环境光。我们可以在 7.3 节看到一些技术。另外添加一些这种真实感的技术，笼统地称为全局光照（global illumination），这已经超出了本书的范围。

一个发光的物体或者一个很亮的物体，可能也会在周围产生光晕以及镜头炫光。我们早期使用一个发射值来模拟一个发光的物体，但是那个效果受限于物体实际的几何范围，而光晕和镜头光晕超越了该对象。在实际生活中，这些效果经常出现，而不仅仅是出现在拍摄影片或者照相中；在我们眼睛中的透镜和流体同样也可以发生。为了渲染这种效果，已经开发了多种技术。

一个纹理表面通常是不完全光滑的。在表面的凹凸处必须有单独的光照效果，否则表面最后看起来像人为的平坦。为此，我们将在第 8 章中描述凹凸映射技术。

7.3 光照模型进阶

经典光照模型缺乏一些真实感。为了生成更多的真实图像，我们需要更多真实的光照模型、阴影和反射，而不是到目前所讨论的这些。本节将探索如何使用 OpenGL 着色语言来帮助我们实现其中的一些模型。在计算机图形学中已经写了很多关于光照的主题。我们现在只是查看一些方法。可能的话，你应该独自尝试实现剩下的内容。

7.3.1 半球光照

之前我们已经认真学习了经典的光照模型。然而，这个模型有一些缺陷，并且当我们力图实现更多的真实渲染效果时这些缺陷将变得越来越明显。一个问题就是场景中的物体通常没有接收少量特定光源的所有光照。场景中物体之间的反射经常对物体有很明显并且重要的贡献。传统计算机图形学光照模型尝试通过环境光一词来解释这种现象。然而，这个环境光经常等同于应用一个物体或者一个整体的场景。这个结果会很平淡并且对于场景中没有被方向光照射的区域来说看起来没有真实感。

经典光照模型的另一个问题就是在真实场景中的光源并不是点光源或者甚至是聚光灯，它们是区域光源。假定间接光源是来自窗户，照射到地面，然后在长方形透明面板的背后会生成长荧光灯泡。在更为普遍的情况下，可以假定为阴天的户外照明。在这个例子中，整个可见半球的作用就像一个区域光源。在一些文稿和教程中，Chas Boyd、Dan Baker 和微软的 Philip Taylor 描述过这种情况下的半球光照。现在让我们看一下如何创建一个用来模拟这种环境光源类型的 OpenGL 着色器。

半球光照背后的思想就是我们创建两个半球模型的照明。上面的半球代表天空，下面的半球代表地面。一个位于表面法线垂直向上的物体的点将会从上半球中接收所有光照，一个位于表面法线垂直向下的物体上的点将会接收下半球的所有光照（如图 7-2 所示）。通过选取两个半球合适的颜色，我们可以使球面看起来像法线指向被照亮的位置和那些表面法线朝下的阴影。

为了计算表面上任何点的光照，我们为那些接收点用线性插值计算光照。

$$Color = a \cdot SkyColor + (1-a) \cdot GroundColor$$

其中，

$$a = 1.0 - (0.5 \cdot \sin(\theta))\ \ \theta \leqslant 90°$$
$$a = 0.5 \cdot \sin(\theta)\ \ \theta > 90°$$

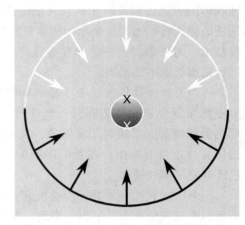

图 7-2　使用半球光照模型实现球体照明

这里的 θ 是表面法线和北极方向的夹角。

在图 7-2 中使用半球光照模型的球面光照，在球面上方的点（黑色的 "x"）仅仅从上半球（比如说天空颜色）接收光照。在球面下方的点（白色的 "x"）仅仅从下半球（比如说地面颜色）接收光照。在赤道右边的点将接收上半球的 50% 光照和下半球的 50% 光照（比如，50% 天空颜色和 50% 地面颜色）。

但是实际上我们可以用另外一种更简单的计算方式，大致相当于：

$$a = 0.5 + (0.5 \cdot \cos(\theta))$$

这种方法需要一定条件才能消除。此外，我们可以很容易地通过使用两个向量的点乘来计算两个单位向量角度的余弦值。这就是 Jim Blinn 所说的 "Chi Ting 的古中国技术"。在计算机图形学中，如果它看起来足够好，那它就是足够好。其实计算是否符合真实的物理场景或者有一点误差都不重要。两个不同的函数如图 7-3 所示。两条曲线的形状很像。一条是另外一条的镜像，但是在曲线下方的面积是相同的。这个与我们后面需要的效果相比已经足够好，并且着色器很简单和执行也很快。

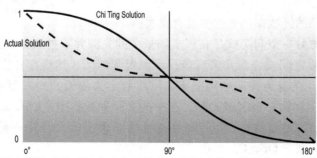

图 7-3　分析半球光照的功能（与半球光照的真实分析功能比较很相近，但是更高效的功能）

对于半球着色器，我们需要用 uniform 变量来传递天空颜色和地面颜色。同样我们也要考虑"北极"到光源的距离。如果我们这个作为一个 uniform 变量传递，则可以建立不同方向的光照模型。

例 7.12 展示实现半球光照的顶点着色器。就像你看到的，着色器相当简单。这个着色器的主要目的是用来计算漫反射颜色并记录在用户自定义的输出变量 Color，正如前面章节的例子。这个着色器的结果如图 7-4 所示。比较使用单一方向光源（A 和 B）和半球光照（D）。半球着色器不仅更简单和更高效，而且同样也生成更真实的光照效果！这种光照模型经常用于像模型预览的任务，其中对于检查所有模型的细节很重要。它同样也用于关联传统计算机图形学的光照模型。点光源、方向光，或者聚光灯可以添加到上半球的光照模型上用来对场景中重要部分生成更多的光照。而且，一如既往，如果想将其中部分或者全部技术移到片元着色器中，你也可以做到。

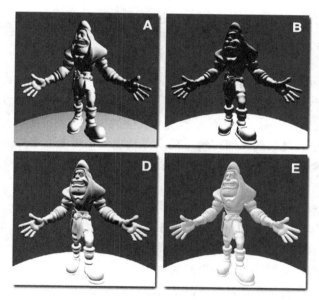

图 7-4　光照模型的比较（本章将讨论一些光照模型的比较。这个模型使用白色为基本色，RGB = (1.0, 1.0, 1.0)，注意光源和阴影区域。（A）对模型的上方和右方采用了方向光。（B）对模型的上方直接使用方向光。这两张图说明经典光照模型的问题。在阴影区域中忽视了细节部分。（D）半球光照。（E）使用 Old Town Square 系数的球面光照（图片由 3Dlabs, Inc. 提供））

例 7.12　半球光照的顶点着色器

```
#version 330 core

uniform vec3 LightPosition;
uniform vec3 SkyColor;
uniform vec3 GroundColor;

uniform mat4 MVMatrix;
```

```
uniform mat4 MVPMatrix;
uniform mat3 NormalMatrix;

in vec4 VertexPosition;
in vec3 VertexNormal;

out vec3 Color;

void main()
{
    vec3 position = vec3(MVPMatrix * VertexPosition);
    vec3 tnorm = normalize(NormalMatrix * VertexNormal);
    vec3 lightVec = normalize(LightPosition - position);
    float costheta = dot(tnorm, lightVec);
    float a = costheta * 0.5 + 0.5;
    Color = mix(GroundColor, SkyColor, a);
    gl_Position = MVPMatrix * VertexPosition;
}
```

这个模型其中的一个问题就是它不能自我遮挡。其实一部分区域应该处于阴影范围内，但是由于模型的几何体会显得太亮。我们将在后面弥补这一问题。

7.3.2　基于图像的光照

如果想在计算机图形学场景中实现更真实的光照，为什么对光照不直接使用一个环境映射？这种光照方式叫做基于图像的光照。近年来这种方式非常流行，是由 Southern California 大学的 Paul Debevec 发明的。教会和礼堂的天花板上可能有几十个光源。有很多个窗户的房间同样也有复杂的光照环境。采用存储在一个或者多个环境贴图的环境光源比那些模拟众多的光源往往显得更简单并且更有效。

基于图像的光照涉及以下步骤：

1）使用一个光探头（Light probe，比如反射球）来捕获（比如 photograph）发生在一个真实世界中场景的光照。所捕获的全方位、高动态范围图像经常叫做一个光探头图像。

2）使用光探头图像来创建周围环境的图像（比如，一个环境贴图）。

3）在周围环境里面放置要渲染的合成的物体。

4）使用在第二步创建的周围环境来渲染合成的物体。

在网站（www.pauldebevec.org），Debevec 提供许多对开发有用的东西。其中一个是，他在创建场景中提供一系列真实光照中可以当做高质量环境贴图使用的图像。这些图像是高动态范围图像（HDR），代表每个颜色成分都是 32 位精度值。这种图像可以表示比每个颜色成分为 8 位的图像更大范围的亮度值。另外一个，他制作了一个有效的叫做 HDRShop 的工具，用来操作和转换这些环境贴图。通过链接到他的各种出版物和课程，他同样说明了如何一步一步创建自己的环境贴图并使用它们将真实光照效果添加到计算图形场景中。

按照 Debevec 的指导，我们从 McMaster-Carr Supply Company (www.mcmaster.com) 购买一个 2 英寸的铬钢球。使用这个球从 Fort Collins, Colorado 的建筑物外面的广场中心捕获一个光探头图像，如图 7-5 所示。然后使用 HDRShop 来创建长纬度的环境贴图（如图 7-6

所示）和一个立方体纹理（如图 7-7 所示）。这个立方体纹理和长纬度纹理可以用来模拟环境贴图。那个着色器模拟了一个带有底层基本颜色的表面和用来完美覆盖反映周围环境透明的镜面特有的漫反射。

图 7-5　光探头图像（一个古城广场的光探头图像，Fort Collins, Colorado（图片由 3Dlabs,Inc. 提供））

图 7-6　长纬度地图（一个 equirectangular（或者 lat_long）包含古城广场的纹理映射，Fort Collins, Colorado（图片由 3Dlabs, Inc. 提供））

如果在使用它们之前我们改变了环境贴图，那么我们可以模拟其他类型的物体。表面上的一个点能从所有光源反射漫反射光线，这些光源是在那些点的表面法线方向的半球上。实际上在着色器中我们是没有能力处理那么多次数的环境贴图。我们能代替处理的是能接近于在半球光照讨论的那样。从光探头图像开始，我们可以构建一个漫反射光的环境贴图。在环境贴图中的每个纹理单元将包含可见半球中的其他纹理单元的权重平均值（比如卷积），（这些值）可以由用来处理环境贴图中的纹理单元的表面法线来定义。

图 7-7   cube map 贴图（一个古城广场的光探头图像的 cube map 贴图版本（图片由 3Dlabs, Inc. 提供））

再一次，HDRShop 正是我们需要的软件。可以使用 HDRShop 来创建一个来自源光探头图像的 lat-long 图像。然后可以使用一个命令进入到 HDRShop 中来执行必要的卷积。这个操作可能会很耗时，因为在图像中的每个纹理单元，贡献值是来自于在图像中其他一半的纹理单元，所以必须考虑这些值。幸运的是，用于这个目的图像不需要太大。这个效果在本质上是跟创建一个很大的模糊的源光探头图像一样的。因为计算的图像中没有包含高频的内容，所以一个包含 64 × 64 或者 128 × 128 面数的立方体纹理也可以工作得很好。

一个单一的纹理获取这个漫反射环境贴图给我们提供在计算漫反射值需要的数据。那么镜面贡献值呢？一个明亮的表面将从一个光源反射光线，就像镜子一样。表面上单独的一个点反射到环境中的是单独一个点。因为表面是粗糙，所以使用高亮会散焦并且扩散出去。在这个例子中，表面上单一的点会在环境中反射出多个点，即使不是看起来像一个漫反射表面的整个可见半球。HDRShop 通过提供一个 Phong 指数——光泽度来模糊一个环境贴图。一个卷积值为 1.0 的环境贴图用来模拟漫反射，而一个卷积值为 50 或者更大的环境贴图则用来模拟多少有些光泽的表面。

实现这些概念的着色器很简单并且很快速。在顶点着色器中，所有需要计算的就是每个顶点的反射方向。将这个值和表面法线当做输出变量传递到片元着色器中。它们通过每个多边形进行插值，然后这些插值将会在片元着色器中用来处理为了获得散射和镜面反射成分的两个环境贴图。从环境贴图中获得的值会跟物体基本颜色进行混合以得到片元的最终颜色值。在例 7.13 中展示了这个着色器。示例中用这种技术创建的图像如图 7-8 所示。

图 7-8 散射和镜面反射环境贴图效果（对图 7-6 所示的 Old Town Square 散射和镜面反射环境贴图效果进行的各种实验。左边：BaseColor 设置成 (1.0, 1.0, 1.0)，SpecularPercent 设置成 0，和 DiffusePercent 设置成 1.0。中间：BaseColor 设置成 (0, 0, 0)，SpecularPercent 设置成 1.0，和 DiffusePercent 设置成 0。右边：BaseColor 设置成 (0.35, 0.29, 0.09)，SpecularPercent 设置成 0.75，和 DiffusePercent 设置成 0.5（图片由 3Dlabs, Inc. 提供））

例 7.13   基于图像光照的着色器

```
-------------------- 顶点着色器 --------------------
// 基于图像光照的顶点着色器
#version 330 core

uniform mat4 MVMatrix;
uniform mat4 MVPMatrix;
uniform mat3 NormalMatrix;

in vec4 VertexPosition;
in vec3 VertexNormal;

out vec3 ReflectDir;
out vec3 Normal;

void main()
{
    Normal = normalize(NormalMatrix * VertexNormal);
    vec4 pos = MVMatrix * VertexPosition;
    vec3 eyeDir = pos.xyz;
    ReflectDir = reflect(eyeDir, Normal);
    gl_Position = MVPMatrix * VertexPosition;
}

-------------------- 片元着色器 --------------------
// 基于图像光照的片元着色器

#version 330 core
uniform vec3 BaseColor;
uniform float SpecularPercent;
uniform float DiffusePercent;
uniform samplerCube SpecularEnvMap;
```

```
uniform samplerCube DiffuseEnvMap;

in vec3 ReflectDir;
in vec3 Normal;

out vec4 FragColor;

void main()
{
    // 从 cubemap 贴图中查找环境贴图值
    vec3 diffuseColor =
    vec3(texture(DiffuseEnvMap, normalize(Normal)));
    vec3 specularColor =
    vec3(texture(SpecularEnvMap, normalize(ReflectDir)));

    // 将光照结果添加到基础颜色中进行混合
    vec3 color = mix(BaseColor, diffuseColor*BaseColor, DiffusePercent);
    color = mix(color, specularColor + color, SpecularPercent);
    FragColor = vec4(color, 1.0);
}
```

使用的环境贴图可以再现整个场景中的光。当然，拥有不同镜面反射参数的物体要求不同镜面反射环境贴图。然后生成这些环境贴图需要一些人工的努力和冗长的预处理。但是质量和性能会使基于图像的光照在很多情形中是一个很好的选择。

7.3.3 球面光照

2001 年，Ravi Ramamoorthi 和 Pat Hanrahan 发表了一个使用球面函数计算漫反射光的方法。这个方法重现准确的漫反射，它基于光探头图像的内容，并且没有在运行时处理光探头图像。那个预处理的光探头图像是用来生成在运行时用数学表示图像的系数。这种做法背后的数学超出了本书的范围。取而代之，我们通过一个直观描述基础数学的方式为着色器奠定必要的基础。这个结果非常简单、准确和真实，并且可以简单的通过 OpenGL 着色器编写。这个技术已经在游戏和计算机视觉应用等其他方面中成功提供一个真实的光照效果。

球面函数在球体中提供一个频率空间表示的图像。它类似于在直线或者圆上的傅里叶变换。这个表示图像连续保持不变。在光探头图像中使用这种表示，你可以在一个仅仅使用九个球面基函数表面再次重现 Ramamoorthi 和 Hanrahan 显示的漫反射。这九个球面基函数可以通过使用常量、线性和二次多项式的归一化的表面法线获得。

直觉上，我们可以看到这是用少数几个在频率空间中准确模拟漫反射的合理结果，因为漫反射在表面上是缓慢变化的。仅仅使用九个选项，在任何物理输入光照设备中所有表面方向上的平均误差小于 3%。在 Debevec 的光探头图像中的平均误差证明小于 1%，并且所有像素中最大的误差小于 5%。

每个球面基函数有一个依赖于使用光探头图像的系数。这个系数在每个颜色通道中都是不一样的，所以可以将每个系数当做一个 RGB 值。一个预处理的步骤就是要求为使用的光探头图像技术计算 9 个 RGB 系数。Ramamoorthi 已经将这个预处理步骤代码免费发布在他的网站上。我们使用这个程序来计算在 Debevec 光探头图库中的所有光探头图像的系数，就像古城广场光探头图像一样，在表 7-1 中总结了这个结果。

表 7-1 光探头的球面系数

系数	Old Town square	Grace cathedral	Eucalyptus grove	St. Peter's basilica	Uffizi gallery
L_{00}	.87 .88 .86	.79 .44 .54	.38 .43 .45	.36 .26 .23	.32 .31 .35
L_1m_1	.18 .25 .31	.39 .35 .60	.29 .36 .41	.18 .14 .13	.37 .37 .43
L_{10}	.03 .04 .04	−.34 −.18 −.27	.04 .03 .01	−.02 −.01 .00	.00 .00 .00
L_{11}	−.00 −.03 −.05	−.29 −.06 .01	−.10 −.10 −.09	.03 .02 .00	−.01 −.01 −.01
L_2m_1	.00 .00 .01	−.26 −.22 −.47	.01 −.01 −.05	−.05 −.03 −.01	−.01 −.01 −.01
L_2m_2	−.12 −.12 −.12	−.11 −.05 −.12	−.06 −.06 −.04	.02 .01 .00	−.02 −.02 −.03
L_{20}	−.03 −.02 −.02	−.16 −.09 −.15	−.09 −.13 −.15	−.09 −.08 −.07	−.28 −.28 −.32
L_{21}	−.08 −.09 −.09	.56 .21 .14	−.06 −.05 −.04	.01 .00 .00	.00 .00 .00
L_{22}	−.16 −.19 −.22	.21 −.05 −.30	.02 .00 −.05	−.08 −.03 .00	−.24 −.24 −.28
系数	Galileo's tomb	Vine street kitchen	Breezeway	Campus sunset	Funston Beach sunset
L_{00}	1.04 .76 .71	.64 .67 .73	.32 .36 .38	.79 .94 .98	.68 .69 .70
L_1m_1	.44 .34 .34	.28 .32 .33	.37 .41 .45	.44 .56 .70	.32 .37 .44
L_{10}	−.22 −.18 −.17	.42 .60 .77	−.01 −.01 −.01	−.10 −.18 −.27	−.17 −.17 −.17
L_{11}	.71 .54 .56	−.05 −.04 −.02	−.10 −.12 −.12	.45 .38 .20	−.45 −.42 −.34
L_2m_1	−.12 −.09 −.08	.25 .39 .53	−.01 −.02 .02	−.14 −.22 −.31	−.08 −.09 −.10
L_2m_2	.64 .50 .52	−.10 −.08 −.05	−.13 −.15 −.17	.18 .14 .05	−.17 −.17 −.15
L_{20}	−.37 −.28 −.29	.38 .54 .71	−.07 −.08 −.09	−.39 −.40 −.36	−.03 −.02 −.01
L_{21}	−.17 −.13 −.13	.06 .01 −.02	.02 .03 .03	.09 .07 .04	.16 .14 .10
L_{22}	.55 .42 .42	−.03 −.02 −.03	−.29 −.32 −.36	.67 .67 .52	.37 .31 .20

使用球面函数的漫反射公式是：

$$\text{diffuse} = c_1 L_{22}(x^2 - y^2) + c_3 L_{20} z^2 + c_4 L_{00} - c_5 L_{20} + \\ 2c_1(L_2m_2 xy + L_{21} xz + L_2m_1 yz) + 2c_2(L_{11}x + L_1m_1 y + L_{10}z) \tag{7-1}$$

常数项 $c_1 \sim c_5$ 的结果来自于这个公式的推导，在例 7.14 中展示了这个顶点着色器的代码。系数 L 是在预处理阶段中为特定光探头图像计算的九个基函数系数。x、y 和 z 值是阴影点中表面法线规范化的坐标值。不像低动态范围图像（LDR，比如每个颜色成分为 8 位）有一个默认的最小值 0 和一个默认的最大值 255，HDR 图像代表的每个颜色成分是不会包含明确定义最小和最大值的浮点精度值。两幅 HDR 图像的最小和最大值可能互相不一样，除非是同样的标准或者是用于两幅图像的同样创建过程。它甚至可能包含负值的 HDR 图像。由于这个原因，顶点着色器包含一个总的缩放因子来保证最终效果的正确性。

其实顶点着色器编写 9 个球面基函数的公式是很简单的。当编译得到它时，它就变得很简单。优化编译器通常减少包含常量的所有操作。这个结果的代码是相当高效的，因为它包含一个相对较小的除数和表面法线成分的乘法操作。

例 7.14 球面光照的着色器

```
-------------------- 顶点着色器 --------------------
// 计算球谐光照的顶点着色器

#version 330 core

uniform mat4 MVMatrix;
uniform mat4 MVPMatrix;
uniform mat3 NormalMatrix;
uniform float ScaleFactor;

const float C1 = 0.429043;
const float C2 = 0.511664;
const float C3 = 0.743125;
const float C4 = 0.886227;
const float C5 = 0.247708;

// 构建 Old Town Square 照明系数
const vec3 L00  = vec3( 0.871297,  0.875222,  0.864470);
const vec3 L1m1 = vec3( 0.175058,  0.245335,  0.312891);
const vec3 L10  = vec3( 0.034675,  0.036107,  0.037362);
const vec3 L11  = vec3(-0.004629, -0.029448, -0.048028);
const vec3 L2m2 = vec3(-0.120535, -0.121160, -0.117507);
const vec3 L2m1 = vec3( 0.003242,  0.003624,  0.007511);
const vec3 L20  = vec3(-0.028667, -0.024926, -0.020998);
const vec3 L21  = vec3(-0.077539, -0.086325, -0.091591);
const vec3 L22  = vec3(-0.161784, -0.191783, -0.219152);
in vec4 VertexPosition;
in vec3 VertexNormal;

out vec3 DiffuseColor;

void main()
{
    vec3 tnorm = normalize(NormalMatrix * VertexNormal);
    DiffuseColor = C1 * L22 *(tnorm.x * tnorm.x - tnorm.y * tnorm.y) +
                   C3  * L20 * tnorm.z * tnorm.z +
                   C4  * L00 -
                   C5 * L20 +
                   2.0 * C1 * L2m2 * tnorm.x * tnorm.y +
                   2.0 * C1 * L21 * tnorm.x * tnorm.z +
                   2.0 * C1 * L2m1 * tnorm.y * tnorm.z +
                   2.0 * C2 * L11 * tnorm.x +
                   2.0 * C2 * L1m1 * tnorm.y +
                   2.0 * C2 * L10 * tnorm.z;

    DiffuseColor *= ScaleFactor;

    gl_Position = MVPMatrix * VertexPosition;
}
-------------------- 片元着色器 --------------------
// 计算球面光照的片元着色器

#version 330 core

in vec3 DiffuseColor;

out vec4 FragColor;

void main()
{
    FragColor = vec4(DiffuseColor, 1.0);
}
```

在例 7.14 所示的片元着色器中，只有很少的工作要做。因为漫反射通常变化很小，所以在场景没有很大的多边形需要在顶点着色器中计算和在光栅化阶段中插值计算。正如半球光照，我们可以在球面光照的顶端添加程序上定义的点光源、方向光，或者用来提供重要场景部分光照的聚光灯。在图 7-9 中展示了球面着色器的结果。我们可以通过和模型基本颜色混合来使球面计算漫反射光照变得更微妙。

图 7-9　球面光照（使用表 7-1 中系数的光照。从左看起，Old Town Square、Grace Cathedral、Galileo's Tomb、Campus Sunset 和 St. Peter's Basilica（图片由 3Dlabs, Inc. 提供））

使用基于图像的光照和程序定义的光照的权衡与使用存储纹理和程序纹理的权衡很像。根据图像的光照计算可以获取和相对容易地重新创建复杂的光照环境。然而使用许多程序光源来模拟这样的一个环境时是极其困难的。另一方面，程序定义的光源不使用纹理内存并且可以很容易改变移动。

7.4　阴影映射

在计算机图形学的最近发展中产生了大量渲染真实光照和阴影的技术。OpenGL 可以用于它们的大部分实现。本节将包括一个称为阴影映射（shadow mapping）的技术，它是一种使用深度纹理来决定一个点是否是明亮。

阴影贴图是一种使用深度纹理来为渲染阴影提供解决方案的多通道计算。它的关键所在，就是用投射光源代替最终视口来观察场景。通过移动视口到光源位置，你可以注意到从这个位置看到的每个东西都是明亮的——从光的角度来看这里是没有阴影的。从光源的角度将场景的深度渲染到一张深度缓存区中，我们可以在场景中获得一张阴影或者无阴影的贴图——一张阴影贴图。这些对光源来说可见的点将会被渲染，而那些从光源来说是隐藏的（在阴影中的这些）点将会通过深度测试被裁剪。最终深度缓存区中的每个像素将会包含最靠近光源距离的点。在阴影中它不会包含任何东西。

两次通道的简单描述如下：

❑ 从光源的角度来渲染场景。它不关心场景看起来像什么，仅仅需要这个深度值。通过将深度纹理附加到一个帧缓存区对象来创建一张阴影贴图并直接渲染深度。

❑ 从观察者角度来渲染场景。将表面坐标映射到光源参照系并且在光源深度纹理中比较深度记录的深度值。那些比记录的深度值还远的片元对于光源来说就是不可见的，也就是在阴影中。

下面的章节将会提供一个更详细的讨论，下面的示例代码将说明这里的每个步骤。

7.4.1 创建一张阴影贴图

第一步就是从光源的角度来创建一张包含深度值的纹理。你可以通过将视口位置放到光源位置来渲染场景的方式来创建这种纹理。在能够将深度渲染到深度纹理之前，我们需要创建深度纹理并将它附加到一个帧缓存区对象上。例 7.15 中展示了如何操作这些。这些代码包含应用程序的初始化序列。

例 7.15 创建带有深度成分的帧缓存区对象

```
// 创建深度纹理
glGenTextures(1, &depth_texture);
glBindTexture(GL_TEXTURE_2D, depth_texture);
// 为纹理数据分配空间
glTexImage2D(GL_TEXTURE_2D, 0, GL_DEPTH_COMPONENT32,
             DEPTH_TEXTURE_SIZE, DEPTH_TEXTURE_SIZE,
             0, GL_DEPTH_COMPONENT, GL_FLOAT, NULL);
// 设置默认滤波模式
glTexParameteri(GL_TEXTURE_2D, GL_TEXTURE_MIN_FILTER, GL_LINEAR);
glTexParameteri(GL_TEXTURE_2D, GL_TEXTURE_MAG_FILTER, GL_LINEAR);
// 设置深度比较模式
glTexParameteri(GL_TEXTURE_2D, GL_TEXTURE_COMPARE_MODE,
                GL_COMPARE_REF_TO_TEXTURE);
glTexParameteri(GL_TEXTURE_2D, GL_TEXTURE_COMPARE_FUNC, GL_LEQUAL);
// 设置边界截取模式
glTexParameteri(GL_TEXTURE_2D, GL_TEXTURE_WRAP_S, GL_CLAMP_TO_EDGE);
glTexParameteri(GL_TEXTURE_2D, GL_TEXTURE_WRAP_T, GL_CLAMP_TO_EDGE);
glBindTexture(GL_TEXTURE_2D, 0);

// 创建 FBO 以渲染深度信息
glGenFramebuffers(1, &depth_fbo);
glBindFramebuffer(GL_FRAMEBUFFER, depth_fbo);

// 将深度纹理关联到 FBO
glFramebufferTexture(GL_FRAMEBUFFER, GL_DEPTH_STENCIL_ATTACHMENT,
                     depth_texture, 0);
// 禁止渲染颜色，因为我们没有颜色附件点
glDrawBuffer(GL_NONE);
```

在例 7.15 中，深度纹理使用 GL_DEPTH_COMPONENT32 的内部格式来创建和分配。创建的纹理是用作渲染的深度缓存区和在后面用作读取使用的纹理。同样注意我们是如何设置纹理的比较模式。这允许我们利用阴影纹理——OpenGL 的一个特征就是允许一个参考值和一张保存在纹理中的值通过纹理硬件而不是在着色器中明确执行的比较。在例子中，DEPTH_TEXTURE_SIZE 已经在前面定义为阴影映射所需的大小。这个大小通常至少跟默认的帧缓存区一样大（你的 OpenGL 窗口）；否则，锯齿和采样走样可能存在于结果的图像中。然而，设置过大的深度纹理将会浪费内存和带宽并且对程序性能造成不利的影响。

下一步就是从光源角度来渲染场景。为做到这一点，我们使用提供的 **gluLookAt** 函数来创建一个光源的视口变换矩阵。我们同样需要设置光源投影矩阵。就像对于光源视口的世界坐标系和眼睛坐标系那样，我们可以将这些矩阵相乘来提供一个单独的视图投影矩阵。

在这个简单例子中我们同样可以将场景的模型矩阵拷贝到同样的矩阵中（给光源着色器提供一个模型视图投影变换矩阵）。

在例 7.16 中展示了如何利用代码执行这些步骤。

例 7.16　在生成阴影贴图中设置矩阵

```
// 随时间变化的光源位置
vec3 light_position = vec3(
    sinf(t * 6.0f * 3.141592f) * 300.0f,
    200.0f,
    cosf(t * 4.0f * 3.141592f) * 100.0f + 250.0f);

// 渲染场景所用的矩阵
mat4 scene_model_matrix = rotate(t * 720.0f, Y);

// 从光源位置渲染所用的矩阵
mat4 light_view_matrix = lookat(light_position, vec3(0.0f), Y);
mat4 light_projection_matrix(frustum(-1.0f, 1.0f, -1.0f, 1.0f,
                                      1.0f, FRUSTUM_DEPTH));

// 现在从光源位置渲染到深度缓存中。选择对应的着色器程序

glUseProgram(render_light_prog);
glUniformMatrix4fv(render_light_uniforms.MVPMatrix,
                   1, GL_FALSE,
                   light_projection_matrix *
                   light_view_matrix *
                   scene_model_matrix);
```

在例 7.16 中，我们使用一个时间函数（t）和它原来的点来设置光源位置。这将引起阴影移动。FRUSTUM_DEPTH 是用来影响和代表光源投影最远平面最大深度值的光源。近平面设置成 1.0f，但远平面和近平面距离理想的比例应该设置成尽可能小（比如，对于光源近平面应该尽可能跟远平面一样远而远平面应该尽可能靠近光源）以最大限度地提高深度缓存区的精度。

从光源位置来使用着色器生成深度缓存是平常的。顶点着色器通过提供的模型视图投影矩阵将输入的顶点简单变换。片元着色器将一个常量写入虚拟输出并且是唯一的输出，因为 OpenGL 需要这样做[⊖]。在例 7.17 中展示了顶点着色器和片元着色器用于从光源角度来渲染深度。

例 7.17　生成阴影贴图的简单着色器

```
--------------------- 顶点着色器 ---------------------
// 阴影图生成的顶点着色器
#version 330 core
uniform mat4 MVPMatrix;
```

⊖　如果没有片元着色器，那么在 OpenGL 中光栅化的结果是未定义的。如果关闭光栅化，那么没有片元着色器是合理的，但是在这里需要光栅化以便可以在场景中生成深度值。

```
layout (location = 0) in vec4 position;
void main(void)
{
    gl_Position = MVPMatrix * position;
}
------------------- 片元着色器 --------------------
// 阴影图生成的片元着色器
#version 330 core
layout (location = 0) out vec4 color;
void main(void)
{
    color = vec4(1.0);
}
```

此时已经准备好将场景渲染到我们前面创建的深度纹理中。我们需要将深度纹理附加绑定到帧缓存区对象并且将视口设置为深度纹理的大小。然后清除深度缓存（这实际上就是我们现在的深度纹理）并且绘制场景。例 7.18 包含这些操作的代码。

例 7.18   从光源位置的视角来渲染场景

```
// 绑定深度 FBO 并且设置视口为深度纹理的大小
glBindFramebuffer(GL_FRAMEBUFFER, depth_fbo);
glViewport(0, 0, DEPTH_TEXTURE_SIZE, DEPTH_TEXTURE_SIZE);

// 清除缓存
glClearDepth(1.0f);
glClear(GL_DEPTH_BUFFER_BIT);

// 打开多边形偏移，以避免深度数据的 z-fighting 问题
glEnable(GL_POLYGON_OFFSET_FILL);
glPolygonOffset(2.0f, 4.0f);
// 从光源位置进行绘制
DrawScene(true);
glDisable(GL_POLYGON_OFFSET_FILL);
```

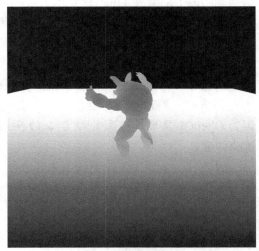

注意这里使用多边形偏移（polygon offset）。这会促使在观察者看来（在这个例子中，是光源）生成的深度值有少许的偏移。在这个应用程序中，若我们想要进行保守深度测试，则只要在判断一个点是不是在阴影中有疑问时，我们就照亮它。如果不这样做，我们会由于浮点深度缓存区精度问题而在渲染的图像中以深度冲突为结束。在图 7-10 中展示了从光源位置观察整个场景的深度映射结果图。

7.4.2　使用阴影贴图

现在这里已经有从光源角度渲染场景的深度值，所以我们可以使用常规着色器来渲染整

图 7-10　深度渲染（从光源位置渲染深度值。在渲染的对象中，靠近的点会有更小的深度并且显示的比较暗）

个场景，然后使用深度纹理的结果值来生成成为光照计算一部分的阴影。这其中有几步算法。首先，需要从观察者角度来设置渲染场景的矩阵。这个矩阵就是我们需要的模型矩阵、视图矩阵（对于经典光照顶点变换）和投影矩阵（为光栅化变换到投影空间的坐标系）。同样也需要一个阴影矩阵。这个矩阵从世界坐标变换到光源投影坐标中，同时适用于缩放和调整结果深度值。变换到光源的眼睛空间是由通过光源视图矩阵和光源投影矩阵（我们在前面计算的）变换世界空间顶点坐标执行的。深度值（–1.0 ~ +1.0）需要通过缩放和偏置矩阵，在投影空间中映射到范围 0.0 ~ 1.0。

在例 7.19 中包含设置所有矩阵的代码。

例 7.19 为阴影贴图渲染的矩阵计算

```
mat4 scene_model_matrix = rotate(t * 720.0f, Y);
mat4 scene_view_matrix = translate(0.0f, 0.0f, -300.0f);
mat4 scene_projection_matrix = frustum(-1.0f, 1.0f, -aspect, aspect,
                                       1.0f, FRUSTUM_DEPTH);
mat4 scale_bias_matrix = mat4(vec4(0.5f, 0.0f, 0.0f, 0.0f),
                              vec4(0.0f, 0.5f, 0.0f, 0.0f),
                              vec4(0.0f, 0.0f, 0.5f, 0.0f),
                              vec4(0.5f, 0.5f, 0.5f, 1.0f));
mat4 shadow_matrix = scale_bias_matrix *
                     light_projection_matrix *
                     light_view_matrix;
```

用于输入顶点坐标的最终渲染变换的顶点着色器是通过所有这些矩阵和提供的世界坐标、眼坐标和阴影坐标输出到片元着色器中，这将用于执行实际光源计算。

例 7.20 提供顶点着色器代码。

例 7.20 在阴影贴图渲染的顶点着色器

```
#version 330 core

uniform mat4 model_matrix;
uniform mat4 view_matrix;
uniform mat4 projection_matrix;

uniform mat4 shadow_matrix;

layout (location = 0) in vec4 position;
layout (location = 1) in vec3 normal;

out VS_FS_INTERFACE
{
    vec4 shadow_coord;
    vec3 world_coord;
    vec3 eye_coord;
    vec3 normal;
} vertex;

void main(void)
{
    vec4 world_pos = model_matrix * position;
    vec4 eye_pos = view_matrix * world_pos;
    vec4 clip_pos = projection_matrix * eye_pos;
```

```
            vertex.world_coord = world_pos.xyz;
            vertex.eye_coord = eye_pos.xyz;
            vertex.shadow_coord = shadow_matrix * world_pos;
    vertex.normal = mat3(view_matrix * model_matrix) * normal;

            gl_Position = clip_pos;
    }
```

最后，片元着色器为场景执行光照计算。如果当前点被认为是通过光源照射的，那么在最终的光照计算中会包含光源的贡献；否则只有环境光会被应用。在例 7.21 中提供的着色器会执行这些计算。

例 7.21 在阴影贴图中渲染片元着色器

```
#version 330 core

uniform sampler2DShadow depth_texture;
uniform vec3 light_position;

uniform vec3 material_ambient;
uniform vec3 material_diffuse;
uniform vec3 material_specular;
uniform float material_specular_power;

layout (location = 0) out vec4 color;

in VS_FS_INTERFACE
{
    vec4 shadow_coord;
    vec3 world_coord;
    vec3 eye_coord;
    vec3 normal;
} fragment;

void main(void)
{
    vec3 N = fragment.normal;
    vec3 L = normalize(light_position - fragment.world_coord);
    vec3 R = reflect(-L, N);
    vec3 E = normalize(fragment.eye_coord);
    float NdotL = dot(N, L);
    float EdotR = dot(-E, R);

    float diffuse = max(NdotL, 0.0);
    float specular = max(pow(EdotR, material_specular_power), 0.0);

    float f = textureProj(depth_texture, fragment.shadow_coord);

    color = vec4(material_ambient +
                 f * (material_diffuse * diffuse +
                     material_specular * specular), 1.0);
}
```

不要担心着色器中的光照计算复杂度。这个算法的重要部分是使用 sampler2DShadow 采样类型和 textureProj 函数。这个 sampler2DShadow 采样是二维纹理特殊类型，采样时，当采样纹理满足纹理比较测试时将会返回 1.0，不满足时会返回 0.0。这个深度纹理的纹理比较模式是在前面例 7.15 中设置的，通过使用 GL_TEXTURE_COMPARE_MODE 参数名称和 GL_COMPARE_REF_TO_TEXTURE 参数值来调用 glTextureParameteri() 函数。当纹理深度比较模式设置成这样时，纹理单元值会跟应用在 fragment.shadow_coord 第三个成分的参考值做比较，也就是从光源角度看片元经过缩放和修正投影空间坐标的 z 成分。深度比较函数要设置成 GL_LEQUAL，这样参考值小于或者等于在纹理的值时将会通过测试。当有多个纹理单元采样时（比如说当纹理模式是线性采样时），从纹理中读取的结果值是所有采样的平均值为 0.0 ~ 1.0 组成的最终纹理单元。也就是说，靠近阴影的边缘，返回的值可能是 0.25 或者 0.5 等，而非仅仅 0.0 或者 1.0。我们在着色期间通过将这个结果考虑采取光源可见度来缩放光源计算。

textureProj 函数是一个投影纹理函数。它划分输入的纹理坐标（在这个例子中 fragment. shadow_coord 通过自己最后一个成分 (fragment.shadow_coord.w) 变换到规范化设备坐标，这个刚好是通过 OpenGL 在光栅化操作之前执行投影变换操作。

用这个着色器渲染场景的结果如图 7-11 所示。

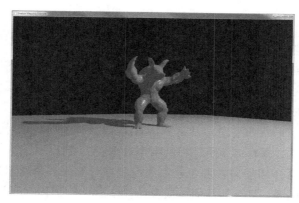

图 7-11　最终渲染的阴影贴图

这就是我们所说的阴影映射。当然还有其他很多技术，包括阴影贴图的改进方法，并且我们鼓励再去探索。

Chapter 8 | 第 8 章

程序式纹理

本章目标

阅读完本章内容之后，你将会具备以下的能力：

❑ 使用着色器程序来计算表面的纹理，而不是使用纹理查找表的形式。

❑ 对程序生成的纹理进行反走样。

❑ 使用凹凸贴图映射实现表面光照。

❑ 使用噪声来调节形状和纹理，以获得非常真实的物体表面和形状。

❑ 生成噪声纹理图，保存多组可移植的噪声数据。

总体上，本章将会介绍如何在着色器中通过程序计算来获得质量很高的纹理数据，而不是通过很大的纹理贴图、复杂的几何体或者代价昂贵的多重采样方法。不过，我们并没有完全拒绝使用纹理贴图的方法。我们会在文中有条件地使用纹理贴图来控制着色器中的计算过程。

本章将会包含以下几节：

❑ 8.1 节给出一些自动计算图案的方法，而不仅仅是访问内存中的图像。

❑ 8.2 节将介绍实现物体表面凹凸感的一种关键技术，并且不需要为此构建复杂的几何体。

❑ 8.3 节解释避免走样问题的像素颜色计算方法，尤其是如何通过程序来创建边缘和花样的方法。

❑ 8.4 节介绍噪声的含义，以及如何用它来增加画面真实感。

❑ 8.5 节给出了一些书籍、网页地址，以及论文的信息，可以帮助读者更深入地研究程序式渲染的基础知识。

8.1　程序式纹理

之所以要使用一个全功能的、高层次的程序语言来解释每个片元的处理过程，正是因为我们可以由此通过数学的方式来描述物体表面的纹路。我们可以利用这种自由来创建不同类型的渲染效果，而这是之前无法想象的。我们也可以通过数学的方式来计算切割物体表面的体积，例如从一棵树上切下一块木质物体。由此得到的结果将远胜过仅仅通过纹理贴图实现的效果。

在之前的章节中，我们已经讨论过如何使用着色器读取来自纹理内存的数据，以完成一些主要的效果实现。本章将着力于如何使用着色器来完成一些有趣的事情，也就是如何使用着色器来实现算法。这类着色器的结果往往是根据算法来合成一些数字图像或者照片，而不是通过预先处理的数据。这一类着色器通常也叫做程序纹理着色器（procedural texture shader），而实现这类着色器的过程叫做程序式纹理（procedural texturing）或者程序式着色（procedural shading）。通常在使用程序式的着色器来为物体着色时，物体上的每个点的纹理坐标或者局部坐标位置将是唯一可以使用的信息。

理论上程序纹理着色器可以完成很多之前只通过预存纹理贴图来完成的工作。而实际中，有的时候使用程序纹理着色器比直接使用已有的纹理会更为方便和灵活，而有的时候则正好相反。当需要判断是使用程序纹理着色器还是预存纹理的时候，我们需要考虑到程序纹理着色器的以下几个主要优势。

❑ 程序生成的纹理占用的内存比预存纹理要低得多。纹理的最主要表达形式是通过程序纹理着色器定义的算法。这种表示方式与二维纹理相比，大小要压缩很多。这种大小的差距往往是指数级别的量级（例如，几 KB 的着色器程序代码和几百 KB 甚至更高的高质量二维纹理相比）。这也就是说，程序纹理着色器在图形加速器上需要的内存非常有限。但如果我们需要向物体应用三维（实体）纹理的话，程序纹理着色器的优势就更为明显了（几 KB 的程序与几十 MB 甚至更高的三维纹理内存占用相比）。

❑ 程序生成的纹理没有固定的面积或者分辨率。它们可以应用到任何大小的物体上，并且能够得到精确的结果，这是因为它们不是简单的采样数据，而是数学上定义的。我们不需要考虑将二维图像映射到比纹理更大或者更小的三维表面上所产生的问题，也不需要考虑缝隙和冗余拷贝的问题。当视点越来越接近一个程序纹理着色器渲染的表面的时候，我们不会看到粗糙的细节或者采样的瑕疵，而这些都是使用预存纹理所无法避免的问题。

❑ 程序纹理着色器中可以写入一些算法的关键参数。这些参数是很容易修改的，因此一个着色器就能够产生多种多样的趣味效果。如果使用预存纹理，那么我们很难在它创建之后做出任何类型的改动。

❑ 如果我们使用程序式纹理来计算体积而不是表面的话，那么体积的剖面表现力会比任何使用二维纹理的方法要真实得多。如果可以使用三维纹理的话，那么这时候高分辨率的程序式纹理在内存方面也会有巨大的优势。

程序式纹理与预存纹理相比也存在一些缺点，列举如下：

❑ 程序纹理着色器需要在程序当中实现算法。但是并不是每个人都有技术能力完成这样的程序，相比之下直接创建二维或者三维的纹理图像就不需要太多的技术能力。

❑ 使用程序纹理着色器来实现的算法，需要对物体的每个位置都执行一次，因此比预存纹理的访问要耗费更多的时间。

❑ 程序纹理着色器可能会带来一些难以克服的走样问题。而现代的图形硬件本身是可以处理预存纹理走样问题的（例如通过滤波和 mipmaps）。

❑ 由于数学精度上的差异，以及内置函数实现的差异，程序纹理着色器产生的结果在不同的系统平台上可能有所差异。

那么我们到底该选择程序式的纹理着色器还是预存纹理的着色器？这是一个就事论事的问题。本身就存在于真实世界中的图像（绘画、广告牌，以及任何手绘的事物等）都适合使用预存纹理来进行绘制。而那些对于最终的观感非常重要的物体图像（角色的面部、服装、重要的物件）也可以使用预存纹理来绘制，因为这样对于艺术家来说是一种最直接的途径。而那些对于最终图像的表现不那么重要的事物，以及覆盖大片区域的情形，都适合使用程序式的纹理来表达（墙面、屋顶、地面等）。

通常来说，使用一种混合的方式是更正确的选择。一个高尔夫球的渲染内容可能包括一个底色、一个手绘花纹的纹理图、一个带有标识图案的纹理图，以及程序生成的浅坑花样。我们也可以使用预存纹理来控制或者约束程序生成的效果。如果高尔夫球需要在特定的表面沾上一些草迹，并且这个效果的实现需要非常逼真，那么可以由艺术家绘制一张灰度图来指引着色器选择在表面上出现草迹的位置（例如，灰度图的黑色区域），以及不能沾上草迹的位置（灰度图的白色区域）。在着色器读入这张控制纹理之后，就可以用它来完成表面沾满草迹的球体和原始球体之间的融合表现了。

到此为止，下面将给出一些完全使用程序化的方法实现的着色器示例。

8.1.1 规则的花纹

作为第一个示例，我们将构建一个在物体上渲染条纹的着色器。这个着色器可以用来表达各种不同的人工物体：比如小孩的玩具、墙纸、包装纸、旗帜、织物等。

图 8-1 中的物体是一个使用条纹着色器渲染的圆枕型物体（部分）。条纹着色器和相应的调用程序都是由一家专门研发商业 CAD/CAM 模型的真实感渲染的公司 LightWork Design 在 2002 年开发的。LightWork Design 所开发的程序包含一个图形用户界面，可以让用户交互式地修改着色器的参数。各种不同的着色器都可以在界面的右上角选择，而当前着色器的可修改参数位于用户界面的右下角。在这里，你可以看到条纹着色器的参数包括条纹颜色（蓝色）、背景颜色（橙色）、条纹比例（条纹的数量）以及条纹宽度（条纹与背景的空间比例，这里设置为 0.5，因此蓝色和橙色的条纹宽度是相等的）。

为了使条纹着色器能够正确工作，应用程序中需要提供几何信息（顶点值）和每个顶点的纹理坐标。绘制条纹颜色或者背景颜色的关键就是每个片元上的纹理坐标 t（我们不需要用到纹理坐标 s)。用户程序还需要提供一些信息让顶点着色器能够执行光照的计算。之前提到的条纹颜色、背景颜色、比例值以及条纹宽度都需要传递到片元着色器中，这样程序式条纹计算才能够正确地应用到每个片元上。

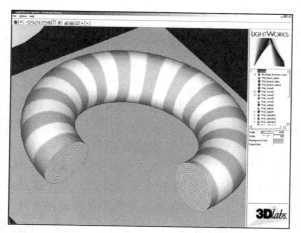

图 8-1　程序式条纹圆枕（使用本节所述的条纹着色器渲染的一部分圆枕形状，
图片由 LightWork Design 提供）

条纹顶点着色器

条纹效果的顶点着色器代码如例 8.1 所示。

例 8.1　绘制条纹的顶点着色器

```glsl
#version 330 core

uniform vec3 LightPosition;
uniform vec3 LightColor;
uniform vec3 EyePosition;
uniform vec3 Specular;
uniform vec3 Ambient;

uniform float Kd;
uniform mat4 MVMatrix;
uniform mat4 MVPMatrix;
uniform mat3 NormalMatrix;

in vec4     MCVertex;
in vec3     MCNormal;
in vec2     TexCoord0;

out vec3    DiffuseColor;
out vec3    SpecularColor;
out float   TexCoord;

void main()
{
    vec3 ecPosition = vec3(MVMatrix * MCVertex);
    vec3 tnorm      = normalize(NormalMatrix * MCNormal);
    vec3 lightVec   = normalize(LightPosition - ecPosition);
```

```
vec3 viewVec    = normalize(EyePosition - ecPosition);
vec3 hvec       = normalize(viewVec + lightVec);

float spec = clamp(dot(hvec, tnorm), 0.0, 1.0);
spec = pow(spec, 16.0);

DiffuseColor    = LightColor * vec3(Kd * dot(lightVec, tnorm));
DiffuseColor    = clamp(Ambient + DiffuseColor, 0.0, 1.0);
SpecularColor   = clamp((LightColor * Specular * spec), 0.0, 1.0);
TexCoord        = TexCoord0.t;
gl_Position     = MVPMatrix * MCVertex;
}
```

这个着色器有一些很好的特性。它的内部没有专门用来绘制条纹的东西。但是它对光照的计算给出了一个很好的通用示例，并且可以与各种不同的片元着色器之间兼容。

正如之前所说的，所有用来做光照计算的变量（LightPosition、LightColor、EyePosition、Specular、Ambient 和 Kd）都是由应用程序通过 uniform 变量传递的。这个着色器的目的是计算 DiffuseColor 和 SpecularColor，这两个 out 变量会在每个图元中进行插值，然后应用到片元着色器的每个片元位置上。所有数值的计算都采取标准方式。有一个小的优化，就是将 Ambient 添加到漫反射计算的结果上，这样发送到片元着色器的 out 变量就少了一个。输入的纹理坐标是直接作为 out 变量 TexCoord 输出到片元着色器中，而顶点位置的变换则直接采用通常的方式。

条纹片元着色器
片元着色器中包含绘制程序式条纹的主要算法。它的代码如例 8.2 所示。

例 8.2　绘制条纹的片元着色器

```
#version 330 core

uniform vec3  StripeColor;
uniform vec3  BackColor;

uniform float Width;
uniform float Fuzz;
uniform float Scale;

in vec3  DiffuseColor;
in vec3  SpecularColor;
in float TexCoord;

out vec4 FragColor;

void main()
{
    float scaledT = fract(TexCoord * Scale);
    float frac1 = clamp(scaledT / Fuzz, 0.0, 1.0);
    float frac2 = clamp((scaledT - Width) / Fuzz, 0.0, 1.0);

    frac1 = frac1 * (1.0 - frac2);
    frac1 = frac1 * frac1 * (3.0 - (2.0 * frac1));

    vec3 finalColor = mix(BackColor, StripeColor, frac1);

    finalColor = finalColor * DiffuseColor + SpecularColor;
    FragColor = vec4(finalColor, 1.0);
}
```

　　这个程序给出了另一个叫做 Fuzz 的 uniform 变量。这个参数用来控制条纹颜色和背景颜色之间的平滑过渡（也就是反走样）。如果 Scale 设置为 10.0，那么 Fuzz 设置为 0.1 会比较合理。当物体的大小发生变化时，也可以调整这个值以避免在较高的放大倍数时产生过度模糊，或者在较低的放大倍数时产生走样误差。通常来说，这个参数不应该设置为大于 0.5 的数值（条纹边界的最大模糊值）。

　　着色器的第一步是使用条纹的缩放比例乘以输入的纹理坐标 t，然后取得小数的部分。这一步计算可以得到条纹花纹中每个片元的具体位置。如果 Scale 的值越大，那么得到的条纹数量也就越多。而局部变量 scaledT 的结果值总是位于 [0, 1] 的区间范围内。

　　我们需要在条纹颜色之间生成柔和的反走样过渡效果。一种方法是使用 smoothstep() 来实现 StripeColor 到 BackColor 的过渡，然后从 BackColor 回到 StripeColor 的时候再次使用这个函数。但是，我们已知这种过渡总是对称的，因此可以将两个过渡过程合并为一个。

　　因此，我们就可以使用 scaledT 来计算其他两个数值 frac1 和 frac2，从而得到需要的过渡效果。这两个值用于判断当前片元位于 BackColor 和 StripeColor 之间的什么位置上。对于 frac1 来说，如果 scaledT/Fuzz 大于 1 的话，那么当前点不在过渡区域内，所以直接将这个值截取到 1。如果 scaledT 小于 Fuzz，那么 scaledT/Fuzz 就表示当前片元在过渡区域内某一个条纹边的相对距离。我们可以计算条纹另一条边的类似值，让 scaledT 减去 Width 再除以 Fuzz，截取后的结果与 frac1 的意义类似，可以保存到 frac2 中。

　　这两个值表示要进行的模糊处理总量。在条纹的一边上，frac2 为 0，而 frac1 表示与过渡区域的相对距离。在条纹的另一条边上，frac1 为 1，而 frac2 表示与过渡区域的相对距离。下一行代码（frac1 = frac1 * (1.0 – frac2)）产生了一个新的值，可以直接在 BackColor 和 StripeColor 之间进行线性融混处理。但是我们希望这个过渡效果比线性融混更加柔和。因此下一行代码中我们进行了一次 Hermite 插值，它与 smoothstep() 函数的方法相同。而 frac1 的最终结果可以直接用于完成 BackColor 和 StripeColor 之间的混合操作。

　　这些工作的结果就是，我们在条纹颜色的过渡区域中得到模糊平滑的边界效果。如果没有这个模糊效果的话，我们将看到走样的瑕疵。条纹颜色之间的突然过渡会造成物体移动时闪烁。而过渡区域的模糊处理消除了这些瑕疵。我们可以在图 8-2 中看到模糊边界的近距结果（更多有关反走样程序着色器的信息可以参见 8.3 节）。

　　现在我们要做的事情就只剩下合并顶点着色器计算的漫反射和镜面反射光照效果，以及将最终片元颜色的 alpha 值设置为 1.0。通过修改片元着色器的 5 个基本参数，我们可以创建各种有趣的不同种类的条纹效果，其中使用的着色器都是相同的。

砖块

　　作为规则花纹的第二个例子，我们可以了解一下如何使用着色器来绘制堆砌的砖块，并且这里的光照方法与之前的条纹着色器略有不同。而顶点着色器还是用作通用目的，并且可以与各种不同的片元着色器配合使用。产生的效果如图 8-3 所示。

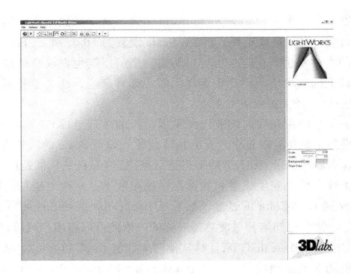

图 8-2　条纹的近距效果（非常靠近某一条条纹时候观察到的内容，从中可以看到
这个条纹着色器中"模糊"计算的效果（图片由 LightWork Design 提供））

图 8-3　砖块花纹（包括使用砖块着色器渲染的一个平多边形、一个球体以及一个圆枕形体）

砖块示例也会产生明显的显示走样，我们会在后文的反走样一节重新对它进行介绍。
图 8-19 的左图中给出了走样瑕疵的近距离效果。

绘制砖块的顶点着色器

我们可以从例 8.3 中了解这里要使用的顶点着色器。它本身与砖块的绘制没有什么关
系，但是它负责完成砖块的照明计算。如果感兴趣的话不妨通读这里的代码，并且如果你
已经阅读过第 7 章的开头部分以及第一个给出的例子，那么你应该能够读懂这里的内容。
砖块花纹的实现是通过片元着色器完成的，我们会对这一点作出解释。

例 8.3　绘制砖块的顶点着色器

```
#version 330 core

in vec4      MCvertex;
in vec3      MCnormal;
```

```
uniform mat4 MVMatrix;
uniform mat4 MVPMatrix;
uniform mat3 NormalMatrix;
uniform vec3 LightPosition;

const float SpecularContribution = 0.3;
const float DiffuseContribution  = 1.0 - SpecularContribution;

out float    LightIntensity;
out vec2     MCposition;

void main()
{
    vec3 ecPosition = vec3(MVMatrix * MCvertex);
    vec3 tnorm      = normalize(NormalMatrix * MCnormal);
    vec3 lightVec   = normalize(LightPosition - ecPosition);
    vec3 reflectVec = reflect(-lightVec, tnorm);
    vec3 viewVec    = normalize(-ecPosition);
    float diffuse   = max(dot(lightVec, tnorm), 0.0);
    float spec      = 0.0;

    if (diffuse > 0.0)
    {
        spec = max(dot(reflectVec, viewVec), 0.0);
        spec = pow(spec, 16.0);
    }

    LightIntensity  = DiffuseContribution * diffuse +
                      SpecularContribution * spec;

    MCposition      = MCvertex.xy;
    gl_Position     = MVPMatrix * MCvertex;
}
```

绘制砖块的片元着色器

片元着色器中包含砖块花纹计算的核心算法。相关的代码请参见例 8.4 所示，并且稍后将会指出这里的核心计算过程是什么。

例 8.4　绘制砖块的片元着色器

```
#version 330 core

uniform vec3 BrickColor, MortarColor;
uniform vec2 BrickSize;
uniform vec2 BrickPct;

in vec2  MCposition;
in float LightIntensity;

out vec4 FragColor;

void main()
{
    vec3 color;
    vec2 position, useBrick;

    position = MCposition / BrickSize;

    if (fract(position.y * 0.5) > 0.5)
```

```
        position.x += 0.5;

    position = fract(position);
    useBrick = step(position, BrickPct);

    color  = mix(MortarColor, BrickColor, useBrick.x * useBrick.y);
    color *= LightIntensity;

    FragColor = vec4(color, 1.0);
}
```

砖块和灰泥的颜色是由应用程序设置的，并且传递到 BrickColor 和 MortarColor 变量当中。砖块花纹的大小也是由应用程序设置的，它是两个独立的宽度和高度分量，并保存到 BrickSize 当中。最后，程序还要设置这个纹理当中砖块所占的比例，即 BrickPct，而剩下的部分就都是灰泥了。

大小设置与顶点着色器传入的位置 MCposition 采用相同的单位，而后者也是通过应用程序传递到顶点着色器当中的。这个输入的 MCposition 值可以直接作为纹理坐标使用。

如果需要获得当前片元在砖块花纹中的位置，关键的一步就是用砖块尺寸去除 MCposition 并得到小数部分：每当一个砖块花纹结束时，我们得到的结果都应该正好是当前砖块的整数数目，因此小数部分就是 0。当我们沿着砖块的一个方向运动时，小数部分会逐渐趋近于 1.0。这些过程可以通过 vec2 的数学运算来完成，因此我们可以同时得到两个方向的计算结果。由于砖块的各行之间会存在一个偏移值，所以我们需要有条件地给 x 方向增加 0.5，以对应 y 方向的花纹变化。这一步是通过 fract(position.y * 0.5) > 0.5 来完成的，读者可以自己尝试解析这行代码的意思。

因为已经知道片元在砖块花纹中的位置，所以我们可以使用多个 if 测试来选择正确的颜色，当然也可以使用数学的方式。这个例子采用数学计算的方式。位置的范围总是 [0.0, 1.0)，我们也需要通过 BrickPct 来判断自己是否位于范围内。step() 函数的第一个参数是一个标杆，第二个参数位于它的左侧时函数会返回 0.0，右侧的话则返回 1.0。因此，对于某个方向来说，如果表达式 step(position, BrickPct) 返回 1.0，则说明片元在砖块内；如果返回 0.0 的话，则说明片元在灰泥中。如果两个方向的判断结果均为灰泥，那么我们将绘制灰泥图案。因为结果总是 0.0 和 1.0，所以我们可以直接用乘法来决定是否进行绘制，而不需要进行任何的 if 测试。最后，我们用 mix() 函数来选择一种颜色。这里并不存在真的混合，因为混合的比例参数总是为 0.0 或者 1.0。因此这个函数只会选择第一个或者第二个参数作为结果。这里使用 step 和 mix 函数的另一个原因是，这样可以很清楚地进一步完成反走样的工作。

8.1.2 玩具球

程序式的纹理花纹定义的关键就是可编程性。下一个着色器将会使用程序定义的星形花纹以及条纹对一个球体进行着色。这个着色器的创意来自 Pixar 的一个早期的动画短片

Luxo Jr。这个着色器是为了专门的用途而设计的。它可以用来给任何球体的表面进行着色。这是因为它的片元着色器利用了球体的这样一个特性：任何点的表面法线与球体中心到这个点的连线方向都是相同的。这个特性可以用来在片元着色器中分析计算用于着色结果运算的表面法线（对于那些本身和球体类似的多边形凸包来说，也可以使用这种方法来进行近似）。

着色器的关键就是通过 5 个半空间（half-space）的系数来定义五角星的形状，进而得到星形花纹。这些系数可以将球体上的星形调整到合适的大小。球体上的点需要根据自身与每个半空间的关系定义为"入点"或者"出点"。靠近星形中心位置的点对于 5 个半空间来说都是"入点"。而星形中的其他位置对于四个半空间来说是"入点"。其他所有的位置可能对三个或者更少半空间定义为"入点"。条纹花纹中的片元计算比较简单。当我们判断表面上的每个点是属于"星形"、"条纹"还是"其他"点之后，我们就可以据此对不同的片元进行着色了。颜色需要按照顺序进行计算，以确保从一个较远的位置观察球体时仍然能得到正确的结果。表面的法线是在片元着色器当中完成准确计算的。此外我们还需要对每个片元都执行一次包括镜面反射高光的光照运算。

应用程序设置

应用程序只需要向着色器提供顶点的位置即可。颜色和法线的值都是在片元着色器中通过数学的方法计算得到的。唯一的限制是，这些顶点必须能够定义一个球体才能确保着色结果正确。这个球体的大小可以是任意的，因为片元着色器将负责完成所有必要的计算工作，但前提是几何体必须为已知球体。

着色器所需的参数都是通过 uniform 变量传递的。例 8.5 中归纳并给出了所有在后文中会用到的渲染参数信息。

例 8.5 玩具球着色器所用到的 uniform 变量值

```
HalfSpace[0]        1.0,            0.0,        0.0, 0.2
HalfSpace[1]        0.309016994,    0.951056516, 0.0, 0.2
HalfSpace[2]       -0.809016994,    0.587785252, 0.0, 0.2
HalfSpace[3]       -0.809016994,   -0.587785252, 0.0, 0.2
HalfSpace[4]        0.309016994,   -0.951056516, 0.0, 0.2
StripeWidth         0.3
InOrOutInit        -3.0
FWidth              0.005
StarColor           0.6, 0.0, 0.0, 1.0
StripeColor         0.0, 0.3, 0.6, 1.0
BaseColor           0.6, 0.5, 0.0, 1.0
BallCenter          0.0, 0.0, 0.0, 1.0
LightDir            0.57735, 0.57735, 0.57735, 0.0
HVector             0.32506, 0.32506, 0.88808, 0.0
SpecularColor       1.0, 1.0, 1.0, 1.0
SpecularExponent  200.0
Ka                  0.3
Kd                  0.7
Ks                  0.4
```

顶点着色器

因为片元着色器的实现是这个例子的重点所在，所以我们在顶点着色器中只需要计算球体在人眼坐标系中的中心位置、每个顶点的眼坐标系位置，以及每个顶点的剪切空间位置即可。应用程序也可以直接给出球体在眼坐标系下的中心位置，不过顶点着色器本身并没有更多工作量，并且这样可以避免用户程序自己再去跟踪当前的模型视图矩阵信息。在片元着色器中计算这个值也没有问题，但是如果把这一步计算放在顶点着色器中，然后将结果作为一个 flat 插补的 out 变量的话，那么片元着色器的效率会更高（见例 8.6）。

例 8.6　绘制玩具球的顶点着色器

```
#version 330 core
uniform vec4 MCBallCenter;
uniform mat4 MVMatrix;
uniform mat4 MVPMatrix;
uniform mat3 NormalMatrix;

in vec4 MCVertex;

    out vec3 OCPosition;
    out vec4 ECPosition;
flat out vec4 ECBallCenter;

void main (void)
{
    OCPosition = MCVertex.xyz;
    ECPosition = MVMatrix * MCVertex;
    ECBallCenter = MVMatrix * MCBallCenter;
    gl_Position = MVPMatrix * MCVertex;
}
```

片元着色器

由于玩具球的片元着色器要比之前的例子代码长一些，所以我们需要先分解出一些代码片段并且解释这些中间结果。玩具球的片元着色器中定义的局部变量如下所示：

```
vec3   normal;        // 分析计算的法线值
vec4   pShade;        // 着色器空间的顶点值
vec4   surfColor;     // 计算得到的表面颜色
float  intensity;     // 计算得到的光照强度
vec4   distance;      // 计算得到的距离值
float  inorout;       // 用于区分星形花纹的计数器
```

我们要做的第一件事就是将当前渲染的表面位置变换为半径为 1.0 的球体上的一个点。我们可以通过 normalize 函数来完成这一工作：

```
pShade.xyz  = normalize(OCPosition.xyz);
pShade.w    = 1.0;
```

我们并不希望在计算中考虑 w 坐标的影响，所以使用分量选择器 .xyz 来选择 OCposition 的前三个分量。归一化之后的向量直接将保存到 pShade 的前三个分量当中。这一计算过程之后，pShade 表示的是半径为 1 的球体上的一个点，因此 pShade 的三个分量均位于范围区间 [−1, 1] 中。这里它的 w 分量并没有直接参与到计算过程当中，但是它可以用来保证后继的计算工作正确，所以我们将它的值先初始化为 1.0。

由于需要使用这个片元着色器来完成球体着色的工作，所以我们需要分析并计算得到球体的表面法线：

```
normal = normalize(ECPosition.xyz-ECBallCenter.xyz);
```

下一步将进行半空间的计算。将计数器变量 inorout 初始化为 –3.0。每次我们判断表面上的位置对于某个半空间为"入点"的时候，将计数器加 1。因为总共有 5 个半空间，所以最后的计数器值应该位于 [−3, 2] 的区间内。值为 1 或者 2 的时候说明片元位于星形花纹的内部。而值为 0 或者更少的时候说明片元位于星形花纹的外部。

```
inorout = InOrOutInit;    // 初始化 inorout 为 -3
```

我们已经将半空间定义为 5 个 vec4 变量组成的数组，用来完成"入点"和"出点"的计算，并且将结果保存到 5 个 float 数值的数组中。不过也可以稍微利用一下底层图形硬件并行特性的优势，稍微做一些变化。我们将很快地了解这个过程。首先，计算 pShade 与 5 个半空间的距离，方法是使用内置的点积计算函数：

```
distance[0] = dot(p, HalfSpace[0]);
distance[1] = dot(p, HalfSpace[1]);
distance[2] = dot(p, HalfSpace[2]);
distance[3] = dot(p, HalfSpace[3]);
```

半空间距离计算的结果如图 8-4 的 (A) ~ (D) 所示。如果片元所在的表面位置对于半空间来说是"入点"，那么颜色设置为灰色，而"出点"则设置为黑色。

读者可能会疑惑，为什么计数器要定义成一个 float 类型的变量，而不是 int 类型。我们使用这个计数器的目的是作为星形花纹颜色和球体表面颜色的一个平滑反走样过渡值。为此，我们需要使用 smoothstep() 函数来设置距离值，如果计算结果小于 -Fwidth，则设置为 0；如果大于 Fwidth，则设置为 1；计算值在这两个值之间的时候，需要返回一个 0 和 1 之间的平滑插值结果。将距离值定义为一个 vec4 类型，这样我们可以同时对四个数值进行平滑的阶梯运算。内置函数 smoothstep() 中包含一个除法操作，因为 FWidth 是一个浮点数类型，所以我们只需要一次除法操作。这样整个过程都是非常高效的。

```
distance = smoothstep(-FWidth, FWidth, distance);
```

现在我们可以快速地将距离计算结果添加到计数器中，方法是直接对 distance 和一个值全为 1 的 vec4 变量进行点积操作：

```
inorout += dot(distance, vec4(1.0));
```

因为将 inorout 初始化为 −3，所以需要将点积的计算结果添加到 inorout 原有的数值之上。这个变量现在的取值范围是 [−3, 1] 之间，不过我们还需要再计算一个半空间的距离值。我们需要计算第 5 个半空间的距离值，并且判断是位于球周围的条带之内还是之外。调用 smoothstep() 函数来计算这两个值，方法与之前四个半空间距离的计算一样。然后将最后一个半空间的计算结果添加到 inorout 计数器上。第 5 个半空间的距离计算结果如图 8-4 (E) 所示。

```
distance.x  = dot(pShade, HalfSpace[4]);
distance.y  = StripWidth - abs(pShade.z);
distance.xy = smoothstep(-FWidth, FWidth, distance.xy);
inorout     += distance.x;
```

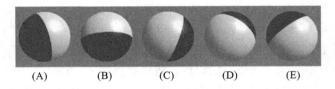

图 8-4　半空间距离的计算结果图示（图片由 AMD 提供）

（这里只对 x 和 y 分量进行了平滑阶梯的处理）

现在 inorout 的取值范围是 [−3, 2]。中间结果的图示参见图 8-5 (A)。将 inorout 的值重新截断到 [0, 1] 区间后，得到的结果如图 8-5 (B) 所示。

```
inorout        = clamp(inorout, 0.0, 1.0);
```

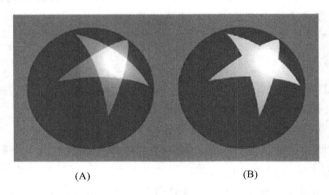

图 8-5　"入点"和"出点"计算的中间结果: (A) 图中被 5 个半平面识别为"入点"的表面点以白色显示，被四个半平面识别为"入点"的以灰色表示; (B) 图中 inorout 的值被截断到 [0, 1] 的区间范围内（图片由 AMD 提供）

现在可以计算每个片元的表面颜色了。我们将使用 inorout 的计算结果来执行一个黄色和红色之间的线性融合，从而得到星形的花纹。如果程序就到这里为止，那么得到的结果如图 8-6 (A) 所示。如果将这一步计算的结果重新与条纹的颜色进行一次线性融合，那么得到的结果如图 8-6 (B) 所示。因为我们用到了 smoothstep()，所以可以分别使用 inorout 和 distance.y 的值来实现颜色之间边界的平滑过渡。

```
surfColor      = mix(BaseColor, StarColor, inorout);
surfColor      = mix(surfColor, StripeColor, distance.y);
```

这一步的结果看起来很扁平，没有什么真实感。我们可以再执行一次光照计算来改善这个问题。首先需要计算片元的法线，因为我们已经知道球体中心的人眼坐标位置（来自 in 变量 ECballCenter），也知道当前片元的人眼坐标位置（来自 in 变量 ECposition），所以可以很快完成这一步骤。

```
// 计算球体的法线
normal      = normalize(ECPosition.xyz - ECBallCenter.xyz);
```

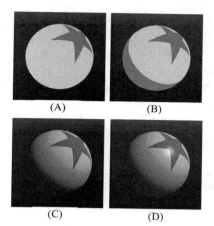

图 8-6　玩具球着色器的中间结果：(A) 显示的是星形花纹的程序定义结果；(B) 添加了条纹；(C) 应用了漫反射光照；(D) 使用程序计算的法线计算了镜面反射高光（图片由 ATI Research, Inc. 提供）

光照方程的漫反射部分可以通过下面三行代码计算得到：

```
// 逐片元的漫反射光照
intensity  = Ka; // 环境光
intensity += Kd * clamp(dot(LightDir.xyz, normal), 0.0, 1.0);
surfColor *= intensity;
```

只有漫反射的光照计算结果如图 8-6 (C) 所示。最后一步，将使用下面的三行代码来添加镜面反射的结果：

```
// 逐片元的镜面反射光照
intensity  = clamp(dot(HVector.xyz, normal), 0.0, 1.0);
intensity  = Ks * pow(intensity, SpecularExponent);
surfColor.rgb += SpecularColor.rgb * intensity;
```

可以看到，图 8-6 (D) 中的镜面反射高光已经非常完美了！因为每个片元的表面法线都可以被精确地计算出来，所以不存在我们之前看到过的，由于表面细分造成的畸形高光问题。结果值将被写入到 FragColor，然后传输到最后的处理过程，并写入到帧缓存中。

```
FragColor = surfColor;
```

好了！现在你已经可以完全凭空创造出来一个自己的玩具球了！这个玩具球片元着色器的完整代码如例 8.7 所示。

例 8.7　玩具球绘制的片元着色器

```
#version 330 core

uniform vec4   HalfSpace[5]; // 用于定义星形的半空间
uniform float  StripeWidth;
uniform float  InOrOutInit;  // -3.0
uniform float  FWidth;       // = 0.005

uniform vec4   StarColor;
uniform vec4   StripeColor;
```

```
uniform vec4   BaseColor;

uniform vec4   LightDir;        // 光照方向，必须经过归一化
uniform vec4   HVector;         // 无限远处光照的反射向量
uniform vec4   SpecularColor;
uniform float  SpecularExponent;

uniform float  Ka;
uniform float  Kd;
uniform float  Ks;

        in vec4   ECPosition;   // 人眼坐标下的表面位置
        in vec3   OCPosition;   // 物体坐标下的表面位置
flat in vec4   ECBallCenter;    // 人眼坐标下的球体中心

out vec4 FragColor;

void main()
{
    vec3   normal;              // 计算得到的法线
    vec4   pShade;              // 着色器空间的点
    vec4   surfColor;           // 计算得到的表面颜色
    float  intensity;           // 计算得到的光照强度
    vec4   distance;            // 计算得到的距离值
    float  inorout;             // 计算得到的星形位置计数器

    pShade.xyz   = normalize(OCPosition.xyz);
    pShade.w     = 1.0;

    inorout      = InOrOutInit;        // 将 inorout 初始化为 -3.0

    distance[0] = dot(pShade, HalfSpace[0]);
    distance[1] = dot(pShade, HalfSpace[1]);
    distance[2] = dot(pShade, HalfSpace[2]);
    distance[3] = dot(pShade, HalfSpace[3]);

    //float FWidth = fwidth(pShade);
    distance      = smoothstep(-FWidth, FWidth, distance);

    inorout       += dot(distance, vec4(1.0));

    distance.x   = dot(pShade, HalfSpace[4]);
    distance.y   = StripeWidth - abs(pShade.z);
    distance.xy = smoothstep(-FWidth, FWidth, distance.xy);
    inorout       += distance.x;

    inorout       = clamp(inorout, 0.0, 1.0);

    surfColor     = mix(BaseColor, StarColor, inorout);
    surfColor     = mix(surfColor, StripeColor, distance.y);

    // 计算球体上的法线值
    normal        = normalize(ECPosition.xyz-ECBallCenter.xyz);

    // 逐片元的漫反射光照计算
    intensity   = Ka; // 环境光
```

```
intensity += Kd * clamp(dot(LightDir.xyz, normal), 0.0, 1.0);
    surfColor *= intensity;

    // 逐片元的镜面反射光照计算
    intensity  = clamp(dot(HVector.xyz, normal), 0.0, 1.0);
    intensity  = Ks * pow(intensity, SpecularExponent);
    surfColor.rgb += SpecularColor.rgb * intensity;
    FragColor = surfColor;
}
```

8.1.3　晶格

下面我们将运用一些小技巧。本例将采取程序式的方法来避免绘制物体的某些部分。

我们将在片元着色器中灵活使用 discard 命令来实现一些有趣的效果。discard 命令可以抛弃某些片元，避免它们被更新到帧缓存当中。我们将使用这个命令来绘制带有 "孔洞" 的几何体。片元着色器的内容与之前的条纹顶点着色器（见 8.1.1 节）完全相同。而片元着色器的内容如例 8.8 所示。

例 8.8　程序式地抛弃物体的某些部分的片元着色器

```
in vec3 DiffuseColor;
in vec3 SpecularColor;
in vec2 TexCoord;

out vec3 FragColor;

uniform vec2  Scale;
uniform vec2  Threshold;
uniform vec3  SurfaceColor;

void main()
{
    float ss = fract(TexCoord.s * Scale.s);
    float tt = fract(TexCoord.t * Scale.t);

    if ((ss > Threshold.s) && (tt > Threshold.t))
        discard;

    vec3 finalColor = SurfaceColor * DiffuseColor + SpecularColor;
    FragColor = vec4(finalColor, 1.0);
}
```

物体上需要抛弃的部分是通过它的 s 和 t 纹理坐标来决定的。我们还通过一个缩放比例参数来决定晶格（lattice）的密度。缩放后的纹理坐标值的小数部分位于 [0, 1] 区间范围内。把这两个坐标值同时与两个给定的阈值进行比较。如果它们都超过了阈值，那么就抛弃当前片元。否则的话，将进行一个简单的光照计算并渲染片元。

在图 8-7 中，我们将两个阈值均设置为 0.13。也就是说，超过四分之三的片元都会被直接抛弃掉！

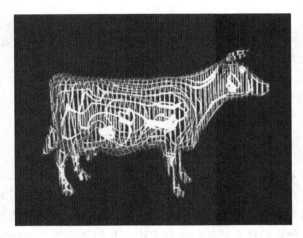

图 8-7　应用了晶格着色器的奶牛模型（图片由 3Dlabs, Inc. 提供）

8.1.4　程序式着色方法的总结

一个大师级的魔术师可以凭空变化出一些东西。使用程序式的纹理，作为着色器的编写者，我们也可以通过算法将暗灰色的物体表面表现为彩色的、多样的、凹凸不平的，或者具有反射特性的东西。诀窍就是如何通过一种算法来表达我们所想象的纹理内容。将这个算法编写为着色器程序之后，我们也可以凭空化腐朽为神奇。

本节只是在表面上绘制了一些可能的花样而已。我们创建了一个条纹着色器，当然网格、棋盘格或者圆点花样也没什么难的。我们还创建了一个带有星形的玩具球，当然也可以创造一个雪花图案的水球。着色器可以程序式地加入或者去除几何信息，也可以添加凹凸的细节。我们会在本章后继的部分给出更多程序式的纹理效果实现。尤其是在"噪声"一节，我们将介绍如何使用不规则的函数（噪声）来实现各种不同的程序式纹理效果。

程序式纹理在数学上是精确的，并且很容易参数化表达，它不需要占用很大的纹理内存、带宽或者滤波过程。片元着色器的最终目的是产生一个颜色值（可能还有深度值）并写入到帧缓存当中。因为 OpenGL 着色语言是一个程序式的编程语言，所以完成这一要求的唯一阻碍，就是我们自己的想象力而已。

8.2　凹凸贴图映射

我们已经了解过程序式纹理的着色器是如何修改颜色值（砖块和条纹）以及透明度（晶格）的。而另一个可以应用到物体表面的有趣效果是一种称作凹凸贴图映射（bump mapping）的技术。凹凸贴图映射可以对表面的法线进行变化然后再计算光照。此时我们可以使用算法来应用于一个规则的花纹，例如给法线的分量增加噪声，或者在一个保存扰动值的纹理图中进行查找。凹凸贴图映射是一种提升物体真实感的有效方法，它不需要额外增加物体的几何复杂度。这种方法可以用来模拟表面的细节或者表面的不规则性。

这种技术不会真的影响到被着色的表面形状，它只是"欺骗"了光照计算的过程。因此，这里的"凹凸"也并不是真的物体表面细节。假设需要用一个球体表达行星表面，那么我们可以使用凹凸贴图映射让这个星球的表面布满山脉，并且相比球的直径来说效果非常明显。因为我们并没有真的修改几何体本身，所以它本身仍然是一个光滑的球体，其中球体的边缘部分也依然是完美的圆形，而不会真的有山体（凹凸）出现在边缘部分。在真实世界中，我们应该会看到边缘的山体凸起，因为星球边缘不会是一个完整的圆形。此外，光照和遮挡的凹凸关系也不可能是完全正确的。由于这些因素的存在，我们通常应该使用凹凸贴图映射来表达一些"细小"的表面效果（与物体大小相比），或者对那些不会很靠近观察点的物体使用。一些典型的示例包括橘子的褶皱、浮雕标识，或者有凹痕的砖块，它们都可以很完美地使用凹凸贴图映射来表达。

凹凸贴图映射在片元处理的阶段模拟额外的几何复杂度，所以这里的重点依然是片元着色器过程。我们必须在片元着色器中完成光照的计算，而不是在通常的顶点着色器中。此外，从这里也可以看出 OpenGL 着色语言开发的优势所在。我们完全可以自由选择所需的操作过程，以及操作的时机（顶点还是片元着色器），并且完全不需要拘泥于固定的那些功能，比如要如何执行光照等。

凹凸贴图映射的关键就是给每个片元位置都设置一个合理的表面法线，并且需要得到光源的向量和观察方向的向量。如果能够在片元着色器中访问所有这些数据，那么我们就可以对光源计算所需的法线数据做一个预先的扰动处理，以产生凹凸感。这里所说的凹凸效果，也可以解释为表面渲染时产生的一些小的球型凸起。

光源的计算是通过点积来完成的。如果要得到正确的结果，那么光源计算的所有参数都必须是在同一个坐标系下的。因此如果要使用顶点着色器来处理光照，我们就需要在人眼坐标系下定义光源的位置或者方向，并且需要将法线和顶点值都变换到同一个空间中完成计算。

但是，在片元着色器中，人眼坐标系并不是光照计算的最好选择。我们可以将光照的方向和表面法线变换到人眼空间，然后进行归一化，再作为 out 变量传递到片元着色器中。但是，这样还需要再次对插值后的光照方向进行归一化，以获得准确的结果。另外，无论使用什么方法计算得到法线扰动值，都需要将它变换到人眼空间并添加给表面法线，然后这个值也需要再次归一化。如果不进行归一化的话，光照的瑕疵会变得非常明显。无疑对每个片元都执行这样的操作对性能是有所影响的。因此我们有必要考虑采取更好的方法。

考虑另外一个坐标空间，叫做局部表面坐标空间（surface-local coordinate space）。这个坐标系是直接应用到渲染物体表面上的，它假设表面上一点的位置为 (0, 0, 0)，而没有经过扰动的表面法线总是 (0, 0, 1)。这个坐标系对于凹凸贴图映射计算是非常方便的。但是如果要进行光照计算的话，我们还需要在同一坐标系统内确定光照的方向、观察方向，以及扰动后的法线值。如果扰动后的法线也是在局部表面坐标中，那么就需要将光照方向和观察方向都变换到这个系统下。这一步是如何实现的呢?

我们需要用到一个变换矩阵,将每个输入点都变换到局部表面坐标系中(例如,输入的顶点 (x, y, z) 总是变换到 (0, 0, 0))。我们对每个顶点都要构建一个这样的变换矩阵。然后在每个顶点上,使用这个局部表面变换矩阵对光照方向和观察方向进行变换。这样的话,每个顶点都会得到一个光照方向和一个观察方向的局部表面坐标,可以在图元装配时进行插值。在每个片元上,我们都可以使用这两个值和计算扰动后的法线值来完成光照的计算。

但是我们还是没有回答之前的问题。要如何创建这个物体坐标系到局部表面坐标系的变换矩阵呢? 能够将特定顶点变换到 (0, 0, 0) 的变换方式有无限多个。如果要变换输入的顶点值的话,我们还需要给出一种能够在插值计算的过程中得到连续结果值的方法。

这个方法是让应用程序为每个顶点添加一个额外的属性值,即表面的切线向量(tangent)。此外,还需要确保应用程序传递的切线值对于物体表面总是连续的。从定义上来说,切线向量总是位于渲染物体表面的平面内,并且与表面法线相互垂直。如果需要保证连续性的话,我们需要保证坐标系求导的方向也是连续的。如果对切线向量和表面法线进行一个叉积运算的话,则将会得到一个与这两者两两垂直的新向量,叫做副法线(binormal),并且我们也可以在顶点着色器中计算它的值。这三个向量加在一起就构成了一个新的坐标系的标准正交基,它也就是我们所需的物体坐标系到局部表面坐标系的变换。因为局部表面坐标系是通过切线向量作为基向量之一参与定义的,所以有的时候这个坐标系统也被称作切线空间(tangent spaces)。

从物体坐标系到局部表面坐标系的变换矩阵定义如下:

$$\begin{bmatrix} S_x \\ S_y \\ S_z \end{bmatrix} = \begin{bmatrix} T_x & T_y & T_z \\ B_x & B_y & B_z \\ N_x & N_y & N_z \end{bmatrix} \begin{bmatrix} O_x \\ O_y \\ O_z \end{bmatrix}$$

如果需要将物体空间的向量 (O_x, O_y, O_z) 变换到局部表面空间,那么可以乘以这样一个矩阵,它的第一行为切线向量 (T_x, T_y, T_z),第二行为副法线向量 (B_x, B_y, B_z),第三行为表面法线 (N_x, N_y, N_z)。我们可以通过这一变换将光照方向和观察方向向量变换到局部表面坐标系中。变换后的向量可以在图元装配阶段进行插值,然后插值后的数据可以传递给片元着色器,从而完成程序式的扰动法线和反射结果的计算。

8.2.1 应用程序设置

为了确保我们的凹凸贴图映射着色器可以正常工作,应用程序端必须传入顶点位置、表面法线,以及渲染表面所在平面的切线向量。应用程序可以把切线作为一个顶点属性传递,并且调用 glBindAttribLocation() 将这个属性的索引绑定到对应的顶点着色器变量。应用程序还需要给出一些 uniform 变量,包括 LightPosition、SurfaceColor、BumpDensity、BumpSize 和 SpecularFactor。

　　我们必须留意顶点之间的切线向量连续性，否则局部表面坐标的变换结果将是不连续的，并且光照计算的结果也是无法预知的。为了保证连续性，邻近的顶点的切线向量必须指向几乎一样的方向（如果表面是平的，那么所有的切线方向都是一样的）。对于数学上定义的表面来说，可以通过某些算法来计算连续的切线。多边形物体的连续切线计算可以通过临近点的关系以及物体纹理坐标系统相关的连续方向计算来完成。

　　法线定义的不连续性问题如图 8-8 所示。图中有两个三角形，其一使用连续定义的切线，另一者使用不连续定义的切线。灰色的箭头指示切线和副法线向量（表面法线指向纸面之外）。黑色的箭头指示朝向光源的方向（这里均使用平行光光源）。

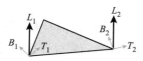

情形 1：连续的切线

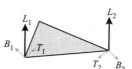

情形 2：不连续的切线

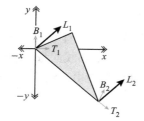

情形 1：顶点 1 的局部表面空间

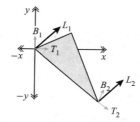

情形 2：顶点 1 的局部表面空间

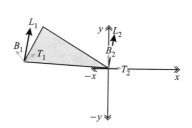

情形 1：顶点 2 的局部表面空间

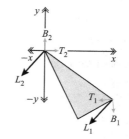

情形 2：顶点 2 的局部表面空间

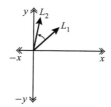

情形 1：光照向量之间的微小插值

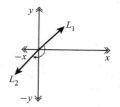

情形 2：光照向量之间的微小插值

图 8-8　不连续的切线定义会导致较大的光照计算误差

当将顶点 1 变换到局部表面坐标系的时候，我们在两种情形下都得到了相同的初始值。而对顶点 2 进行变换的时候，得到的结果差异很大，这是因为两个定点的切线向量是完全不同的。如果切线的定义是连续的，那么将不会发生这种问题，除非当前多边形表面的曲率变化非常大。而这种情况下，我们很有必要对几何体进行细分来避免发生这种情况。

由此得到的结果是，第一种情形下，光照方向向量从第一个顶点平滑插值到第二个节点，并且所有插值的向量基本上都是同样的长度。如果对每个顶点上的光照向量进行过归一化操作的话，那么插值的向量也会非常接近于单位长度。

但是在第二种情形中，插值后的向量会产生非常大的长度差异，有些值可能接近 0。这样在光照计算的过程中会造成各种瑕疵。

注意，OpenGL 并不需要使用副法线顶点属性，只需要法线向量和切线向量即可。因此不需要在应用程序中计算副法线，而是直接由顶点着色器自动完成计算即可（这种简单计算比内存访问或者传输更快）。

8.2.2　顶点着色器

凹凸纹理着色器的顶点着色器如例 8.9 所示。着色器用于计算局部表面的光照方向和眼睛方向。为此，我们需要输入顶点的位置、表面法线以及切线向量；完成副法线的计算；然后将人眼空间的光照和观察方向变换到局部表面坐标系当中。纹理坐标也需要传递到片元着色器中，用于判断程序式的凹凸位置结果。

例 8.9　程序式凹凸贴图映射的顶点着色器

```
#version 330 core

uniform vec3 LightPosition;

uniform mat4 MVMatrix;
uniform mat4 MVPMatrix;
uniform mat3 NormalMatrix;

in  vec4 MCVertex;
in  vec3 MCNormal;
in  vec3 MCTangent;
in  vec2 TexCoord0;

out vec3 LightDir;
out vec3 EyeDir;
out vec2 TexCoord;

void main()
{
    EyeDir = vec3(MVMatrix * MCVertex);
    TexCoord = TexCoord0.st;
    vec3 n = normalize(NormalMatrix * MCNormal);
    vec3 t = normalize(NormalMatrix * MCTangent);
    vec3 b = cross(n, t);
    vec3 v;
    v.x = dot(LightPosition, t);
    v.y = dot(LightPosition, b);
    v.z = dot(LightPosition, n);
    LightDir = normalize(v);
```

```
        v.x = dot(EyeDir, t);
        v.y = dot(EyeDir, b);
        v.z = dot(EyeDir, n);
        EyeDir = normalize(v);
        gl_Position = MVPMatrix * MCVertex;
    }
```

8.2.3　片元着色器

实现程序式凹凸贴图映射的片元着色器如例 8.10 所示。凹凸贴图映射的相关特性值都可以通过 uniform 变量的方式进行参数化，即 BumpDensity（单位区域内的凹凸点数目）和 BumpSize（每个凹凸点的宽度）。此外还通过 uniform 变量定义了整个表面的一些总体特性：SurfaceColor（表面的基本颜色）和 SpecularFactor（镜面反射属性）。

我们计算出来的凹凸值是圆形的。因为我们使用纹理坐标来判断凹凸点的位置，所以要做的第一件事就是用密度值乘以输入的纹理坐标。这样就可以控制表面上可见的凹凸点的数量。通过结果的网格点，我们再去计算每个网格中心位置的凹凸点。扰动向量 p 的数值可以通过它与凹凸点中心在 x 方向和 y 方向的距离来计算（我们只会在 x 和 y 方向对法线进行扰动；z 方向的法线总是 1.0）。通过 p 的分量的平方和来计算一个"伪距离值"（真正的距离值可以通过再做一次开方计算得到，不过如果将 BumpSize 看做是一个相对的值的话，那么没有必要多余这一步）。

为了能够在之后进行正确的反射计算，我们需要将扰动法线进行归一化。这个法线必须是一个单位向量，以便进行点积操作和获得光照计算可用的余弦值。我们可以通过下面的值乘以法线的各个分量来完成归一化的操作：

$$\frac{1.0}{\sqrt{x^2 + y^2 + z^2}}$$

由于我们计算得到了自己所需的 d 值（即 $x^2 + y^2$）。此外，因为不需要对 z 值进行扰动，所以 z^2 总是 1.0。为了简化计算过程，我们只需要在着色器中通过下面的过程来计算归一化的向量即可：

$$\frac{1.0}{\sqrt{d + 1.0}}$$

下一步对 d 和 BumpSize 进行比较，以判断我们是否位于凹凸点之内。如果不是的话，那么扰动向量设置为 0，归一化参数为 1.0。之后的几行为光照计算过程。我们通过乘以归一化参数 f 来计算归一化后的扰动向量。采取通常的方式计算漫反射和镜面反射值，不过此时会使用插值得到的局部表面坐标系下的光照和观察方向值来计算。我们不需要对这两个向量再进行归一化，因为已经知道顶点之间的插值结果不会有太大的差异了。

例 8.10　程序式凹凸贴图映射的片元着色器

```
#version 330 core

uniform vec4  SurfaceColor;    // = (0.7, 0.6, 0.18, 1.0)
uniform float BumpDensity;     // = 16.0
```

```
uniform float BumpSize;          // = 0.15
uniform float SpecularFactor;    // = 0.5

in  vec3 LightDir;
in  vec3 EyeDir;
in  vec2 TexCoord;

out vec4 FragColor;

void main()
{
    vec3 litColor;
    vec2 c = BumpDensity * TexCoord.st;
    vec2 p = fract(c) - vec2(0.5);

    float d, f;
    d = dot(p,p);
    f = inversesqrt(d + 1.0);

    if (d >= BumpSize) {
        p = vec2(0.0);
        f = 1.0;
    }

    vec3 normDelta = vec3(p.x, p.y, 1.0) * f;
    litColor = SurfaceColor.rgb * max(dot(normDelta, LightDir), 0.0);
    vec3 reflectDir = reflect(LightDir, normDelta);

    float spec = max(dot(EyeDir, reflectDir), 0.0);
    spec = pow(spec, 6.0);
    spec *= SpecularFactor;
    litColor = min(litColor + spec, vec3(1.0));

    FragColor = vec4(litColor, SurfaceColor.a);
}
```

　　程序式凹凸贴图映射的输出结果分别应用到两个物体上，一个是简单的盒子，另一个是圆枕形状，如图 8-9 所示。纹理坐标用来计算凹凸点的基础位置，因为纹理坐标在圆枕的半径上会反复从 0.0 ~ 1.0 循环 4 次，所以我们看到的凹凸点会更为密集一些。

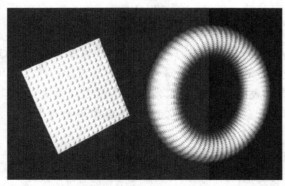

图 8-9　使用程序式凹凸贴图映射的简单盒子和圆枕形状（图片由 3Dlabs, Inc. 提供）

8.2.4　法线贴图

我们可以很容易修改着色器代码以便它能够从纹理中读取法线扰动的值，而不是通过程序来生成。这种用作凹凸贴图映射的包含法线扰动值的纹理叫做凹凸贴图（bump map），或者法线贴图（normal map）。

法线贴图的一个例子以及应用到简单盒子物体上的结果如图 8-10 所示。法线的每个分量的取值范围为 [−1, 1]。如果要使用每个分量 8bit 的 RGB 纹理，那么取值范围必须重新映射到 [0, 1] 区间。法线贴图看起来都是偏粉蓝色的，因为默认的扰动向量为 (0, 0, 1)，重映射到法线贴图中之后为 (0.5, 0.5, 1.0)。法线贴图可以保存为浮点数纹理的形式。如今的图形硬件已经能够支持每个颜色分量 16bit 或者 32bit 的浮点数值。如果使用浮点数纹理格式来存储法线数据，那么图像的质量将会有所提升（例如镜面高光的条纹现象将会缓解）。当然，使用每分量 16bit 的纹理耗费的纹理内存是 8bit 纹理的两倍，性能也会因此受到影响。

图 8-10　法线映射（法线贴图（左图）和一个简单盒子与球的渲染结果。图片由 3Dlabs, Inc. 提供）

这里的顶点着色代码与 8.2 节中给出的相同。片元着色器代码也是几乎相同的，不过我们不需要再通过程序来计算扰动法线，而是直接从纹理内存中存储的法线贴图中获取即可。

8.3　程序式纹理的反走样

锯齿（jaggies）、消隐（popping）、闪烁（sparkling）、stair steps、strobing 和 marching ants。这些都是描述计算机图形学的常见问题的用词——这个问题就是走样（aliasing）问题。所有使用计算机的人都会遇到走样问题。对于静态图像来说，这个问题通常不太容易被注意到。但是如果观察运动的物体，那么我们的眼睛会立即捕捉到运动的锯齿状边缘，并且因此感到不快。早期的计算机图形学用语中，用于消除这类走样瑕疵的各种努力被统称为反走样（antialiasing）。

本节将会介绍走样发生的主要原因、避免它的方法，以及 OpenGL 着色语言中用来实现反走样的一些手段。通过学习这些知识，我们应当有能力在着色器代码中去处理这些锯齿的走样问题。

8.3.1 走样的来源

走样问题可以通过数据采样的思想来解释，而某些特殊形式的走样还可以通过不同的方式加以具体介绍。下文将同时涵盖这两种方式，这样我们所讨论的内容将会更为清楚。从采样的角度出发，大多数时候图像都是通过场景的点采样构成的。如果场景的样式变化相对于采样点的空间来说频率非常高，那么采样结果就无法精确地重现场景，一些重要的特性可能会重叠和丢失。周期性的样式被采样的次数必须至少是样式本身频率的两倍；否则，当样式的变化速度快于每 2 个采样点的时候，画面将会分裂，这会在静态图像中造成摩尔纹（moiré），而在动态图像中则会发生闪烁。物体的边界也是一个有趣的情形，因为它发生交叉的时候会产生阶梯效果。这个问题可以通过超高频率的方波来表达（它是不断增加的频率的无穷和）。因此如果不考虑欠采样（undersampling），我们就不可能通过点采样的形式得到正确的边采样结果。我们也会在后文中逐步深入解析这个问题。

人眼对于边界的变化非常敏感。这样我们才有可能理解形状以及认识字母和文字。人眼自然地善于这种工作，并且终其一生去练习这一点，所以总是能够非常出色地进行解析。

计算机的图像显示能力却是受到限制的。显示器是由有限数量的离散元素（像素）组成的。在某个时间内，每个像素只能产生一种颜色。因此计算机显示器是无法准确地表达屏幕空间内小于一个像素的信息的，例如边界，尤其是我们只能通过像素中心的采样点去表达每个像素的时候。

把这两件事合在一起之后，人眼对于边界的辨识能力与计算机图形显示的局限性放在一起就有了问题，这个问题就是已知的走样问题。概括地说，当使用一个不恰当的采样频率（小于图像中的最高频率的两倍）去再生一个信号的时候，就会发生走样。对于计算机图形显示器来说，用于重建图像的采样点数量总是一定的（像素），所以我们永远无法恰当地完成边的采样过程，也就总是会存在走样问题，除非我们使用点采样以外的方法来构成像素。因此，我们还是有可能实现消除走样问题，方法是包括降低图像中的空间频率（小于像素空间频率的一半）、将走样问题化为其他不明显的问题，例如细节损失、模糊或者噪声，有时候还可以降低渲染时的性能。

这个问题如图 8-11 所示。在图中，我们给出了一个灰色物体的绘制结果。最理想的形状如图 8-11 (A) 所示。计算机图形显示的限制导致我们只能使用离散采样的网格。如果在每个网格块（通常是中心）中只能设置一个位置，然后在这个位置上设置采样后的颜色值，那么就会导致明显的走样问题。这一过程称作点采样，如图 8-11 (B) 所示。结果导致了非常不理想的边界走样，它与采样网格完全没有对齐（参见图 8-11 (C)）。这个问题通常是显示设备的技术造成的，比如像素可能是重叠的圆形（CRT），或者是小的红色、绿色和蓝色子像素集合（LCD），但是此时的走样问题总是很明显的。

走样还有其他一些形式。如果使用一段图像序列来实现动画效果，但是运动物体的时间采样方式不恰当的话，那么你会看到时域走样（temporal aliasing）。这个问题是因为物体在采样时间频率内运动过快引起的。物体可能会发生断续的运动或者突然消失和出现。时域走样的一个经典例子来自各类电影当中：车辆（小汽车、卡车或者篷车等）向前运动的时候，车轮的轮辐却是向后滚动的。这个效果就是时间采样率（电影的每秒帧速）与轮辐的实际运动相比过低造成的。现实当中，轮子的滚动通常能达到每帧两到三圈，但是电影当中它看起来就好像是每帧向后转动一圈一样。

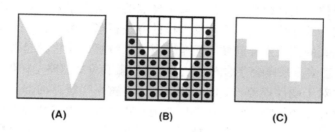

图 8-11　点采样造成的走样问题：(A) 中的灰色区域表示我们要渲染的物体形状；
(B) 中使用计算机图形技术显示有限的采样网格；(C) 中就是对每个像素
选择绘制或者不绘制灰色的结果，锯齿状的走样问题非常明显

如果要渲染出比计算机图形更为真实的图像，那么我们就需要研究新的技术来克服图形显示的上述限制，包括空间和时间两个方面。

8.3.2　避免走样问题

如果想要实现不存在走样的渲染结果，一个好的方法就是避免各种造成走样的情形。

举例来说，如果我们知道某个对象在最终图像中总是固定的大小，那么在编写着色器时，就可以专门针对物体的当前大小进行渲染控制。本书之前所介绍的一些着色器就是基于这一假设开发的。而 smoothstep()、mix() 和 clamp() 函数就是专用于避免仓促过渡的函数，它们可以确保程序式纹理在某个特定的比例上保持良好的观感。

如果我们渲染的物体大小不同，那么走样就是一个常见的问题。纹理的 mipmap 可以应对这种问题，并且我们在着色器中也可以完成类似的工作。如果已知某个物体必须在最终渲染结果中呈现出不同的大小，那么我们就可以给不同的大小专门设计着色器。每个着色器都可以提供不同的细节内容，并且避免该物体在这个大小下出现走样问题。为此，应用程序必须能够在物体绘制之前就判断出它最终渲染的大小，并且应用对应的着色器。此外，如果对某个物体执行连续的缩放（缩小或者放大）操作，那么在细节层次变化的时候可能会产生某些"消隐"（popping）的问题。

有的时候我们也可以通过纹理而不是程序计算来避免走样问题。此时我们可以在纹理映射过程中有效利用纹理滤波的优势。但是，临近纹素之间的线性滤波只是一种缓解走样问题的方法，并且在纹素分辨率和像素分辨率相似的时候比较适用。其他情况下，我们可以对纹理进行欠采样，不过这样还是会出现走样问题。适当使用 mipmap 可以帮助我们改善

反走样的特性。当然，使用已有的纹理而不是程序也会带来其他的一些问题，这些在本章开始的部分已经讨论过了。

8.3.3 提高分辨率

走样问题可以通过一种最直接有效的方法来缓解，也就是超级采样（supersampling），即在像素内的多个位置上进行采样，然后取采样点的平均值作为结果。这也是如今的图形硬件对多重采样缓存的支持方式。这种反走样的方法相当于用多点的采样操作替代单点采样，所以它并不能真的消除走样问题，但是可以加以缓解，让它看起来不那么明显。如果在着色器中总是处理多重采样缓存的内容，那么我们就有可能忽略走样带来的问题。

但是这种方法对于硬件资源（图形显存中存储多重采样缓存的部分）来说耗费比较高昂，即使用到硬件加速的策略，它依然要比单纯在程序纹理生成算法中完成反走样的方法要慢。并且由于这种方法并不能消除走样问题，因此得到的结果还是会显现出一些走样的问题，当然它只会在更高的频率范围内发生（因此出现的概率降低）。

图 8-12 介绍了超级采样的做法。每个像素都要在四个位置上进行采样来完成渲染，而不是之前的一个。四个采样点的平均值作为像素值使用。这个平均值得到的效果较好，但是并不能完全消除走样问题，这是因为更高频的部分还是会产生错误结果。

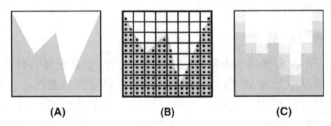

图 8-12　超级采样（使用每像素四个采样点的超级采样的做法可以得到较好的结果，但是依然存在走样的问题。物体的真实形状如图 (A) 所示。每个像素中取四个位置进行采样的过程如图 (B) 所示。结果值经过平均得到最后的像素结果，如图 (C) 所示。但是即使是超级采样的方式，有些采样位置因为并没有完全覆盖像素，有可能只使用了一到两个超级采样点，并且只能用这一个像素来包含所有的图像信息）

超级采样也可以在片元着色器里面实现。放置在片元着色器中的代码可以直接归纳为一个函数，然后在片元着色器的主函数中多次调用这个函数来实现不同离散位置的采样操作。可以对返回值进行平均化以得到当前片元的结果。如果采用随机的采样位置，而不是规则的网格，那么得到的结果会更好。在片元着色器中进行超级采样会带来性能显著下降，这是因为我们需要对每个片元都执行 N 次处理过程，其中 N 表示每个片元上采样点的数目。

很多时候我们会发现，走样无法避免，而超级采样同样徒劳无功。如果需要生成程序式的纹理，并且想使用单独的着色器来处理各种不同的变化，那么我们的选择就比较有限了，只能在着色器当中采取一些反走样的方法。

8.3.4　高频率的反走样

走样问题只有在试图使用离散的采样点来表达连续图像的时候才会产生。这一过程发生在光栅化的阶段。我们只有两种选择：一种是不要在图像中渲染高频率的细节信息，另一种是对高频数据进行欠采样。前者在浏览不同大小的数据时几乎是无法做到的，所以我们只能着力于后者。因此，我们将尝试在片元着色器中缓解高频走样的问题。可用的方法是去除高频率段数据或者以更高的频率进行采样两种，不过这两者都是在光栅化之后完成的，这样我们可以比较图像中细节的频率与像素的频率之间的大小。OpenGL 着色语言提供一些用于这类目的的函数，但它们只能用于片元着色器中。为了解释为什么语言中会提供这类滤波消除的函数，我们可以设计一种较坏的情形——一个球上面交替绘制黑色和白色的条纹。开发一个支持反走样的片元着色器可以帮助我们了解走样问题以及去除走样瑕疵的方法。Bert Freudenberg 开发了本节当中使用的 GLSL 着色器程序的第一个版本。

生成条纹

反走样片元着色器会判断每个片元是否要绘制白色或者黑色的信息，从而在物体表面上形成线条。第一步需要判断绘制线所用的方法。我们只使用一个参数作为条纹生成的基础。假设这个参数就是物体的 s 方向纹理坐标。顶点着色器负责将这个参数作为一个名为 V 的 out 浮点数变量传递出来，以帮助我们在球体上生成竖直的条纹。图 8-13 (A) 所示就是使用 s 纹理坐标作为球体表面的亮度值（灰度值）输出所呈现的结果。观察点此时位于球体上方，所以向下看到的就是 "北极点"。s 纹理坐标是从 0（黑色）开始，沿着球体增长到 1（白色）为止。黑色与白色相遇的地方也就是极点，在球体的背面一侧也有一个这样的点。球体的正面看起来几乎都是灰色的，但是实际上灰度值是从左往右逐渐增加的。

通过对 s 纹理坐标乘以 16 并获取小数部分来得到一个锯齿波形状（如图 8-13 (B) 所示）。这样强度值会从 0 开始，迅速增加到 1，然后再回到 0。这一过程会重复 16 次。相应的 GLSL 着色器代码如下。

```
float sawtooth = fract(V * 16.0);
```

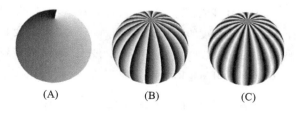

(A)　　　　　　(B)　　　　　　(C)

图 8-13　使用纹理坐标 s 来创建球体上的条纹 ((A) 中直接使用 s 纹理坐标作为强度（灰度）值。(B) 中使用取余的方法创建一个锯齿波函数。(C) 中使用绝对值函数将这个锯齿波变成三角波的形式。图片由 Bert Freudenberg，University of Magdeburg，2002 提供)

这个看起来并不是我们希望得到的条纹。如果需要更准确的结果，我们可以通过绝对值函数来实现（如图 8-13 (C) 所示）。我们将锯齿波的值乘以 2 再减去 1，这样就得到一个取值范围在 [−1, 1] 区间变化的函数。这个函数的绝对值将从 1 变化到 0，然后再回到 1（也就是一个三角波）。下面这一行代码完成了这一操作：

```
float triangle = abs(2.0 * sawtooth - 1.0);
```

现在可以看到条纹了，但是它看起来还是很模糊，需要进一步调整。通过 step() 函数将条纹修正为纯黑或者纯白色交替的方式。我们将三角波的值与 0.5 进行比较，如果当前值小于等于 0.5，那么返回 0，如果三角波的值大于 0.5，那么返回 1。对应的实现代码为：

```
float square = step(0.5, triangle);
```

现在我们可以很高效地得到方波的结果了，最终结果如图 8-14 (A) 所示。当然也可以改变 step 函数中的阈值，间接地修改条纹的大小。

预先解析滤波

如图 8-14(A) 所示，我们可以看到条纹已经非常明显了，但是因为走样问题，它显得很不理想。step 函数返回的值总是 0 或者 1，中间并没有过渡值，因此在白色和黑色的交界处很容易出现锯齿状的边界。即使增加图像的分辨率也不能避免这个问题；锯齿只是会变得更细而已。这个问题的原因是 step 函数会引入一个从白色到黑色的边界过渡，它所包含的频率值是接近无限大的。但我们不可能在一个足够高的频率上对这个过渡带进行采样来消除走样问题。如果要得到较好的效果，那么我们只能通过修改着色器的内容来去除这样的高频数据。

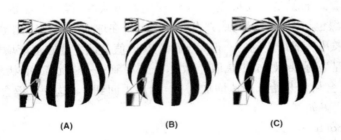

(A)　　　　　　　　(B)　　　　　　　　(C)

图 8-14　条纹花纹的反走样（(A) 图中我们已经可以看到 step 函数产生的方波有走样的问题。(B) 图中通过 smoothstep() 函数和固定宽度的滤波来改善问题，不过在中纬度上过于模糊，并且极点上滤波不足。(C) 图中采用一个改进的方法，可以在上述区域都产生较好的反走样结果。图片由 Bert Freudenberg，University of Magdeburg，2002 提供）

反走样技术的实现关键就是在采样之前消除过高的频率值。这一过程称作低通滤波（low-pass filtering），即较低的频率值不加修改就可以通过，而较高的频率值要进行消除。低通滤波的视觉效果就是在输出图像上产生模糊的结果。

我们可以使用 smoothstep() 函数消除条纹花纹中的高频率数据。我们知道这个函数可以在白色和黑色之间产生一个平滑的过渡。我们需要定义两个边界，从而在这两个边界之间产生平滑的过渡效果。如图 8-14 (B) 所示就是以下这行代码所实现的结果：

```
float square = smoothstep(0.4, 0.6, triangle);
```

自适应的解析滤波

预先解析滤波的方法在球体的部分区域可以产生较好的结果，但是在其他区域的结果不佳。平滑滤波的大小（0.2）是通过参数来定义的，但是这个参数在屏幕空间并不是恒速变化的。在屏幕空间下，纹理坐标 s 在极点位置的变化很快，而中纬线上的变化很慢。因此固定宽度的滤波方法会在中纬线上产生模糊，而极点上的效果会变得不够明显。我们需要一种方式，它可以自适应地判断平滑滤波的大小，这样就可以对屏幕空间的所有比例进行恰当的过渡处理。我们就需要一种新的度量方式，判断屏幕空间中特定区域的变化速度函数。

幸运的是，GLSL 提供了一个内置函数，可以判断屏幕空间内任何参数的变化率（导数）。函数 **dFdx()** 可以得到屏幕空间内 x 方向上的变化率，而 **dFdy()** 得到的是 y 方向的变化率。由于这两个函数都是处理屏幕空间变化的，因此它们只能用在片元着色器中。这两个函数可以给相关位置的梯度向量计算提供所需的信息。

给定一个函数 $f(x, y)$，f 在 (x, y) 位置上的梯度可以通过下面的向量来定义：

$$G[f(x, y)] = \begin{bmatrix} \dfrac{\partial f}{\partial x} \\ \dfrac{\partial f}{\partial y} \end{bmatrix}$$

用文字来表述的话，梯度向量中包含函数 f 关于 x 的偏导数（即 f 在 x 方向变化速率的度量值）以及 f 关于 y 的偏导数（即 f 在 y 方向变化速率的度量值）。梯度向量的重要特性是，它指示函数 $f(x, y)$ 在指定方向上的最大增长速率（梯度方向），而这个向量的大小就等于 $f(x, y)$ 在梯度方向上的最大增长速率。（在后文中可以看到，这些属性对于图像的处理也是非常有用的。）内置函数 **dFdx()** 和 **dFdy()** 可以精确地定义片元着色器中的函数梯度向量。

函数 $f(x, y)$ 的梯度向量的大小通常叫做这个函数 $f(x, y)$ 的梯度值。它的定义为：

$$\|G[f(x, y)]\| = +\sqrt{\dfrac{\partial f^2}{\partial x} + \dfrac{\partial f^2}{\partial y}}$$

在实际当中，我们并不一定要真的执行这个（可能会有所消耗的）平方根操作。梯度可以通过下面的绝对值来进行近似：

$$\|G[f(x, y)]\| \cong \|f(x, y) - f(x+1, y)\| + \|f(x, y) - f(x, y+1)\|$$

这也正是内置函数 **fwidth()** 的返回值。绝对值的总和是消除走样的采样滤波过程中宽度的上限值。如果这个值过大的话，结果图像看起来会更加模糊一些，不过我们通常也可以接受。

图 8-15 给出了两种计算梯度值的方法。正如你所看到的，在视觉上它们的差异很小。因为梯度值对于物体上运行的函数来说是很小的，所以我们需要对它进行放大以便让它在图中可见。

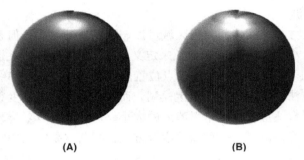

(A)　　　　　　(B)

图 8-15　梯度值的可视化（(A) 图中梯度向量的大小是作为光强度值（灰色）使用的。(B) 中的梯度值是使用绝对值来近似的。这里的梯度值都进行了放大处理，从而让它们可视化。（图片由 Bert Freudenberg，University of Magdeburg，2002 提供））

为了计算片元着色器中 in 变量 V 的真实梯度值，我们使用下面的代码：

```
float width = length(vec2(dFdx(V), dFdy(V)));
```

如果要进行近似的话，我们可以使用下面的更高性能的计算函数：

```
float width = fwidth(V);
```

然后在调用 smoothstep() 的时候使用下面的滤波方式：

```
float edge = dp * Frequency * 2.0;
float square = smoothstep(0.5 - edge, 0.5 + edge, triangle);
```

如果将这些都放在一个片元着色器中，那么得到的就是如例 8.11 所示的结果。

例 8.11　自适应解析反走样的片元着色器

```
#version 330 core

uniform float Frequency;          // 条带频率 = 6
uniform vec3  Color0;
uniform vec3  Color1;
in  float V;                      // 通用变量
in  float LightIntensity;

out vec4 FragColor;

void main()
{
    float sawtooth = fract(V * Frequency);
    float triangle = abs(2.0 * sawtooth - 1.0);
    float dp = length(vec2(dFdx(V), dFdy(V)));
    float edge = dp * Frequency * 2.0;
    float square = smoothstep(0.5 - edge, 0.5 + edge, triangle);
    vec3 color = mix(Color0, Color1, square);
    FragColor = vec4(color, 1.0);
    FragColor.rgb *= LightIntensity;
}
```

如果对纹理的频率进行放大，那么我们也需要同时增加滤波的宽度。当完成函数值的计算之后，可以用一个 vec3 变量的红色、绿色和蓝色通道对这个值进行拷贝，并且将它用作片元的颜色。这种自适应反走样方法的结果如图 8-14 (C) 所示。这个结果可以更好地保证球体表面的一致性。在我们添加了一个简单的光照计算之后，着色器运行的结果被应用到一个茶壶上，如图 8-16 所示。

图 8-16　自适应解析反走样方法应用到绘有条纹的茶壶上的效果（左图中的茶壶绘制没有使用反走样方法。右图中用了自适应反走样的着色器。我们用一个 200% 的放大镜放大条纹表面的一小块区域，帮助读者更好地了解其中的差异）

这种反走样的方法可以很好地完成我们的需要，前提是滤波带宽不要超出频率值。这个问题可能发生在球体的极点上。接近极点的条纹可能会比一个像素更细，所以我们无法用 step 函数来产生正确的灰度值。这种时候，我们需要换而采取积分或者频率截断的方式，这两种方法都会在后继的小节中进行讨论。

OpenGL 着色语言中的求导函数会通过对邻近像素取值，然后做减法来近似得到最好的解析导数。根据不同设备上实现方法的不同，这个函数的执行准确性和性能耗费之间会有一个权衡。用户可以直接控制这个权衡值，例如通过 dFdxFine()、dFdyFine() 和 fwidthFine() 来执行精确的求导函数，或者 dFdxCoarse()、dFdyCoarse() 和 fwidthCoarse() 来执行粗略的求导函数。大致来说，精确求导的计算过程依赖于每个独立像素的取值，而粗略求导的过程可能会直接采用 2×2 的像素块中共享的结果值，因此执行的结果在细节上会存在差异。因而产生的主要影响是：求导的结果可能来自于每个像素的值，也可能只来自于新的交替像素的值。这会明显地影响到结果图像的质量。第二个影响是，粗略的二阶求导（求导数的导数，例如 dFdyCoarse(dFdyCoarse(f)) ）结果总是 0，因为实现过程中复用了相邻像素的求导结果。而使用精确求导的方法是可以得到正确的数值的。

如果用户直接用了普通的求导函数（dFdx()、dFdy() 和 fwidth()），那么硬件实现过程中会自动选择精确或者粗略的执行方式。用户可以通过 API 标识量 GL_FRAGMENT_SHADER_DERIVATIVE_HINT 来设置。如果不设置的话，实现过程中会选择速度最快的方法。因此用户应当执行普通的求导函数来获取速度最快的结果，然后通过精确或者粗略的求导函数来进行更准确的计算控制。主动选择精确或者粗略的求导函数，也可以提升不同平台下求导结果的连续性。而对于精确或者粗略的求导函数来说，并没有进一步控制效果的标识量。

解析积分

函数在特定区间的加权平均值叫做卷积（convolution）。而用于实现权重操作的值统称为卷积核（convolution kernel）或者卷积滤波（convolution filter）。有时，我们也可以通过判断函数在时间上的卷积，然后对卷积后的结果函数进行采样来降低或者消除走样问题。每次计算时，卷积操作可以作用于一个固定的区间，它等价于使用一个箱滤波器（box filter）对输入函数进行卷积处理。箱滤波器并不是理想的情形，不过它足够简单和易于计算，并且通常结果还是比较好的。

这个方法相当于区域采样的反走样问题。它与点的采样或者超级采样是不一样的，此时要计算的是物体被渲染的区域与采样区域的关系。根据图 8-12，如果使用区域采样的方法，那么对于每个像素来说，我们可以获得更为精确的结果值，并且不会丢失那些只被覆盖了一小部分的像素。

在 Apodaca 和 Gritz 的《 Advanced RenderMan: Creating CGI for Motion Pictures 》（1999）这本书中，解释了使用周期 step 函数完成解析反走样的方法，有的时候这种方法也叫做脉冲序列（pulse train）。Darwyn Peachey 在他的作品 " RenderMan shader in Texturing and Modeling: A Procedural Approach" 中介绍了这一方法在程序式砖块纹理示例中的使用，而 Dave Baldwin 在 OpenGL 着色语言的一篇早期论文中给出了这个着色器的 GLSL 版本。我们将使用这一技术实现一个支持解析反走样的程序式砖块纹理着色器，它取自于我们在 8.1.1 节中介绍的例子。

这个例子使用了 step 函数来实现周期性的砖块花纹。用于创建水平方向的砖块花纹的函数如图 8-17 所示。函数在 0 ~ BrickPct.x（砖块宽度的小数部分）的区间内返回 1.0。如果输入为 BrickPct.x，那么函数会产生一个梯度为无穷大的边缘，并衰减到 0。如果输入为 1，那么函数会重新跳回到 1.0，然后重复实现下一个砖块的绘制。

对这个函数进行反走样的关键就是计算它的积分，或者就是累积的值。我们需要考虑一种可能性，在一个复杂度很高的区域内，通过 fwidth() 计算的滤波宽度可能会涵盖多个这样的脉冲。如果对这个积分而不是函数本身进行采样的话，我们将得到一个加权平均的结果，这样可以避免点采样带来的高频率的问题，因而降低了走样的可能性。

那么，函数的积分是什么呢？如图 8-18 所示。输入值从 0 ~ BrickPct.x 变化时，函数返回值为 1，因此积分增加的梯度为 1。输入从 BrickPct.x ~ 1.0 变化时，函数返回值为 0，因此积分值在这个区域内保持恒定。输入为 1 的时候，函数会跳回到 1.0，因此积分的增值到 BrickPct.x + 1 为止。到达这一点之后，积分的变化梯

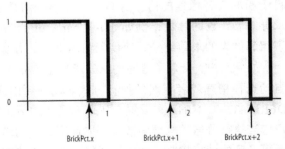

图 8-17　周期性的 step 函数（周期 step 函数或者脉冲序列定义了程序式砖块纹理的水平分布）

度会回到 0，这个上升然后保持的过程会周期性地一直进行下去。

我们通过定义滤波区域的积分值来完成反走样的操作，其中需要计算滤波边缘的积分结果然后减去这两个值。这个函数的积分包含两个部分：在边缘之前已经完成所有脉冲的面积和，以及边缘上部分脉冲面积。

对于程序式砖块着色器，我们使用变量 position.x 作为脉冲函数在水平方向生成的基值。因此完成的脉冲数量就是 floor(position.x)。因为每个脉冲的高度都是 1.0，所以每个已经完成的脉冲的面积就是 BrickPct.x。将 floor(position.x) 与 BrickPct.x 相乘得到的就是所有已经完成的脉冲的面积值。我们所用的边缘上，函数的值可能是 0，也可能是 1。我们可以通过计算 fract(position.x) − (1.0−BrickPct.x) 得到这个值。因此，积分的第二部分也就可以通过表达式 max(fract(position.x) − (1.0 − BrickPct.x), 0.0) 得到。

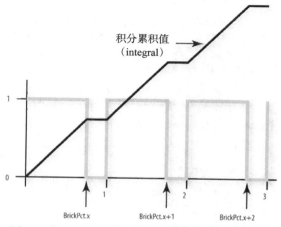

图 8-18　周期性 step 函数（脉冲序列）和积分过程

我们使用这个积分结果来处理程序砖块花纹的水平和垂直两个部分。因为程序已经知道砖块的宽度和高度的小数部分数值了（BrickPct.x 和 BrickPct.y），所以我们很容易就知道 1.0–BrickPct.x 和 1.0–BrickPct.y 的值，并且传递给片元着色器。这样就不必对每个渲染的片元都计算两个值。将这两个值称作 mortar 比例。因为我们对不同的参数都要执行两次这个表达式，所以将它定义为一个宏，或者一个可以立即使用的函数。

```
#define Integral(x, p, notp) ((floor(x)*(p))+max(fract(x)-(notp), 0.0))
```

参数 p 表示作为脉冲部分的值（函数为 1.0 的时候），而 notp 表示非脉冲部分的值（函数为 0 的时候）。我们可以使用宏来实现滤波宽度积分值的计算，程序代码如下：

```
vec2 fw, useBrick;
fw = fwidth(position);
useBrick = (Integral(position + fw, BrickPct, MortarPct) -
            Integral(position, BrickPct, MortarPct)) / fw;
```

滤波的区域除以结果（假设这里使用了箱滤波器），得到的结果就是函数在选定积分区域的平均值了。

反走样的砖块片元着色器

现在可以将所有的代码放在一起来完成一个更好的砖块着色器了。这里将使用解析积分的方法替代之前的简单点采样方法。着色器代码结果如例 8.12 所示。走样与反走样的砖块着色器实现的区别如图 8-19 所示。

例 8.12　反走样的砖块片元着色器的源代码

```
#version 330 core

uniform vec3  BrickColor, MortarColor;
uniform vec2  BrickSize;

uniform vec2  BrickPct;
uniform vec2  MortarPct;

in  vec2   MCPosition;
in  float  LightIntensity;

out vec4   FragColor;

#define Integral(x, p, notp) ((floor(x)*(p)) + max(fract(x)-(notp), 0.0))

void main()
{
    vec2 position, fw, useBrick;
    vec3 color;
    // 判断砖块花纹的位置
    position = MCPosition / BrickSize;
    // 修改每一行砖块, 添加半个砖块的偏移值
    if (fract(position.y * 0.5) > 0.5)
        position.x += 0.5;
    // 计算滤波大小
    fw = fwidth(position);
    // 通过 2D 脉冲的积分来进行滤波, 来自于滤波宽度和高度上的砖块花纹
    useBrick = (Integral(position + fw, BrickPct, MortarPct) -
                Integral(position, BrickPct, MortarPct)) / fw;
    // 判断最后的颜色
    color = mix(MortarColor, BrickColor, useBrick.x * useBrick.y);
    color *= LightIntensity;
    FragColor = vec4(color, 1.0);
}
```

图 8-19　带有或者不带反走样的砖块着色器 (左图的结果为没有反走样的砖块着色器; 右图的结果为带有解析积分反走样的实现 (图片由 3Dlabs, Inc. 提供))

8.3.5　频率截断

　　有些函数并没有解析解, 或者很难求解。这种情况下, 我们可以考虑另一种称作频率截断 (frequency clamping) 的方法。这种方法在滤波宽度过大的时候, 会使用函数的平均值来替代函数的真实值。这个方法很适合在正弦或者噪声函数当中使用, 此时平均值是已知的。

反走样的棋盘格片元着色器

棋盘格花纹是反走样技术度量的一种标准方法（如图 8-20 所示）。Larry Gritz 编写了一个棋盘格的 RenderMan 着色器，用于实现频率采样的反走样，而 Dave Baldwin 将它翻译成 GLSL 着色器的形式。例 8.13 给出的就是这样一个可以生成程序式棋盘格花纹的片元着色器。顶点着色器负责传递顶点位置和纹理坐标，除此之外不需要有更多的操作。应用程序端需要给出棋盘格花纹的两个颜色值、这两个颜色的平均值（建议由应用程序计算并通过 uniform 变量传递，而不是在片元着色器中对每个片元都计算一次），以及棋盘格花纹的变化频率。

片元着色器负责计算滤波的大小，然后用它来完成相邻棋盘格方块之间的平滑插值。如果滤波宽度过大（即 in 变量的变化对于滤波来说过于频繁），那么我们就会用到平均颜色值。虽然这个片元着色器使用了条件语句，但是还是要小心应对走样的问题。在 if 和 else 语句之间的过渡区域内，我们需要通过一个平滑的插值来完成计算得到的颜色和平均颜色之间的过渡过程。

图 8-20　棋盘格花纹（使用反走样的棋盘格着色器渲染。左图中的滤波宽度设置为 0，所以发生了走样；右图中的滤波宽度是通过 fwidth() 函数计算得到的）

例 8.13　反走样棋盘格片元着色器的源代码

```
#version 330 core

uniform vec3  Color0;
uniform vec3  Color1;
uniform vec3  AvgColor;
uniform float Frequency;

in  vec2 TexCoord;

out vec4 FragColor;

void main()
```

```
{
    vec3 color;

    // 判断一个像素投影到 S-T 空间的宽度
    vec2 fw = fwidth(TexCoord);

    // 判断模糊的总量
    vec2 fuzz = fw * Frequency * 2.0;

    float fuzzMax = max(fuzz.s, fuzz.t);

    // 判断棋盘格花纹的位置
    vec2 checkPos = fract(TexCoord * Frequency);

    if (fuzzMax < 0.5)
    {
        // 如果滤波宽度足够小，则计算花纹的颜色
        vec2 p = smoothstep(vec2(0.5), fuzz + vec2(0.5), checkPos) +
                 (1.0 - smoothstep(vec2(0.0), fuzz, checkPos));

        color = mix(Color0, Color1,
                    p.x * p.y + (1.0 - p.x) * (1.0 - p.y));

        // 如果已经接近极限值，则渐入到平均颜色
        color = mix(color, AvgColor, smoothstep(0.125, 0.5, fuzzMax));
    }
    else
    {
        // 否则的话，直接使用平均颜色值
        color = AvgColor;
    }

    FragColor = vec4(color, 1.0);
}
```

8.3.6 程序式反走样的总结

自由性的增加也就意味着责任的增加。OpenGL 着色语言允许我们不受任何限制地进行程序式纹理的计算。编写一个着色器是一件很简单的事情，但是也会带来走样的问题（问题的根源通常是条件判断或者 step 函数），并且要去掉这样的问题也是很困难的。在概要地介绍走样问题本身之后，本章还提供一些反走样程序纹理实现的方案。由于语言本身的便利性，我们可以使用一些内置函数来实现平滑的插值（smoothstep()）、屏幕空间的导数计算（dFdx()、dFdy()），以及计算滤波宽度（fwidth()），从而帮助缓解锯齿、摩尔纹或者闪烁点的问题。这些函数都是在着色器的基础上组建的，它们可以用来实现诸如预先滤波、自适应预先滤波、积分或者频率截断等反走样的方法。

8.4 噪声

计算机图形学当中，要让物体看起来精致是很容易的。从定义上来说，几何体的绘制

和渲染都可以很精确地完成。但是，如果希望达到真实感的目标，那么精致就并不是一个很有意义的追求了。真实世界的物体总是有凹痕、污渍和磨损的。它们看起来可能会有各种损坏。计算机图形学的艺术家需要通过很长时间的努力，才有可能设计出一个看起来像是被弃置在球柜里 20 年的保龄球瓶的图像，或者描绘出一个看起来好像经过了长年累月的太空旅行的宇宙飞船。

20 世纪 80 年代期间，Ken Perlin 在一家名为 Magi 的公司工作时一直致力于研究这个问题。Magi 与 Disney 一起开发了一部原创电影 Tron，当时他们正打算大规模地在其中使用计算机图形学技术。Perlin 认识到，在这部电影中他必须把那些精致渲染的物体变得"不那么精致"才行，因此他研究了一种解决这个问题的方法，并且直到现在这个技术都非常有用。

Perlin 在 1985 年发表了一篇研讨性的论文，介绍了一种使用名为噪声的技术实现的渲染器。他对于噪声的定义与传统的噪声定义有一些不同。通常说到噪声的时候，我们认为是一种老电视上没信号的时候出现的随机雪花像素点，又或者是暗室环境下用数码相机拍摄的一张满是颗粒的照片，事实上这是由热噪声引起的。

不过，这种总是变化的随机数据对于计算机图形学并没有什么用处。计算机图形学当中，我们需要的是一种可重复函数，这样可以从不同的观察角度绘制物体。我们还需要保证在物体逐帧绘制的过程中保持一致，从而形成动画的效果。平时用的随机数函数并没有一个输入位置信息，因此使用这样的函数渲染物体的话，每个时刻绘制的结果看起来都是不一样的。

如果物体在屏幕上是运动的，那么这种渲染方式产生的视觉效果可能是非常糟糕的。我们需要的是一个对给定输入位置能够每时每刻输出固定结果的函数，而整体的观感是随机变化的感觉。也就是说，对于某个表面来说，我们希望随机分布是空间上的，而不是时间上的，除非有特定的需求。这个函数对于所有的细节层次也必须是连续变化的，并且计算速度很快，以及具备其他一些重要的特性，我们随后会进行讨论。

Perlin 是第一个提出可用且易于计算的函数的人，也就是 Perlin 噪声。在那之后，人们提出了一系列类似的噪声函数，并且将它们结合在一起使用，从而产生出各种有趣的渲染效果，例如：

❑ 渲染自然现象（云、火、烟雾、风效果等）。
❑ 渲染自然物质（大理石、花岗岩、木头、山脉等）。
❑ 渲染人造物质（stucco 灰泥、柏油、水泥等）。
❑ 给精致的模型添加缺陷（灰尘、污渍、熏烟、凹痕等）。
❑ 给精致的花纹添加缺陷（蠕动、凹凸、颜色变化等）。
❑ 给时间周期添加摆动（眨眼的时间变化、连续帧之间的变化等）。
❑ 给运动添加随机性（摇摆、抖动、颠簸等）。

事实上，这个列表还可以继续下去。如今大多数渲染库都可以支持 Perlin 噪声或者其他类似的方式。这是一种真实感渲染的主要实现方式，并且对于电影工业中的计算机图形图像生成有着重要的意义。Perlin 在这个领域的突破性贡献，让他在 1997 年获得了奥斯卡金像奖最佳技术成就奖的殊荣。

正因为噪声这项技术如此重要，OpenGL 着色语言中才将它包装为一个内置函数。但是，OpenGL 已经废弃了内置的噪声函数，调用的结果总是返回 0。为此，也是为了确保可移植性，我们需要编写自己的方法。本节将着重讲解一种可移植的方法。

当有了噪声的数据源之后，就可以在片元着色器中通过多种方式使用噪声了。我们将会在介绍过可移植的噪声实现之后，通过多个着色器的示例来了解基于噪声的各种有趣效果的实现。

8.4.1　噪声的定义

本节的目的是给出噪声的定义，并且能给让我们直观地了解基于噪声的 OpenGL 着色器代码实现，然后使用 GLSL 来创建更多基于噪声的效果。

正如 Ken Perlin 所描述的那样，我们可以将噪声理解为对图像的“调和”。适当地加入一点噪声对效果实现会有很大帮助。一个本身很精致的模型，如果添加了一定量的细微噪声效果的话，那么看起来就没那么精致了，但是却更为真实。

理想的噪声函数具备下面一些重要的特性，正因为如此它才能成为各种有趣效果的实现工具，并且在建模、渲染或者动画过程中被广泛使用：

❑ 噪声不会有任何明显的规则或者重复花样。

❑ 噪声是一个连续的函数，它的导数也是连续的。也就是说，其中不会存在任何突然的阶梯或者尖锐的斜率，只存在平滑的变化，并且将它反复缩小到更小比例之后，得到的依然是平滑的变化结果。

❑ 噪声函数的结果是可以随时间变化复现的（也就是说，每次输入的数据一致时，它返回的值也是相同的）。

❑ 噪声的输出数据需要一个明确的区间定义（通常的范围是 [-1, 1] 或者 [0, 1]）。

❑ 噪声函数的小规模形式不会受到大范围的位置数据的影响（变化的基础频率，或者统计特性是处处相同的）。

❑ 噪声函数是各向同性的（它的统计特性在所有方向都是相同的）。

❑ 噪声可以定义为 1、2、3、4 或者更高的维度。

❑ 对于任何给定的输入，噪声的计算都是非常迅速的。

实际当中，所有这些噪声函数的特性可以归结为，将迅速和平滑的扰动，或者可见的“随机性”添加到规则的初始周期花样之上，例如，如果已知一个方形网格，那么我们就可以将每个交点都进行一个随机方向的变动。有很多函数都可以做到这一点，但是我们需要在质量和性能之间做出权衡，这样才能符合不同程度的应用需求。

如果先指定一个 [-1, 1] 范围内的伪随机数，并设置给 x 轴上的每个整数，如图 8-21 所示。然后在这些点之间进行平滑的插值，如图 8-22 所示。这个函数对于给定输入值是可以复现的，即它总是会返回同样的输出值。

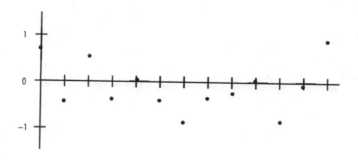

图 8-21　一个离散的一维噪声函数

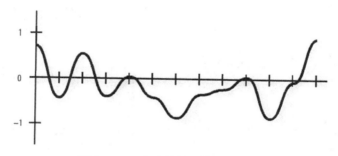

图 8-22　一个连续的一维噪声函数

　　这种类型的噪声函数的一个关键就是选择连续点之间的插值方式。线性插值并不够好，因为它不是连续的，这样的噪声结果会产生明显的瑕疵。三次插值的方法通常可以产生更为平滑的结果。

　　如果让频率和振幅值有所变化的话，我们就可以得到一系列不同的噪声函数了（如图 8-23 所示）。

　　正如你看到的，如果频率增加而振幅减少，那么这些函数的"特性"会越来越小，而且越来越接近。如果两个频率值的比例正好是 2:1，那么就叫做倍频程（octave）。图 8-23 所示就是一维噪声函数的 5 倍频程。这些噪声的图像看起来不是很有用，不过它们还是可以产生一些很有意思的着色器效果。如果将不同频率的函数（如图 8-24 所示）加在一起，那么我们会看到更为有意思的现象。

　　这样做的结果是一个包含不同大小特性的函数。低频率函数的大幅度振动构成基本的形状，而高频率函数的小幅度振动构成小范围内的细节信息。Perlin 将不同倍频程的噪声相加后的函数（每个噪声都比前一个倍频程的噪声振幅减半）叫做 1/f 噪声，不过如今通常会使用分数布朗运动（fractional Brownian motion）或者 fBm 这个名词来描述它。

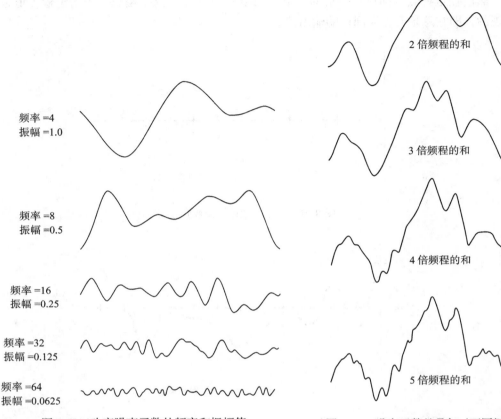

频率 =4
振幅 =1.0

频率 =8
振幅 =0.5

频率 =16
振幅 =0.25

频率 =32
振幅 =0.125

频率 =64
振幅 =0.0625

2 倍频程的和

3 倍频程的和

4 倍频程的和

5 倍频程的和

图 8-23　改变噪声函数的频率和振幅值

图 8-24　噪声函数的叠加（不同振幅
和频率的噪声函数的叠加结果）

　　如果在一个程序式着色器中叠加了多个倍频程的噪声，那么将在某个时刻开始出现频率的走样问题。如果噪声的频率是采样频率（也就是像素的间隔）的两倍以上，那么这样的随机采样值就会造成闪烁的走样问题。因此，反走样噪声函数的算法通常会加以控制，在这种问题发生之前停止添加更多细节（高频率的噪声）。这也是噪声函数的另一个有用的特性：当走样问题开始产生的时候，它可以逐渐恢复到平均采样值上。

　　Perlin 定义的噪声函数（Perlin 噪声）有的时候也叫做梯度噪声（gradient noise）。它被定义为，输入值为整数的时候输出均为 0 的函数，并且它的形状可以通过定义这些点的函数值的伪随机梯度向量来创建。噪声函数的特性让它成为了一个通常情况下更好效果实现的选择。这个噪声函数已经在 RenderMan 中予以实现，并且也是 GLSL 中建议的噪声函数实现方案。

　　除此之外，还有很多其他的噪声函数，并且基于这个基础的思想我们可以有很多不同的变种手段。之前给出的 Perlin 噪声的例子中，频率的倍频系数为 2，不过也可以使用一个非整数的倍频系数，比如 2.21。这种倍频系数也叫做函数的缺项性（lacunarity）。这个单词来自于拉丁语中的 lacuna，也就是间隙的意思。如果使用一个大于 2 的值，我们就可以更快地构建更多的 "变数"（也就是叠加更少的倍频程噪声，但是能得到更多视觉上的复杂度）。类似地，我们也没必要正好使用 2 这个值来设置所有倍频程的振幅值。

　　噪声函数的叠加是 Pandromeda 的星球构建软件 MojoWorld 中地形和特征的基础实现方法。在 Ken Musgrave 的《Texturing and Modeling: A Procedural Approach》一书中，他将分形（fractal）定义为 "一种几何上很复杂的物体，它的复杂性主要来源于一个范围内的缩放比例的重复"。频率和振幅变化之间的关系定义了结果函数的分形维度。如果将噪声函数作为地形模型声称的基础，那么我们就可以让不同位置的地形呈现出不同的效果。举例来说，通常的地形有平原、丘陵、山麓和山脉等。基于位置的分形维度变化就可以创建这样一种效果，这样的函数也叫做多分形（multifractal）。

　　我们可以通过不同环境下的噪声函数，以及不同类型的噪声函数的合成来实现各种有趣的效果。由于噪声的计算数据可视化并不是一件容易的事情，因此在尝试实现所需的效果的时候，必须结合相关的经验来完成。

二维噪声

　　只要了解诸如一维环境下噪声函数的基本概念，我们就可以很快深入到二维噪声当中。图 8-25 所以就是二维的 Perlin 噪声在不同频率下输出到 [0, 1] 的结果值，它们被输出为灰度图的形式。每个图像的频率都是前一个图像的 2 倍。每幅图像中，都适当增强了对比度以保证波峰更亮和波谷更暗。实际当中，这些图像的振幅值都是之前的一半。如果要打印真实的图像值的话，得到的图像会更偏灰一些，并且很难看出二维噪声到底是什么样子。

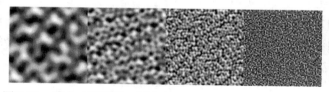

图 8-25　基本二维噪声，频率为 4、8、16 和 32（增强对比度）

　　和一维的情形一样，如果将多个不同频率的函数叠加到一起，就可以产生更有趣的效果（如图 8-26 所示）。

图 8-26　噪声的叠加，分别为 1、2、3 和 4 倍频程（增强对比度）

图 8-26 中的第一张图像与图 8-25 中的第一张图像是完全一样的。图 8-26 中的第二张图像是图 8-26 中的第一张图与图 8-25 中第二张图的一半相加的结果，所以它的平均亮度值就是 0。这样的话，某些区域的亮度就会增加，而某些区域会减少。图 8-26 中的第三张图是图 8-26 中的前两张图与第三个倍频程的叠加结果，而图 8-26 的第四张图继续叠加了第四个倍频程噪声。第四张图看起来已经有一点类似天空中云彩的形状了。

更高维度的噪声

三维和四维的噪声函数显然依然是一维和二维函数的扩展。要生成一个三维噪声的图像有一点困难，不过我们也可以将图 8-25 视为是三维噪声函数的一个二维平面上的切片。而相邻的切片之间也是保持连续的。

通常来说，可以用高维度的噪声来控制前一个低维度的噪声函数的时间域。举例来说，一维噪声可以用来给一幅图画中的一条直线添加一些摆动。如果用一个二维的噪声函数，那么就可以用一个维度来控制摆动，第二个维度实现动画运动的效果（也就是在连续的多帧里让摆动过程运动起来）。以此类推，我们可以用二维噪声创建一个二维的云层，那么用三维噪声函数就可以生成二维云层的同时让它以一种真实的方式运动起来。对于四维噪声函数来说，我们就可以创建一个三维的物体，例如一颗行星，然后用第四个维度来模拟星球上间接性的地壳运动。

在 OpenGL 着色语言中使用噪声

我们可以通过以下两种方式向着色器中添加噪声：

1. 在 GLSL 中编写自己的噪声函数。

2. 使用纹理贴图来存储之前已经计算完成的噪声函数数据。

第一种方法，也就是自己实现，在不同平台的适应性是最好的，而第二种方法的性能最佳。它们之间的差别在于：函数计算是针对用户输入实时完成（方法 1），还是预计算和保存起来，根据预测的输入数据集来提取（方法 2）。这里我们将着重介绍第二种方法，即使用纹理贴图的方法。

8.4.2　噪声纹理

GLSL 提供的可编程能力让我们可以直接使用存储在纹理内存中的数据。我们可以预先计算噪声函数然后保存到一维、二维或者三维纹理贴图当中。然后可以在着色器中访问单张或者多张纹理贴图。因为纹理元素可以包含至多 4 个分量的数据，所以我们可以使用一张纹理贴图来同时存储 4 个倍频程的噪声数据，或者 4 个完全不同的噪声函数。

例 8.14 给出了一个用于生成三维噪声纹理的 "C" 函数。这个函数将创建一个 RGBA 的纹理，将噪声的第一个倍频程保存到红色分量当中，第二个倍频程保存到绿色分量，第三个倍频程保存到蓝色分量，而第四个倍频程保存到 alpha 分量。每个倍频程的频率都是前一个的两倍，而振幅减半。

假设这个函数当前系统中可以直接使用一个 noise3 函数来生成范围在 [–1, 1] 的三维噪声。如果需要的话，我们也可以直接使用 Perlin 的 C 预言实现代码。John Kessenich 对他的代码做了一些改动（增加了一个 setNoiseFrequency 函数），这样生成的噪声数据从存储数组的边界到另一个边界跳跃时可以保证平滑。也就是说，我们可以设置边界截取模式为 GL_REPEAT 来使用纹理，并且不会在边界处看到任何的不连续问题。这一代码的修订版本可以在 3Dlabs 提供的 GLSLdemo 程序中找到。

例 8.14　用于生成三维噪声纹理的 C 语言函数

```c
int noise3DTexSize = 128;

GLuint noise3DTexName = 0;
GLubyte *noise3DTexPtr;

void make3DNoiseTexture(void)
{
    int f, i, j, k, inc;
    int startFrequency = 4;
    int numOctaves = 4;
    double ni[3];
    double inci, incj, inck;
    int frequency = startFrequency;
    GLubyte *ptr;
    double amp = 0.5;

    if ((noise3DTexPtr = (GLubyte *) malloc(noise3DTexSize *
                                    noise3DTexSize *
                                    noise3DTexSize * 4))
         == NULL)
    {
        fprintf(stderr,
                "ERROR: Could not allocate 3D noise texture\n");
        exit(1);
    }

    for (f = 0, inc = 0; f < numOctaves;
          ++f, frequency *= 2, ++inc, amp *= 0.5)
    {
        setNoiseFrequency(frequency);
        ptr = noise3DTexPtr;
        ni[0] = ni[1] = ni[2] = 0;

        inci = 1.0 / (noise3DTexSize / frequency);
        for (i = 0; i < noise3DTexSize; ++i, ni[0] += inci)
        {
            incj = 1.0 / (noise3DTexSize / frequency);
            for (j = 0; j < noise3DTexSize; ++j, ni[1] += incj)
            {
                inck = 1.0 / (noise3DTexSize / frequency);
                for (k = 0; k < noise3DTexSize;
```

```
                            ++k, ni[2] += inck, ptr += 4)
                {
                    *(ptr+inc) = (GLubyte)(((noise3(ni)+1.0) * amp)
                                           * 128.0);
                }
            }
        }
    }
}
```

这个函数将计算四个倍频程的噪声数据，然后存储到大小为 128 × 128 × 128 的 3D RGBA 纹理当中。假设这段代码纹理的每个分量都是一个 8bit 的整数。第一个倍频程的数据频率为 4，而振幅为 0.5。在循环的最内部，我们调用了 noise3 函数，基于当前的 ni 值来生成噪声数据。这里的 noise3 函数会返回一个范围在 [−1, 1] 的数值，因此加 1 操作之后得到的噪声值将位于 [0, 2] 的区间内。乘以振幅值 0.5 之后，得到的数据就位于 [0, 1] 区间内了。最后，还要乘以 128，从而得到一个位于 [0, 128] 范围内的数据，并且存储到纹理的红色分量当中（从着色器中读取这个数值之后，得到的是一个位于 [0, 0.5] 区间内的浮点数）。

每次进入下一个循环之后，振幅被减半，而频率被加倍。这样得到的结果就是，噪声纹理的绿色分量取值范围是 [0, 64] 的整数，蓝色分量的取值范围是 [0, 32] 的整数，而 alpha 分量的取值范围是 [0, 16] 的整数。独立地获取每个通道的数据值并且使用一个常数对它们进行放大（这样可以得到最大的亮度范围，即整数值的范围调整到 [0, 255]，或者浮点数值调整到 [0, 1] 区间内）之后，就可以生成如图 8-25 所示的图像了。

当计算了噪声纹理的数值之后，就可以将纹理提交给图形硬件了，如例 8.15 所示的代码。首先，我们选择一个纹理通道然后将它绑定给我们创建的三维纹理。我们需要设置它的截断参数，以保证纹理在所有三个维度上都有正确的边界截断。这样一来，噪声纹理就可以确保取得正确的结果了，无论输入数据是什么形式。不过我们还是有留神不要使用过于简单的重复方式来获取纹理中的数据。之后两行设置纹理的滤波方式为线性滤波，这是因为我们不需要用到 mipmap 纹理，所以也就不需要使用默认的线性 mipmap 方式。我们可以在噪声着色器中控制缩放的系数，所以只需要用到一个纹理就够了。

我们不会继续深入讨论这样的问题，但实际上使用 mipmap 纹理可以提升多细节层次情况下的数据质量。当放大浏览时，为了避免看到噪声中的像素块，我们需要保证纹素的频率是最高频率的噪声的两倍以上。缩小的时候，我们也需要设置恰当的 mipmap 滤波方式，以免由于像素的频率达到或者超过噪声的频率，造成走样问题。

当完成所有参数的设置之后，就可以使用 glTexImage3D 函数将噪声纹理载入到硬件设备中了。

例 8.15　启用三维噪声纹理的函数

```
void init3DNoiseTexture()
{
```

```
        glGenTextures(1, &noise3DTexName);

        glBindTextureUnit(6, noise3DTexName);
        glTextureParameterf(noise3DTexture, GL_TEXTURE_WRAP_S, GL_REPEAT);
        glTextureParameterf(noise3DTexture, GL_TEXTURE_WRAP_T, GL_REPEAT);
        glTextureParameterf(noise3DTexture, GL_TEXTURE_WRAP_R, GL_REPEAT);
        glTextureParameterf(noise3DTexture, GL_TEXTURE_MAG_FILTER,
                            GL_LINEAR);
        glTextureParameterf(noise3DTexture, GL_TEXTURE_MIN_FILTER,
                            GL_LINEAR);

        glTextureStorage(noise3DTexName, 1,
                        GL_RGBA8,
                        noise3DTexSize, noise3DTexSize, noise3DTexSize);
        glTextureSubImage3D(noise3DTexName, 0,
                            0, 0, 0,
                            noise3DTexSize, noise3DTexSize, noise3DTexSize,
                            GL_RGBA, GL_UNSIGNED_BYTE,
                            noise3DTexPtr);
    }
```

如果可以避免程序中出现周期性的重复，那么这个方案就很完美了。避免这种问题的方法之一就是确保目标对象渲染的时候不会多次访问同一个纹理值。例如，如果使用一个 $128 \times 128 \times 128$ 的纹理，而物体的位置作为噪声函数的输入的话，那么只要确保物体整体都能纳入到纹理的大小范围当中，就不会出现周期重复的问题。

8.4.3　权衡

正如之前提到过的，我们可以在着色器中使用多种不同的方法来产生噪声数据。那么我们怎么知道哪一种是最适合自己的程序呢？我们认为自己编写 GLSL 程序并在着色器中调用的方案具备以下几种优势：

❑ 它不会耗费任何的纹理内存（一个 $128 \times 128 \times 128$ 的纹理贴图，如果存储格式为每分量 8bit 的 RGBA，那么要占用 8MB 的纹理内存）。

❑ 它不会占用一个纹理通道。

❑ 它是一个连续的函数，而不是离散的，因此无论如何进行放缩变换，都不会出现与像素相关的问题。

❑ 着色器不需要通过应用程序端设置和传递纹理数据。

纹理贴图的噪声函数方法具有以下一些优势：

❑ 因为噪声函数是应用程序端计算的，所以用户程序可以花更多时间创建期望得到的噪声函数类型。

❑ 我们可以在每个纹理位置上存储 4 个噪声数据（即纹理的 RGBA 四个分量各存储一个）。举例来说，这样我们就可以预先计算 4 个倍频程的噪声数据，然后通过一次纹理读取得到所有的 4 个数据。

❑ 纹理贴图的访问速度可能比调用用户自己的 GLSL 函数更快。

8.4.4 一个简单的噪声着色器

现在我们要将所有这些内容都融汇到着色器代码中，来实现一些有趣的渲染内容。考虑使用噪声的第一个着色器将使用一种简单的方法来模拟云彩的效果。

应用程序设置

本节不需要向噪声着色器传递什么内容，之后的 8.4.5 节和 8.4.7 节两节也是。当然我们需要像往常一样传入顶点位置，以及用于实现光照计算的表面法线。颜色和缩放系数都是作为 uniform 变量传递给各个着色器的。

顶点着色器

例 8.16 中的代码是顶点着色器的内容，后文中的四个例子都会使用到这个着色器。它的内容非常简单，只需要完成以下三件事。

❑ 和所有的顶点着色器一样，这里需要将输入的顶点值进行变换然后保存到内置的变量 gl_Position 中。

❑ 通过输入的法线和 uniform 变量 LightPos，我们可以计算得到单一白色光源的光照强度，然后使用 1.5 倍的缩放系数来增加整体的照明度。

❑ 对输入的顶点值进行缩放，然后将它保存到 out 变量 MCposition 中。这个值可以直接用于片元着色器中，并作为每个片元在物体上的模型坐标位置。它可以直接作为三维纹理的输出变量使用。

无论绘制什么样的物体，片元所产生的位置数据总是相同的（或者非常接近）。因此，表面上每个点的噪声值也总是一致的（或者非常接近）。应用程序中可以使用一个名为 Scale 的 uniform 变量来控制物体大小与噪声纹理大小之间的比例关系。

例 8.16　云的顶点着色器

```
#version 330 core

uniform mat4 MVMatrix;
uniform mat4 MVPMatrix;
uniform mat3 NormalMatrix;

uniform vec3 LightPos;
uniform float Scale;

in   vec4  MCvertex;
in   vec3  MCnormal;

out float LightIntensity;
out vec3  MCposition;

void main()
{
    vec3 ECposition = vec3(MVMatrix * MCVertex);
    MCposition      = vec3(MCVertex) * Scale;
    vec3 tnorm      = normalize(vec3(NormalMatrix * MCNormal));
    LightIntensity  = dot(normalize(LightPos - ECposition), tnorm);
    LightIntensity *= 1.5;
```

```
    gl_Position       = MVPMatrix * MCVertex;
}
```

片元着色器

在完成噪声纹理的计算并且使用 OpenGL 命令将它传递到图形显示卡之后，我们就可以使用一个很简单的片元着色器与之前的顶点着色器一起生成有趣的"多云天气"的效果了（如例 8.17 所示）。着色器的结果看起来像是一个多云的天空一样。我们可以尝试使用其他的颜色值来获得更为真实的视觉效果。

片元着色器需要两个输入的变量——LightIntensity 和 MCposition——它们是通过之前的顶点着色器计算的。顶点着色器中的每个定点都会计算这两个值，然后在光栅化过程中进行图元中的插值计算。在片元着色器中，我们访问的就是每个片元之上得到的插值结果。

着色器代码的第一行将对三维噪声纹理执行一次查找操作，得到一个四分量的结果。我们通过这四个噪声纹理值的总和来计算亮度值。然后将这个值乘以 1.5，并且用它来完成两个颜色之间的线性融混，即白色和天空的蓝色。噪声纹理的四个通道的均值分别为 0.25、0.125、0.0625、以及 0.03125。我们还需要再额外添加一个 0.03125 值，它相当于是所有更高频率上的倍频程的平均值。我们可以将这个过程想象成是把所有没有计算的更高频倍频程的平均值添加到计算当中，相关的介绍参见 8.4.1 节。最后乘以 1.5 这个值可以对结果数值进行一定的拉伸，以更好地适应 [0, 1] 这个区间范围。

计算得到的颜色值还需要乘以 LightIntensity，以模拟单一光源照射产生的漫反射表面的变化。结果值可以直接传递到 out 变量 FragColor 中，并且 alpha 值设置为 1.0，以确保颜色值可以被之后的 OpenGL 管线所用。使用这个着色器渲染的物体如图 8-27 所示。注意图 8-27 所示的是将这个纹理帖敷到一个茶壶模型上的最终效果。

例 8.17　多云天空效果的片元着色器

```glsl
#version 330 core

uniform sampler3D Noise;
uniform vec3 SkyColor;       // (0.0, 0.0, 0.8)
uniform vec3 CloudColor;     // (0.8, 0.8, 0.8)


in  float LightIntensity;
in  vec3  MCposition;

out vec4  FragColor;
void main()
{
    vec4 noisevec = texture(Noise, MCposition);

    float intensity = (noisevec[0] + noisevec[1] +
                        noisevec[2] + noisevec[3] + 0.03125) * 1.5;

    vec3 color = mix(SkyColor, CloudColor, intensity) *
                    LightIntensity;
    FragColor = vec4(color, 1.0);
}
```

图 8-27　使用噪声着色器渲染的茶壶模型（从左上角开始顺时针顺序：使用四个倍频程噪声叠加以及蓝色到白色的颜色渐变编写的云彩着色器；使用绝对值函数引入不连续性（湍流）编写的太阳表面着色器；使用单一的高频噪声值在白色和黑色之间调制得到的花岗岩着色器；使用噪声对正弦函数进行调制得到具有多种颜色"脉络"的大理石着色器。图片由 3Dlabs, Inc. 提供）

8.4.5　湍流

　　我们可以使用噪声函数的绝对值来产生其他一些有趣的效果。这一方法导致导数产生了不连续性，因为函数在 0 分界线上会发生明显的偏折。如果噪声函数在不同频率的结果发生了偏折，并且将结果叠加在一起的话，那么得到的结果纹理将会在各个尺度上都出现皱痕效果。Perlin 将这类噪声称作湍流（turbulence），因为它看起来就像是湍急水流产生的效果。这种效果可以模拟不同类型的自然现象，比如使用这类噪声来模拟火焰或者熔岩。这类噪声的二维外观效果如图 8-28 所示。

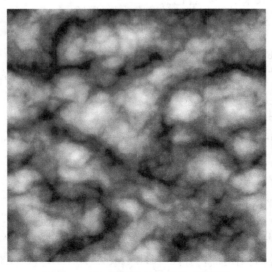

图 8-28　绝对值噪声，或者"湍流"

太阳表面着色器

我们可以使用和云彩效果相同的顶点着色器，以及一个不同的片元着色器来实现一种类似炙热熔岩表面的效果。其中主要的差别就是需要对所有的噪声值进行缩放和偏移，以保证它们都是以 0 为中心的，然后取得绝对值数据。将这些数据相加之后，对结果再次进行缩放，以充分利用 [0, 1] 的区间范围。对这个结果进行截断，然后使用它来混合黄色和红色，得到如图 8-27 所示的结果（参见例 8.18）。这个方法也可以进一步扩展，将时间维度引入进来，使用噪声的另一个维度来控制时间，从而得到动态的效果。

例 8.18　太阳表面片元着色器

```
#version 330 core

in float LightIntensity;
in vec3 MCposition;

uniform sampler3D Noise;
uniform vec3  Color1;        // (0.8, 0.7, 0.0)
uniform vec3  Color2;        // (0.6, 0.1, 0.0)
uniform float NoiseScale;    // 1.2

out vec4 FragColor;

void main()
{
    vec4 noisevec = texture(Noise, MCposition * NoiseScale);

    float intensity = abs(noisevec[0] - 0.25) +
                      abs(noisevec[1] - 0.125) +
                      abs(noisevec[2] - 0.0625) +
                      abs(noisevec[3] - 0.03125);

    intensity = clamp(intensity * 6.0, 0.0, 1.0);
    vec3 color = mix(Color1, Color2, intensity) * LightIntensity;
    FragColor = vec4(color, 1.0);
}
```

8.4.6　大理石

另一种噪声函数的形式就是将噪声作为正弦等周期函数的一部分使用。将噪声作为正弦函数的输入值加入，我们就可以得到一个"随机"振荡的函数。使用这个函数可以创建一些类似颜色脉络变化的效果，也就是某些类型的大理石效果。例 8.19 所示就是一个实现这一效果的片元着色器。此外，我们使用的顶点着色器不变。这个着色器的运行结果如图 8-27 所示。

例 8.19　大理石片元着色器

```
#version 330 core

uniform sampler3D Noise;
uniform vec3 MarbleColor;
uniform vec3 VeinColor;
```

```
in float LightIntensity;
in vec3  MCposition;

out vec4 FragColor;
void main()
{
    vec4 noisevec = texture(Noise, MCposition);
    float intensity = abs(noisevec[0] - 0.25) +
                      abs(noisevec[1] - 0.125) +
                      abs(noisevec[2] - 0.0625) +
                      abs(noisevec[3] - 0.03125);
    float sineval = sin(MCposition.y * 6.0 + intensity * 12.0)
                      * 0.5 + 0.5;
    vec3 color    = mix(VeinColor, MarbleColor, sineval)
                      * LightIntensity;
    FragColor     = vec4(color, 1.0);
}
```

8.4.7 花岗岩

我们还可以使用噪声完成更多有趣的事情。在这个例子中，我们将使用小的黑色斑点来模拟花岗岩石材质的效果。如果要产生一个相对高频的噪声纹理，我们可以只用到纹理的第四个分量（最高频率的分量）。使用一定数值对它进行放大，以得到一个合适的亮度级别，然后用这个值来处理所有的红色、绿色和蓝色分量。例 8.20 中的着色器代码就使用这种方法生成一个类似花岗岩的效果，如图 8-27 所示。

例 8.20 花岗岩片元着色器

```
#version 330 core

uniform sampler3D Noise;
uniform float NoiseScale;

in float LightIntensity;
in vec3  MCposition;

out vec4 FragColor;


void main()
{
    vec4 noisevec  = texture(Noise, NoiseScale * MCposition);
    float intensity = min(1.0, noisevec[3] * 18.0);
    vec3 color     = vec3(intensity * LightIntensity);
    FragColor      = vec4(color, 1.0);
}
```

8.4.8 木纹

我们也可以用这个方法来模拟木纹的效果。在 Anthony A. Apodaca 和 Larry Gritz 的《Advanced Renderman》一书中，他们介绍了一种模拟木纹效果的模型。我们可以改动这个方法来实现 GLSL 着色器版本的木纹。下面是有关例 8.21 中的木纹片元着色器的一些基本思想介绍：

❑ 木纹是由绕着中心轴的同心圆上交替出现的明暗区域构成的。

❑ 通过噪声来包装环绕的圆柱，以构成更为自然的效果。

❑ 圆柱"树"的中心设置为 y 轴。

❑ 通过贯穿整个木材质的高频颗粒来表现木头被锯开过的效果，这也是木材质最为明
　显的纹路特性。

应用程序设置

木纹着色器不需要从应用程序端输入很多内容。应用程序只要使用通常的 OpenGL 方式
向顶点着色器传入逐顶点的位置和法线即可。此外，顶点着色器还需要传入 uniform 变量的
光照位置和缩放比例。片元着色器需要一系列 uniform 变量来实现木纹效果的参数化设置。

木纹着色器的 uniform 变量初始化值如下所示：

```
LightPos          0.0, 0.0, 4.0
Scale             2.0
LightWood         0.6, 0.3, 0.1
DarkWood          0.4, 0.2, 0.07
RingFreq          4.0
LightGrains       1.0
DarkGrains        0.0
GrainThreshold    0.5
NoiseScale        0.5, 0.1, 0.1
Noisiness         3.0
GrainScale        27.0
```

片元着色器

例 8.21 给出了程序生成木纹效果的片元着色器代码。

例 8.21　木纹的片元着色器

```glsl
#version 330 core

uniform sampler3D Noise;
uniform vec3 LightWood;
uniform vec3 DarkWood;
uniform float RingFreq;
uniform float LightGrains;
uniform float DarkGrains;
uniform float GrainThreshold;
uniform vec3 NoiseScale;
uniform float Noisiness;
uniform float GrainScale;

in  float LightIntensity;
in  vec3  MCposition;

out vec4  FragColor;

void main()
{
    vec3 noisevec = vec3(texture(Noise, MCposition * NoiseScale) *
                                            Noisiness);
    vec3 location = MCposition + noisevec;
```

```
    float dist = sqrt(location.x * location.x + location.z * location.z);
    dist *= RingFreq;
    float r = fract(dist + noisevec[0] + noisevec[1] + noisevec[2])
            * 2.0;
    if (r > 1.0)
        r = 2.0 - r;
    vec3 color = mix(LightWood, DarkWood, r);
    r = fract((MCposition.x + MCposition.z) * GrainScale + 0.5);
    noisevec[2] *= r;
    if (r < GrainThreshold)
        color += LightWood * LightGrains * noisevec[2];
    else
        color -= LightWood * DarkGrains * noisevec[2];
    color *= LightIntensity;
    FragColor = vec4(color, 1.0);
}
```

正如你看到的，我们使用 uniform 变量对这个着色器进行相当程度的参数化工作，以让通过应用程序界面进行控制变得容易。和其他程序式纹理着色器一样，这里的物体位置也是计算程序式纹理的基础所在。在这个例子中，物体的位置先乘以 NoiseScale（这是一个 vec3 变量，用来分别对 x、y 和 z 方向的噪声数据进行缩放），然后使用结果值作为三维噪声纹理的索引。从纹理中得到的噪声值通过 Noisiness 的值进行缩放，这样可以增加或者降低噪声的影响因数。

我们的树是由明亮和暗部的木材质构成的同心圆轮。为了让这个木纹材质更为丰富，我们在物体位置上增加了噪声向量。将低频（第一个倍频程）噪声添加到 x 位置坐标，而第三个倍频程的噪声添加到 z 坐标（这里不使用 y 坐标）。得到的结果圆轮依然是圆形的，但是在自身宽度和与树木中心的距离上存在了更多的变化。

如果要计算我们与树木中心的相对位置，我们可以取 x 和 z 分量的平方然后计算结果的平方根。这样就得到了自己与树木中心的距离。然后这个距离要乘以 RingFreq，也就是木纹中包含圆轮多少的一个缩放参数。

然后，我们将尝试使用一个从 0 上升到 1 然后再下降到 0 的函数。我们需要三个倍频程的距离值噪声数据，这样可以带来更多有趣的木纹效果。在这里我们可以计算更多不同的噪声值，不过之前已经取得的噪声数据已经够用了。结果值的小数部分就是一个范围在 [0.0, 1.0) 之间的函数。将这个值乘以 2.0 就可以将函数区间变换到 [0.0, 2.0)。最后，找到所有大于 1.0 的结果值，将它减去 1.0，这样得到的就是一个 0 上升到 1 然后再下降到 0 的函数了。

使用这个"三角波"函数来计算片元的基础颜色，方法是调用内置的 mix() 函数。mix() 函数会根据给定的结果值 r 来完成 LightWood 与之间的线性融混。

现在，木纹函数已经非常理想了，但是我们可以再加入一个看起来像是被锯开过的效果，让它看起来更好一些（在图 8-29 的模型上我们可能看不到这个效果的呈现）。

我们需要在大致平行于 y 轴的方向上添加一些斑纹。因此需要找到 x 和 z 坐标然后乘以 GrainScale 因数（另一个用来控制发生频率效果的 uniform 变量），加 0.5，然后得到结果的

小数部分。这样得到的函数区间还是 [0.0, 1.0)，但是对于默认的 GrainScale（27.0）和
RingFreq（4.0）来说，r 的函数从 0 到 1 的
频率将比之前的函数大大增加了。

我们可以让木纹线性地从亮部到暗部
变化，不过在这里也可以做一些别的修改。
将 r 值乘以第三个倍频程的噪声值，从而得
到一个非线性增长的数值。最后，将 r 值与
GrainThreshold 值（默认为 0.5）做比较。如
果 r 值小于 GrainThreshold，那么向当前颜
色添加一个用 LightWood 乘以 LightGrains
颜色和修改后的噪声值的结果。反之，如果
r 值大于 GrainThreshold，那么我们从当前
颜色减去一个用 DarkWood 乘以 DarkGrains
颜色和修改后的噪声值的结果（默认情况
下，LightGrains 为 1.0，而 DarkGrains 为 0，
因此 r 大于 GrainThreshold 的时候我们并不
会看到任何的变化）。

图 8-29　使用木纹着色器渲染的 Beethoven 像（图片
由 3Dlabs, Inc. 提供）

现在我们可以体验一下这个效果了，看看它是不是真的能改善观感。事实上这里使
用了默认的设置值来实现木纹纹理的效果，不过我们也可以用更简单的方式来实现更好
的效果。

当计算完成最终颜色后，我们还要乘以漫反射光照系数插值后的结果，并且设置最终
片元的 alpha 值为 1.0。着色器被应用到一个 Beethoven 像模型上的结果如图 8-29 所示。

8.4.9　噪声的总结

这一小节介绍了噪声，这是一种难以置信的有价值的函数，可以给程序式着色器添加
很多随机性。我们简单地介绍这个函数的数学定义之后，使用它实现了一些基础的着色器，
例如云彩、湍流、大理石、花岗岩和木纹。GLSL 的某些实现中包含一个内置的 noise 函数。
不过我们可以通过自定义的着色器函数或者纹理来实现更具有可移植性的噪声。当我们实
现噪声的处理之后，就可以通过噪声来提升图像或者动画的真实感，例如增加缺陷、复杂
性，或者元素的随机性等。

8.5　更多信息

由 David S. Ebert 等人编写的《Texturing & Modeling: A Procedural Approach》（2002
年，第 3 版）介绍的全部是程序式图像创建的方法。这本书包含大量有价值的信息，以及无

数有关程序式模型和纹理的创建及使用方法。它涵盖了一些有关噪声的著名文章，对 Perlin 的原始噪声函数进行了讲解。Darwyn Peachey 也完成了一种噪声函数的分类介绍，名为 Making Noises。Ken Musgrave 在他的有关程序式星球的构建方法的文章中也涉及不同的噪声函数以及它们的合成过程和结果。

《RenderMan Shading Language》这本书中的着色器大多采用程序式的构建方法，而 Steve Upstill 的《The RenderMan Companion》(1990) 和 Anthony A. Apodaca 与 Larry Gritz 的《Advanced RenderMan: Creating CGI for Motion Pictures》(1999) 也包含很多有用的例子。

Jim Blinn 在 1978 年的 SIGGRAPH 论文"Simulation of Wrinkled Surfaces"中提出凹凸贴图映射的方法。有关凹凸映射技术的一个很好的概述性文章可以参见 Mark Kilgard 的论文"A Practical and Robust Bump-mapping Technique for Today's GPUs"(2000)。

NVIDIA 的开发者网站 http://developer.nvidia.com/ 提供一个 Photoshop 的插件，用以生成一张图像的法线图。

很多有关信号处理和图像处理的书籍都介绍了采样、重建和走样的概念。Glassner、Wolberg、Gonzalez 和 Woods 的作品中可以找到更多有关这些技术的内容。Alvy Ray Smith 的技术回顾文章中也给出了计算机图形学中走样问题的介绍。

Anthony A. Apodaca 与 Larry Gritz 的《Advanced RenderMan: Creating CGI for Motion Pictures》(1999) 一书中有一个章节专门介绍 RenderMan 着色语言中的着色器反走样方法，并且这些方法与 OpenGL 着色语言的关系也非常密切。Darwyn Peachey 在 David Ebert 等人编写的《Texturing & Modeling: A Procedural Approach》(第 3 版，2002) 一书中也有类似的讨论发表。

Bert Freudenberg 开发了一个 GLSL 着色器来完成自适应的反走样，并且在 San Antonio, Texas 的 SIGGRAPH 2002 大会上提出了这种方法。他的博士论文"Real-Time Strokebased Halftoning"也介绍有关这一方面的内容。

Ken Perlin 在自己的网站上给出了有关噪声函数的历史介绍、示例，以及 Java 语言编写的实现代码。Ken 在 NYU 的主页上（http://mrl.nyu.edu/~perlin）还包含大量其他有趣的东西。他的论文 An Image Synthesizer 发表在 1985 年的 SIGGRAPH 会议上，并且他在 2002 年的 SIGGRAPH 会议上还提出了对原始算法的改进论文"Improving Noise"。他还提出一种聪明的合并两个三维纹理的方法，这样可以得到一个更大的三维 Perlin 噪声函数，相关介绍可以参见 GPU Gems 一书中的"Implementing Improved Perlin Noise"一文。

第 9 章 *Chapter 9*

细分着色器

本章目标

阅读完本章内容之后，你将会具备以下的能力：

❏ 了解细分着色器和顶点着色器的区别。

❏ 区分细分着色器的不同处理阶段。

❏ 认识不同的细分域（tessellation domain），生成最符合自己需求的几何体类型。

❏ 使用面片类型的几何图元来初始化和绘制数据。

这一章将会介绍 OpenGL 的细分着色阶段。它包含以下几节：

❏ 9.1 节对 OpenGL 中的细分着色器处理过程进行了概述。

❏ 9.2 节介绍细分渲染的图元类型，即面片（patch）。

❏ 9.3 节解释第一个细分着色阶段的操作和目的。

❏ 9.4 节介绍第二个细分着色阶段以及它的操作过程。

❏ 9.5 节给出一个使用细分着色器和 Bézier 面片来渲染茶壶的示例。

❏ 9.6 节介绍更多的一些有关细分着色的技术实现。

9.1 细分着色器

到现在为止，只有顶点着色器可以让我们操作几何图元数据。虽然我们可以使用顶点着色器来实现多种不同的图形技术，但是它还是有自己的局限性。其中之一就是它在运行时无法创建新的几何体。顶点着色器只是在处理当前顶点的过程中对其关联的数据进行更新而已，它甚至无法做到对图元中其他的顶点数据进行访问。

为了改善这些问题，OpenGL 管线中还包括其他几种着色器阶段，以解决这种局限性。本章将介绍细分着色器，它可以实现生成三角形模型网格等类型，其中用到了一种新的几何体图元类型，称作面片（patch）。

细分着色在 OpenGL 管线中有两个着色阶段，用来生成几何图元的模型网格。在顶点着色阶段，我们需要设置所有的线段或者三角形来构成处理的模型，而在细分阶段，首先要指定面片，也就是顶点的有序列表。当渲染面片的时候，将首先执行细分控制着色器、处理面片顶点，并设置面片中要生成多少几何数据。细分控制着色器是可选的，后文中我们将了解不使用着色器的时候要如何设置参数。当细分控制着色器结束之后，第二个着色器，即细分计算着色器，将负责把生成网格的顶点放置到细分坐标指定的位置，并且将它们发送到光栅化阶段，或者发送给几何着色器进行更多的处理（参见第 10 章的内容）。

在介绍 OpenGL 的细分处理过程中，我们将首先在 9.2 节里介绍面片（patch）的概念，然后在 9.3 节中详细介绍细分控制着色器的操作。OpenGL 会将细分控制着色器的输出传递给图元生成阶段，在其中生成几何图元的网格以及细分坐标，供细分计算着色器阶段使用。最后，细分计算着色器将每个顶点放置在最终网格的对应位置上，这一过程将在 9.4 节进行讲解。

我们会通过一些实际示例来总结本章的内容，其中包括对置换贴图映射（displacement mapping）的介绍，这是一种将顶点的纹理映射（参见第 6 章）与细分着色器相结合的方法。

9.2　细分面片

细分（patch）过程并不会对 OpenGL 的经典几何图元类型进行处理，即点、线段和三角形，它使用一种称作面片（patch）的新的图元（OpenGL 4.0 版本之后）。所有管线中启用的着色阶段都可以处理面片数据。相比之下，其他的图元类型只能在顶点、片元和几何着色器中使用，而细分阶段会直接略过它们。实际中，如果已经启用细分着色器，那么将其他类型的几何体传递给它会生成一个 GL_INVALID_OPERATION 错误。反之，如果没有绑定任何细分着色器（特指细分计算着色器，因为细分控制着色器是可选的），那么渲染面片数据也会得到一个 GL_INVALID_OPERATION 错误。

所谓的面片就是一个传递给 OpenGL 的顶点列表，处理过程中需要保证顺序正确。当渲染细分面片的时候，我们可以使用 glDrawArrays() 等 OpenGL 的绘制命令，然后设置绘制命令中的顶点总数，从顶点缓存对象中读取数据即可。当渲染其他的 OpenGL 图元的时候，OpenGL 是已知绘制命令中图元类型与顶点数量的对应关系的，例如三个顶点可以构成一个三角形。但是，如果使用面片，我们必须告知 OpenGL 定点数组中构成一个面片的顶点总数，这一步可以通过 glPatchParameteri() 函数完成。同一个绘制命令中处理的面片大小总是相同的。

---

void **glPatchParameteri**(GLenum pname, GLint value);

设置一个面片中的顶点数量为 value。pname 必须设置为 GL_PATCH_VERTICES。

如果 value 小于 0，或者大于 GL_MAX_PATCH_VERTICES，则将会产生一个 GL_INVALID_ENUM 错误。

一个面片的默认顶点数量为 3。如果面片的顶点数量小于这个值，那么将忽略这个面片，并且不会产生几何体。

如果要设置一个面片，OpenGL 绘制命令的输入类型可以设置为 GL_PATCHES。例 9.1 给出了两个面片的设置过程，每个面片有 4 个顶点。

例 9.1　设置细分面片

```
GLfloat vertices [][2] = {
  {-0.75, -0.25}, {-0.25, -0.25}, {-0.25, 0.25}, {-0.75, 0.25},
  { 0.25, -0.25}, { 0.75, -0.25}, { 0.75, 0.25}, { 0.25, 0.25}
};

glBindVertexArray(VAO);
glBindBuffer(GL_ARRAY_BUFFER, VBO);
glBufferData(GL_ARRAY_BUFFER, sizeof(vertices), vertices,
             GL_STATIC_DRAW);

glVertexAttribPointer(vPos, 2, GL_FLOAT, GL_FALSE, 0, BUFFER_OFFSET(0));
glPatchParameteri(GL_PATCH_VERTICES, 4);
glDrawArrays(GL_PATCHES, 0, 8);
```

首先每个面片的顶点都会传入当前绑定的顶点着色器处理，然后初始化细分控制着色器中内置声明的数组 gl_in。gl_in 中的元素个数与 **glPatchParameteri()** 所设置的面片大小是相同的。在细分控制着色器内部，我们可以通过变量 gl_PatchVerticesIn 来获取 gl_in 的元素个数（相当于查询 gl_in.length()）。

9.3　细分控制着色器

在应用程序里建立面片之后，就可以调用细分控制着色器（如果已经绑定）并完成下面的操作：

- 生成细分输出面片的顶点（tessellation output patch vertices）并传递到细分计算着色器，同时更新所有逐顶点或者逐面片的属性值。
- 设置细分层次因数，以控制生成图元的操作。这些因数属于特殊的细分控制着色器变量，分别为 gl_TessLevelInner 和 gl_TessLevelOuter，它们在细分控制着色器中是隐式声明的。

我们将依次讨论这些操作的内容。

9.3.1 生成输出面片的顶点

细分控制着色器使用的是应用程序设置的顶点，也就是输入面片顶点（input-patch vertices），而生成的新的顶点列表就是输出面片顶点（output-patch vertice），它们保存在细分控制着色器的 gl_out 数组中。到此为止，我们可能会对之后的工作有所疑问：为什么不直接将应用程序的原始顶点序列传递过去，以省去这里的操作呢？细分控制着色器可以对应用程序传入的数据进行修改，也可以对输入面片顶点执行创建或者删除顶点的操作，然后生成输出面片顶点。我们可以通过这一功能来处理点精灵的数据，或者减少应用程序发送给 OpenGL 的数据总量，从而实现性能的提升。

我们已经知道，输入面片顶点的数量是通过 **glPatchParameteri()** 设置的。而我们可以通过布局限定符（`layout`）来设置输出面片顶点的数量，其中输出面片顶点的总数设置为 16。

```
layout (vertices = 16) out;
```

通过布局限制符中的（`layout`）vertues 参数设置的数值实现了两个目的：设置输出面片顶点 gl_out 的数量，以及设置细分控制着色器执行的次数，即每个输出面片顶点执行一次。

为了判断当前处理的是哪个输出顶点，细分控制着色器中可以使用 gl_InvocationID 变量。它的值也就是 gl_out 数组中当前的索引位置。当细分控制着色器正在运行时，它会访问所有的面片顶点数据，包括输入和输出的顶点。如果这样，从一个当前还没有被处理的着色器请求对应的位置获取数据，可能会产生一些问题。细分控制着色器也可以使用 GLSL 的 barrier() 函数，它可以强制所有的控制着色器开始执行输入面片计算，并等待它们全部抵达当前的位置，因此可以确保我们需要的所有数据都已经计算完成。

细分控制着色器的一个常见的应用就是将输入面片顶点传递出去。例 9.2 所示就是一个 4 顶点组成的输出面片。

例 9.2 直接传递面片顶点的细分控制着色器

```
#version 420 core

layout (vertices = 4) out;

void
main()
{
    gl_out[gl_InvocationID].gl_Position
                        = gl_in[gl_InvocationID].gl_Position;

    // 然后设置细分的层级
}
```

9.3.2 细分控制着色器的变量

gl_in 数组实际上就是一个结构体数组，它的每个元素定义如下：

```
in gl_PerVertex {
    vec4 gl_Position;
    float gl_PointSize;
    float gl_ClipDistance[];
    float gl_CullDistance[];
} gl_in[gl_PatchVerticesIn];
```

对于每个需要向下传递（即向细分计算着色器传递）的变量，我们都需要设置一个对应的值，这一点与设置 gl_Position 的过程类似。

gl_out 数组的域成员与它是相同的，但是大小是通过 gl_PatchVerticesOut 来指定的，正如我们所见的，它是细分控制着色器的 out 布局限定符（layout）所设置的。此外，表 9-1 中还列出了一些标量数据，它们可以用来判断着色的图元和输出的顶点位置信息。

表 9-1　细分控制着色器的输入变量

变量声明	描述
gl_InvocationID	当前细分控制着色器请求的输出顶点索引
gl_PrimitiveID	当前输入面片的图元索引
gl_PatchVerticesIn	输入面片的顶点数量，也就是 gl_in 的大小
gl_PatchVerticesOut	输出面片的顶点数量，也就是 gl_out 的大小

如果还有一些额外的逐顶点的属性值，无论作为输入还是输出，它们都需要在细分控制着色器中声明为 in 或者 out 数组的形式。输入数组的大小必须与输入面片的顶点数量相同，或者声明时不指定大小，而由 OpenGL 分配数据的空间。类似地，逐顶点的输出属性（可以稍后在细分计算着色器中访问）也需要设置输出面片的顶点数量值，或者声明时不指定大小。

9.3.3　细分的控制

细分控制着色器的另一个函数可以用来设置输出面片的细分程度。不过我们还没有深入讨论过细分计算着色器，它负责控制要渲染的输出面片类型，也就是细分发生的区域。OpenGL 支持三种不同的细分域（tessellation domain）：四边形、三角形，或者等值线集合。

细分的总量是通过两组数据来控制的：内侧和外侧细分层级。外侧细分层级（outer-tessellation level）负责控制细分区域的周长，它保存在一个声明为 4 个元素的数组 gl_TessLevelOuter 中。类似地，内侧细分层级（inner-tessellation level）设置的是细分区域的内部划分方式，它保存在一个声明为 2 个元素的数组 gl_TessLevelInner 中。所有的细分层级因数都是浮点数，我们马上就会了解到分数部分的值对细分的影响作用。这些隐式声明的细分层级因数数组都是固定大小的，并且数组中可用数据的数量依赖于细分域的类型。

要熟练使用细分方法的关键，就在于理解内侧细分层级和外侧细分层级的意义。每个细分层级因数都设置了细分区域的"段数"，以及要产生的细分坐标和几何图元。细分的实现方法取决于域的类型设置。下面会依次讨论不同类型的细分域，以及它们的操作方式。

四边形细分

使用四边形域是最为直观的一种方式，因此我们从这里开始。如果给出的输入面片形状都是四边形的，那么会非常有用，这是因为我们可以直接用到二维的曲面方法，例如 Bézier 曲面。四边形域使用所有的内侧和外侧细分层级，以实现对单位四边形的划分。举例来说，如果设置细分层级因数为下面的数值，那么 OpenGL 得到的四边形域细分结果如图 9-1 所示。

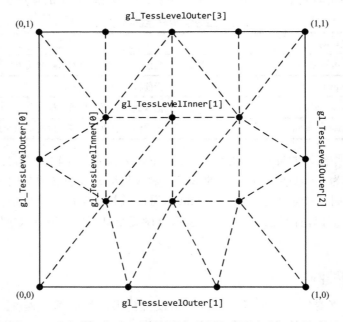

图 9-1　四边形细分（四边形域的细分层级设置如例 9.3 所示）

例 9.3　四边形域的细分层级设置，结果如图 9-1 所示

```
gl_TessLevelOuter[0] = 2.0;
gl_TessLevelOuter[1] = 3.0;
gl_TessLevelOuter[2] = 2.0;
gl_TessLevelOuter[3] = 5.0;

gl_TessLevelInner[0] = 3.0;
gl_TessLevelInner[1] = 4.0;
```

注意，外侧细分层级的值与周长上每条边的段数是对应的，而内侧细分层级的值设置了区域内水平和垂直方向上各自有多少"区域"存在。图 9-1 所示是对这个区域三角化的结果[⊖]，

　　⊖　域的三角化方式是与具体设备实现相关的。

使用虚线表示。类似地，实体的原点表示细分的坐标，每个细分坐标都是细分计算着色器的一个输入值。对于四边形域来说，细分坐标有两个坐标值 (u, v)，它们的范围均为 [0, 1]，并且每个细分坐标都会被传入细分计算着色器的一个请求当中。

等值线细分

与四边形细分类似，等值线域也会生成 (u, v) 形式的细分坐标，并传递给细分计算着色器。但是，等值线只会用到 2 个外侧细分层级来判断细分的总量（不会用到内侧细分层级）。图 9-2 所示就是例 9.4 的细分层级因数设置对应的结果。

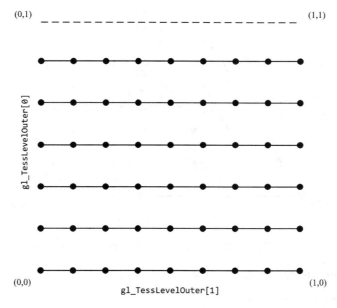

图 9-2　等值线细分（等值线域的细分设置如例 9.4 所示）

例 9.4　等值线域的细分层级，结果如图 9-2 所示

```
gl_TessLevelOuter[0] = 6;
gl_TessLevelOuter[1] = 8;
```

我们可以看到，v = 1 的边上有一条虚线。这是因为等值线的结果并不包含边长上的等值线数据，如果把两个等值线面片放在一起（即两个面片共享一条边），那么边长上是不会发生交叠情况的。

三角形细分

最后，讨论三角形区域的细分操作。与四边形或者等值线域相比，三角形的三个顶点对应坐标很难通过 (u, v) 来表达。事实上，三角形区域使用重心坐标系（barycentric coordinates）来设置自己的细分坐标。重心坐标是通过三个数值 (a, b, c) 来表示的，每个数

值的范围都是 [0, 1]，并且有等式 a + b + c = 1。我们可以将 a、b 和 c 看作三角形的各个独立顶点的权重值。

与其他的域类似，这里的细分坐标也是一个细分层级因数的函数，特别是外侧细分层级的前三个值和内侧细分层级的第一个值。三角形域的细分级数因数设置如例 9.5 所示，其结果如图 9-3 所示。

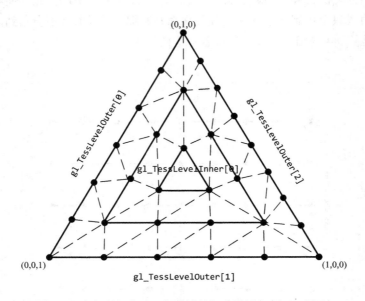

图 9-3　三角形细分（三角形域的细分设置如例 9.5 所示）

例 9.5　三角形域的细分层级，结果如图 9-3 所示

```
gl_TessLevelOuter[0] = 6;
gl_TessLevelOuter[1] = 5;
gl_TessLevelOuter[2] = 8;

gl_TessLevelInner[0] = 5;
```

和其他域的设置一样，这里的外侧细分层级也是用来控制三角形的周长细分方式的，而内侧细分层级控制内部的分区方式。与四边形域（内部被划分为一组四边形网格）相比，三角形域的内部被划分为一组同心的三角形。特别是，用 t 来表示内侧细分层级。如果 t 是一个偶数值，那么三角形域的中心（重心坐标）将定位于 (1/2, 1/2, 1/2)，然后在中心点和周长之间生成 (t/2) − 1 个同心三角形。反之，如果 t 是一个奇数值，那么到周长为止将生成 (t/2) − 1 个同心三角形，但是中心点（重心坐标）不再是一个细分坐标。这两种情况如图 9-4 所示。

忽略细分控制着色器

正如之前提到过的，很多时候细分控制着色器就是一个传递性质的着色器，只是把输入数据拷贝到输出变量中而已。这种时候，其实我们可以让细分控制着色器直接传递数据，然后通过 OpenGL API 而不是着色器来设置细分层级参数。此时可以使用 glPatchParameterfv() 函数来设置内侧和外侧细分层级因数。

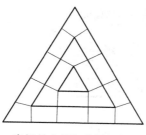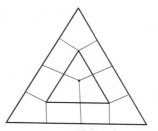

奇怪的内侧细分层级会在　　　偶数的内测细分层级会在
三角形细分域的中心创建一　　三角形细分域的中心创建一
个小三角形　　　　　　　　　个独立的细分坐标

图 9-4　偶数和奇数形式的细分（三角形细分时使用偶数或者奇数个内侧细分层级的示例）

---

void glPatchParameterfv(GLenum pname, const GLfloat* values);

如果没有绑定细分控制着色器，则用这个函数来设置内侧和外侧细分层级因数。pname 必须是 GL_PATCH_DEFAULT_OUTER_LEVEL 或者 GL_PATCH_DEFAULT_INNER_LEVEL。

如果 pname 为 GL_PATCH_DEFAULT_OUTER_LEVEL，那么 values 必须是 4 个浮点数值组成的一个数组，用来设置外侧细分层级。

类似地，如果 pname 为 GL_PATCH_DEFAULT_INNER_LEVEL，那么 values 必须是 2 个浮点数值组成的一个数组，用来设置内侧细分层级。

9.4　细分计算着色器

OpenGL 细分管线的最后一个阶段就是执行细分计算着色器。每个通过图元生成得到的细分坐标都需要执行一次细分计算着色器，用以判断从细分坐标而来的顶点位置。正如我们看到的，细分计算着色器与顶点着色器会有一些相似之处，它也要将顶点变换到屏幕坐标（除非细分计算着色器的数据还要继续传递到几何着色器处理）去使用。

配置细分计算着色器的第一步就是配置图元生成器，这一步可以通过 layout 布局限定符来完成，与我们之前处理细分控制着色器的方法类似。它的参数设置细分域和生成的图元类型、实体图元的面朝向（用于背面裁减），以及细分层级在图元生成过程中的使用方式。

9.4.1 设置图元生成域

我们现在将介绍细分计算着色器的 out（layout）布局限定符的参数。首先，讨论细分域设置的问题。正如你所看到的，细分坐标生成的域有三种类型，如表 9-2 所示。

表 9-2 细分计算着色器的图元类型

图元类型	描述	域坐标
quads	单位块上的一个四边形域	(u, v) 对的形式，u 和 v 的范围从 0 ~ 1
triangles	使用重心坐标的三角形	(a, b, c) 坐标形式，a、b 和 c 的范围均为 0 ~ 1，且有 a + b + c = 1
isolines	一系列穿过单位块的线段集合	(u, v) 对的形式，u 的范围从 0 ~ 1，v 的范围从 0 到接近于 1 的数值

9.4.2 设置生成图元的面朝向

对于 OpenGL 中的任何填充类型的图元来说，顶点的顺序都会决定图元的面朝向问题。我们不会直接对顶点进行处理，而是由图元生成器按照要求处理，因此我们需要给出图元面的组成顶点顺序。使用 layout 布局限定符的时候，设置 cw 表示顶点按照顺时针排列，或者 ccw 表示顶点按照逆时针顺序排列。

9.4.3 设置细分坐标的间隔

此外，我们也可以控制外侧细分层级的小数值，用它来控制周长边上的细分坐标生成方法（内侧细分层级会受到下述选项的影响）。表 9-3 给出三个可用的间隔选项值，其中 max 表示 OpenGL 具体实现中能够支持的最大细分层级值。

表 9-3 控制细分层级的选项

选项	描述
equal_spacing	细分层级将被截断在 [1, max] 范围内，然后取整到下一个整数值
fractional_even_spacing	数值将被截断在 [2, max] 范围内，然后取整到下一个偶数整数值 n。然后将边界划分为 n − 2 个等长的部分，以及 2 个位于两端的部分（可能比其他部分的长度更短）
fractional_odd_spacing	数值将被截断在 [1, max − 1] 范围内，然后取整到下一个奇数整数值 n。然后将边界划分为 n − 2 个等长的部分，以及 2 个位于两端的部分（可能比其他部分的长度更短）

9.4.4 更多的细分计算着色器 layout 选项

最后，如果需要输出点集，而不是等值线或者填充区域，那么我们可以使用 point_mode 选项，它会为细分计算着色器处理的每个顶点渲染一个单独的点。

layout 限定符中选项的设置顺序并不重要，举例来说，下面的 layout 布局限定符会将生成的图元设置在三角形域，使用等间隔方法，逆时针方向的三角形，并且只渲染单独的点而非连续图元。

```
layout (triangles, equal_spacing, ccw, points) out;
```

9.4.5　设置顶点的位置

细分控制着色器的输出顶点（即 gl_out 数组中的 gl_Position 值）可以直接从细分计算着色器中的 gl_in 变量获取，它与细分坐标合在一起使用，来生成输出顶点的位置数据。

着色器中的细分坐标是通过 gl_TessCoord 变量给出的。例 9.6 中，我们使用等间隔的四边形来渲染一个简单的面片。这里用细分坐标来对表面进行着色，并且给出了顶点位置的计算方法。

例 9.6　简单的细分计算着色器

```
#version 420 core

layout (quads, equal_spacing, ccw) in;

out vec4 color;

void
main()
{
  float u = gl_TessCoord.x;
  float omu = 1 - u;  // 1 减 "u"
  float v = gl_TessCoord.y;
  float omv = 1 - v;  // 1 减 "v"

  color = gl_TessCoord;

  gl_Position =
    omu * omv * gl_in[0].gl_Position +
    u   * omv * gl_in[1].gl_Position +
    u   *   v * gl_in[2].gl_Position +
    omu *   v * gl_in[3].gl_Position;
}
```

9.4.6　细分计算着色器的变量

与细分控制着色器类似，细分计算着色器也有一个 gl_in 数组，实际上它也是一个结构体数组，其中每个元素的定义如例 9.7 所示。

例 9.7　细分计算着色器的 gl_in 参数

```
in gl_PerVertex {
    vec4 gl_Position;
    float gl_PointSize;
    float gl_ClipDistance[];
    float gl_CullDistance[];
} gl_in[gl_PatchVerticesIn];
```

此外，表 9-4 中所示的一些标量也可以用来判断当前图元类型，以及计算输出顶点的位置。

表 9-4　细分控制着色器的输入变量

变量声明	描述
gl_PrimitiveID	当前输入面片的图元索引
gl_PatchVerticesIn	输入面片的顶点数，也就是 gl_in 的大小
gl_TessLevelOuter[4]	外侧细分层级的值

(续)

变量声明	描述
gl_TessLevelInner[2]	内侧细分层级的值
gl_TessCoord	还未进入细分计算着色器中面片域空间的顶点坐标值

输出顶点数据被存储在如下的接口块当中：

```
out gl_PerVertex {
    vec4 gl_Position;
    float gl_PointSize;
    float gl_ClipDistance[];
    float gl_CullDistance[];
};
```

9.5 细分实例：茶壶

之前所有的方法都需要一些切实的演示手段。本节将通过 Bézier 面片的方法来渲染著名的 Utah 茶壶。所谓的 Bézier 面片，起源于法国工程师 Pierre Bézier 的发现，他定义了一种参数化的表面，可以通过单位正方形上的网格控制点来计算。在实例中，我们将使用 16个控制点排列成 4×4 的网格。为此，我们需要下面一些理论来支持细分方法的实现：

❑ Bézier 面片是定义在单位正方形上的，也就是说我们可以使用四边形域类型来定义细分计算着色器中的 layout 布局类型。

❑ 每个面片都有 16 个控制点，因此 glPatchParameteri() 的参数 GL_PATCH_VERTICES 需要设置为 16。

❑ 16 个控制点同时也定义了输入面片顶点的数量，即细分控制着色器中 gl_in 数组的最大索引值。

❑ 最后，因为细分控制着色器不会向面片添加或者删除任何顶点，所以输出面片顶点的数量也是 16，它同时也是细分控制着色器中 layout 布局限定符里要设置的值。

9.5.1 处理面片输入顶点

根据已知面片的信息，我们可以很容易地构建出所需的细分控制着色器内容，如例 9.8 所示。

例 9.8 茶壶示例的细分控制着色器

```
#version 420 core

layout (vertices = 16) out;

void main()
{
    gl_TessLevelInner[0] = 4;
    gl_TessLevelInner[1] = 4;

    gl_TessLevelOuter[0] = 4;
```

```
        gl_TessLevelOuter[1] = 4;
        gl_TessLevelOuter[2] = 4;
        gl_TessLevelOuter[3] = 4;

        gl_out[gl_InvocationID].gl_Position
                        = gl_in[gl_InvocationID].gl_Position;
    }
```

　　根据例 9.8 中的细分层级因数，图 9-5 中给出了茶壶的面片信息（稍微收缩以清晰地表达每个独立的面片）。

图 9-5　茶壶的细分面片

　　这是一个非常简单的细分控制着色器的例子。事实上，这是一个很好的传递着色器的例子，它基本上就是将输入数据拷贝到输出中。这个着色器还设置了常数形式的内侧和外侧细分层级，这一步也可以在应用程序端通过调用 glPatchParameterfv() 来完成。不过为了完整性的考虑，这个例子中给出了相关代码。

9.5.2　计算茶壶的细分坐标

　　Bézier 面片使用了一定的数学知识，从输入的控制点来计算最终的顶点位置。将细分坐标映射到 4×4 面片的顶点位置的公式如下所示：

$$\vec{p}(u, v) = \sum_{i=0}^{3} \sum_{j=0}^{3} B(i, u)B(j, v)\vec{v}_{ij}$$

这里的 $\vec{p}$ 表示最终的顶点位置，$\vec{v}_{ij}$ 表示输入面片中索引位置 (i, j) 的输入控制点（在 GLSL 中使用了两个 vec4 类型），而 B 表示尺度函数。

　　虽然看起来不太像，但是我们可以很简单地在细分计算着色器中实现这个公式，如例

9.9 所示。在下面的着色器中，函数 B 是一个即将定义的 GLSL 用户函数。在 layout 限定符当中，我们也定义了四边形域、间隔选项，以及多边形面的朝向参数。

例 9.9 茶壶细分计算着色器的主函数

```
#version 420 core

layout (quads, equal_spacing, ccw) out;

uniform mat4   MV;    // 模型视图矩阵
uniform mat4   P;     // 投影矩阵
void
main()
{
    vec4   p = vec4(0.0);

    float   u = gl_TessCoord.x;
    float   v = gl_TessCoord.y;

    for (int j = 0; j < 4; ++j) {
        for (int i = 0; i < 4; ++i) {
            p += B(i, u) * B(j, v) * gl_in[4*j+i].gl_Position;
        }
    }

    gl_Position = P * MV * p;
}
```

这里的 B 函数就是一个 Bernstein 多项式，也就是一个完整的数学函数式。这个函数会返回一个标量值。我们使用的是这个函数的简化版本，其中使用第一个参数作为索引值，而函数计算的结果就是细分坐标的一个分量。这个函数的数学定义如下所示：

$$B(i, u) = \binom{3}{i} u^i (1 - u)^{3-i}$$

其中 $\binom{3}{i}$ 是一个特殊的数学表达法，叫做二项式系数（binomial coefficient）[⊖]。我们不会深入这个系数的细节，只是直接用它来计算 1 或者 3 两种情况下的结果值，如果在函数定义中把它写作一个查找表 bc 的形式，并且使用 i 作为索引。那么可以重新将 $B(i, u)$ 写作：

$$B(i, u) = \text{bc}_i \, u^i (1 - u)^{3-i}$$

这一步也可以很轻易地解释为 GLSL 的代码，如例 9.10 所示。

例 9.10 茶壶细分计算着色器的 $B(i, u)$ 定义

```
float
B(int i, float u)
{
```

⊖ 二项式系数通常可以使用公式 $\binom{n}{k} = \frac{n!}{k!(n-k)!}$ 来定义，其中 $n!$ 表示 n 的阶乘，它可以定义为从 n 到 1 的数值的连乘结果：$n! = (n)(n-1)(n-2)\cdots(2)(1)$。

```
    // 二项式系数查找表
    const vec4 bc = vec4(1, 3, 3, 1);

    return bc[i] * pow(u, i) * pow(1.0 - u, 3 - i);
}
```

与本书介绍的其他技术相比，这里的方法包含更多的数学知识，不过这确实是我们在实际使用细分表面的时候会遇到的问题。虽然对于表面数学的讲解已经超出本书的范畴，不过我们还是可以了解更多相关的技术和资源信息。

9.6　更多的细分技术

在最后的一节中，我们将简要介绍更多的技术手段，它们可以通过细分着色器来完成。

9.6.1　视口相关的细分

本章大部分的例子都将细分层级因数设置为常数值（无论是通过着色器还是 uniform 变量）。细分的一个关键特性就是在细分控制着色器中对细分层级的动态计算，特别是根据视图相关的一些参数来调整细分的总量。

举例来说，你可能需要实现一个基于细节层次（level-of-detail）机制的算法，通过眼睛在场景中的位置与面片的距离来进行计算。例 9.11 中，我们将使用通过所有输入面片的平均值来设置一个面片的代表点，然后根据人眼位置与这个点的距离来计算所有的细分层次因数。

例 9.11　通过视图相关的参数来计算细分层次

```
uniform vec3 EyePosition;

void main()
{
    vec4 center = vec4(0.0);

    for (int i = 0; i < gl_in.length(); ++i) {
        center += gl_in[i].gl_Position;
    }

    center /= gl_in.length();

    float d = distance(center, vec4(EyePosition, 1.0));

    const float lodScale = 2.5; // 距离比例系数

    float tessLOD = mix(0.0, gl_MaxTessGenLevel, d * lodScale);
    for (int i = 0; i < 4; ++i) {
        gl_TessLevelOuter[i] = tessLOD;
    }

    tessLOD = clamp(0.5 * tessLOD, 0.0, gl_MaxTessGenLevel);
    gl_TessLevelInner[0] = tessLOD;
    gl_TessLevelInner[1] = tessLOD;
```

```
        gl_out[gl_InvocationID].gl_Position
                                = gl_in[gl_InvocationID].gl_Position;
    }
```

例 9.11 使用一个非常基本的方法来计算面片的细节层次。尤其是每个周长边都是以同样的数值来进行细分的,并没有考虑它自己与眼睛的距离。这样并没有完全利用到基于视图信息的细分方法的优势,而后者是一个常见的几何优化的方案(根据眼睛与物体的距离来降低物体的几何复杂度,假设这里使用了透视投影)。这个方法的另一个问题是,如果我们有多个共享同一条边的面片,那么共享边上的细分层次会因为物体与眼睛位置之间的距离差别而有所不同,这样可能会导致共享边上出现裂缝的问题。裂缝是细分算法的一个重要的瑕疵,我们会在 9.6.2 节再次提及另一个相关的问题。

为了解决共享边的细分因数不同的问题,我们需要找到一种方法,让这些边上的细分因数能够返回一致的结果。不过,例 9.11 中所示的方法中,不需要获取输入面片顶点的逻辑顺序;相比之下,其他需要获取顶点与周长边的关系的算法都是与数据相关的。这是因为面片是有逻辑顺序的,但是只有应用程序才知道输入面片顶点的具体顺序。在例 9.12 中,我们将边信息包含到一个结构体数组当中,以便在细分控制着色器中进行处理。

```
struct EdgeCenters {
    vec4 edgeCenter[4];
};
```

应用程序需要将各个边在世界空间中的中心位置传递到这个数组中。在这个例子里,假设细分使用四边形域,因此每个 EdgeCenters 结构体中都有 4 个顶点值,其他域中可能要对顶点值的数量做出更改。数组中 EdgeCenters 结构体的数量也就是绘制命令中要处理的面片的数量。我们可以修改细分控制着色器来实现如下的功能:

例 9.12　根据周长边的中心点设置细分层次因数

```
struct EdgeCenters { vec4 edgeCenter[4]; };

uniform vec3 EyePosition;

uniform EdgeCenters patch[];

void main()
{
    for (int i = 0; i < 4; ++i) {
        float d = distance(patch[gl_PrimitiveID].edgeCenter[i],
                           vec4(EyePosition, 1.0));
        const float lodScale = 2.5; // 距离比例系数

        float tessLOD = mix(0.0, gl_MaxTessGenLevel, d * lodScale);

        gl_TessLevelOuter[i] = tessLOD;
    }
    tessLOD = clamp(0.5 * tessLOD, 0.0, gl_MaxTessGenLevel);
    gl_TessLevelInner[0] = tessLOD;
```

```
    gl_TessLevelInner[1] = tessLOD;

    gl_out[gl_InvocationID].gl_Position
                          = gl_in[gl_InvocationID].gl_Position;
}
```

9.6.2 细分的共享边与裂缝

通常来说，使用细分的几何模型面片都会有共享边的问题。OpenGL 中的细分可以确保面片中生成的几何体不会有任何的裂缝存在，但是它无法保证共享同一条边的面片也不存在裂缝。这是应用程序需要关心的，而且很明显我们的初衷就是让共享边的细分保持同样的因数值。但是，这样还是会存在第二个问题——计算机数学运算的精度问题。

除了简单的细分应用程序之外，模型周长边上的点都是通过多个细分控制着色器的输出面片顶点来定位的，然后与细分坐标一起送入细分计算着色器中。为了避免相邻面片细分时边界上的裂缝问题，细分计算着色器中的数学运算累加顺序必须也是相同的。根据细分计算着色器生成最终顶点位置的方式，我们可能需要对细分计算着色器中的顶点处理过程进行重新排序。一个常见的解决方法是，找到所有对周长边的顶点有贡献的输出面片顶点，按照预设的方式进行排序，也就是沿着边长向量增加大小的方式。

另一种避免裂缝的方法就是在着色器计算的时候，如果存在两个着色器请求的顶点顺序不一致的情况，就使用 precise 限定符。这一过程如图 9-6 所示。

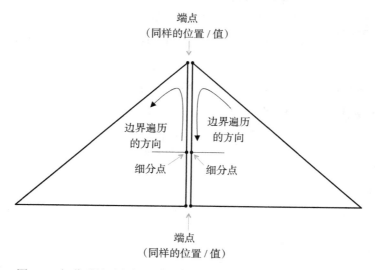

图 9-6　细分裂缝（内部边的方向是相反的，但是计算得到的细分
顶点必须是相同的值，否则会造成裂缝问题）

正如在 2.3.4 节中所介绍的，尽管输入值和表达值都是一样的，但是如果沿着边遍历顶点的顺序反转，计算依然可能会造成不同的结果。我们可以将这样的计算结果标识为

`precise` 以避免相应的问题。

9.6.3 置换贴图映射

这里讨论的最后一个细分技术叫做置换贴图映射（displacement mapping），它只是一种纹理贴图映射的方法，和我们在第 6 章中讨论的类似。实际上，我们对此并没有更多的阐述，只是可以使用细分坐标和细分计算着色器来采样纹理贴图中包含的置换信息。

在例 9.9 中的茶壶添加置换映射，这需要在细分计算着色器中添加两行新的代码，如例 9.13 所示。

例 9.13 在茶壶的细分计算着色器主函数中添加置换贴图映射

```
#version 420 core

layout (quads, equal_spacing, ccw) out;

uniform mat4  MV; // 模型视点矩阵列
uniform mat4  P;  // 投影矩阵

uniform sampler2D DisplacementMap;

void main()
{
    vec4  p = vec4(0.0);

    float  u = gl_TessCoord.x;
    float  v = gl_TessCoord.y;

    for (int j = 0; j < 4; ++j) {
        for (int i = 0; i < 4; ++i) {
            p += B(i, u) * B(j, v) * gl_in[4*j+i].gl_Position;
        }
    }

    p += texture(DisplacementMap, gl_TessCoord.xy);

    gl_Position = P * MV * p;
}
```

第 10 章 *Chapter 10*

几何着色器

本章目标

阅读完本章内容之后，你将会具备以下的能力：

❏ 创建和使用几何着色器，从而在 OpenGL 管线中对几何体进行处理。

❏ 使用几何着色器来创建额外的几何图元。

❏ 使用几何着色器与 transform feedback 共同生成多组几何数据流。

❏ 在一个单独的渲染流程中渲染到多个视口。

本章将会介绍一个另一个顶点处理的着色器阶段——几何着色器。在逻辑上几何着色器位于图元装配和片元着色之前。它接受的输入是一系列顶点组成的完整的图元，并且这些输入全部是数组的形式。通常来说这些输入数据来自顶点着色器。不过如果我们激活细分着色器，那么几何着色器的输入将来自细分计算着色器（tessellation evaluation shader）的结果。因为几何着色器的每个请求都负责处理一个完整的图元，所以我们可以访问这个图元的所有顶点，进而实现一些专门的技巧。

除了增强多顶点访问属性之外，几何着色器还可以控制输出数据的数量。如果输出的总量为 0，那么几何体将被自动裁减；如果输出的顶点数比原始图元要多，那么相当于进行了几何体细化的操作。几何着色器还可以产生与输入数据不同的输出图元类型，也就是在管线过程中改变几何体的类型。几何着色器可以接收 4 种特殊的图元类型作为输入。最后，几何着色器也可以与 transform feedback 共同使用，将输入的顶点数据流切分为多个子数据流。这些特性都是非常强大的，可以帮助我们在 GPU 上完成多种多样的技巧和算法。

本章包含以下几节：

❏ 10.1 节介绍几何着色器使用的基本原理。

- ❏ 10.2 节定义几何着色器中使用的输入和输出的数据结构。
- ❏ 10.3 节介绍使用几何着色器产生图元的方法。
- ❏ 10.4 节对 transform feedback 的机制进行了扩展，以实现更多高级的技巧。
- ❏ 10.5 节介绍使用几何着色器实现几何体多实例方法的一些优化技巧。
- ❏ 10.6 节讲解如何在单一的渲染过程中渲染到多个视口的方法。
- ❏ 10.7 节简要介绍了一些使用几何着色器的示例，并给出了一些经验之谈。

10.1 创建几何着色器

几何着色器的创建与其他类型的着色器是完全相同的——调用 glCreateShader() 函数。创建几何着色器需要将 GL_GEOMETRY_SHADER 作为着色器类型参数传入 glCreateShader()。着色器源代码使用 glShaderSource() 函数传递，然后使用 glCompileShader() 编译着色器程序。我们可以给一个程序对象关联多个几何着色器，当程序完成链接之后，被关联的几何着色器将会链接一个 GPU 上运行的可执行程序。如果启用已经带有几何着色器的程序对象，那么几何着色器将会对 OpenGL 产生的每个图元进行处理。这样的图元包括点、线、三角形，或者特殊的邻接图元（adjacency primitive）类型，我们稍后将对此予以讨论。

几何着色器是 OpenGL 中的一个可选阶段，你的程序对象中不一定非要包含这个阶段。它位于光栅化和片元着色阶段之间。几何着色器的输出可以通过 transform feedback 的方式捕获，并且我们通常采取这种方式来处理顶点并完成进一步的渲染工作，甚至是与图形无关的任务。如果不需要给出片元着色器，那么我们甚至可以通过调用 glEnable() 并传入参数 GL_RASTERIZER_DISCARD 来关闭光栅化阶段。这样 transform feedback 就成了整个管线的终点，此时我们可以使用这个特性直接获取所需的顶点数据，不用再渲染图元。

几何着色器的独一无二的地方，就是它可以改变 OpenGL 管线中传递的图元的类型和数量。我们稍后就会介绍与之相关的方法和应用程序。不过，在链接几何着色器之前，我们必须先设置输入的图元类型、输出的图元类型，以及产生顶点的最大数量。这些参数可以作为几何着色器源代码的（layout qualifier）布局限定符来给出。

例 10.1 给出一个非常基本的几何着色器示例，它只是直接传递已有的图元，没有做任何修改（即传递着色器，pass-through）。

例 10.1 简单的传递几何着色器

```
// 这是一个非常简单的传递几何着色器
#version 330 core

// 设置输入和输出的图元类型，以及着色器中产生的最大顶点数量
// 这里我们设置输入类型为三角形，而输出为三角形条带
layout (triangles) in;
layout (triangle_strip, max_vertices = 3) out;

// 几何着色器和其他类型的着色器一样，都必须有一个 main 函数
void main()
```

```
{
    int n;

    // 遍历所有输入的顶点
    for (n = 0; n < gl_in.length(); n++)
    {
        // 将输入位置拷贝到输出位置上
        gl_Position = gl_in[0].gl_Position;
        // 发射顶点数据
        EmitVertex();
    }
    // 完成图元。在这里这一步并不是必需的，只是用作演示的目的
    EndPrimitive();
}
```

这个着色器简单地将输入数据拷贝到输出数据上。我们不需要担心它工作的方式，但是可以看到这个例子中也体现了几何着色器的一些特殊性。首先，在着色器的开始部分有两个布局限定符，它们包含输入和输出图元类型的声明，以及最大输出顶点数量的设置。如例 10.2 所示。

例 10.2　几何着色器的布局限定符

```
layout (triangles) in;
layout (triangle_strip, max_vertices = 3) out;
```

第一行设置输入的图元类型为三角形。也就是说，几何着色器会对每个需要渲染的三角形执行一次。程序中的绘制命令所用的图元类型，必须与几何着色器（如果存在）给定的图元类型相兼容。如果绘制命令设置为三角形条带或者扇形（GL_TRIANGLE_STRIP 或者 GL_TRIANGLE_FAN），那么几何着色器将对条带或者扇形中的每个三角形执行一次。第二行声明了几何着色器的输出类型为三角形条带，输出的最大顶点数量为 3。表 10-1 中给出几何着色器的输入图元类型与绘制命令的图元类型的兼容性关系。

注意，虽然在这个例子中我们只输出了一个三角形，但是还是要设置图元类型为三角形条带。几何着色器的设计上只能输出点、多段线条带，或者三角形条带，不能输出独立的线或者三角形，也不能输出循环线或者三角形扇面。这是因为条带可以视为是独立的图元类型的一个超集，也就是说，一个独立的三角形或者线段其实就是只有一个图元的条带而已。如果绘制一个三角形就立即结束条带，我们就相当于是在绘制独立的三角形数据。

表 10-1　几何着色器的图元类型与对应的绘制模式

几何着色器图元	对应的绘制命令模式
points	GL_POINTS、GL_PATCHES[1]
lines	GL_LINES、GL_LINE_STRIP、GL_LINE_LOOP、GL_PATCHES[1]
triangles	GL_TRIANGLES、GL_TRIANGLE_STRIP GL_TRIANGLE_FAN、GL_PATCHES[1]
lines_adjacency[2]	GL_LINES_ADJACENCY、GL_LINE_STRIP_ADJACENCY

（续）

几何着色器图元	对应的绘制命令模式
triangles_adjacency[3]	GL_TRIANGLES_ADJACENCY、GL_TRIANGLE_STRIP_ADJACENCY

① 如果几何着色器已经存在，并且对应的细分模式可以将 patch 转换到兼容的几何着色器输入类型，那么此时我们可以使用 GL_PATCHES 参数。

② 邻接图元 lines_adjacency 和 triangles_adjacency 属于特殊的几何着色器类型，我们稍后对其进行讨论。

③ 细分着色器的相关内容请参见第 9 章。

特殊的 GLSL 函数 EmitVertex() 负责产生一个新的顶点作为几何着色器的输出。每次调用这个函数的时候，都会向当前条带（如果输出图元设置为 line_strip 或者 triangle_strip）的末尾添加一个顶点。如果输出图元类型为 points，那么每次调用 EmitVertex() 的时候都会产生一个新的独立点。第二个特殊的几何着色器函数就是 EndPrimitive()，它中断了当前的条带，并且通知 OpenGL 在下一次调用 EmitVertex() 的时候，重新开始一组新的条带。正如之前讨论过的，单一的图元类型，例如 lines 或者 triangles 是不能被直接支持的，不过它们可以通过下面的方式来实现，即每两个（线段）或者三个顶点（三角形）生成之后就调用一次 EndPrimitive()。如果下面在产生多段线条带的时候，每发射两个顶点之后就调用一次 EndPrimitive()，或者产生三角形条带的时候每三个顶点就调用一次 EndPrimitive()，那么我们得到的就是互相独立的线段或者三角形了。当然这里并不存在点的条带，因为每个点都是一个独立的图元，所以如果设置输出图元类型为 points，那么 EndPrimitive() 将不会有什么效果（虽然这样也是正确的）。

当几何着色器结束的时候，当前图元将被自动结束，所以我们不需要自己在几何着色器的末尾再专门调用 EndPrimitive()。如果调用 EndPrimitive() 或者到达着色器代码的末尾，那么当前所有没有完成的图元将被直接抛弃。也就是说，如果着色器产生的三角形条带只有两个顶点，或者产生的线段条带只有一个顶点，那么用来构成这个不完整条带的所有顶点都会被直接剔除。

10.2　几何着色器的输入和输出

几何着色器的输入和输出都是通过 GLSL 的布局限定符以及 in 和 out 关键字来设置的。除了用户设置的输入和输出之外，几何着色器还用到一些内置的输入和输出变量。我们将在后面的章节中对它们进行详细的介绍。in 和 out 关键字与布局限定符一起使用就可以配置几何着色器在渲染管线中的工作方式、行为，以及与相邻着色器阶段的交互方式。

10.2.1　几何着色器的输入

几何着色器的输入来自于顶点着色器的输出，或者如果启用细分，它将来自细分计算着色器的输出。几何着色器对于每个输入的图元都会运行一次，而前一个阶段的输出数据（顶点着色器或者细分计算着色器）在几何着色器中总是以数组的形式出现。这类数据包括所有用户定义的输入，以及内置的输入变量 gl_in，它是一个包含前一阶段所有可用的输出数据的数组。输入变量 gl_in 被隐式声明为一个接口块。gl_in 的定义如例 10.3 所示。

例 10.3　gl_in[] 的隐式声明

```
in gl_PerVertex {
    vec4          gl_Position;
    float         gl_PointSize;
    float         gl_ClipDistance[];
    float         gl_CullDistance[];
} gl_in[];
```

正如我们看到的，gl_in 被隐式声明为数组的形式。数组的长度是由输入图元的类型决定的。而顶点着色器（或者细分计算着色器）中写入 gl_Position、gl_PointSize、gl_ClipDistance 和 gl_CullDistance 的值在几何着色器中是作为 gl_in 数组的各个成员存在的。和其他的数组一样，gl_in 的元素个数也可以通过 .length() 方法获取。对于之前示例的几何着色器，我们使用这样的循环方式：

```
// 遍历所有输入的顶点
for (n = 0; n < gl_in.length(); n++)
{
    ...
}
```

上面的循环遍历整个 gl_in 数组，其长度依赖于着色器中定义的输入图元类型。对于这个示例着色器来说，输入图元类型为 triangles，也就是说几何着色器的每个请求都会处理一个单一的三角形，因此 gl_in.length() 函数的返回值为 3。这样我们可以很方便地修改几何着色器中输入图元的类型，并且不需要修改除了输入图元的布局限定符之外的任何源代码。举例来说，如果把输入图元类型修改为 lines，那么几何着色器将对每个线段运行一次，而 gl_in.length() 的返回值为 2。之后所有的着色器代码都不需要做出改动。

输入数组的大小是由通过几何着色器的图元类型决定的。这里支持的图元类型包括 points、lines、triangles、lines_adjacency 和 triangles_adjacency。不同图元类型对应的顶点数目如表 10-2 所示。

表 10-2　几何着色器的图元类型与顶点数目的关系

图元类型	输入数组大小
points	1
lines	2
triangles	3
lines_adjacency	4
triangles_adjacency	6

前三个类型分别表示点、线段和三角形。点是通过单一的顶点来表达的，虽然几何着

色器的输入还是数组形式，但是数组的大小总是 1。线段和三角形类型可以用于独立的图元（GL_TRIANGLES 和 GL_LINES），也可以用于条带和扇形中（例如 GL_TRIANGLE_STRIP）的独立对象。即使绘制命令中设置了 GL_TRIANGLE_STRIP、GL_TRIANGLE_FAN、GL_LINE_STRIP 或者 GL_LINE_LOOP 类型，几何着色器的输入依然是对应的独立图元类型。

最后两个输入图元类型表示邻接图元（adjacency primitive）的形式，这是几何着色器所用的特殊图元类型。如果没有指定几何着色器，那么它们的意义和解析方式都会比较特殊（稍后我们会加以讲解），而如果指定几何着色器，那么我们可以将其简单地看做是 4 个或者 6 个顶点的集合，而几何着色器负责将它们转换到其他的图元类型。我们不能将邻接图元类型设置为几何着色器的输出类型。

内置变量 gl_in 是一个长度由输入图元类型指定的数组，而用户定义的输入也是如此。考察下面的顶点着色器输出声明：

```
out vec4 position;
out vec3 normal;
out vec4 color;
out vec2 tex_coord;
```

几何着色器中，它们必须定义为下面的数组形式：

```
in vec4 position[];
in vec3 normal[];
in vec4 color[];
in vec2 tex_coord[];
```

注意，这里并没有显式地给出数组的大小。如果数组声明中没有定义大小，那么大小是由前一个着色器中声明的输入图元类型决定的。如果大小被显式给出，那么编译过程中需要对它和输入图元类型进行判断，然后给出额外的层或者错误提示。如果输入数组使用显式的大小定义，而这个大小与输入图元类型期望的值不能匹配，那么 GLSL 编译器将产生一个错误。

如果 GLSL 版本低于 4.3，是无法支持二维数组的。那么顶点着色器的输出数据被声明为数组会怎么样呢？从顶点着色器向几何着色器传递数组的时候，我们用到接口块的一些优势。接口块可以帮助我们将单个顶点的所有数据整合在一起，而不是对数组的集合进行管理，因此在使用接口块的时候，是不需要考虑数组或者版本号的问题的。接口块中可以包含数组，然后接口块本身再作为数组的元素整体传递给几何着色器。这一技术已经在内置变量 gl_in[] 的定义当中体现了——gl_ClipDistance[] 就是这个块的一个成员数组。

考虑上面的例子。假设需要从顶点着色器向片元着色器传递不止一个纹理坐标。我们需要构建一个纹理坐标 tex_coord 的数组。此时可以重新定义示例中的接口块变量，然后看一看此时需要如何修改几何着色器中的定义。

首先，在顶点着色器中：

```
out VS_GS_INTERFACE
{
    out vec4 position;
    out vec3 normal;
    out vec4 color;
    out vec2 tex_coord[4];
} vs_out;
```

现在，修改几何着色器：

```
in VS_GS_INTERFACE
{
    out vec4 position;
    out vec3 normal;
    out vec4 color;
    out vec2 tex_coord[4];
} gs_in[];
```

现在已经声明顶点着色器的输出为接口块 vs_out，它与几何着色器中的 gs_in[] 是匹配的。注意，接口块的匹配是通过块名称（这里为 VS_GS_INTERFACE）而不是实例的名称来实现的。这样我们就可以在不同的着色器阶段中给每个块实例分配一个不同的名称。gs_in[] 是一个数组，因此这里的 4 个纹理坐标在几何着色器中可以通过 gs_in[n].tex_coord[m] 的方式获取。所有从顶点着色器到片元着色器的数据都可以按照这种方式来传递，包括数组、结构体、矩阵，以及其他复合类型。

除了内置的 gl_in[] 成员和用户定义的输入之外，几何着色器还会接受一些特殊的输入。也就是 gl_PrimitiveIDIn 和 gl_InvocationID。第一个输入 gl_PrimitiveIDIn 等价于片元着色器中的 gl_PrimitiveID。后缀 In 用于区分它和 gl_PrimitiveID 变量，因为后者实际上是几何着色器的输出变量，如果想让它在后继的片元着色器中生效，就必须在几何着色器中进行指定。第二个输入 gl_InvocationID 用于实现几何着色器的实例化，我们会在后文中进行介绍。gl_PrimitiveIDIn 和 gl_InvocationID 都是直接定义为整型变量的。

10.2.2 特殊的几何着色器图元

需要特别注意几何着色器中提供的邻接图元类型（lines_adjacency 和 triangles_adjacency）。

这两种图元分别有 4 个或者 6 个顶点，并且支持邻接信息——也就是有关邻接图元或者边界的信息传入几何着色器中。带有邻接信息的线可以通过 glDrawArrays() 等绘制命令中传入 GL_LINES_ADJACENCY 或者 GL_LINE_STRIP_ADJACENCY 图元模式来设置。如果没有几何着色器，这些图元类型也可以使用，但是它们会被解析成普通的线段或者三角形，而多余的顶点信息将被抛弃。

带有邻接信息的线段

lines_adjacency 图元可以作为几何着色器的输入，它表示为一个 4 顶点的图元形式

（即几何着色器的输入变量，包括 gl_in 和用户定义输入都是 4 个元素的数组）。OpenGL API 中可以定义两种线的邻接图元 ——GL_LINES_ADJACENCY 和 GL_LINE_STRIP_ADJACENCY。前者表示独立的线图元，每个图元传递到几何着色器的时候都是 4 个顶点的独立集合。而图元装配的时候总是会每次读取 4 个顶点的数量。图 10-1 所示就是顶点的布局，其中传入几何着色器的第一个图元由顶点 A、B、C 和 D 组成。第二个图元由顶点 E、F、G 和 H 组成。这个序列继续延续下去，每次绘制的长度都会是 4 个顶点。

图 10-1　邻接线的序列（图元格式为 GL_LINES_ADJACENCY 的顶点序列）

第二种线图元的类型（GL_LINE_STRIP_ADJACENCY）表示一个多段线条带，它与标准的 GL_LINE_STRIP 图元的行为类似。几何着色器的每个图元依然是 4 个顶点组成。绘制的第一个图元由当前启用的数组的前 4 个顶点构成⊖，下一个 4 顶点的图元由接下来的 1 个顶点和之前的 3 个顶点构成。

图 10-2 中演示了这一过程。在图 10-2 中，传入几何着色器的第一个图元由顶点 A、B、C 和 D 组成，第二个图元由 B、C、D 和 E 组成，第三个是 C、D、E 和 F，以此类推。

图 10-2　邻接的多段线条带序列（图元格式为 GL_LINE_STRIP_ADJACENCY 的顶点序列）

lines_adjacency 图元类型是一个很好的向几何着色器传递任意 4 顶点的图元的方式（不需要真的给出线段）。尤其是使用 GL_LINES_ADJACENCY 图元的时候，不会因此影响到任何相关的定义符。注意，几何着色器是不能输出 lines_adjacency 图元的，它必须转换到其他的图元类型。例如，如果顶点确实是表示线段图元的，那么几何输出的图元类型可以是 lines，然后着色器直接发射线段即可。当然，我们也可以使用 4 个顶点来表达任意的四边形图元，此时几何着色器需要将它转换为一对三角形图元。

你可能会感到奇怪，既然使用邻接线的图元类型可以向几何着色器传入任意 4 个顶点，为什么我们要称其为线类型呢。实际上，几何着色器是无法真的产生带有邻接图元的线段的，必须将它们变换到其他渲染的图元形式。这个问题的答案就隐藏在 OpenGL 对图元的解析方式中（排除几何着色器的影响）。对于 4 个顶点的图元（它可能来自于 GL_LINES_ADJACENCY 或者 GL_LINE_STRIP_ADJACENCY 图元类型），图元中第 1 个和最后 1 个顶点表示附加的邻接信息，而第 2 和第 3 个顶点（中间的两个）表示线段本身。如果几何

⊖　如果我们使用 glDrawElements() 这样的绘制命令来处理顶点索引，那么实际上图元并不是通过数组的前 4 个顶点构成的，而是通过索引数组的前几个索引值对应的顶点构成的。为了避免繁复的讲解，这里直接将它们看做是前几个顶点，虽然实际上它们是通过索引来判断的。

着色器不存在，那么抛弃邻接信息的顶点，只留下 4 个图元顶点的中间两个来表达一条线段。如果这样，顶点信息就需要解析为线段的形式了，即使最终这个顶点可能会被直接抛弃掉。

图 10-1 和图 10-2 中，实线箭头表示没有几何着色器的时候 OpenGL 生成的线段，而点线箭头表示可能被抛弃的虚拟线。

带有邻接信息的三角形

与带有邻接信息的线图元类似，triangles_adjacency 作为输入图元时，可以将带有邻接信息的三角形传递给几何着色器。每个 triangles_adjacency 图元都是由 6 个顶点组成，因此 gl_in 和其他几何着色器的输入都是 6 个元素的数组。OpenGL 的绘制命令中可以使用两种图元模式，GL_TRIANGLES_ADJACENCY 和 GL_TRIANGLE_STRIP_ADJACENCY。与 GL_LINES_ADJACENCY 类似，每个 GL_TRIANGLES_ADJACENCY 图元都是由 6 个独立的顶点组成的。由于几何着色器无法输出 triangles_adjacency 类型的图元，因此必须从这 6 个输入顶点中生成其他类型的图元。

图 10-3 所示为 triangles_adjacency 图元的顶点布局以及传入几何着色器的过程。如果图元模式为 GL_TRIANGLES_ADJACENCY，那么第一个图元是由顶点 A 到 F 组成的，第二个从 G 到 L，以此类推。如果不存在几何着色器，那么三角形由第 1、3、5 个点构成。如图 10-1 所示，实线箭头表示真正被渲染的三角形，点线箭头表示可能被抛弃的虚拟三角形。在这里，第一个三角形是通过顶点 A、C 和 E 构成的，然后是 G、I 和 K。而顶点 B、D、F、H 和 J 在没有几何着色器的前提下都会被抛弃。

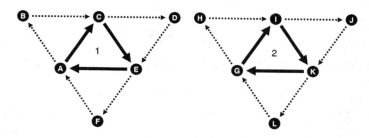

图 10-3　邻接的三角形序列（图元格式为 GL_TRIANGLES_ADJACENCY 的顶点序列）

最后，我们来讨论一下 GL_TRIANGLE_STRIP_ADJACENCY 图元类型。

这个图元可能比较难以理解，最好采取图示的方式来解释。图 10-4 所示为顶点装配到三角形的方式、额外附加的顶点位置，以及如前一幅图中所示的那样，在没有几何着色器的时候顶点是如何被使用或者抛弃的。如果图元模式为 GL_TRIANGLE_STRIP_ADJACENCY，那么传入几何着色器的每个图元依然由 6 个顶点构成。第一个图元是通过数组中的前 6 个顶点组成的，下一个图元则是通过后继的 1 个顶点加上之前的 5 个组成的。

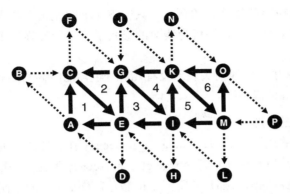

图 10-4　邻接的三角形条带布局（图元格式为 GL_TRIANGLE_STRIP_ADJACENCY 的顶点序列）

　　如果不考虑图示中三角形的形状，只使用箭头来表示图 10-4 中顶点复用的顺序，就可以得到一个更有助于理解数组中顶点顺序的图示。如图 10-5 所示。

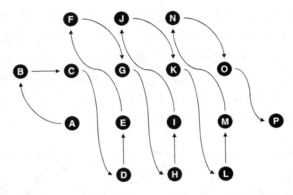

图 10-5　邻接的三角形条带序列（图元格式为 GL_TRIANGLE_STRIP_ADJACENCY 的顶点序列）

　　注意，在图 10-4 和图 10-5 当中，我们传递的实际上并不是每个三角形本身的邻接信息。传入几何着色器的是条带之外的附加顶点。但是，传入几何着色器中的顶点到底是哪些，这取决于三角形在条带中的位置：它是在条带中间还是第一个、条带中的第奇数个还是偶数个三角形，或者是最后一个三角形，条带本身的三角形总数是奇数个还是偶数个。OpenGL 标准文档中有更详细的相关内容介绍⊖。

　　根据图 10-4 中的几何体所示，第一个三角形的输入为顶点 A、C 和 E，附加的邻接顶点为 B、D 和 G。第二个三角形的输入为顶点 E、C 和 G，邻接顶点为 A、F 和 I。

　　第 3 个三角形是由顶点 E、G 和 I 构成的，邻接顶点为 C、K 和 H。这种形式会一直重复到条带的结尾，也就是第 6 个三角形，它是由顶点 M、K 和 O 以及邻接顶点 I、N 和 P

　　⊖　参见 OpenGL 4.3 的标准规格说明书，如表 10-1 所示。

构成的。注意在几何着色器中，gl_in 的第 1、3、5 个元素表示三角形本身，第 2、4、6 个元素表示邻接顶点。将它们放在一起就得到第 1 个三角形的 gl_in 数据，即顶点 A、B、C、D、E、F 和 G（按顺序），而第 2 个三角形是通过顶点 E、A、C、F、G 和 I 构成的，第 3 个三角形为 E、C、G、K、I 和 H。最后，第 6 个三角形的构成顶点为 M、I、K、N、O 和 P。

生成邻接图元的数据

图 10-1 ~ 图 10.4 中奇怪的图元样式可能会让你觉得重新设计软件或者改造自己的思想才能生成对应的 OpenGL 数据。当然也可以拦截邻接图元类型（尤其是 GL_LINES_ADJACENCY 和 GL_TRIANGLES_ADJACECNCY）来实现将任意 4 个或者 6 个顶点一组的数据输入管线中，不过通常这些图元类型还是与绑定到 GL_ELEMENT_ARRAY_BUFFER 缓存的顶点索引一起使用，并且使用类似 glDrawElements() 这样的绘制命令来完成传递。

邻接图元中提供的附加顶点，是为了在几何着色器中获取更多相邻图元的信息，进而处理模型网格。对于三角形来说，附加的顶点通常是与当前图元共享某一条边的三角形（因此已知边上的两个顶点）的第 3 个顶点。这个顶点可能已经存在于模型网格当中。如果我们用到索引顶点的形式，那么就不需要再使用附加顶点数据——直接在元素缓存中附加额外的索引值即可。很多情况下，这些额外的索引值可以通过预处理工具来生成。当然，我们也可以将边的信息存储到邻接顶点当中，此时邻接顶点只用来完成一些特殊目的，不再作为一个真实的顶点坐标使用。

10.2.3 几何着色器的输出

几何着色器的输出将送入图元装配引擎、光栅化器，进而进入片元着色器中。总体上来说，如果没有设置几何着色器，那么它的输出与顶点着色器的输出是相同的。几何着色器中的输出变量数量与顶点着色器也是相同的。几何着色器中用到的也是同样的逐顶点输出接口块定义 gl_PerVertex。这个块的定义如例 10.4 所示。

例 10.4　几何着色器输出的隐式声明

```
out gl_PerVertex
{
    vec4     gl_Position;
    float    gl_PointSize;
    float    gl_ClipDistance[];
    float    gl_CullDistance[];
};
```

注意，虽然用到了同样的接口块 gl_PerVertex 来声明几何着色器的输出，但是这里它并没有名称，因此在本质上输出是位于全局空间内的。当然，用户定义的输出也可以进行声明，并且它们会跟内置的接口块成员一起传递到片元着色器中。因为每个几何着色器的请求都可以创建多个输出顶点，所以我们必须显式地通过 EmitVertex() 函数来产生顶点。当调用 EmitVertex() 之后，几何着色器输出的所有当前值都会被记录下来，构成一个新的顶点，EmitVertex() 调用完成之后，几何着色器的所有输出值都是未定义的状态，因此我们必须在几何着色器中写出所有的输出信息来产生顶点，哪怕写出的信息与输入的顶点信息是完全一致的。这个输出规则的唯一例外是使用 flat 关键字。此时，只有用于 provoking vertex 的顶点值会用于后继的阶段，所以这个时候就算部分输出的结果是没有定义的，只要它们没有被使用，我们就不用关心它们是否可用的问题。

如果要设置某个节点为 provoking vertex，我们可以调用 glProvokingVertex() 并设置所需的模式。默认为 GL_LAST_VERTEX_CONVENTION，即每个图元的最后一个顶点用作扁平着色的插值。当然我们也可以调用 glProvokingVertex() 并传入 GL_FIRST_VERTEX_CONVENTION 作为参数，将这一特性修改为从图元的第一个顶点开始插值。glProvokingVertex() 的原型如下所示：

---

void **glProvokingVertex**(GLenum provokeMode);

设置 provoking vertex 的模式为 provokeMode，它的值可以是 GL_LAST_VERTEX_CONVENTION 或者 GL_FIRST_VERTEX_CONVENTION，以设置系统是从最后一个点还是第一个点开始来实现扁平插值的。

provoking vertex 的位置不仅仅依赖于 glProvokingVertex() 中的模式设置，也依赖于具体的图元类型。表 10-3 给出不同图元类型下作为 provoking vertex 的顶点的索引位置。

表 10-3 通过图元模式来选择 provoking vertex

图元模式	第一个顶点索引	最后一个顶点索引
GL_POINTS	i	i
GL_LINES	$2i-1$	$2i$
GL_LINE_LOOP	i	如果 $i<n$ 则为 $i+1$；如果 $i=n$ 则为 1
GL_LINE_STRIP	i	$i+1$
GL_TRIANGLES	$3i-2$	$3i$
GL_TRIANGLE_STRIP	i	$i+2$
GL_TRIANGLE_FAN	$i+1$	$i+2$
GL_LINES_ADJACENCY	$4i-2$	$4i-1$
GL_LINE_STRIP_ADJACENCY	$i+1$	$i+2$
GL_TRIANGLES_ADJACENCY	$6i-5$	$6i-1$
GL_TRIANGLE_STRIP_ADJACENCY	$2i-1$	$2i+3$

除了内置和用户定义的逐顶点输出之外，几何着色器中还有三个特殊的内置变量类型，可以输出到下一阶段。它们是 gl_PrimitiveID、gl_Layer 和 gl_ViewportIndex。我们对第一个变量应该已经比较熟悉了，它可以用于片元着色器中判断片元属于哪个图元。因为

几何着色器可以产生不同数量的输出图元（或者完全不产生），所以系统不可能自动产生对应的 gl_PrimitiveID。不过如果没有几何着色器，那么这个值是可以自动生成的，生成结果赋予内置的 gl_PrimitiveIDIn 变量，这样在几何着色器中就可以根据这个输入值来输出适用于片元着色器的值。对于一个输入和输出一一对应或者无输出图元的简单几何着色器来说，gl_PrimitiveIDIn 的值可以直接写出到 gl_PrimitiveID，并且得到所需的结果。对于一个更复杂的几何着色器来说，每个着色器请求可能会输出不止一个图元（也称作扩充，amplification），因此需要提供一个更深入的机制。举例来说，着色器中可以将输入的 gl_PrimitiveIDIn 乘以预期的最大图元数目，然后对每个新生成的图元都添加一个偏移值。

　　另外两个变量 gl_Layer 和 gl_ViewportIndex 分别用于分层渲染和视口数组当中。我们稍后会对此进行讲解。

10.3　产生图元

　　几何着色器中的图元是通过两个特殊的内置函数生成的，即 EmitVertex() 和 EndPrimitive()。正如我们已经讨论过的，每个着色器请求都必须调用 EmitVertex()，以及必要的时候使用 EndPrimitive() 来产生输出图元。如果几何着色器没有调用这些函数，那么就不会产生输出几何体，并且输入着色器的数据也相当于被完全抛弃。也就是裁减（culling）的意思。另一方面，如果几何着色器多次调用 EmitVertex()，那么它就可以产生比输入更多的输出数据，即输出多个图元。

　　几何着色器的另一个唯一的特性就是输出的图元类型与输入可以不同。这一技术可以用来实现框线渲染、广告牌（billboard）以及更多有趣的实例化效果。

10.3.1　几何体的裁减

　　最简单的几何着色器就是一个裁减几何着色器。这个着色器实际上什么都不需要做。我们已经在本章的前面部分给出一个简单几何着色器的例子。那个传递（pass-through）几何着色器基本上没有完成任何工作。不过，例 10.5 所示却是一个绝对合法的更简单的几何着色器。

例 10.5　抛弃所有数据的几何着色器

```
#version 330 core

layout (triangles) in;
layout (triangle_strip, max_vertices = 3) out;

void main(void)
{
    /* 什么都不做 */
}
```

但是这样的着色器并没有什么意义：它不会产生任何输出图元，如果将它放在程序中使用，将不会得到任何渲染的结果。现在考虑设计一个几何着色器，它可以有条件地抛弃几何体。这种根据某些预设条件来抛弃几何体图元的做法实现了选择性的裁减。我们来观察例 10.6 中的着色器代码。

例 10.6　只允许输出奇数位置图元的几何着色器

```
#version 330 core

layout (triangles) in;
layout (triangle_strip, max_vertices = 3) out;

void main(void)
{
    int n;

    // 判断图元 ID 的低位，如果为真，则发射一个图元
    if (gl_PrimitiveIDIn & 1)
    {
        for (n = 0; n < gl_in.length(); ++n)
        {
            gl_Position = gl_in[n].gl_Position;
            EmitVertex();
        }
        EndPrimitive();
    }
}
```

例 10.6 中的着色器与之前的传递着色器类似，但是只有 gl_PrimitiveIDIn 为奇数的时候它才会运行，这样就只有奇数位置的输入图元可以通过，而偶数位置的图元则被抛弃，或者说裁减。

10.3.2　几何体的扩充

正如已经了解过的，几何着色器可以输出多种数量的图元，并且与输入图元的数量不同。之前我们已经了解过一个简单的传递着色器，以及一个有选择地进行裁减的着色器。现在将学习如何实现一个着色器，它产生的输出图元比输入图元更多。这种方法叫做扩充（amplification）。扩充的方法可以用来实现诸如毛发或者适度的细分等算法（当然最好使用固定功能的细分硬件来实现细分的要求）。此外，如果与分层渲染或者视口索引相结合，几何着色器还可以用来产生同一个几何体的不同版本，然后作为数组纹理的一个切片或者帧缓存的特定区域使用。

几何着色器的扩充不能是无限的。大部分 OpenGL 实现都会有一个适当的上限值，限制一个几何着色器请求产生的顶点数量。输出顶点数的最大值可以通过内置的着色器变量 gl_MaxGeometryOutputVertices 来获取。应用程序中则可以通过 glGetIntegerv() 读取 GL_MAX_GEOMETRY_OUTPUT_VERTICES 的值来获取。这个常数的最小值是 256，因此我们可以确信所有的 OpenGL 设备实现都能够在几何着色器阶段支持这么多的顶点输出。不

过，几何着色器并不适合大规模的扩充，渲染性能也可能会因为某个几何着色器请求产生大量的图元而急剧下降。因此，就算设备实现可以支持大量的顶点输出，也需要仔细权衡考虑，确保输出这么多几何体图元不会造成性能上的巨大损失。

使用几何着色器实现毛发渲染

下面给出一个使用几何着色器的扩充特性实现的毛发渲染的示例。它实现了 fur shell 方法——毛发的渲染也是有多种方法可以考虑的，不过这种方法可以很好地演示在几何着色器中如何进行适度的扩充来实现效果。它的基本思想就是，物体表面的毛发是一个体，其内容通过切片的方式来进行渲染，而几何着色器就是用来生成这些切片的。渲染的切片越多，毛发效果就越精细、越连续。切片的具体数量可能会根据性能和效果的需求而变化。几何着色器的输入就是来自毛发之下的模型网格三角形，效果参数则包括分层（shell）数以及毛发的深度。几何着色器通过对输入顶点沿法线的置换操作产生 fur shell，因而产生输入几何体的多个拷贝。当渲染毛发层数据之后，片元着色器就可以通过毛发纹理有选择地进行融混，抛弃不属于毛发部分的像素。这个几何着色器的代码如例 10.7 所示。

例 10.7　毛发渲染的几何着色器

```glsl
// 毛发渲染的几何着色器
#version 330 core

// 输入和输出均为三角形，设置一个较大的 max_vertices 值以实现扩充的需求
layout (triangles) in;
layout (triangle_strip, max_vertices = 120) out;

uniform mat4 model_matrix;
uniform mat4 projection_matrix;

// 毛发体的层数和深度
uniform int fur_layers = 30;
uniform float fur_depth = 5.0;

// 来自顶点着色器的输入
in VS_GS_VERTEX
{
    vec3 normal;
    vec2 tex_coord;
} vertex_in[];

// 向片元着色器输出的内容
out GS_FS_VERTEX
{
    vec3 normal;
    vec2 tex_coord;
    flat float fur_strength;
} vertex_out;

void main(void)
{
    int i, layer;
```

```
        // 在各层之间进行置换的值
        float disp_delta = 1.0 / float(fur_layers);
        float d = 0.0;

        // 对于每一层……
        for (layer = 0; layer < fur_layers; layer++)
        {
            // 对每个输入的顶点（数量应该都是 3）
            for (i = 0; i < gl_in.length(); i++) {
                // 获取顶点法线
                vec3 n = vertex_in[i].normal;
                // 将它拷贝到输出变量，传递给片元着色器
                vertex_out.normal = n;
                // 拷贝纹理坐标——我们需要它来获取毛发纹理
                vertex_out.tex_coord = vertex_in[i].tex_coord;
                // 沿着毛发的长度线性地减少毛发的"强度"
                vertex_out.fur_strength = 1.0 - d;
                // 这是关键所在——对每个顶点沿着法线进行置换，生成 fur shell
                position = gl_in[i].gl_Position +
                            vec4(n * d * fur_depth, 0.0);
                // 变换到适当的位置，发射顶点
                gl_Position = projection_matrix * (model_matrix * position);
                EmitVertex();
            }
            // 使用计算得到的间隔值继续向外移动
            d += disp_delta;
            // 结束当前图元条带，准备进入下一层
            EndPrimitive();
        }
    }
```

例 10.7 中的几何着色器首先设置输入类型为三角形，而输出为三角形条带，并且最大顶点数为 120。这已经是一个很大的数值了，不过我们不需要把它全部用完，除非毛发的层次增长过快。如果几何着色器最多输出 120 个顶点，那么最大的毛发层次数就是 40。这个着色器会将顶点沿着自己的法线向量（假设朝向模型外侧）进行置换，将输入几何体扩充到多层，以实现毛发的渲染。各个层的置换计算结果存入 disp_delta。然后对于每一层（层数保存在 fur_layers 变量中），缩放法线值再叠加到原始位置坐标上，计算出新的顶点位置并进行置换。三角形的置换也就是对每个顶点执行操作后的结果。调用 EndPrimitive() 可以让几何着色器直接输出没有互相连接的三角形。

下一步是片元着色器的操作，如例 10.8 所示。

例 10.8　毛发渲染的片元着色器

```
// 毛发渲染的片元着色器
#version 330 core

// 一个输出值
layout (location = 0) out vec4 color;

// 毛发纹理
uniform sampler2D fur_texture;
```

```
// 毛发的颜色，默认为银灰色……
uniform vec4 fur_color = vec4(0.8, 0.8, 0.9, 1.0);

// 来自几何着色器的输入
in GS_FS_VERTEX
{
    vec3 normal;
    vec2 tex_coord;
    flat float fur_strength;
} fragment_in;

void main(void)
{
    // 获取毛发纹理值。在这里我们只用到 alpha 通道，但是我们也可以使用毛发纹理的颜色值
    vec4 rgba = texture(fur_texture, fragment_in.tex_coord);
    float t = rgba.a;
    // 与几何着色器中计算的毛发强度相乘，对颜色的 alpha 值进行缩放
    // 当前层次有 t *= fragment_in.fur_strength
    color = fur_color * vec4(1.0, 1.0, 1.0, t);
}
```

毛发的片元着色器使用一个纹理来表达毛发的层级。这里的毛发示例所用的纹理如图 10-6 所示。每个纹素的亮度值映射为毛发当前点的长度。0 表示没有毛发，白色表示毛发的长度与整个毛发体的深度相等。

图 10-6 所示的纹理是通过简单的毛发随机置换生成的。我们也可以设计一些更复杂的算法来实现毛发密度和分布的程序式控制。毛发体的当前深度是从几何着色器传递到片元着色器的。片元着色器基于这个数值以及毛发纹理，决定当前片元的毛发属性。这一属性用来计算片元的颜色和透明度，并生成片元着色器的最终输出。

第一步，不开启毛发着色器来渲染底下的几何体。这样得到物体的表面皮肤，避免毛发洗漱的地方出现空洞或者缝隙。然后，开启毛发渲染着色器，并再次渲染原始几

图 10-6　毛发渲染示例中
用来表达毛发的纹理

何体。通过深度测试迅速地排除实体几何体背面的毛发片元。但是，在毛发渲染的时候需要关闭深度缓存的写入。这样细小的毛发也不会遮挡其背后的更厚的毛发。图 10-7 给出这个算法的运行结果。

正如图 10-7 所示的，使用这种方法渲染的毛发看起来还是比较合理的。不过我们还需要通过各种手段来改进这个算法。例如，如果从多边形的侧面看过去，我们有可能会看到组成毛发体的独立切片。如果这样，就需要大量的分层（因此对几何着色器进行大量的扩充）从视觉上弥补这个问题。这样对性能会带来影响。而使用毛发分层的时候，我们也需要渐进地添加一些毛发的毛刺效果（fin）。

毛刺属于附加的图元，它们与轮廓线上多边形的边线（也就是组成形状轮廓线的边线）垂直。毛刺也是在几何着色器中生成的，与分层的生成是同一时间。我们只需要生成

轮廓线上边界的毛刺，因此需要检查每一条边两侧的三角形并进行判断。如果边界某一边的三角形朝向观察者，而另一边的三角形背向观察者，那么这条边就是轮廓线。如果要获取相近面的面法线信息，我们还需要使用邻接图元类型。此时附加的顶点构成边界两侧的三角形顶点，这样我们就可以通过叉积运算的方式来计算相邻的两个三角形的面法线。

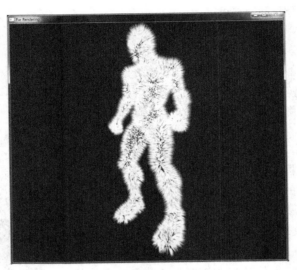

图 10-7　毛发渲染示例的输出结果

另一种改进效果的方法是使用一个真的体纹理来表达毛发。这个示例只用到一个简单的二维纹理，其中每个纹素都包含毛发的长度信息。这种近似方法非常粗略，如果使用真的三维纹理来存储毛发体内所有点的毛发密度，那么结果就会好得多。当然这样显然也会增加大量的存储空间需求，但是对视觉质量的提升会比较明显，并且对效果的控制更为准确。

10.4　transform feedback 高级篇

我们已经了解 transform feedback 的概念，以及在只有顶点着色器的情况下它的工作方式。综合来说，它可以捕获顶点着色器的输出并记录到一个或者多个缓存对象当中。这些缓存对象可以随后用作渲染（例如作为顶点缓存）或者通过 glMapBuffer() 和 glGetBufferSubData() 等函数回读到 CPU 端。我们也了解如何关闭光栅化并只开启顶点着色器的方法。不过，顶点着色器只是一个相对简单的单输入单输出的着色器阶段，并且不能主动创建或者销毁顶点。同样它只能输出单一的一组数据。

我们也已经了解过几何着色器的特性，它可以产生不同数量的输出顶点。启用几何着色器之后，transform feedback 就可以捕获几何着色器的输出了。除了传递到图元装配和光栅化阶段的顶点数据流之外，几何着色器还可以产生其他附属的顶点信息流，并且也可以通过 transform feedback 获取。如果将几何着色器产生不同数量的输出顶点的能力，与发送顶点到多个不同输出流的能力结合起来，就可以使用几何着色器和 transform feedback 共同实现一些复杂的排序、分段和处理算法。

　　本节将介绍几何着色器中多重顶点输出流的概念。我们还将了解如何判断几何着色器产生的顶点数量（使用单一输出流或者多重输出流）。最后，将介绍几何着色器生成的数据的使用方法，以及在后继绘制命令中记录到 transform feedback 缓存的方法（不需要回传给CPU 端）。

10.4.1　多重输出流

　　几何着色器中可以声明多组输出的顶点数据流。输出流的声明可以使用 stream 布局限定符。这个限定符可以全局设置，或者给接口块设置，或者给单一的输出变量设置。每个stream 流都要设置一个从 0 开始的数字，可用流的最大值是与设备实现相关的。这个最大值可以通过调用 glGetIntegerv() 和参数 GL_MAX_VERTEX_STREAMS 来获取，并且所有的 OpenGL 实现方案都必须支持至少 4 组几何着色器输出流。如果流的数值是全局范围内指定的，那么所有之后声明的几何着色器输出都将成为这个流的成员，除非我们再次指定别的输出流限定符。对于所有的输出变量来说，默认的输出流总是 0。也就是说，如果不特别指定，那么所有的输出数据总是置于 0 号输出流当中。例 10.9 给出全局的 stream 布局限定符的使用方法，它可以将几何着色器的输出更改到不同的输出流当中。

　　例 10.9　使用全局布局限定符来设置数据流的映射

```
// 这里的设置其实是多余的，因为默认流就是 0
layout (stream=0) out;
// foo 和 bar 均为数据流 0 的成员
out vec4 foo;
out vec4 bar;

// 将输出流切换到 1
layout (stream=1) out;
// proton 和 electron 均为数据流 1 的成员
out vec4 proton;
flat out float electron;

// 输出流的声明对于输入是没有影响的，
// 因此 elephant 依然是规则的输入
in vec2 elephant;

// 我们可以再回到之前
// 定义的流编号
layout (stream=0) out;
// baz 与之前的 foo 和 bar 一样，均为数据流 0 的成员
out vec4 baz;

// 跳转到数据流 3，
// 这里直接跳过数据流 2
```

```
layout (stream=3) out;
// iron 和 copper 均为数据流 3 的成员
flat out int iron;
out vec2 copper;
```

例 10.9 中的声明在几何着色器中设置三个输出流，分别编号为 0、1 和 3。流 0 包括 foo、bar 和 baz，流 1 包括 proton 和 electron，而流 3 包括 iron 和 copper。注意这里没有使用数据流 2，因此也就没有相关的输出。例 10.10 重新实现一个相同的流映射关系，不过这次使用输出接口块的方式。

例 10.10　重写例 10.9 以支持接口块

```
// 这里依然是多余的设置，因为默认输出流就是 0
layout (stream=0) out stream0
{
    vec4 foo;
    vec4 bar;
    vec4 baz;
};

// 流 1 的输出成员
layout (stream=1) out stream1
{
    vec4 proton;
    flat float electron;
};

// 跳过流 2，直接设置流 3 的成员
layout (stream=3) out stream3
{
    flat int iron;
    vec2 copper;
};
```

正如例 10.10 中所示的，把单一流的成员放在一个接口块内声明，这样可以显得更有条理并且易于阅读。现在已经定义输出与流的关系，我们需要将输出顶点导出到一个或多个这样的数据流当中。对于一个规则的、单一流的几何着色器，使用程序方法来发射顶点和结束图元都是使用特殊的内置 GLSL 函数实现的。如果启用多个输出流，那么需要用 EmitStreamVertex(int stream) 函数向特定的流发射顶点，然后用 EndStreamPrimitive(int stream) 函数在特定的流结束图元。EmitVertex 函数等价于 stream 参数设置为 0 的 EmitStreamVertex 函数。类似地，EndPrimitive 函数也等价于 stream 参数设置为 0 的 EndStreamPrimitive 函数。

如果调用 EmitStreamVertex，那么与指定流相关的任何变量的当前值都会被记录下来，并且构建流中的一个新顶点。我们知道调用 EmitVertex 的时候，所有输出的变量都会变成未定义的状态，而调用 EmitStreamVertex 也是如此。实际上，所有数据流的所有输出变量的当前值都会变成未定义的状态。这是一个很重要的需要考虑的问题，因为某些 OpenGL 平台实现可能会保持 EmitStreamVertex（或者 EmitVertex）之后的输出变量值不变，但是其他平台可能不会，并且大部分着色器编译器并不会对此做出警告，尤其是那些保持输出不变的平台！

为了演示这一问题，我们观察例 10.11 的示例代码。

例 10.11　将顶点发射到多个数据流的不正确方式

```
// 设置流 0 的输出变量值
foo = vec4(1.0, 2.0, 3.0, 4.0);
bar = vec4(5.0);
baz = vec4(4.0, 3.0, 2.0, 1.0);

// 设置流 1 的输出变量值
proton = atom;
electron = 2.0;

// 设置流 3 的输出变量值
iron = 4;
copper = shiny;

// 现在发射所有的顶点
EmitStreamVertex(0);
EmitStreamVertex(1);
EmitStreamVertex(3);
```

这个示例的执行结果可能是未定义的，因为假设它经过 EmitStreamVerex 的调用之后流 1 和流 3 对应的输出变量值还是合法的。这一想法是错误的，对于某些 OpenGL 实现而言，proton、electron、iron 和 copper 的值在第一次调用 EmitStreamVerex 之后就已经是未定义的了。因此这样的着色器代码应当采取如例 10.12 的方式编写。

例 10.12　将顶点发射到多个数据流的正确方式

```
// 设置流 0 的输出变量值并发射顶点
foo = vec4(1.0, 2.0, 3.0, 4.0);
bar = vec4(5.0);
baz = vec4(4.0, 3.0, 2.0, 1.0);
EmitStreamVertex(0);

// 设置流 1 的输出变量值并发射顶点
proton = atom;
electron = 2.0;
EmitStreamVertex(1);

// 设置流 3 的输出变量值并发射顶点,

// 这里并不存在流 2
iron = 4;
copper = shiny;
EmitStreamVertex(3);
```

现在我们得到了一个可以将顶点输出到多个输出流的着色器，需要告诉 OpenGL，这些数据流是如何映射到 transform feedback 缓存的。这一映射是通过 glTransformFeedbackVaryings() 函数来设置的，这一点与单一输出流的情形并无不同。通常情况下，所有的输出变量都可以被 transform feedback 捕获并记录到单一的缓存中（需要设置 glTransformFeedbackVaryings() 的 bufferMode 参数 为 GL_INTERLEAVED_ATTRIBS），或者将不同的变量记录到独立的缓存中（参数设置为 GL_SEPARATE_ATTRIBS）。如果启用多个输出流，那么则无法把单一流的关联变量写入其他流对应的缓存绑定点中⊖。不过，实际中我们可能需要将与单一流关联的部分或者全部的变量，以交错的方式写入单一的缓存中。要实现这一功能，我们就需要使用保留的变量名 gl_NextBuffer 来通知之后的输出变量，将它们记录到下一个 transform feedback 绑定点对应的缓存对象中。在第 3 章里，gl_NextBuffer 并不是一个真正的变量——它是不能用在着色器中的，它只是一个标识量，用来分隔写入同一个缓存中的变量。对于例 10.9 和 10.10 来说，我们需要将第一个输出流的变量（foo、bar 和 baz）记录到第一个 transform feedback 缓存绑定点对应的缓存对象中，然后将第二个流的变量（proton 和 electron）记录到第二个绑定点的缓存，最后将输出流 3 的变量（iron 和 copper）记录到第三个缓存绑定点的缓存中。例 10.13 所示就是这一过程的表示方法。

例 10.13　将 transform feedback 的输出与缓存绑定

```
static const char * const vars[] =
{
    "foo", "bar", "baz",      // 数据流 0 的变量
    "gl_NextBuffer",          // 移动到绑定点 1
    "proton", "electron",     // 数据流 1 的变量
    "gl_NextBuffer",          // 移动到绑定点 2
                              // 注意，数据流 2
                              // 不存在变量
    "iron", "copper"          // 数据流 3 的变量
};

glTransformFeedbackVaryings(prog,
                            sizeof(vars) / sizeof(vars[0]),
                            varyings,
                            GL_INTERLEAVED_ATTRIBS);

glLinkProgram(prog);
```

注意，例 10.13 中我们在调用 glTransformFeedbackVaryings() 之后调用了 glLinkProgram()。正如之前提及过的，glTransformFeedbackVaryings() 产生的映射结果必须在程序对象再次链接之后才能生效。因此，我们有必要在调用 glTransformFeedbackVaryings() 之后调用一次 glLinkProgram()，然后再使用这个程序对象。

如果开启光栅化，并且已经有一个片元着色器，那么数据流 0 的输出变量（foo、bar 和 baz）将被用来构建光栅化的图元，并且传递到片元着色器中。其他流的输出变量（proton、electron、iron 和 copper）在片元着色器中是不可见的，如果没有开启 transform feedback，那么它们将被直接抛弃。还要注意，如果几何着色器中用到了多重输出流，那么它们的图元类型必须都是 points，也就是说，如果对多重输出流的几何着色器同时启用光栅化，那么应用程序就只能使用这个着色器来渲染点数据了。

10.4.2　图元查询

我们已经在 5.4 节中介绍过 transform feedback 方法，它可以将顶点着色器的输出数据

⊖　虽然我们不可能将不同流的输出变量输出到同一个 transform feedback 缓存绑定点，但是却可以把同一个缓存对象（或者说同一个缓存的不同区域）绑定给不同的 transform feedback 缓存绑定点。这样就可以把不同数据流的变量写入同一个缓存中。

记录到缓存中，然后用于接下来的渲染工作。因为顶点着色器是一个简单的单输入单输出的阶段，因此我们一开始就可以直接知道顶点着色器所产生的顶点数量。假设 transform feedback 缓存足够大，可以容纳所有的输出数据，那么 transform feedback 缓存中的顶点数直接设置为顶点着色器处理的顶点数即可。这样一个简单的关系对于几何着色器显然是不适用的。因为几何着色器的每个请求都可以发射不同数量的顶点，所以我们很难提前推断出几何着色器到底要向 transform feedback 缓存中记录多少顶点。此外，transform feedback 缓存的可用记录空间也可能会因为几何着色器产生过多的顶点而耗尽。这些顶点还是会被用来生成光栅化所用的图元（如果它们被发射到数据流 0），但是无法再写入 transform feedback 缓存。

如果要把这一信息传递给应用程序，我们需要两种类型的查询命令来计算几何着色器生成的图元数量，以及实际写入 transform feedback 缓存中的图元数量。这两种查询分别标识为 GL_PRIMITIVES_GENERATED 和 GL_TRANSFORM_FEEDBACK_PRIMITIVES_WRITTEN。GL_PRIMITIVES_GENERATED 查询负责记录几何着色器输出的顶点数量，无论 transform feedback 缓存是否已经被耗尽并且无法再记录顶点。GL_TRANSFORM_FEEDBACK_PRIMITIVES_WRITTEN 查询负责记录实际写入 transform feedback 缓存的顶点数目。注意，GL_PRIMITIVES_GENERATED 查询在任何时候都是可用的，即使 transform feedback 没有被启用也是如此（所以这个查询的名称也没有 TRANSFORM_FEEDBACK 的字样），相比之下，GL_TRANSFORM_FEEDBACK_PRIMITIVES_WRITTEN 就只能用于已经启用 transform feedback 的场合⊖。

因为几何着色器可以输出到多个 transform feedback 数据流当中，所以我们需要建立图元查询的索引。也就是说，每种类型的查询都有多个不同的绑定点，分别用于不同的输出流。如果要开始和结束某个特定图元数据流的一次图元查询，我们可以调用：

---

void **glBeginQueryIndexed**(GLenum target, GLuint index, GLuint id);

　　开始执行查询对象 id 的查询操作，查询目标点是通过 target 和 index 指定的。

以及

---

void **glEndQueryIndexed**(GLenum target, GLuint index);

　　结束查询操作，查询目标点是通过 target 和 index 指定的。

⊖　这样是合理的。不过从某种意义上说，GL_TRANSFORM_FEEDBACK_PRIMITIVES_WRITTEN 查询在没有启用 transform feedback 的时候也可以使用，但是因为没有写入任何的图元，所以它的数值不会增加，结果总是一样的。

这里的 target 可以设置为 GL_PRIMITIVES_GENERATED 或者 GL_TRANSFORM_FEEDBACK_PRIMITIVES_WRITTEN，index 也就是执行查询的图元查询绑定点的索引，而 id 表示查询对象的名称，它是之前我们通过 glCreateQueries() 函数设置合适的目标而创建的。一旦图元查询结束，我们可以立即调用 glGetQueryObjectuiv() 并设置 pname 参数为 GL_QUERY_RESULT_AVAILABLE 来检查结果的可用性，而查询的实际值可以通过 glGetQueryObjectuiv() 并设置 pname 为 GL_QUERY_RESULT 来完成。不要忘记，如果查询对象的结果是通过 glGetQueryObjectuiv() 并设置 pname 为 GL_QUERY_RESULT 来获取的，但是这个结果并不是有效的，那么 GPU 可能会因此产生非常显著的性能损失。

我们也可以同时对同一个数据流执行 GL_PRIMITIVES_GENERATED 和 GL_TRANSFORM_FEEDBACK_PRIMITIVES_WRITTEN 查询。如果 GL_PRIMITIVES_GENERATED 查询的结果比 GL_TRANSFORM_FEEDBACK_PRIMITIVES_WRITTEN 查询的结果值更大，那么就说明 transform feedback 缓存的大小可能无法保证记录所有的结果数据。

10.4.3　使用 transform feedback 的结果

现在已经知道记录到 transform feedback 缓存的顶点数目，那么我们就可以将顶点数传递到 glDrawArrays() 这样的函数中，把它作为后继渲染操作的顶点数据源。但是，如果要获取这个数目值，我们就需要从 CPU 端读取 GPU 端生成的数据，通常这样对效率是有所影响的。在这个示例中，CPU 端需要等待 GPU 端完成所有对图元数目有贡献的渲染操作之后才会执行，而 GPU 端会等待 CPU 端根据数目值发送一个新的渲染命令。理想条件下，这个计数值是不会造成 GPU 和 CPU 两端的反复等待的。为此，我们也需要用到 OpenGL 命令 glDrawTransformFeedback() 和 glDrawTransformFeedbackStream()。这两个函数的原型如下所示：

```
void glDrawTransformFeedback(GLenum mode, GLuint id);
void glDrawTransformFeedbackStream(GLenum mode, GLuint id, GLuint stream);
```

采取类似 glDrawArrays() 的方式绘制图元，对于 transform feedback 对象 id，mode 设置为图元类型，我们自动假定 first 设置为 0，count 设置为 transform feedback 流 stream 捕获的图元数目。调用 glDrawTransformFeedback() 等价于设置 stream 参数为 0 并调用 glDrawTransformFeedbackStream()。

如果调用 glDrawTransformFeedbackStream()，那么就相当于间接调用 glDrawArrays()，并且 mode 参数意义不变，对于 transform feedback 对象 id，first 设置为 0，count 参数从流 stream 中通过虚拟的 GL_TRANSFORM_FEEDBACK_PRIMITIVES_WRITTEN 查询获取。注意，我们不需要真的执行一次 GL_TRANSFORM_FEEDBACK_PRIMITIVES_WRITTEN

查询，并且图元数目值也不会真的从 GPU 端向 CPU 端传递。此外，我们也不需要自己建立缓存记录 transform feedback 操作的结果，并用于新的渲染操作。这一绘制过程中的顶点计数值来自于上一次绑定 transform feedback 对象 id 并执行的 glEndTransformFeedback()。此时 transform feedback 对象 id 依然可以是启用状态，此时上一次记录的顶点计数值将被采用。

如果使用 glDrawTransformFeedbackStream() 函数，我们也可以对管线中的渲染结果进行循环处理。如果重复调用 glDrawTransformFeedbackStream()，那么顶点将会由 OpenGL 的顶点和几何着色器来完成变换。将顶点数据与双重缓冲的技术相融合⊖，我们就可以实现一些递归的算法，这可以改变每个循环迭代过程中的顶点数量。

绘制 transform feedback 的时候，我们也可以结合实例化的方法，将 transform feedback 产生的数据绘制多份。为此，我们需要引入 glDrawTransformFeedbackInstanced() 和 glDrawTransformFeedbackStreamInstanced() 函数。它们的原型定义如下：

void glDrawTransformFeedbackInstanced(GLenum mode, GLuint id, GLsizei instancecount);

void glDrawTransformFeedbackStreamInstanced(GLenum mode, GLuint id, GLuint stream, GLsizei instancecount);

采取类似 glDrawArraysInstanced() 的方式绘制图元，对于 transform feedback 对象 id，我们自动假定 first 设置为 0，count 设置为 transform feedback 流 stream 捕获的图元数目，同时也要设置 mode 和 instancecount 参数。调用 glDrawTransformFeedbackInstanced() 等价于调用 glDrawTransformFeedbackStreamInstanced() 并且设置输出流为 0。

多重数据流的合并与 DrawTransformFeedback

我们需要将之前介绍的技术整合并给出一个可用的范例，实现一个应用程序来演示几何着色器对输入几何体的排序方法，然后在后继的过程中渲染它的一部分。在这个例子中，我们会用到几何着色器来排序"朝向左侧"和"朝向右侧"的多边形，也就是说那些面法线朝向左侧或者右侧的多边形。朝向左侧的多边形将被传递给数据流 0，而朝向右侧的多边形数据将被传递给数据流 1。这两个数据流都要记录到 transform feedback 缓存中。如果已经启用另外一个程序对象，那么这些缓存的内容将使用 glDrawTransformFeedbackStream() 来进行绘制。如果这样，朝向左侧的图元渲染状态与朝向右侧的图元可能是完全不一致的，虽然在物理上它们表达同一个网格模型的同一部分。

首先，我们使用顶点着色器将输入的顶点变换到观察空间。这个着色器的代码如例 10.14 所示。

⊖　我们需要用到双重缓冲，如果把同一个缓存对象同时作为 transform feedback 和数据源，那么得到的结果将是未定义的。

例 10.14　几何体排序算法的简单顶点着色器

```
#version 330 core

uniform mat4 model_matrix;

layout (location = 0) in vec4 position;
layout (location = 1) in vec3 normal;

out vec3 vs_normal;

void main(void)
{
    vs_normal = (model_matrix * vec4(normal, 0.0)).xyz;
    gl_Position = model_matrix * position;
}
```

例 10.15 中，观察空间的顶点进入几何着色器中。这个着色器将根据输入的图元流，计算逐平面的法线，然后使用法线 x 分量的符号来判断三角形是朝向左侧还是朝向右侧。三角形的面法线是通过它的两边叉积得到的。朝向左侧的三角形将被发射到数据流 0，以及朝向右侧的三角形将被发射到数据流 1，而每个数据流的输出都会被记录到独立的 transform feedback 缓存中。

例 10.15　几何体排序算法的几何着色器

```
#version 330 core

// 输入为三角形，输出为点（我们对每个输入三角形都绘制三个点）
layout (triangles) in;
layout (points, max_vertices = 3) out;

uniform mat4 projection_matrix;

in vec3 vs_normal[];

// 数据流 0：朝向左侧的多边形
layout (stream = 0) out vec4 lf_position;
layout (stream = 0) out vec3 lf_normal;

// 数据流 1：朝向右侧的多边形
layout (stream = 1) out vec4 rf_position;
layout (stream = 1) out vec3 rf_normal;
void main(void)
{
    // 得到三个顶点并获取没有归一化的面法线
    vec4 A = gl_in[0].gl_Position;
    vec4 B = gl_in[1].gl_Position;
    vec4 C = gl_in[2].gl_Position;
    vec3 AB = (B - A).xyz;
    vec3 AC = (C - A).xyz;
    vec3 face_normal = cross(AB, AC);
    int i;

    // 如果法线的 x 坐标是负数，那么它朝向观察者的左侧，也就是"朝向左侧"
```

```
// 因此我们需要将它发射到数据流 0 当中
if (face_normal.x < 0.0)
{
    // 对于每个输入顶点……
    for (i = 0; i < gl_in.length(); i++)
    {
        // 变换到剪切空间
        lf_position = projection_matrix *
                        (gl_in[i].gl_Position -
                        vec4(30.0, 0.0, 0.0, 0.0));
        // 将输入的法线拷贝到输出流
        lf_normal = vs_normal[i];
        // 发射顶点
        EmitStreamVertex(0);
    }
    // EndStreamPrimitive 的调用不是必须的，因为这些数据的类型是 points
    EndStreamPrimitive(0);
}
// 否则，法线就是"朝向右侧"的，需要将它发射到数据流 1 当中
else
{
    // 与上面的意义相同，不过这次需要将 rf_position 和 rf_normal 写出到数据流 1
    for (i = 0; i < gl_in.length(); i++)
    {
        rf_position = projection_matrix *
                        (gl_in[i].gl_Position -
                        vec4(30.0, 0.0, 0.0, 0.0));
        rf_normal = vs_normal[i];
        EmitStreamVertex(1);
    }
    EndStreamPrimitive(1);
}
}
```

当渲染排序阶段时，我们不需要对任何多边形进行光栅化，因此第一个程序对象没有片元着色器。我们可以调用 glEnable(GL_RASTERIZER_DISCARD) 来关闭光栅化。如果没有禁止光栅化，也没有包含片元着色器就渲染一个程序对象，那么将得到一个错误。在链接排序程序之前，我们还需要指定 transform feedback 变量写入的位置。为此，需要使用例 10.16 中所示的代码。

例 10.16　配置几何体排序的 transform feedback 变量

```
static const char * varyings[] =
{
    // 这两个变量属于数据流 0
    "rf_position", "rf_normal",
    // 移动到下一个绑定点
    // (我们不能把不同数据流的变量写入
    // 同一个缓存绑定点)
    "gl_NextBuffer",
    // 这两个变量属于数据流 1
    "lf_position", "lf_normal"
};
```

```
glTransformFeedbackVaryings(sort_prog,
                            5,
                            varyings,
                            GL_INTERLEAVED_ATTRIBS);
```

注意，几何着色器输出的数据流 0 和 1 是相同的。我们向所选择的数据流写入相同的数据，无论多边形本身是朝向左侧还是右侧。在第一个渲染过程中，所有的顶点数据都会被保存到 transform feedback 缓存中，并且它们都已经变换到剪切空间，以便在第二和第三个渲染过程中使用它们来完成渲染。我们需要做的就是用一个传递式（pass-through）的顶点着色器（如例 10.17 所示）来读取之前变换过的顶点，然后传递给片元着色器。第二个过程中不再需要几何着色器。

例 10.17　几何着色器排序所用的传递顶点着色器

```
#version 330 core

layout (location = 0) in vec4 position;
layout (location = 1) in vec3 normal;

out vec3 vs_normal;

void main(void)
{
    vs_normal = normal;
    gl_Position = position;
}
```

我们在第 2 和第 3 个渲染过程中使用相同的片元着色器，不过对于更复杂的应用程序，还需要给每个过程设置一个不同的着色器。

现在，我们需要在 OpenGL API 的级别建立一些对象来管理数据和逻辑。首先，需要在三个过程中用到两个程序对象（一个包含顶点和几何着色器，用于向左和向右的图元的排序，另一个包含后两个过程用到的传递顶点着色器和片元着色器）。我们需要使用缓存对象来实现输入几何着色器和中间生成的数据的排序。同样也需要两个顶点数组对象（VAO）来表达两次渲染过程的顶点输入。最后，还需要一个 transform feedback 对象来管理 transform feedback 的数据和图元数目。所有这些对象的设置代码如例 10.18 所示。

例 10.18　几何着色器排序的 OpenGL 设置代码

```
// 创建两个顶点数组对象和缓存对象,
// 用于保存中间数据
glGenVertexArrays(2, vao);
glGenBuffers(2, vbo);

// 根据 transform feedback 操作的情况创建一个
// transform feedback 对象
// (包括后继的缓存绑定), 然后对它进行绑定
glGenTransformFeedbacks(1, &xfb);
glBindTransformFeedback(GL_TRANSFORM_FEEDBACK, xfb);

// 对于两个输出数据流
for (i = 0; i < 2; i++)
{
```

```
// 绑定缓存对象，继而创建对象
glBindBuffer(GL_TRANSFORM_FEEDBACK_BUFFER, vbo[i]);
// 调用 glBufferData 来分配空间。2^20 个浮点数对于这个例子来说足够了
// 注意这里的 GL_DYNAMIC_COPY。
// 它表示数据的变化频繁 (DYNAMIC),
// 平且会同时被 GPU 执行读取和写入的操作 (COPY)
glBufferData(GL_TRANSFORM_FEEDBACK_BUFFER,
             1024 * 1024 * sizeof(GLfloat),
             NULL, GL_DYNAMIC_COPY);
// 现在将它绑定到与数据流对应的
// transform feedback 缓存绑定点
glBindBufferBase(GL_TRANSFORM_FEEDBACK_BUFFER, i, vbo[i]);

// 设置 VAO。首先创建它
glBindVertexArray(vao[i]);
// 绑定 VBO 到 ARRAY_BUFFER 绑定点
glBindBuffer(GL_ARRAY_BUFFER, vbo[i]);
// 设置位置和法线的顶点属性……
glVertexAttribPointer(0, 4, GL_FLOAT, GL_FALSE,
                      sizeof(vec4) + sizeof(vec3),
                      NULL);
glVertexAttribPointer(1, 3, GL_FLOAT, GL_FALSE,
                      sizeof(vec4) + sizeof(vec3),
                      (GLvoid *)(sizeof(vec4)));
// ……并且不要忘了开启它们
glEnableVertexAttribArray(0);
glEnableVertexAttribArray(1);
}
```

　　我们已经设置所有的数据管理对象，现在要编写渲染循环。图 10-8 所示为基本的流程。第一个过程用来排序几何体，形成正面和背面几何体组并且不要执行光栅化。在这个例子当中第二和第三个过程本质上是相等的，即使它们可以各自使用完全不同的着色算法。实际上这两个过程负责渲染排序后的几何体，并且不需要从应用程序端再提供。

　　对于第一个过程，我们对原始输入的几何体 VAO 和几何着色器的程序对象进行绑定。还要绑定 transform feedback 对象以及 transform feedback 绑定的中间缓存，然后开始 transform feedback 并绘制原始几何体。几何着色器负责对输入的三角形进行排序，分成向左和向右两个组并且发送到对应的数据流中。在第一个过程之后，要关闭 transform feedback。对于第二个过程，我们绑定写入数据流 0 的中间数据 VAO，以及在绑定第二

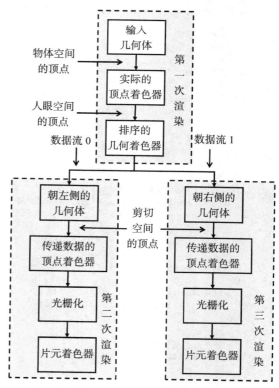

图 10-8　几何着色器排序示例的图解

个过程的程序对象之后，就可以使用 glDrawTransformFeedbackStream() 来绘制中间过程朝向左侧的几何体了，其中的图元是第一个过程的数据流 0 写入的。类似地，在第三个过程中，我们将根据数据流 1 的信息使用 glDrawTransformFeedbackStream() 绘制朝向右侧的几何体数据。

例 10.19　几何着色器排序的渲染循环

```
// 第一个过程——使用"排序"的程序对象
glUseProgram(sort_prog);

// 设置投影和模型视图矩阵
mat4 p(frustum(-1.0f, 1.0f, aspect, -aspect, 1.0f, 5000.0f));
mat4 m;

m = mat4(translation(0.0f,
                     0.0f,
                     100.0f * sinf(6.28318531f * t) - 230.0f) *
         rotation(360.0f * t, X) *
         rotation(360.0f * t * 2.0f, Y) *
         rotation(360.0f * t * 5.0f, Z) *
         translation(0.0f, -80.0f, 0.0f));

glUniformMatrix4fv(model_matrix_pos, 1, GL_FALSE, m[0]);
glUniformMatrix4fv(projection_matrix_pos, 1, GL_FALSE, p);

// 关闭光栅化
glEnable(GL_RASTERIZER_DISCARD);

// 绑定 transform feedback 对象并开始记录信息
//（这里使用 GL_POINTS）
glBindTransformFeedback(GL_TRANSFORM_FEEDBACK, xfb);
glBeginTransformFeedback(GL_POINTS);

// 渲染对象
object.Render();

// 停止记录并且解除 transform feedback 对象的绑定
glEndTransformFeedback();
glBindTransformFeedback(GL_TRANSFORM_FEEDBACK, 0);

// 开启光栅化
glDisable(GL_RASTERIZER_DISCARD);

static const vec4 colors[2] =
{
    vec4(0.8f, 0.8f, 0.9f, 0.5f),
    vec4(0.3f, 1.0f, 0.3f, 0.8f)
};

// 使用新的渲染程序对象
glUseProgram(render_prog);

// 第二个过程——正常渲染朝向左侧的多边形
glUniform4fv(0, 1, colors[0]);
```

```
glBindVertexArray(vao[0]);
glDrawTransformFeedbackStream(GL_TRIANGLES, xfb, 0);

// 现在我们将绘制数据流 1，其中包含所有朝向右侧的多边形
glUniform4fv(0, 1, colors[1]);
glBindVertexArray(vao[1]);
glDrawTransformFeedbackStream(GL_TRIANGLES, xfb, 1);
```

　　程序的输出过程如例 10.19 所示，结果如图 10-9 所示。这并不是一个非常让人兴奋的程序，不过它还是展示了有关 transform feedback 与多重数据流配置与协同工作的相关技术，同时还有 glDrawTransformFeedback() 函数的应用。

　　我们在渲染原始模型的时候绘制的是三角形，但是在 transform feedback 的模式下则为 GL_POINTS。这是因为排序的几何着色器将输入三角形转换成了点集。OpenGL 在几何着色器有多重输出流的情况下必须这么做，即输出图元类型必须是 points（当然输入可以是任何类型）。如果不加入这个限制，那么应用程序只会被渲染两次而不是三次。虽然要将点集记录到 transform feedback 缓存中，但是我们依然可以使用 GL_TRIANGLES 来完成第二个和第三个渲染过程。当顶点完成记录到 transform feedback 的操作之后，它们就可以简单地解析为无损的数据，并且可以用作任何目的。

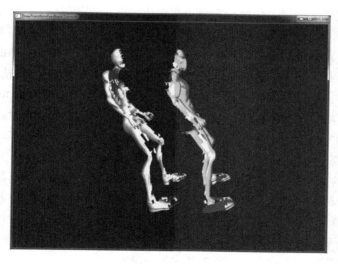

图 10-9　几何着色器排序示例的最后输出

10.5　几何着色器的多实例化

　　第 3 章已经介绍一种类型的实例化方法。对于这种实例化来说，我们可以使用 glDrawArraysInstanced() 或者 glDrawElementsInstanced() 这样的函数简单地将一组输

入数据多次运行在整个 OpenGL 管线上。这样的结果就是，顶点着色器对所有的输入顶点运行了多次，而从内存中多次取出同样的顶点数据以完成各个示例的绘制。此外，如果启用细分，图元也会被多次细分，得到的就是巨大的 GPU 潜在处理负担。为了在着色器中让每个实例的成员有不同的行为，我们使用内置的 GLSL 变量 gl_InstanceID。而另一种类型的实例化，也就是几何着色器的实例化，只会多次运行于几何着色器以及后继的阶段（光栅化和片元着色）中，而不是整个管线。几何着色器的实例化需要启用一个几何着色器，如果当前启用的程序没有几何着色器，那么则是无法使用的。这两种实例化的方法可以同时使用。也就是说，即使已经使用几何着色器的实例化方法，我们依然可以继续使用 **glDrawArraysInstanced()** 这样的函数。

几何着色器的实例化需要在着色器中通过 invocations 布局限定符来指定，它是输入定义的一部分，如下所示：

```
layout (triangles, invocations = 4) in;
```

这个例子设置几何着色器对每个输入的图元（这里是三角形）都要执行 4 次。特殊的内置 GLSL 输入变量 gl_InvocationID 包含几何着色器运行的请求编号（从 0 开始）。事实上，所有的几何着色器都是实例化的，只是默认的请求数为 1 而已。gl_InvocationID 总是一个可用的几何着色器输入变量，如果没有启用实例化，那么它的值为 0。如果几何着色器中用到实例化的功能，那么我们有必要在顶点着色器中实现更多的功能，以避免几何着色器负担过重。如果这样，诸如此类的工作只会执行一次，并且在所有几何着色器的请求中都是共享的。如果我们选择在几何着色器中执行这些工作，那么它对每个实例都会执行一次。

OpenGL 具体实现支持的几何着色器最大请求数量可以通过 **glGetIntegerv()** 以及参数 pname 为 GL_MAX_GEOMETRY_SHADER_INVOCATIONS 来获取。所有的 OpenGL 实现都必须支持至少 32 个几何着色器的实例化请求数，这个数值可能会更高。每个几何着色器的请求都可以达到 OpenGL 设备允许的顶点数量的最大值。如果这样，实例化的几何着色器就比非实例化的几何着色器有更高的扩充余地，因为所有的扩充操作都是受限于系统支持的最大输出顶点数。如果在几何着色器中将 API 级别的实例化和几何着色器的实例化与扩充进行合并，就可以在本质上通过一次绘制完成三个级别的几何体操作。这一过程的伪代码如例 10.20 所示。

例 10.20 使用实例化的合并来完成几何体的扩充

```
对于每个 API 的实例 // glDrawArraysInstanced
{
    对于每个几何着色器请求 // layout (invocations=N)
    {
        对于几何着色器产生的每个图元
        {
            render primitive
        }
    }
}
```

10.6　多视口与分层渲染

本节将介绍几何着色器的两个输出变量，它们可以将渲染结果重新定向到帧缓存的不同区域，或者数组纹理的某一层中。这两个变量分别是 gl_ViewportIndex 和 gl_Layer。它们的值也可以作为片元着色器的输入使用⊖。

10.6.1　视口索引

两个变量中的第一个，gl_ViewportIndex，用于设置 OpenGL 的视口变换中要使用哪一组视口参数。OpenGL 通过 glViewportIndexedf() 和 glViewportIndexedfv() 函数的调用来传递这些参数，它们可以指定剪切坐标下的窗口 x 和 y 坐标值。此外，我们也可以使用 glDepthRangeIndexed() 来指定窗口的 z 坐标。这几个函数的原型如下所示：

```
void glViewportIndexedf(GLuint index, GLfloat x, GLfloat y, GLfloat w, GLfloat h);
void glViewportIndexedfv(GLuint index, const GLfloat* v);
void glDepthRangeIndexed(GLuint index, GLclampd n, GLclampd f );
```

设置给定视口的包围范围。glViewportIndexedf() 通过右上角 (x, y)、宽度和高度分别为 w 和 h 的矩形，来设置索引为 index 的视口范围。而 glViewportIndexedfv() 的操作完全相同，只是通过一个数组 v 来存储 x、y、w 和 h 四个元素。glDepthRangeIndexed() 负责设置索引为 index 的视口深度范围。n 和 f 分别表示近平面与远平面的值。

视口的原点、宽度和高度会保存到 OpenGL 的数组当中，如果启用几何着色器，则把它们写入 gl_ViewportIndex，用以记录视口参数的数组。如果几何着色器没有写入 gl_ViewportIndex，或者没有使用几何着色器，那么会直接使用第一个视口的信息。

如果需要设置多个视口的范围值（包括深度范围），我们也可以使用 glViewportArrayv() 和 glDepthRangeArrayv() 函数。这两个函数可以接收一定数量的视口数据，包括要更新的范围、第一个视口的索引值，以及用来更新视口范围的参数数组。这些函数的原型如下：

```
void glViewportArrayv(GLuint first, GLsizei count, const GLfloat* v);
void glDepthRangeArrayv(GLuint first, GLsizei count, const GLdouble* v);
```

通过一个命令来设置多个视口的范围值。这两个函数的 first 均包含第一个视口的索引值，而 count 包含要更新的视口数据的数量。对于 glViewportArrayv() 来说，v 表

⊖ GLSL 版本 4.3 中，gl_Layer 和 gl_ViewportIndex 都可以作为片元着色器的输入使用。而 OpenGL 和 GLSL 的早期版本中，如果需要在片元着色器中使用这两个变量，则必须显式地通过用户定义的变量进行传递。

示数组的地址，其中包含 4×count 个浮点数值，而每个视口都会用到每 4 个一组的数据，也就是 glViewportIndexedf() 函数所调用的 x、y、w 和 h，顺序固定。对于 glDepthRangeArrayv() 来说，v 包含的地址中有 2×count 个双精度浮点数值，而每个视口都有这样的数据，它们分别表示 n 和 f 参数，如 glDepthRangeIndexed() 所示。

一个典型的应用就是在单一的帧缓存内设置多个视口（例如三维建模程序中的顶视图、侧视图和前视图），然后使用几何着色器将同样的输入顶点数据渲染到各个视口中。这一步可以通过之前介绍的各种方法来实现，例如，可以用几何着色器来执行一个简单的循环、扩充几何体，即输出的图元数量比输入更多。此外，我们也可以通过几何着色器的实例化功能，设置请求 invocations 的数量为 3，然后将几何体重定向到对应不同请求的视口当中。这两种方法都需要在顶点着色器中执行逐顶点的操作，然后在几何着色器中完成对应视口的内容渲染。几何着色器也需要对不同的视口执行一些各自唯一的操作。在这个例子中，每个视口都需要设置一个不同的投影矩阵。

例 10.21 是一个简单但是完整的几何着色器的例子，它使用多实例和多请求的方法来渲染 4 个视口的内容。

例 10.21　使用几何着色器将几何体定向到不同的视口

```glsl
#version 330 core

// 输入为三角形，4 个请求（实例）
layout (triangles, invocations = 4) in;
// 输出为三角形条带，每个请求有 3 个顶点
layout (triangle_strip, max_vertices = 3) out;

// 需要 4 个模型矩阵以及一个通用的投影矩阵
uniform mat4 model_matrix[4];
uniform mat4 projection_matrix;

// 来自顶点着色器的通常输入
in vec3 vs_normal[];

// 将颜色和法线输出到片元着色器
out vec4 gs_color;
out vec3 gs_normal;

// 用于 4 个实例中的不同颜色值
const vec4 colors[4] = vec4[4]
(
    vec4(1.0, 0.7, 0.3, 1.0),
    vec4(1.0, 0.2, 0.3, 1.0),
    vec4(0.1, 0.6, 1.0, 1.0),
    vec4(0.3, 0.7, 0.5, 1.0)
);

void main(void)
{
```

```
for (int i = 0; i < gl_in.length(); i++)
{
    // 设置每个顶点的视口索引
    gl_ViewportIndex = gl_InvocationID;
    // 从 colors 数组中读取颜色值，索引为 gl_InvocationID
    gs_color = colors[gl_InvocationID];
    // 通过模型矩阵变换得到法线值
    // 注意，这里假设模型矩阵中不存在剪切
    gs_normal = (model_matrix[gl_InvocationID] *
                vec4(vs_normal[i], 0.0)).xyz;
    // 最后，将顶点变换到位置变量中并发射
    gl_Position = projection_matrix *
                    (model_matrix[gl_InvocationID] *
                    gl_in[i].gl_Position);
    EmitVertex();
}
}
```

在着色器中，视口索引是直接通过请求的编号（gl_InvocationID）初始化的。注意，这个值对于输出图元的每个顶点都是需要设置的，即使它对于每个顶点都是一样的。我们用到一个有 4 个模型矩阵组成的数组，对输入几何体的每个拷贝执行不同的变换。同样我们用到几何着色器的请求编号来索引变换矩阵数组中的值。最后，用一个颜色数组来对几何体的每个实例进行不同的着色，这里依然用到请求编号来进行数组对象的索引。

在绘制每一帧之前，我们都要使用例 10.22 中的代码来更新模型数组矩阵。我们对这 4 个矩阵会设置不同的平移和旋转变换。

例 10.22 创建视口数组矩阵的示例

```
static const vec3 X(1.0f, 0.0f, 0.0f);
static const vec3 Y(0.0f, 1.0f, 0.0f);
static const vec3 Z(0.0f, 0.0f, 1.0f);
mat4 m[4];

for (int i = 0; i < 4; i++)
{
    m[i] = mat4(
            translation(
            0.0f,
            0.0f,
            100.0f * sin(6.28318531f * t + i) - 230.0f) *
            rotation(360.0f * t * float(i + 1), X) *
            rotation(360.0f * t * float(i + 2), Y) *
            rotation(360.0f * t * float(5 - i), Z) *
            translation(0.0f, -80.0f, 0.0f));
}

glUniformMatrix4fv(model_matrix_pos, 4, GL_FALSE, m[0]);
```

注意例 10.22 中，我们使用 **glUniformMatrix4fv()** 来设置 4 个矩阵元素组成的数组 uniform，并且只用到一次函数调用。例 10.23 所示为这个程序的重设窗口大小的处理函数，其中对这 4 个视口的参数进行设置。

例 10.23 设置 4 个视口

```
void ViewportArrayApplication::Reshape(int width, int height)
{
    const float wot = float(width) * 0.5f;
    const float hot = float(height) * 0.5f;

    glViewportIndexedf(0, 0.0f, 0.0f, wot, hot);
    glViewportIndexedf(1, wot, 0.0f, wot, hot);
    glViewportIndexedf(2, 0.0f, hot, wot, hot);
    glViewportIndexedf(3, wot, hot, wot, hot);
}
```

例 10.23 中，wot 和 hot 分别表示宽度和高度除以 2 的值。这段代码将窗口划分为 4 个象限，每个象限有一个视口。glViewportIndexedf() 用来设置某个视口的参数。图 10-10 给出了这个程序的输出结果。

OpenGL 中除了能够支持多重视口之外，还支持多重剪切矩形。每个剪切矩形的参数都可以通过 glScissorIndexed() 和 glScissorIndexedv() 函数来设置，其原型如下所示：

---

void glScissorIndexed(GLuint index, GLint left, GLint bottom, GLsizei width, GLsizei height);

void glScissorIndexedv(GLuint index, const GLint* v);

设置给定剪切矩形的包围范围。glScissorIndexed() 设置索引为 index 的剪切矩形的左下角为 (left, bottom)，宽度和高度分别为 width 和 height。glScissorIndexedv() 的工作与之相同，但是它通过数组 v 的 4 个元素来依次记录左下角的两个坐标值、宽度和高度。

图 10-10 视口数组示例的输出结果

与 glDepthRangeArrayv() 和 glViewportArrayv() 类似，glScissorIndexed() 也有一个

数组形式的函数写法，它可以用来同时设置多个剪切矩形的参数。其原型如下所示：

---
void **glScissorArrayv**(GLuint first, GLsizei count, const GLint* v);

通过一个命令来设置多个剪切矩形的包围范围。first 为第一个要更新的剪切矩形的索引值，count 为所有要更新的剪切矩形的数目，而 v 包含总数为 4×count 的整数数组——每个剪切矩形都要使用 4 个整数值，它们按顺序依次等价与 **glScissorIndexed()** 的 left、bottom、width 和 height 参数。

写入到 gl_ViewportIndex 的索引值可以用来匹配当前像素准备进行测试的剪切矩形。视口和剪切矩形都是在屏幕空间中指定的。因此，我们可能需要让每个剪切矩形根据对应视口的原点进行适当的偏移。虽然我们使用同一个索引值来判断所用的剪切矩形和视口，但是为了高效地避免耦合，还需要考虑给多个索引值设置同样的视口，但是设置不同的剪切矩形，或者反过来处理。设备所支持的视口（以及剪切矩形）的最大数量可以通过调用 **glGetIntegerv()** 并设置参数 pname 为 GL_MAX_VIEWPORTS 来获取。这个值的最小值是 16，即任何设备实现都会支持至少这么多的视口数量。更多的视口和剪切矩形可以用来实现一些数学组合的方法。例如，如果设置 4 个视口和 4 个剪切矩形，那么就可以得到视口和剪切矩形的 16 种组合，并且在几何着色器中分别进行索引。

10.6.2　分层渲染

当我们渲染到帧缓存对象的时候，可以使用二维数组纹理作为颜色的附件，然后通过几何着色器渲染到数组的某个切片。如果要创建一个二维数组纹理然后将它关联到帧缓存对象，我们可以使用例 10.24 中所示的代码。

例 10.24　使用数组纹理附件来创建 FBO 的示例代码

```
// 声明变量
GLuint tex;        // 这就是二维数组纹理
GLuint fbo;        // 这是帧缓存对象

// 创建并分配一个 1024×1024×32 的二维数组纹理
glGenTextures(1, &tex);
glBindTexture(GL_TEXTURE_2D_ARRAY, tex);
glTexImage3D(GL_TEXTURE_2D_ARRAY,
             0,
             GL_RGBA,
             1024,
             1024,
             32,
             0,
             GL_RGBA,
             GL_UNSIGNED_BYTE,
             NULL);

// 创建一个帧缓存对象，
// 将二维数组纹理关联到它的颜色附件上
```

```
glGenFramebuffers(1 &fbo);
glBindFramebuffer(GL_FRAMEBUFFER, fbo);
glFramebufferTexture(GL_FRAMEBUFFER,
                     GL_COLOR_ATTACHMENT0,
                     tex,
                     0);

// 现在将帧缓存的颜色
// 附件作为当前的绘制缓存
static const GLenum draw_buffers[] =
{
    GL_COLOR_ATTACHMENT0
};
glDrawBuffers(1, draw_buffers);
```

我们可以给帧缓存的每一个颜色附件（GL_COLOR_ATTACHMENTi，其中 i 就是颜色附件的索引）都关联一个不同的数组纹理。我们也可以创建格式为 GL_DEPTH_COMPONENT、GL_DEPTH_STENCIL 或者 GL_STENCIL_INDEX 的二维数组纹理，然后关联到 GL_DEPTH_ATTACHMENT、GL_STENCIL_ATTACHMENT 或者 GL_DEPTH_STENCIL_ATTACHMENT。这样的数组纹理就是一个分层的深度或者模板缓存。注意这种类型的二维数组纹理必须用于专门的目的，这是因为 OpenGL 中并没有数组类型的渲染缓存。

现在我们得到一个分层的帧缓存，可以在其中进行渲染。使用帧缓存的分层附件的时候有一个限制，就是帧缓存的所有附件都必须是分层的，并且一个分层帧缓存的所有附件必须是同样的纹理类型（一维或者二维数组纹理、立方体映射纹理，等等）。因此，我们不可能同时对同一个帧缓存绑定 6 片二维数组纹理和立方体映射纹理的 6 个面。如果要渲染到这样一个帧缓存对象，那么 glCheckFramebufferStatus() 将返回 GL_FRAMEBUFFER_INCOMPLETE_LAYER_TARGETS 错误。

我们也可以渲染到三维纹理的各个切片中，方法是通过 glNamedFramebufferTextureLayer() 函数把每个切片关联到帧缓存的层。

现在我们已经将数组纹理关联到当前帧缓存对象的颜色附件点了，可以使用几何着色器来将结果定向渲染到数组的每个切片中。为此，几何着色器需要向 GLSL 内置的变量 gl_Layer 执行写入。gl_Layer 是一个用来设置渲染重定向的层索引的变量，从 0 开始计算。这个几何着色器的应用如例 10.25 所示。

> **注意** 写入 gl_Layer 的时候要多加小心，写入的值必须是当前分层帧缓存对象的一个合法的索引值。如果写入的值超出了范围，那么将产生未定义的结果，因而可能造成几何体被抛弃，被渲染到第一个或者最后一个切片，破坏其他切片的内容，甚至直接影响其他的内存区域。

例 10.25　渲染到数组纹理的几何着色器

```
#version 330 core
```

```
layout (triangles) in;
layout (triangle_strip, max_vertices=128) out;

in VS_GS_VERTEX
{
    vec4 color;
    vec3 normal;
} vertex_in[];

out GS_FS_VERTEX
{
    vec4 color;
    vec3 normal;
} vertex_out;

uniform mat4 projection_matrix;
uniform int output_slices;

void main(void)
{
    int i, j;
    mat4 slice_matrix;
    float alpha = 0.0;
    float delta = float(output_slices - 1) * 0.5 / 3.1415927;

    for (j = 0; j < output_slices; ++j)
    {
        float s = sin(alpha);
        float c = cos(alpha);
        slice_matrix = mat4(vec4(c, 0.0, -s, 0.0),
                            vec4(0.0, 1.0, 0.0, 0.0),
                            vec4(s, 0.0, c, 0.0),
                            vec4(0.0, 0.0, 0.0, 1.0));
        slice_matrix = slice_matrix * projection_matrix;
        for (i = 0; i < gl_in.length(); ++i)
        {
            gl_Layer = j;
            gl_Position = slice_matrix * gl_in[i].gl_Position;
            vertex_out.color = vertex_in[i].color;
            vertex_out.normal = vertex_in[i].normal;
            EmitVertex();
        }
        EndPrimitive();
    }
}
```

例 10.25 扩充了输入几何体的内容，并且将它的完整拷贝渲染到当前帧缓存的各个分层颜色附件当中。每个拷贝都对输入几何体进行了旋转，因此在经过一次渲染之后，输出的数组纹理中将包含几何体在不同角度所呈现的内容。这一功能可以用于诸如 impostor 更新等应用场合[注]。

[注] impostor 是一种将实际几何体渲染到纹理，然后在几何体需要很多实例的时候用来替换的方案，它不需要再渲染整个模型网格。它的一个典型用例就是树林的渲染。将树木在不同角度的渲染结果保存到纹理中，然后渲染森林时再选择一个合适的角度进行呈现。

这个特殊的例子当中,我们使用一个简单的循环来扩充输入几何体。如果帧缓存附件的层数相对较小,即小于当前设备几何着色器的最大输出顶点数的三分之一的时候,这个方法还是比较合适的。如果要渲染的数组切片的数目很大,那么我们需要用到实例化渲染或者几何着色器实例的方法,并且用 gl_InstanceID(或者 gl_InvocationID)来管理输出层。对于第二种情形,必须注意几何着色器的最大请求数限制,所有设备支持的最小数值是 32。数组纹理中层数的最大值可以通过 glGetIntegerv() 以及 pname 参数 GL_MAX_ARRAY_TEXTURE_LAYERS 来获取,它能够支持的最小值一般是 2048。

另一类使用几何着色器来完成分层渲染的方法就是更新 cube map 纹理的各个面,它们可以用来表达另一个渲染过程中的环境贴图。如果将 cube map 纹理关联到帧缓存对象的颜色附件,那么它将是一个 6 层的数组纹理。而 cube map 的面与数组的切片之间的顺序关系如表 10-4 所示。

表 10-4　cube map 各个面索引的顺序

层编号	cube map 面
0	GL_TEXTURE_CUBE_MAP_POSITIVE_X
1	GL_TEXTURE_CUBE_MAP_NEGATIVE_X
2	GL_TEXTURE_CUBE_MAP_POSITIVE_Y
3	GL_TEXTURE_CUBE_MAP_NEGATIVE_Y
4	GL_TEXTURE_CUBE_MAP_POSITIVE_Z
5	GL_TEXTURE_CUBE_MAP_NEGATIVE_Z

使用几何着色器将环境贴图渲染到 cube map 的时候,我们要设置 6 个投影矩阵来表达每个面对应的视锥体。然后,使用实例化的几何着色器,设置 invocations 为 6,并将同样的输入几何体渲染到各个面当中。我们可以使用 gl_InvocationID 来决定输出的 gl_Layer 以及投影矩阵数组的当前索引。这样只需要一个渲染过程就可以更新 cube map 环境贴图了。

10.7　本章总结

本章介绍了几何着色器,这是一个逐图元运行的着色器阶段,它可以访问图元中所有的顶点,以及在 OpenGL 管线中创建和删除几何体。它甚至可以改变图元的类型。几何着色器可以用来实现用户需要的裁减、几何体变换,以及排序算法。它可以实现多重视口以及渲染到纹理数组、三维纹理和 cube map 的功能。将几何着色器可以实例化与它的其他特性相结合,将是一个非常强大的工具。几何着色器可能是最为多变和灵活的着色器阶段。几何着色器也有自己特有的图元类型:GL_LINES_ADJACENCY、GL_LINE_STRIP_ADJACENCY、GL_TRIANGLES_ADJACENCY 和 GL_TRIANGLE_STRIP_ADJACENCY。

如果能有效地使用几何着色器,并且与分层帧缓存、transform feedback、图元查询和实例化这些特性进行结合,那么就可以实现一些非常先进以及非常有趣的算法了。

10.7.1 几何着色器回顾

如果要在程序中使用几何着色器：

1. 使用 glCreateShader(GL_GEOMETRY_SHADER) 创建一个几何着色器。

2. 使用 glShaderSource 设置着色器源代码，以及使用 glCompileShader 编译着色器程序。

3. 使用 glAttachShader 将它关联到程序对象，然后使用 glLinkProgram 进行链接。

在几何着色器中，执行下面的工作：

1. 设置输入和输出图元的类型，布局限定符格式为 layout(<primitive_type>) in; 或者 layout(<primitive_type>) out;

2. 设置着色器可以产生的最大顶点数，布局限定符格式为 layout(max_vertices = <vertex_count>) in;

3. 将几何着色器的所有输入声明为数组（通过关键字 in）。我们可以使用输入数组（包括 gl_in[]）的 .length() 方法来获取当前处理的图元大小。

4. 如果使用 transform feedback 来记录多重输出流，那么需要使用布局限定符格式 layout(stream = <stream>) out; 来声明输出量。我们可以使用接口块成组的方式来管理单一数据流的输出，这样代码看起来更为紧凑和整洁。

如果需要产生几何体，需要：

❑ 使用 EmitVertex() 或者 EmitStreamVertex(<stream>) 来产生顶点，使用 EndPrimitive() 或者 EndStreamPrimitive(<stream>) 来打断图元的输出结果（注意，几何着色器只能生成点集、多段线条带或者三角形条带）。

几何着色器中用到的特殊输入和输出变量如下所示：

❑ gl_in[]——输入数组，其中包含所有逐顶点的内置数据（gl_Position、gl_PointSize、gl_ClipDistance[] 和 gl_CullDistance[]）。

❑ gl_InvocationID——输入变量，记录实例化的几何着色器的当前请求索引值。对于未实例化的几何着色器而言，这个变量也是可用的，但是它只会返回 0。

❑ gl_PrimitiveIDIn——输入变量，记录输入图元的索引。采用这种命名方式是因为几何着色器中还有名为 gl_PrimitiveID 的输出变量。

❑ gl_PrimitiveID——输出变量，需要写入图元的索引，供后继的片元着色器中使用。

❑ gl_Layer——输出变量，需要写入分层帧缓存的层索引数值，以便向其中渲染图元。它同时也是片元着色器的输出变量。

❑ gl_ViewportIndex——输出变量，需要写入视口的索引值，以便在光栅化之前进行恰当的视口变换操作。这个变量也是片元着色器的输入值。

10.7.2 几何着色器的最佳实践

下面给出一些灵活使用几何着色器的建议。它们会帮助你在使用几何着色器的时候获得更好的性能提升。这些方法并不是绝对要遵守规则，但是如果你能够遵循，就可以在程序中更高效地运用几何着色器。

在正确的位置执行

如果需要逐顶点地进行某些工作，那么就在顶点着色器（或者细分计算着色器，如果存在）完成这些工作。在渲染三角形条带或者扇面的时候，每个三角形都是独立地进入几何着色器中的。因此在几何着色器中执行逐顶点的工作等同于对每个顶点执行多次同样的运算。

相类似，如果我们的工作是需要逐表面执行（例如计算扁平插值限定符的属性值），那么在几何着色器中执行要比顶点着色器更好。如果渲染的是独立的三角形，那么在顶点着色器中完成扁平插值属性值的计算相当于对所有定点都执行操作，而不只是图元的 provoking vertex。将这些工作移植到几何着色器中，操作只需要完成一次，并且得到的值（可以保存为局部变量）可以供所有输出变量所用。

只有必需的时候才使用几何着色器

几何着色器并不是无偿的。就算是纯粹传递的几何着色器也会对程序的性能有一定影响。你真的需要几何着色器吗，这要考虑清楚。你真的需要逐图元的计算吗，并且无法在顶点着色器中完成？你真的需要访问图元的所有顶点，或者邻接信息吗？如果你的算法也可以只使用顶点着色器（或者细分着色器来实现细分功能）来相对高效地实现，那么你需要考虑这个问题。

小心分配空间

如果设置了输入布局限定符 max_vertices，那么需要保证我们的算法实现确实需要用到这么多顶点。max_vertices 限定符在本质上就是一次空间分配。根据 OpenGL 具体实现的不同，分配过多的输出顶点可能带来不同程度的性能损失，即使我们并没有用到它们。要设置一个最大值是非常简单的，但是我们一定要注意，只分配正好需要的顶点数量为宜。

不要无限扩充

这个理由与不要使用 max_vertices 限定符分配过多的输出顶点是一样的，我们在几何着色器中处理大规模的顶点时需要多加小心。虽然我们可以做到在几何着色器中实现细分这样的算法，但是有些 OpenGL 实现却会因此降低效率。这也是 OpenGL 引入细分的原因！几何着色器更适合完整图元信息的访问和算法实现，它也可以用来执行裁减或者小数据量的图元扩充的操作。

第 11 章 *Chapter 11*

内　存

本章目标

阅读完本章内容之后，你将会具备以下的能力：

❑ 从着色器内存中读取和写入数据。

❑ 直接在着色器内存中进行简单的数学运算。

❑ 在不同的着色器请求之间进行同步和通信。

OpenGL 管线的所有工作在本质上都是不存在副作用的。也就是说，管线是通过一连串的阶段构建的，包括可编程的阶段（例如顶点和片元着色器）以及固定的阶段（例如细分的引擎），输入和输出都有严格的定义（例如顶点属性，或者输出到帧缓存的颜色值）。虽然我们也可以通过纹理或者纹理缓存对象（TBO）来读取任意内存区域，不过总体上来说，写入操作发生的时机是固定的，也是可以预知的。举例来说，我们可以在固定的阶段通过 transform feedback 操作来获取顶点数据并传递到 transform feedback 缓存中，也可以根据光栅化阶段的标准样式，将片元着色器中产生的像素写入帧缓存中。

本章将介绍一种允许着色器对用户指定的位置同时进行读写操作的机制。着色器可以因此在内存中建立数据结构，然后谨慎地更新同一块内存位置，完成彼此之间的各级通信流程。为此，我们还需要介绍一些着色语言中以及 OpenGL API 中的特殊函数，它们也提供一些有关此类内存操作的操作函数。

本章包含以下几节：

❑ 11.1 节将介绍如何通过 GLSL 内置函数读写纹理对象中的内存数据。

❑ 11.2 节将介绍如何直接通过用户定义的变量来读写一处通用的内存缓存。

❑ 11.3 节解释多个写入操作同时作用于图像时的同步问题，以及相关的解决方法。

❑ 11.4 节介绍本章所述的一个具备多种特性的趣味应用，并且为有经验的 OpenGL 开发者演示通用内存操作的能力以及灵活性等特点。

11.1 使用纹理存储通用数据

我们可以使用内存来表达一个缓存对象，或者单一层级的纹理对象，并且在着色器中进行通用目的的读写操作。OpenGL 提供一些特别的图像类型来支持这一需求，它们主要用来表达未编码的图像数据。

着色器中可以将图像定义为 uniform，这一点与采样器（sampler）类似。与采样器相同，图像也需要通过 glUniform1i() 函数来设置自己在着色器编译器中的位置单元。OpenGL 着色语言所支持的图像类型如表 11-1 所示。

表 11-1　GLSL 的通用图像类型

图像类型	意义
image1D	1D 浮点数类型
image2D	2D 浮点数类型
image3D	3D 浮点数类型
imageCube	浮点数立方体映射数组类型
image2DRect	浮点数 2D 矩形类型
image1DArray	1D 浮点数数组类型
image2DArray	2D 浮点数数组类型
imageBuffer	浮点数缓存类型
image2DMS	多重采样的 2D 浮点数类型
image2DMSArray	多重采样的 2D 浮点数数组类型
imageCubeArray	浮点数立方体映射数组类型
iimage1D	1D 有符号整数类型
iimage2D	2D 有符号整数类型
iimage3D	3D 有符号整数类型
iimageCube	有符号整数立方体映射数组类型
iimage2DRect	有符号整数 2D 矩形类型
iimage1DArray	1D 有符号整数数组类型
iimage2DArray	2D 有符号整数数组类型
iimageBuffer	有符号整数缓存类型
iimage2DMS	多重采样的 2D 有符号整数类型
iimage2DMSArray	多重采样的 2D 有符号整数数组类型
iimageCubeArray	有符号整数立方体映射数组类型
uimage1D	1D 无符号整数类型
uimage2D	2D 无符号整数类型

（续）

图像类型	意义
uimage3D	3D 无符号整数类型
uimageCube	无符号整数 Cube map 数组类型
uimage2DRect	无符号整数 2D 矩形类型
uimage1DArray	1D 无符号整数数组类型
uimage2DArray	2D 无符号整数数组类型
uimageBuffer	无符号整数缓存类型
uimage2DMS	多重采样的 2D 无符号整数类型
uimage2DMSArray	多重采样的 2D 无符号整数数组类型
uimageCubeArray	无符号整数 Cube map 数组类型

注意，大部分 GLSL 的采样器类型都有一个相似的图像类型。而采样器类型（例如 sampler2D）与图像类型（例如 image2D）的主要区别包括：首先，图像类型表达的是单一层级的纹理，不是完整的 mipmap 链；其次，图像类型不支持滤波等采样操作。注意不支持的采样操作还包括深度比较（depth comparison），因此我们可以看到阴影类的采样器，例如 sampler2DShadow 等，是没有等价的图像类型的。

三种最基本的图像类型分别为 image*、iimage* 和 uimage*，它们分别用于定义浮点数、有符号整数和无符号整数的数据。

除了与图像变量相关的通用数据类型（浮点数、有符号整数和无符号整数）之外，我们还需要用到一个 format 限定符来设置数据在内存中的图像格式。如果有一个图像类型，那么必须使用 format 布局限定符来声明可读的数据，不过也可以在声明阶段显式地指定数据的格式，这样做会更好一些。format 布局限定符以及相应的 OpenGL 内部格式类型如表 11-2 所示。

表 11-2　图像格式限定符

图像类型	OpenGL 内部格式
rgba32f	GL_RGBA32F
rgba16f	GL_RGBA16F
rg32f	GL_RG32F
rg16f	GL_RG16F
r11f_g11f_b10f	GL_R11F_G11F_B10F
r32f	GL_R32F
r16f	GL_R16F
rgba16	GL_RGBA16UI
rgb10_a2	GL_RGB10_A2UI
rgba8	GL_RGBA8UI
rg16	GL_RG16UI

（续）

图像类型	OpenGL 内部格式
rg8	GL_RG8UI
r16	GL_R16UI
r8	GL_R8UI
rgba16_snorm	GL_RGBA16_SNORM
rgba8_snorm	GL_RGBA8_SNORM
rg16_snorm	GL_RG16_SNORM
rg8_snorm	GL_RG8_SNORM
r16_snorm	GL_R16_SNORM
r8_snorm	GL_R8_SNORM
rgba32i	GL_RGBA32I
rgba16i	GL_RGBA16I
rgba8i	GL_RGBA8I
rg32i	GL_RG32I
rg16i	GL_RG16I
rg8i	GL_RG8I
r32i	GL_R32I
r16i	GL_R16I
r8i	GL_R8I
rgba32ui	GL_RGBA32UI
rgba16ui	GL_RGBA16UI
rgba8ui	GL_RGBA8UI
rg32ui	GL_RG32UI
rg16ui	GL_RG16UI
rg8ui	GL_RG8UI
r32ui	GL_R32UI
r16ui	GL_R16UI
r8ui	GL_R8UI

　　图像的 format 限定符是作为图像变量声明的一部分提供的，并且必须在声明一个用来读取图像的变量的时候使用。如果图像变量只用来写入（参见下文中有关 writeonly 的解释），那么我们也可以忽略这个限定符。我们在使用变量的 format 限定符的时候，必须与图像本身的基本数据类型相匹配。也就是说，对于浮点数类型的图像变量，例如 image2D，必须同时使用浮点数类型的限定符，例如 r32f 或者 rgba16_unorm，而非浮点型的限定符（例如 rg8ui）是不行的。与之类似，有符号整型的 format 限定符（例如 rgba32i）必须与有符号整型的图像变量（iimage2D）一起声明，而无符号的 format 限定符（rgba32ui）必须与无符号整型图像变量（uimage2D）一起声明。

有关 format 布局限定符在声明图像变量时的使用方法，请参见例 11.1。

例 11.1 图像的 format 布局限定符示例

```
// 一个二维图像，数据格式为 4 个分量的浮点数
layout (rgba32f) uniform image2D image1;

// 一个二维图像，数据格式为 2 个分量的整数
layout (rg32i) uniform iimage2D image2;

// 一个一维图像，数据格式为单个分量的无符号整数
layout (r32ui) uniform uimage1D image3;

// 一个三维图像，数据格式为单个分量的整数，
// 并且初始化的时候绑定到图像单元 4
layout (binding=4, r32) uniform iimage3D image4;
```

图像变量的声明中用到的 format 类型不一定与图像真实的数据格式（通过纹理内部格式（internal format）给出）完全一致，但是一定要符合 OpenGL 规范中规定的兼容要求。总体上来说，只要这两种格式所对应的每个纹素中存储的数据量是相同的，那么就可以认为它们是兼容的。举例来说，如果纹理的内部格式为 GL_RGBA32F，那么它应该有 4 个 32字节的浮点数分量，即每个纹素占据 128 字节。在着色器当中，这种类型的纹理在 format设置为 rgba32f、rgba32ui，或者 rgba32i 的时候都是可用的，因为此时单一纹素的大小还是 128 字节。再举一例，对于内部格式为 GL_RG16F 的纹理，每个纹素的大小为 32字节。这类纹理可以通过定义为 r32f、rgba8ui、rgb10_a2ui 或者其他能够保持纹素大小为 32 字节的图像格式相兼容，从而通过对应的变量进行访问。如果纹理和图像变量的格式并不匹配，但是互相兼容，那么图像的原始数据将被重新编译为着色器中设置的类型。例如，一个内部格式为 GL_R32F 的纹理，如果通过一个声明为 r32ui 的图像变量去读取，那么返回的结果将是一个使用位组合的方式来表达浮点数纹理的无符号整数。

单一着色器阶段可以使用的图像 uniform 的最大数量可以通过 GL_MAX_VERTEX_IMAGE_UNIFORMS（顶点着色器）、GL_MAX_TESS_CONTROL_IMAGE_UNIFORMS和 GL_MAX_TESS_EVALUATION_IMAGE_UNIFORMS（分别对应细分控制和求值着色器），或者 GL_MAX_GEOMETRY_IMAGE_UNIFORMS（几何着色器），或者 GL_MAX_FRAGMENT_IMAGE_UNIFORMS（片元着色器）进行查询。此外，所有可用的着色器中的图像 uniform 最大数量是通过 GL_MAX_COMBINED_IMAGE_UNIFORMS 给定的。除了这些限制之外，有些设备实现中，如果需要通过传统的输出变量同时写入帧缓存，还会对片元着色器中的图像 uniform 数量追加一些限制。如果要判断是否存在这个限制，我们可以检索 GL_MAX_COMBINED_IMAGE_UNITS_AND_FRAGMENT_OUTPUTS 的值。最后一点，虽然 OpenGL API 支持在任何着色器阶段中使用图像 uniform，但是片元着色器可用性还是与具体实现平台相关的，因此必须首先确定 GL_MAX_FRAGMENT_IMAGE_UNIFORMS 返回的是一个非零值。

11.1.1 将纹理绑定到图像单元

与 OpenGL API 中通过采样器变量来表达纹理单元一样，图像变量表达的是绑定到 OpenGL API 的图像单元（image unit）的数据。着色器中声明的图像 uniform 的位置可以通过 glGetUniformLocation() 函数来查询。而我们需要通过 glUniform1i() 来设置图像 uniform 所对应的图像单元索引。我们也可以直接通过着色器中的 binding 限定符来设置绑定信息[⊖]，参见例 11.1 中 image4 的声明。默认情况下，图像 uniform 被绑定在 0 号索引上，因此如果着色器中只用到一个图像，就不用显式地再次把它绑定到 0。具体 OpenGL 平台所支持的图像单元的数量可以通过查询 GL_MAX_IMAGE_UNITS 来获得。而纹理对象的某一层必须首先绑定到一个图像单元，然后才能在着色器中访问。用来实现这一过程的函数名为 glBindImageTexture()，它的原型如下：

---

void glBindImageTexture(GLuint unit, GLuint texture, GLint level, GLboolean layered, GLint layer, GLenum access, GLenum format);

将 level 层的纹理 texture 绑定到图像单元 unit。unit 必须是一个从 0 开始的图像单元索引号，以绑定纹理的层级。如果 texture 为 0，那么所有当前绑定到某个图像单元的纹理都会被解除绑定。如果用到数组纹理的类型，例如 1D 或者 2D 的纹理数组，那么我们也可以选择将整个数组还是数组中的单一层绑定到图像单元上。如果 layered 设置为 GL_TRUE，那么我们将绑定整个数组，并且忽略 layer 的设置；如果 layered 为 GL_FALSE，那么只绑定 layer 这一层的纹理。如果一个纹理数组的单一层被绑定，那么它将被视为一个普通的单层非数组纹理。access 可以是 GL_READ_ONLY、GL_WRITE_ONLY 或者 GL_READ_WRITE，它定义着色器中对图像的访问方式。format 定义的是图像元素的格式，它必须是表 11-2 中列出的 OpenGL 枚举量之一。

用于通用内存访问的纹理对象可以通过 glCreateTextures() 来创建和分配，然后调用某个纹理分配的函数，例如 glTextureImage2D() 或者 glTextureStorage3D()。当创建和分配都结束后，我们可以通过 glBindImageTexture() 将它们绑定到图像单元，并设置是否要读取、写入或者同时读写，正如 glBindImageTexture() 的 access 参数所示。如果声明的方式不合法（例如向一个 access 标识为 GL_READ_ONLY 的图像中写入数据），可能会造成无法预料的结果，例如导致程序崩溃。

创建、分配和绑定纹理，从而实现着色器中读写操作的例子，如例 11.2 所示。

⊖ 通常推荐的方法是在着色器中使用 binding 布局限定符来设置图像单元。因为某些 OpenGL 平台可以支持多线程的着色器编译。如果链接后的程序属性，例如 uniform 的位置，需要在编译结束后被立即查询，那么最好确保 OpenGL 的具体平台实现不会在程序编译完成之前就进行查询。如果显式地设置 binding 限定符，那么就可以避免一些 uniform 位置查询和潜在的问题。

例 11.2　图像单元的创建、分配以及绑定到纹理

```
GLuint tex;

// 为纹理生成一个新的名字
glCreateTextures(1, GL_TEXTURE_2D, &tex);
// 为纹理分配存储空间
glTextureStorage2D(tex, 1, GL_RGBA32F, 512, 512);
// 现在将它绑定到一个图像单元上，并且设置为可读可写状态
glBindImageTexture(0, tex, 0, GL_FALSE, 0, GL_READ_WRITE, GL_RGBA32F);
```

glBindImageTexture() 的工作方式与 **glBindTexture()** 类似。不过，两者之间还是存在一些细节的差异。首先，图像单元绑定纹理的索引是直接在 unit 参数中指定的，而不是从当前启用的纹理单元直接获取。因此在将纹理绑定到图像单元时没有必要调用 **glActiveTexture()**。其次，数据存储的格式（从着色器写入）是通过 API 函数设置的。这个格式必须与着色器中设置的图像 uniform 变量格式相匹配。不过，我们并不需要匹配实际纹理的格式。对于使用 **glTexImage ()** 或者 **glTexStorage()** 函数分配的纹理，如果其格式对应的数据大小与当前设置是一致的，那么就可以使用。举例来说，GL_R32F、GL_RGBA8 和 GL_R11F_G11F_B10F 都是每纹素存储 32 位的格式，因此在大小上都是一致的。有关纹理格式大小的完整列表可以参见 OpenGL 的标准说明书。

如果需要在着色器中将一个缓存对象作为 imageBuffer 图像的存储空间，那么必须创建一个缓存纹理，将缓存对象关联到纹理对象上，然后将缓存纹理绑定到图像单元上，如例 11.3 所示，这样才能表达这一过程。缓存对象中数据的格式是关联到纹理对象的时候设置的。我们可以把同一个缓存同时关联到不同格式的多个纹理对象上，从而实现格式的别名设置。

例 11.3　创建并绑定缓存纹理到一个图像单元

```
GLuint tex;
Gluint buf;

// 生成缓存对象的名称
glCreateBuffers(1, &buf);
// 为缓存对象分配 4K 的缓存大小
glNamedBufferStorage(buf, 4096, nullptr, 0);

// 为纹理生成一个新的名字
glCreateTextures(1, GL_TEXTURE_BUFFER, &tex);
// 将缓存对象关联到纹理，并设置格式为单通道的浮点数
glTextureBuffer(tex, GL_R32F, buf);

// 现在我们将它绑定到一个图像单元上，并设置为可读可写状态
glBindImageTexture(0, tex, 0, GL_FALSE, 0, GL_READ_WRITE, GL_RGBA32F);
```

11.1.2　图像数据的读取和写入

在着色器中定义一个图像对象，并且将纹理的某个层级绑定到对应的图像单元后，我们就可以通过着色器来直接访问纹理中的数据并进行读写操作。读取和写入是通过内置的函数来实现的，包括图像及其参数的读取和存储。从一个图像中读取纹素的时候，可以直

接调用 imageLoad()。imageLoad() 函数的变种重载函数很多。如下所示：

```
gvec4 imageLoad(readonly gimage1D image, int P);
gvec4 imageLoad(readonly gimage2D image, ivec2 P);
gvec4 imageLoad(readonly gimage3D image, ivec3 P);
gvec4 imageLoad(readonly gimage2DRect image, ivec2 P);
gvec4 imageLoad(readonly gimageCube image, ivec3 P);
gvec4 imageLoad(readonly gimageBuffer image, int P);
gvec4 imageLoad(readonly gimage1DArray image, ivec2 P);
gvec4 imageLoad(readonly gimage2DArray image, ivec3 P);
gvec4 imageLoad(readonly gimageCubeArray image, ivec3 P);
gvec4 imageLoad(readonly gimage2DMS image, ivec2 P, int sample);
gvec4 imageLoad(readonly gimage2DMSArray image, ivec3 P, int sample);
```

从图像单元 image 读取坐标 P 的纹素。如果要读取多重采样的图像，那么我们还需要通过 sample 参数给出采样数。

imageLoad() 函数的工作方式与 texelFetch() 类似，后者可以用来直接从纹理中读取纹素，而不经过任何滤波过程。为了向图像中存储数据，我们需要用到 imageStore() 函数。imageStore() 的定义如下所示：

```
gvec4 imageStore(writeonly gimage1D image, int P, gvec4 data);
gvec4 imageStore(writeonly gimage2D image, ivec2 P, gvec4 data);
gvec4 imageStore(writeonly gimage3D image, ivec3 P, gvec4 data);
gvec4 imageStore(writeonly gimage2DRect image, ivec2 P, gvec4 data);
gvec4 imageStore(writeonly gimageCube image, ivec3 P, gvec4 data);
gvec4 imageStore(writeonly gimageBuffer image, int P, gvec4 data);
gvec4 imageStore(writeonly gimage1DArray image, ivec2 P, gvec4 data);
gvec4 imageStore(writeonly gimage2DArray image, ivec3 P, gvec4 data);
gvec4 imageStore(writeonly gimageCubeArray image, ivec3 P, gvec4 data);
gvec4 imageStore(writeonly gimage2DMS image, ivec2 P, int sample, gvec4 data);
gvec4 imageStore(writeonly gimage2DMSArray image, ivec3 P, int sample, gvec4 data);
```

将数据存储到图像 image 中坐标 P 的纹素上。如果要进行多重采样的存储，那么我们还需要通过 sample 参数给出采样数。

如果我们需要知道着色器中某个图像的大小，可以使用以下列出的 imageSize() 函数来执行查询。

```
int imageSize(gimage1D image);
int imageSize(gimageBuffer image);
ivec2 imageSize(gimage2D image);
ivec2 imageSize(gimageCube image);
ivec2 imageSize(gimageRect image);
ivec2 imageSize(gimage1DArray image);
ivec2 imageSize(gimage2DMS image);
ivec3 imageSize(gimageCubeArray image);
ivec3 imageSize(gimage3D image);
ivec3 imageSize(gimage2DArray image);
ivec3 imageSize(gimage2DMSArray image);
```

返回图像 image 的维度大小。对于数组形式的图像来说，返回值的最后一个分量记录数组的大小。Cube 形式的图像只会返回一个面的大小。如果是数组形式，那么还有 cube map 数组中的元素数量。

例 11.4 所示是一个简单但是比较完整的片元着色器的示例，它完成多幅图像读取和存储的操作。在每个请求当中，它都执行多次存储操作。

例 11.4   简单的图像读取和写入的着色器

```
#version 420 core

// 这个缓存包含一系列颜色值，并且通过图元的 ID 实现不同位置的读取
layout (binding = 0, rgba32f) uniform imageBuffer colors;

// 这个缓存的内容由我们在着色器中写入
layout (binding = 1, rgba32f) uniform image2D output_buffer;

out vec4 color;

void main(void)
{
    // 根据图元 ID%256 的结果，从缓存中读取一个颜色
    vec4 col = imageLoad(colors, gl_PrimitiveID & 255);

    // 将结果片元存入两个位置。
    // 首先存入片元窗口坐标向左偏移的位置……
    imageStore(output_buffer,
               ivec2(gl_FragCoord.xy) - ivec2(200, 0), col);
```

```
      // ……然后存入向右偏移的位置
      imageStore(output_buffer,
                 ivec2(gl_FragCoord.xy) +ivec2(200, 0), col);

}
```

例 11.4 的着色器根据当前的 gl_PrimitiveID 从缓存纹理中读取一个颜色值，然后将它写入同一个图像当中两次，写入位置依据当前的二维片元坐标。注意，这个着色器并没有其他的逐片元输出结果。对一些简单的几何体运行这个着色器的结果如图 11-1 所示。

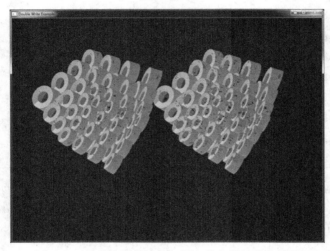

图 11-1　简单的图像读取 – 写入着色器的输出结果

正如在图 11-1 中所展示的，输出几何体被渲染成两份——一份位于图像的左半部分，另一份位于图像的右半部分。输出纹理中的数据位置是通过例 11.4 来设置的。这个结果看起来有点简单，但是实际上它已经体现了图像存储操作的能力。在一个片元着色器中，我们实际上可以写入表面的任何位置上。对于传统的帧缓存光栅化来说，片元写入的位置是通过着色器运行之前的固定流程决定的。但是，如果使用图像存储的方式，那么我们就可以在着色器中设置位置信息。另一件需要注意的事情是，图像存储的次数在这里是没有限制的，而帧缓存对象关联的附件数量要受到严格的限制，并且每个附件都只能写入一个片元值。也就是说，使用图像存储的方法，可以在片元着色器中写入大量的数据，然后用于帧缓存或者它的附件。实际上，我们可以通过图像存储的函数在一个着色器请求当中向内存写入任意数量的数据。

图 11-1 还体现了着色器存储的另一个事实。那就是，数据是无序的，并且存在资源竞争的关系。生成图像的程序已经禁止深度测试和背面裁减，因此每个像素都会被渲染至少两个图元。在结果图像中我们可以看到一些斑点的瑕疵，它们正是因为这种无法控制的 OpenGL 图元绘制顺序问题造成的。我们会在本章的后面部分介绍资源竞争的问题以及避免方法。

11.2 着色器存储缓存对象

使用图像变量实现内存数据的读取和写入，这种方法对于简单的情形，比如处理齐次数据的大型数组，或者本身就基于图像的数据（例如 OpenGL 渲染的输出或者写入 OpenGL 缓存的数据）来说是很理想的。但是有些情形下，我们也需要处理大型结构化数据块。这种时候可以使用一个 buffer 缓存变量来存储数据。着色器中定义缓存变量的方法是将变量放置到一个块接口当中，然后使用 buffer 关键字声明。例 11.5 给出了一个简单的例子。

例 11.5 缓存块的简单声明

```
#version 430 core

// 创建一个可读可写的缓存
layout (std430, binding = 0) buffer BufferObject {
    int mode;           // 序号
    vec4 points[];      // 最后一个成员可以是一个未定义大小的数组
};
```

例 11.5 当中，除了将接口块 BufferObject 定义为一个缓存块之外，还在块中包含其他两个布局限定符。第一个是 std430，它说明这个块的内存布局必须遵从 std430 标准，如果需要在应用程序中读取着色器处理的数据，或者在程序中生成数据然后传递到着色器中，那么这一点非常重要。std430 的相关文档可以参见附录 H，它与 uniform 块的 std140 布局类似，但是在内存使用上更为节约一些。

第二个限定符 binding = 0 表示这个块必须和索引为 0 的 GL_SHADER_STORAGE_BUFFER 相关联。使用 buffer 关键字声明接口块，也就意味着我们将这个块作为一个缓存对象存储到内存中。这一点与 uniform 块和 GL_UNIFORM_BUFFER 绑定点的缓存对象相关联的特性类似。但是 uniform 块与着色器存储缓存的最大区别在于，着色器存储缓存可以在着色器中读写。通过缓存块写入存储缓存的内容也可以被其他的着色器请求所用，并且可以通过应用程序回读。

缓存对象的初始化，以及绑定到 GL_SHADER_STORAGE_BUFFER 的索引的方法如例 11.6 所示。

例 11.6 创建缓存然后将它作为着色器存储使用

```
GLuint buf;

// 生成缓存名称，创建并绑定到存储缓存
glGenBuffers(1, &buf);
glBindBuffer(GL_SHADER_STORAGE_BUFFER, buf);
glBufferData(GL_SHADER_STORAGE_BUFFER, 8192, NULL, GL_DYNAMIC_COPY);

// 现在将缓存绑定到第 0 个
// GL_SHADER_STORAGE_BUFFER 绑定点
glBindBufferBase(GL_SHADER_STORAGE_BUFFER, 0, buf);
```

写入结构化数据

在本节的开始部分，我们已经提及结构化数据的读取和写入。如果只需要处理一个 vec4 的数组，那么使用图像缓存就可以了。但是，如果需要处理一组结构化的对象，其中每个对象都有不同的数据类型，那么使用图像缓存就变得颇为麻烦了。不过如果使用着色器存储缓存，那么就可以充分地运用 GLSL 的结构体和数组方式来定义缓存布局。我们可以从例 11.7 中了解一些基本的思想。

例 11.7 声明结构化数据

```
#version 430 core

// 一个数据对象的结构体
struct ItemType {
    int count;
    vec4 data[3];
    // ……其他域成员
};

// 声明一个使用 ItemType 的缓存块
layout (std430, binding = 0) buffer BufferObject {
    // ……定义其他的数据
    ItemType items[];      // 最后定义大小未定的数组
                           // (在运行时再声明)
};
```

正如我们所看到的，现有的图像操作的示例都是对访问内存，而我们就可以很容易通过缓存块（着色器存储缓存对象）的方法来实现一些更为直接和灵活的操作。

11.3 原子操作和同步

我们现在已经了解到着色器是可以对纹理与缓存中（通过直接的内存访问，direct memory access）的任意位置进行读取和写入的（通过内置函数），但是也必须了解，这些访问操作需要进行进一步的控制，以避免同时对同一块内存区域的多个操作互相造成影响。本节将介绍一系列原子操作（atomic operation）方式，它们可以在同时发生的多个着色器请求当中，对同一处内存位置进行安全的处置。此外，我们会介绍应用程序端与 OpenGL 顺序相关的函数方法。这样就可以确保数据的写入，以及对刚写入的数据的读取可以按照正确的顺序执行，因此在内存中得到的数据也是正确的。

11.3.1 图像的原子操作

对图像和缓存进行随机存储的应用程序数量是有限的。但是，GLSL 提供很多内置的函数来完成图像的操作。此时也需要一些原子函数，以原子的形式对图像执行简单的数学运算。原子操作（也叫做 atomics）对于这类应用程序非常重要，这是因为多个着色器的实例可能会同时对同一处内存位置进行写入。在同一个绘制命令过程中，甚至是在不同绘制命令的多个请求过程中,OpenGL 不会管理着色器请求的操作顺序。这种忽略操作顺序的方式,对于 OpenGL 中大规模的并行结构实现是有利的,可以带来巨大的性能优势。但是,这样同样意味着片元着色器可能会在单个或者多个图元对应的多个片元上同时运行。某些情形下,不同的片元着色器请求也可能会在几乎同一时刻,访问同一处内存位置,因而造成相互之间顺序的混乱,进而造成整个执行顺序的混乱。我们可以参考例 11.8 中的例子,这同样是一段简单的着色器代码。

例 11.8 简单的场景绘制计数器

```
#version 420 core

// 使用一个图像变量来进行场景的绘制计数
layout (r32ui) uniform uimage2D overdraw_count;

void main(void)
{
    // 读取当前的绘制计数器值
    uint count = imageLoad(overdraw_count, ivec2(gl_FragCoord.xy));
    // 加 1 操作
    count = count + 1;
    // 将数据写回到图像中
    imageStore(output_buffer, ivec2(gl_FragCoord.xy), count);
}
```

例 11.8 中的着色器尝试统计场景的绘制次数。它将每个像素的绘制计数值存放到一个图像当中。当片元进行绘制时,当前的绘制计数值被载入一个变量,加 1,然后写回到图像中。如果构成最终像素片元的处理不存在交叠,那么这样做没有任何问题。但是,如果图像的复杂度增加,以及多个片元被渲染到最终的像素当中,那么就会产生奇怪的结果。这是因为着色器中显式执行的读取 – 修改 – 写入的循环操作可能会被同一个着色器的另一个实例所打断。我们可以观察图 11-2 中的时间线信息。

图 11-2 给出一个简化的时间线,对应于同时发生四个片元着色器请求的情况。每个着色器运行的都是例 11.8 中的代码,并且在连续的三个时间间隔中从内存中读取一个数值,加 1 操作,然后写回到内存当中。现在,考察一下如果四个着色器请求正好都处理同一个内存位置,会发生什么问题。在时刻 0,第一个请求读取内存位置,时刻 1,执行加 1 操作,然后时刻 2,将数据写回到内存。内存中的数值(如最右一行所示)现在是我们期望的 1。从时刻 3 开始,第二个着色器请求(片元 1)执行同样的操作序列——加载、加 1 和写回,还是三个时间间隔内。内存中的值在时刻 5 之后变成了 2,正如我们所期望的那样。

现在来看看第三个和第四个着色器请求可能发生什么。在时刻 6,第三个请求从内存中读取数值(当前为 2)并保存到一个本地变量中,而时刻 7 中它会将变量加 1 并准备写回到内存。但是,同样是在时刻 7,第四个着色器请求开始读取内存的同一位置(当前值依然是 2)并存入自己的本地变量中。时刻 8 的时候它会将这个变量加 1,但是第三个请求已经将自己的本地拷贝写回到内存了。现在内存中的数值为 3。最后,第四个着色器请求将在时刻

9 把自己保存的数值写入内存。但是它是在时刻 7 读入原始数值的，也就是第三个请求刚刚读取内存数据但是还没有写回新数据的时候，因此它写入的数据就是旧的。第四个着色器请求记录的本地变量值为 3（旧的值加 1），并不是我们所期望的 4。那么内存中的数值也就成了 3，而不是我们需要的 4，因此造成的错误结果如图 11-3 所示。

TIME	FRAGMENT 0	FRAGMENT 1	FRAGMENT 2	FRAGMENT 3	MEMORY CONTENT
0	t0 = mem[loc]				0
1	t0 = t0 + 1				0
2	mem[loc] = t0				1
3		t1 = mem[loc]			1
4		t1 = t1 + 1			1
5		mem[loc] = t1			2
6			t2 = mem[loc]		2
7			t2 = t2 + 1	t3 = mem[loc]	2
8			mem[loc] = t2	t3 = t3 + 1	3
9				mem[loc] = t3	3

图 11-2　简单的绘制计数着色器的运行时间线

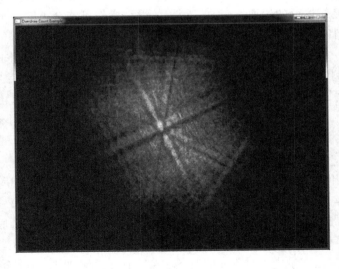

图 11-3　简单的绘制计数着色器的输出结果

　　这个例子中产生这种错误的原因是，着色器执行的加 1 操作对于其他实例来说不是原子操作。也就是说，它们并不是一个单一的、不可分的操作，而是一系列独立的操作，这也许会因为其他着色器请求对同一处资源的访问而造成交叠的处理。虽然上面的简单解释只是基于四个请求的一种理想情形，而现代 GPU 往往会上百个甚至上千个同时运行执行请求，但是我们还是很容易就可以看出，这种问题发生的概率远远超出我们的想象。

　　为了避免这一问题，OpenGL 提供一系列原子函数，以直接对内存进行操作。它们有两个属性可以帮助我们访问和修改共享的内存区域。首先，它们总是在一个单一的时间间隔[⊖]内进行操作，不会被别的着色器请求打断；其次，图形硬件提供一些机制，来确保多个同时发生的请求即使在同一时刻对同一处内存位置进行原子操作，它们也会被重新序列化并且依次执行，以产生预期的结果。注意这样依然不能保证运行的顺序，只是保证所有的请求操作都不会影响到互相的结果而已。

　　例 11.8 中的着色器可以采取原子函数进行重写，如例 11.9 所示。例 11.9 当中，imageAtomicAdd 函数用于直接向内存中存储的数值加 1。OpenGL 将它视为一个单一的、不可分的操作来执行，因此不会再产生图 11-2 中所示的情况。

　　例 11.9　使用原子操作来完成绘制的计数

```
#version 420 core

// 使用图像变量来保存
// 场景绘制计数的结果
layout (r32ui) uniform uimage2D overdraw_count;

void main(void)
{
    // 采取原子操作对内存中的数值加 1
    imageAtomicAdd(overdraw_count, ivec2(gl_FragCoord.xy), 1);
}
```

　　例 11.9 的着色器执行的结果如图 11-4 所示。正如你看到的，现在的输出结果要干净多了。

　　imageAtomicAdd 只是 GLSL 中很多内置原子函数中的一个。这些函数包括加法、减法、逻辑操作、比较和交换函数。完整的 GLSL 原子函数列表如下所示。

---

uint **imageAtomicAdd**(IMAGE PARAMS mem, uint data);

int **imageAtomicAdd**(IMAGE PARAMS mem, int data);

uint **imageAtomicMin**(IMAGE PARAMS mem, uint data);

int **imageAtomicMin**(IMAGE PARAMS mem, int data);

uint **imageAtomicMax**(IMAGE PARAMS mem, uint data);

int **imageAtomicMax**(IMAGE PARAMS mem, int data);

⊖　这个说法不一定总是正确的——操作也可能会耗费多个时钟周期，不过图形硬件会确保它们在整体上总是单一的、不可分的操作。

uint imageAtomicAnd(IMAGE PARAMS mem, uint data);

int imageAtomicAnd(IMAGE PARAMS mem, int data);

uint imageAtomicOr(IMAGE PARAMS mem, uint data);

int imageAtomicOr(IMAGE PARAMS mem, int data);

uint imageAtomicXor(IMAGE PARAMS mem, uint data);

int imageAtomicXor(IMAGE PARAMS mem, int data);

uint imageAtomicExchange(IMAGE PARAMS mem, uint data);

int imageAtomicExchange(IMAGE PARAMS mem, int data);

int imageAtomicExchange(IMAGE PARAMS mem, float data);

uint imageAtomicCompSwap(IMAGE PARAMS mem, uint compare uint data);

int imageAtomicCompSwap(IMAGE PARAMS mem, int compare, int data);

imageAtomicAdd、imageAtomicMin 和 imageAtomicMax 分别执行 data 与图像给定坐标上内容的原子加、最小值和最大值操作。imageAtomicAnd、imageAtomicOr，以及 imageAtomicXor 执行的是 data 与图像给定坐标上内容的原子逻辑与（AND）、或（OR）和异或（XOR）操作。每个函数返回的值都是操作执行之前保存在内存中的数值。

imageAtomicExchange 负责将 data 的值写入图像的给定坐标上，然后将内存中原来的值作为函数返回值返回。

imageAtomicCompSwap 可以比较 compare 的值与图像给定坐标上的值，如果它们相等，它会将 data 的值写入该内存位置上。比较和写入的操作都是原子形式的。内存中原来的值将作为函数返回值返回。

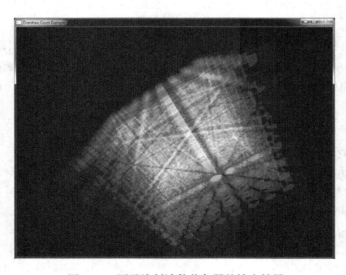

图 11-4　原子绘制计数着色器的输出结果

在原子图像函数的声明当中，IMAGE_PARAMS 字样可以替换为例 11.10 中给出的任何一个声明方式。事实上这也意味着每个原子函数都会有一系列的重载方法可供我们使用。

例 11.10 IMAGE_PARAMS 的可用宏定义

```
#define IMAGE_PARAMS gimage1D image, int P                    // 或
#define IMAGE_PARAMS gimage2D image, ivec2 P                  // 或
#define IMAGE_PARAMS gimage3D image, ivec3 P                  // 或
#define IMAGE_PARAMS gimage2DRect image, ivec2 P              // 或
#define IMAGE_PARAMS gimageCube image, ivec3 P                // 或
#define IMAGE_PARAMS gimageBuffer image, int P                // 或
#define IMAGE_PARAMS gimage1DArray image, ivec2 P             // 或
#define IMAGE_PARAMS gimage2DArray image, ivec3 P             // 或
#define IMAGE_PARAMS gimageCubeArray image, ivec3 P           // 或
#define IMAGE_PARAMS gimage2DMS image, ivec2 P, int sample    // 或
#define IMAGE_PARAMS gimage2DMSArray image, ivec3 P, int sample
```

原子操作只能用于单一的有符号或者无符号整型，也就是说，原子操作不支持浮点型的图像或者任何向量类型的图像。每个原子函数返回的值都是当前内存位置之前保存的数值。如果着色器中不需要再用到这个值，那么可以直接忽略它。如果有必要，着色器的编译器随后可能会执行一个数据流的分析并且剔除不必要的内存读取操作。例 11.11 给出一个 imageAtomicAdd 的等价代码段来演示这一过程。虽然例 11.11 给出的 imageAtomicAdd 函数只有几行代码，但是我们一定要知道，这只是内置的 imageAtomicAdd 函数的实现过程的演示代码，真正的函数是以一个单一的、不可分的操作形式去执行的。

例 11.11 imageAtomicAdd 的等价代码

```
// 这个函数的执行必须是原子式的
uint imageAtomicAdd(uimage2D image, ivec2 P, uint data)
{
    // 读取当前内存中的数值
    uint val = imageLoad(image, P).x;
    // 将新的值写入内存中
    imageStore(image, P, uvec4(val + data));
    // 返回 * 旧 * 的值
    return val;
}
```

正如例 11.9 中所呈现的，原子特性可以很有效地实现内存区域的序列化访问。其他类似的操作，例如逻辑操作也可以通过 imageAtomicAnd、imageAtomicXor 等函数完成。例如，两个着色器请求可能会同时使用 imageAtomicOr 设置某个内存区域中的一些位。此外，imageAtomicExchange 和 imageAtomicCompSwap 这两个原子函数并没有执行代数或者逻辑操作。imageAtomicExchange 类似一个标准的存储函数，不过它会返回之前保存在内存中的数值。事实上，它的作用就是使用函数的传入值替换内存中的数值，然后将原先的值返回。imageAtomicCompSwap 是一个通用的比较–交换操作函数，它可以通过条件判断来将数据保存到内存中。这两个函数的等价代码段如例 11.12 所示。

例 11.12 imageAtomicExchange 和 imageAtomicComp 的等价代码

```
// 这个函数会自动执行
uint imageAtomicExchange(uimage2D image, ivec2 P, uint data)
{
    uint val = imageLoad(image, P);
    imageStore(image, P, data);
    return val;
}

// 这个函数会自动执行
uint imageAtomicCompSwap(uimage2D image, ivec2 P,
                         uint compare, uint data)
{
    uint val = imageLoad(image, P);
    if (compare == val)
    {
        imageStore(image, P, data);
    }
    return val;
}
```

再次强调，例 11.12 中的代码只是为了解释功能而列出的，真正的 imageAtomicExchange 和 imageAtomicCompSwap 都需要硬件支持来完成一系列底层的操作。imageAtomicExchange 的一个主要功能就是实现链接列表（linked list）或者其他复杂的数据结构。对于链接表而言，首部和尾部的指针可能需要与插入列表的新数据项互相交换，以实现高效的并行列表插入算法。与之类似，imageAtomicCompSwap 可以用来实现数据锁（也称作 mutex），以避免同时访问一个共享资源（例如图像数据）。使用比较 – 交换操作的原子锁的例子（即 imageAtomicCompSwap 的实现）可以参见例 11.13。

例 11.13 基于 imageAtomicCompSwap 实现简单的逐像素数据锁

```
#version 420 core

layout (r32ui) uniform uimage2D lock_image;
layout (rgba8f) uniform image2D protected_image;
void takeLock(ivec2 pos)
{
    int lock_available;

    do {
        // 锁的设置——如果锁没有设置，
        // 那么 lock_image 的值为 0。这样的话，
        // 我们就把数值重写为 1；反之保持不变。
        // 函数返回的是内存中原先的
        // 值——如果锁没有设置为 0，否则为 1。
        // 如果锁没有设置，那么我们将结
        // 束当前循环，并且同时已经向内存中写入 1。
        lock_available = imageAtomicCompSwap(lock_image, pos, 0, 1);
    } while (lock_available == 0);
}
```

```
void releaseLock(ivec2 pos)
{
    imageStore(lock_image, pos, 0);
}

void operateOnFragment()
{
    // 如果当前片元是不可分的,
    // 那么在这里执行一系列操作。这里简单地
    // 乘以一个常量,
    // 并且没有用到原子函数 (例如 imageAtomicMult)。当然
    // 现在我们可以很轻松地实现一些更复杂的函数内容。

    vec4 old_fragment;

    old_fragment = imageLoad(protected_image,
    ivec2(gl_FragCoord.xy));

    imageStore(protected_image,
               ivec2(gl_FragCoord.xy),
               old_fragment * 13.37);
}

void main(void)
{
    // 设置一个逐像素的锁
    takeLock(ivec2(gl_FragCoord.xy));

    // 现在我们已经有了锁, 可以安全地操作共享的资源了
    operateOnPixel();

    // 不要忘记最后释放锁……
    releaseLock(ivec2(gl_FragCoord.xy));
}
```

例 11.13 所示的代码使用 imageAtomicCompSwap 函数实现了一个简单的逐像素的锁。它将已经在内存中的数值与 0 (imageAtomicCompSwap 的第三个参数) 做比较。如果相等 (也就是当前内存值为 0), 则将新的值 (这里是 1) 写入内存中。然后, imageAtomicCompSwap 将返回之前内存中的值。也就是说, 如果之前没有设置过锁, 那么内存中的值为 0 (也就是函数返回值), 并且它被 1 所替代, 以保持锁住的状态。如果锁已经被之前的另一个着色器请求设置过了, 那么内存中的值已经为 1, 因此会直接返回这个值。因此, 我们可以根据 imageAtomicCompSwap 的返回值知道锁的状态, 返回 0 表示刚刚加锁。循环会一直执行直到 imageAtomicCompSwap 返回 0 为止, 即锁可用的状态。如果这样, 当前着色器请求将会成为锁的拥有者。第一个执行 imageAtomicComSwap 并返回 0 的请求 (经过硬件的序列化之后) 会一直持有锁, 直到它重新向内存中写入 0 为止 (也就是 releaseLock 函数)。所有其他的请求都会维持在 takeLock 的循环当中。只有别的请求设置锁, 执行自己的操作, 然后重新释放锁之后, 它们才能跳出循环并继续进行下面的操作。

我们在 operateOnFragment 中实现的功能可以替换成任何事物。它并不需要使用原子操

作，因为整个函数都是在当前着色器请求已经加锁的前提下完成的。举例来说，我们可以在这里通过 imageLoad 和 imageStore 来读写纹理数据，以实现可编程的融混操作[⊖]。此外，这里也可以执行一些不存在内置原子操作的工作，例如，图像数据的乘法、算术移位，或者超越函数等。

11.3.2　缓存的原子操作

除了对图像的原子操作之外，原子操作也可以作用于缓存变量。缓存变量也就是通过 buffer 关键字声明的接口块中的变量。与图像的函数相同，这里同样定义了各种内置的原子操作函数。用于缓存变量的原子操作函数与图像的原子操作函数类型基本是相同的。

```
uint atomicAdd(inout uint mem, uint data);
int atomicAdd(inout int mem, int data);
uint atomicMin(inout uint mem, uint data);
int atomicMin(inout int mem, int data);
uint atomicMax(inout uint mem, uint data);
int atomicMax(inout int mem, int data);
uint atomicAnd(inout uint mem, uint data);
int atomicAnd(inout int mem, int data);
uint atomicOr(inout uint mem, uint data);
int atomicOr(inout int mem, int data);
uint atomicXor(inout uint mem, uint data);
int atomicXor(inout int mem, int data);
uint atomicExchange(inout uint mem, uint data);
int atomicExchange(inout int mem, int data);
uint atomicCompSwap(inout uint mem, uint compare uint data);
int atomicCompSwap(inout int mem, int compare, int data);
```

atomicAdd、atomicMin 和 atomicMax 分别执行 data 与 mem 的原子加、最小值和最大值操作。atomicAnd、atomicOr，以及 atomicXor 执行的是 data 与 mem 的原子逻辑与（AND）、或（OR）和异或（XOR）操作。每个函数返回的值都是执行操作之前保存在内存中的数值。

atomicExchange 负责将 data 的值写入 mem 定义的位置上，然后将内存中原来的值作为函数返回值返回。

⊖ 注意，这里并没有控制执行顺序，因此我们只能实现一些与顺序无关的方法。本章的最后，我们会给出一个包含顺序无关的融混方法（order-independent blending）的完整例子。

> atomicCompSwap 可以比较 compare 的值与 mem 定义的位置的值，如果它们相等，它会将 data 的值写入该内存位置上。比较和写入的操作都是原子形式的。内存中原来的值将作为函数返回值返回。

上面列出的所有原子函数都有一个 inout 类型的参数，用于引用内存位置。所有原子函数中传入的 mem 参数值都必须⊖是使用 buffer 关键字声明的块中的成员。与图像的原子函数类似，这些函数返回值都是更新之前内存中的数值。这样我们可以高效地将内存中的数据与新的数值进行交换，同时 atomicCompSwap 还提供条件判断的功能。

11.3.3 同步对象

OpenGL 采取客户端 – 服务器的工作模式，其中服务器对客户端的操作是异步发生的。这样用户终端可以保持渲染高质量的图像，而服务器端的应用程序位于远程的位置上。这是 X 协议的一个扩展，也就是我们常说的远程渲染和网络操作。对于现代图形工作站来说，排布的方式是类似的，不过会有一些微小的差异。这里的客户端是 CPU 和运行于其上的应用程序，它会将命令发送到服务端，后者是一个高性能的 GPU 系统。但是，这两者之间的传输带宽与各自的生产率和性能相比还是比较低的。因此，为了保证性能的最大化，我们需要让 GPU 与 CPU 之间的执行保持异步的状态，并且两者之间可能会相差数个 OpenGL 的命令时间。

不过在某些情形下，我们也需要保证客户端和服务端，即 CPU 与 GPU 采用同步的方式运行。要实现这一要求，我们可以使用同步对象（sync object）的概念，后者也称作栅栏（fence）。在本质上栅栏就是命令流中的一个标记，它可以在 GPU 的绘制或者状态变化命令过程中被发送。栅栏的起始生命是无信号的状态，而 GPU 执行过之后成为有信号的状态。在任何时刻，应用程序都可以查看栅栏的状态，了解 GPU 是否已经达到过栅栏，并且可以一直等待 GPU 执行过栅栏之后再进行之后的操作。如果要在 OpenGL 命令流中插入一个栅栏，我们可以调用 glFenceSync()：

GLsync **glFenceSync**(GLenum condition, GLbitfield flags);

创建一个新的栅栏同步对象，即将栅栏插入 OpenGL 命令流当中，并返回新创建的栅栏句柄。栅栏初始是无信号的状态，如果 condition 所设置的条件变为 true 之后，那么它就会变成有信号的状态。Condition 唯一可用的值是 GL_SYNC_GPU_COMMANDS_COMPLETE。flags 目前还没有作用，因此只能设置为 0。

当我们调用 glFenceSync() 之后，就会生成一个新的栅栏对象，并且在 OpenGL 命令流当中插入这个栅栏。初始的同步对象是无信号的，当 GPU 执行这个命令之后就会变成有

⊖ 实际上，这些原子函数也可以用于声明为 shared 的变量。我们会在第 12 章中讨论这一点。

信号的状态。因为 OpenGL 的执行顺序是非常明确的（虽然它是异步的模式），所以栅栏一旦变成有信号的状态，我们就可以知道，在命令流当中栅栏之前所有的命令都已经执行完毕了，当然我们并不知道之后的命令有什么状况。如果要判断 GPU 是否已经执行栅栏的命令，我们可以调用 glGetSynciv()：

void glGetSynciv(GLsync sync, GLenum pname, GLsizei bufSize, GLsizei* length, GLint* values);

　　获取一个同步对象的属性信息。sync 设置同步对象的句柄，并从中读取由 pname 设置的属性值。bufSize 设置接收缓存的大小，其中缓存地址由 values 给出。length 是一个整数变量的地址，用于接收被写入 values 中的数据 byte 大小。

　　如果要判断栅栏对象是否已经有信号，我们可以调用 glGetSynciv() 并设置 pname 为 GL_SYNC_STATUS。如果没有生成任何错误，并且缓存的大小足够，那么 values 对应的缓存中将写入 GL_SIGNALED 或者 GL_UNSIGNALED，以指示 GPU 是否已经到达栅栏。我们可以通过这个方法来轮询一个同步对象，以等待它变成有信号的状态为止，不过这样效率并不高，其中包括应用程序与 OpenGL 实现之间的控制命令传输，以及所有的错误检查和其他 OpenGL 驱动必需的验证工作，这些如果每次都执行，那么就会存在性能问题。如果希望等待同步对象知道它变成有信号的状态为止，则可以调用 glClientWaitSync()：

GLenum glClientWaitSync(GLsync sync, GLbitfields flags, GLuint64 timeout);

　　让客户端一直等待同步对象 sync 变成有信号的状态。glClientWaitSync() 等待对象变成有信号的时间最多为 timeout 纳秒，然后就会产生超时并继续执行。flags 参数可以用来控制命令的流刷新特性。如果设置为 GL_SYNC_FLUSH_COMMANDS_BIT，那么等价于先调用 glFlush() 然后再等待信号。

　　glClientWaitSync() 函数可以用来强制客户端等待，直到服务端到达栅栏为止。它等待 sync 设置的同步对象变为有信号状态的时间不超过 timeout 纳秒，否则就会自动放弃。如果 flags 中包含 GL_SYNC_FLUSH_COMMANDS_BIT，那么 glClientWaitSync() 将会自动将所有当前等待的命令传递到服务端，然后再开始等待。通常来说我们不用设置这个标志位，OpenGL 设备可能会将命令收集到一起但是不会将它们发送到服务器端，以确保 glClientWaitSync() 能够正常判断超时。glClientWaitSync() 可能会返回以下四个数值之一：

❑ 如果调用 glClientWaitSync() 的时候同步对象已经有信号，则返回 GL_ALREADY_SIGNALED。

❑ 如果同步对象还没有进入有信号状态，但是已经超过超时设置的纳秒数，则返回 GL_TIMEOUT_EXPIRED。

- 如果调用 glClientWaitSync() 的时候同步对象还是无信号状态，但是在超时之前成功进入了有信号状态，则返回 GL_CONDITION_SATISFIED。
- 如果调用 glClientWaitSync() 时因为某些原因失败了，例如 sync 不是一个同步对象的名称等，则返回 GL_WAIT_FAILED。此时将产生一个标准的 OpenGL 错误，这可以通过 glGetError() 检查。此外，如果使用调试环境（debug context），那么通过调试日志来判断具体的错误信息也是一个很好的选择。

同步对象只能从无信号的状态（也就是创建时的状态）变化到有信号的状态。因此，基本上它们就是单一用途的对象。当我们完成等待一个同步对象之后，或者不需要再等待它的状态变化了，就应该直接删除这个同步对象。要删除同步对象，可以调用 glDeleteSync()：

---

void glDeleteSync(GLsync sync);

删除 sync 对应的同步对象。如果 sync 已经是有信号的状态，那么它将被立即删除，否则 OpenGL 的具体实现会将这个对象标记为可删除的状态，然后在认为安全的条件下删除这个对象。

同步对象的一个非常常见的用途就是判断 GPU 是否已经使用过映射缓存中的数据，然后再重写这些数据。如果缓存（或者它的一部分）使用 glMapNamedBufferRange() 函数和 GL_MAP_UNSYNCHRONIZED_BIT 进行映射，那么就会发生这种需求。因为 OpenGL 不会等待后继的命令从缓存中读取，就会直接处理应用程序指针写入的操作。有的时候，这个指针可能正好指向 GPU 准备使用的内存地址。为了避免接触到没有使用过的数据，我们需要在最后一个读取缓存的命令之后插入一个栅栏，然后调用 glClientWaitSync() 进行等待，最后再写入缓存中。理想状态下，我们应该在调用 glFenceSync() 和 glClientWaitSync() 之前执行一些可能会花费时间的操作。例 11.14 是一个相关的简单示例。

例 11.14　使用同步对象的例子

```
// 这就是我们的同步对象
GLsync s;

// 绑定一个顶点数组，然后绘制一组几何体
glBindVertexArray(vao);

glDrawArrays(GL_TRIANGLES, 0, 30000);

// 创建栅栏，当上面的绘制命令结束后它就会变成有信号的状态
s = glFenceSync();

// 映射上述绘制命令时需要用到的 uniform 缓存
void * data = glMapNamedBufferRange(uniform_buffer,
                                    0, 256,
                                    GL_WRITE_BIT |
                                    GL_MAP_UNSYNCHRONIZED_BIT);
```

```
// 现在需要执行一些耗费时间的操作，比如，计算新的 uniform 值
do_something_time_consuming();

// 等待同步对象变成有信号的状态
// 1,000,000 ns = 1 ms.
glClientWaitSync(s, 0, 1000000);

// 现在写入 uniform 缓存然后解除映射删除同步对象
memcpy(data, source_data, source_data_size);

glUnmapNamedBuffer(uniform_buffer);

glDeleteSync(s);
```

OpenGL 的许多对象类型都支持这样的功能，即判断一个已有的对象是否是所需的类型。如果要判断一个对象是否是合法的同步对象，我们可以调用 glIsSync()：

GLboolean glIsSync(GLsync sync);

如果 sync 是一个已知的同步对象的名称，并且没有被删除，则返回 GL_TRUE，否则返回 GL_F3ALSE。

高级技巧

如果需要在两个或者更多环境之间共享对象，那么可以在一个环境下等待同步对象获得信号，并作为另一个环境的命令结果。要实现这一点，可以在源环境（需要等待的环境）中调用 glFenceSync()，然后在目标环境（执行等待过程的环境）中调用 glWaitSync()。glWaitSync() 函数的原型如下所示：

void glWaitSync(GLsync sync, GLbitfield flags, GLuint64 timeout);

要求服务器等待 sync 指定的同步对象变成有信号的状态。flags 没有用途，必须设置为 0。timeout 也没有用到，但是必须设置为一个特殊的值 GL_TIMEOUT_IGNORED。服务器端将自动等待与设备相关的一段时间，然后自动判断同步对象是否超时，再执行之后的命令序列。

glWaitSync() 与 glClientWaitSync() 相比，前者是一个限制更多的版本。两者主要的差别在于 flags 参数不能设置为 GL_SYNC_FLUSH_COMMANDS_BIT（也不能设置别的），并且 timeout 是由设备实现所决定的。我们需要在 timeout 参数中传入 GL_TIMEOUT_IGNORED 来设置这个设备相关的超时时间。不过，我们也可以通过 glGetIntegerv() 和参数 GL_MAX_SERVER_WAIT_TIMEOUT 来获取与这个设备相关的超时值。

使用 glWaitSync() 来同步两个环境的一个典型应用就是，使用 transform feedback 将数据写入缓存中，然后在另一个环境下使用这些数据。这种情况下，我们需要通过绘制命令

来不断更新 transform feedback 缓存的内容，然后通过 **glFenceSync()** 来启用栅栏。之后，切换到使用数据的线程（可能是真的环境切换，也可能是由另一个应用程序线程控制），然后通过 **glWaitSync()** 等待栅栏收到信号，最后再继续执行绘制命令来读取数据。

11.3.4　图像限定符和屏障

上文所介绍的技术对于编译器中不存在对着色器的主动优化过程的情形是适用的。但是，某些情况下，编译器可能会改变图像读取和存储的顺序或者频率，也可能会直接剔除那些被认为是多余的命令。我们可以用例 11.15 中的简单循环为例。

例 11.15　简单的内存循环等待

```
#version 420 core

// 准备在循环中读取图像变量
layout (r32ui) uniform uimageBuffer my_image;

void waitForImageToBeNonZero()
{
    uint val;

    do
    {
        // 从固定的位置回读图像数据
        val = imageLoad(my_image, 0).x;
        // 一直循环，直到返回值非零为止
    } while (val == 0);
}
```

例 11.15 当中，函数 waitForImageToBeNonZero 中包含一个反复读取图像中同一位置数据的循环，只有在返回的数据非 0 的时候这个循环才会跳出。但是编译器有可能会假设图像的数据本身就不会产生变化，因此 imageLoad 总是返回同样的结果值。这种情况下，编译器会主动将 imageLoad 移动到循环之外。这种称作提升（hoisting）的优化方法是非常常见的，它会将 waitForImageToBeNonZero 替换为例 11.16 所示的形式来提升运行效率。

例 11.16　循环提升（Loop-Hoisting）优化的结果

```
#version 420 core

// 准备在循环中读取的图像变量
layout (r32ui) uniform uimageBuffer my_image;

void waitForImageToBeNonZero()
{
    uint val;

    // 着色器编译器认为图像数据
    // 是不会发生变化的,
    // 因此直接将它移动到循环之外
    val = imageLoad(my_image, 0).x;

    do
    {
        // 循环中没有别的东西了,那么它要么第一次迭代后就退出,
        // 要么一直运行下去
```

```
    } while (val == 0);
}
```

很明显，例 11.16 中 waitForImageToBeNonZero 的优化版本很可能会读入一个非零值然后立即退出，或者进入一个无限的循环当中，这样很可能会造成图形硬件挂起或者崩溃。为了避免发生这种问题，我们需要使用 volatile 关键字来声明图像 uniform 变量，以告诉编译器不要对这个图像的读取或者存储操作做任何的优化处理。如果要定义一个图像 uniform（或者函数的参数）为 volatile，我们只需要将 volatile 关键字包含在声明当中即可。这一点与 C 和 C++ 语言对 volatile 关键字的支持类似，例 11.17 中给出了这种声明方式的相关示例。

例 11.17 使用 volatile 关键字的示例

```
#version 420 core

// 声明一个图像 uniform 为 volatile。
// 编译器不会对这个图像的内容做任何的推测，
// 也不会对这个图像相关的代码执行
// 任何不安全的优化处理。
layout (r32ui) uniform volatile uimageBuffer my_image;

// 函数的参数声明也
// 可以使用 volatile…
void functionTakingVolatileImage(volatile uimageBuffer i)
{
    // 在这里读取和写入 i
}
```

volatile 关键字也可以用于全局的声明，以及 uniform 和函数参数，或者局部变量。尤其是图像变量如果没有使用 volatile 声明，那么它是可以传递给使用 volatile 关键字的函数参数的。这种情况下，传递到函数的操作会被视为 volatile，但是其他地方的图像操作都不是 volatile 的形式。实际上，volatile 限定符也可以给一个范围相关的变量设置。但是 volatile 关键字（以及本节内讨论的其他关键字）不能从变量中去除。也就是说，我们不能把一个已经声明为 volatile 的图像变量传递给一个没有声明参数为 volatile 的函数。

GLSL 中提供的另一个源自 C 语言的限定符是 restrict 关键字，它负责指示编译器，某个图像中引用的数据并不是其他图像的数据别名⊖。

这种情形下，写入一个图像是不会影响到其他图像的内容。因此编译器可以更加积极地执行优化的工作，不用担心安全性的问题。注意默认情况下，编译器会假设外部缓存可能存在别名替代的情形，因此不会使用对此有破坏性的优化方式（注意，GLSL 认为着色器中是不存在变量和参数的别名问题，因此会对它们开启全部的优化）。使用 restrict 关键字的方法与上文中使用 volatile 关键字的方法类似，也就是说，它可以设置全局或者局

⊖ 也就是说，不存在引用同一片内存区域的图像，因此对某一个图像数据的存储操作是不可能影响到其他图像的读取结果的。

部的变量声明，只需要将 restrict 限定符给当前范围内的已有图像变量即可。本质上说，通过 restrict 限定的图像变量对内存缓存的处理方式与 C 和 C++ 当中通过 restricted 指针来引用内存的方式类似。

GLSL 中还有三种限定符与 C 语言是不等价的。它们是 coherent、readonly 和 writeonly。首先是 coherent，它负责控制图像的缓存机制。通常这种类型的功能并不是高级语言需要关注的。但是，因为 GLSL 的代码设计上需要考虑高度并行化和专业化的硬件，所以有必要使用 coherent 来实现某些级别上的数据管理操作。

考虑一种典型的图形处理单元（GPU）。它是由数百个甚至上千个独立的处理器组成块结构之后构成的。其他类似的 GPU 模型可能会包含不同数量的块，其运算能力和性能指标也有所不同。如今，这样的 GPU 通常会包含大规模的、多级别的缓存机制，它们可能是完全连续的（coherent），也可能不是 ⊖。如果图像中存储的数据是放置在不连续的缓存中的，那么一个客户端对缓存的修改可能不会被另一个客户端所知，除非在内存中显式地将缓存刷新到一个更低的级别。这一过程的图解如图 11-5 所示，它给出了一个假定的具有多级别缓存层次结构的 GPU 内存结构。

图 11-5 当中，每个着色器处理器（shader processor）都是由一个宽度 16 的向量处理器（vector processor）组成的，其中并行地处理 16 组数据项（可能包括片元、顶点、patch，或者与着色器类型相关的图元信息）。每个向量处理器都有自己的小型一级缓存，它们对处理器当中运行的所有着色器请求来说都是连续的。也就是说，某个请求中执行的写入操作会立即被同一个处理器上的其他请求观察到，并且数据也是可以立即使用的。除此之外，我们还有四个着色器处理器组，每个都包含 16×16 元素宽度的向量处理器和一个单一的、共享的二级缓存，也就是说，每个着色器处理器组都拥有一个二级缓存，并且它被 16×16 元素宽度的向量处理器（256 个数据项）锁共享。因此我们就有 4 个独立的二级缓存，其中每个缓存服务于 16 个宽度为 16 的向量处理器，总共有 1024 个并行处理的数据项。每个二级缓存都是内存控制的一个客户端。

为了达到最高的性能，GPU 会尝试将数据保持在最高级别的缓存当中，也就是数字最小、最接近处理数据的处理器的缓存当中。如果数据只需要从内存中读取，不用写入，那么它们就可以保存到不连续的缓存当中。这种情形下，我们设计的 GPU 将会使用向量处理器内部的一级缓存来放置数据。但是，如果一个处理器产生的内存写操作信息必须传递给其他的处理器，（这里包括各种读取、修改和数据写入的原子操作），那么数据就必须存放到一个连续的内存位置上。这里有两种选择：第一种是直接忽略所有缓存，第二种是忽略一级缓存，并将数据放置到二级缓存中，这样可以确保所有需要共享数据的操作都是在对应缓存的着色器处理器组中运行的。其他的 GPU 也可以采取一些手段来保持二级缓存的连续

⊖ 连续缓存是一种支持本地更改的缓存方式，它可以被同一内存子系统下的其他客户端立即观察到。CPU 端的缓存总是连续的（一个 CPU 核的写入操作会立即被其他的 CPU 核观察到），而 GPU 端的缓存可能是也可能不是连续的。

性。这些权衡和操作基本上都是由 OpenGL 驱动来决定的，但是我们也可以在着色器中使用 coherent 关键字来提出需求。例 11.18 所示就是一个使用 coherent 进行声明的例子。

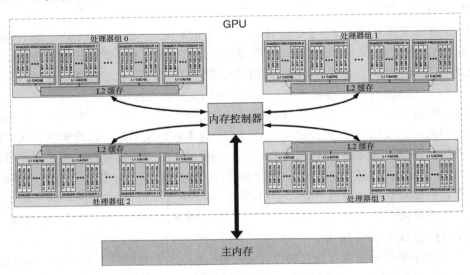

图 11-5   假想的 CPU 缓存层次

例 11.18   使用 coherent 关键字的示例

```
#version 420 core

// 声明一个图像 uniform 为 coherent。
// OpenGL 的具体设备实现会负责
// 保证图像数据在缓存中是连续的，
// 或者使用无缓存的形式来存储
layout (r32ui) uniform coherent uimageBuffer my_image;

// 声明函数的
// 参数为 coherent……
uint functionTakingCoherentImage(coherent uimageBuffer i, int n)
{
    // 在这里写入 i
    imageStore(my_image, n, uint(n));

    // 任何修改对于其他着色器请求都是可见的
    // 与之类似，其他请求做出的修改在这里也是可见的
    uint m = imageStore(my_image, n - 1).x;

    return m;
}
```

最后的两个图像限定符关键字：readonly 和 writeonly，负责控制图像数据访问的权限。readonly 相当于 const 的作用，它在开发者和 OpenGL 之间建立一个协议，以确保开发者不会对一个只读的图像执行写入操作。但是 readonly 和 const 的主要区别在

于，const 是作用于变量本身的。也就是说，一个被声明为 const 的图像变量是无法写入的，但是，着色器依然可以写入绑定给图像单元的图像，即使它是被这个变量所引用的。另一方面，readonly 是应用到底层的图像数据的。着色器可以给一个声明为 readonly 的图像变量设置新的值，但是无法通过这个变量写入图像当中。图像变量可以同时声明为 const 和 readonly。

关键字 writeonly 也是应用到图像变量所引用的图像单元的数据的。如果尝试读取一个声明为 writeonly 的图像变量，那么将产生错误。注意，原子操作内部执行读取操作，以完成整个读取－修改－写入的循环，因此我们无法用它来操作已经声明为 readonly 或者 writeonly 的图像变量。

内存屏障

我们已经理解编译器优化方法的控制，其中会用到 volatile 和 restrict 关键字，而缓存特性的控制可以使用 coherent 关键字，因而我们可以精确地描述图像数据使用的方法。但是，编译器依然会对内存操作进行重新排序，或者允许不同的着色器请求不按照互相的先后顺序去运行。如果着色器是来自于 OpenGL 管线的不同阶段，那么这个问题尤为明显。我们需要保证一定程度的时序性以实现最佳的性能。正因为如此，GLSL 包含 memoryBarrier 函数，以确保对内存中某个位置的写入操作可以按照正确的顺序，被其他的着色器请求先后观察到。这个函数会产生一个独立的着色器请求，等待所有未解决的内存交换操作完成⊖。我们可以参看例 11.19 所示的具体内容。

例 11.19 memoryBarrier 函数的使用示例

```
#version 420 core

layout (rgba32f) uniform coherent image2D my_image;

// 声明函数
void functionUsingBarriers(coherent uimageBuffer i)
{
    uint val;

    // 这个循环本质上只是等待至少一个来自之前的图元
    //（序号为 gl_PrimitiveID - 1）
    // 的片元到达函数尾部。注意这并不是一个稳定的循环结构，
    // 因为并不是所有的图元
    // 都会产生片元
    do
```

⊖ 写入内存的操作可能会被记录下来。也就是说，我们必须请求内存子系统（缓存和控制器）在给定的地址重新写入数据。内存系统会将这个请求插入队列中，然后每个时刻都处理一个或者几个请求，直到数据写入内存为止。这个时候，它会主动向原来的请求者发送信号，通知已经完成写入操作。因为系统中可能会有非常多的缓存和内存控制器，所以以请求的完成顺序是不一样的。memoryBarrier 函数会强制着色器请求等待，直到内存子系统完成所有等待中的写入操作，发回完成信号并继续执行后继的内容为止。

```
{
    val = imageLoad(i, 0).x;
} while (val != gl_PrimitiveID);

// 在这里，我们从另外一个全局的图像加载数据
vec4 frag = imageLoad(my_image, gl_FragCoord.xy);

// 对它进行操作……
frag *= 0.1234;
frag = pow(frag, 2.2);

// 将数据写回到内存中
imageStore(my_image, gl_FragCoord.xy, frag);

// 现在需要发出通知，说明我们已经完成片元的处理。
// 我们要确保所有的存储操作都已经在内存中完成，因此
// 在这里插入一个内存屏障（memory barrier）
memoryBarrier();

// 现在要写回到原来的"图元计数器"内存中，以标识我们
// 所在的位置。
// 不过"my_image"处理的结果会先一步到达内存
// 中，然后才是这里的存储操作，这就是屏障的作用
imageStore(i, 0, gl_PrimitiveID + 1);

// 还要再加入另一个屏障，
// 确保图像存储的结果先进入内存，
// 然后再结束当前的着色器请求操作
memoryBarrier();
}
```

例 11.19 给出了一个非常简单的内存屏障的使用示例。它可以在多个片元之间实现某种程度的排序。在 functionUsingBarriers 的起始部分，我们使用一个简单的循环来等待指定内存地址的内容到达当前图元 ID。因为知道同一个图元的任意两个片元不可能出现在同一个像素上[⊖]，所以我们会在函数当中执行这段代码，这样前一个图元中至少会有一个片元得到处理。然后我们就可以使用非原子的操作来修改当前片元在内存中的数据。最后，向之前获取的共享内存地址重新写入一个值，以通知其他的着色器请求，让它们继续执行。

为了确保可以将修改的图像内容写回到内存中，以及其他着色器请求不会突然拦截函数的执行，我们在更新颜色图像以及图元计数器的时候调用 memoryBarrier，强制进行排序。然后在图元计数器的更新结束后插入另一个屏障，以确保其他的着色器请求可以收到更新的信号。这样并不能确保完全逐像素的排序（尤其是如果多个图元的片元被记录到一个向量），但是在很多情形下这种方法都是足够可用的。此外，我们也应该注意到，如果抛弃图元（比如被剪切、背面裁剪，或者没有面积），它们不会产生任何的片元，因此也不会更

⊖ 如果是几何着色器生成的复杂几何体或者 patch，那么这种说法并不准确。这种情况下，片元着色器接收到的图元 ID 是显式地由上游着色器（细分计算或者几何着色器）传递下来的，如果算法需要，那么此时是用户负责判断同一个图元 ID 是否存在两个重叠的片元。

新图元 ID 计数器的值。这种时候，循环有可能会一直死锁等待，而等待的图元是不可能出现的。

　　屏障不仅在着色器的内部代码中使用以确保内存操作的相互顺序，还可以通过 OpenGL API 提供的 glMemoryBarrier() 函数，实现一些内存处理的控制和缓存机制。它的原型如下所示：

---

void glMemoryBarrier(GLbitfield barriers);

　　定义一个内存处理的屏障，将之前运行的命令和之后运行的命令区分开来。着色器中的内存处理也是通过渲染命令启动着色器来触发的。barriers 参数中包含一系列枚举量，以完成着色器中所需的存储和同步操作。

　　glMemoryBarrier() 函数可以用来确保着色器内存操作的顺序，避免 OpenGL 管线的其他部分对此产生影响。glMemoryBarrier() 的 barriers 参数可以用来设置要同步的操作，它可以是以下数值的逻辑或的结果。

❏ GL_VERTEX_ATTRIB_ARRAY_BARRIER_BIT 作用于顶点缓存的数据，在屏障命令之后读取的结果必然是屏障之前执行的命令对缓存写入的数据。

❏ GL_ELEMENT_ARRAY_BARRIER_BIT 作用于绑定的元素数组缓存数据，在屏障命令之后读取的结果必然是屏障之前执行的命令对缓存写入的数据。

❏ GL_UNIFORM_BARRIER_BIT 作用于 uniform 缓存对象中的 uniform 数据，在屏障命令之后读取的结果必然是屏障之前执行的命令对缓存写入的数据。

❏ GL_TEXTURE_FETCH_BARRIER_BIT 作用于任何取自纹理的数据，在屏障命令之后读取的结果必然是屏障之前执行的命令对纹理写入的数据。

❏ GL_SHADER_IMAGE_ACCESS_BARRIER_BIT 作用于着色器图像变量中的数据，在屏障命令之后读取的结果必然是屏障之前执行的命令对图像写入的数据。

❏ GL_COMMAND_BARRIER_BIT 作用于 glDraw*Indirect() 系列命令中的命令缓存对象数据，在屏障命令之后读取的结果必然是屏障之前执行的命令对缓存对象写入的数据。

❏ GL_PIXEL_BUFFER_BARRIER_BIT 作用于绑定到 GL_PIXEL_UNPACK_BUFFER 或者 GL_PIXEL_PACK_BUFFER 的缓存数据，在屏障命令之后读取的结果必然是屏障之前执行的命令对缓存写入的数据。

❏ GL_TEXTURE_UPDATE_BARRIER_BIT 作用于 glTexImage*D()、glTexSubImage*D() 等命令写入，并且通过 glGetTexImage() 读取纹理数据，在屏障命令之后读取的结果必然是屏障之前执行的命令对纹理写入的数据。

❏ GL_BUFFER_UPDATE_BARRIER_BIT 作用于 glCopyNamedBufferSubData() 或者

glGetNamedBufferSubData() 或者映射获取的缓存对象数据，在屏障命令之后读取的结果必然是屏障之前着色器对缓存写入的数据。类似地，通过映射或者 glBufferData() 和 glBufferSubData()，在屏障之前写入缓存对象也会直接作用于屏障之后着色器读取的结果。

❑ GL_FRAMEBUFFER_BARRIER_BIT 作用于帧缓存附件中读取或者写入的数据，在屏障命令之后得到的结果必然是屏障之前着色器写入帧缓存对象附件的内容。此外，在屏障之后写入帧缓存的命令，其执行顺序必然落后于屏障之前的处理命令。

❑ GL_TRANSFORM_FEEDBACK_BARRIER_BIT 作用于 transform feedback 期间处理的数据，在屏障命令之后得到的结果必然来自于屏障之前的 transform feedback。类似地，屏障之后写入 transform feedback，其执行顺序必然落后于屏障之前的处理命令。

❑ GL_ATOMIC_COUNTER_BARRIER_BIT 作用于原子计数器的访问过程，在屏障命令之后的访问结果必然是屏障之前写入的。

除了上面列出的标识量之外，我们还可以使用一个特殊的 GL_ALL_BARRIER_BITS 来指定所有的缓存都必须强制刷新，并且在屏障之前处理完所有的操作。它的值等价于所有当前和以后的 OpenGL 版本可能支持的标识，可以将其视为一个向前兼容的功能。未来可能还会看到更多的扩展文档讲解如何使用一些新加入的标识量，但是使用 GL_ALL_BARRIER_BITS，总是可以包含所有的标识。

注意，在应用程序中调用 glMemoryBarrier() 可能没有效果，也可能对程序功能的正确性有至关重要的作用。这都取决于它所运行的 OpenGL 设备实现。有的实现方式可能给每个主要的功能块（顶点获取、帧缓存等）提供专门的缓存机制，这些缓存可能需要在数据写入块之前强制刷新或者无效化[⊖]，然后才能被再次读取。还有的实现可能采用完全统一和连续的缓存体系（或者根本不存在缓存），因此所有写入一个块的数据总是会立即通知其他的块。

除了缓存特性的控制之外，glMemoryBarrier() 还负责控制顺序。因为 OpenGL 管线的繁杂以及操作的高度并行化特性（例如片元着色过程），所以应用程序发出的命令有可能会被同时执行，甚至有可能完全不顾之前的顺序。举例来说，OpenGL 可能会在当前绘制过程中从顶点缓存中读取数据，而前一次绘制过程的片元可能还没有完成着色。如果前一次绘制的片元着色器正好向第二次绘制的顶点写入数据中，那么我们就必须保证前一次绘制结束后再开始下一次绘制，即使内存子系统是连续的。当然，每次绘制之间的重叠程度也是取决于具体的 OpenGL 实现，并且它与系统架构和性能都有各种各样的关系。

⊖ 对于缓存环境来说，刷新缓存意味着将缓存中所有修改过的数据重新写回到内存中，而缓存的无效化意味着将缓存中当前的数据标识为"脏"数据。从一个无效化的缓存中读取数据的时候，系统会强制从下一级内存层次中获取新的数据。但是，无效化并不会真的传输数据。刷新过程作用于可写入的缓存上，而无效化过程作用于只读的缓存上。

因此，通常需要使用 **glMemoryBarrier()** 来强制控制缓存和纹理对象的操作时序，这些对象可能来自着色器中的图像操作，或者 OpenGL 的其他固定管线功能。如果某个 OpenGL 实现中已经做到排序和连续性的要求，那么可以有效地忽略屏障的影响。但是别的实现可能就需要显式的同步操作，使用屏障的方式做到控制缓存和执行顺序。

预先片元测试的优化控制

OpenGL 管线是在深度和模板测试之前执行片元着色的，然后写入帧缓存中。通常这也就是我们需要的特性——当然片元着色器中要写入 gl_FragDepth。但是，现代图形硬件也可以采取一些优化方案，例如在着色之前抛弃一些确定无法通过深度测试的片元，因而节省处理器执行片元着色器的过程。对于模板测试来说，可以采取同样的方法，在管线中预先执行测试，然后在着色器执行之前抛弃片元。但是如果着色器需要写入 gl_FragDepth，那么这一优化方案就失效了，这是因为之前也没有采取这一方案。失效的原因是写入 gl_FragDepth 的数据也需要参与逐片元的深度测试，因此无法预先进行这一过程。

对于传统的 OpenGL 管线来说，这一特性是正确的。现在考虑一种情况，片元着色器负责将数据写入图像，并且只有在片元能够通过深度和模板测试的时候才会进行写入操作。如果这样，若还是在完成片元着色器之后才进行各种测试，那么就相当于所有光栅化之后的片元，无论是否能通过深度和模板测试，都会影响最终的输出图像。这并不是我们所期望的结果，所以着色器的作者必须在片元着色器执行之前进行这些测试，以确保只有通过测试的片元能够真正得到输出。

为了在片元着色器执行之前完成逐片元的测试，GLSL 提供一个 early_fragment_tests 的布局限定符。这个限定符可以设置片元着色器中的输入变量，从而开启预先的深度测试和模板测试功能，如例 11.20 所示。如果任何片元着色器中都没有包含 early_fragment_tests 限定符，那么深度测试和模板测试还是按照常规在着色器结束之后运行。

例 11.20 使用 early_fragment_tests 布局限定符

```
#version 420 core

layout (early_fragment_tests) in;
```

11.3.5 高性能的原子计数器

OpenGL 着色语言同样支持一个专门的高性能的原子计数器。但是，如果要使用它们，我们就必须从之前介绍过的一个话题开始，那就是图像内容的原子操作函数，参见前文中 11.3.1 节。这些函数非常强大，可以给图像数据的处理带来巨大的灵活性。我们可以想象在着色器中统计片元数量的需求。这个需求通常可以通过遮挡查询来完成。但是遮挡查询只是单纯地统计所有通过深度和模板测试的片元数量，并且它必须在着色器结束之后才能开始。我们来看例 11.21 所示的代码。

例 11.21 使用通用的原子方法统计红色和绿色的片元

```
#version 420 core

uniform (r32ui) uimageBuffer counter_buffer;
uniform sampler2D my_texture;

in vec2 tex_coord;

layout (location=0) out vec4 fragment_color;

void main(void)
{
    vec4 texel_color = texture(my_texture, tex_coord);

    if (texel_color.r > texel_color.g)
    {
        imageAtomicAdd(counter_buffer, 0, 1);
    }
    else
    {
        imageAtomicAdd(counter_buffer, 1, 1);
    }

    fragment_color = texel_color;
}
```

例 11.21 中的着色器对纹理进行采样然后比较红色通道和绿色通道的结果。如果红色通道比绿色通道值更大（即这个片元的颜色偏红），那么对 counter_buffer 的内存第一个位置加 1，否则对第二个位置加 1。使用这个着色器渲染场景之后，得到的结果缓存中会包含两个计数值：第一个值记录所有红色通道值较大的片元个数，第二个值记录其他片元的个数。显然，它们的和就是这个着色器运行的总计片元数，也是遮挡查询能够返回的结果。

这种操作类型非常常见，即通过计数器的累加来统计某些事件。例 11.21 所示需要使用原子操作来完成很大规模的内存操作，以统计片元个数。每次请求都要使用两个相邻的内存操作中的一个。由于各类 OpenGL 实现对原子操作的支持程度不同，所以这样可能会带来非常严重的性能影响。因为简单的加 1 或者减 1 计数器只是各类算法中的一个很常见的操作，所以 GLSL 使用专门的函数来完成这样的需求。原子计数器就是专用于计数的一种特殊对象。它支持的唯一几种操作就是加 1 或者减 1，或者获取当前的值。例 11.22 就是对例 11.21 的算法的修改，其中使用原子计数器替代通常的图像操作。

例 11.22 使用原子计数器来统计红色和绿色的片元

```
#version 420 core

layout (binding = 0, offset = 0) uniform atomic_uint red_texels;
layout (binding = 0, offset = 4) uniform atomic_unit green_texels;

uniform sampler2D my_texture;

in vec2 tex_coord;

layout (location=0) out vec4 fragment_color;
```

```
void main(void)
{
    vec4 texel_color = texture(my_texture, tex_coord);

    if (texel_color.r > texel_color.g)
    {
        atomicCounterIncrement(red_texels);
    }
    else
    {
        atomicCounterInrement(green_texels);
    }

    fragment_color = texel_color;
}
```

注意例 11.22 中声明了两个新的 uniform、red_texels 和 green_texels。它们的声明类型为 atomic_uint，也就是原子计数器 uniform。原子计数器的初始值必须由应用程序设置，并且内容读取也是应用程序端完成。原子计数器可以通过绑定到索引绑定点 GL_ATOMIC_COUNTER_BUFFER 的缓存对象来构建。原子计数器的缓存绑定点以及缓存中的偏移量设置都是通过例 11.22 所示的布局限定符来完成的。

binding 布局限定符用于 atomic_uint 的 uniform 时，可以用来设置原子计数器缓存绑定点的索引位置。类似地，offset 限定符用来设置计数器缓存中的偏移量（byte 为单位，或者使用基础机器单位）。这样，我们就可以在一个缓存中放置大量的计数器，或者使用多个缓存，并且在每个缓存中保存一个或者多个计数器。

每个着色器阶段能够使用的计数器最大值可以通过 OpenGL 的常量 GL_MAX_VERTEX_ATOMIC_COUNTERS、GL_MAX_TESS_CONTROL_ATOMIC_COUNTERS、GL_MAX_TESS_EVALUATION_ATOMIC_COUNTERS、GL_MAX_GEOMETRY_ATOMIC_COUNTERS 和 GL_MAX_FRAGMENT_ATOMIC_COUNTERS 来获取，它们分别对应顶点、细分控制、细分计算、几何和片元着色器。这里包括将许多计数器打包到一个单一的缓存对象的情况，以及它们被分别包含到多个缓存对象的情况。此外，一个程序管线对象当中能够使用的原子计数器总数的最大值，也可以通过常量 GL_MAX_COMBINED_ATOMIC_COUNTERS 来获取。

与之类似，原子计数器缓存的绑定点数目对于每个着色器阶段来说也是不同的，这可以通过 GL_MAX_VERTEX_ATOMIC_COUNTER_BUFFERS、GL_MAX_TESS_CONTROL_ATOMIC_COUNTER_BUFFERS、GL_MAX_TESS_EVALUATION_ATOMIC_COUNTER_BUFFERS、GL_MAX_GEOMETRY_ATOMIC_COUNTER_BUFFERS 和 GL_MAX_FRAGMENT_ATOMIC_COUNTER_BUFFERS 来获取，它们分别对应顶点、细分控制、细分计算、几何和片元着色器。当然，我们也可以使用 GL_MAX_COMBINED_ATOMIC_COUNTER_BUFFERS 来获取所有着色器中可用的原子计数器缓存的总数限制。举例来说，如果顶点、几何和片元着色器阶段各自对应一个原子计数器缓存，但是 GL_MAX_COMBINED_

ATOMIC_COUNTER_BUFFERS 返回的值为 2，那么程序的链接操作将直接失败。

> **注意** 虽然这些最大值限制都是可以查询的，但是 OpenGL 的设备实现中通常只需要在片元着色器中支持原子计数器，也就是说，片元着色器中至少支持一个原子计数器缓存，以及 8 个原子计数器，但是其他所有的阶段的查询结果，可能会返回 0 个计数器和 0 个缓存。

在应用程序中，例 11.23 的代码可以用来创建和绑定原子计数器缓存。我们只需要创建和初始化一个能够容纳 GLuint 变量的小型缓存即可，然后将它绑定到 GL_ATOMIC_COUNTER_BUFFER 的索引 0 位置上。这样就可以保存计数器的值了。注意，就算使用缓存对象来保存原子计数器，但是硬件实现中可能还是无法直接操作内存的。有的设备实现会使用专门的硬件来实现非常迅速的加 1 和减 1 计数器操作，因此完全不需要访问内存。

例 11.23　初始化原子计数器缓存

```
// 局部变量
GLuint buffer;
GLuint *counters;

// 生成缓存的名称
// 将名称绑定到 GL_ATOMIC_COUNTER_BUFFER 绑定点
// 这样就可以创建这个缓存对象了
glGenBuffers(1, &buffer);
glBindBuffer(GL_ATOMIC_COUNTER_BUFFER, buffer);

// 在缓存中分配 2 个 GLuint 的大小即可
glBufferData(GL_ATOMIC_COUNTER_BUFFER, 2 * sizeof(GLuint),
             NULL, GL_DYNAMIC_COPY);

// 现在映射缓存并初始化它的数据
counters = (GLuint*)glMapBuffer(GL_ATOMIC_COUNTER_BUFFER,
                                GL_MAP_WRITE_ONLY);
counters[0] = 0;
counters[1] = 0;
glUnmapBuffer(GL_ATOMIC_COUNTER_BUFFER);

// 最后，将初始化之后的缓存绑定到
// GL_ATOMIC_COUNTER_BUFFER 的索引 0 位置
glBindBufferBase(GL_ATOMIC_COUNTER_BUFFER, 0, buffer);
```

11.4　示例：顺序无关的透明

接下来的一节将介绍一个专门的示例，它用到这一章所介绍的功能函数，以实现一个专门的特效技术。

顺序无关的透明（Order-Independent Transparency，OIT）是一种特殊的技术，不需要过多考虑光栅化的顺序就可以完成融混操作。OpenGL 所提供的固定融混功能是通过

glBlendEquation() 和 glBlendFunc() 函数实现的，限制很多。它们只能完成一小部分固定的操作，并且不能随便交换操作的顺序。也就是说，操作的顺序至关重要——blend(a, blend(b, c)) 与 blend(blend(a, b), c) 的结果是不相同的。如果这样，场景的几何体也必须先进行排序，然后再渲染这个固定的、顺序已知的序列。这一操作可能非常耗费时间，尤其是在几何体比较复杂的时候，并且有的时候几何体可能存在自交叉的情形，这样将直接导致无法完成排序。这里提到的实现方法是基于 AMD 的演示工程师所实现的一种技术，它使用排序后的片元列表来重新排序光栅化的片元，然后在片元着色器中完成融混操作。这样有两大益处。首先，几何体传递到 GPU 的顺序不再重要，因此光栅化的顺序可以随便排列。其次，我们可以实现任意形式的融混操作，因为所有的工作都是在着色器中完成的，所以可以做到全可编程（programmable blending）的融混。

11.4.1 工作原理

这里所述的顺序无关的透明技术使用 OpenGL 来光栅化投影多边形。但是，它并不是直接渲染到帧缓存，而是在片元着色器中构建一个大型链表并保存到一维的缓存图像当中。链表的每个元素都记录一个对最终像素颜色有贡献的片元值，包括它的颜色、alpha 值，以及最重要的深度值。每个链表记录中还包括经典的 next 指针[○]，这也是所有链表数据结构实现的必备成员。我们使用原子计数器来记录链表中添加的片元的总数。屏幕的每个像素都会产生一个独立的链表，其中包含所有对这个像素有贡献的透明片元项。虽然所有像素的片元都保存到同一个缓存图像中，但是结果的链表还是交错的，每个像素都要保存自己的 head 指针，并将其存储到与帧缓存大小相同的一个 2D 图像中。head 指针的更新是原子操作的形式，因为数据项总从图像的头部加入，并且通过原子交换操作来确保多个着色器请求不会对同一个链表执行添加操作，所以也不会对各自的结果产生影响。

图 11-6 所示是基于该算法的数据结构的一个简化图解。链表中的每个元素都是由一个 uvec4 向量表达的多用途域组成的。因为 uvec4 是 GLSL 和 OpenGL API 直接支持的格式，所以我们不需要对结构体进行特殊处理了。

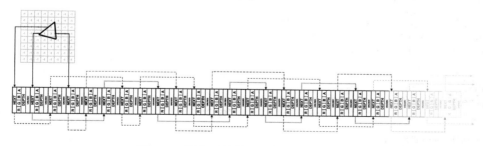

图 11-6 顺序无关的透明算法的数据结构

○ 注意这里提到了指针这个术语，但是它并不代表一个物理（或者虚拟）的地址，只是片元缓存中的一个偏移值而已。

图 11-6 当中，每个记录的第一个域（.x）都是用来存储 next 指针的（也就是链表中下一个元素的索引）。第二个域（.y）用来存储片元的颜色。它使用单一的 uint 来压缩存储着色器中计算的红色、绿色、蓝色和 alpha 通道值。第三个域（.z）用来存储片元的深度，稍后它将被用来对链表排序。因为深度是一个浮点数，而在这里使用的是整数元素，所以我们需要将浮点数值转换为无符号整数，然直接在向量里存储它的位数据。最后一个域（.w）目前没有使用，但是可以用它来完善算法的一些扩展支持。

一旦完成构建链表数据结构，就可以在第二个渲染过程中对整个帧缓存进行操作了。这一过程的片元着色器将遍历像素对应的链表并对链表中的片元数据按照深度排序。当所有片元按照深度顺序排列完成后，就可以从后向前使用任何方式实现融混了。

总结一下，这个算法需要的功能主要包括：

❑ 一个足够大的缓存，用以保存所有光栅化后的片元数据。

❑ 一个原子计数器，作为链表元素的分配工具。

❑ 一个 2D 图像，大小与帧缓存相同，它可以用来存储每个像素的片元链表的 head 指针。

11.4.2 初始化

在进行渲染之前，我们需要创建算法中用到的所有资源，并且初始化为已知的值。特别是，我们需要一个原子计数器，用来为链表分配元素项，由于链表保存在缓存对象中，我们还需要创建一个与帧缓存大小相同的 2D 图像，以及一个一维的缓存对象，并且保证它足以容纳所有透明的片元数据。注意不一定要分配一个特别大的缓存，否则如果整个屏幕的像素都要分配缓存对象，则会立即超过绘制能接受的最大值，而且实际上大部分像素并不包含可见的透明片元，或者只有少数几个透明片元。例 11.24 所示的代码创建了我们需要的资源，但是没有对它们进行初始化，因为在每帧之前都要执行初始化操作。

例 11.24　顺序无关的透明算法初始化

```
// 这里设置了最大能支持的帧缓存宽度和高度。
// 我们也可以支持更高的
// 分辨率，不过对于这个程序来说已经足够了
#define MAX_FRAMEBUFFER_WIDTH    2048
#define MAX_FRAMEBUFFER_HEIGHT   2048

// 局部变量
GLuint * data;
size_t total_pixels = MAX_FRAMEBUFFER_WIDTH *
                      MAX_FRAMEBUFFER_HEIGHT;

// 创建一个 2D 图像，
// 用来存储逐像素链表中的 head 指针信息
GLuint head_pointer_texture;
glGenTextures(1, &head_pointer_texture);
glBindTexture(GL_TEXTURE_2D, head_pointer_texture);
glTexImage2D(GL_TEXTURE_2D, 0,            // 2D texture, 0 级
```

```
            GL_R32UI,                      // 每个纹素都是 32-bit GLuint
            MAX_FRAMEBUFFER_WIDTH,         // 宽度
            MAX_FRAMEBUFFER_HEIGHT,        // 高度
            0,                             // 无边界
            GL_RED_INTEGER,                // 单通道
            GL_UNSIGNED_INT,               // 无符号整数
            NULL);                         // 目前尚无数据

// 每帧开始的时候都需要重新初始化 head 指针。
// 最简单的方法就是从 PBO 拷贝过来
// 这里采取自行创建的方法
GLuint head_pointer_initializer;
glGenBuffers(1, &head_pointer_initializer);
glBindBuffer(GL_PIXEL_UNPACK_BUFFER, head_pointer_initializer);
glBufferData(GL_PIXEL_UNPACK_BUFFER,
            total_pixels *
            sizeof(GLuint),                // 每像素一个 uint 无数据,
            NULL,                          // 数据将采取映射的方式
            GL_STATIC_DRAW);               // 不要主动改变
data = (GLuint)glMapBuffer(GL_PIXEL_UNPACK_BUFFER, GL_WRITE_ONLY);
// 0xFF 相当于 "链表结束" 的标识
memset(data, 0xFF, total_pixels * sizeof(GLuint));
glUnmapBuffer(GL_PIXEL_UNPACK_BUFFER);

// 下面, 我们要创建原子计数缓存来记录原子计数器。
// 我们只需要一个计数器,
// 因此最小的缓存就已经够了
GLuint atomic_counter_buffer;
glGenBuffers(1, &atomic_counter_buffer);
glBindBuffer(GL_ATOMIC_COUNTER_BUFFER, atomic_counter_buffer);
glBufferData(GL_ATOMIC_COUNTER_BUFFER,   // 分配缓存
            sizeof(GLuint), NULL,         // 只需要 1 个 GLuint
            GL_DYNAMIC_COPY);             // 通过 GPU 写入

// 最后, 创建一个较大的一维缓存来存储片元数据。
// 为屏幕上的每个像素都分配一个可以存储 2 个片元的空间。
// 再次注意, 这只是绘制的平均值,
// 应该足够使用了, 只要平均值
// 较低, 那么某几个像素包含大量的片元数据也是没问题的
GLuint fragment_storage_buffer;
glGenBuffers(1, &fragment_storage_buffer);
glBindBuffer(GL_TEXTURE_BUFFER, fragment_storage_buffer);
glBufferData(GL_TEXTURE_BUFFER,
            2 * total_pixels *            // 像素最大值的 2 倍
            sizeof(vec4),                 // 乘以 vec4 的大小
            NULL,                         // 无数据
            GL_DYNAMIC_COPY);             // 通常由 GPU 更新
```

11.4.3　渲染

　　每一帧当中，都需要通过片元着色器来渲染场景中的透明物体，来判断每个片元的颜色和透明度，然后将这些信息以及片元的深度追加到链表数据结构当中。在绘制透明物体之前，都要初始化 head 指针以及原子计数器缓存数据；否则，着色器将会根据上一帧的内

容继续向结构体中追加数据。这一过程的相关代码如例 11.25 所示。

例 11.25　顺序无关的透明算法的逐帧重置

```
// 首先，清除 2D 图像的 head 指针已知值。
// 将它绑定到 GL_TEXTURE_2D 目标
// 然后从 PBO 初始化，即可重新恢复到 0x00 值
glBindBuffer(GL_PIXEL_UNPACK_BUFFER, head_pointer_initializer);
glBindTexture(GL_TEXTURE_2D, head_pointer_texture);
glTexImage2D(GL_TEXTURE_2D, 0,              // 2D 纹理的第一级
             GL_R32UI,                      // 每个纹素为 32-bit GLuint
             MAX_FRAMEBUFFER_WIDTH,         // 宽度
             MAX_FRAMEBUFFER_HEIGHT,        // 高度
             0,                             // 无边界
             GL_UNSIGNED_INT,               // 无符号整数
             NULL);                         // 从 PBO 获取数据
// 现在绑定到图像单元，
// 并且设置为可读可写的状态
glBindImageTexture(0,                       // 图像单元 0
                   head_pointer_texture,
                   GL_FALSE, 0,             // 没有分层
                   GL_READ_WRITE,           // 可读可写权限
                   GL_R32UI);               // 每个像素均为 32-bit GLuint

// 现在将原子计数器缓存的
// 计数值重新设置为 0
glBindBufferBase(GL_ATOMIC_COUNTER_BUFFER,  // 原子计数器
                 0,                         // 绑定点 0
                 atomic_counter_buffer);
// 注意这里同样把缓存绑定到通用的缓存绑定点上，因此我们可以
// 直接用它来初始化缓存数据
const GLuint zero = 0;
glBufferSubData(GL_ATOMIC_COUNTER_BUFFER, 0, sizeof(zero), &zero);
```

执行例 11.25 中的代码之后，head 指针的图像纹素将全部被填充为 0x00，而原子计数器的缓存设置为 0，即原子计数器重置为 0。注意不需要清除用于保存链表的一维缓存的数据，因为每帧都会被彻底重建。

现在准备渲染帧数据。首先，渲染所有的不透明物体，并且不需要将它们的片元输入到逐像素的链表中。然后渲染所有的透明物体，并且不考虑顺序（这也是这个算法的最大意义所在）。使用片元着色器渲染透明物体的代码如例 11.26 所示。

例 11.26　向链表中添加片元，以备排序的工作

```
#version 420 core

// 开启预先片元测试
layout (early_fragment_tests) in;

// 这就是原子计数器，
// 用来向链表中分配数据
layout (binding = 0, offset = 0) uniform atomic_uint index_counter;

// 链表的 1D 缓存
layout (binding = 0, rgba32ui) uniform imageBuffer list_buffer;
```

```
// head 指针的 2D 缓存
layout (binding = 1, r32ui) uniform imageRect head_pointer_image;

void main(void)
{
    // 首先，对片元着色，这里不需要关心着色的细节
    vec4 frag_color = shadeFragment();

    // 在链表缓存中分配一个索引。
    // 注意，atomicCounterIncrement 会让
    // 原子计数器加 1 并且返回计数器 * 之前 * 的值。
    // 因此，第一个执行这段
    // 代码的片元得到的值是 0，下一个是 1，依此类推
    uint new = atomicCounterIncrement(index_counter);

    // 现在将片元插入到链表中。
    // 为此，需要自动将新分配的索引
    // 与 head 指针图像的当前内容交换。
    // 这里的 imageAtomicExchange 会负责
    // 将新的值写入内存，然后返回 * 之前 * 的值
    uint old_head = imageAtomicExchange(head_pointer_image,
                                        ivec2(gl_FragCoord.xy),
                                        index);

    // 执行这段代码之前，我们有：
    // head_pointer_image(x,y) -> old_item

    // 现在得到：
    // head_pointer_image(x,y) -> new_item
    // 以及
    // old_head -> old_item

    // 现在将片元设置到缓存中，
    // 声明数据项……
    uvec4 item;
    // item.x = next pointer
    item.x = old_head;
    // 现在有：
    // head_pointer_image(x,y) -> new_item (.x) -> old_item.
    // item.y = color
    item.y = packUnorm4x8(frag_color);
    // item.z = depth (gl_FragCoord.z)
    item.z = floatBitsToUint(gl_FragCoord.z);
    // item.w 没有使用
    item.w = 0;

    // 将数据写入缓存的合适位置
    imageStore(list_buffer, index, item);
}
```

　　例 11.26 所示的着色器负责将片元添加到逐像素的链表中，并且使用原子计数器、通用的原子操作、位压缩，以及位转换方法。首先，将全局原子计数器加 1，以分配一维链表缓存中的一个新的记录。我们可以这么做的原因是原子加 1 操作并不会真的返回 (n + 1)，而

是返回一个新的唯一大于 (n) 的值。如图 11-7 (a) 所示。在图 11-7 (a) 当中，head 指针记录第一个链表项的索引，而新分配的数据项的索引被记录到 new 变量当中。

下一步，将数据插入 head 指针纹理中，并返回之前的 head 值。这一步可以通过原子交换操作一次性完成。如图 11-7 (b) 所示，其中链表的头已经指向新分配的数据项，而 old_head 记录的就是之前的 head 指针值，也就是链表中第一个元素的索引。这里的链表实际上是损坏的，因为 head 指针索引的元素并没有一个合理的 next 指针，不过没有关系，因为我们实际上并不会遍历这个链表的元素。

最后，head 指针的旧值用来作为插入的数据项的 next 值。也就是说，现在 head 指针已经指向用原子计数器分配的新数据项，而这个数据项的 next 指针指向链表中之前保存的第一个元素。我们只要简单地将旧的 head 指针值写入新数据项的 next 域就可以了，如图 11-7 (c) 所示。对于图 11-7 中的每个部分来说，新的数据项都是使用灰色的交叉线花纹来表达的。

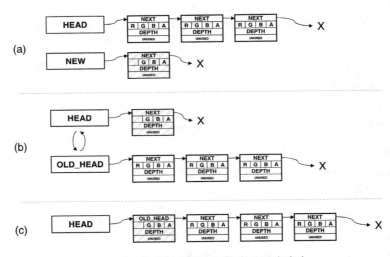

图 11-7　将数据项插入逐像素的链表当中

这样得到的结果是一系列未排序的片元记录值，每个项都包含颜色、深度，以及到链表中下一项的索引，并且每个像素都有一个这样的链表。注意，所有的数据都是在各个着色器请求当中共享的，包括原子计数器和 head 指针，所以它们必须通过原子操作来修改。我们并不会真的在构建阶段遍历链表，只是向头部追加数据项而已。现在已经得到可以进行片元排序的数据，之后就可以根据深度排序并进行融混，从而得到最终的片元颜色。

最后，还要注意到例 11.26 的着色器中使用布局限定符 early_fragment_tests 开启预先片元测试。这是因为我们需要确保所有已经被不透明几何体所遮挡的片元不会再加入链表当中。因为透明几何体的渲染需要开启深度测试，但是它的着色器也会带来副作用（写入链表），所以 OpenGL 通常是在这个着色器运行结束后才执行深度测试。使用 early_fragment_ tests 作为输入的布局限定符可以要求 OpenGL 在着色器运行之前就进行深度测试，如果失败就不再计算片元。这样就可以确保着色器对于被遮挡的片元不会再执行，并且这些片元也不会被添加到链表中。

11.4.4　排序和融混

当我们完成数据结构的构建之后，得到的逐像素的链表在本质上就是场景的一种压缩表示法。下一步就是深入这个逐像素链表并且对所有的片元进行融混，以得到最终输出的颜色。为此，我们需要使用片元着色器渲染一个全屏幕的四边形，并且读取输出像素对应的链表，对所有片元进行排序，然后根据自己的需要进行融混操作。因为逐像素片元的数量通常比较低，所以我们可以使用一些简单的排序算法。

这个过程将再次从着色器中访问和使用 head 指针图像和链表缓存。但是这次只会从中读取数据，因此可以将它们绑定到规则的 2D 纹理和纹理缓存对象（TBO）。这样就相当于是使用只读的方式来访问图像，不用再担心连续性或缓存的问题。融混阶段不需要用来分配链表项的原子计数器，这是因为我们不会再对链表添加更多内容了。排序和融混着色器的主要代码如例 11.27 所示。

例 11.27　最后的顺序无关的排序算法的片元着色器

```
#version 420 core

// head 指针的 2D 缓存
uniform sampler2D head_pointer_image;

// 链表的 1D 缓存
uniform samplerBuffer list_buffer;

#define MAX_FRAGMENTS 15

// 使用一个小的缓存来记录所有与
// 当前像素对应的片元
uvec4 fragments[MAX_FRAGMENTS];

layout (location = 0) out vec4 output_color;

void main(void)
{
    int frag_count;

    // 遍历链表并构建片元的数组
    frag_count = build_local_fragment_list();

    // 按照深度顺序对数组进行排序
    sort_fragment_list(frag_count);

    // 计算排序后的片元融混结果，
    // 得到最终的颜色
    output_color = calculate_final_color(frag_count);
}
```

例 11.27 中用到了三个函数。首先是 build_local_fragment_list，它负责遍历当前像素对应的片元链表，并将所有的片元保存到 fragments[] 数组当中。这个函数的代码如例 11.28 所示。注意逐像素的片元数组的大小在这里定义为 15，而例 11.24 中分配的缓存大小只是帧缓存像素数目的 2 倍。这样做没有问题，因为片元链表的大小只要能容纳片元数量的平均值就可以了，当然也可以以将这里支持的最大数量设置为更高的值。

例 11.28　在片元着色器中遍历链表数据

```
// 遍历链表，将所有的片元取出放入 fragments[] 数组中，
// 然后返回
// 链表中片元的数目
int build_local_fragment_list(void)
{
    uint current;
    int frag_count = 0;

    // 从 head 指针图像中得到初始的 head 指针
    current = texelFetch(head_pointer_image,
                         ivec2(gl_FragCoord.xy), 0);

    // 执行循环，直到到达链表末端，
    // 或者到达 fragments[] 的存储上限为止
    while (current != 0xFFFFFFFF && frag_count < MAX_FRAGMENTS)
    {
        // 从链表中读取一个数据项 item
        item = texelFetch(list_buffer, current);
        // item.x 保存 next 指针的值，用它来更新 current
        current = item.x;
        // 将片元数据保存到数组中
        uvec4 fragments[frag_count] = item;
        // 更新片元的计数
        frag_count++;
    }

    // 完成遍历，将片元的数目返回
    return frag_count;
}
```

在建立片元的本地数组之后，我们使用例 11.29 所示的 sort_fragment_list 函数按照深度进行排序。这个函数实现了一个简单的冒泡排序算法（bubble-sort）。这个算法非常简单，但不适用于大规模数据的排序，不过记录的数据项也是非常有限的，所以函数的消耗不会很大，使用这个算法并没有问题。

例 11.29　将片元按照深度顺序排序，用于 OIT 算法

```
// 简单的冒泡排序算法来处理 fragments[] 数组
void sort_fragment_list(int frag_count)
{
    int i;
    int j;

    for (i = 0; i < frag_count; i++)
    {
```

```
        for (j = i + 1; j < frag_count; j++)
        {
                // 各个片元的深度都需要从片元数组的 .z 通道位数据解码得到
                // 我们在这里进行解压缩的工作
                float depth_i = uintBitsToFloat(fragments[i].z);
                float depth_j = uintBitsToFloat(fragments[j].z);

                // 进行深度比较，如果比较失败……
                if (depth_i > depth_j)
                {
                        // 交换数组中片元的顺序
                        uvec4 temp = fragments[i];
                        fragments[i] = fragments[j];
                        fragments[j] = temp;
                }
        }
    }
}
```

　　将 fragments[] 中的片元按照深度排序之后，就可以遍历数组并执行所有片元的融混了。这一步是通过例 11.30 中的 calculate_final_color 函数来完成的。

　　例 11.30　片元排序后的融混处理，用于 OIT 算法

```
// 简单的 alpha 融混函数——
// 可以替换成任何别的方法……
vec4 blend(vec4 current_color, vec4 new_color)
{
    return mix(current_color, new_color, new_color.a);
}
// 计算最终输出颜色的函数。遍历整个 fragments[] 数组，
// 将每个像素与之前的像素进行混合得到结果
vec4 calculate_final_color(int frag_count)
{
    // 初始化最终的颜色值
    vec4 final_color = vec4(0.0);

    // 对于数组中的每个片元……
    for (i = 0; i < frag_count; i++)
    {
        // 颜色值是存储在片元向量的 .y 通道的，
        // 在这里将它解压缩
        vec4 frag_color = unpackUnorm4x8(fragments[i].y);
        // 调用融混函数
        final_color = blend(final_color, frag_color);
    }

    // 完成遍历，输出最终的颜色值
    return final_color;
}
```

　　例 11.30 所使用的融混函数只是简单地实现了一个 alpha 融混的方法。它等价于使用固定功能的 OpenGL 融混操作，并将融混方程设置为 GL_FUNC_ADD，源和目标函数分别为 GL_SRC_ALPHA 和 GL_ONE_MINUS_SRC_ALPHA。

11.4.5 结果

使用这个算法渲染的最终结果如图 11-8 所示。左边的图像是使用固定功能的 OpenGL 融混完成的。可以看出，显然这个图像各个方面都不正确。这是因为几何体的渲染并没有按照深度排序，而是按照发送命令的先后排序的。因为融混方程不符合交换律，并且对顺序敏感，所以几何体绘制命令的顺序会直接影响输出结果。我们再看图 11-8 所示的右边图像。这幅图像是通过本节所述的顺序无关的算法渲染的。在任何角度看来结果都是正确的。

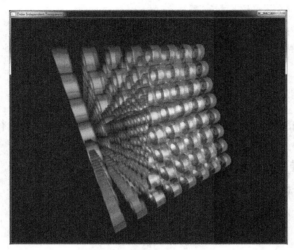

图 11-8　顺序无关的透明算法渲染结果，左边是错误的，右边是正确的

第 12 章 *Chapter 12*

计算着色器

本章目标

阅读完本章内容之后，你将会具备以下的能力：

❑ 创建、编译和链接计算着色器。

❑ 启动计算着色器，操作缓存、图像和计数器。

❑ 允许计算着色器的请求进行互相通信，以实现执行过程的同步。

计算着色器运行的 GPU 阶段与图形管线的其余部分是完全不同的。它可以帮助应用程序使用 GPU 来实现通用计算的工作，而这些工作不一定与图形相关。计算着色器可以访问许多来自图形着色器的资源，同时它还能够对应用程序流和执行方式加以更多的控制。本章将介绍计算着色器以及它的相关应用。

本章包含以下几节：

❑ 12.1 节将对计算着色器进行总体的介绍，并给出它们的主要操作方法。

❑ 12.2 节将结合图形处理器，给出计算着色器的组织结构和详细工作流程。

❑ 12.3 节介绍各个计算着色器请求之间的通信方法，以及可以用来控制请求之间的数据流的同步机制。

❑ 12.4 节中给出一些计算着色器的示例，包括与各种图形相关和不相关的工作。

❑ 12.5 节给出计算着色器开发的简明步骤，以及关于如何使用的一些建议。

12.1　概述

由于图形处理器每秒能够进行数以亿计次的计算，它已成为一种性能十分惊人的器件。

过去，这种处理器主要被设计用于承担实时图形渲染中海量的数学运算。然而，其潜在的计算能力也可用于处理与图形无关的任务，特别是当无法很好地与固定功能的图形管线结合的时候。为了使这种应用成为可能，OpenGL 引入一种特殊的着色器：计算着色器。计算着色器可以认为是一个只有一级的管线，没有固定的输入和输出，所有默认的输入通过一组内置变量来传递。当需要额外的输入时，可以通过那些固定的输入输出来控制对纹理和缓冲的访问。所有可见的副作用是图像存储、原子操作，以及对原子计数器的访问。然而加上通用的显存读写操作，这些看上去似乎有限的功能使计算着色器获得一定程度的灵活性，同时摆脱图形相关的束缚，以及打开广阔的应用空间。

OpenGL 中的计算着色器和其他着色器很相似。它通过 glCreateShader() 函数创建，用 glCompilerShader() 进行编译，通过 glAttachShader() 对程序进行绑定，最后按通用的做法用 glLinkProgram() 对这些程序进行链接。计算着色器使用 GLSL 编写，原则上，所有其他图形着色器（比如顶点着色器、几何着色器或者片元着色器）能够使用的功能它都可以使用。当然，这不包括诸如几何着色器中的 EmitVertex() 或者 EndPrimitive() 等功能，以及其他类似的与图形管线特有的内置变量。另一方面，计算着色器也包含一些独有的内置变量和函数，这些变量和函数在 OpenGL 管线的其他地方无法访问。

12.2   工作组及其执行

正如图形着色器被置于管线的不同阶段用来操作与图形相关的单元一样，将计算着色器有效地放入一个一级的计算管线中，然后处理与计算相关的单元。按照这种类比，顶点着色器作用于每个顶点，几何着色器作用于每个图元，而片元着色器则作用于每个片元。图形硬件主要通过并行来获得性能，这种并行则通过大量的顶点、图元和片元流过相应的管线阶段而得以实现。而在计算着色器中，这种并行性则显得更为直接，任务以组为单位进行执行，我们称为工作组（workgroup）。拥有邻居的工作组被称为本地工作组（local workgroup），这些组可以组成更大的组，称为全局工作组（global workgroup），而其通常作为执行命令的一个单位。

计算着色器会被全局工作组中每一个本地工作组中的每一个单元调用一次。工作组的每一个单元称为工作项（work item），每一次调用称为一次执行。执行的单元之间可以通过变量和显存进行通信，且可执行同步操作保持一致性。图 12-1 对这种工作方式进行了说明。在这个简化的例子中，全局工作组包含 16 个本地工作组，而每个本地工作组又包含 16 个执行单元，排成 4×4 的网格。每个执行单元拥有一个二维向量表示的索引值。

尽管在图 12-1 中，全局和本地工作组都是二维的，而事实上它们是三维的，为了能够在逻辑上适应一维、二维的任务，只需要把额外的那二维或一维的大小设为 0 即可。计算着色器的每一个执行单元本质上是相互独立的，可以并行地在支持 OpenGL 的 GPU 硬件上执行。实际中，大部分 OpenGL 硬件都会把这些执行单元打包成较小的集合（lockstep），然后把这些小集合拼起来组成本地工作组。本地工作组的大小在计算着色器的源代码中用输入布局限定符来设置。全局工作组的大小则是本地工作组大小的整数倍。当计算着色器执行的时候，它可以内置变量来知道当前在本地工作组中的相对坐标、本地工作组的大小，以及本地工作组在全局工作组中的相对坐标。基于这些还能进一步获得执行单元在全局工作组中的坐标等。着色器根据这些变量来决定应该负责计算任务中的哪些部分，同时也能知道一个工作组中的其他执行单元，以便于共享数据。

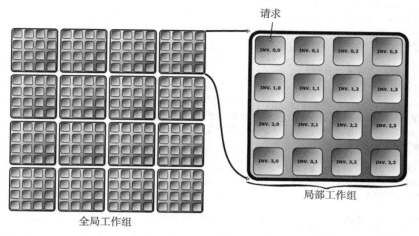

图 12-1　计算工作量的图示

输入布局限定符在计算着色器中声明本地工作组的大小，分别使用 local_size_x、local_size_y 以及 local_size_z，它们的默认值都是 1。举例来说，如果忽略 local_size_z，就会创建 N×M 的二维组。比如在例子 12.1 中就声明一个本地工作组大小为 16×16 的着色器。

例 12.1　简单的本地工作组声明

```
#version 430 core

// 输入布局限定符声明一个16×16(×1)
// 的本地工作组
layout (local_size_x = 16, local_size_y = 16) in;

void main(void)
{
    // 什么都不做
}
```

尽管例子 12.1 中的着色器什么事情也没做，它仍然是一个"完整"的着色器，可以正常的编译、链接并且在 OpenGL 硬件中执行。要创建一个计算着色器，只需调用 glCreateShader () 函数，将类型设置为 GL_COMPUTE_SHADER，并且调用 glShaderSource() 函数来设置着色器的源代码，接着就能按正常编译了。然后把着色器附加到一个程序上，并调用 glLinkProgram()。这样就会产生计算着色器阶段需要的可执行程序。例 12.2 展示了从创建到链接一个计算程序[⊖]的完整步骤。

例 12.2　创建、编译和链接计算着色器

```
GLuint shader, program;

static const GLchar* source[] =
{
    "#version 430 core\n"
    "\n"
    "// 输入布局限定符声明一个 16×16(×1) 的本地工作组 \n"
    "// workgroup size\n"
    "layout (local_size_x = 16, local_size_y = 16) in;\n"
    "\n"
    "void main(void)\n"
    "{\n"
    "    // Do nothing.\n"
    "}\n"
};

shader = glCreateShader(GL_COMPUTE_SHADER);
glShaderSource(shader, 1, source, NULL);
glCompileShader(shader);

program = glCreateProgram();
glAttachShader(program, shader);
glLinkProgram(program);
```

一旦像例 12.2 中那样创建并链接一个计算着色器后，就可以用 **glUseProgram()** 函数把它设置为当前要执行的程序，然后用 **glDispatchCompute()** 把工作组发送到计算管线上，其原型如下：

---

void **glDispatchCompute**(GLuint num_groups_x, GLuint num_groups_y, GLuint num_groups_z);

在 3 个维度上分发计算工作组。num_groups_x、num_groups_y 和 num_groups_z 分别设置工作组在 X、Y 和 Z 维度上的数量。每个参数都必须大于 0，小于或等于一个与设备相关的常量数组 GL_MAX_COMPUTE_WORK_GROUP_SIZE 的对应元素。

在调用 **glDispatchCompute()** 时，OpenGL 会创建一个包含大小为 num_groups_x * num_groups_y * num_gourps_z 的本地工作组的三维数组。注意三个维度中一个或两个维度可以为 1 或者 **glDispatchCompute()** 的参数的任何值。所以计算着色器中执行单元的总数是这个三维数组的大小乘以着色器代码中定义的本地工作组的大小。可想而知，这种方法可以为图像处理器创建非常大规模的工作负载，而通过计算着色器则可以相对容易地获得并行性。

正如 **glDrawArraysIndirect()** 和 **glDrawArrays()** 的关系一样，除了使用 **glDispatchCompute()**

⊖　使用"计算程序"来表示使用计算着色器来编译的程序。

之外通过 glDispatchComputeIndirect() 可以使用存储在缓冲区对象上的参数来发送计算任务。缓冲区对象被绑定在 GL_DISPATCH_INDIRECT_BUFFER 上，并且缓冲区中存储的参数包含三个打包在一起的无符号整数。这三个无符号整数的作用和 glDispatchCompute() 中的参数是等价的。参考 glDispatchComputeIndirect() 的原型如下：

---

void **glDispatchComputeIndirect**(GLintptr indirect);

　　在三个维度上分发计算工作组，同时使用缓存对象中存储的参数。indirect 表示缓存数据中存储参数的位置偏移量，使用基本机器单位。缓存中当前偏移位置的参数，是紧密排列的三个无符号整数值，用来表示本地工作组的数量。这些无符号整数值等价于 **glDispatchCompute()** 中的 num_groups_x、num_groups_y 和 num_groups_z 参数。每个参数都必须大于 0，小于或等于一个与设备相关的常量数组 GL_MAX_COMPUTE_WORK_GROUP_SIZE 的对应元素。

　　绑定在 GL_DISPATCH_INDIRECT_BUFFER 上的缓冲区数据的来源可以多种多样，比如由另外一个计算着色器生成。这样一来，图形处理器就能够通过设置缓冲区中的参数来给自身发送任务做计算或绘图。例 12.3 中使用 glDispatchComputeIndirect() 来发送计算任务。

例 12.3　分发计算工作量

```
// program 是一个已经成功链接的程序对象,
// 其中包含计算着色器
GLuint program =  ...;

// 启用程序对象
glUseProgram(program);

// 创建缓存,将它绑定给 DISPATCH_INDIRECT_BUFFER
// 绑定点,并填充数据
glGenBuffers(1, &dispatch_buffer);
glBindBuffer(GL_DISPATCH_INDIRECT_BUFFER, dispatch_buffer);

static const struct
{
    GLuint num_groups_x;
    GLuint num_groups_y;
    GLuint num_groups_z;
} dispatch_params = { 16, 16, 1 };

glBufferData(GL_DISPATCH_INDIRECT_BUFFER,
            sizeof(dispatch_params),
            &dispatch_params,
            GL_STATIC_DRAW);

// 使用缓存对象中填充的
// 参数来分发计算着色器
glDispatchComputeIndirect(0);
```

注意到例 12.3 简单地使用 **glUseProgram()** 把当前的程序对象指向某个特定计算程序。除了不能访问图形管线中的那些固定功能部分 (如光栅器或帧缓存),计算着色器及其程序是完全正常的,这意味着你可以用 **glGetProgramiv()** 来请求它们的一些属性 (比如有效的 uniform 常量,或者存储块) 或者像往常一样访问 uniform 常量。当然,计算着色器可以访问几乎所有其他着色器能访问的资源,比如图像、采样器、缓冲区、原子计数器,以及常量存储块。

计算着色器及其程序还有一些独有的属性。比如,获得本地工作组的大小 (在源代码的布局限定符中设置),调用 **glGetProgramiv()** 时将 pname 设置成 GL_MAX_COMPUTE_WORK_GROUP_SIZE 以及把 param 设置成包含三个无符号整型数的数组地址。这数组中的三个数会按顺序被赋值为本地工作组在 x、y 和 z 方向上的大小。

知道工作组的位置

一旦开始执行计算着色器,它就有可能需要对输出数组的一个或多个单元赋值 (比如一副图像或者一个原子计数器数组),或者需要从一个输入数组的特定位置读取数据。为此得知道当前处于本地工作组中的什么位置,以及在更大范围的全局工作组中的位置。于是,OpenGL 为计算着色器提供一组内置变量。如例 12.4 所示,这些内置变量被隐含地声明。

例 12.4 计算着色器中的内置变量声明

```
const uvec3 gl_WorkGroupSize;
in    uvec3 gl_NumWorkGroups;

in    uvec3 gl_LocalInvocationID;
in    uvec3 gl_WorkGroupID;

in    uvec3 gl_GlobalInvocationID;
in    uint  gl_LocalInvocationIndex;
```

这些计算着色器的定义如下:

❑ gl_WorkGroupSize 是一个用来存储本地工作组大小的常数。它已在着色器的布局限定符中由 local_size_x、local_size_y 和 local_size_z 声明。之所以拷贝这些信息,主要是为了两个目的:首先,它使得工作组的大小可以在着色器中被访问很多次而不需要依赖于预处理;其次,它使得以多维形式表示的工作组大小可以直接按向量处理,无须显式地构造。

❑ gl_NumWorkGroups 是一个向量,它包含传给 **glDispatchCompute()** 的参数 (num_groups_x、num_groups_y 和 num_groups_z)。这使得着色器知道它所属的全局工作组的大小。除了比手动给 uniform 显式赋值要方便外,一部分 OpenGL 硬件对于这些常数的设定也提供了高效的方法。

❑ gl_LocalInvocationID 表示当前执行单元在本地工作组中的位置。它的范围从 uvec3(0) 到 gl_WorkGroupSize – uvec3(1)。

- gl_WorkGroupID 表示当前本地工作组在更大的全局工作组中的位置。该变量的范围在 uvec3(0) 和 gl_NumWorkGroups − uvec3(1) 之间。
- gl_GlobalInvocationID 由 gl_LocalInvocationID、gl_WorkGroupSize 和 gl_WorkGroupID 派生而来。它的准确值是 gl_WorkGroupID * gl_WorkGroupSize + gl_LocalInvocationID，所以它是当前执行单元在全局工作组中的位置的一种有效的三维索引。
- gl_LocalInvocationIndex 是 gl_LocalInvocationID 的一种扁平化形式。其值等于 gl_LocalInvocationID.z * gl_WorkGroupSize.x * gl_WorkGroupSize.y + gl_LocalInvocationID.y * gl_WorkGroupSize.x + gl_LocalInvocationID.x. 它可以用一维的索引来代表二维或三维的数据。

假设已经知道自己在本地工作组和全局工作组中的位置，则可以利用信息来操作数据。如例 12.5 所示，加入一个图像变量使得我们能够将数据写入由当前执行单元坐标决定的图像位置中去，并且可以在计算着色器中更新。

例 12.5　数据的操作

```
#version 430 core

layout (local_size_x = 32, local_size_y = 16) in;

// 存储数据的图像变量
layout (rg32f) uniform image2D data;

void main(void)
{
    // 将本地请求 ID 存储到图像中
    imageStore(data,
               ivec2(gl_GlobalInvocationID.xy),
               vec4(vec2(gl_LocalInvocationID.xy) /
                    vec2(gl_WorkGroupSize.xy),
                    0.0, 0.0));
}
```

例 12.5 中的着色器把执行单元在本地工作组中的坐标按本地工作组大小进行归一化，然后将该结果写入由全局请求 ID 确定的图像位置上去。图像结果表达了全局和本地的请求 ID 的关系，并且展示在计算着色器中定义的矩形工作组（本例有 32 × 16 个执行单元，图像如图 12-2 所示）。

为了生成如图 12-2 所示的图像，在计算着色器写完数据后，只需简单地将纹理渲染至一个全屏的三角条带上即可。

12.3　通信与同步

在调用 glDispatchCompute()（或者 glDispatchComputeIndirect()）的时候，图形处理器的内部将执行大量的工作。图形处理器会尽可能采取并行的工作方式，并且每个计算着色器的请求都被看做是一个执行某项任务的小队。我们必然要通过通信来加强团队之间的合作，所以即使 OpenGL 并没有定义执行顺序和并行等级的信息，我们还是可以在请求之间建立某种程度的合作关系，以实现变量的共享。此外，我们还可以对一个本地工作组的所有请求进行同步，让它们在同一时刻同时抵达着色器的某个位置。

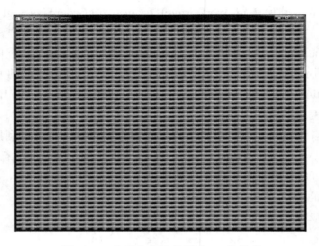

图 12-2　全局和本地的请求 ID 的关系

12.3.1　通信

我们可以使用 shared 关键字来声明着色器中的变量，其格式与其他的关键字，例如 uniform、in、out 等类似。例 12.6 给出了一个使用 shared 关键字来进行声明的示例。

例 12.6　声明共享变量的示例

```
// 一个共享的无符号整型变量
shared uint foo;

// 一个共享的向量数组
shared vec4 bar[128];

// 一个共享的数据块
shared struct baz_struct
{
    vec4 a_vector;
    int an_integer;
    ivec2 an_array_of_integers[27];
} baz[42];
```

如果一个变量被声明为 shared，那么它将被保存到特定的位置，从而对同一个本地工作组内的所有计算着色器请求可见。如果某个计算着色器请求对共享变量进行写入，那么这个数据的修改信息将最终通知给同一个本地工作组的所有着色器请求。在这里我们用了"最终"这个词，这是因为各个着色器请求的执行顺序并没有定义，就算是在同一个本地工作组内也是如此。因此，某个着色器请求写入共享 shared 变量的时刻可能与另一个请求读取该变量的时刻相隔甚远，无论先写入后读取还是先读取后写入。为了确保能够获得期望的结果，我们需要在代码中使用某种同步的方法。下一个小节将详细介绍这一问题。

通常访问共享 shared 变量的性能会远远好于访问图像或者着色器存储缓存（例如主内存）的性能。因为着色器处理器会将共享内存作为局部量处理，并且可以在设备中进行拷贝，所以访问共享变量可能比使用缓冲区的方法更迅速。因此我们建议，如果你的着色器需要对一处内存进行大量的访问，尤其是可能需要多个着色器请求访问同一处内存地址的时候，不妨先将内存拷贝到着色器的共享变量中，然后通过这种方法进行操作，如果有必要，再把结果写回到主内存中。

因为需要把声明为 shared 的变量存储到图形处理器的高性能资源环境中，而这样的资源环境是有限的，所以需要查询和了解某个计算着色器程序的共享变量的最大数量。要获取这个限制值，可以调用 glGetIntegerv() 并设置 pname 为 GL_MAX_COMPUTE_SHARED_MEMORY_SIZE。

12.3.2　同步

如果本地工作组请求的执行顺序，以及全局工作组中的所有本地工作组的执行顺序都没有定义，那么请求执行操作的时机与其他请求是完全无关的。如果请求之间不需要互相通信，只需要完全独立地执行，那么这样并没有什么问题。但是，如果请求之间需要进行通信，无论是通过图像、缓存还是共享内存，那么我们就有必要对它们的操作进行同步处理了。

同步命令的类型有两种。首先是运行屏障（execution barrier），可以通过 barrier() 函数触发。它与细分控制着色器中的 barrier() 函数类似，后者可以用来实现控制点处理过程中的请求同步。如果计算着色器的一个请求遇到了 barrier()，那么它会停止运行，并等待同一个本地工作组的所有请求到达为止。当请求从 barrier() 中断的地方重新开始运行的时候，我们可以断定其他所有的请求也已经到达 barrier()，并且在此之前的所有操作均已经完成。barrier() 函数在计算着色器中的用法比在细分控制着色器中更为灵活。尤其是，不需要限制在着色器中的 main() 函数中执行 barrier()。但是，必须在统一的流控制过程中调用 barrier()。也就是说，如果本地工作组的一个请求执行了 barrier() 函数，那么同一工作组的所有请求都必须执行这个函数。这样是合理的，因为着色器的某个请求不可能知道其他请求的控制流情况，所以只能假设其他请求也能到达屏障的位置，否则将会发生死锁的情形。

如果在本地工作组内进行请求间的通信，那么可以在一个请求中写入共享变量，然后在另一个请求中读取。但是，我们必须确定目标请求中读取共享变量的时机，即在源请求已经完成对应的写入操作之后。为了确保这一点，我们可以在源请求中写入变量，然后在两个请求中同时执行 barrier() 函数。当目标请求从 barrier() 返回的时候，源请求必然已经执行了同一个函数（也就是完成共享变量的写入），因此可以安全地读取变量的值了。

第二种类型的同步叫做内存屏障（memory barrier）。内存屏障的最直接的版本就是 memoryBarrier()。如果调用 memoryBarrier()，那么就可以保证着色器请求内存的写入操作一定是提交到内存端，而不是通过缓冲区（cache）或者调度队列之类的方式。所有发生在 memoryBarrier() 之后的操作在读取同一处内存的时候，都可以使用这些内存写入的结果，即使是同一个计算着色器的其他请求也是如此。此外，memoryBarrier() 还可以给着色器编译器做出指示，让它不要对内存操作重排序，以免因此跨越屏障函数。如果你觉得 memoryBarrier() 的约束过于严格，那么你的感觉很正确。事实上，memoryBarrier() 系列中还有其他不同的内存屏障子函数。memoryBarrier() 所做的只是简单地按照某种未定义的顺序（这个说法不一定准确）依次调用这些子函数而已。

memoryBarrierAtomicCounter() 函数会等待原子计数器更新，然后继续执行。memory BarrierBuffer() 和 memoryBarrierImage() 函数会等待缓存和图像变量的写入操作完成。memoryBarrierShared() 函数会等待带有 shared 限定符的变量更新。这些函数可以对不同类型的内存访问提供更为精细的控制和等待方法。举例来说，如果正在使用原子计数器来实现缓存变量的访问，我们可能希望确保原子计数器的更新被通知到着色器的其他请求，但是不需要等待缓存写入操作本身完成，因为后者可能会花费更长的时间。此外，调用 memoryBarrierAtomicCounter() 允许着色器编译器对缓存变量的访问进行重排序，而不会受到原子计数器操作的逻辑影响。

注意，就算是调用 memoryBarrier() 或者它的某个子函数，我们依然不能保证所有的请求都到达着色器的同一个位置。为了确保这一点，我们只有调用执行屏障函数 barrier()，然后再读取内存数据，而后者应该是在 memoryBarrier() 之前写入的。

内存屏障的使用，对于单一着色器请求中内存交换顺序的确立来说并不是必需的。在着色器的某个请求中读取变量的值总是会返回最后一次写入这个变量的结果，无论编译器是否对它们进行重排序操作。

我们介绍的最后一个函数叫做 groupMemoryBarrier()，它等价于 memoryBarrier()，但是它只能应用于同一个本地工作组的其他请求。而所有其他的屏障函数都是应用于全局的。也就是说，它们会确保全局工作组中的任何内存写入请求都会在提交之后，再继续执行程序。

12.4 示例

这一节包括一系列计算着色器的使用示例。因为在设计上计算着色器可以通过有限的固定函数来执行任何类型的工作，所以很难将它限定在某个特定的功能实现上，它是非常灵活和强大的。因此，最好的了解这种着色器的方式就是直接学习一系列示例，了解这类应用程序在真实世界中是如何应用的。

12.4.1　物理模拟

第一个例子是一个简单的粒子模拟器。在这个例子中，我们会使用计算着色器来实时更新将近一百万个粒子的位置。虽然这样的物理模拟很简单，但是它产生的视觉效果很有趣，可以演示这类算法在计算着色器中实现的相对简单的过程。

这个例子中实现的算法如下所示。分配两个较大的缓存，一个用来存储每个粒子的当前速度，另一个用来存储当前位置。每个时刻里，计算着色器开始运行，并且每个请求都会处理一个单一的粒子。当前的速度和位置可以从对应的缓存中读取。计算得到当前粒子的新速度值之后，用它来更新粒子的位置。新的速度和位置值被重新写入缓存中。为了确保着色器中可以访问缓存，我们将它们绑定到缓存纹理，然后使用图像读取和存储的函数进行操作。如果不使用缓存纹理（buffer），也可以使用着色器存储缓存，也就是将其声明为一个缓存接口块。

在这个简单的例子中，我们不需要考虑粒子互相之间的交互过程，因为这样会带来 $O(n^2)$ 复杂度的问题。我们会使用少量的引力器，它们都有位置和质量的属性。每个粒子的质量可以视为都是一样的。而每个粒子都会受到这些引力器的吸引力作用。由每个引力器施加给粒子的力累加到一起，可以用来更新粒子的速度值。引力器的位置和质量可以保存到一个 uniform 块当中。

除了位置和速度之外，粒子还有生命周期。粒子的生命周期可以保存到位置向量的 w 分量中，每次更新粒子位置的时候，都要适当减少它的生命周期。当生命周期小于一定阈值的时候，它将被重设为 1，此时不会再更新这个粒子的位置，而是将它重新设置到原点附近。我们也可以通过这个数值长度的二次方来降低粒子的速度。这样粒子经过一段时间后（包括那些已经飞到很远位置的粒子）会重新出现在中心位置，因此可以不断地产生新的年轻粒子，让模拟过程能够持续进行下去。

粒子模拟着色器的源代码如例 12.7 所示。

例 12.7　粒子模拟的计算着色器

```
#version 430 core

// uniform 块中包含引力器的位置和质量
layout (std140, binding = 0) uniform attractor_block
{
    vec4 attractor[64]; // xyz = position, w = mass
};

// 每块中粒子的数量为 128
layout (local_size_x = 128) in;

// 使用两个缓存来包含粒子的位置和速度信息
layout (rgba32f, binding = 0) uniform imageBuffer velocity_buffer;
layout (rgba32f, binding = 1) uniform imageBuffer position_buffer;

// 时间间隔
```

```
uniform float dt;

void main(void)
{
    // 从缓存中读取当前的位置和速度
    vec4 vel = imageLoad(velocity_buffer, int(gl_GlobalInvocationID.x));
    vec4 pos = imageLoad(position_buffer, int(gl_GlobalInvocationID.x));

    int i;

    // 使用当前速度 × 时间来更新位置
    pos.xyz += vel.xyz * dt;
    // 通过 w 分量更新粒子的生命值
    pos.w -= 0.0001 * dt;

    // 对于每个引力器
    for (i = 0; i < 4; i++)
    {
        // 计算受力情况并更新速度
        vec3 dist = (attractor[i].xyz - pos.xyz);
        vel.xyz += dt * dt *
                attractor[i].w *
                normalize(dist) / (dot(dist, dist) + 10.0);
    }

    // 如果粒子已经过期，那么重置它
    if (pos.w <= 0.0)
    {
        pos.xyz = -pos.xyz * 0.01;
        vel.xyz *= 0.01;
        pos.w += 1.0f;
    }

    // 将新的位置和速度信息重新保存到缓存中
    imageStore(position_buffer, int(gl_GlobalInvocationID.x), pos);
    imageStore(velocity_buffer, int(gl_GlobalInvocationID.x), vel);
}
```

如果要执行这个模拟程序，首先需要创建两个缓存对象，用来存储所有粒子的位置和速度信息。每个粒子的位置都设置在原点附近的随机坐标上，它的生命周期设置为 0 ~ 1 的一个随机值。这样在第一次迭代过程中，每个粒子到达终点以及回到原点的时间都是不同的随机值。每个粒子的初始速度也是一个有长度的随机值。这一部分的代码如例 12.8 所示。

例 12.8 粒子模拟的缓存初始化

```
// 生成两个缓存，绑定并初始化数据
glGenBuffers(2, buffers);
glBindBuffer(GL_ARRAY_BUFFER, position_buffer);
glBufferData(GL_ARRAY_BUFFER,
            PARTICLE_COUNT * sizeof(vmath::vec4),
            NULL,
            GL_DYNAMIC_COPY);

// 映射位置缓存并且使用随机向量填充
```

```
vmath::vec4 * positions = (vmath::vec4 *)
    glMapNamedBufferRange(position_buffer,
                          0,
                          PARTICLE_COUNT * sizeof(vmath::vec4),
                          GL_MAP_WRITE_BIT |
                          GL_MAP_INVALIDATE_BUFFER_BIT);

for (i = 0; i < PARTICLE_COUNT; i++)
{
    positions[i] = vmath::vec4(random_vector(-10.0f, 10.0f),
                               random_float());
}

glUnmapNamedBuffer(position_buffer);

// 初始化速度缓存——同样使用随机向量填充
glBindBuffer(GL_ARRAY_BUFFER, velocity_buffer);
glBufferData(GL_ARRAY_BUFFER,
             PARTICLE_COUNT * sizeof(vmath::vec4),
             NULL,
             GL_DYNAMIC_COPY);

vmath::vec4 * velocities = (vmath::vec4 *)
    glMapBufferRange(GL_ARRAY_BUFFER,
                     0,
                     PARTICLE_COUNT * sizeof(vmath::vec4),
                     GL_MAP_WRITE_BIT |
                     GL_MAP_INVALIDATE_BUFFER_BIT);

for (i = 0; i < PARTICLE_COUNT; i++)
{
    velocities[i] = vmath::vec4(random_vector(-0.1f, 0.1f), 0.0f);
}

glUnmapBuffer(GL_ARRAY_BUFFER);
```

引力器的质量也设置为 0.5 ~ 1.0 的随机数字。它们的位置初始化为 0，但是在渲染循环过程中会主动移动。它们的质量可以保存到应用程序端的变量中，因为这些值是固定的，所以每次更新 uniform 缓存（也包含引力器的新位置）之后都需要恢复。最后，将位置缓存关联到一个顶点数组对象上，这样我们就可以通过点的方式来渲染粒子。

渲染循环非常简单。首先，执行计算着色器，通过一定数量的请求来更新所有的粒子。然后将所有的粒子作为点图元，通过 glDrawArrays() 进行渲染。顶点着色器只是将输入的顶点位置变换到透视后的坐标，而片元着色器则直接输出白色值。渲染这个粒子系统的结果也是很简单的白色点，如图 12-3 所示。

程序一开始的输出结果可能不那么让人兴奋。这是因为粒子在模拟开始工作的时候，场景的视觉复杂度还不是很高。如果想给输出结果添加更多的趣味性（这已经是图形 API 的范畴了），我们可以给点集添加一些简单的着色效果。

片元着色器负责渲染点集。首先根据点的生命期（保存在 w 分量中）将点从热红色（年

轻）到冷蓝色（年老）进行渐变处理。此外，也可以开启 GL_BLEND，并设置源和目标因
数为 GL_ONE 以支持叠加融混的效果。这样点的颜色在帧缓存中会叠加，这是因而在点比
较密集的区域会产生"发光"的效果，这是因为大量的粒子互相发生融合。这一过程的片
元着色器如例 12.9 所示。

图 12-3　物理模拟程序输出的简单点集

例 12.9　粒子模拟的片元着色器

```
#version 430 core

layout (location = 0) out vec4 color;

// 这个值来自顶点着色器中
// 读取的粒子年龄值
in float intensity;

void main(void)
{
    // 根据粒子的年龄,
    // 在热红色到冷蓝色之间混合得到结果
    color = mix(vec4(0.0f, 0.2f, 1.0f, 1.0f),
                vec4(0.2f, 0.05f, 0.0f, 1.0f),
                intensity);
}
```

在渲染循环中，引力器的位置和质量都是在执行计算着色器（包含处理位置和速度的缓
存）之前更新的。然后将粒子以点的方式渲染，通过内存屏障来确保计算着色器的写入操作
已经完成。这一过程如例 12.10 所示。

例 12.10　粒子模拟的渲染循环

```
// 更新引力器位置和质量的缓存
vmath::vec4 * attractors =
    (vmath::vec4 *)glMapNamedBufferRange(attractor_buffer,
```

```
                                    0,
                                    32 * sizeof(vmath::vec4),
                                    GL_MAP_WRITE_BIT |
                                    GL_MAP_INVALIDATE_BUFFER_BIT);

    int i;

    for (i = 0; i < 32; i++)
    {
        attractors[i] =
            vmath::vec4(sinf(time * (float)(i + 4) * 7.5f * 20.0f) * 50.0f,
                        cosf(time * (float)(i + 7) * 3.9f * 20.0f) * 50.0f,
                        sinf(time * (float)(i + 3) * 5.3f * 20.0f) *
                            cosf(time * (float)(i + 5) * 9.1f) * 100.0f,
                        attractor_masses[i]);
    }

glUnmapNamedBuffer(attractor_buffer);
// 激活计算着色器程序，绑定位置和速度缓存
glUseProgram(compute_prog);
glBindImageTexture(0, velocity_tbo, 0,
                   GL_FALSE, 0,
                   GL_READ_WRITE, GL_RGBA32F);
glBindImageTexture(1, position_tbo, 0,
                   GL_FALSE, 0,
                   GL_READ_WRITE, GL_RGBA32F);

// 设置时间间隔
glUniform1f(dt_location, delta_time);

// 执行计算着色器
glDispatchCompute(PARTICLE_GROUP_COUNT, 1, 1);

// 确保计算着色器的写入操作已经完成
glMemoryBarrier(GL_SHADER_IMAGE_ACCESS_BARRIER_BIT);

// 设置模型视图和投影矩阵
vmath::mat4 mvp = vmath::perspective(45.0f, aspect_ratio,
                                     0.1f, 1000.0f) *
                  vmath::translate(0.0f, 0.0f, -60.0f) *
                  vmath::rotate(time * 1000.0f,
                      vmath::vec3(0.0f, 1.0f, 0.0f));

// 清除缓存，选择渲染程序，绘制全屏幕的四边形
glClear(GL_COLOR_BUFFER_BIT | GL_DEPTH_BUFFER_BIT);
glUseProgram(render_prog);
glUniformMatrix4fv(0, 1, GL_FALSE, mvp);
glBindVertexArray(render_vao);
glEnable(GL_BLEND);
glBlendFunc(GL_ONE, GL_ONE);
glDrawArrays(GL_POINTS, 0, PARTICLE_COUNT);
```

最后，例 12.9 所示的片元着色器对粒子系统进行渲染，以及同时开启融混的结果如图 12-4 所示。

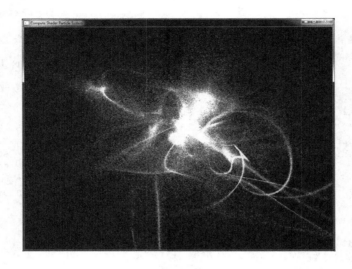

图 12-4　物理模拟程序的输出结果

12.4.2　图像处理

这个例子中使用计算着色器来实现图像处理的相关算法。这里将实现一个简单的边缘检测算法，使用一个边缘检测滤波器对输入图像进行卷积操作。这个例子中的滤波器是可分离的。所谓可分离的滤波器（separable filter），就是一种对多维度空间的每个维度都单独处理，并产生最终结果的方法。这里，我们将它应用到一个二维图像上，首先对水平维度进行处理，然后对垂直维度进行处理。实际的核函数是一个中心差分核 [–1 0 1]（central difference kernel）。

为了实现这个核函数，计算着色器的每个请求都要处理输出图像的一个像素。它需要读取输入图像的内容，然后再减去该像素另一边的采样值。当然，这也就意味着着色器的每个请求都必须从输入图像中读取两次，而两个着色器请求有可能会读取到同一个图像位置。为了避免多余的内存访问，这里使用共享变量来存储输入图像的每一行。

我们不需要直接从输入图像中读取所需的采样值，而是在每个请求中读取输入图像的目标像素，然后存储到一个共享数组中。当所有的着色器请求都读取输入图像之后，这个共享数组将会包含输入图像当前扫描线的一个完整拷贝——图像的每个像素都正好被读取一次。因为像素已经存储到共享数组中了，所以本地工作组的所有请求都可以直接从这个数组中获取像素值，并且访问速度是非常快的。

边缘检测计算着色器的实现如例 12.11 所示。

例 12.11　中心差分的边缘检测计算着色器

```
#version 430 core

// 图像的一行扫描线…1024 是 OpenGL 可用的最大值
```

```
    layout (local_size_x = 1024) in;

    // 输入和输出图像
    layout (rgba32f, binding = 0) uniform image2D input_image;
    layout (rgba32f, binding = 1) uniform image2D output_image;

    // 使用共享内存来保存扫描线数据——
    // 它的大小必须与本地工作组一样 (或者更大)
    shared vec4 scanline[1024];

    void main(void)
    {
        // 获取图像的当前位置
        ivec2 pos = ivec2(gl_GlobalInvocationID.xy);

        // 读取输入像素, 保存到共享数组中
        scanline[pos.x] = imageLoad(input_image, pos);

        // 确保所有其他的请求都到达这个位置, 并且在调用 barrier() 之前
        // 已经完成共享数据的写入
        barrier();

        // 计算结果并写回到图像中
        vec4 result = scanline[min(pos.x + 1, 1023)] -
                      scanline[max(pos.x - 1, 0)];
        imageStore(output_image, pos.yx, result);
    }
```

例 12.11 中的图像处理着色器使用一个一维的本地工作组，大小为 1024 像素（这也是 OpenGL 实现所能支持的最大工作组大小）。因此我们需要限制图像的宽度和高度不超过 1024 像素。这样对于一个简单的例子足够了，复杂的情况下，我们需要考虑使用更大的滤波器来操作更大的图像。

将全局请求 ID 转换为一个有符号的整型向量，然后用它来读取输入图像。得到的结果写入共享变量 scanline 中。然后着色器调用 barrier()。这样所有本地工作组的请求都会到达着色器的这个位置。因此这些数值都会被写入共享数组中，并且会根据请求 ID 按照从左到右的顺序逻辑地进行排列。结果的差分值将被保存到输出图像中。

另一个要注意的事情是，在着色器存储结果像素的时候，它会倒置输出像素的坐标，因此会很快地写出一个上下颠倒的图像来。这样就实现了一个转置图像。我们可以按照垂直的顺序去读取输入图像，然后水平写出。这样同一个着色器就可以用来实现两个过程的分离滤波操作——第二个过程用来对已经转置过的中间图像重新进行转置，并恢复到原来的方向。

计算着色器执行的相应代码如例 12.12 所示。

例 12.12　执行图像处理的计算着色器

```
// 激活计算着色器
glUseProgram(compute_prog);
```

```
// 绑定源图像为输入,
// 中间图像为输出
glBindImageTexture(0, input_image, 0,
                      GL_FALSE, 0,
                      GL_READ_ONLY, GL_RGBA32F);
glBindImageTexture(1, intermediate_image, 0,
                      GL_FALSE, 0, GL_WRITE_ONLY,
                      GL_RGBA32F);

// 执行水平运算过程
glDispatchCompute(1, 1024, 1);

// 在两个过程之间插入一个内存屏障
glMemoryBarrier(GL_SHADER_IMAGE_ACCESS_BARRIER_BIT);

// 现在绑定中间图像为输入,
// 最终图像为输出
glBindImageTexture(0, intermediate_image, 0,
                      GL_FALSE, 0,
                      GL_READ_ONLY, GL_RGBA32F);
glBindImageTexture(1, output_image, 0,
                      GL_FALSE, 0,
                      GL_WRITE_ONLY, GL_RGBA32F);

// 执行垂直运算过程
glDispatchCompute(1, 1024, 1);
```

图 12-5 的上图显示原始的输入图像[⊖]，下图则是输出的结果图像。输出图像的边界已经清晰可见了。

图像处理的示例着色器包含对屏障的调用，其中它发生在输入图像数据被读入共享变量 scanline 之后。这样所有本地工作组的请求（包括当前请求的邻居）都可以确保完成输入图像的读取操作，并且将自己的结果写入共享变量当中。如果没有屏障，可能就会产生这样一种竞争的情形，即有些着色器请求读取共享变量的时候，与它毗邻的请求还没有完成写入操作。这样得到的结果图像将会存在闪烁的问题。

图 12-6 所示的结果就是去除屏障之后的图像。我们可以从中看到一些水平和垂直网格状的随机像素。这是因为着色器的某些请求在其本地工作组邻居之前就已经到达当前位置，所以得到的是陈旧的或者未初始化的数据。画面的瑕疵之所以呈现出一种网格状的花纹，这是因为这个示例所用的图形处理器使用 lockstep 的容错方式来处理一组请求，并因此可以保证每部分请求之间依然存在同步的关系。但是，此时本地工作组已经被分解为一系列小的子组，它们相互之间不存在同步关系。所以我们依然会看到错误的像素，这是在子组的第一个和最后一个成员执行时所产生的。如果 lockstep 中的请求数量过大，那么得到的结果也不尽相同，并且网格花纹的大小也会有所改变。

⊖ 这是一幅火星表面的图像，来自好奇号（Curiosity）火星探测车，NASA 网站，2012 年 8 月份。NASA 并没有使用简单图像处理实例——他们有了更好的方案。

图 12-5　图像处理（输入图像在上图，结果输出图像在下图，由图像处理的计算着色器例子给出）

图 12-6　图像处理的瑕疵（图像处理示例的输出结果，如果没有屏障，看起来有很多瑕疵）

12.5　本章总结

本章对计算着色器进行了介绍。因为这种着色器并不是传统图形管线的一部分，也没有特定的用途，所以我们其实可以针对计算着色器编写非常多的内容。当然，这里只介绍了基础知识，并且给出两个相关的示例，用以演示计算着色器在非图形相关方面的用途，当然最后依然使用图形应用程序去表现。

12.5.1　计算着色器回顾

要在程序中使用计算着色器：

1. 使用 glCreateShader() 创建计算着色器，类型为 GL_COMPUTE_SHADER。
2. 使用 glShaderSource() 设置着色器源代码，以及使用 glCompileShader() 进行编译。
3. 使用 glAttachShader() 将它关联到程序对象，然后使用 glLinkProgram() 执行链接。
4. 使用 glUseProgram() 将程序设置到当前。
5. 使用 glDispatchCompute() 或者 glDispatchComputeIndirect() 启动计算工作组。

在计算着色器中：

1. 使用 local_size_x、local_size_y 和 local_size_z 三个输入布局限定符来设置本地工作组的大小。
2. 使用缓存或者图像变量类型来实现内存的读写，或者更新原子计数器的数值。

计算着色器中特定的内置变量如下所示：

❏ gl_WorkGroupSize 是一个常数，它包含输入布局限定符所设置的三维本地工作组大小。
❏ gl_NumWorkGroups 是全局工作组数量的一个副本，它是通过 glDispatchCompute() 或者 glDispatchCompute() 函数传入的。
❏ gl_LocalInvocationID 是着色器请求在当前本地工作组中的坐标。
❏ gl_WorkGroupID 是本地工作组在全局工作组中的坐标。
❏ gl_GlobalInvocationID 是当前着色器请求在全局工作组中的坐标。
❏ gl_LocalInvocationIndex 是 gl_LocalInvocationID 的另一个版本。

12.5.2　计算着色器的最佳实践

以下给出一些高效使用计算着色器的实用建议。如果能遵循这样的建议，那么你的计算着色器将会更好地执行工作，并且可以正确运行在更多的硬件设备上。

选择正确的工作组大小

选择本地工作组的大小对于整体工作量来说是很重要的。如果选择的大小太大，那么无法将所有需要的数据记录到共享（shared）变量中。如果选择的大小太小，根据图形处理器结构的不同，可能会因此降低效率。

使用屏障

一定要记住，在计算着色器的请求之间进行通信之前插入控制流和内存屏障。如果只用到内存屏障，那么应用程序依然面临请求之间的竞争关系。这样在某些机器上也许可以工作，但在别的机器上则会失败。

使用共享变量

高效地使用共享变量（shared variable）。我们可以将工作量以块的方式进行结构化，尤其是在与内存相关的数据，以及多个请求读取同一处内存区域的场合。此时我们可以将数据块读取到共享变量中，设置一个屏障，然后对共享变量中的数据进行操作。最后在着色器的末尾将数据写回到内存中。理想情况下，着色器请求访问的每处内存位置应该都刚好被读取一次，以及写入一次。

在计算着色器运行时，进行其他的工作

如果可能，应该先使用计算着色器处理数据，然后插入图形方面的工作（或者别的计算工作），最后在图形着色器中使用数据。如果不这么做，就必须等待计算着色器完成运行之后再开始执行图形着色器。如果可以在计算着色器的数据生产阶段和图形着色器的数据使用阶段中间插入一些不相关的工作，那么我们就可以有效地实现工作的叠加，以提高整体的性能。

Appendix A 附录 A

第三方支持库

该附录将使用 GLFW 库这个简便易用、跨平台的应用程序框架作为一个简单的示例。更进一步，我们可以把 GLFW 与自己开发的一些框架相结合，以降低示例程序中各种定式代码的数量。此外，还可以把另一个广泛应用的 OpenGL 接口库 GL3W 加入进来，以便提供所有 OpenGL 函数的访问支持，并且不用把平台相关的工作直接暴露给用户。本附录将会对这两个库分别做一个简单的介绍。

本附录将会包含以下一些主要内容：

❑ GLFW 基础：OpenGL 工具框架
❑ 初始化并创建窗口
❑ 处理用户输入
❑ 控制窗口属性
❑ 清理和关闭程序
❑ GL3W：OpenGL 接口库

A.1 GLFW 基础：OpenGL 工具框架

GLFW 本身的维护良好，代码精炼，并且摒弃了老旧的代码。它所包含的内容比本文中所述要多得多。本附录仅仅介绍了 GLFW 3.x 版本（书中内容所使用的版本）中的功能的一个子集。很显然这里无法替代 GLFW 优秀的在线文档。

GLFW 可以使得 OpenGL 程序的创建过程变得简单，因为它的基础形式只需要四个步骤就可以完成应用程序的创建。

1. 初始化 GLFW 库。

2. 创建一个 GLFW 窗口以及 OpenGL 环境。

3. 渲染你的场景。

4. 将输出结果呈现给用户。

在本附录中，我们会解释这几个步骤的内容，并且扩展到 GLFW 库的其他一些实用选项。如果你想了解 GLFW 的完整细节，可以访问它的官方网站（http://www.glfw.org）。

A.2　初始化并创建窗口

在使用 GLFW 之前，有必要设置一个错误处理机制，这样如果出现了任何问题，GLFW 都可以及时告知我们。GLFW 向用户程序报告错误的方法是采用回调函数。而回调函数的设置是通过 glfwSetErrorCallback() 来完成的，这个函数的原型为：

GLFWerrorfun* glfwSetErrorCallback(GLFWerrorfun cbfun);

glfwSetErrorCallback() 设置了应用程序的全局错误回调函数，对应的参数为 cbfun。它是一个函数的指针，发生错误的时候，GLFW 会调用这个函数。错误回调的设置可以在任何时候进行，即使是 GLFW 库本身还没有初始化。

错误回调函数的声明如下所示：

void ExampleGLFWerrorfun(int error, const char* description);

调用错误回调函数的时候，error 将被设置为 GLFW 的某个错误编码值，而 description 中会包含一个字符串，用于描述错误的原因。

而为了让 GLFW 真的可以工作起来，我们首先需要调用 glfwInit() 来初始化这个库。glfwInit() 的原型为：

int glfwInit(void);

glfwInit() 必须在其他任何 GLFW 函数之前被调用，因为它负责初始化整个 GLFW 库。如果成功的话，glfwInit() 将返回 GL_TRUE；否则返回 GL_FALSE。

在可以使用 GLFW 进行一些绘制之前，我们还需要创建一个窗口以及它所关联的环境。GLFW 中窗口和环境的创建是一起完成的。这一过程需要通过一个独立的函数 glfwCreateWindow() 来实现：

GLFWwindow* **glfwCreateWindow**(int width, int height, const char * title, GLFWmonitor * monitor, GLFWwindow * share);

---

glfwCreateWindow() 负责创建一个新的窗口。如果 monitor 非 NULL 的话，窗口会被全屏创建到指定的监视器上，分辨率通过 width 和 height 来指定；否则，窗口会被创建到桌面上，并且尺寸由 width 和 height 指定。对于大多数平台来说，窗口的宽度和高度设置单位都是像素，不过这并不适用于一切情形。

title 是一个 UTF-8 字符串的指针，通过 NULL 结尾，可以用来创建窗口的初始标题。

如果 share 非 NULL 的话，新创建的窗口所关联的 OpenGL 环境将与 share 所给定的关联环境共享资源。

glfwCreateWindow() 会同时创建渲染窗口以及一个新的 OpenGL 环境，用来执行渲染指令。在可以使用这个环境之前，我们还需要将它设置为当前环境。这一步骤需要调用 **glfwMakeContextCurrent()** 来完成：

---

void **glfwMakeContextCurrent**(GLFWwindow* window);

---

glfwMakeContextCurrent() 会设置 window 中的窗口所关联的 OpenGL 环境为当前环境。这个环境在当前线程中会一直保持为当前环境，直到另一个环境被设置为当前，或者窗口（以及它关联的环境）被删除为止。

创建好窗口并且设置环境为当前之后，我们就可以执行渲染工作了。这也是 OpenGL 应用程序的核心价值所在。而这个过程通常被称作消息循环（message loop），因为大多数窗口系统是基于消息机制的，因此应用程序会通过一个精干的循环来不停检查消息的收发。GLFW 应用程序也是如此。其中的一项主要工作就是判断用户程序是否准备退出。而这个信息是通过 **glfwWindowShouldClose()** 来获取的。

---

int **glfwWindowShouldClose**(GLFWwindow* window);

如果用户准备关闭 window 所指定的窗口（例如点击关闭图标，或者激活平台相关的快捷方式，或者使用其他方法），那么 **glfwWindowShouldClose()** 会返回 GL_TRUE。如果用户程序需要继续执行，那么它会返回 GL_FALSE。

一个标准的 GLFW 程序会执行一个 while 循环，每一次都会检查 **glfwWindowShouldClose()** 是否返回 GL_TRUE，如果是则退出。在循环过程中，应用程序会渲染每一帧的画面并且呈现给用户。这一过程通过调用 **glfwSwapBuffers()** 完成：

---

void glfwSwapBuffers(GLFWWindow* window);

---

　　glfwSwapBuffers() 会请求窗口系统将 window 关联的后缓存（back buffer）画面呈现给用户，通常这一步是通过窗口前后缓存的交换完成的，也可能是在一个"预备显示"的帧缓存队列中进行截取。窗口系统可能需要等待一次垂直刷新事件完成，再显示帧的内容。

　　最后，GLFW 在循环中需要检查它自己的消息队列，并且与操作系统和文件系统的数据进行同步。这一过程是通过调用 glfwPollEvents() 来完成的，它的原型为：

---

void glfwPollEvents(void);

---

　　glfwPollEvents() 告诉 GLFW 检查所有等待处理的事件和消息，包括操作系统和窗口系统中应当处理的消息。如果有消息正在等待，它会先处理这些消息再返回；否则该函数会立即返回。

　　应用程序可能需要进行一些有连续性的渲染，例如，显示一个动画效果，此时需要调用 glfwPollEvents()。无论当前是否有事件需要处理，这个函数会立即返回。如果程序需要对用户交互事件，例如点击用户界面元素或者缩放窗口，做出响应并更新显示画面，我们可能需要调用另一个函数 glfwWaitEvents()。

---

void glfwWaitEvents(void);

---

　　glfwWaitEvents() 会等待一个或者多个事件传递到应用程序，并且处理它们再返回。对应的调用线程在事件到达之前会保持睡眠状态。

A.3　处理用户输入

　　OpenGL 程序中可能感兴趣的用户输入主要有两种类型：键盘和鼠标。对于键盘事件，GLFW 提供了两种输入机制。第一种是采用回调函数的方式，可以针对程序中每个不同的窗口设置独立的回调函数。为窗口设置键盘回调的方法是调用如下函数：

GLFWkeyfun glfwSetKeyCallback(GLFWwindow * window, GLFWkeyfun cbfun);

---

　　glfwSetKeyCallback() 会设置一个新的键盘消息回调函数给指定的窗口 window。这个回调函数的地址设置在 cbfun 中。如果按下或者放开键盘按键，系统会调用这个函数。

它的返回值是前一个回调函数的返回值，它可以用于记录之前的信息或者约束回调函数的行为。

用户提供给 GLFW 的回调函数用来处理用户键盘按键的操作。事实上，当用户按下或者松开按键时，它都会被触发，包括一些特殊的键位（例如 Shift、Caps Lock、Esc 等）。这个回调函数的原型如下所示：

void ExampleGLFWkeyfun(GLFWwindow* window, int key, int scancode, int action, int mods);

调用回调函数的时候，传入参数 window 就是接收到键盘消息的窗口句柄；key 是按下或者松开的键盘按键；scancode 是一个系统平台相关的键位扫描码信息；action 可以是 GLFW_PRESS、GLFW_RELEASE、GLFW_REPEAT 中的一个，它对应于当前操作是按下键，松开键还是连续输入模式（hold down）；而 mods 对应着辅助键的设置，例如 Shift 和 Ctrl 是否同时被按下。

第二种处理键盘输入的方法就是轮询（polling），也就是直接查询系统中是否已经按下了任意键，或者更具体一点，是否按下了某个特定的键。这一操作的方法是：

int glfwGetKey(GLFWwindow * window, int key);

glfwGetKey() 会返回指定窗口 window 中指定按键 key 的状态。

glfwGetKey() 函数允许用户直接获取某个按键的瞬时状态。它的效果相当于用户直接询问："这个键现在被按下了吗？"

如果要获取鼠标输入的话，用户也可以采取类似于键盘输入处理的两种机制来完成。第一种方法是通过回调，它的设置方法为：

GLFWcursorposfun glfwSetCursorPosCallback(GLFWwindow * window, GLFWcursorposfun cbfun);

glfwSetCursorPosCallback() 设置一个新的鼠标光标位置回调，它对应于指定窗口 window。回调函数的地址通过 cbfun 中的参数值设置。每当光标位置发生变化的时候，这个函数都会被触发。本函数的返回值是前一个被设置的回调函数的值，可以用来恢复之前的回调函数，或者构建一个回调函数的链条。

用户调用了 glfwSetCursorPosCallback() 之后，设置的回调函数将会在鼠标光标发生移动的时候触发。用户回调函数的原型如下所示：

void GLFWcursorposfun(GLFWwindow * window, double x, double y);

这个函数是在鼠标光标移动的时候调用的。x 和 y 参数中包含了鼠标光标相对于窗口左上角的新位置。

除了接收有关鼠标运动的信息之外，我们还可以获取鼠标按键和滚轮的输入消息。这里与键盘和鼠标位置信息的接口函数类似。如果要获取鼠标按键的瞬时状态，可以调用：

int glfwGetMouseButton(GLFWwindow * window, int button);

glfwGetMouseButton() 会返回鼠标按键的瞬时状态，鼠标键通过 button 指定，窗口通过 window 指定。

调用 glfwGetMouseButton() 的时候，参数 button 可以设置为任何一个数字，不过 GLFW 只定义了前 8 个按钮，并且通过 GLFW_MOUSE_BUTTON_1 到 GLFW_MOUSE_BUTTON_8 来定义。为了简便起见，GLFW 还定义了按键 1、2、3 为鼠标的左键、右键和中键，并且通过 GLFW_MOUSE_BUTTON_LEFT、GLFW_MOUSE_BUTTON_RIGHT 和 GLFW_MOUSE_BUTTON_MIDDLE 来定义这三个值，它们也可以直接用在用户代码中。

如果希望通过回调函数的方式来接收鼠标按键的状态，那么可以调用：

GLFWwindowsizefun glfwSetWindowSizeCallback(GLFWwindow * window, GLFWwindowsizefun cbfun);

为窗口 window 设置鼠标按键的回调函数，函数地址通过 cbfun 传递。这个函数的返回值是前一个鼠标按键回调函数的地址，它可以用来恢复之前的回调函数（当新的回调函数用完需要删除的时候）。当用户按下或者松开鼠标按键的时候，这里的回调函数将被触发。

鼠标回调函数的原型为：

void GLFWmousebuttonfun(GLFWwindow * window, int button, int action, int mods);

与鼠标按键和位置的信息不同，鼠标滚轮并不存在一个瞬时的位置可以查询，它的状态只能够通过用户指定的回调函数来获得。如果要获取鼠标滚轮的瞬时位置，用户程序需要设置回调函数，并且自己追踪鼠标滚轮的运动。回调函数的设置方法如下：

GLFWscrollfun glfwSetScrollCallback(GLFWwindow * window, GLFWscrollfun cbfun);

　　设置鼠标滚轮的回调函数值，窗口通过 window 指定，而回调函数的地址通过 cbfun 指定。这个函数的返回值是前一个鼠标滚轮回调函数的地址，它可以用来恢复之前的回调函数（当新的回调函数用完需要删除的时候）。

用户滚动鼠标滚轮时，GLFW 将调用鼠标滚轮的回调函数。它的原型如下所示：

---

void GLFWscrollfun(GLFWwindow * window, double xoffset, double yoffset);

　　正如你所注意到的，鼠标滚轮的回调函数有两个参数 xoffset 和 yoffset。它们对应于滚轮在 x 和 y 两个方向的运动，因此可以支持用户应用程序在二维空间内的滚轮操作判断。

A.4　控制窗口属性

　　GLFW 中有两种对窗口属性进行控制的场合。首先，我们可以在窗口创建之前定义它的参数。这些参数在窗口的存活期间一直有效，并且无法修改，除非关闭和重新创建窗口。其次，在窗口创建之后我们依然可以对它进行某些操作。

　　第一类参数的设置被称作提示（hint）。它们是 GLFW 内部定义的状态，可以用来控制窗口的颜色格式（color format），或者 GLFW 创建渲染环境所需的 OpenGL 版本等参数。它们都是通过 glfwWindowHint() 这个函数设置的，它的原型如下所示：

---

void glfwWindowHint(int hint, int value);

---

　　glfwWindowHint() 设置了窗口的提示参数 hint，以及参数的内容 value。有关所有参数的详细介绍已经超出了本书的内容，因此读者应当参考本书所提供的 GLFW 文档地址来获取相关信息。

　　如果设置了窗口的提示参数，那么它会影响到之后创建的所有窗口。我们有必要将所有的提示参数恢复到默认状态：

---

void glfwDefaultWindowHints(void);

　　恢复所有的提示参数到默认值。

如果在每次设置自己的窗口提示参数之前都可以调用一次这个函数，其实是非常不错的，因为如果程序在其他某个地方也进行过类似的窗口创建操作，那么提示参数的设置值有可能会发生混乱。

除了设置窗口创建的控制参数（对于给定的窗口来说是不变的）之外，我们也可以在程序中控制窗口的某些属性。两个显而易见的窗口属性就是尺寸和位置。

如果要改变窗口的大小，可以调用：

```
void glfwSetWindowSize(GLFWwindow * window, int width, int height);
```

glfwSetWindowSize() 用于设置 window 指定的窗口的区域尺寸大小，尺寸值通过 width 和 height 设置。

类似地，我们可以设置窗口的位置，如下：

```
void glfwSetWindowPos(GLFWwindow * window, int xpos, int ypos);
```

glfwSetWindowPos() 用于设置 window 指定的窗口的位置，参数为 xpos 和 ypos。

窗口的当前位置可以在任何时候通过下面的函数查询：

```
void glfwGetWindowPos(GLFWwindow * window, int * xpos, int * ypos);
```

glfwGetWindowPos() 获取 window 指定的窗口的当前位置，并且将窗口的原点位置保存到 xpos 和 ypos 对应的地址中。

类似地，我们可以查询窗口的当前尺寸，如下：

```
void glfwGetWindowSize(GLFWwindow * window, int * width, int * height);
```

glfwGetWindowSize() 获取 window 指定的窗口的当前尺寸，并且将窗口的宽度和高度值保存到 width 和 height 对应的地址中。

在用户程序中实现窗口位置和尺寸的获取，同样可以通过 GLFW 的异步回调机制来完成。设置窗口位置和尺寸回调函数的方法分别为：

```
GLFWwindowposfun glfwSetWindowPosCallback(GLFWwindow * window,
```

GLFWwindowposfun cbfun);

设置回调函数，它会在 window 指定的窗口位置发生变化的时候被调用。返回值是前一个回调函数的地址，因此我们可以通过在 cbfun 中设置一个新的回调，当它不再需要的时候可以恢复到之前的函数地址。

以及

GLFWwindowsizefun **glfwSetWindowSizeCallback**(GLFWwindow * window, GLFWwindowsizefun cbfun);

设置回调函数，它会在 window 指定的窗口大小发生变化的时候被调用。返回值是前一个回调函数的地址，因此我们可以通过在 cbfun 中设置一个新的回调，当它不再需要的时候可以恢复到之前的函数地址。

glfwGetWindowPos() 返回的窗口大小采用像素为单位（回调函数中同样是采用像素尺寸），不过它通常并不是窗口所关联的帧缓存的真实大小，尤其是窗口系统进行缩放或者处理用户程序输出的时候。如果需要得到帧缓存的真实尺寸，可以使用：

void **glfwGetFramebufferSize**(GLFWwindow * window, int * width, int * height);

glfwGetFramebufferSize() 可以得到当前与窗口 window 关联的帧缓存的尺寸，并且将它的宽度和高度值传递到 width 和 height 参数对应的变量地址中。

与窗口的位置类似，窗口帧缓存的大小同样可以通过设置帧缓存大小的回调函数来异步获取，即：

GLFWframebuffersizefun **glfwSetFramebufferSizeCallback**(GLFWwindow * window, GLFWframebuffersizefun cbfun);

设置回调函数，它会在 window 所指定的窗口所关联的帧缓存大小发生变化时被调用。返回值是前一个回调函数的地址，因此我们可以通过在 cbfun 中设置一个新的回调，当它不再需要的时候可以恢复到之前的函数地址。

你可能已经注意到，这里介绍的所有回调函数都需要一个 window 参数。它表示 GLFW 自己的窗口对象。在大多数简单的应用程序中，用户只需要用到一个窗口即可，但是通常来说，还是有必要避免使用全局变量来管理数据，除非我们能够绝对确信这里只会使用一个数据拷贝。因此，GLFW 提供了一种方法来关联窗口与用户自己的数据。要设置窗口的用户数据，需要调用：

---
void glfwSetWindowUserPointer(GLFWwindow * window, void * pointer);

---

　　glfwSetWindowUserPointer() 设置了与窗口 window 关联的用户数据指针，它的值通过 pointer 传入。pointer 中传递的数据是用户程序自己定义的，在这里仅仅进行存储，而 GLFW 不直接对数据做任何的处理和使用。

　　如果用户在回调函数中需要获取之前设置的数据指针，可以使用 glfwGetWindow-UserPointer()。这个函数的原型为：

---
void* glfwGetWindowUserPointer(GLFWwindow * window);

---

　　glfwGetWindowUserPointer() 返回的是针对指定窗口 window，我们之前通过 glfwSetWindowUserPointer() 设置了用户数据指针。

　　本书的应用程序框架中实现了一个专门的类来包含 GLFW 的窗口以及其他程序状态数据。它会负责设置回调函数并将用户数据指针设置为 this（类的实例本身）。在回调函数中（它们必须是静态的成员函数），我们可以调用 glfwGetWindowUserPointer() 重新得到 this 对应的类实例，然后调用它的非静态成员函数，当然我们也可以在程序中自己重载这些函数方法。

A.5　清理和关闭程序

　　如果一个用户程序准备退出，那么它需要反转之前执行的每一个步骤。首先，GLFW 程序必须销毁所有创建的窗口。这一过程是通过 glfwDestroyWindow() 函数完成的。

---
void glfwDestroyWindow(GLFWwindow* window);

---

　　glfwDestroyWindow() 会销毁 window 所指定的窗口。它同时还会销毁窗口关联的 OpenGL 环境。窗口将会关闭，同时它关联的资源会被释放。

　　最后，在退出程序之前，我们还需要对 GLFW 本身进行卸载操作。这一步骤是通过调用 glfwTerminate() 完成的，它的原型为：

---
void glfwTerminate(void);

glfwTerminate() 负责关闭 GLFW 库本身，释放所有分配的资源。我们必须确保之前已经成功调用过 glfwInit()，才能够调用这个函数。

就是这样！关闭 GLFW 之后，程序就不可以再调用任何 GLFW 的函数了（当然，glfwInit() 除外，如果我们想要重新开始的话）。

A.6　GL3W：OpenGL 接口库

在大多数支持 OpenGL 的系统平台上，OpenGL 库都会作为标准软件开发包的一部分安装到系统中。而对于那些并未提供这类库的系统来说（或者当我们希望提升代码的可移植性的时候），我们建议使用 GL3W 库（https://github.com/skaslev/gl3w）。GL3W 实际上是一个脚本程序，可以自动从 Khronos 的核心头文件生成绑定代码，并且自动进行更新。除此之外，为了确保用户程序能够访问 OpenGL 的核心模式 API，GL3W 还提供了三个简单的函数，其中只有一个函数是用户程序中必须调用的。

如果决定使用 GL3W，那么在调用任何 OpenGL 函数之前，必须调用一次 gl3wInit()，它的函数原型为：

---
int gl3wInit(void);

gl3wInit() 负责初始化 GL3W 库。它会调用系统平台的 OpenGL 库并查询 OpenGL 核心模式下的所有函数。在创建 OpenGL 的环境之前，这个方法必须被调用一次。

另外两个 GL3W 的函数可以帮助用户查询当前用户系统中 OpenGL 具体实现的属性。首先，gl3wIsSupported() 可以帮助用户判断当前系统的 OpenGL 版本是否满足用户提出的最低需求。gl3wIsSupported() 函数的原型为：

---
int gl3wIsSupported(int major, int minor);

如果当前环境的 OpenGL 版本可以达到 major 和 minor 所设置的最低要求，那么 gl3wIsSupported() 返回 1，否则返回 0。

注意，你还可以自己查询当前环境中 OpenGL 的精确版本，方法是调用 **glGet*()**，并且设置参数为 GL_VERSION_MAJOR 和 GL_VERSION_MINOR。

最后，GL3W 还提供了一个平台无关的抽象机制来获取 OpenGL 函数的地址指针。对于核心函数来说，gl3wInit() 已经完成了这一步工作，因此我们没必要再调用它。但是如果你希望用到一些扩展功能的话，就可以使用 gl3wGetProcAddress() 函数来获取这些新增的函数地址。它的原型为：

GL3WglProc gl3wGetProcAddress(const char* proc);

gl3wGetProcAddress() 返回的是 proc 中的名称所对应的函数指针。如果当前的 OpenGL 实现中并没有包含这个函数，那么返回值为 NULL。

GL3W 库并不会分配任何资源，因此不需要单独的卸载过程。

Appendix B 附录 B

OpenGL ES 与 WebGL

虽然 OpenGL 能够满足大多计算机图形应用，在某些情况下，它可能不是最好的解决办法，这就是为什么 OpenGL 的 API 已经催生了另外两个 API。第一是 OpenGL ES，这里的 "ES" 意指 "嵌入式子系统"，它是桌面版本 OpenGL 的裁剪版，在系统资源相对缺乏的嵌入式设备中使用，例如移动电话、平板电脑、电视和其他彩色屏幕的设备。另一个 API 就是 WebGL，这使得 OpenGL 风格的函数能够在大多数的 Web 浏览器下通过 javascript 调用。

本附录提供的 OpenGL ES 和 WebGL 的介绍，突出了与本书其他部分描述的 OpenGL 不同，以及这些衍生版本之间的差异。本附录主要包含以下内容：

- ❑ OpenGL ES
- ❑ WebGL

B.1　OpenGL ES

OpenGL ES 是以满足早期的嵌入式设备的需要如移动电话和机顶盒。OpenGL ES 的最初版本 1.0 版源自 OpenGL 的 1.3 版本，并很快扩展到 OpenGL ES 的 1.1 版本，它是基于 OpenGL 的 1.5 版本，并发布于 2007 年 4 月。这个版本在带有固定功能图形硬件的手机上得到了很大的普及。

随着移动图形硬件变得更强大，主要由于可编程着色器，这促使需要一个新的 OpenGL ES 版本，OpenGL ES 2.0 版——基于 OpenGL 2.0 版——最初是在 2008 年 1 月制定的。为了配合其简约的原则，支持仅用于处理图形的单个方法，该 API 使用两个顶点和片段着色器（这也打破了 OpenGL ES 的 1.1 版本的源代码兼容性）切换到一个完全基于着色器的渲染管线。 OpenGL ES 的 2.0 版本已经成为非常有影响力版本，它满足许多不同类型的设备的硬件要求。随着 OpenGL 4.1 版的发布，将 OpenGL ES 2.0 版的所有功能加入 OpenGL 中，使的 OpenGL ES 成为 OpenGL 的一个子集。

SIGGRAPH2012 上发布了 OpenGL ES3.0 版，它扩大了 OpenGL ES 渲染能力（但是，没有加入额外的可编程着色器例如几何着色器和 tessellation）。这个版本也保留向后兼容的 OpenGL ES 2.0 版本，其大多数的新功能侧重于增加着色器可编程性（比如利用采样对象）、实例化绘制和变换的反馈，并扩展像素和帧缓冲格式。

OpenGL ES 是 OpenGL 在特性和功能方面的一个子集，所以你在这里阅读的所有技术术语都是通用的。事实上，OpenGL ES 的程序和 OpenGL 程序最明显的一个不同就是创建渲染的窗口。在大多数系统中（但明显不是苹果的 iOS），OpenGL ES 被命名为 EGL，一个结合层连接到系统的窗口系统。

现在提供创建一个 OpenGL ES 2.0 版的上下文的简单例子（因为在写这篇文章的时候，还没有支持 OpenGL ES 3.0 版本的设备）。例 B.1 演示如何在一个窗口里创建带深度缓冲的渲染上下文。

例 B.1 一个创建 OpenGL ES 2.0 渲染上下文的例子

```
EGLBoolean initializeWindow(EGLNativeWindow nativeWindow)
{
    const EGLint  configAttribs[] = {
        EGL_RENDER_TYPE, EGL_WINDOW_BIT,
        EGL_RED_SIZE, 8,
        EGL_GREEN_SIZE, 8,
        EGL_BLUE_SIZE, 8,
        EGL_DEPTH_SIZE, 24,
        EGL_NONE
    };

    const EGLint  contextAttribs[] = {
        EGL_CONTEXT_CLIENT_VERSION, 2,
        EGL_NONE
    };

    EGLDisplay dpy;

    dpy = eglGetNativeDispay(EGL_DEFAULT_DISPLAY);

    if (dpy == EGL_NO_DISPLAY) { return EGL_FALSE; }

    EGLint major, minor;
    if (!eglInitialize(dpy, &major, &minor)) { return EGL_FALSE;

    EGLConfig  config;
    EGLint numConfigs;
    if (!eglChooseConfig(dpy, configAttribs, &config, 1, &numConfigs)) {
        return EGL_FALSE;
    }

    EGLSurface window;
    window = eglCreateWindowSurface(dpy, config, nativeWindow, NULL);
```

```
    if (window == EGL_NO_SURFACE) { return EGL_FALSE; }

    EGLContext context;
    context = eglCreateContext(dpy, config, EGL_NO_CONTEXT,
        contextAttribs);

    if (context == EGL_NO_CONTEXT) { return EGL_FALSE; }
    if (!eglMakeCurrent(dpy, window, window, context)) {
        return EGL_FALSE;
    }

    return EGL_TRUE;
}
```

B.2 WebGL

WebGL 通过提高性能，以及 HTML5 的 Canvas 元素中的 3D 渲染功能将 OpenGL（更确切地说，OpenGL ES 的 2.0 版本）带入互联网浏览器之中。OpenGL ES2.0 版的所有功能都可以找到它们的确切形式，除了因为使用 JavaScript 接口带来的必要小变化。

本节提供一个简单的示例简要介绍了 WebGL，它可以在所有的现代 Web 浏览器上工作（除了微软的 IE 浏览器，这需要一个插件支持）。示例只关注渲染，没有讨论事件处理和用户交互。

B.2.1 在一个 HTML5 页面中设置 WebGL

为了给 WebGL 提供一个"窗口"用于渲染，首先在你的网页创建一个 HTML5 Canvas 元素。例 B.2 演示如何创建一个 512×512 大小的蓝色背景画布。在浏览器不支持 WebGL 的情况下，使用一个简单的页面，说明该浏览器不支持画布元素显示。在这个例子中，通过设置它的 id 属性来命名画布 gl-canvas。我们将在后面用它的 id 来初始化 WebGL。

例 B.2　创建一个 HTML5 画布元素

```
<html>
<style type="text/css">
  canvas { background: blue; }
</style>
<body>
<canvas id="gl-canvas" width="512" height="512">
  Oops ... your browser doesn't support HTML5's Canvas elements!
</canvas>
</body>
</html>
```

注
意　例 B.2 使用了一个级联样式表来指定元素的背景颜色。

假设这个能够在浏览器上正确工作，现在我们可以继续下一步：创建一个 WebGL 的上下文。有多种方法可以做到这一点，但是这里将使用 Khronos 组织提供的一个公共方法，

https://www.khronos.org /registry/webgl/sdk/demos/common/webgl-utils.js。你可能会发现它
非常方便地就把这个 JavaScript 文件包含在 WebGL 应用程序里⊖。它包括 WebGLUtils 及
其方法 setupWebGL()，其中它可以很容易地在一个 HTML5 画布启用 WebGL。例 B.3 所
示扩展了前面的例子用来建立一个 WebGL 上下文，在所有支持 Web 浏览器上都可以很好
地工作。从 setupWebGL() 返回的值是一个 JavaScript 对象，它包含 WebGL 支持的所有
OpenGL 函数方法。

例 B.3　创建一个支持 WebGL 的 HTML5 画布元素

```
<html>
<style type="text/css">
  canvas { background: blue; }
</style>

<script type="text/javascript"
src="https://www.khronos.org/registry/webgl/sdk/demos/common/webgl-utils.js">
</script>

<script type="text/javascript">
var canvas;
var gl;

window.onload = init;

function init() {
    canvas = document.getElementById("gl-canvas");

    gl = WebGLUtils.setupWebGL(canvas);
    if (!gl) { alert("WebGL isn't available"); }

    gl.viewport(0, 0, canvas.width, canvas.height);
    gl.clearColor(1.0, 0.0, 0.0, 1.0);
    gl.clear(gl.COLOR_BUFFER_BIT);
}
</script>

<body>
<canvas id="gl-canvas" width="512" height="512">
  Oops ... your browser doesn't support HTML5's Canvas elements!
</canvas>
</body>
</html>
```

例 B.3 所示指定在加载页面（通过这行 window.onload=init）执行一个 init() 函数。init()
函数获取 gl-canvas 的 ID，并把它传递给 setupWebGL()，它将返回一个 WebGL 对象，可
以用来判断初始化是否成功；返回 false，则提示错误信息。假设 WebGL 是可用的，我们将
设置 WebGL 的一些状态，并清除窗口——一旦 WebGL 接管画布，所有内容由 WebGL 控
制并且画面就变成红色了。

现在知道 WeGL 已经得到支持了，接下来将要扩展示例程序、初始化指定的着色器、

⊖　这个文件也可以放在 WebGL 的应用程序页面所在的 Web 服务器里。

设置顶点缓冲，以及最后渲染。

B.2.2 初始化 WebGL 里的着色器

WebGL 基于 OpenGL ES 2.0 版，因此 WebGL 是一个基于着色器的 API，和 OpenGL 一样，要求每个应用程序使用顶点和片段着色器来实现渲染。所以，你会遇到加载着色器的需求，正如在 OpenGL 里看到的一样。

在 WebGL 的应用程序里要包含顶点和片段着色器，最简单的办法，就是包含一个有着色器代码的 HTML 页面⊖，这个页面需要被正确的标注出来。与 WebGL 的着色器相关联的两个的 mime 类型，如表 B-1 所示。

表 B-1　WebGL 着色器的类型字符串

<script> 标记类型	着色器类型
x-shader/x-vertex	顶点着色器
x-shader/x-fragment	片元着色器

对于 WebGL 的应用程序，例 B.4 表明主要 HTML 页面，包括着色器源文件。你还会注意到，有两个 JavaScript 文件，列举如下：

❑ demo.js：包括应用程序的 JavaScript 实现（包括 init() 函数的最终版本程序）。

❑ InitShaders.js：这是一个辅助函数用来加载着色器的，类似于 LoadShaders() 程序。

例 B.4　WebGL 程序主页面

```html
<html>
<style type="text/css">
    canvas { background: blue; }
</style>
<script id="vertex-shader" type="x-shader/x-vertex">
attribute vec4  vPos;
attribute vec2  vTexCoord;
uniform float uFrame;  // 帧数
varying vec2  texCoord;

void
main()
{
    float angle = radians(uFrame);
    float c = cos(angle);
    float s = sin(angle);

    mat4  m = mat4(1.0);

    m[0][0] = c;
    m[0][1] = s;
    m[1][1] = c;
    m[1][0] = -s;
```

⊖ 着色器文件可以存储在除原 HTML 页面之外其他分开的文件中，但其作用机理非常繁琐。对于当前的 Web 技术来说。这里选择简单的方法。

```
    texCoord = vTexCoord;
    gl_Position = m * vPos;
}
</script>

<script id="fragment-shader" type="x-shader/x-fragment">
#ifdef GL_ES
precision highp float;
#endif

uniform sampler2D uTexture;
varying vec2      texCoord;

void
main()
{
    gl_FragColor = texture2D(uTexture, texCoord);
}
</script>

<script type="text/javascript"
<src="http://www.khronos.org/registry/webgl/sdk/demos/common/webgl-utils.js">
</script>
<script type="text/javascript" src="InitShaders.js"></script>
<script type="text/javascript" src="demo.js"></script>

<body>
<canvas id="gl-canvas" width="512" height="512"
Oops ... your browser doesn't support the HTML5 canvas element
</canvas>
</body>
</html>
```

为了简化编译和链接 WebGL 的着色器代码，我们创建了一个在本书中使用过的类似 LoadShaders() 程序。这里把它叫做 InitShaders()，是因为没有加载文件；着色器定义在 HTML 源代码页面中。为了组织好代码，我们创建了一个名为 InitShaders.js 的 JavaScript 文件来存储代码。

例 B.5　WebGL 着色器载入器：InitShaders.js

```
//
//  InitShaders.js
//

function InitShaders(gl, vertexShaderId, fragmentShaderId)
{
    var vertShdr;
    var fragShdr;

    var vertElem = document.getElementById(vertexShaderId);
    if (!vertElem) {
        alert("Unable to load vertex shader " + vertexShaderId);
        return -1;
    }
    else {
        vertShdr = gl.createShader(gl.VERTEX_SHADER);
```

```
    gl.shaderSource(vertShdr, vertElem.text);
    gl.compileShader(vertShdr);
    if (!gl.getShaderParameter(vertShdr, gl.COMPILE_STATUS)) {
        var msg = "Vertex shader failed to compile."
            + "The error log is:"
     + "<pre>" + gl.getShaderInfoLog(vertShdr) + "</pre>";
        alert(msg);
        return -1;
    }
}

var fragElem = document.getElementById(fragmentShaderId);
if (!fragElem) {
    alert("Unable to load vertex shader " + fragmentShaderId);
    return -1;
}
else {
    fragShdr = gl.createShader(gl.FRAGMENT_SHADER);
    gl.shaderSource(fragShdr, fragElem.text);
    gl.compileShader(fragShdr);
    if (!gl.getShaderParameter(fragShdr, gl.COMPILE_STATUS)) {
        var msg = "Fragment shader failed to compile. "
            + "The error log is:"
     + "<pre>" + gl.getShaderInfoLog(fragShdr) + "</pre>";

        alert(msg);
        return -1;
    }
}

var program = gl.createProgram();
gl.attachShader(program, vertShdr);
gl.attachShader(program, fragShdr);
gl.linkProgram(program);

if (!gl.getProgramParameter(program, gl.LINK_STATUS)) {
    var msg = "Shader program failed to link."
        + "The error log is:"
        + "<pre>" + gl.getProgramInfoLog(program) + "</pre>";
    alert(msg);
    return -1;
}

return program;
}
```

虽然 InitShaders() 是 JavaScript 代码，但是大多数程序看起来应该能够辨认。这里主要区别在于，LoadShaders() 根据文件名来获取顶点和片元着色器，而 InitShaders() 采用 HTML 元素的 ID（在例子里就是顶点着色器和片元着色器）。该示例返回的是传递到 glUseProgram() 的程序名称。

例 B.6　用 InitShaders() 载入 WebGL 着色器

```
var program = InitShaders(gl, "vertex-shader", "fragment-shader");
gl.useProgram(program);
```

有了编译和连接到着色器的方法，我们就可以继续初始化图形数据、加载纹理，并完成 WebGL 应用程序的其余部分的设置。

B.2.3　WebGL 初始化顶点数据

WebGL 带给 JavaScript 的一个显著特性就是类型化数组（typed array），它扩展为 JavaScript 数组的概念，并满足 OpenGL 数据类型风格。几种类型化数组的类型如表 B-2 所示。

表 B-2　WebGL 类型的数组

数组类型	C 类型
Int8Array	signed char
Uint8Array	unsigned char
Uint8ClampedArray	unsigned char
Int16Array	signed short
Uint16Array	unsigned short
Int32Array	signed int
Uint32Array	unsigned int
Float32Array	float
Float64Array	double

第一次需要分配和填充（这两者可以在一个单一的操作里面做）一个类型化数组来存储顶点数据。在此之后，设置 VBO 即可，这和在 OpenGL 里所做的是一样的。我们将展示初始化示例，参见例 B.7 所示。

例 B.7　初始化 WebGL 里的顶点缓冲

```
var vertices = {};
vertices.data = new Float32Array(
[
  -0.5, -0.5,
   0.5, -0.5,
   0.5,  0.5,
  -0.5,  0.5
]);

vertices.bufferId = gl.createBuffer();
gl.bindBuffer(gl.ARRAY_BUFFER, vertices.bufferId);
gl.bufferData(gl.ARRAY_BUFFER, vertices.data, gl.STATIC_DRAW);
var vPos = gl.getAttribLocation(program, "vPos");
gl.vertexAttribPointer(vPos, 2, gl.FLOAT, false, 0, 0);
gl.enableVertexAttribArray(vPos);
```

B.2.4　在 WebGL 中使用纹理贴图

在 WebGL 中使用纹理和 OpenGL 一样，但处理加载和设置就简单得多，因为有 HTML 的帮助。事实上，从文件加载纹理仅仅一行代码就可以完成。在 demo 里，可以使用一个名为 OpenGL-logo.png 的单一纹理。

```
var image = new Image();
image.src = "OpenGL-logo.png";
```

是的，这就是从图像将像素加载到一个变量的方式。然而，HTML 页面是异步加载的，所以要知道该图像文件何时接收并载入需要在回调中处理。幸运的是，JavaScript 在图像中有一个处理这种情况的现成的方法：onload()。可以按如下方式指定 onload() 函数：

```
image.onload = function () {
    configureTexture(image);
    render();
}
```

上面给出的 onload() 函数是在图像被完全加载并且可以被 WebGL 使用的时候才调用一次。我们可以将所有的纹理初始化操作代码都封装到一个本地函数 configureTexture 中。

```
function configureTexture(image) {
    texture = gl.createTexture();
    gl.activeTexture(gl.TEXTURE0);
    gl.bindTexture(gl.TEXTURE_2D, texture);
    gl.pixelStorei(gl.UNPACK_FLIP_Y_WEBGL, true);
    gl.texImage2D(gl.TEXTURE_2D, 0, gl.RGB, gl.RGB, gl.UNSIGNED_BYTE,
                  image);
    gl.generateMipmap(gl.TEXTURE_2D);
    gl.texParameteri(gl.TEXTURE_2D, gl.TEXTURE_MIN_FILTER,
                     gl.NEAREST_MIPMAP_LINEAR);
    gl.texParameteri(gl.TEXTURE_2D, gl.TEXTURE_MAG_FILTER, gl.NEAREST);
}
```

configureTexture 代码序列看起来应该和第 6 章中讨论的非常相似。唯一明显增加的是 WebGL 扩展的 glPixelStore*()，用于翻转图像数据。WebGL 的符记 UNPACK_FLIP_Y_WEBGL 旋转图像数据来匹配 WebGL 所需。

注意 由于 OpenGL ES 2.0 的版本原因，WebGL 只支持分辨率为 2 的幂的纹理。

这里基本涵盖了 demo.js 的重要组成部分，现在展示全部文件，以及由此产生的图像。

例 B.8　demo.js WebGL 程序

```
var canvas;
var gl;
var texture;
var uFrame;   // 顶点着色器的 uniform 变量

window.onload = init;

function CheckError(msg)  {
    var error = gl.getError();
    if (error != 0) {
        var errMsg = "OpenGL error: " + error.toString(16);

        if (msg) { errMsg = msg + "\n" + errMsg; }
```

```
            alert(errMsg);
        }
}
function configureTexture(image) {
    texture = gl.createTexture();
    gl.activeTexture(gl.TEXTURE0);
    gl.bindTexture(gl.TEXTURE_2D, texture);
    gl.pixelStorei(gl.UNPACK_FLIP_Y_WEBGL, true);
    gl.texImage2D(gl.TEXTURE_2D, 0, gl.RGB, gl.RGB, gl.UNSIGNED_BYTE,
                  image);
    gl.generateMipmap(gl.TEXTURE_2D);
    gl.texParameteri(gl.TEXTURE_2D, gl.TEXTURE_MIN_FILTER,
                     gl.NEAREST_MIPMAP_LINEAR);
    gl.texParameteri(gl.TEXTURE_2D, gl.TEXTURE_MAG_FILTER, gl.NEAREST);
}


function init() {
    canvas = document.getElementById("gl-canvas");

    gl = WebGLUtils.setupWebGL(canvas);
    if (!gl) { alert("WebGL isn't available"); }

    gl.viewport(0, 0, canvas.width, canvas.height);
    gl.clearColor(1.0, 0.0, 0.0, 1.0);

    //
    // 读取着色器并初始化属性数组
    //
    var program = InitShaders(gl, "vertex-shader", "fragment-shader");
    gl.useProgram(program);

    var vertices = {};
    vertices.data = new Float32Array(
        [
            -0.5, -0.5,
             0.5, -0.5,
             0.5,  0.5,
            -0.5,  0.5
        ]);

    vertices.bufferId = gl.createBuffer();
    gl.bindBuffer(gl.ARRAY_BUFFER, vertices.bufferId);
    gl.bufferData(gl.ARRAY_BUFFER, vertices.data, gl.STATIC_DRAW);
    var vPos = gl.getAttribLocation(program, "vPos");
    gl.vertexAttribPointer(vPos, 2, gl.FLOAT, false, 0, 0);
    gl.enableVertexAttribArray(vPos);

    var texCoords = {};
    texCoords.data = new Float32Array(
        [
            0.0, 0.0,
            1.0, 0.0,
            1.0, 1.0,
            0.0, 1.0
        ]);
```

```
        texCoords.bufferId = gl.createBuffer();
        gl.bindBuffer(gl.ARRAY_BUFFER, texCoords.bufferId);
        gl.bufferData(gl.ARRAY_BUFFER, texCoords.data, gl.STATIC_DRAW);
        var vTexCoord = gl.getAttribLocation(program, "vTexCoord");
        gl.vertexAttribPointer(vTexCoord, 2, gl.FLOAT, false, 0, 0);
        gl.enableVertexAttribArray(vTexCoord);

        //
        // 初始化纹理
        //
        var image = new Image();
        image.onload = function() {
            configureTexture(image);
            render();
        }
        image.src = "OpenGL-logo.png";

        gl.activeTexture(gl.TEXTURE0);
        var uTexture = gl.getUniformLocation(program, "uTexture");
        gl.uniform1i(uTexture, 0);

        uFrame = gl.getUniformLocation(program, "uFrame");

        // window.setInterval(render, 100);
}

var frameNumber = 0;

function render() {
        gl.uniform1f(uFrame, frameNumber++);

        gl.clear(gl.COLOR_BUFFER_BIT | gl.DEPTH_BUFFER_BIT);
        gl.drawArrays(gl.TRIANGLE_FAN, 0, 4);

        window.requestAnimFrame(render, canvas);
}
```

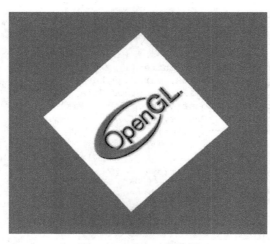

图 B-1　WebGL 的演示

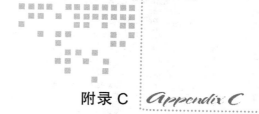
内置 GLSL 变量与函数

OpenGL 着色语言有少量内置变量、适量的常量及大量的内置函数。本附录主要包括如下内容：

- C.1 节展示变量，显示所有变量的声明，以及每个变量的声明。
- C.2 节展示所有内置常量。
- C.3 节描述所有 GLSL 内置函数，需要参照该节的第一部分来解读函数的类型。

C.1 内置变量

虽然每个编程阶段都包含不同的内置变量集合，但其中有些会重叠。首先在 C.1.1 节中声明所有内置变量，然后在 C.1.2 节中描述每个变量。

C.1.1 内置变量声明

顶点着色器内置变量

```
in   int    gl_VertexID;
in   int    gl_InstanceID;

out gl_PerVertex {
    vec4   gl_Position;
    float  gl_PointSize;
    float  gl_ClipDistance[];
    float  gl_CullDistance[];
};
```

细分控制着色器内置变量

```
in gl_PerVertex {
    vec4 gl_Position;
    float gl_PointSize;
    float gl_ClipDistance[];
    float gl_CullDistance[];
} gl_in[gl_MaxPatchVertices];

in int gl_PatchVerticesIn;
in int gl_PrimitiveID;
in int gl_InvocationID;

out gl_PerVertex {
    vec4 gl_Position;
    float gl_PointSize;
    float gl_ClipDistance[];
    float gl_CullDistance[];
} gl_out[];

patch out float gl_TessLevelOuter[4];
patch out float gl_TessLevelInner[2];
```

细分计算着色器内置变量

```
in gl_PerVertex {
    vec4 gl_Position;
    float gl_PointSize;
    float gl_ClipDistance[];
    float gl_CullDistance[];
} gl_in[gl_MaxPatchVertices];

in int gl_PatchVerticesIn;
in int gl_PrimitiveID;
in vec3 gl_TessCoord;

patch in float gl_TessLevelOuter[4];
patch in float gl_TessLevelInner[2];
out gl_PerVertex {
    vec4 gl_Position;
    float gl_PointSize;
    float gl_ClipDistance[];
    float gl_CullDistance[];
};
```

几何着色器内置变量

```
in gl_PerVertex {
    vec4  gl_Position;
    float gl_PointSize;
    float gl_ClipDistance[];
    float gl_CullDistance[];
} gl_in[];

in int gl_PrimitiveIDIn;
```

```glsl
in int gl_InvocationID;

out gl_PerVertex {
    vec4  gl_Position;
    float gl_PointSize;
    float gl_ClipDistance[];
    float gl_CullDistance[];
};

out int gl_PrimitiveID;
out int gl_Layer;
out int gl_ViewportIndex;
```

片元着色器内置变量

```glsl
in  vec4   gl_FragCoord;
in  bool   gl_FrontFacing;
in  float  gl_ClipDistance[];
in  float  gl_CullDistance[];
in  vec2   gl_PointCoord;
in  int    gl_PrimitiveID;
in  int    gl_SampleID;
in  vec2   gl_SamplePosition;
in  int    gl_SampleMaskIn[];
in  int    gl_Layer;
in  int    gl_ViewportIndex;
in  bool   gl_HelperInvocation;

out float  gl_FragDepth;
out int    gl_SampleMask[];
```

计算着色器内置变量

```glsl
// 工作组大小
in       uvec3 gl_NumWorkGroups;
const uvec3 gl_WorkGroupSize;

// 工作组和调用的 ID
in       uvec3 gl_WorkGroupID;
in       uvec3 gl_LocalInvocationID;

// 衍生变量
in       uvec3 gl_GlobalInvocationID;
in       uint  gl_LocalInvocationIndex;
```

通用着色器内置状态变量

```glsl
struct gl_DepthRangeParameters {
    float near;
    float far;
    float diff;
};
uniform gl_DepthRangeParameters gl_DepthRange;

uniform int gl_NumSamples;
```

C.1.2 内置变量描述

以上声明的变量将按字母升序做出描述。

gl_ClipDistance[]

提供了控制用户裁剪的机制。元素 gl_ClipDistance[i] 指定每个平面的裁剪距离。距离为 0 意味着顶点在这个平面上，距离为正说明这个点位于裁剪平面内，而距离为负说明这个点位于裁剪平面外。这个输出的裁剪距离将和图元进行线性插值，插值距离小于 0，则图元部分将剪切掉。

gl_ClipDistance[] 事先声明为没指定长度的数组并且必须在着色器中重新声明长度或者用整常数表达式索引。数组的长度必须包含所有通过 OPENGL API 使能的裁剪平面总数。如果数组的长度不能包含所有的使能裁剪平面，那么程序结果是不明确的。数组长度最大可以是 gl_MaxClipDistances。不管多少裁剪平面被使能，在 gl_ClipDistance[] 用到的变化元素 (gl_MaxVaryingComponents) 的大小必须和数组大小一致。OPENGL API 使能的裁剪平面在着色器中必须设置为 gl_ClipDistance[] 中的所有元素值，否则运行结果不明确。设置没有使能的裁剪平面对应 gl_ClipDistance[] 的元素值没有作用。

作为输出型变量，gl_ClipDistance[] 为着色器提供设置这些距离值的场所。在除了片元着色器以外的着色器中作为输入型变量时，它读入上一个着色器写入的值。在片元着色器中，gl_ClipDistance[] 数组包含一些这样数值，这些数值由一个着色器把顶点线性插值写入 gl_ClipDistance[] 中并作为输出型值。只有使能的裁剪平面才在这个数组元素有明确的值。

gl_CullDistance[]

提供了图元的自定义裁减机制。每个元素 gl_CullDistance[i] 都设置了平面 i 对应的裁减距离。距离为 0 表示顶点就在平面上，正数距离值表示顶点位于裁减体之内，而负数距离值表示顶点位于裁减体之外。如果图元的所有顶点对于平面 i 都返回了负数的裁减距离值，那么图元需要被裁减。

gl_CullDistance 数组在声明时没有设置大小，因此需要在着色器中重新设置大小，可以使用一个具体值来重新声明它，也可以直接只使用整数的常表达式来索引它的元素。设置大小的时候，设置的值表示可用的裁减距离平面数量，它最大不能超过 gl_MaxCullDistances。而 gl_CullDistance 用到的变化元素（参见 gl_MaxVaryingComponents）的大小与这个数组的大小是相同的。着色器中写入 gl_CullDistance 的时候，必须写入所有可用的距离值，否则裁减的结果是不确定的。gl_CullDistance 作为输出变量使用的时候，它的存储区域可以交由着色器去写入。在除了片元阶段之外的所有阶段，gl_CullDistance 作为输入变量使用的时候都是顺序读取之前阶段写入的值。而在片元阶段的时候，gl_CullDistance 数组中保存的是线性插值的结果，即之前的着色器阶段将数据写入到逐顶点的 gl_CullDistance 数组的插值结果。如果 gl_ClipDistance 和 gl_CullDistance 数组的大小之和比 gl_MaxCombinedClipAndCullDistances 更大的话，那么着色器会在编译时或者链接时返回错误。

gl_DepthRange

结构 gl_DepthRange 包含视口 0 的近裁剪面和远裁剪面的位置。这些数值是在窗口坐标系下的。结构的成员 diff 是 far 与 near 的差 far - near。

gl_FragCoord

在片元中通过固定功能计算的深度数值（depth）可以用 gl_FragCoord.z 来获取。

输入片元着色器中的 gl_FragCoord 变量保存当前片元的窗口坐标 (x, y, z, 1/w) 的数值。

如果是多重采样模式，那么这个值可以位于像素内的任何位置。导致这个结果的原因是：在顶点处理后用固定功能给产生片元插值图元。如果没有着色器写入 gl_FragDepth，那么 gl_FragCoord.z 可以用作片元的深度值。这对有恒定性深度值需求情形下有作用：如果一个着色器在一定条件下计算 gl_FragDepth 的值，而后来又需要固定功能的片元深度值。

gl_FragDepth

在片元着色器中写入 gl_FragDepth 来建立被处理片元的深度值。如果使能深度缓冲，并且没有着色器写入 gl_FragDepth，那么固定功能计算的深度值就作为片元的深度值。如果一个着色器在片元阶段的任何地方对 gl_FragDepth 赋值，同时在这个着色器中存在一个执行路径没有设置 gl_FragDepth 的值，那么在执行没有赋值的路径时片元的深度值有可能不明确。所以如果在任何地方写入了它的值，那么务必在执行路径中都写入它的值。

gl_FrontFacing

片元着色器可以读输入型的内置变量 gl_FrontFacing，如果片元属于面朝前的图元，那么它的值是 true。选择通过顶点或几何着色器计算出的两种颜色中的其中之一来模拟双面光照是其用法之一。

gl_GlobalInvocationID

计算着色器中输入型变量 gl_GlobalInvocationID 包含当前工作项的全局索引。它的值指定了由当前 glDispatchCompute 调用发起运算过程中局部与全局工作组的中唯一一个调用（Invocation）。用以下公式计算：

```
gl_GlobalInvocationID =
    gl_WorkGroupID * gl_WorkGroupSize + gl_LocalInvocationID;
```

gl_InstanceID

顶点着色器中输入变量 gl_InstanceID 保存在实例化绘图命令中的当前图元的实例数值。如果当前图元不来自实例化绘图命令，那么 gl_InstanceID 的值为 0。

gl_InvocationID

在细分控制着色器和几何着色器中可以读取 gl_InvocationID 的值。在细分控制着色器中，它代表为细分控制着色器请求（Invocation）分配的输出 patch 顶点数。在几何着色器中，它代表为几何着色器请求（Invocation）分配的调用（Invocation）值。在这两种情况下

gl_InvocationID 的取值范围是 [0, N – 1]，N 是输出 patch 顶点数量或每个图元几何着色器的调用（Invocation）数量。

gl_Layer

变量 gl_Layer 从几何着色器中输出，并输入片元着色器中。在几何着色器中它用来选定多层级帧缓冲中附属一个特定的层级（或者是 cubemap 中的面和层级）。实际的层级来自着色图元顶点中的一个顶点。当从来自顶点的层级不明确时，最好把图元所有顶点的层级值设置成一样。如果在任何几何着色器中设置了 gl_Layer 值，那么层级渲染模式被使能。一旦使能该模式，如果着色器存在一个执行路径没有设置 gl_Layer 的值，那么程序结果不明确。所以你要确保着色器中所有路径中都设置了它的值。

在用作 cubemap 纹理数组时输出变量 gl_Layer 有特殊的值。它不仅代表层级的值，还用来选择 cubemap 纹理中的面和层级。把 gl_Layer 的值设置成 layer × 6+face，渲染在层级中定义的 cubemap 的面 face。面的取值如表 C-1 所示。

表 C-1　Cubemap 的面

面的值	面的目标
0	TEXTURE_CUBE_MAP_POSITIVE_X
1	TEXTURE_CUBE_MAP_NEGATIVE_X
2	TEXTURE_CUBE_MAP_POSITIVE_Y
3	TEXTURE_CUBE_MAP_NEGATIVE_Y
4	TEXTURE_CUBE_MAP_POSITIVE_Z
5	TEXTURE_CUBE_MAP_NEGATIVE_Z

举例，要渲染 cubemap 第 5 层级 y 正方向的面，把 gl_Layer 的值设置成 5 × 6 +2 即可。

输入片元着色器 gl_Layer 的值和从几何着色器写入并输出的 gl_Layer 的值相等。如果在几何着色器阶段没有着色器对 gl_Layer 动态赋值，那么在片元着色器中 gl_Layer 的值不明确。如果在几何着色器阶段没有对所有 gl_Layer 赋值，那么在片元着色器中输入变量 gl_Layer 的值为 0。否则，片元着色阶段将读取与几何着色阶段写入相同的值，即使该值已经溢出。如果片元着色器用到 gl_Layer，它应该计算在片元着色阶段 OpenGl 具体实现定义的最大输入值之内。

gl_LocalInvocationID

在计算着色器中输入变量 gl_LocalInvocationID，它包括当前调用正在执行全局工作组中里局部工作组的 t 维索引。它的取值范围是局部工作组的大小：

```
(0,0,0)
```

到

```
(gl_WorkGroupSize.x - 1, gl_WorkGroupSize.y - 1, gl_WorkGroupSize.z - 1)
```

gl-LocalInvocationIndex

在计算着色器中输入的变量 gl_LocalInvocationIndex 是 gl_LocalInvocationID 的一维表

示。它用来区分本次调用使用的在局部工作中唯一的共享内存区域。用如下公式计算：

```
gl_LocalInvocationIndex =
    gl_LocalInvocationID.z * gl_WorkGroupSize.x * gl_WorkGroupSize.y +
    gl_LocalInvocationID.y * gl_WorkGroupSize.x +
    gl_LocalInvocationID.x;
```

gl_NumSamples

在使用多样本帧缓冲时，所有阶段中输入型 uniform gl_NumSamples 变量包含帧缓冲中所有样本的总数。当用作非多样本帧缓冲时，gl_NumSamples 的值是 1。

gl_NumWorkGroups

在计算着色器中输入的变量 gl_NumWorkGroups 包含运行计算着色器的每个工作组的全局工作项的总数。它的内容等于在 glDispatchCompute API 调用入口中设置的参数 num_groups_x、num_groups_y 和 num_groups_z。

gl_PatchVerticesIn

细分着色器可以读取 gl_PatchVerticesIn 的值。它是个整型值，设置着色器要处理输入 patch 的顶点个数。一个细分控制着色器或者细分估值着色器可以读取不同大小的 patch，所以 gl_PatchVerticesIn 的值可以在不同的 patch 间有变化。

gl_PointCoord

当点图形（point Sprites）被使能时，gl_PointCoord 的二维坐标值表示当前片元在点图元中的位置。它们的取值范围是从 0.0 ~ 1.0。如果当前图元不是点，或者点图形没有使能时，从 gl_PointCoord 读取的值将是不明确的。

gl_PointSize

作为输出变量，gl_PointSize 是着色器用来控制被栅格化点的大小。它是用像素来衡量的。如果 gl_PointSize 没有赋值，那么在随后的着色阶段它的值将是没明确的。作为输入值，读取在前着色器阶段写入的值作为 gl_PointSize 的值。

gl_Position

作为输出变量，gl_Position 用来保存顶点位置的齐次坐标。该值用作图元装配、裁剪、筛选，以及其他固定功能操作，如果可能，在顶点处理后对图元进行处理。如果在顶点着色器执行过程中没有对 gl_Position 赋值，那么在顶点处理阶段以后它的值是不明确的，同样，如果从上一次调用 EmitVertex 后几何着色器调用了 EmitVertex 而没有对 gl_Position 赋值（或者根本没有对它赋值）也是如此。作为输入变量，读取前着色器阶段写入的值作为 gl_Position 的值。

gl_PrimitiveID

将几何着色器输出整数型 gl_PrimitiveID 变量作为图元的标识符。然后作为片元输入

gl_PrimitiveID 在片元着色器中可用，选择将触发顶点所在着色图元的 ID 写入图元 ID。如果片元着色器用到的 gl_PrimitiveID 是有效的，并且几何着色器也是有效的，那么几何着色器必须对 gl_PrimitiveID 赋值；否则输入片元着色器中的 gl_PrimitiveID 值是不明确的。

对于细分着色器和细分估值着色器来说，输入变量 gl_PrimitiveID 的值是着色器从一组当前渲染图元开始以来一共处理图元的个数。如果有几何着色器，在片元着色器中，它读取几何着色器赋予 gl_PrimitiveID 的值，并作为输出值；否则，它采取和在细分控制着色器和细分估值着色器中一样的方式来赋值。

gl_PrimitiveIDIn

几何着色器输入变量 gl_PrimitiveIDIn 等同于细分控制着色器和细分估值着色器输入变量 gl_PrimitiveID，在上面已做过描述。

gl_SampleID

在片元着色器中输入变量 gl_SampleID 的值是当前处理的样本数量。它的取值范围是 0 到 gl_NumSamples−1，其中 gl_NumSamples 是在帧缓冲中样本的总数，或者在非多样本渲染帧缓冲中其值为 1。使用这个变量的片元着色器，而这个着色器则评估为每样本（per sample）。

gl_SampleMask

片元输出数组 gl_SampleMask[] 为被处理片元设置样本掩码。掩码的数值和输出变量 gl_SampleMask 逻辑与的结果作为当前片元的数值。这个数组的大小可以通过隐式或显式设置，且必须和下文 gl_SampleMaskIn 描述的大小一致。

如果任何片元着色器对 gl_SampleMask 变量赋值，但任何片元着色请求对任一数组元素赋值失败，那么这个样本掩码将是不明确的。如果没有着色器对 gl_SampleMask 赋值，那么在片元处理过程中样本掩码没有作用。

掩码 gl_SampleMask[M] 位 B 与样本 32 × M +B 对应。有 ceil（s/32）（取顶值）个数组元素，s 是在系统所支持的最大彩色样本数量。

gl_SampleMaskIn

片元着色器输入变量 gl_SampleMaskIn 代表在多样本栅格化过程中，由图元生成片元掩码的一组样本。如果样本覆盖了片元着色器请求，那么它就生成一个样本位。

掩码 gl_SampleMask[M] 位 B 与样本 32 × M +B 对应。有 ceil（s/32）（取顶值）个数组元素，s 是在系统所支持的最大彩色样本数量。

gl_SamplePosition

片元着色器输入变量 gl_SamplePosition 表示在多样本绘图缓冲中当前样本的位置。gl_SamplePosition 的 x 及 y 部分包含当前样本的子像素坐标，取值范围是 0.0 ～ 1.0。如果在任何片元着色器中使用这个变量，则整个片元阶段评估为每样本（per sample）。

gl_TessCoord

变量 gl_TessCoord 只在细分估值着色器中可用。它是有三个分量（u,v,w）的向量代表与图元细分相关的被处理顶点的位置。它的值用以下特性来协助拷贝细分算法：

```
gl_TessCoord.x == 1.0 - (1.0 - gl_TessCoord.x)
gl_TessCoord.y == 1.0 - (1.0 - gl_TessCoord.y)
gl_TessCoord.z == 1.0 - (1.0 - gl_TessCoord.z)
```

gl_TessLevelOuter 与 gl_TessLevelOuter

输入变量 gl_TessLevelOuter 和 gl_TessLevelOuter 只在细分估值着色器中可用。如果细分控制着色器有效，那么这些值在细分控制着色器中作为输出变量被赋值；否则它们被赋予缺省的细分层次。

输出变量 gl_TessLevelOuter 和 gl_TessLevelOuter 只在细分控制着色器中可用。写入变量的这些值，用来控制输出 patch 相应的外部和内部细分层次。它们被细分图元生成器用来控制图元细分，也可以在细分估值着色器中获取。

gl_ViewportID

在顶点着色器输入变量 gl_VertexID 保存顶点的整数索引。虽然变量 gl_VertexID 一直存在，但是它的值不是一直都有定义。

gl_ViewportIndex

在几何着色器中作为输出的变量在片元着色器中作为输入变量。在几何着色器中，它提供几何着色器绘制下一个图元的视口索引。几何着色器生成的图元要经过视口变换，用视口变换和 gl_ViewPortIndex 的值选择的裁剪矩形来进行裁剪测试。视口索引来自着色的图元中的一个顶点。然而视口索引来自哪个顶点是由 OpenGL 具体实现来决定的，所以最好在一个图元里的所有顶点用同样的视口索引。如果在几何着色器中没有对 gl_ViewportIndex 赋值，那么将使用视口变换及裁剪矩形 0。如果几何着色器对 gl_ViewportIndex 赋值，以及几何着色阶段存在一个路径没有对 gl_ViewportIndex 进行赋值，那么如果有着色器执行了这个路径，那么 gl_ViewportIndex 的值是不明确的。

在片元着色器中作为输入变量，gl_ViewportIndex 的值与在几何着色阶段写入的输出值相同。在几何着色阶段没有动态对 gl_ViewportIndex 赋值，那么在片元着色器中 gl_ViewportIndex 的值将是不明确的。如果几何着色阶段没有对 gl_ViewportIndex 赋值，那么在片元着色阶段读取的值为 0；否则，不管 gl_ViewportIndex 是否超出了范围，将在片元着色阶段读取与在几何着色阶段写入的同样的值。如果在片元着色器中存取 gl_ViewportIndex 的值，那么它将计算在由 OpenGL 具体实现定义的、片元着色阶段最多能输入的变量的数值内。

gl_WorkGroupID

计算着色器中输入变量 gl_WorkGroupID 是当前执行调用（invocation）所在的全局工作

组三维索引。作为调用 glDispatchCompute 函数的输入参数，取值范围是：

```
(0, 0, 0)
```

到

```
(gl_NumWorkGroups.x - 1, gl_NumWorkGroups.y - 1, gl_NumWorkGroups.z - 1)
```

gl_WorkGroupSize

内置常数 gl_WorkGroupSize 在计算着色器中用来指定着色器的局部工作组的大小。工作组的 x、y、z 维度的大小分别保存在 x、y 及 z 部分。保存在 gl_WorkGroupSize 的值与在当前着色器布局（layout）修饰设定的 local_size_x、local_size_y 及 local_size_z 的值一致。该值是常量，可以用在局部工作组中指示内存数组的大小，且可以在局部工作组中共享。

C.2 内置常量

相对来说，这些常量是不需要加以说明的，在需要时相关章节会提及。下面这些数值和在渲染平台看到的数值不一定一致。更确切地说，这些数值在任何平台中至少和下面的一样大。

```
const ivec3 gl_MaxComputeWorkGroupCount = { 65535, 65535, 65535 };
const ivec3 gl_MaxComputeWorkGroupSize = { 1024, 1024, 64 };
const int gl_MaxComputeUniformComponents = 1024;
const int gl_MaxComputeTextureImageUnits = 16;
const int gl_MaxComputeImageUniforms = 8;
const int gl_MaxComputeAtomicCounters = 8;
const int gl_MaxComputeAtomicCounterBuffers = 8;

const int gl_MaxVertexAttribs = 16;
const int gl_MaxVertexUniformComponents = 1024;

const int gl_MaxVaryingComponents = 60;
const int gl_MaxVertexOutputComponents = 64;
const int gl_MaxGeometryInputComponents = 64;
const int gl_MaxGeometryOutputComponents = 128;
const int gl_MaxFragmentInputComponents = 128;
const int gl_MaxVertexTextureImageUnits = 16;
const int gl_MaxCombinedTextureImageUnits = 96;
const int gl_MaxTextureImageUnits = 16;
const int gl_MaxImageUnits = 8;
const int gl_MaxCombinedShaderOutputResources = 8;
const int gl_MaxImageSamples = 0;
const int gl_MaxVertexImageUniforms = 0;
const int gl_MaxTessControlImageUniforms = 0;
const int gl_MaxTessEvaluationImageUniforms = 0;
const int gl_MaxGeometryImageUniforms = 0;
const int gl_MaxFragmentImageUniforms = 8;
const int gl_MaxCombinedImageUniforms = 8;
const int gl_MaxFragmentUniformComponents = 1024;
const int gl_MaxDrawBuffers = 8;
```

```
const int  gl_MaxClipDistances = 8;
const int  gl_MaxGeometryTextureImageUnits = 16;
const int  gl_MaxGeometryOutputVertices = 256;
const int  gl_MaxGeometryTotalOutputComponents = 1024;
const int  gl_MaxGeometryUniformComponents = 1024;

const int gl_MaxTessControlInputComponents = 128;
const int gl_MaxTessControlOutputComponents = 128;
const int gl_MaxTessControlTextureImageUnits = 16;
const int gl_MaxTessControlUniformComponents = 1024;
const int gl_MaxTessControlTotalOutputComponents = 4096;

const int gl_MaxTessEvaluationInputComponents = 128;
const int gl_MaxTessEvaluationOutputComponents = 128;
const int gl_MaxTessEvaluationTextureImageUnits = 16;
const int gl_MaxTessEvaluationUniformComponents = 1024;

const int gl_MaxTessPatchComponents = 120;
const int gl_MaxPatchVertices = 32;
const int gl_MaxTessGenLevel = 64;

const int gl_MaxViewports = 16;

const int gl_MaxVertexUniformVectors = 256;
const int gl_MaxFragmentUniformVectors = 256;
const int gl_MaxVaryingVectors = 15;

const int gl_MaxVertexAtomicCounters = 0;
const int gl_MaxTessControlAtomicCounters = 0;
const int gl_MaxTessEvaluationAtomicCounters = 0;
const int gl_MaxGeometryAtomicCounters = 0;
const int gl_MaxFragmentAtomicCounters = 8;
const int gl_MaxCombinedAtomicCounters = 8;
const int gl_MaxAtomicCounterBindings = 1;
const int gl_MaxVertexAtomicCounterBuffers = 0;
const int gl_MaxTessControlAtomicCounterBuffers = 0;
const int gl_MaxTessEvaluationAtomicCounterBuffers = 0;
const int gl_MaxGeometryAtomicCounterBuffers = 0;
const int gl_MaxFragmentAtomicCounterBuffers = 1;
const int gl_MaxCombinedAtomicCounterBuffers = 1;
const int gl_MaxAtomicCounterBufferSize = 32;

const int gl_MinProgramTexelOffset = -8;
const int gl_MaxProgramTexelOffset = 7;
const int gl_MaxTransformFeedbackBuffers = 4;
const int gl_MaxTransformFeedbackInterleavedComponents = 64;

const int gl_MaxCullDistances = 8;
const int gl_MaxCombinedClipAndCullDistances = 8;
const int gl_MaxSamples = 4;
const int gl_MaxVertexImageUniforms = 0;
const int gl_MaxFragmentImageUniforms = 8;
const int gl_MaxComputeImageUniforms = 8;
const int gl_MaxCombinedImageUniforms = 48;
const int gl_MaxCombinedShaderOutputResources = 16;
```

C.3 内置函数

为方便标量及向量操作 OpenGL 着色语言定义了各种内置函数。下面对它们进行分组，随后对标记的类型定义。

- ❏ 角度和三角函数
- ❏ 指数函数
- ❏ 公共函数
- ❏ 浮点打包与解包函数
- ❏ 几何函数
- ❏ 矩阵函数
- ❏ 向量关系函数
- ❏ 整函数
- ❏ 纹理函数
- ❏ 原子计数器函数
- ❏ 原子内存函数
- ❏ 图形函数
- ❏ 片元处理函数
- ❏ 噪声函数
- ❏ 几何着色器函数
- ❏ 着色器请求控制函数
- ❏ 着色器内存控制函数

列出所有 GLSL 内置函数的原型则要占据整本书的内容。相反，我们用通用的标记来代表函数的各种类型。在表 C-2 列出的函数，用一个函数原型来代表函数的许多实际原型。

表 C-2　返回类型或参数标记

通用标记	特定类型
genType	float vec2 vec3 vec4
genDType	double dvec2 dvec3 dvec4
genIType	int ivec2 ivec3 ivec4
genotype	uint uvec2 uvec3 uvec4
genBType	bool bvec2 bvec3 bvec4
vec	vec2 vec3 vec4
ivec	ivec2 ivec3 ivec4
uvec	uvec2 uvec3 uvec4
bvec	bvec2 bvec3 bvec4
gvec4	vec4 ivec4 uvec4
gsampler[...]	sampler[...] isampler[...] usampler[...]

（续）

通用标记	特定类型
gimage[...]	image[...] iimage[...] uimage[...]
mat	所有单精度矩阵类型；mat4, mat2x3, ...
dmat	所有双精度矩阵类型；dmat4, dmat2x3, ...

对于函数的任何一种特定用法，用实际数据类型来替代 genType、gelIType 等，参数及返回类型必须有同样多的分量。当使用 gsampler 时，gsampler 使用的类型（浮点、有符号整数和无符号整数）必须和 gvec4 使用的类型一致。

最后一点提示：大多数内置函数是按逐个分量进行操作，但按单个分量操作进行描述。即，如果对类型为 vec3 的 x 分量进行操作时，其操作与 y 及 x 无关。同样，每个对 y 和 z 分量进行的操作与其他两个分量也无关。除非另注明，函数操作时按分量逐个进行的。点积是一个反例，每个分量得到的结果受所有分量输入值的影响。

C.3.1　角度及三角函数

函数参数用角度来指定，用弧度为单位。

---

genType **radians**(genType degrees);

从度转换成弧度：

$$\frac{\pi}{180} \, degree$$

---

genType **degrees**(genType radians);

从弧度转换成度：

$$\frac{180}{\pi} \, radian$$

---

genType **sin**(genType angle);

三角正弦函数。

---

genType **cos**(genType angle);

三角余弦函数。

genType tan(genType angle);

三角正切函数。

genType asin(genType x);

反正弦函数。返回正弦值是 x 的一个角度值。函数返回值的范围是 $-\frac{\pi}{2} \sim \frac{\pi}{2}$（含）。
如果 $x>1$ 或者 $x<-1$，则返回值没定义。

genType acos(genType x);

反余弦函数。返回余弦值是 x 的一个角度值。函数返回值的范围是 $0 \sim \pi$（含）。
如果 $x>1$ 或者 $x<-1$，则返回值没定义。

genType atan(genType y, genType x);

反正切函数。返回的正切值是 y/x 的一个角度值。x 和 y 的符号用来确定角度在哪个
象限内。函数的返回值范围是 $-\pi \sim \pi$（含）。
如果 x 和 y 的值都是 0，则返回值没定义。

genType atan(genType y_over_x);

反正切函数。返回正切值是 y_over_x 的一个角度值。函数的返回值范围是 $-\frac{\pi}{2} \sim \frac{\pi}{2}$
（含）。

genType sinh(genType x);

返回双曲线正弦函数 $\dfrac{e^x - e^{-x}}{2}$。

genType cosh(genType x);

返回双曲线余弦函数 $\dfrac{e^x + e^{-x}}{2}$。

genType tanh(genType x);

返回双曲线正切函数 $\dfrac{\sinh(x)}{\cosh(x)}$。

genType asinh(genType x);

双曲线反正弦函数，返回 sinh 的逆函数。

genType acosh(genType x);

双曲线反余弦函数，返回 cosh 的逆函数。

如果 $x<1$，则返回值没定义。

genType atanh(genType x);

双曲线反正切函数，返回 tanh 的逆函数。

如果 $x \geqslant 1$ 或者 $x \leqslant -1$，则返回值没定义。

C.3.2　指数函数

genType pow(genType x, genType y);

返回 x 的 y 次方，即 x^y。

如果 $x<0$ 返回值没定义。

如果 $x=0$ 且 $y \leqslant 0$，则返回值没定义。

genType exp(genType x);

返回 x 的自然指数幂，即 e^x。

genType log(genType x);

返回 x 的自然对数，即返回满足等式 $x=e^y$ 值。

如果 $x \leqslant 0$，则返回值没定义。

genType **exp2**(genType x);

返回 2 的 x 次方，即 2^x。

genType **log2**(genType x);

返回以 2 为底 x 的自然对数，即返回满足等式 $x=2^y$ 值。
如果 $x \le 0$，则返回值没定义。

genType **sqrt**(genType x);
genDType **sqrt**(genDType x);

返回 $\sqrt{x}$。
如果 $x<0$，则返回值没定义。

genType **inversesqrt**(genType x);
genDType **inversesqrt**(genDType x);

返回 $\dfrac{1}{\sqrt{x}}$。
如果 $x \le 0$，则返回值没定义。

C.3.3 公共函数

genType **abs**(genType x);
genIType **abs**(genIType x);
genDType **abs**(genDType x);

如果 $x \ge 0$，返回 x；否则返回 $-x$。

genType **sign**(genType x);
genIType **sign**(genIType x);
genDType **sign**(genDType x);

如果 $x>0$，返回 1.0；$x=0$ 返回 0；$x<0$ 返回 -1.0。

genType floor(genType x);
genDType floor(genDType x);

返回小于或等于 x 的最大整数值。

genType trunc(genType x);
genDType trunc(genDType x);

返回一个最大整数值，它的绝对值是不大于 x 的绝对值。

genType round(genType x);
genDType round(genDType x);

返回一个最接近 x 的整数值。分数 0.5 决定具体设备实现选择四舍五入的方向，也就是最快速的方向。因此对于任何的 x 值，round(x) 返回的值与 roundEven(x) 返回的值存在相等的可能。

genType roundEven(genType x);
genDType roundEven(genDType x);

返回一个最接近 x 的整数值。分数部分是 0.5 时将四舍五入一个最接近的偶整数值（x 的值是 3.5 ~ 4.5 时都返回 4.0）。

genType ceil(genType x);
genDType ceil(genDType x);

返回一个大于或等于 x 的最小整数值。

genType fract(genType x);
genDType fract(genDType x);

返回 x = floor(x)。

genType mod(genType x, float y);

genType mod(genType x, genType y);
genDType mod(genDType x, double y);
genDType mod(genDType x, genDType y);

取模，返回 $x = y \times \text{floor}(x/y)$。

genType modf(genType x, out genType i);
genDType modf(genDType x, out genDType i);

返回 x 的小数部分，把整数部分赋予 i（数字整体作为浮点数）。返回值部分及输出参数的符号和 x 的符号一致。

genType min(genType x, genType y);
genType min(genType x, float y);
genDType min(genDType x, genDType y);
genDType min(genDType x, double y);
genIType min(genIType x, genIType y);
genIType min(genIType x, int y);
genUType min(genUType x, genUType y);
genUType min(genUType x, uint y);

如果 $y < x$，则返回 y；否则返回 x。

genType max(genType x, genType y);
genType max(genType x, float y);
genDType max(genDType x, genDType y);
genDType max(genDType x, double y);
genIType max(genIType x, genIType y);
genIType max(genIType x, int y);
genUType max(genUType x, genUType y);
genUType max(genUType x, uint y);

如果 $x < y$，则返回 y；否则返回 x。

genType clamp(genType x, genType minVal, genType maxVal);

genType clamp(genType x, float minVal, float maxVal);

genDType clamp(genDType x, genDType minVal,genDType maxVal);

genDType clamp(genDType x, double minVal, double maxVal);

genIType clamp(genIType x, genIType minVal, genIType maxVal);

genIType clamp(genIType x, int minVal, int maxVal);

genUType clamp(genUType x, genUType minVal,genUType maxVal);

genUType clamp(genUType x, uint minVal, uint maxVal);

　　返回 min(max(x, minVal), maxVal)。

　　如果 minVal>maxVal，那么返回值未定义。

genType mix(genType x, genType y, genType a);

genType mix(genType x, genType y, float a);

genDType mix(genDType x, genDType y, genDType a);

genDType mix(genDType x, genDType y, double a);

　　返回 x 和 y 的线性插值结果，即 $x(1-a)+ya$。

genType mix(genType x, genType y, genBType a);

genDType mix(genDType x, genDType y, genBType a);

genDType mix(genIType x, genIType y, genBType a);

genDType mix(genUType x, genUType y, genBType a);

genDType mix(genBType x, genBType y, genBType a);

　　设置返回的分量来自哪个向量。A 当中的某个分量如果是 false，那么将返回对应的 x 分量。如果 a 中的某个分量是 true，那么将返回对应的 y 分量。对于 x 和 y 当中没有被选中的分量，也可以是非法的浮点数值，并且不会对结果产生影响。因此我们可以用它来实现一些其他的功能，例如，

　　genType mix(genType x, genType y, genType(a))
a 是一个布尔向量。

genType step(genType edge, genType x);

genType step(float edge, genType x);

genDType step(genDType edge, genDType x);

genDType step(double edge, genDType x);

如果 x<edge，则返回 0.0；否则返回 1.0。

---

genType **smoothstep**(genType edge0, genType edge1, genType x);

genType **smoothstep**(float edge0, float edge1, genType x);

genDType **smoothstep**(genDType edge0, genDType edge1,genDType x);

genDType **smoothstep**(double edge0, double edge1, genDType x);

如果 $x \leqslant$ dege0，则返回 0.0；如果 $x \geqslant$ edge1，则返回 1.0，并且当 edge0<x<edge1 时执行平滑 Hermite 插值。这在需要有平滑变换的阈函数时有用。等同于下面计算式：

 genType t;

t = clamp ((x − edge0) / (edge1 − edge0), 0, 1);

return t * t * (3 − 2 * t);

（同样对双精度数值适用）如果 edge0 $\geqslant$ edge1，返回值未定义。

---

genBType **isnan**(genType x);

genBType **isnan**(genDType x);

如果 x 保存 NaN，则返回 `true`；否则返回 `false`。如果 NaN 没实现，则一致返回 `false`。

---

genBType **isinf**(genType x);

genBType **isinf**(genDType x);

如果 x 是正无穷大或者是负无穷大，则返回 `true`；否则返回 `false`。

---

genIType **floatBitsToInt**(genType value);

genUType **floatBitsToUint**(genType value);

返回一个表示浮点数编码的有符号或无符号的整型值。用保留浮点数值的位元表示。

---

genType **intBitsToFloat**(genIType value);

genType **uintBitsToFloat**(genUType value);

返回一个用有符号或无符号整数值编码的浮点数的浮点值。如果传入 NaN，函数不会触发，并且返回值是不明确的。如果传入 inf，返回结果也是相应的 inf。

```
genType fma(genType a, genType b, genType c);
genDType fma(genDType a, genDType b, genDType c);
```

计算并且返回 a × b +c。

在返回值被声明有精度的变量引用的场合下使用。

- fma 是单一操作，然而在表达式 a×b+c 被一个声明为有精度的变量引用时被当做有两个操作。
- fma 的精度可能和表达式 a×b+c 的精度不同。
- fma 计算出的精度和任何另外一个被精度变量引用 fma 计算精度一样，对同样的输入 a、b 和 c 的值输出恒定不变的结果。

另外，在没有精度引用的情况下，fma 和表达式 a×b+c 在操作次数和精度上没什么特殊限制。

```
genType frexp(genType x, out genIType exp);
genDType frexp(genDType x, out genIType exp);
```

把 x 分成浮点值的有效位数（significand），其范围是 [0.5, 1.0) 和 2 的整数次幂，如下：

$$x = significand * 2^{exponent}$$

significand 的值由函数返回，exponent 的值由函数的参数 exp f 返回。如果结果太大，超出浮点数的范围，那么其结果是未定义的。对一个值为 0 的浮点数，对应的 significand 和 exponent 的值都是 0。对一个值为无限或不是数值的浮点数，其结果是未定义的。

```
genType ldexp(genType x, in genIType exp);
genDType ldexp(genDType x, in genIType exp);
```

把浮点数 x 重构成一个有效位数与 2 的整数次幂的乘积。

significand * $2^{exponent}$

如果结果太大超过浮点数范围，那么其结果是未定义的。

C.3.4　浮点打包与解包函数

这些函数操作不是按分量逐个进行的，相反，函数的每种形式都有一个表达式来描述。

```
uint packUnorm2x16(vec2 v);
```

```
uint packSnorm2x16(vec2 v);
uint packUnorm4x8(vec4 v);
uint packSnorm4x8(vec4 v);
```

首先，把参数 v 的每个标准化的浮点元素转化成 8 位或 16 位的整数值。然后将结果打包成（packed into）32 位无符号整数。参数 v 的每个元素 c 转换过程如下：

```
packUnorm2x16:   round(clamp(c,  0, +1) * 65535.0)
packSnorm2x16:   round(clamp(c, -1, +1) * 32767.0)
packUnorm4x8:    round(clamp(c,  0, +1) * 255.0)
packSnorm4x8:    round(clamp(c, -1, +1) * 127.0)
```

向量 v 的第一个元素写入结果的最低有效位。以此类推，最后一个元素写入最高有效位。

```
vec2 unpackUnorm2x16(uint p);
vec2 unpackSnorm2x16(uint p);
vec4 unpackUnorm4x8(uint p);
vec4 unpackSnorm4x8(uint p);
```

首先，把一个 32 位无符号整数 p 分解成（unpack）一对 16 位无符号整数，4 个 8 位无符号整数，或 4 个 8 位有符号整数。然后，把每个整数转换成标准化的浮点值来生成返回向量的 2 个或 4 个元素值。

把定点数转换成浮点数的过程如下：

```
unpackUnorm2x16:   f / 65535.0
unpackSnorm2x16:   clamp(f / 32767.0, -1, +1)
unpackUnorm4x8:    f / 255.0
unpackSnorm4x8:    clamp(f / 127.0, -1, +1)
```

返回向量的第一个元素从输入整数值的最低有效位抽取，最后一个元素从最高有效位抽取。

```
double packDouble2x32(uvec2 v);
```

把向量 v 的元素打包成 64 位数值，作为双精度数值返回。如果结果是一个 IEEE 754 无限值或 NaN，则返回值是没明确的；否则，保存向量 v 的位标识。向量的第一个元素写入最低的 32 个有效位，第二个元素写入最高的 32 个有效位。

```
uvec2 unpackDouble2x32(double v);
```

返回一个代表双精度数值 v 的两个元素且元素都是无符号整数的向量。保存 v 的位标识。向量的第一个元素由双精度数的最低 32 个有效位构成，第二个元素由最高的 32 个有效位构成。

---

uint **packHalf2x16**(vec2 v);

返回一个无符号整数值，该整数值是先把有两个浮点型向量的元素分别转换成由 16 位浮点表示，然后把这两个 16 位整数打包 (packing) 成 32 位无符号整数。

向量的第一个元素构成返回结果的 16 个最低有效位，第二个元素构成 16 个最高有效位。

---

vec2 **unpackHalf2x16**(uint v);

返回一个有两个元素且元素都是浮点数的向量，该向量的元素把一个 32 位无符号整数值分解成两个 16 位整数，由这两个整数生成 16 位浮点数，并把这两个 16 位浮点数分别转换成 32 位浮点数。

向量的第一个元素由无符号整数值 v 的 16 个最低有效位构成，第二个元素由 v 的 16 个最高有效位构成。

C.3.5　几何函数

这些函数是用向量操作的，不是以分量逐个进行的。

---

float **length**(genType x);
double **length**(genDType x);

返回向量的长度，即 $\sqrt{x[0]^2 + x[1]^2 + \cdots}$。

---

float **distance**(genType p0, genType p1);
double **distance**(genDType p0, genDType p1);

返回 p0 和 p1 之间的距离：length (p0 − p1)。

---

float **dot**(genType x, genType y);
double **dot**(genDType x, genDType y);

返回 x 和 y 的点积，即

$$x[0] \times y[0] + x[1] \times y[1] + \cdots$$

---

vec3 **cross**(vec3 x, vec3 y);
dvec3 **cross**(dvec3 x, dvec3 y);

返回 x 和 y 的叉积，即

$$\begin{bmatrix} x[1] \times y[2] - y[1] \times x[2] \\ x[2] \times y[0] - y[2] \times x[0] \\ x[0] \times y[1] - y[0] \times x[1] \end{bmatrix}$$

---

genType **normalize**(genType x);
genDType **normalize**(genDType x);

返回与向量方向一致但长度是 1 的向量。

---

genType **faceforward**(genType N, genType I, genType Nref);
genDType **faceforward**(genDType N, genDType I, genDType Nref);

```
if (dot(Nref, I) < 0.0)
    return N;
else
    return -N;
```

---

genType **reflect** (genType I, genType N);
genDType **reflect** (genDType I, genDType N);

对于一个向量 I 及表面法线 N，返回反射方向：

$$I-2 * dot (N, I)*N$$

为了得到想要的结果，N 必须先归一化。

---

genType **refract**(genType I, genType N, float eta);
genDType **refract**(genDType I, genDType N, float eta);

对于一个入射向量 I 及表面法线 N，及折射率为 eta，返回折射向量。用以下程序计算：

```
k = 1.0 - eta * eta * (1.0 - dot(N, I) * dot(N, I));
if (k < 0.0)
    return genType(0.0);     // 或者用 genDType(0.0)
else
    return eta * I - (eta * dot(N, I) + sqrt(k)) * N;
```

为了得到想要的结果，输入变量 I 及 N 必须先归一化。

C.3.6　矩阵函数

对于以下内置矩阵函数而言，都有单精度浮点版本，其中参数及返回值都是单精度，而双精度浮点版本，其中参数及返回值都是双精度。我们只展示单精度版本的。

---

mat **matrixCompMult**(mat x, mat y);

对于矩阵 x 及 y 进行按分量逐个乘法运算，即

$$result[i][j] = x[i][j] \times y[i][j]$$

对所有的 i 及 j 进行以上运算。

注意：要得到矩阵线性代数相乘的结果，须用乘法运算符（*）。

---

mat2 **outerProduct**(vec2 c, vec2 r);
mat3 **outerProduct**(vec3 c, vec3 r);
mat4 **outerProduct**(vec4 c, vec4 r);
mat2x3 **outerProduct**(vec3 c, vec2 r);
mat3x2 **outerProduct**(vec2 c, vec3 r);
mat2x4 **outerProduct**(vec4 c, vec2 r);
mat4x2 **outerProduct**(vec2 c, vec4 r);
mat3x4 **outerProduct**(vec4 c, vec3 r);
mat4x3 **outerProduct**(vec3 c, vec4 r);

把第一个参数视作列向量（只有一列的矩阵），把第二个参数视作行向量（只有一行的矩阵），对矩阵 c 及 r 进行线性代数相乘 $c \times r$，产生一个行数与 c 的元素数相同，以及列数与 r 的元素相同的矩阵。

---

mat2 **transpose**(mat2 m);
mat3 **transpose**(mat3 m);
mat4 **transpose**(mat4 m);

mat2x3 transpose(mat3x2 m);

mat3x2 transpose(mat2x3 m);

mat2x4 transpose(mat4x2 m);

mat4x2 transpose(mat2x4 m);

mat3x4 transpose(mat4x3 m);

mat4x3 transpose(mat3x4 m);

返回 m 的倒置矩阵。输入参数 m 本身没变。

float determinant(mat2 m);

float determinant(mat3 m);

float determinant(mat4 m);

返回矩阵 m 的行列式的模。

mat2 inverse(mat2 m);

mat3 inverse(mat3 m);

mat4 inverse(mat4 m);

返回矩阵 m 的逆矩阵。输入参数矩阵 m 本身没变。如果 m 是奇异的或者接近奇异的（poorly-conditioned），则返回值未定义。

C.3.7 向量关系函数

以下是向量比较函数（用相应的运算操作符对标量进行比较）。

在所有情况下，调用任何函数的输入参数及返回向量的元素大小必须一致。

bvec lessThan(vec x, vec y);

bvec lessThan(ivec x, ivec y);

bvec lessThan(uvec x, uvec y);

返回按向量分量逐个进行比较操作 $x<y$ 的向量。

bvec lessThanEqual(vec x, vec y);

bvec lessThanEqual(ivec x, ivec y);

```
bvec lessThanEqual(uvec x, uvec y);
```

返回按向量分量逐个进行比较操作 $x \leqslant y$ 的向量。

```
bvec greaterThan(vec x, vec y);
bvec greaterThan(ivec x, ivec y);
bvec greaterThan(uvec x, uvec y);
```

返回按向量分量逐个进行比较操作 $x > y$ 的向量。

```
bvec greaterThanEqual(vec x, vec y);
bvec greaterThanEqual(ivec x, ivec y);
bvec greaterThanEqual(uvec x, uvec y);
```

返回按向量分量逐个进行比较操作 $x \geqslant y$ 的向量。

```
bvec equal(vec x, vec y);
bvec equal(ivec x, ivec y);
bvec equal(uvec x, uvec y);
bvec equal(bvec x, bvec y);
```

返回按向量分量逐个进行比较操作 $x = y$ 的向量。

```
bvec notEqual(vec x, vec y);
bvec notEqual(ivec x, ivec y);
bvec notEqual(uvec x, uvec y);
bvec notEqual(bvec x, bvec y);
```

返回按向量分量逐个进行比较操作 $x \neq y$ 的向量。

```
bool any(bvec x);
```

如果向量的任何一个元素的值为 `true`，则返回 `true`。

```
bool all(bvec x);
```

如果向量的所有元素的值为 true，则返回 true。

---

bvec **not**(bvec x);

返回对向量 x 元素逐个进行逻辑补操作后结果的向量。

C.3.8　整数函数

在这些函数中，记号 [a, b] 表示从位 a 到 b 的位数（包含 a 和 b 位）。最低位是 0 位开始。位数（Bit number）是指从最低位数 0 开始的位的个数。

---

genUType **uaddCarry**(genUType x, genUType y, out genUType carry);

把两个 32 位无符号整数 x 与 y 相加，把相加的结果 2^{32} 取模作为返回值。如果两数的 carry 值小于 2^{32} 值，则设置成 0；否则设置成 1。

---

genUType **usubBorrow**(genUType x, genUType y,out genUType borrow);

从 x 中减去 32 位无符号整数 y，如果差是非负值，则返回该差值；否则返回差值与 2^{32} 的和。如果 $x \geq y$，则 Borrow 的值设置成 0；否则设置成 1。

---

void **umulExtended**(genUType x, genUType y,out genUType msb, out genUType lsb);
void **imulExtended**(genIType x, genIType y, out genIType msb,out genIType lsb);

把整数值 x 与 y 相乘，产生一个 64 位的结果。该结果的 32 个最低有效位保存在 lsb 中。32 个最高有效位保存在 msb 中。

---

genIType **bitfieldExtract**(genIType value, int offset, int bits);
genUType **bitfieldExtract**(genUType value, int offset, int bits);

从值 value 中抽取位 [offset, offset + bits – 1]，在结果值的最低有效位时返回。

对于无符号数据类型，结果值的最高有效位设置成 0。对于有符号数据类型，最高有效位将设置成位 offset + bits – 1 的值。

如果 bits 的值是 0，那么返回结果是 0。如果 offset 或 bits 是负值或者 offset 与 bits 的和比用来操作的值的位数大，那么返回结果将是未定义的。

genIType bitfieldInsert(genIType base, genIType insert, int offset,int bits);
genUType bitfieldInsert(genUType base, genUType insert,int offset, int bits);

返回插入 base 中 bits 个最低有效位后的结果。该结果有从 [0, bits − 1] 中抽取 bits 个数位插入 [offset, offset + bits − 1] 中 bits 个数位,其他所有数位直接从相应的 base 数位中提取。如果 bits 的值为 0,返回结果则是 base。如果 bits 的值为负数或者 offset 及 bits 两者的和比操作数 base 的位数量大,返回结果将是未定义的。

genIType bitfieldReverse(genIType value);
genUType bitfieldReverse(genUType value);

返回 value 的位反转后的值。结果位 n 的值从位 $(bits − 1) − n$ 中获取,其中 bits 是 value 值的总位数。

genIType bitCount(genIType value);
genIType bitCount(genUType value);

返回用二进制表示的 value 中位的数值为 1 的个数。

genIType findLSB(genIType value);
genIType findLSB(genUType value);

返回用二进制表示的 value 中最低有效位的数值为 1 的个数。如果 value 为 0,则返回 −1。

genIType findMSB(genIType value);
genIType findMSB(genUType value);

返回用二进制表示的 value 中最高有效位的个数。对于正整数,返回最高有效位的数值为 1 的个数。对于负数,返回最高有效位的数值为 0 的个数。value 为 0 或者是 −1,将返回 −1。

C.3.9　纹理函数

在所有着色阶段纹理查找函数都可用。然而,只在片元着色阶段隐含地计算细节层次,所以 OpenGL 可以自动进行 mipmap 过滤。其他着色阶段使用细节层次为 0 或者直接使用没有 mipmap 化的纹理。如果纹理函数需要隐含导数，那么它们必须在非一致的流程控制外调用。也就是说，如果它们在流程控制中片元间有变化，则将没有足够的信息正确计算细节层次，这样将产生一个未定义的隐含导数，因此纹理查看函数的返回结果将是未定义的。

在 GL 中纹理数据可以用单精度浮点数、无符号标准化整数、无符号整数，或有符号整数来存储。这由纹理的内部格式来决定的。在纹理查看过程中无符号标准化整数及浮点数都返回取值范围在 [0.0, 1.0] 的浮点数。

根据输入纹理查看函数的 sampler 的类型，如提供浮点数、无符号整数，或者有符号整数，纹理查看函数将分别返回相应的类型。使用纹理时一定要仔细选正确的 sampler 数据类型。如果 sampler 是整数类型那么纹理查看函数的返回值是 ivec4。如果 sampler 是无符号整数类型，那么纹理查看函数的返回值是 uvec4。如果 sampler 是浮点数类型，那么纹理查看函数的返回值是 vec4，每个元素的取值范围是 [0, 1]。

对于阴影形式（sampler 参数是阴影类型），需要对绑定到 sampler 的深度纹理进行深度比较查找。要注意是向量中的哪一个元素表示 D_{ref}。绑定到 sampler 的纹理必须是深度纹理，否则结果是未定义的。如果一个非阴影纹理调用了一个 sampler，其中 sampler 表示一个深度纹理且深度比较是打开的，那么结果是未定义的。如果一个阴影纹理调用了一个 sampler，其中 sampler 表示一个深度纹理且深度比较是没打开的，那么结果是未定义的。如果一个阴影纹理调用了一个 sampler，其中 sampler 不表示一个深度纹理，那么结果是未定义的。

在这些函数中，片元着色器阶段参数 bias 是非强制性的。在其他着色阶段不接受参数 bias。如果在片元着色器中设置参数 bias，则在进行纹理存取操作前将它加入隐含细节层次。在正方形纹理、多重采样纹理，或纹理缓冲中不能带参数 bias 和 lod，这是因为在这些纹理类型中不容许有 mipmap。

对于 cubemap 形式，P 的方向用于在二维纹理查找中选定 cubemap 的某个面。

对于数组形式，对应的数组层是：

$$\max(0, \min(d - 1, \mathrm{floor}(layer + 0.5)))$$

d 是纹理数组的深度，而 layer 来自能代表表格的元素。

对于深度模板纹理，sampler 类型必须与通过 OpenGL API 获取的元素一致。当深度模板纹理设置成 DEPTH_COMPONENT 模式时，用浮点型 sampler。当深度模板纹理设置成 STENCIL_INDEX 模式时，用无符号整型 sampler。当在纹理查找中使用不支持的组合时，将返回未定义的值。

纹理查询函数

函数 **textureSize** 查询 sampler 一个特定纹理层次的维度。

函数 **textureQueryLod** 只在片元着色器中可用。用输入参数 P 的元素来计算层次细节信息，这些信息在常规的纹理查我中用来获取纹理。在任何 LOD 偏斜之后获取层次细节，

但限制在 [TEXTURE_MIN_LOD、TEXTURE_MAX_LOD] 之前。同样也把 mipmap 数组计算出来。如果只获取单个层次细节，则返回与初始层相关的层次细节的层数。如果获取多个层次细节，则返回两个层数之间的一个浮点数，该数的小数部分等于经过计算及限制取数范围的层次细节的小数部分。

```
int textureSize(gsampler1D sampler, int lod);
ivec2 textureSize(gsampler2D sampler, int lod);
ivec3 textureSize(gsampler3D sampler, int lod);
ivec2 textureSize(gsamplerCube sampler, int lod);
int textureSize(sampler1DShadow sampler, int lod);
ivec2 textureSize(sampler2DShadow sampler, int lod);
ivec2 textureSize(samplerCubeShadow sampler, int lod);
ivec3 textureSize(gsamplerCubeArray sampler, int lod);
ivec3 textureSize(samplerCubeArrayShadow sampler, int lod);
ivec2 textureSize(gsampler2DRect sampler);
ivec2 textureSize(sampler2DRectShadow sampler);
ivec2 textureSize(gsampler1DArray sampler, int lod);
ivec3 textureSize(gsampler2DArray sampler, int lod);
ivec2 textureSize(sampler1DArrayShadow sampler, int lod);
ivec3 textureSize(sampler2DArrayShadow sampler, int lod);
int  textureSize(gsamplerBuffer sampler);
ivec2 textureSize(gsampler2DMS sampler);
ivec3 textureSize(gsampler2DMSArray sampler);
```

　　返回绑定到 sampler 的纹理 lod（如果存在）的维度。返回值的元素值表示纹理的宽、高和深度。对于数组形式的返回值，返回值的最后一个元素是纹理数组的层数，或者纹理 cubemap 数组中的 cubemap 数。

```
vec2 textureQueryLod(gsampler1D sampler, float P);
vec2 textureQueryLod(gsampler2D sampler, vec2 P);
vec2 textureQueryLod(gsampler3D sampler, vec3 P);
vec2 textureQueryLod(gsamplerCube sampler, vec3 P);
vec2 textureQueryLod(gsampler1DArray sampler, float P);
vec2 textureQueryLod(gsampler2DArray sampler, vec2 P);
```

vec2 **textureQueryLod**(gsamplerCubeArray sampler, vec3 P);
vec2 **textureQueryLod**(sampler1DShadow sampler, float P);
vec2 **textureQueryLod**(sampler2DShadow sampler, vec2 P);
vec2 **textureQueryLod**(samplerCubeShadow sampler, vec3 P);
vec2 **textureQueryLod**(sampler1DArrayShadow sampler, float P);
vec2 **textureQueryLod**(sampler2DArrayShadow sampler, vec2 P);
vec2 **textureQueryLod**(samplerCubeArrayShadow sampler,vec3 P);

返回 mipmap 数组，其在返回值的 x 元素分量获取。

在返回值的 y 元素分量，返回计算与初始层相关的层次细节的层数。

如果调用了一个不完成纹理，那么返回结果未定义。

int **textureQueryLevels**(gsampler1D sampler);
int **textureQueryLevels**(gsampler2D sampler);
int **textureQueryLevels**(gsampler3D sampler);
int **textureQueryLevels**(gsamplerCube sampler);
int **textureQueryLevels**(gsampler1DArray sampler);
int **textureQueryLevels**(gsampler2DArray sampler);
int **textureQueryLevels**(gsamplerCubeArray sampler);
int **textureQueryLevels**(gsampler1DShadow sampler);
int **textureQueryLevels**(gsampler2DShadow sampler);
int **textureQueryLevels**(gsamplerCubeShadow sampler);
int **textureQueryLevels**(gsampler1DArrayShadow sampler);
int **textureQueryLevels**(gsampler2DArrayShadow sampler);
int **textureQueryLevels**(gsamplerCubeArrayShadow sampler);

返回 sampler 关联纹理的 mipmap 层数值。

如果 sampler 关联纹理不存在或者不完整，则返回值为 0。

在所有着色阶段可用。

int **textureSamples**(gsampler2DMS sampler);
int **textureSamples**(gsampler2DMSArray sampler);

返回 sample 关联的纹理中采样的数量。

纹理元素查找函数

---

gvec4 **texture**(gsampler1D sampler, float P [, float bias]);

gvec4 **texture**(gsampler2D sampler, vec2 P [, float bias]);

gvec4 **texture**(gsampler3D sampler, vec3 P [, float bias]);

gvec4 **texture**(gsamplerCube sampler, vec3 P [, float bias]);

float **texture**(sampler1DShadow sampler, vec3 P [, float bias]);

float **texture**(sampler2DShadow sampler, vec3 P [, float bias]);

float **texture**(samplerCubeShadow sampler, vec4 P [, float bias]);

gvec4 **texture**(gsampler1DArray sampler, vec2 P [, float bias]);

gvec4 **texture**(gsampler2DArray sampler, vec3 P [, float bias]);

gvec4 **texture**(gsamplerCubeArray sampler, vec4 P [, float bias]);

float **texture**(sampler1DArrayShadow sampler, vec3 P [,float bias]);

float **texture**(sampler2DArrayShadow sampler, vec4 P);

gvec4 **texture**(gsampler2DRect sampler, vec2 P);

float **texture**(sampler2DRectShadow sampler, vec3 P);

float **texture**(gsamplerCubeArrayShadow sampler, vec4 P,float compare);

用纹理坐标 P，从绑定到 sampler 当前纹理中作纹理查找。用作阴影形式时：当存在比较操作时，它被用作 Dref 且层数组来自 P.w；当不存在比较操作时，P 的最后一个元素用作 Dref 且层数组来自 P 的从第二个到最后一个元素（在 1D 阴影查找中 P 的第二个元素无用）。

对非阴影形式，层数组来自 P 的最后一个元素。

---

gvec4 **textureProj**(gsampler1D sampler, vec2 P [, float bias]);

gvec4 **textureProj**(gsampler1D sampler, vec4 P [, float bias]);

gvec4 **textureProj**(gsampler2D sampler, vec3 P [, float bias]);

gvec4 **textureProj**(gsampler2D sampler, vec4 P [, float bias]);

gvec4 **textureProj**(gsampler3D sampler, vec4 P [, float bias]);

float **textureProj**(sampler1DShadow sampler, vec4 P [, float bias]);

float **textureProj**(sampler2DShadow sampler, vec4 P [, float bias]);

gvec4 **textureProj**(gsampler2DRect sampler, vec3 P);

gvec4 **textureProj**(gsampler2DRect sampler, vec4 P);

float **textureProj**(sampler2DRectShadow sampler, vec4 P);

用投射方式进行纹理查找。纹理坐标来自 P 的元素与最后一个元素相除的结果，纹理坐标不包含 P 的最后一个元素。在阴影形式中，P 元素相除结果的第三个元素用作 Dref。计算完这些值后，在纹理中进行纹理查找操作。

---

gvec4 **textureLod**(gsampler1D sampler, float P, float lod);

gvec4 **textureLod**(gsampler2D sampler, vec2 P, float lod);

gvec4 **textureLod**(gsampler3D sampler, vec3 P, float lod);

gvec4 **textureLod**(gsamplerCube sampler, vec3 P, float lod);

float **textureLod**(sampler1DShadow sampler, vec3 P, float lod);

float **textureLod**(sampler2DShadow sampler, vec3 P, float lod);

gvec4 **textureLod**(gsampler1DArray sampler, vec2 P, float lod);

gvec4 **textureLod**(gsampler2DArray sampler, vec3 P, float lod);

float **textureLod**(sampler1DArrayShadow sampler, vec3 P,float lod);

gvec4 **textureLod**(gsamplerCubeArray sampler, vec4 P, float lod);

在纹理中 texture 以显式层次细节进行纹理查找；lod 设定 λ base，偏导公式如下：

$$\frac{\partial u}{\partial x} = 0 \qquad \frac{\partial v}{\partial x} = 0 \qquad \frac{\partial w}{\partial x} = 0$$

$$\frac{\partial u}{\partial y} = 0 \qquad \frac{\partial v}{\partial y} = 0 \qquad \frac{\partial w}{\partial y} = 0$$

---

gvec4 **textureOffset**(gsampler1D sampler, float P, int offset[, float bias]);

gvec4 **textureOffset**(gsampler2D sampler, vec2 P, ivec2 offset[, float bias]);

gvec4 **textureOffset**(gsampler3D sampler, vec3 P, ivec3 offset[, float bias]);

gvec4 **textureOffset**(gsampler2DRect sampler, vec2 P, ivec2 offset);

float **textureOffset**(sampler2DRectShadow sampler, vec3 P, ivec2 offset);

float **textureOffset**(sampler1DShadow sampler, vec3 P, int offset [,float bias]);

float **textureOffset**(sampler2DShadow sampler, vec3 P, ivec2 offset [, float bias]);

gvec4 **textureOffset**(gsampler1DArray sampler, vec2 P, int offset [, float bias]);

gvec4 **textureOffset**(gsampler2DArray sampler, vec3 P, ivec2 offset [, float bias]);

float **textureOffset**(sampler1DArrayShadow sampler, vec3 P, int offset [, float bias]);

float **textureOffset**(sampler2DArrayShadow sampler, vec4 P, vec2 offset [, float bias]);

在纹理中进行纹理查找前把 offset 的值加到纹理坐标 (u, v, w) 中，再进行纹理元

素查找。Offset 的值必须是常数表达式。支持 offset 的值的范围有限。Offset 的最大及最小值与 OpneGL 的具体实现有关，用两个变量 gl_MinProgramTexelOffset、gl_MaxProgramTexelOffset 分别表示。

注意，offset 不适用于纹理数组的层次坐标。

注意，offset 也不适用于 cubemap 纹理。

---

gvec4 **texelFetch**(gsampler1D sampler, int P, int lod);
gvec4 **texelFetch**(gsampler2D sampler, ivec2 P, int lod);
gvec4 **texelFetch**(gsampler3D sampler, ivec3 P, int lod);
gvec4 **texelFetch**(gsampler2DRect sampler, ivec2 P);
gvec4 **texelFetch**(gsampler1DArray sampler, ivec2 P, int lod);
gvec4 **texelFetch**(gsampler2DArray sampler, ivec3 P, int lod);
gvec4 **texelFetch**(gsamplerBuffer sampler, int P);
gvec4 **texelFetch**(gsampler2DMS sampler, ivec2 P, int sample);
gvec4 **texelFetch**(gsampler2DMSArray sampler, ivec3 P, int sample);

在 sampler 中用整数纹理坐标查找单个纹理元素。

对数组形式，层数组来自 p 的最后一个元素。

---

gvec4 **texelFetchOffset**(gsampler1D sampler, int P, int lod, int offset);
gvec4 **texelFetchOffset**(gsampler2D sampler, ivec2 P, int lod, ivec2 offset);
gvec4 **texelFetchOffset**(gsampler3D sampler, ivec3 P, int lod, ivec3 offset);
gvec4 **texelFetchOffset**(gsampler2DRect sampler, ivec2 P,ivec2 offset);
gvec4 **texelFetchOffset**(gsampler1DArray sampler, ivec2 P, int lod,int offset);
gvec4 **texelFetchOffset**(gsampler2DArray sampler, ivec3 P, int lod,ivec2 offset);

正如在 **textureOffset** 中描述那样，用补偿量 offset 通过 **texelFetch** 来获得一个纹理元素。

---

gvec4 **textureProjOffset**(gsampler1D sampler, vec2 P, int offset [,float bias]);
gvec4 **textureProjOffset**(gsampler1D sampler, vec4 P, int offset [,float bias]);
gvec4 **textureProjOffset**(gsampler2D sampler, vec3 P, ivec2 offset[, float bias]);
gvec4 **textureProjOffset**(gsampler2D sampler, vec4 P, ivec2 offset[, float bias]);
gvec4 **textureProjOffset**(gsampler3D sampler, vec4 P, ivec3 offset[, float bias]);

gvec4 textureProjOffset(gsampler2DRect sampler, vec3 P, ivec2 offset);
gvec4 textureProjOffset(gsampler2DRect sampler, vec4 P, ivec2 offset);
float textureProjOffset(sampler2DRectShadow sampler, vec4 P, ivec2 offset);
float textureProjOffset(sampler1DShadow sampler, vec4 P, int offset [, float bias]);
float textureProjOffset(sampler2DShadow sampler, vec4 P, ivec2 offset [, float bias]);

正如在 textureOffset 中描述那样，用补偿量 offset 通过 textureProj 以投射纹理查找的模式来获得一个纹理元素。

gvec4 textureLodOffset(gsampler1D sampler, float P, float lod, int offset);
gvec4 textureLodOffset(gsampler2D sampler, vec2 P, float lod, ivec2 offset);
gvec4 textureLodOffset(gsampler3D sampler, vec3 P, float lod, ivec3 offset);
float textureLodOffset(sampler1DShadow sampler, vec3 P, float lod, int offset);
float textureLodOffset(sampler2DShadow sampler, vec3 P, float lod, ivec2 offset);
gvec4 textureLodOffset(gsampler1DArray sampler, vec2 P, float lod, int offset);
gvec4 textureLodOffset(gsampler2DArray sampler, vec3 P, float lod, ivec2 offset);
float textureLodOffset(sampler1DArrayShadow sampler, vec3 P, float lod, int offset);

以显式层次细节方式进行补偿纹理查找。
参见 textureLod 和 textureOffset。

gvec4 textureProjLod(gsampler1D sampler, vec2 P, float lod);
gvec4 textureProjLod(gsampler1D sampler, vec4 P, float lod);
gvec4 textureProjLod(gsampler2D sampler, vec3 P, float lod);
gvec4 textureProjLod(gsampler2D sampler, vec4 P, float lod);
gvec4 textureProjLod(gsampler3D sampler, vec4 P, float lod);
float textureProjLod(sampler1DShadow sampler, vec4 P, float lod);
float textureProjLod(sampler2DShadow sampler, vec4 P, float lod);

以显式层次细节方式进行投射纹理查找。
参见 textureProj 和 textureLod。

gvec4 textureProjLodOffset(gsampler1D sampler, vec2 P, float lod, int offset);
gvec4 textureProjLodOffset(gsampler1D sampler, vec4 P, float lod, int offset);

gvec4 **textureProjLodOffset**(gsampler2D sampler, vec3 P, float lod, ivec2 offset);
gvec4 **textureProjLodOffset**(gsampler2D sampler, vec4 P, float lod, ivec2 offset);
gvec4 **textureProjLodOffset**(gsampler3D sampler, vec4 P, float lod, ivec3 offset);
float **textureProjLodOffset**(sampler1DShadow sampler, vec4 P, float lod, int offset);
float **textureProjLodOffset**(sampler2DShadow sampler, vec4 P, float lod, ivec2 offset);

以显式层次细节方式进行补偿投射纹理查找。

参见 **textureProj**、**textureLod** 及 **textureOffset**。

gvec4 **textureGrad**(gsampler1D sampler, float P, float dPdx, float dPdy);
gvec4 **textureGrad**(gsampler2D sampler, vec2 P, vec2 dPdx, vec2 dPdy);
gvec4 **textureGrad**(gsampler3D sampler, vec3 P, vec3 dPdx, vec3 dPdy);
gvec4 **textureGrad**(gsamplerCube sampler, vec3 P, vec3 dPdx, vec3 dPdy);
gvec4 **textureGrad**(gsampler2DRect sampler, vec2 P, vec2 dPdx, vec2 dPdy);
float **textureGrad**(sampler2DRectShadow sampler, vec3 P, vec2 dPdx, vec2 dPdy);
float **textureGrad**(sampler1DShadow sampler, vec3 P, float dPdx, float dPdy);
float **textureGrad**(sampler2DShadow sampler, vec3 P, vec2 dPdx, vec2 dPdy);
float **textureGrad**(samplerCubeShadow sampler, vec4 P, vec3 dPdx, vec3 dPdy);
gvec4 **textureGrad**(gsampler1DArray sampler, vec2 P, float dPdx, float dPdy);
gvec4 **textureGrad**(gsampler2DArray sampler, vec3 P, vec2 dPdx, vec2 dPdy);
float **textureGrad**(sampler1DArrayShadow sampler, vec3 P, float dPdx, float dPdy);
float **textureGrad**(sampler2DArrayShadow sampler, vec4 P, vec2 dPdx, vec2 dPdy);
gvec4 **textureGrad**(gsamplerCubeArray sampler, vec4 P, vec3 dPdx, vec3 dPdy);

以显式渐变方式进行纹理查找。偏导数 p 与窗口 x 值及窗口 y 值有关。

对于一维纹理，公式为：

$$\frac{\partial s}{\partial x} = \frac{\partial P}{\partial x} \qquad \frac{\partial t}{\partial x} = 0 \qquad \frac{\partial r}{\partial x} = 0$$

$$\frac{\partial s}{\partial y} = \frac{\partial P}{\partial y} \qquad \frac{\partial t}{\partial y} = 0 \qquad \frac{\partial r}{\partial y} = 0$$

对于多维纹理，公式为：

$$\frac{\partial s}{\partial x} = \frac{\partial P.s}{\partial x} \qquad \frac{\partial t}{\partial x} = \frac{\partial P.t}{\partial x} \qquad \frac{\partial r}{\partial x} = \frac{\partial P.p}{\partial x}$$

$$\frac{\partial t}{\partial y} = \frac{\partial P.t}{\partial y} \qquad \frac{\partial s}{\partial y} = \frac{\partial P.s}{\partial y} \qquad \frac{\partial r}{\partial y} = \frac{\partial P.p}{\partial y}$$

对于 cubemap 纹理版本，偏导数 p 坐标在相应的立体面投射之前的坐标系中。

---

gvec4 textureGradOffset(gsampler1D sampler, float P, float dPdx, float dPdy, int offset);
gvec4 textureGradOffset(gsampler2D sampler, vec2 P, vec2 dPdx, vec2 dPdy, ivec2 offset);
gvec4 textureGradOffset(gsampler3D sampler, vec3 P, vec3 dPdx, vec3 dPdy, ivec3 offset);
gvec4 textureGradOffset(gsampler2DRect sampler, vec2 P, vec2 dPdx, vec2 dPdy, ivec2 offset);
float textureGradOffset(sampler2DRectShadow sampler, vec3 P, vec2 dPdx, vec2 dPdy, ivec2 offset);
float textureGradOffset(sampler1DShadow sampler, vec3 P, float dPdx, float dPdy, int offset);
float textureGradOffset(sampler2DShadow sampler, vec3 P, vec2 dPdx, vec2 dPdy, ivec2 offset);
gvec4 textureGradOffset(gsampler1DArray sampler, vec2 P, float dPdx, float dPdy, int offset);
gvec4 textureGradOffset(gsampler2DArray sampler, vec3 P, vec2 dPdx, vec2 dPdy, ivec2 offset);
float textureGradOffset(sampler1DArrayShadow sampler, vec3 P, float dPdx, float dPdy, int offset);
float textureGradOffset(sampler2DArrayShadow sampler, vec4 P, vec2 dPdx, vec2 dPdy, ivec2 offset);

正如在 textureGrad 和 textureOffset 描述的一样，以显式渐变量和补偿量方式进行纹理查找。

---

gvec4 textureProjGrad(gsampler1D sampler, vec2 P, float dPdx, float dPdy);
gvec4 textureProjGrad(gsampler1D sampler, vec4 P, float dPdx, float dPdy);
gvec4 textureProjGrad(gsampler2D sampler, vec3 P, vec2 dPdx, vec2 dPdy);
gvec4 textureProjGrad(gsampler2D sampler, vec4 P, vec2 dPdx, vec2 dPdy);
gvec4 textureProjGrad(gsampler3D sampler, vec4 P, vec3 dPdx, vec3 dPdy);
gvec4 textureProjGrad(gsampler2DRect sampler, vec3 P, vec2 dPdx, vec2 dPdy);
gvec4 textureProjGrad(gsampler2DRect sampler, vec4 P, vec2 dPdx, vec2 dPdy);
float textureProjGrad(sampler2DRectShadow sampler, vec4 P, vec2 dPdx, vec2 dPdy);
float textureProjGrad(sampler1DShadow sampler, vec4 P, float dPdx, float dPdy);
float textureProjGrad(sampler2DShadow sampler, vec4 P, vec2 dPdx, vec2 dPdy);

该函数进行与 textureProj 描述的一样进行投射纹理查找及在 textureGrad 中进行显式变量纹理查找。假设偏导数 dPdx 和 dPdy 都进行了投射变换。

gvec4 **textureProjGradOffset**(gsampler1D sampler, vec2 P, float dPdx, float dPdy, int offset);

gvec4 **textureProjGradOffset**(gsampler1D sampler, vec4 P, float dPdx, float dPdy, int offset);

gvec4 **textureProjGradOffset**(gsampler2D sampler, vec3 P, vec2 dPdx, vec2 dPdy, ivec2 offset);

gvec4 **textureProjGradOffset**(gsampler2D sampler, vec4 P, vec2 dPdx, vec2 dPdy, ivec2 offset);

gvec4 **textureProjGradOffset**(gsampler2DRect sampler, vec3 P, vec2 dPdx, vec2 dPdy, ivec2 offset);

gvec4 **textureProjGradOffset**(gsampler2DRect sampler, vec4 P, vec2 dPdx, vec2 dPdy, ivec2 offset);

float **textureProjGradOffset**(sampler2DRectShadow sampler, vec4 P, vec2 dPdx, vec2 dPdy, ivec2 offset);

gvec4 **textureProjGradOffset**(gsampler3D sampler, vec4 P, vec3 dPdx, vec3 dPdy, ivec3 offset);

float **textureProjGradOffset**(sampler1DShadow sampler, vec4 P, float dPdx, float dPdy, int offset);

float **textureProjGradOffset**(sampler2DShadow sampler, vec4 P, vec2 dPdx, vec2 dPdy, ivec2 offset);

该函数进行与 textureProjGrad 描述的一样以显式渐变量进行投射纹理查找及在 textureOffset 描述中进行补偿纹理查找。

纹理采集函数

纹理采集函数把一个浮点向量的分量作为纹理坐标，从特定纹理图像的初始层次细节采集四个纹理元素作为样本，并返回有四个分量的向量，其中每个分量存储纹理元素的值。

当执行纹理采集函数时，忽略过滤符 minification 及 magnification，且 LINEAR 的过滤规则作用于从其纹理图像中采集四个纹理元素 i_0j_1、i_1j_1、i_1j_0 及 i_0j_0 的初始层。纹理元素先转变成纹理基础颜色（Rs,Gs,Bs,As），然后进行纹理综合。选取每一个以 (i_0j_1, i_1j_1, i_1j_0, i_0j_0) 排序且进行过纹理综合的纹理颜色的分量来组合成一个有四个分量的向量。

对于使用阴影类型的 sampler 纹理采集函数来说，四个纹理元素每一次查找都执行与 refZ 中传入作为深度参照值的深度进行比较，且在返回向量相应的分量中体现比较结果。

对其他纹理查找函数而言，如果在阴影 sanpler 中引用的纹理不是一个深度纹理或者深度比较没使能；或者如果在非阴影 sampler 中引用的纹理是深度纹理且深度比较使能，这两种情况下纹理采集函数的结果未定义。

gvec4 **textureGather**(gsampler2D sampler, vec2 P[, int comp]);

gvec4 **textureGather**(gsampler2DArray sampler, vec3 P[, int comp]);

gvec4 **textureGather**(gsamplerCube sampler, vec3 P[, int comp]);

gvec4 **textureGather**(gsamplerCubeArray sampler, vec4 P[, int comp]);

gvec4 textureGather(gsampler2DRect sampler, vec2 P[, int comp]);
vec4 textureGather(sampler2DShadow sampler, vec2 P,float refZ);
vec4 textureGather(sampler2DArrayShadow sampler, vec3 P,float refZ);
vec4 textureGather(samplerCubeShadow sampler, vec3 P,float refZ);
vec4 textureGather(samplerCubeArrayShadow sampler, vec4 P,float refZ);
vec4 textureGather(sampler2DRectShadow sampler, vec2 P,float refZ);

返回一个 vec4，它的值由下面的四个分量构成：

Sample i_0j_1(P, base).comp

Sample i_1j_1(P, base).comp

Sample i_1j_0(P, base).comp

Sample i_0j_0(P, base).comp

如果指定 comp 的值必须是一个常整数表达式，那么它的值只能是 0、1、2，或者 3，分别代表纹理综合过的纹理查找结果，即有四分量向量的纹理元素的 x、y、z 或 w 分量。如果没指定 comp，它被视作 0，并选择每个纹理元素的 x 分量来产生结果。

gvec4 textureGatherOffset(gsampler2D sampler, vec2 P, ivec2 offset[, int comp]);
gvec4 textureGatherOffset(gsampler2DArray sampler, vec3 P, ivec2 offset[, int comp]);
gvec4 textureGatherOffset(gsampler2DRect sampler, vec2 P, ivec2 offset[, int comp]);
vec4 textureGatherOffset(sampler2DShadow sampler, vec2 P, float refZ, ivec2 offset);
vec4 textureGatherOffset(sampler2DArrayShadow sampler, vec3 P, float refZ, ivec2 offset);
vec4 textureGatherOffset(sampler2DRectShadow sampler, vec2 P, float refZ, ivec2 offset);

执行与 textureGather 中描述的一样的纹理采集操作，以及与 textureOffset 中描述的一样的补偿纹理操作，只不过 offset 可以是变量（非常量）且 offset 的最小值与最大值与具体的 OpenGL 实现有关，其中 MIN_PROGRAM_TEXTURE_GATHER_OFFSET 和 MAX_PROGRAM_TEXTURE_GATHER_OFFSET 分别给出最大值和最小值。

gvec4 textureGatherOffsets(gsampler2D sampler, vec2 P, ivec2 offsets[4] [, int comp]);
gvec4 textureGatherOffsets(gsampler2DArray sampler, vec3 P, ivec2 offsets[4] [, int comp]);
gvec4 textureGatherOffsets(gsampler2DRect sampler, vec3 P, ivec2 offsets[4] [, int comp]);
vec4 textureGatherOffsets(sampler2DShadow sampler, vec2 P, float refZ, ivec2 offsets[4]);
vec4 textureGatherOffsets(sampler2DArrayShadow sampler, vec3 P, float refZ, ivec2 offsets[4]);

---

vec4 **textureGatherOffsets**(sampler2DRectShadow sampler, vec2 P, float refZ, ivec2 offsets[4]);

　　与 **textureGatherOffset** 执行同样的操作，只不过 offset 用来确定样本中四个纹理元素的位置。通过获取补偿集合 (offsets) 中相应的 offset 作为（u,v）坐标对 p 的补偿，确认四纹理元素的线性印迹，从印迹中选择纹理元素 i_0j_0。在补偿集合中设定的补偿值必须是常整数表达式。

C.3.10　原子计数器函数

　　在本节中，原子计数操作相互之间具有原子性。任何一个计数器都具有原子性，意味着在一个着色器实例化过程中对一个特定计数器的操作相对于发生在另一个着色器实例化过程中对同样的计数器的一些操作是不可分割的。这并不能保证对计数器进行其他形式的操作或对孤立的计数器进行序列化时也具有原子性。这种情况下如果想得到具有原子性或序列化的操作，则需增加栅栏（fence）、屏障（barrier），或者其他形式的同步方式。原子计数函数的返回值是原子计数器的值，它可以在原子操作中增加并返回，或者在原子操作中减小并返回，或者仅仅返回原值。计数器的数据类型是 32 位无符号整数。增加及减小限制在 $[0, 2^{32}-1]$ 范围内。

---

uint **atomicCounterIncrement**(atomic_uint c);

　　自动地
　　1）增加计数器 c。
　　2）返回执行增加操作前的值。
　　相对于本表中的 atomic-counter 函数，这两步操作具有原子性。

---

uint **atomicCounterDecrement**(atomic_uint c);

　　自动地
　　1）减小计数器 c。
　　2）返回执行减小操作前的值。
　　相对于本表中的 atomic-counter 函数，这两步操作具有原子性。

---

uint **atomicCounter**(atomic_uint c);

　　返回 c 的计数器值。

C.3.11 原子内存函数

原子内存函数对存储在缓冲对象或共享变量中单个有符号或无符号整数进行原子操作。所有原子内存函数操作都是从内存中读取一个值，用以下描述的方法计算出一个新值，把新计算出的值写入内存，并返回原来的值。可以保证在读取原值及写入新值期间，被更新的内存内容不会被任何其他着色器请求赋值及其他原子内存函数更改。原子内存函数仅仅支持有限的变量。如果传入原子内存函数的参数 mem 的值不与缓冲或共享变量中对应，那么着色器将编译失败。只要数组或向量是缓冲或共享变量类型的，原子内存函数就可以接受数组的一个元素或向量的一个分量作为参数 mem 的值。

```
uint atomicAdd(inout uint mem, uint data);
int atomicAdd(inout int mem, int data);
```

把 data 加到 mem 中得到一个新 men 值。

```
uint atomicMin(inout uint mem, uint data);
int atomicMin(inout int mem, int data);
```

从 mem 中减去 data 的最小值得到一个新 mem 值。

```
uint atomicMax(inout uint mem, uint data);
int atomicMax(inout int mem, int data);
```

从 mem 中减去 data 的最大值得到一个新 mem 值。

```
uint atomicAnd(inout uint mem, uint data);
int atomicAnd(inout int mem, int data);
```

把 data 的值和 mem 进行位与操作，得到一个新 mem 值。

```
uint atomicOr(inout uint mem, uint data);
int atomicOr(inout int mem, int data);
```

把 data 的值和 mem 进行位或操作，得到一个新 mem 值。

uint **atomicXor**(inout uint mem, uint data);

int **atomicXor**(inout int mem, int data);

把 data 的值和 mem 进行位异或操作，得到一个新 mem 值。

uint **atomicExchange**(inout uint mem, uint data);

int **atomicExchange**(inout int mem, int data);

将 data 的值拷贝到 mem。

uint **atomicCompSwap**(inout uint mem, uint compare, uint data);

int **atomicCompSwap**(inout int mem, int compare, int data);

对比 mem 与 data 的值。如果相等，data 的值赋予 mem；否则，它新值来自于 mem 原来的内容。

C.3.12　图形函数

在本节中定义的内置着色图形内存函数用图形基本类型之一的变量来读和写纹理的单个元素。每个图形变量表示一个纹理单元，其附加纹理图像。

当纹理函数访问内存时，标示出在图形中与 p 的值对应的坐标（i）、（i，j）或（i，j，k）位置上的纹理元素。image2DMS 和 image2DMSArray 变量（对应有符号和无符号整数类型）与多样本纹理对应，每个纹理元素可以有多个样本且用整数 sample 参数来表示一个单独样本。装载和储存支持浮点、整数及无符号整数类型。在下面原型中 IMAGE_PARAMS 是个占位符代表 33 种的独立函数，每种都代表不同的图形变量类型。占位符 IMAGE_PARAMS 被以下参数表中之一替代。

- ❑ gimage1D image, int P
- ❑ gimage2D image, ivec2 P
- ❑ gimage3D image, ivec3 P
- ❑ gimage2DRect image, ivec2 P
- ❑ gimageCube image, ivec3 P
- ❑ gimageBuffer image, int P
- ❑ gimage1DArray image, ivec2 P
- ❑ gimage2DArray image, ivec3 P
- ❑ gimageCubeArray image, ivec3 P

❏ gimage2DMS image, ivec2 P, int sample

❏ gimage2DMSArray image, ivec3 P, int sample

这里每一行代表三种不同的图形变量、图形、p，以及设定要进行操作的单个纹理元素的 sample。原子函数对单个纹理元素或图形变量的 sample 进行原子操作。原子内存操作读取选择的纹理元素的值，用下面描述的操作进行运算，把计算得到的值写入选择的纹理元素中，并返回读取的初始值。可以保证在读取原值及写入新值期间，被更新的内存内容不会被其他图形存储或其他原子函数更改。

原子函数操作仅仅支持图形变量的子集；图形必须是以下其中之一：

❏ 一个有符号整型图形变量（类型以"iimage"开头）和一个格式修饰符 r32i，用 int 类型数据参数。

❏ 一个无符号整型图形变量（类型以"uimage"开头）和一个格式修饰符 r32ui，用 uint 类型数据参数。

---

int **imageSize**(gimage1D image);

ivec2 **imageSize**(gimage2D image);

ivec3 **imageSize**(gimage3D image);

ivec2 **imageSize**(gimageCube image);

ivec3 **imageSize**(gimageCubeArray image);

ivec2 **imageSize**(gimageRect image);

ivec2 **imageSize**(gimage1DArray image);

ivec3 **imageSize**(gimage2DArray image);

int **imageSize**(gimageBuffer image);

ivec2 **imageSize**(gimage2DMS image);

ivec3 **imageSize**(gimage2DMSArray image);

返回图形或者绑定到 image 图形集的大小。对于图形数组，返回值的最后一个分量保存数组的大小。对 cubemap 图形只返回一个面的大小，如果是 cubemap 图形数组，则返回 cubemap 的数量。

---

gvec4 **imageLoad**(readonly IMAGE_PARAMS);

从图形单元 image（在 IMAGE_PARAMS 内）加载位于坐标 p 的纹理元素。对多样本加载，其样本数由 sample 提供。当图形、p 和样本表示一个有效的纹理元素时，选择的纹理元素的位转换成 vec4、ivec4 或 uvec4。

void **imageStore**(writeonly IMAGE_PARAMS, gvec4 data);

　　把数据存储到用 image 指定的图形中位于坐标 p 的纹理元素。对多样本存储，其样本数由 sample 提供。当图形、p 和样本标示一个有效的纹理元素时，数据的位转换成纹理单位的格式。

uint **imageAtomicAdd**(IMAGE_PARAMS, uint data);
int **imageAtomicAdd**(IMAGE_PARAMS, int data);

　　把 data 的值加到选定的纹理元素中。

uint **imageAtomicMin**(IMAGE_PARAMS, uint data);
int **imageAtomicMin**(IMAGE_PARAMS, int data);

　　从选择的纹理元素中减去 data 的最小值得到一个新值。

uint **imageAtomicMax**(IMAGE_PARAMS, uint data);
int **imageAtomicMax**(IMAGE_PARAMS, int data);

　　从选择的纹理元素中减去 data 的最大值得到一个新值。

uint **imageAtomicAnd**(IMAGE_PARAMS, uint data);
int **imageAtomicAnd**(IMAGE_PARAMS, int data);

　　把 data 的值和选择的纹理元素进行位与操作，得到一个新值。

uint **imageAtomicOr**(IMAGE_PARAMS, uint data);
int **imageAtomicOr**(IMAGE_PARAMS, int data);

　　把 data 的值和选择的纹理元素进行位或操作，得到一个新值。

uint **imageAtomicXor**(IMAGE_PARAMS, uint data);
int **imageAtomicXor**(IMAGE_PARAMS, int data);

　　把 data 的值和选择的纹理元素进行位异或操作，得到一个新值。

uint imageAtomicExchange(IMAGE PARAMS, uint data);

int imageAtomicExchange(IMAGE PARAMS, int data);

int imageAtomicExchange(IMAGE PARAMS, float data);

拷贝 data 的值生成一个新值。

uint imageAtomicCompSwap(IMAGE_PARAMS, uint compare, uint data);

int imageAtomicCompSwap(IMAGE_PARAMS, int compare, int data);

对比 compart 与选定的纹理元素的内容。如果相等，data 的值赋予新值；否则，它新值来自于从纹理元素加载的初始值。

C.3.13 片元处理函数

仅在片元着色器中可以使用片元处理函数。

导数函数

OpenGL 通过比较相邻的片元计算表达式的值来实行经典的近似导数。因此，当在非统一的控制流程中（在着色器中的命令行有条件的前提下执行，其中像素间执行条件有变化），导数将是未定义的。

genType dFdx(genType p);

返回 dFdxFine(p) 或者 dFdxCoarse(p)，根据具体实现的不同，API 中会根据质量 / 速度的需要来做出选择，或者使用更快速的算法方案。

genType dFdy(genType p);

返回 dFdyFine(p) 或者 dFdyCoarse(p)，根据具体实现的不同，API 中会根据质量 / 速度的需要来做出选择，或者使用更快速的算法方案。

genType fwidth(genType p);

返回输入参数 p 的 x 方向和 y 方向的绝对导数的和：

abs (dFdx (p)) + abs (dFdy(p));

genType dFdxFine(genType p);

返回 p 相对于窗口坐标 x 方向的导数。根据当前片元和它的相邻片元计算结果，使用结果的差值。

genType dFdyFine(genType p);

返回 p 相对于窗口坐标 y 方向的导数。根据当前片元和它的相邻片元计算结果，使用结果的差值。

genType fwidthFine(genType p);

返回输入参数 p 的 x 方向和 y 方向的绝对导数的和：
abs (dFdxFine(p)) + abs (dFdyFine(p));

genType dFdxCoarse(genType p);

返回 p 相对于窗口坐标 x 方向的导数。根据当前相邻片元计算结果，并且可能用到当前片元的值，使用结果的差值。也就是说，对于给定的区域，具体硬件实现可能会使用比 dFdxFine(p) 更少的片元位置来计算导数。

genType dFdyCoarse(genType p);

返回 p 相对于窗口坐标 y 方向的导数。根据当前相邻片元计算结果，并且可能用到当前片元的值，使用结果的差值。也就是说，对于给定的区域，具体硬件实现可能会使用比 dFdyFine(p) 更少的片元位置来计算导数。

genType fwidthCoarse(genType p);

返回输入参数 p 的 x 方向和 y 方向的绝对导数的和：
abs (dFdxCoarse(p)) + abs (dFdyCoarse(p));

插值函数

内置插值函数可用来计算输入着色器指定位置（x，y）的数据的插值。一个独立的位置（x，y）可以用在内置函数的每次调用中，但这些位置数据可能和用来产生输入的默认值不同。对所有插值函数，插值必须是一个输入变量或者输入变量为数组的一个元素。设定插值时，不得使用分量来选择操作符（如 .xy）。如果插值声明为 flat 或 centroid，那么这个修饰符对插值没有效果。如果声明为 noperspective，那么计算出的插值结果没有进行透视校正。

---

float **interpolateAtCentroid**(float interpolant);

vec2 **interpolateAtCentroid**(vec2 interpolant);

vec3 **interpolateAtCentroid**(vec3 interpolant);

vec4 **interpolateAtCentroid**(vec4 interpolant);

返回输入插值在处理的像素和图元中位置的采样值。如果声明为 centroid，则获取到的值与输入值一样。

---

float **interpolateAtSample**(float interpolant, int sample);

vec2 **interpolateAtSample**(vec2 interpolant, int sample);

vec3 **interpolateAtSample**(vec3 interpolant, int sample);

vec4 **interpolateAtSample**(vec4 interpolant, int sample);

返回位于 sample 编码的样本的输入插值变量的值。如果不存在多样本缓冲，那么输入值是元素中心的估值。如果不存在 sample 编码的样本，那么用来插值的位置的输入变量将是未定义的。

---

float **interpolateAtOffset**(float interpolant, vec2 offset);

vec2 **interpolateAtOffset**(vec2 interpolant, vec2 offset);

vec3 **interpolateAtOffset**(vec3 interpolant, vec2 offset);

vec4 **interpolateAtOffset**(vec4 interpolant, vec2 offset);

返回输入插值变量从像素中心开始补偿且补偿量用 offset 指定的位置的样本值。补偿向量的两个浮点分量给出了 x 和 y 方向的补偿量。（0,0）表示像素的中心。

本函数支持补偿量的范围和粒度与 OpenGL 具体实现有关。

C.3.14　几何着色器函数

几何着色器函数只在几何着色器中可用，用来管理在该着色阶段创建的数据流。

函数 EmitStreamVertex 指定已完成的一个顶点。通过和流有关的输出值的当前值把一个顶点加入顶点流 stream 的当前输出图元。这包含 gl_PointSize、gl_ClipDistance[]、 gl_CullDistance[]、gl_Layer、gl_Position、gl_PrimitiveID 和 gl_ViewportIndex。在调用 EmitStreamVertex 之后，所有输出流的所有输出变量的值都是未定义的。如果一个集合着色器请求中提交了比在输出布局中规定的最大值 max_vertices 更多的顶点，那么函数 EmitStreamVertex 的调用结果将是未定义的。

函数 EndStreamPrimitive 指定顶点流 stream 的当前输出图元已完成，随后的任何一个 EmitStreamVertex 函数开始一个新的输出图元（对相同的类型）。这个函数并不提交一个顶点。如果输出布局中声明为"points"，那么 EndStreamPrimitive 调用是可选的。

对每个流，几何着色器开始时的输出图元不包含顶点。当一个几何着色器结束时，每个流的当前输出图元将自动结束。如果几何着色器仅写一个图元，那么调用 EndStreamPrimitive 函数是非必要的。

如果输出图元类型声明为 points，则支持多输出流。如果输出图元类型不是 points，且程序中包含函数 EmitStreamVertex 调用或者函数 EndStreamPrimitive 调用，那么程序链接将失败。

---

void EmitStreamVertex(int stream);

将输出变量的当前值提交到流 stream 中当前输出图元。流的参数必须是常整数表达式。当从函数调用返回时，所有输出变量的值是未定义的。

仅当支持多输出流可用。

---

void EndStreamPrimitive(int stream);

在流 stream 中结束当前输出图元。流的参数必须是常整数表达式。
不提交顶点。
仅当支持多输出流可用。

---

void EmitVertex();

将输出变量的当前值提交到当前输出图元。当从函数调用返回时，所有输出变量的值是未定义的。当支持多输出流时，这与调用函数 EmitStreamVertex(0) 一样。

---

void EndPrimitive();

结束当前输出图元，开始一个新的图元。不提交顶点。
当支持多输出流时，与调用函数 EndStreamPrimitive (0) 一样。

C.3.15 着色器请求控制函数

着色器请求控制函数仅在细分控制着色器和计算着色器中可用。它用来控制着色器请求执行顺序，这些着色器请求用来处理 patch（在细分控制着色器中）或者局部工作组（在计算着色器中），否则将以一种未知的顺序执行。

void barrier();

对于 barrier 任何一个静态实例，在其之外的容许的程序执行之前，对于一个输入 patch，所有的细分控制器调用必须进入其中，或者对于一个工作组必须进入其中。

函数 barrier 提供定义在着色器请求之间执行顺序的一部分。这可以确保着色调用在一个给定的静态实例 barrier 之前的写入值可以在同样的静态实例执行后安全的读取出来。因为着色调用可以在这些 barrier 间执行，这是因为没有明确的顺序执行，在一些情况下输出的 per-vertex、per-patch 的值或者计算着色器的共享变量将是不明确的。函数 barrier 只能放在细分控制着色器的 main 函数内部，且不能在任何控制流中调用。函数 Barrier 同样不容许在主函数 main 返回之后调用。任何错误放置将导致程序编译错误。

C.3.16 着色器内存控制函数

所有类型的着色器可以通过图形变量来读写纹理和缓冲对象的内容。在单个着色器请求中读写的顺序是明确的，但多个独立的着色器请求对于一个共享内存的读写的相对顺序来说，大部分都是不明确的。一个着色器请求执行内存存取的顺序，是其他着色器请求应该遵守的顺序，然而对于其他大部分着色调用来说也是不明确的，但可以用内存控制函数来控制。

void memoryBarrier();

控制单个着色调用发起的内控事务的顺序。

void memoryBarrierAtomicCounter();

控制单个着色调用发起的读写原子计数器的顺序。

void memoryBarrierBuffer();

控制单个着色调用发起的缓冲变量内控事务的顺序。

---

void memoryBarrierShared();

　　控制单个着色调用发起的共享变量内控事务的顺序。仅在计算着色器中可用。

---

void memoryBarrierImage();

　　控制单个着色调用发起的图形内控事务的顺序。

---

void groupMemoryBarrier();

　　控制单个着色调用发起的图形内控事务的顺序，在同工作组中的其他着色调用可查。仅在计算着色器中可用。

　　内置内存 barrier 函数可以用来控制被其他着色调用存取的内存读写顺序。当调用这些函数时将等先前存取选定变量类型的读写动作完成后，然后返回不引起其他作用的结果。内置函数 memoryBarrierAtomicCounter、memoryBarrierBuffer、memoryBarrierImage 和 memoryBarrierShared 分别等待存取原子计数器、缓冲、图形和共享标量操作的完成。内置函数 memoryBarrier 和 groupMemoryBarrier 将等待以上所有变量类型操作完成。函数 memoryBarrierShared 和 groupMemoryBarrier 只在计算着色器中可用；其他函数在所有着色器中可用。

　　当从这些函数返回时，在这次调用之前用 uniform 变量保存的内存，将对任何其他着色调用中同一内存执行一致存取操作可见性。特别是在一个着色阶段用这种方式写入的值，后续着色阶段的着色调用被原来的着色调用触发（如一个几何着色调用结果到图元的片元着色器请求），以保证对在后续的着色阶段的着色调用中执行一致内存存取动作可见。

　　另外，在着色调用执行的内存 barrier 函数调用的顺序，是其他着色调用也应该遵守顺序。在没有内存函数 barriers 的情况下，如果一个着色调用 uniform 变量执行了两个存储命令，那么第二个着色调用可能先看到第二个存储命令写入值，而后才是第一个存储命令的写入值。然而，如果第一个着色调用在两个语句之间调用了内存函数 barrier，那么其他着色调用永远不可能先看到第二个存储命令写入值而后才是第一个存储命令的写入值。当使用 groupMemoryBarrier 函数时，这种顺序只用在同一计算着色器工作组中的其他着色调用；所有其他的内存函数 barrier 对所有其他着色调用适用。不用内存 barrier 可以确保当前着色器请求的执行会遵守顺序；除非另一个着色调用也写入同一块内存，一个着色调用读先前写入值时同样可以看到最近写入的那些值。

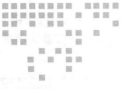

状 态 变 量

本附录列出可查询的 OpenGL 状态变量、它们的默认值以及用于获取这些变量值的命令。本附录主要包含如下内容:

❏ 查询命令
❏ OpenGL 状态变量

D.1　查询命令

除了基本命令（如 glGetIntegerv() 和 glIsEnabled()）可以用于获取简单状态变量值之外，还有其他返回更为复杂的状态变量值的特殊命令。下面列出这些特殊命令的原型。其中有些命令（如 glGetError() 和 glGetString()），将会在第 1 章里详细介绍。

为了帮助你找到所需要的这些命令及其对应的符号常量，可以参见 D.2 节的表格。

```
void glGetActiveAtomicCounterBufferiv(GLuint program,
                                      GLuint bufferIndex,
                                      GLenum pname,
                                      GLint *params);
void glGetActiveAttrib(GLuint program, GLuint index,
                       GLsizei bufSize, GLsizei *length,
                       GLint *size, GLenum *type,
                       GLchar *name);
void glGetActiveSubroutineName(GLuint program,
```

```
                    GLenum shadertype,
                    GLuint index, GLsizei bufsize,
                    GLsizei *length,
                    GLchar *name);
void glGetActiveSubroutineUniformiv(GLuint program,
                    GLenum shadertype,
                    GLuint index,
                    GLenum pname,
                    GLint *values);
void glGetActiveSubroutineUniformName(GLuint program,
                    GLenum shadertype,
                    GLuint index,
                    GLsizei bufsize,
                    GLsizei *length,
                    GLchar *name);
void glGetActiveUniform(GLuint program, GLuint index,
                    GLsizei bufSize, GLsizei *length,
                    GLint *size, GLenum *type,
                    GLchar *name);
void glGetActiveUniformBlockiv(GLuint program,
                    GLuint uniformBlockIndex,
                    GLenum pname,
                    GLint *params);
void glGetActiveUniformBlockName(GLuint program,
                    GLuint uniformBlockIndex,
                    GLsizei bufSize,
                    GLsizei *length,
                    GLchar *uniformBlockName);
void glGetActiveUniformName(GLuint program,
                    GLuint uniformIndex,
                    GLsizei bufSize, GLsizei *length,
                    GLchar *uniformName);
void glGetActiveUniformsiv(GLuint program,
                    GLsizei uniformCount,
                    const GLuint *uniformIndices,
                    GLenum pname, GLint *params);
```

void glGetAttachedShaders(GLuint program, GLsizei maxCount,
                          GLsizei *count, GLuint *obj);
GLint glGetAttribLocation(GLuint program,
                          const GLchar *name);
void glGetBooleanv(GLenum pname, GLboolean *params);
void glGetBooleani_v(GLenum target, GLuint index,
                     GLboolean *data);
void glGetBufferParameteriv(GLenum target, GLenum pname,
                            GLint *params);
void glGetBufferParameteri64v(GLenum target, GLenum pname,
                              GLint64 *params);
void glGetBufferPointerv(GLenum target, GLenum pname,
                         GLvoid* *params);
void glGetBufferSubData(GLenum target, GLintptr offset,
                        GLsizeiptr size, GLvoid *data);
void glGetCompressedTexImage(GLenum target, GLint level,
                             GLvoid *img);
GLuint glGetDebugMessageLog(GLuint count, GLsizei bufsize,
                            GLenum *sources,
                            GLenum *types, GLuint *ids,
                            GLenum *severities,
                            GLsizei *lengths,
                            GLchar *messageLog);
void glGetDoublev(GLenum pname, GLdouble *params);
void glGetDoublei_v(GLenum target, GLuint index,
                    GLdouble *data);
GLenum glGetError(void);
void glGetFloatv(GLenum pname, GLfloat *params);
void glGetFloati_v(GLenum target, GLuint index, GLfloat *data);
GLint glGetFragDataIndex(GLuint program,
                         const GLchar *name);
GLint glGetFragDataLocation(GLuint program,
                            const GLchar *name);
void glGetFramebufferAttachmentParameteriv(GLenum target,
                                           GLenum attachment,
                                           GLenum pname,

```
                                            GLint *params);
    void glGetFramebufferParameteriv(GLenum target,
                                     GLenum pname,
                                     GLint *params);
    void glGetIntegerv(GLenum pname, GLint *params);
    void glGetInteger64v(GLenum pname, GLint64 *params);
    void glGetIntegeri_v(GLenum target, GLuint index, GLint *data);
    void glGetInteger64i_v(GLenum target, GLuint index,
                           GLint64 *data);
    void glGetInternalformativ(GLenum target,
                               GLenum internalformat,
                               GLenum pname, GLsizei bufSize,
                               GLint *params);
    void glGetInternalformati64v(GLenum target,
                                 GLenum internalformat,
                                 GLenum pname, GLsizei bufSize,
                                 GLint64 *params);
    void glGetMultisamplefv(GLenum pname, GLuint index,
                            GLfloat *val);
    void glGetObjectLabel(GLenum identifier, GLuint name,
                          GLsizei bufSize, GLsizei *length,
                          GLchar *label);
    void glGetObjectPtrLabel(const void *ptr, GLsizei bufSize,
                             GLsizei *length, GLchar *label);
    void glGetPointerv(GLenum pname, GLvoid* *params);
    void glGetProgramBinary(GLuint program, GLsizei bufSize,
                            GLsizei *length,
                            GLenum *binaryFormat,
                            GLvoid *binary);
    void glGetProgramInfoLog(GLuint program, GLsizei bufSize,
                             GLsizei *length, GLchar *infoLog);
    void glGetProgramiv(GLuint program, GLenum pname,
                        GLint *params);
    void glGetProgramPipelineInfoLog(GLuint pipeline,
                                     GLsizei bufSize,
                                     GLsizei *length,
```

```
                                GLchar *infoLog);
void glGetProgramPipelineiv(GLuint pipeline, GLenum pname,
                                GLint *params);
void glGetProgramInterfaceiv(GLuint program,
                                GLenum programInterface,
                                GLenum pname, GLint *params);
GLuint glGetProgramResourceIndex(GLuint program,
                                GLenum programInterface,
                                const GLchar *name);
GLint glGetProgramResourceLocation(GLuint program,
                                GLenum programInterface,
                                const GLchar *name);
GLint glGetProgramResourceLocationIndex(GLuint program,
                                GLenum programInterface,
                                const GLchar *name);
void glGetProgramResourceName(GLuint program,
                                GLenum programInterface,
                                GLuint index, GLsizei bufSize,
                                GLsizei *length,
                                GLchar *name);
void glGetProgramResourceiv(GLuint program,
                                GLenum programInterface,
                                GLuint index, GLsizei propCount,
                                const GLenum *props,
                                GLsizei bufSize, GLsizei *length,
                                GLint *params);
void glGetProgramStageiv(GLuint program, GLenum shadertype,
                                GLenum pname, GLint *values);
void glGetQueryIndexediv(GLenum target, GLuint index,
                                GLenum pname, GLint *params);
void glGetQueryiv(GLenum target, GLenum pname,
                                GLint *params);
void glGetQueryObjectiv(GLuint id, GLenum pname,
                                GLint *params);
void glGetQueryObjecti64v(GLuint id, GLenum pname,
```

GLint64 *params);

void glGetQueryObjectuiv(GLuint id, GLenum pname,

GLuint *params);

void glGetQueryObjectui64v(GLuint id, GLenum pname,

GLuint64 *params);

void glGetRenderbufferParameteriv(GLenum target,

GLenum pname,

GLint *params);

void glGetSamplerParameterfv(GLuint sampler, GLenum pname,

GLfloat *params);

void glGetSamplerParameteriv(GLuint sampler, GLenum pname,

GLint *params);

void glGetSamplerParameterIiv(GLuint sampler,

GLenum pname,

GLint *params);

void glGetSamplerParameterIuiv(GLuint sampler,

GLenum pname,

GLuint *params);

void glGetShaderInfoLog(GLuint shader, GLsizei bufSize,

GLsizei *length, GLchar *infoLog);

void glGetShaderiv(GLuint shader, GLenum pname,

GLint *params);

void glGetShaderPrecisionFormat(GLenum shadertype,

GLenum precisiontype,

GLint *range,

GLint *precision);

void glGetShaderSource(GLuint shader, GLsizei bufSize,

GLsizei *length, GLchar *source);

const GLubyte * glGetString(GLenum name);

const GLubyte * glGetStringi(GLenum name, GLuint index);

GLuint glGetSubroutineIndex(GLuint program,

GLenum shadertype,

const GLchar *name);

GLint glGetSubroutineUniformLocation(GLuint program,

GLenum shadertype,

const GLchar *name);

void glGetSynciv(GLsync sync, GLenum pname, GLsizei bufSize,
GLsizei *length, GLint *values);

void glGetTexImage(GLenum target, GLint level, GLenum format,
GLenum type, GLvoid *pixels);

void glGetTexLevelParameterfv(GLenum target, GLint level,
GLenum pname,
GLfloat *params);

void glGetTexLevelParameteriv(GLenum target, GLint level,
GLenum pname,
GLint *params);

void glGetTexParameterfv(GLenum target, GLenum pname,
GLfloat *params);

void glGetTexParameteriv(GLenum target, GLenum pname,
GLint *params);

void glGetTexParameterIiv(GLenum target, GLenum pname,
GLint *params);

void glGetTexParameterIuiv(GLenum target, GLenum pname,
GLuint *params);

void glGetTransformFeedbackVarying(GLuint program,
GLuint index,
GLsizei bufSize,
GLsizei *length,
GLsizei *size,
GLenum *type,
GLchar *name);

GLuint glGetUniformBlockIndex(GLuint program,
const GLchar *uniformBlockName);

void glGetUniformdv(GLuint program, GLint location,
GLdouble *params);

void glGetUniformfv(GLuint program, GLint location,
GLfloat *params);

void glGetUniformiv(GLuint program, GLint location,
GLint *params);

void glGetUniformuiv(GLuint program, GLint location,

```
                                  GLuint *params);
        void glGetUniformIndices(GLuint program,
                                 GLsizei uniformCount,
                                 const GLchar* *uniformNames,
                                 GLuint *uniformIndices);
        GLint glGetUniformLocation(GLuint program,
                                   const GLchar *name);
        void glGetUniformSubroutineuiv(GLenum shadertype,
                                       GLint location,
                                       GLuint *params);
        void glGetVertexAttribdv(GLuint index, GLenum pname,
                                 GLdouble *params);
        void glGetVertexAttribfv(GLuint index, GLenum pname,
                                 GLfloat *params);
        void glGetVertexAttribiv(GLuint index, GLenum pname,
                                 GLint *params);
        void glGetVertexAttribIiv(GLuint index, GLenum pname,
                                  GLint *params);
        void glGetVertexAttribIuiv(GLuint index, GLenum pname,
                                   GLuint *params);
        void glGetVertexAttribLdv(GLuint index, GLenum pname,
                                  GLdouble *params);
        void glGetVertexAttribPointerv(GLuint index, GLenum pname,
                                       GLvoid* *pointer);
```

D.2　OpenGL 状态变量

下面的页面包含 OpenGL 保留的可查询的状态变量名称。变量是由它们相关的函数排名的。表格中的每个变量，传递的符号就是它的值，此外还有描述、初始化函数，以及提供的 glGet*() 系列函数。大多数状态变量可以使用 glGetBooleanv()、glGetIntegerv()、glGetFloatv() 或者 glGetDoublev() 来获得。表格中列出了大多数合适的数据类型的返回值。不过，使用 glIsEnabled() 列出的命令来查询状态变量，同样也可以使用 glGetBooleanv()、glGetIntegerv()、glGetFloatv() 或者 glGetDoublev() 来获得。对于那些列出了其他命令的状态变量，就只能使用对应的那个命令来获取了。

关于所有查询函数和有效值的更多细节请看 http://www.opengl.org/sdk/docs/。

当前值和相关数据

表 D-1 当前值和相关数据

状态变量	描述	初始值	查询命令
GL_PATCH_VERTICES	输入 patch 的顶点数	3	glGetIntegerv()
GL_PATCH_DEFAULT_OUTER_LEVEL	当不使用细分控制着色器时默认的外细分分级数	(1.0,1.0,1.0,1.0)	glGetFloatv()
GL_PATCH_DEFAULT_INNER_LEVEL	当不使用细分控制着色器时默认的内细分分级数	(1.0, 1.0)	glGetFloatv()

顶点数组对象状态

表 D-2 每个顶点数组对象的状态变量

状态变量	描述	初始值	查询命令
GL_VERTEX_ATTRIB_ARRAY_ENABLED	启用顶点属性（attri-bute）数组	GL_FALSE	glGetVertexAttribiv()
GL_VERTEX_ATTRIB_ARRAY_SIZE	顶点属性数组大小	4	glGetVertexAttribiv()
GL_VERTEX_ATTRIB_ARRAY_STRIDE	顶点属性数组的跨距	0	glGetVertexAttribiv()
GL_VERTEX_ATTRIB_ARRAY_TYPE	顶点属性数组类型	GL_FLOAT	glGetVertexAttribiv()
GL_VERTEX_ATTRIB_ARRAY_NORMALIZED	规范化的顶点属性数组	GL_FALSE	glGetVertexAttribiv()
GL_VERTEX_ATTRIB_ARRAY_INTEGER	未转换的整型顶点属性数组	GL_FALSE	glGetVertexAttribiv()
GL_VERTEX_ATTRIB_ARRAY_LONG	未转换的长整型顶点属性数组	GL_FALSE	glGetVertexAttribiv()
GL_VERTEX_ATTRIB_ARRAY_DIVISOR	实例化隔离的顶点属性数组的实例	0	glGetVertexAttribiv()
GL_VERTEX_ATTRIB_ARRAY_POINTER	顶点属性数组指针	NULL	glGetVertexAttribPointerv()
GL_LABEL	调试标签	空字符串	glGetObjectLabel()
GL_ELEMENT_ARRAY_BUFFER_BINDING	元素数组缓存绑定	0	glGetIntegerv()
GL_VERTEX_ATTRIB_ARRAY_BUFFER_BINDING	属性数组缓存绑定	0	glGetVertexAttribiv()
GL_VERTEX_ATTRIB_BINDING	使用顶点属性 i 绑定顶点缓存	i	glGetVertexAttribiv()
GL_VERTEX_ATTRIB_RELATIVE_OFFSET	对属性的顶点绑定偏移增加字节偏移	0	glGetVertexAttribiv()
GL_VERTEX_BINDING_OFFSET	在绑定的缓存的第一个元素字节偏移	i	glGetInteger64i_v()
GL_VERTEX_BINDING_STRIDE	顶点缓存绑定跨距	16	glGetIntegeri_v()

顶点数组数据

表 D-3　顶点数组数据的状态变量（没有存储在顶点数组对象）

状态变量	描述	初始值	查询命令
GL_ARRAY_BUFFER_BINDING	当前的缓存绑定	0	glGetIntegerv()
GL_DRAW_INDIRECT_BUFFER_BINDING	缓存绑定的间接命令	0	glGetIntegerv()
GL_VERTEX_ARRAY_BINDING	当前绑定的顶点数组对象	0	glGetIntegerv()
GL_PRIMITIVE_RESTART	图元（primitive）重启的开启状态	GL_FALSE	glIsEnabled()
GL_PRIMITIVE_RESTART_INDEX	图元重启索引	0	glGetIntegerv()

缓存对象状态

表 D-4　缓存对象的状态变量

状态变量	描述	初始值	查询命令
GL_BUFFER_SIZE	缓存数据大小	0	glGetBufferParameteri64v()
GL_BUFFER_USAGE	缓存用法模式	GL_STATIC_DRAW	glGetBufferParameteriv()
GL_BUFFER_ACCESS	缓存访问模式	GL_READ_WRITE	glGetBufferParameteriv()
GL_BUFFER_ACCESS_FLAGS	扩展的缓存访问标志	0	glGetBufferParameteriv()
GL_BUFFER_MAPPED	缓存映射标志	GL_FALSE	glGetBufferParameteriv()
GL_BUFFER_MAP_POINTER	被映射的缓存指针	NULL	glGetBufferPointerv()
GL_BUFFER_MAP_OFFSET	被映射的缓存的开始位置	0	glGetBufferParameteri64v()
GL_BUFFER_MAP_LENGTH	被映射的缓存范围的大小	0	glGetBufferParameteri64v()
GL_LABEL	调试标签	空字符串	glGetObjectLabel()

变换状态

表 D-5　变换状态变量

状态变量	描述	初始值	查询命令
GL_VIEWPORT	视口的原点和范围	(0, 0, width, height) 其中的 width 和 height 是 OpenGL 将要渲染的窗口大小	glGetFloati_v()
GL_DEPTH_RANGE	深度范围	0,1	glGetDoublei_v()
GL_CLIP_DISTANCEi	第 i 个用户裁剪平面的开启状态	GL_FALSE	glIsEnabled()
GL_DEPTH_CLAMP	深度截断（clamping）的开启状态	GL_FALSE	glIsEnabled()
GL_TRANSFORM_FEEDBACK_BINDING	transform feedback 操作的物体绑定	0	glGetIntegerv()

颜色状态

表 D-6　控制颜色的状态变量

状态变量	描述	初始值	查询命令
GL_CLAMP_READ_COLOR	读取颜色裁剪	GL_FIXED_ONLY	glGetIntegerv()
GL_PROVOKING_VERTEX	Provoking 顶点设置	GL_LAST_VERTEX_CONVENTION	glGetIntegerv()

光栅化状态

表 D-7　控制光栅化的状态变量

状态变量	描述	初始值	查询命令
GL_RASTERIZER_DISCARD	光栅化之前的摒弃图元状态	GL_FALSE	glIsEnabled()
GL_POINT_SIZE	点的大小	1.0	glGetFloatv()
GL_POINT_FADE_THRESHOLD_SIZE	alpha 衰减阈值	1.0	glGetFloatv()
GL_POINT_SPRITE_COORD_ORIGIN	点块纹理的原点方向	GL_UPPER_LEFT	glGetIntegerv()
GL_LINE_WIDTH	线的宽度	1.0	glGetFloatv()
GL_LINE_SMOOTH	直线抗锯齿（antialiasing）的启用状态	GL_FALSE	glIsEnabled()
GL_CULL_FACE	多边形的剔除的启用状态	GL_FALSE	glIsEnabled()
GL_CULL_FACE_MODE	多边形正面/背面剔除状态	GL_BACK	glGetIntegerv()
GL_FRONT_FACE	多边形正面 CW/CCW 模型	GL_CCW	glGetIntegerv()
GL_POLYGON_SMOOTH	多边形抗锯齿的启用状态	GL_FALSE	glIsEnabled()
GL_POLYGON_MODE	多边形的光栅化模式（正面和背面）	GL_FILL	glGetIntegerv()
GL_POLYGON_OFFSET_FACTOR	多边形的偏移因子	0	glGetFloatv()
GL_POLYGON_OFFSET_UNITS	Polygon offset units 多边形的偏移单元	0	glGetFloatv()
GL_POLYGON_OFFSET_POINT	对于多边形模式 GL_POINT 是否启用了多边形偏移	GL_FALSE	glIsEnabled()
GL_POLYGON_OFFSET_LINE	对于多边形模式 GL_LINE 是否启用了多边形偏移	GL_FALSE	glIsEnabled()
GL_POLYGON_OFFSET_FILL	对于多边形模式 GL_FILL 是否开启了多边形偏移	GL_FALSE	glIsEnabled()

多重采样

表 D-8 多重采样的状态变量

状态变量	描述	初始值	查询命令
GL_MULTISAMPLE	多重采样 (multisample) 光栅化	GL_TRUE	glIsEnabled()
GL_SAMPLE_ALPHA_TO_COVERAGE	根据 alpha 值更改覆盖值	GL_FALSE	glIsEnabled()
GL_SAMPLE_ALPHA_TO_ONE	将 alpha 设置为最大值	GL_FALSE	glIsEnabled()
GL_SAMPLE_COVERAGE	根据掩码更改覆盖值	GL_FALSE	glIsEnabled()
GL_SAMPLE_COVERAGE_VALUE	覆盖掩码值	1	glGetFloatv()
GL_SAMPLE_COVERAGE_INVERT	反转覆盖掩码值	GL_FALSE	glGetBooleanv()
GL_SAMPLE_SHADING	着色 (shading) 采样 (sample) 的开启状态	GL_FALSE	glIsEnabled()
GL_MIN_SAMPLE_SHADING_VALUE	用于采样着色的 fraction 多重采样	0	glGetFloatv()
GL_SAMPLE_MASK	采样掩码的开启状态	GL_FALSE	glIsEnabled()
GL_SAMPLE_MASK_VALUE	采样掩码位	所有可设置的位	glGetIntegeri_v()

纹理

表 D-9 纹理单元的状态变量

状态变量	描述	初始值	查询命令
GL_TEXTURE_xD	如果 X 维纹理启用, 其值为 True; X 是 1, 2 或者 3	GL_FALSE	glIsEnabled()
GL_TEXTURE_CUBE_MAP	如果启用了立方体映射贴图, 其值为 True	GL_FALSE	glIsEnabled()
GL_TEXTURE_BINDING_xD	绑定到 GL_TEXTURE_xD 的纹理对象	0	glGetIntegerv()
GL_TEXTURE_BINDING_1D_ARRAY	绑定到 GL_TEXTURE_1D_ARRAY 的纹理对象	0	glGetIntegerv()
GL_TEXTURE_BINDING_2D_ARRAY	绑定到 GL_TEXTURE_2D_ARRAY 的纹理对象	0	glGetIntegerv()
GL_TEXTURE_BINDING_CUBE_MAP_ARRAY	绑定到 GL_TEXTURE_CUBE_MAP_A 的纹理对象	0	glGetIntegerv()

（续）

状态变量	描述	初始值	查询命令
GL_TEXTURE_BINDING_RECTANGLE	绑定到 GL_TEXTURE_REC-TANGLE 的纹理对象	0	glGetIntegerv()
GL_TEXTURE_BINDING_BUFFER	绑定到 GL_TEXTURE_BUFFER 的纹理对象	0	glGetIntegerv()
GL_TEXTURE_BINDING_CUBE_MAP	绑定到 GL_TEXTURE_CUBE_MAP 的纹理对象	0	glGetIntegerv()
GL_TEXTURE_BINDING_2D_MULTISAMPLE	绑定到 GL_TEXTURE_2D_MU-LTISAMPLE 的纹理对象	0	glGetIntegerv()
GL_TEXTURE_BINDING_2D_MULTISAMPLE_ARRAY	绑定到 GL_TEXTURE_2D_MU-LTISAMPLE_ARRAY 的纹理对象	0	glGetIntegerv()
GL_SAMPLER_BINDING	绑定到活动纹理单元的采样对象	0	glGetIntegerv()
GL_TEXTURE_xD	在细节层次（level-of-detail）i 的 x 维纹理图像	—	glGetTexImage()
GL_TEXTURE_1D_ARRAY	位于行 i 的一维纹理数组图像	—	glGetTexImage()
GL_TEXTURE_2D_ARRAY	位于层 i 的二维纹理数组对象	—	glGetTexImage()
GL_TEXTURE_CUBE_MAP_ARRAY	在细节层次 i 的 cubemap 数组纹理图像	—	glGetTexImage()
GL_TEXTURE_RECTANGLE	在细节层次 0 的矩形（rectangular）纹理图像	—	glGetTexImage()
GL_TEXTURE_CUBE_MAP_POSITIVE_X	cubemap 纹理图像的细节层 i 的 +x 面	—	glGetTexImage()
GL_TEXTURE_CUBE_MAP_NEGATIVE_X	cubemap 纹理图像的细节层 i 的 -x 面	—	glGetTexImage()
GL_TEXTURE_CUBE_MAP_POSITIVE_Y	cubemap 纹理图像的细节层 i 的 +y 面	—	glGetTexImage()
GL_TEXTURE_CUBE_MAP_NEGATIVE_Y	cubemap 纹理图像的细节层 i 的 -y 面	—	glGetTexImage()
GL_TEXTURE_CUBE_MAP_POSITIVE_Z	cubemap 纹理图像的细节层 i 的 +z 面	—	glGetTexImage()
GL_TEXTURE_CUBE_MAP_NEGATIVE_Z	cubemap 图像的细节层 i 的 -z 面	—	glGetTexImage()

表 D-10 纹理对象的状态变量

状态变量	描述	初始值	查询命令
GL_TEXTURE_SWIZZLE_R	混合的红色分量	GL_RED	glGetTexParameter*()
GL_TEXTURE_SWIZZLE_G	混合的绿色分量	GL_GREEN	glGetTexParameter*()
GL_TEXTURE_SWIZZLE_B	混合的蓝色分量	GL_BLUE	glGetTexParameter*()
GL_TEXTURE_SWIZZLE_A	混合的 Alpha 分量	GL_ALPHA	glGetTexParameter*()
GL_TEXTURE_BORDER_COLOR	边框颜色	(0.0, 0.0, 0.0, 0.0)	glGetTexParameter*()
GL_TEXTURE_MIN_FILTER	缩小函数	GL_NEAREST_MIPMAP_LINEAR 或者 GL_LINEAR (矩形纹理)	glGetTexParameter*()
GL_TEXTURE_MAG_FILTER	放大函数	GL_LINEAR	glGetTexParameter*()
GL_TEXTURE_WRAP_S	纹理坐标 s 环绕模式	GL_REPEAT 或者 GL_CLA-MP_TO_EDGE (矩形纹理)	glGetTexParameter*()
GL_TEXTURE_WRAP_T	纹理坐标 t 环绕模式 (只适用于 2D、3D 和 cubemap 纹理)	GL_REPEAT 或者 GL_CLA-MP_TO_EDGE (矩形纹理)	glGetTexParameter*()
GL_TEXTURE_WRAP_R	纹理坐标 r 环绕模式 (只有 3D 纹理)	GL_REPEAT	glGetTexParameter*()
GL_TEXTURE_MIN_LOD	最小细节层次	-1000	glGetTexParameterfv()
GL_TEXTURE_MAX_LOD	最大细节层次	1000	glGetTexParameterfv()
GL_TEXTURE_BASE_LEVEL	基纹理数组层	0	glGetTexParameteriv()
GL_TEXTURE_MAX_LEVEL	最大纹理数组层	1000	glGetTexParameteriv()
GL_TEXTURE_LOD_BIAS	纹理细节层偏移	0.0	glGetTexParameterfv()
GL_DEPTH_STENCIL_TEXTURE_MODE	深度 (depth) 模板 (stencil) 纹理模式	GL_DEPTH_COMPONENT	glGetTexParameteriv()
GL_TEXTURE_COMPARE_MODE	纹理比较模式	GL_NONE	glGetTexParameteriv()
GL_TEXTURE_COMPARE_FUNC	纹理比较函数	GL_LEQUAL	glGetTexParameteriv()
GL_TEXTURE_IMMUTABLE_FORMAT	固定的大小和格式	GL_FALSE	glGetTexParameter*()
GL_IMAGE_FORMAT_COMPATIBILITY_TYPE	对使用图像单元的纹理兼容性规则	实现依赖于从 GL_IMAGE_FOR-MAT_COMPATIBILITY_BY_SIZE 或者 GL_IMAGE_FORMAT_COM-PATIBILITY_BY_CLASS 中选择	glGetTexParameter*()
GL_TEXTURE_IMMUTABLE_LEVELS	纹理存储层次数目	0	glGetTexParameter*()
GL_TEXTURE_VIEW_MIN_LEVEL	查看基础纹理层次	0	glGetTexParameter*()
GL_TEXTURE_VIEW_NUM_LEVEL	查看纹理层次数目	0	glGetTexParameter*()
GL_TEXTURE_VIEW_MIN_LAYER	查看最小纹理数组层次	0	glGetTexParameter*()
GL_TEXTURE_VIEW_NUM_LEVEL	查看纹理数组层次的数目	0	glGetTexParameter*()
GL_LABEL	调试标签	空字符串	glGetObjectLabel()

表 D-11 纹理图像的状态变量

状态变量	描述	初始值	查询命令
GL_TEXTURE_WIDTH	指定的宽度	0	glGetTexLevelParameter*()
GL_TEXTURE_HEIGHT	指定的高度（2D/3D）	0	glGetTexLevelParameter*()
GL_TEXTURE_DEPTH	指定的深度（3D）	0	glGetTexLevelParameter*()
GL_TEXTURE_SAMPLES	每个纹理元素的采样数目	0	glGetTexLevelParameter*()
GL_TEXTURE_FIXED_SAMPLE_LOCATIONS	图像是否使用固定采样模式	GL_TRUE	glGetTexLevelParameter*()
GL_TEXTURE_INTERNAL_FORMAT	内部图像格式	GL_RGBA 或 GL_R8	glGetTexLevelParameter*()
GL_TEXTURE_x_SIZE	分量大小（x 是 GL_RED、GL_GREEN、GL_BLUE、GL_ALPHA、GL_DEPTH 或者 GL_STENCIL）	0	glGetTexLevelParameter*()
GL_TEXTURE_SHARED_SIZE	共享的指数字段解析度	0	glGetTexLevelParameter*()
GL_TEXTURE_x_TYPE	分量类型（x 是 GL_RED、GL_GREEN、GL_BLUE、GL_ALPHA 或者 GL_DEPTH）	GL_NONE	glGetTexLevelParameter*()
GL_TEXTURE_COMPRESSED	如果图像有一个内部压缩（compressed）格式就为真	GL_FALSE	glGetTexLevelParameter*()l
GL_TEXTURE_COMPRESSED_IMAGE_SIZE	压缩纹理的大小（单位为 GLuBytes）	0	glGetTexLevelParameter*()
GL_TEXTURE_BUFFER_DATA_STORE_BINDING	把缓存对象绑定到当前活动图像单元的缓存纹理的数据存储	0	glGetTexLevelParameter*()
GL_TEXTURE_BUFFER_OFFSET	应用于当前图像单元的缓存纹理的缓存数据偏移	0	glGetTexLevelParameter*()
GL_TEXTURE_BUFFER_SIZE	应用于当前图像单元的缓存纹理的缓存数据大小	0	glGetTexLevelParameter*()

表 D-12 每个纹理采样对象的状态变量

状态变量	描述	初始值	查询命令
GL_TEXTURE_BORDER_COLOR	纹理边框颜色	(0.0, 0.0, 0.0, 0.0)	glGetSamplerParameter*()
GL_TEXTURE_COMPARE_FUNC	纹理比较函数	GL_LEQUAL	glGetSamplerParameteriv()
GL_TEXTURE_COMPARE_MODE	纹理比较模式	GL_NONE	glGetSamplerParameteriv()
GL_TEXTURE_LOD_BIAS	纹理细节层次偏移	0.0	glGetSamplerParameterfv()
GL_TEXTURE_MAX_LOD	最大细节层次	1000	glGetSamplerParameterfv()

状态变量	描述	初始值	查询命令
GL_TEXTURE_MAG_FILTER	放大函数	GL_LINEAR	glGetSamplerParameter*()
GL_TEXTURE_MIN_FILTER	缩小函数	GL_NEAREST_MIPMAP_LINEAR 或者 GL_LINEAR (矩形纹理)	glGetSamplerParameter*()
GL_TEXTURE_MIN_LOD	最小细节层次	−1000	glGetSamplerParameterfv()
GL_TEXTURE_WRAP_S	纹理坐标 s 环绕模式	GL_REPEAT 或者 GL_CLAMP_TO_EDGE (矩形纹理)	glGetSamplerParameter*()
GL_TEXTURE_WRAP_T	纹理坐标 t 环绕模式 (只适用于 2D、3D、cubemap 纹理)	GL_REPEAT 或者 GL_CLAMP_TO_EDGE (矩形纹理)	glGetSamplerParameter*()
GL_TEXTURE_WRAP_R	纹理坐标 r 环绕模式 (只适用于 3D 纹理)	GL_REPEAT	glGetSamplerParameter*()
GL_LABEL	调试标签	空字符串	glGetObjectLabel()

像素操作

表 D-13 像素操作的状态变量

状态变量	描述	初始值	查询命令
GL_SCISSOR_TEST	裁剪的启用状态	GL_FALSE	glIsEnabledi()
GL_SCISSOR_BOX	裁剪框	(0, 0, width, height) 其中 width 和 height 表示 OpenGL 渲染窗口的大小	glGetIntegeri_v()
GL_STENCIL_TEST	模板的启用状态	GL_FALSE	glIsEnabledi()
GL_STENCIL_FUNC	前模板函数	GL_ALWAYS	glGetIntegerv()
GL_STENCIL_VALUE_MASK	前模板掩码	$2^s - 1$，其中的 s 表示 OpenGL 设备实现所支持的模板缓存的最深位数	glGetIntegerv()
GL_STENCIL_REF	前模板的参考值	0	glGetIntegerv()
GL_STENCIL_FAIL	前模板测试失败所采取的操作	GL_KEEP	glGetIntegerv()
GL_STENCIL_PASS_DEPTH_FAIL	前模板深度缓存测试失败所采取的动作	GL_KEEP	glGetIntegerv()
GL_STENCIL_PASS_DEPTH_PASS	前模板深度缓存测试通过所采取的动作	GL_KEEP	glGetIntegerv()

（续）

状态变量	描述	初始值	查询命令
GL_STENCIL_BACK_FUNC	后模板函数	GL_ALWAYS	glGetIntegerv()
GL_STENCIL_BACK_VALUE_MASK	后模板掩码	$2^s - 1$，其中的 s 表示 OpenGL 设备实现所支持的模板缓存的最大深位数	glGetIntegerv()
GL_STENCIL_BACK_REF	后模板的参考值	0	glGetIntegerv()
GL_STENCIL_BACK_FAIL	后模板测试失败所采取的动作	GL_KEEP	glGetIntegerv()
GL_STENCIL_BACK_PASS_DEPTH_FAIL	后模板深度缓存测试失败所采取的动作	GL_KEEP	glGetIntegerv()
GL_STENCIL_BACK_PASS_DEPTH_PASS	后模板深度缓存测试通过所采取的动作	GL_KEEP	glGetIntegerv()
GL_DEPTH_TEST	深度测试的开启状态	GL_FALSE	glIsEnabled()
GL_DEPTH_FUNC	深度缓存测试函数	GL_LESS	glGetIntegerv()
GL_BLEND	对于绘制缓存（draw buffer）i 的混合开启状态	GL_FALSE	glIsEnabledi()
GL_BLEND_SRC_RGB	对于绘制缓存 i 的源 RGB 混合函数	GL_ONE	glGetIntegeri_v()
GL_BLEND_SRC_ALPHA	对于绘制缓存 i 的源 alpha 的混合函数	GL_ONE	glGetIntegeri_v()
GL_BLEND_DST_RGB	对于绘制缓存 i 的目标 RGB 的混合函数	GL_ZERO	glGetIntegeri_v()
GL_BLEND_DST_ALPHA	对于绘制缓存 i 的目标 alpha 的混合函数	GL_ZERO	glGetIntegeri_v()
GL_BLEND_EQUATION_RGB	对于绘制缓存 i 的 RGB 混合方程	GL_FUNC_ADD	glGetIntegeri_v()
GL_BLEND_EQUATION_ALPHA	对于绘制缓存 i 的 alpha 的混合方程	GL_FUNC_ADD	glGetIntegeri_v()
GL_BLEND_COLOR	常量混合颜色	(0.0, 0.0, 0.0, 0.0)	glGetFloatv()
GL_FRAMEBUFFER_SRGB	sRGB 更新和混合开启状态	GL_FALSE	glIsEnabled()
GL_COLOR_LOGIC_OP	颜色逻辑操作开启状态	GL_FALSE	glIsEnabled()
GL_LOGIC_OP_MODE	逻辑操作函数	GL_COPY	glGetIntegerv()

帧缓存控制

表 D-14 控制帧缓存处理和值的状态变量

状态变量	描述	初始值	查询命令
GL_COLOR_WRITEMASK	把绘制缓存 (R, G, B, A) 的颜色写入开启状态	(GL_TRUE,GL_TRUE, GL_TRUE,GL_TRUE)	glGetBooleani_v()
GL_DEPTH_WRITEMASK	深度缓存的写入启用	GL_TRUE	glGetBooleanv()
GL_STENCIL_WRITEMASK	前模板缓存的写入掩码	1's	glGetIntegerv()
GL_STENCIL_BACK_WRITEMASK	后模板缓存的写入掩码	1's	glGetIntegerv()
GL_COLOR_CLEAR_VALUE	颜色缓存的清除值	(0.0, 0.0, 0.0, 0.0)	glGetFloatv()
GL_DEPTH_CLEAR_VALUE	深度缓存的清除值	1	glGetFloatv()
GL_STENCIL_CLEAR_VALUE	模板缓存的清除值	0	glGetIntegerv()

帧缓存状态

表 D-15 帧缓存对象的状态变量

状态变量	描述	初始值	查询命令
GL_DRAW_FRAMEBUFFER_BINDING	绑定到 GL_DRAW_FRAMEBUFFER 的帧缓存 (framebuffer) 对象	0	glGetIntegerv()
GL_READ_FRAMEBUFFER_BINDING	绑定到 GL_READ_FRAMEBUFFER 的帧缓存对象	0	glGetIntegerv()

表 D-16 帧缓存对象的状态变量

状态变量	描述	初始值	查询命令
GL_DRAW_BUFFERi	为颜色输出 i 渲染的绘制缓存	如果有后缓存就为 GL_BACK, 否则就是 GL_FRONT, 除非这里没有默认帧缓存, 那么就为 GL_NONE。GL_COLOR_ATTACHMENT0 为帧缓存对象的颜色 0, 否则为 GL_NONE	glGetIntegerv()
GL_READ_BUFFER	读取源缓存	如果有后缓存就为 GL_BACK, 否则为 GL_FRONT, 除非这里没有默认的帧缓存, 那么就为 GL_NONE	glGetIntegerv()
GL_LABEL	调试标签	空字符串	glGetObjectLabel()

表 D-17　帧缓存附加状态对象的变量

状态变量	描述	初始值	查询命令
GL_FRAMEBUFFER_ATTACHMENT_OBJECT_TYPE	附加（attached）到帧缓存附加点的图像类型	GL_NONE	glGetFramebufferAttachmentParameteriv()
GL_FRAMEBUFFER_ATTACHMENT_OBJECT_NAME	附加到帧缓存附加点的对象名称	0	glGetFramebufferAttachmentParameteriv()
GL_FRAMEBUFFER_ATTACHMENT_TEXTURE_LEVEL	如果附加的对象是纹理，附加的图像为 mipmap 层	0	glGetFramebufferAttachmentParameteriv()
GL_FRAMEBUFFER_ATTACHMENT_TEXTURE_CUBE_MAP_FACE	如果附加的对象为 cubemap 纹理，则附加的纹理图像为立方图表面	GL_NONE	glGetFramebufferAttachmentParameteriv()
GL_FRAMEBUFFER_ATTACHMENT_TEXTURE_LAYER	如果附加的对象为 3D 纹理，则附加的纹理为图像的层	0	glGetFramebufferAttachmentParameteriv()
GL_FRAMEBUFFER_ATTACHMENT_LAYERED	帧缓存附加是否为层	GL_FALSE	glGetFramebufferAttachmentParameteriv()
GL_FRAMEBUFFER_ATTACHMENT_COLOR_ENCODING	附加的图像中的成分的编码	—	glGetFramebufferAttachmentParameteriv()
GL_FRAMEBUFFER_ATTACHMENT_COMPONENT_TYPE	附加的图像中的成分的数据类型	—	glGetFramebufferAttachmentParameteriv()
GL_FRAMEBUFFER_ATTACHMENT_x_SIZE	附加的图像的 x 成分的位的大小；x 是 GL_RED、GL_GREEN、GL_BLUE、GL_ALPHA、GL_DEPTH, 或者 GL_STENCIL	—	glGetFramebufferAttachmentParameteriv()

绘制缓存的状态

表 D-18　绘制缓存的状态

状态变量	描述	初始值	查询命令
GL_RENDERBUFFER_BINDING	绑定到 GL_RENDERBUFFER 的绘制缓存（renderbuffer）对象	0	glGetIntegerv()

表 D-19　绘制缓存对象的状态变量

状态变量	描述	初始值	查询命令
GL_RENDERBUFFER_WIDTH	绘制缓存的宽度	0	glGetRenderbufferParameteriv()
GL_RENDERBUFFER_HEIGHT	绘制缓存的高度	0	glGetRenderbufferParameteriv()
GL_RENDERBUFFER_INTERNAL_FORMAT	绘制缓存的内部格式	GL_RGBA	glGetRenderbufferParameteriv()
GL_RENDERBUFFER_RED_SIZE	绘制缓存图像的红色成分的位的大小	0	glGetRenderbufferParameteriv()
GL_RENDERBUFFER_GREEN_SIZE	绘制缓存图像的绿色成分的位的大小	0	glGetRenderbufferParameteriv()
GL_RENDERBUFFER_BLUE_SIZE	绘制缓存图像的蓝色成分的位的大小	0	glGetRenderbufferParameteriv()
GL_RENDERBUFFER_ALPHA_SIZE	绘制缓存图像的 alpha 成分的位的大小	0	glGetRenderbufferParameteriv()
GL_RENDERBUFFER_DEPTH_SIZE	绘制缓存图像的深度成分的位的大小	0	glGetRenderbufferParameteriv()
GL_RENDERBUFFER_STENCIL_SIZE	绘制缓存图像的模板成分的位的大小	0	glGetRenderbufferParameteriv()
GL_RENDERBUFFER_SAMPLES	采样数目		glGetRenderbufferParameteriv()
GL_LABEL	调试标签	空字符串	glGetObjectLabel()

像素状态

表 D-20　控制像素传送的状态变量

状态变量	描述	初始值	查询命令
GL_UNPACK_SWAP_BYTES	GL_UNPACK_SWAP_BYTES 的值	GL_FALSE	glGetBooleanv()
GL_UNPACK_LSB_FIRST	GL_UNPACK_LSB FIRST 的值	GL_FALSE	glGetBooleanv()
GL_UNPACK_IMAGE_HEIGHT	GL_UNPACK_IMAGE_HEIGHT 的值	0	glGetIntegerv()
GL_UNPACK_SKIP_IMAGES	GL_UNPACK_SKIP_IMAGES 的值	0	glGetIntegerv()
GL_UNPACK_ROW_LENGTH	GL_UNPACK_ROW_LENGTH 的值	0	glGetIntegerv()

（续）

状态变量	描述	初始值	查询命令
GL_UNPACK_SKIP_ROWS	GL_UNPACK_SKIP_ROWS 的值	0	glGetIntegerv()
GL_UNPACK_SKIP_PIXELS	GL_UNPACK_SKIP_PIXELS 的值	0	glGetIntegerv()
GL_UNPACK_ALIGNMENT	GL_UNPACK_ALIGNMENT 的值	4	glGetIntegerv()
GL_UNPACK_COMPRESSED_BLOCK_WIDTH	GL_UNPACK_COMPRESSED_BLOCK_WIDTH 的值	0	glGetIntegerv()
GL_UNPACK_COMPRESSED_BLOCK_HEIGHT	GL_UNPACK_COMPRESSED_BLOCK_HEIGHT 的值	0	glGetIntegerv()
GL_UNPACK_COMPRESSED_BLOCK_DEPTH	GL_UNPACK_COMPRESSED_BLOCK_DEPTH 的值	0	glGetIntegerv()
GL_UNPACK_COMPRESSED_BLOCK_SIZE	GL_UNPACK_COMPRESSED_BLOCK_SIZE 的值	0	glGetIntegerv()
GL_PIXEL_UNPACK_BUFFER_BINDING	像素解包缓存绑定	0	glGetIntegerv()
GL_PACK_SWAP_BYTES	GL_PACK_SWAP_BYTES 的值	GL_FALSE	glGetBooleanv()
GL_PACK_LSB_FIRST	GL_PACK_LSB_FIRST 的值	GL_FALSE	glGetBooleanv()
GL_PACK_IMAGE_HEIGHT	GL_PACK_IMAGE_HEIGHT 的值	0	glGetIntegerv()
GL_PACK_SKIP_IMAGES	GL_PACK_SKIP_IMAGES 的值	0	glGetIntegerv()
GL_PACK_ROW_LENGTH	GL_PACK_ROW_LENGTH 的值	0	glGetIntegerv()
GL_PACK_SKIP_ROWS	GL_PACK_SKIP_ROWS 的值	0	glGetIntegerv()
GL_PACK_SKIP_PIXELS	GL_PACK_SKIP_PIXELS 的值	0	glGetIntegerv()
GL_PACK_ALIGNMENT	GL_PACK_ALIGNMENT 的值	4	glGetIntegerv()
GL_PACK_COMPRESSED_BLOCK_WIDTH	GL_PACK_COMPRESSED_BLOCK_WIDTH 的值	0	glGetIntegerv()
GL_PACK_COMPRESSED_BLOCK_HEIGHT	GL_PACK_COMPRESSED_BLOCK_HEIGHT 的值	0	glGetIntegerv()
GL_PACK_COMPRESSED_BLOCK_DEPTH	GL_PACK_COMPRESSED_BLOCK_DEPTH 的值	0	glGetIntegerv()
GL_PACK_COMPRESSED_BLOCK_SIZE	GL_PACK_COMPRESSED_BLOCK_SIZE 的值	0	glGetIntegerv()
GL_PIXEL_PACK_BUFFER_BINDING	像素包装（pack）缓存绑定	0	glGetIntegerv()

着色器对象状态

表 D-21 着色器对象的状态变量

状态变量	描述	初始值	查询命令
GL_SHADER_TYPE	着色器类型（顶点、几何或者片元着色器）	—	glGetShaderiv()
GL_DELETE_STATUS	带有删除标志位的着色器	GL_FALSE	glGetShaderiv()
GL_COMPILE_STATUS	最近的编译状态	GL_FALSE	glGetShaderiv()
	着色器对象的信息日志	空字符串	glGetShaderInfoLog()
GL_INFO_LOG_LENGTH	信息日志的长度	0	glGetShaderiv()
GL_SHADER_SOURCE_LENGTH	着色器的源代码	空字符串	glGetShaderSource()
	源代码的长度	0	glGetShaderiv()
GL_LABEL	调试标签	空字符串	glGetObjectLabel()

着色器程序管道对象状态

表 D-22 程序管道对象的状态变量

状态变量	描述	初始值	查询命令
GL_ACTIVE_PROGRAM	绑定 PPO 时用 Uniform* 更新的程序（program）对象	0	glGetProgramPipelineiv()
GL_VERTEX_SHADER	当前顶点着色器（vertex shader）程序对象的名称	0	glGetProgramPipelineiv()
GL_GEOMETRY_SHADER	当前几何着色器（geometry shader）程序对象的名称	0	glGetProgramPipelineiv()
GL_FRAGMENT_SHADER	当前片元着色器（fragment shader）程序对象的名称	0	glGetProgramPipelineiv()
GL_TESS_CONTROL_SHADER	当前细分控制着色器（tessellation control shader）程序对象的名称	0	glGetProgramPipelineiv()
GL_TESS_EVALUATION_SHADER	当前细分计算着色器（tesselation evaluation shader）对象	0	glGetProgramPipelineiv()
GL_VALIDATE_STATUS	程序管道对象的验证状态	GL_FALSE	glGetProgramPipelineiv()
	程序管道对象的信息日志	空	glGetProgramPipelineInfoLog()
GL_INFO_LOG_LENGTH	信息日志的长度	0	glGetProgramPipelineiv()
GL_LABEL	调试标签	空字符串	glGetObjectLabel()

着色器程序对象状态

表 D-23 着色器程序对象的状态变量

状态变量	描述	初始值	查询命令
GL_CURRENT_PROGRAM	当前程序对象名称	0	glGetIntegerv()
GL_PROGRAM_PIPELINE_BINDING	当前程序管道（pipeline）绑定的对象	0	glGetIntegerv()
GL_PROGRAM_SEPARABLE	对于单独的管道阶段所能绑定的程序对象容量	GL_FALSE	glGetProgramiv()
GL_DELETE_STATUS	带有删除标志的程序对象	GL_FALSE	glGetProgramiv()
GL_LINK_STATUS	最近尝试成功的链接	GL_FALSE	glGetProgramiv()
GL_VALIDATE_STATUS	最近尝试成功的验证	GL_FALSE	glGetProgramiv()
GL_ATTACHED_SHADERS	所连接的着色器对象数目	0	glGetProgramiv()
	连接的着色器对象	空	glGetAttachedShaders()
GL_INFO_LOG_LENGTH	程序对象的信息日志	空	glGetProgramInfoLog()
	信息日志长度	0	glGetProgramiv()
GL_PROGRAM_BINARY_LENGTH	程序二进制的长度	0	glGetProgramiv()
GL_PROGRAM_BINARY_RETRIE-VABLE_HINT	可回收的二进制（binary）提示开启状态	GL_FALSE	glGetProgramiv()
	二进制表示的程序	—	glGetProgramBinary()
GL_COMPUTE_WORK_GROUP_SIZE	已经链接的计算机程序的局部工作组大小	0, ...,	glGetProgramiv()
GL_LABEL	调试标签	空字符串	glGetObjectLabel()
GL_ACTIVE_UNIFORMS	活动的 uniform 变量的数目	0	glGetProgramiv()
	活动的 uniform 变量的位置	—	glGetUniformLocation()
	活动的 uniform 变量大小	—	glGetActiveUniform()
	活动的 uniform 变量类型	—	glGetActiveUniform()
	活动的 uniform 变量名称	空字符串	glGetActiveUniform()
GL_ACTIVE_UNIFORM_MAX_LENGTH	活动的 uniform 变量名称的最大长度	0	glGetProgramiv()
	uniform 变量值	0	glGetUniform*()

状态变量	说明	初始值	获取函数
GL_ACTIVE_ATTRIBUTES	活动的属性变量（attributes）数目	0	glGetProgramiv()
	活动通用的属性变量位置	—	glGetAttribLocation()
	活动的属性变量大小	—	glGetActiveAttrib()
	活动的属性变量类型	—	glGetActiveAttrib()
	活动的属性变量名称	空字符串	glGetActiveAttrib()
GL_ACTIVE_ATTRIBUTE_MAX_LENGTH	活动的属性变量名称的最大长度	0	glGetProgramiv()
GL_GEOMETRY_VERTICES_OUT	输出变量（output vertices）的最大数目	0	glGetProgramiv()
GL_GEOMETRY_INPUT_TYPE	图元输入类型	GL_TRIANGLES	glGetProgramiv()
GL_GEOMETRY_OUTPUT_TYPE	图元输出类型	GL_TRIANGLE_STRIP	glGetProgramiv()
GL_GEOMETRY_SHADER_INVOCATIONS	一个几何着色器对于每个输入图元执行的次数	1	glGetProgramiv()
GL_TRANSFORM_FEEDBACK_BUFFER_MODE	程序的Transform feedback模式	GL_INTERLEAVED_ATTRIBS	glGetProgramiv()
GL_TRANSFORM_FEEDBACK_VARYINGS	流（stream）向缓存对象的输出个数	0	glGetProgramiv()
GL_TRANSFORM_FEEDBACK_VARYING_MAX_LENGTH	transform feedback输出变量名字的最大长度	0	glGetProgramiv()
	每个transform feedback输出变量的大小	—	glGetTransformFeedbackVarying()
	每个transform feedback输出变量的类型	—	glGetTransformFeedbackVarying()
	每个transform feedback输出变量的名称	—	glGetTransformFeedbackVarying()
GL_UNIFORM_BUFFER_BINDING	绑定到的环境（context）操控的一致（uniform）缓存对象	0	glGetIntegerv()
GL_UNIFORM_BUFFER_BINDING	绑定到指定的环境绑定点的统一缓存对象	0	glGetIntegeri_v()
GL_UNIFORM_BUFFER_START	绑定到一致缓存开始的区域	0	glGetInteger64i_v()
GL_UNIFORM_BUFFER_SIZE	绑定到一致缓存的区域大小	0	glGetInteger64i_v()

（续）

状态变量	描述	初始值	查询命令
GL_ACTIVE_UNIFORM_BLOCKS	在一个程序中活动 uniform 变量块的数目	0	glGetProgramiv()
GL_ACTIVE_UNIFORM_BLOCK_MAX_NAME_LENGTH	活动的 uniform 变量块名称的最大长度	0	glGetProgramiv()
GL_UNIFORM_TYPE	活动的 uniform 变量的类型	—	glGetActiveUniformsiv()
GL_UNIFORM_SIZE	活动的 uniform 变量大小	—	glGetActiveUniformsiv()
GL_UNIFORM_NAME_LENGTH	uniform 变量名称长度	—	glGetActiveUniformsiv()
GL_UNIFORM_BLOCK_INDEX	uniform 变量块索引	—	glGetActiveUniformsiv()
GL_UNIFORM_OFFSET	uniform 变量缓存偏移	—	glGetActiveUniformsiv()
GL_UNIFORM_ARRAY_STRIDE	uniform 变量缓存数组带	—	glGetActiveUniformsiv()
GL_UNIFORM_MATRIX_STRIDE	uniform 变量缓存内部矩阵带	—	glGetActiveUniformsiv()
GL_UNIFORM_IS_ROW_MAJOR	uniform 变量是否是一个行主序矩阵	—	glGetActiveUniformsiv()
GL_UNIFORM_BLOCK_BINDING	与特定 uniform 块相关的属性变量缓存绑定点	0	glGetActiveUniformBlockiv()
GL_UNIFORM_BLOCK_DATA_SIZE	保持这个 uniform 块数据大小所需的存储空间	—	glGetActiveUniformBlockiv()
GL_UNIFORM_BLOCK_ACTIVE_UNIFORMS	在特定 uniform 块的活动的 uniform 变量个数	—	glGetActiveUniformBlockiv()
GL_UNIFORM_BLOCK_ACTIVE_UNIFORM_INDICES	与特定 uniform 块相关的活动 uniform 变量索引数组	—	glGetActiveUniformBlockiv()
GL_UNIFORM_BLOCK_REFER-ENCED_BY_VERTEX_SHADER	如果在顶点阶段所要用的 uniform 块是活动的，则为 True	GL_FALSE	glGetActiveUniformBlockiv()
GL_UNIFORM_BLOCK_REFE-RENCED_BY_TESS_CONTROL_SHADER	如果在细分控制阶段所引用的 uniform 块是活动的，则为 True	GL_FALSE	glGetActiveUniformBlockiv()
GL_UNIFORM_BLOCK_REFE-RENCED_BY_TESS_EVALUTION_SHADER	如果在细分计算阶段所引用的 uniform 块是活动的，则为 True	GL_FALSE	glGetActiveUniformBlockiv()

状态变量	说明	初始值	获取命令
GL_UNIFORM_BLOCK_REFE-RENCED_BY_GEOMETRY_SHADER	如果某几何阶段所引用的 uniform 块是活动的，则为 True	GL_FALSE	glGetActiveUniformBlockiv()
GL_UNIFORM_BLOCK_REFE-RENCED_BY_FRAGMENT_SHADER	如果某片段阶段所引用的 uniform 块是活动的，则为 True	GL_FALSE	glGetActiveUniformBlockiv()
GL_UNIFORM_BLOCK_REFE-RENCED_BY_COMPUTE_SHADER	如果某计算阶段所引用的 uniform 块是活动的，则为 True	GL_FALSE	glGetActiveUniformBlockiv()
GL_TESS_CONTROL_OUTPUT_VERTICES	细分控制着色器输出 patch 大小	0	glGetProgramiv()
GL_TESS_GEN_MODE	曲面细分图元生成的基本图元类型	GL_QUADS	glGetProgramiv()
GL_TESS_GEN_SPACING	曲面细分图元生成的边缘细分空间	GL_EQUAL	glGetProgramiv()
GL_TESS_GEN_VERTEX_ORDER	由曲面细分图元生成的在图元生成时的顶点顺序	GL_CCW	glGetProgramiv()
GL_TESS_GEN_POINT_MODE	曲面细分图元生成发出图元元或着顶点	GL_FALSE	glGetProgramiv()
GL_ACTIVE_SUBROUTINE_UNIFORM_LOCATIONS	在着色器中模块中 uniform 位置的数目	0	glGetProgramStageiv()
GL_ACTIVE_SUBROUTINE_UNIFORMS	在着色器中模块 uniform 的个数	0	glGetProgramStageiv()
GL_ACTIVE_SUBROUTINES	在着色器中模块函数的数目	0	glGetProgramStageiv()
GL_ACTIVE_SUBROUTINE_UNIFORM_MAX_LENGTH	模块 uniform 名称的最大长度	0	glGetProgramStageiv()
GL_ACTIVE_SUBROUTINE_MAX_LENGTH	模块名称的最大长度	0	glGetProgramStageiv()
GL_NUM_COMPATIBLE_SUBROUTINES	与模块 uniform 相兼容的模块个数	—	glGetActiveSubroutineUniformiv()
GL_COMPATIBLE_SUBROUTINES	与模块 uniform 相兼容的模块列表	—	glGetActiveSubroutineUniformiv()
GL_UNIFORM_SIZE	在模块 uniform 数组中元素的个数	—	glGetActiveSubroutineUniformiv()

（续）

状态变量	描述	初始值	查询命令
	模块 uniform 名称的长度	—	glGetActiveSubroutineUniformiv()
	模块 uniform 名称字符串	—	glGetActiveSubroutineUniformName()
	模块名称长度	—	glGetActiveSubroutineName()
GL_UNIFORM_NAME_LENGTH	模块名称字符串	—	glGetActiveSubroutineName()
GL_ACTIVE_ATOMIC_COUNTER_BUFFERS	用于程序中的活动原子计数器缓存的个数	0	glGetProgramiv()
GL_ATOMIC_COUNTER_BUFFER_BINDING	与活动原子计数器（atomic-counter）缓存相关联的绑定点	—	glGetActiveAtomicCounterBufferiv()
GL_ATOMIC_COUNTER_BUFFER_DATA_SIZE	一个活动原子计数器缓存需要的最小长度	—	glGetActiveAtomicCounterBufferiv()
GL_ATOMIC_COUNTER_BUFFER_ACTIVE_ATOMIC_COUNTERS	在一个活动原子计数器缓存中活动的原子计数器个数	—	glGetActiveAtomicCounterBufferiv()
GL_ATOMIC_COUNTER_BUFFER_ACTIVE_ATOMIC_COUNTER-INDICES	在一个活动原子计数器缓存中活动的原子计数器的列表	—	glGetActiveAtomicCounterBufferiv()
GL_ATOMIC_COUNTER_BUFFER_REFERENCED_BY_VERTEX_SHADER	用于在顶点着色器中活动的原子计数器有一个计数器（counter）	GL_FALSE	glGetActiveAtomicCounterBufferiv()
GL_ATOMIC_COUNTER_BUFFER_REFERENCED_BY_TESS_CONTROL_SHADER	用于在细分控制着色器中活动的原子计数器有一个计数器	GL_FALSE	glGetActiveAtomicCounterBufferiv()
GL_ATOMIC_COUNTER_BUFFER_REFERENCED_BY_TESS_EVALUTION_SHADER	用于在细分计算着色器中活动的原子计数器的一个计数器	GL_FALSE	glGetActiveAtomicCounterBufferiv()
GL_ATOMIC_COUNTER_BUFFER_REFERENCED_BY_GEOMETRY_SHADER	用于在几何着色器中活动的原子计数器的一个计数器	GL_FALSE	glGetActiveAtomicCounterBufferiv()
GL_ATOMIC_COUNTER_BUFFER_REFERENCED_BY_FRAGMENT_SHADER	用于在片元着色器中活动的原子计数器的一个计数器	GL_FALSE	glGetActiveAtomicCounterBufferiv()
GL_ATOMIC_COUNTER_BUFFER_REFERENCED_BY_COMPUTE_SHADER	用于在计算着色器中活动的原子计数器的一个计数器	GL_FALSE	glGetActiveAtomicCounterBufferiv()
GL_UNIFORM_ATOMIC_COUNTER_BUFFER_INDEX	和一个活动的 uniform 变量相关联的活动原子计数器缓存	—	glGetActiveUniformsiv()

程序接口状态

表 D-24　程序接口的状态变量

状态变量	描述	初始值	查询命令
GL_ACTIVE_RESOURCES	在一个程序接口中活动资源数目	0	glGetProgramInterfaceiv()
GL_MAX_NAME_LENGTH	活动资源中名称的最大长度	0	glGetProgramInterfaceiv()
GL_MAX_NUM_ACTIVE_VARIABLES	一个活动资源中活动变量的最大数目	0	glGetProgramInterfaceiv()
GL_MAX_NUM_COMPATIBLE_SUBROUTINES	模块 uniforms 中兼容的模块最多数目	0	glGetProgramInterfaceiv()

程序对象资源状态

表 D-25　程序对象资源的状态变量

状态变量	描述	初始值	查询命令
GL_NAME_LENGTH	活动资源名称的长度	—	glGetProgramResourceiv()
GL_TYPE	活动资源的类型	—	glGetProgramResourceiv()
GL_ARRAY_SIZE	活动资源数组大小	—	glGetProgramResourceiv()
GL_OFFSET	在内存中活动资源的偏移	—	glGetProgramResourceiv()
GL_BLOCK_INDEX	拥有资源的接口块的索引	—	glGetProgramResourceiv()
GL_ARRAY_STRIDE	在内存中活动资源数组的跨距	—	glGetProgramResourceiv()
GL_MATRIX_STRIDE	在内存中活动资源矩阵的跨距	—	glGetProgramResourceiv()
GL_IS_ROW_MAJOR	活动资源存储一个行序为主的矩阵	—	glGetProgramResourceiv()
GL_ATOMIC_COUNTER_BUFFER_INDEX	拥有资源的原子计数器缓存的索引	—	glGetProgramResourceiv()
GL_BUFFER_BINDING	与当前资源绑定的缓存	—	glGetProgramResourceiv()
GL_BUFFER_DATA_SIZE	资源要求的最小缓存数据大小	—	glGetProgramResourceiv()
GL_NUM_ACTIVE_VARIABLES	活动资源拥有的活动变量（active variables）数目	—	glGetProgramResourceiv()

（续）

状态变量	描述	初始值	查询命令
GL_ACTIVE_VARIABLES	活动资源拥有的活动变量列表	—	glGetProgramResourceiv()
GL_REFERENCED_BY_VERTEX_SHADER	在顶点着色器中使用的活动资源	—	glGetProgramResourceiv()
GL_REFERENCED_BY_TESS_CONTROL_SHADER	在细分控制着色器中使用的活动资源	—	glGetProgramResourceiv()
GL_REFERENCED_BY_TESS_EVALUATION_SHADER	在细分计算控制器中使用的活动资源	—	glGetProgramResourceiv()
GL_REFERENCED_BY_GEOMETRY_SHADER	在几何着色器中使用的活动资源	—	glGetProgramResourceiv()
GL_REFERENCED_BY_FRAGMENT_SHADER	在片元着色器中使用的活动资源	—	glGetProgramResourceiv()
GL_REFERENCED_BY_COMPUTE_SHADER	在计算着色器中使用的活动资源	—	glGetProgramResourceiv()
GL_TOP_LEVEL_ARRAY_SIZE	共享的存储块成员的顶层数组大小	—	glGetProgramResourceiv()
GL_TOP_LEVEL_ARRAY_STRIDE	共享的存储块成员的顶层数组跨距	—	glGetProgramResourceiv()
GL_LOCATION	活动资源中分配的位置	—	glGetProgramResourceiv()
GL_LOCATION_INDEX	活动资源中分配的位置索引	—	glGetProgramResourceiv()
GL_IS_PER_PATCH	每个 patch 属性中活动的输入或者输出	—	glGetProgramResourceiv()
GL_NUM_COMPATIBLE_SUBROUTINES	对活动的模块 uniform 变量兼容的模块数目	—	glGetProgramResourceiv()
GL_COMPATIBLE_SUBROUTINES	活动的模块 uniform 变量兼容的模块列表	—	glGetProgramResourceiv()

顶点和几何着色器状态

表 D-26　顶点和几何着色器的状态变量

状态变量	描述	初始值	查询命令
GL_CURRENT_VERTEX_ATTRIB	当前同样的顶点属性值	0,0,0,0,1.0	glGetVertexAttribfv()
GL_PROGRAM_POINT_SIZE	点大小模式	GL_FALSE	glIsEnabled()

查询对象状态

表 D-27　查询对象的状态变量

状态变量	描述	初始值	查询命令
GL_QUERY_RESULT	查询对象结果	0 或 GL_FALSE	glGetQueryObjectuiv()
GL_QUERY_RESULT_AVAILABLE	查询对象结果是否有效	GL_FALSE	glGetQueryObjectiv()
GL_LABEL	调试标签	空字符串	glGetObjectLabel()

图像状态

表 D-28　每个图像单元的状态变量

状态变量	描述	初始值	查询命令
GL_IMAGE_BINDING_NAME	绑定纹理对象的名称	0	glGetIntegeri_v()
GL_IMAGE_BINDING_LEVEL	绑定纹理对象的级数 (level)	0	glGetIntegeri_v()
GL_IMAGE_BINDING_LAYERED	纹理对象是否绑定多个层状 (layers)	GL_FALSE	glGetBooleani_v()
GL_IMAGE_BINDING_LAYER	如果没有分层，纹理绑定的层	0	glGetIntegeri_v()
GL_IMAGE_BINDING_ACCESS	绑定纹理的读取或者写入处理	GL_READ_ONLY	glGetIntegeri_v()
GL_IMAGE_BINDING_FORMAT	用于处理绑定纹理的格式	GL_R8	glGetIntegeri_v()

transform feedback 状态

表 D-29　transform feedback 的状态变量

状态变量	描述	初始值	查询命令
GL_TRANSFORM_FEEDBACK_BUFFER_BINDING	绑定到 transform feedback 的通用绑定点的缓存对象	0	glGetIntegerv()
GL_TRANSFORM_FEEDBACK_BUFFER_BINDING	绑定到每个 transform feedback 属性流的缓存对象	0	glGetIntegeri_v()
GL_TRANSFORM_FEEDBACK_BUFFER_START	针对每个 transform feedback 属性流的绑定范围的起始偏移量	0	glGetInteger64i_v()
GL_TRANSFORM_FEEDBACK_BUFFER_SIZE	针对每个 transform feedback 属性流的绑定范围的大小	0	glGetInteger64i_v()

（续）

状态变量	描述	初始值	查询命令
GL_TRANSFORM_FEEDBACK_PAUSED	在这个物体上的 transform feedback 是否停止	GL_FALSE	glGetBooleanv()
GL_TRANSFORM_FEEDBACK_ACTIVE	在这个物体上的 transform feedback 是否活动	GL_FALSE	glGetBooleanv()
GL_LABEL	调试标签	空字符串	glGetObjectLabel()

原子计数器状态

表 D-30 原子计数器的状态变量

状态变量	描述	初始值	查询命令
GL_ATOMIC_COUNTER_BUFFER_BINDING	通用的原子计数器缓存绑定的当前值	0	glGetIntegerv()
GL_ATOMIC_COUNTER_BUFFER_BINDING	绑定到每个原子计数器缓存绑定点的缓存对象	0	glGetIntegeri_v()
GL_ATOMIC_COUNTER_BUFFER_START	绑定每个原子计数器缓存范围的起始偏移	0	glGetInteger64i_v()
GL_ATOMIC_COUNTER_BUFFER_SIZE	对于每个原子计数器缓存绑定范围的大小	0	glGetInteger64i_v()

着色器存储缓存状态

表 D-31 着色器存储缓存的状态变量

状态变量	描述	初始值	查询功能
GL_SHADER_STORAGE_BUFFER_BINDING	通用的着色器存储缓存绑定的当前值	0	glGetIntegerv()
GL_SHADER_STORAGE_BUFFER_BINDING	绑定到每个着色器存储缓存绑定点的绑定缓存	0	glGetIntegeri_v()
GL_SHADER_STORAGE_BUFFER_START	对于每个着色器存储缓存绑定范围的起始位置偏移	0	glGetInteger64i_v()
GL_SHADER_STORAGE_BUFFER_SIZE	对于每个着色器存储缓存绑定范围的大小	0	glGetInteger64i_v()

同步状态变量

表 D-32　同步对象的状态变量

状态变量	描述	初始值	查询命令
GL_OBJECT_TYPE	同步 (sync) 对象的类型	GL_SYNC_FENCE	glGetSynciv()
GL_SYNC_STATUS	同步对象的状态	GL_UNSIGNALED	glGetSynciv()
GL_SYNC_CONDITION	同步对象的条件	GL_SYNC_GPU_COMMANDS_COMPLETE	glGetSynciv()
GL_SYNC_FLAGS	同步对象的标志	0	glGetSynciv()
GL_LABEL	调试标签	空字符串	glGetObjectLabel()

提示

表 D-33　提示

状态变量	描述	初始值	查询命令
GL_LINE_SMOOTH_HINT	直线平滑 (smooth) 提示	GL_DONT_CARE	glGetIntegerv()
GL_POLYGON_SMOOTH_HINT	多边形平滑提示	GL_DONT_CARE	glGetIntegerv()
GL_TEXTURE_COMPRESSION_HINT	纹理压缩质量提示	GL_DONT_CARE	glGetIntegerv()
GL_FRAGMENT_SHADER_DERIVATIVE_HINT	片元着色器派生准确性提示	GL_DONT_CARE	glGetIntegerv()

计算调度状态

表 D-34　计算着色器调度的的状态变量

状态变量	描述	初始值	查询命令
GL_DISPATCH_INDIRECT_BUFFER_BINDING	缓存绑定的间接调度	0	glGetIntegerv()

设备实现相关的值

表 D-35 设备实现相关的状态变量

状态变量	描述	初始值	查询命令
GL_MAX_CLIP_DISTANCES	用户定义的裁剪平面的最多数量	8	glGetIntegerv()
GL_MAX_CULL_DISTANCES	用户定义的裁减（筛选）平面的最多数量	8	glGetIntegerv()
GL_MAX_CLIP_AND_CULL_DISTANCES	用户定义的裁剪平面和裁减（筛选）平面的总和最多数量	8	glGetIntegerv()
GL_SUBPIXEL_BITS	在屏幕 x_w 和 y_w 子像素精度位的数量	4	glGetIntegerv()
GL_IMPLEMENTATION_COLOR_READ_TYPE	实现首选的像素类型	GL_UNSIGNED_BYTE	glGetIntegerv()
GL_IMPLEMENTATION_COLOR_READ_FORMAT	实现首选的像素格式	GL_RGBA	glGetIntegerv()
GL_MAX_3D_TEXTURE_SIZE	3D 纹理图像的最大维度	2048	glGetIntegerv()
GL_MAX_TEXTURE_SIZE	2D/1D 纹理图像的最大维度	16384	glGetIntegerv()
GL_MAX_ARRAY_TEXTURE_LAYERS	纹理数组的最大层数	2048	glGetIntegerv()
GL_MAX_TEXTURE_LOD_BIAS	纹理细节层的偏移量的最大绝对值	2.0	glGetFloatv()
GL_MAX_CUBE_MAP_TEXTURE_SIZE	cubemap 纹理图像的最大维度	16384	glGetIntegerv()
GL_MAX_RENDERBUFFER_SIZE	渲染缓存的最大宽度和高度	16384	glGetIntegerv()
GL_MAX_VIEWPORT_DIMS	视口（viewport）的最大值	实现依赖于实现最大值	glGetFloatv()
GL_MAX_VIEWPORTS	活动视口的最大数量	16	glGetIntegerv()
GL_VIEWPORT_SUBPIXEL_BITS	视口包围的子像素精度位的数量	0	glGetIntegerv()
GL_VIEWPORT_BOUNDS_RANGE	视口包围范围 [最小，最大] (至少 [-32 768, 32 767])	依赖于实现	glGetFloatv()
GL_LAYER_PROVOKING_VERTEX	在 gl_Layer 后面的顶点约定	依赖于实现	glGetIntegerv()
GL_VIEWPORT_INDEX_PROVOKING_VERTEX	在 gl_ViewportIndex 之后的顶点约定	依赖于实现	glGetIntegerv()

状态变量	描述	初始值	获取命令
GL_POINT_SIZE_RANGE	点精灵（point sprite）大小范围（从小到大）	1,1	glGetFloatv()
GL_POINT_SIZE_GRANULARITY	点精灵大小粒度	—	glGetFloatv()
GL_ALIASED_LINE_WIDTH_RANGE	锯齿（aliased）线宽度范围（从小到大）	1,1	glGetFloatv()
GL_SMOOTH_LINE_WIDTH_RANGE	抗锯齿（antialiased）线宽度的范围（从小到大）	1,1	glGetFloatv()
GL_SMOOTH_LINE_WIDTH_GRANULARITY	抗锯齿线宽度的粒度	—	glGetFloatv()
GL_MAX_ELEMENTS_INDICES	由glDrawRangeElements()建议的最大索引数	—	glGetIntegerv()
GL_MAX_ELEMENTS_VERTICES	由glDrawRangeElements()建议的最大顶点数	—	glGetIntegerv()
GL_COMPRESSED_TEXTURE_FORMATS	列举的压缩纹理格式	—	glGetIntegerv()
GL_MAX_VERTEX_ATTRIB_RELATIVE_OFFSET	添加到顶点缓存绑定的最大偏移值	2047	glGetIntegerv()
GL_MAX_VERTEX_ATTRIB_BINDINGS	顶点缓存的最大数目	16	glGetIntegerv()
GL_NUM_COMPRESSED_TEXTURE_FORMATS	压缩纹理格式的数目	0	glGetIntegerv()
GL_MAX_TEXTURE_BUFFER_SIZE	用于缓存纹理的可寻址的纹理单元的数目	65 536	glGetIntegerv()
GL_MAX_RECTANGLE_TEXTURE_SIZE	矩形纹理的最大宽度和高度	16 384	glGetIntegerv()
GL_PROGRAM_BINARY_FORMATS	列举程序二进制（binary）格式	N/A	glGetIntegerv()
GL_NUM_PROGRAM_BINARY_FORMATS	程序二进制格式的数目	0	glGetIntegerv()
GL_SHADER_BINARY_FORMATS	列举着色器二进制格式	—	glGetIntegerv()
GL_NUM_SHADER_BINARY_FORMATS	着色器二进制格式的数目	0	glGetIntegerv()
GL_SHADER_COMPILER	着色器编译是否支持	—	glGetBooleanv()
GL_MIN_MAP_BUFFER_ALIGNMENT	由glMapBuffer()返回的指针的最小字节对齐	64	glGetIntegerv()
GL_TEXTURE_BUFFER_OFFSET_ALIGNMENT	对纹理缓存偏移的最小要求对齐	1	glGetIntegerv()

（续）

状态变量	描述	初始值	查询命令
GL_MAJOR_VERSION	支持的主版本号	—	glGetIntegerv()
GL_MINOR_VERSION	支持的次版本号	—	glGetIntegerv()
GL_CONTEXT_FLAGS	完全或向前兼容环境标志	—	glGetIntegerv()
GL_EXTENSIONS	支持的扩展名字	—	glGetStringi()
GL_NUM_EXTENSIONS	支持扩展名字的数目	—	glGetIntegerv()
GL_SHADING_LANGUAGE_VERSION	支持的最新的着色语言版本	—	glGetString()
GL_SHADING_LANGUAGE_VERSION	支持的着色语言版本	—	glGetStringi()
GL_NUM_SHADING_LANGUAGE_VERSIONS	着色语言支持的数目	3	glGetIntegerv()
GL_VENDOR	厂商字符串	—	glGetString()
GL_VERSION	OpenGL 支持的版本	—	glGetString()
GL_MAX_VERTEX_ATTRIBS	活动的顶点属性数目	16	glGetIntegerv()
GL_MAX_VERTEX_UNIFORM_COMPONENTS	顶点着色器 uniform 变量分量的数目	1024	glGetIntegerv()
GL_MAX_VERTEX_UNIFORM_VECTORS	顶点着色器 uniform 变量的向量数目	256	glGetIntegerv()
GL_MAX_VERTEX_UNIFORM_BLOCKS	每个程序中顶点 uniform 变量缓存的最大数目	14	glGetIntegerv()
GL_MAX_VERTEX_OUTPUT_COMPONENTS	在顶点着色器中输出入分量的最大数目	64	glGetIntegerv()
GL_MAX_VERTEX_TEXTURE_IMAGE_UNITS	在顶点着色器中纹理图像单元处理的数目	16	glGetIntegerv()
GL_MAX_VERTEX_ATOMIC_COUNTER_BUFFERS	由顶点着色器处理的原子计数器缓存的数目	0	glGetIntegerv()
GL_MAX_VERTEX_ATOMIC_COUNTERS	由顶点着色器中处理的原子计数器数目	0	glGetIntegerv()
GL_MAX_VERTEX_SHADER_STORAGE_BLOCKS	由顶点着色器处理的着色存储处理块的数目	0	glGetIntegerv()

细分着色器实现的相关值限制

表 D-36　细分着色器实现相关值的状态变量

状态变量	描述	初始值	查询命令
GL_MAX_TESS_GEN_LEVEL	由细分图元（primitive）支持生成的最大层次	64	glGetIntegerv()
GL_MAX_PATCH_VERTICES	最大 patch 大小	32	glGetIntegerv()
GL_MAX_TESS_CONTROL_UNIFORM_COMPONENTS	细分控制着色器 uniform 变量值的双字节数目（细分着色器）	1024	glGetIntegerv()
GL_MAX_TESS_CONTROL_TEXTURE_IMAGE_UNITS	细分控制着色器中纹理图像单元的数目	16	glGetIntegerv()
GL_MAX_TESS_CONTROL_OUTPUT_COMPONENTS	细分控制着色器逐顶点输出的分量（components）数目	128	glGetIntegerv()
GL_MAX_TESS_PATCH_COMPONENTS	细分控制着色器的逐 patch 输出的分量数目	120	glGetIntegerv()
GL_MAX_TESS_CONTROL_TOTAL_OUTPUT_COMPONENTS	细分控制着色器的逐 patch 输出的分量数目	4096	glGetIntegerv()
GL_MAX_TESS_CONTROL_INPUT_COMPONENTS	细分控制着色器逐输入顶点的分量数目	128	glGetIntegerv()
GL_MAX_TESS_CONTROL_UNIFORM_BLOCKS	在细分控制着色器中支持的 uniform 变量块的数目	14	glGetIntegerv()
GL_MAX_TESS_CONTROL_ATOMIC_COUNTER_BUFFERS	在细分控制着色器中处理的原子计数器缓存数目	0	glGetIntegerv()
GL_MAX_TESS_CONTROL_ATOMIC_COUNTERS	在细分控制着色器中处理的原子计数器数目	0	glGetIntegerv()
GL_MAX_TESS_CONTROL_SHADER_STORAGE_BLOCKS	在细分控制着色器中支持的着色存储块的数目	0	glGetIntegerv()
GL_MAX_TESS_EVALUATION_UNIFORM_COMPONENTS	细分计算着色（细分计算着色器）uniform 变量的双字节数目	1024	glGetIntegerv()
GL_MAX_TESS_EVALUATION_TEXTURE_IMAGE_UNITS	细分计算着色器的纹理图像单元数目	16	glGetIntegerv()

（续）

状态变量	描述	初始值	查询命令
GL_MAX_TESS_EVALUATION_OUTPUT_COMPONENTS	在细分计算着色器中逐顶点输出的分量数目	128	glGetIntegerv()
GL_MAX_TESS_EVALUATION_INPUT_COMPONENTS	细分计算着色器中逐顶点输入的分量数目	128	glGetIntegerv()
GL_MAX_TESS_EVALUATION_UNIFORM_BLOCKS	在细分计算着色器中支持的uniform变量块的数目	12	glGetIntegerv()
GL_MAX_TESS_EVALUATION_ATOMIC_COUNTER_BUFFERS	在细分计算着色器中处理的原子计数器缓存的数目	0	glGetIntegerv()
GL_MAX_TESS_EVALUATION_ATOMIC_COUNTERS	在细分计算着色器中处理的原子计数器数目	0	glGetIntegerv()
GL_MAX_TESS_EVALUATION_SHADER_STOAGE_BLOCKS	在细分计算着色器中处理的着色存储块数目	0	glGetIntegerv()

几何着色器实现相关值的限制

表 D-37 几何着色器实现相关值的状态变量

状态变量	描述	初始值	查询命令
GL_MAX_GEOMETRY_UNIFORM_COMPONENTS	几何着色器uniform变量的分量数目	512	glGetIntegerv()
GL_MAX_GEOMETRY_UNIFORM_BLOCKS	每个程序的几何uniform变量缓存的最大数目	14	glGetIntegerv()
GL_MAX_GEOMETRY_INPUT_COMPONENTS	由几何着色器读取输入分量的最大数目	64	glGetIntegerv()
GL_MAX_GEOMETRY_OUTPUT_COMPONENTS	由几何着色器写入输出分量的最大数目	128	glGetIntegerv()
GL_MAX_GEOMETRY_OUTPUT_VERTICES	任何几何着色器可以发送的最大顶点数目	256	glGetIntegerv()
GL_MAX_GEOMETRY_TOTAL_OUTPUT_COMPONENTS	一个几何着色器可以发送的活动输出总分量的最大数目（所有顶点）	1024	glGetIntegerv()

状态变量	描述		查询命令
GL_MAX_GEOMETRY_TEXTURE_IMAGE_UNITS	由几何着色器处理的纹理图像单元数目	16	glGetIntegerv()
GL_MAX_GEOMETRY_SHADER_INVOCATIONS	几何着色器支持的调用计数的最大数目	32	glGetIntegerv()
GL_MAX_VERTEX_STREAMS	顶点流(streams)的总数目	4	glGetIntegerv()
GL_MAX_GEOMETRY_ATOMIC_COUNTER_BUFFERS	由几何着色器处理的原子计数器缓存的数目	0	glGetIntegerv()
GL_MAX_GEOMETRY_ATOMIC_COUNTERS	由几何着色器处理的原子计数器数目	0	glGetIntegerv()
GL_MAX_GEOMETRY_SHADER_STOAGE_BLOCKS	由几何着色器处理的着色存储块的数目	0	glGetIntegerv()

片元着色器实现相关值的限制

表 D-38 片段着色器实现相关值的状态变量

状态变量	描述	初始值	查询命令
GL_MAX_FRAGMENT_UNIFORM_COMPONENTS	片元着色器 uniform 变量的分量数目	1024	glGetIntegerv()
GL_MAX_FRAGMENT_UNIFORM_VECTORS	片元着色器 uniform 变量的向量数目	256	glGetIntegerv()
GL_MAX_FRAGMENT_UNIFORM_BLOCKS	每个程序的片段 uniform 变量缓存的最大数目	14	glGetIntegerv()
GL_MAX_FRAGMENT_INPUT_COMPONENTS	每个片元着色器读取输入的最大分量数目	128	glGetIntegerv()
GL_MAX_TEXTURE_IMAGE_UNITS	每个片元着色器处理的纹理图像单元数目	16	glGetIntegerv()
GL_MIN_PROGRAM_TEXTURE_GATHER_OFFSET	textureGather 最小纹理偏移	-8	glGetIntegerv()
GL_MAX_PROGRAM_TEXTURE_GATHER_OFFSET	textureGather 最大纹理偏移	7	glGetIntegerv()
GL_MAX_FRAGMENT_ATOMIC_COUNTER_BUFFERS	由片元着色器处理的原子计数器缓存的数目	1	glGetIntegerv()

（续）

状态变量	描述	初始值	查询命令
GL_MAX_FRAGMENT_ATOMIC_COUNTERS	由片元着色器处理的原子计数器的数目	8	glGetIntegerv()
GL_MAX_FRAGMENT_SHADER_STOAGE_BLOCKS	由片元着色器处理的着色存储块的数目	8	glGetIntegerv()

计算着色器实现相关值的限制

表 D-39　计算着色器实现相关的状态变量

状态变量	描述	初始值	查询命令
GL_MAX_COMPUTE_WORK_GROUP_COUNT	被单一调度命令（每一维）可能调度的工作组最大数目	65 535	glGetIntegeri_v()
GL_MAX_COMPUTE_WORK_GROUP_SIZE	一个计算工作组（每一维）的最大局部大小	1024 (x, y), 64 (z)	glGetIntegeri_v()
GL_MAX_COMPUTE_WORK_GROUP_INVOCATIONS	在单一局部工作组中最大宗的着色器调用	1024	glGetIntegerv()
GL_MAX_COMPUTE_UNIFORM_BLOCKS	每个计算着色器最大 uniform 块	14	glGetIntegerv()
GL_MAX_COMPUTE_TEXTURE_IMAGE_UNITS	被计算着色器处理的最大纹理图像单元数目	16	glGetIntegerv()
GL_MAX_COMPUTE_ATOMIC_COUNTER_BUFFERS	被计算着色器处理的原子计数器缓存存数目	8	glGetIntegerv()
GL_MAX_COMPUTE_ATOMIC_COUNTERS	被计算着色器处理的原子计数器数目	8	glGetIntegerv()
GL_MAX_COMPUTE_SHARED_MEMORY_SIZE	所有计算着色器链接到单一程序对象的所有变量的总的存储最大大小	32 768	glGetIntegerv()
GL_MAX_COMPUTE_UNIFORM_COMPONENTS	计算着色器 uniform 变量的分量数目	512	glGetIntegerv()
GL_MAX_COMPUTE_IMAGE_UNIFORMS	计算着色器的图像变量数目	8	glGetIntegerv()
GL_MAX_COMBINED_COMPUTE_UNIFORM_COMPONENTS	所有 uniform 块包括默认的计算着色器 uniform 变量的双字节数目	—	glGetIntegerv()
GL_MAX_COMPUTE_SHADER_STORAGE_BLOCKS	被计算着色器处理的着色存储块的数目	8	glGetIntegerv()

着色器实现相关值的限制

表 D-40　着色器实现相关值限制的状态变量

状态变量	描述	初始值	查询命令
GL_MIN_PROGRAM_TEXEL_OFFSET	允许查找的最小纹理单元偏移	−8	glGetIntegerv()
GL_MAX_PROGRAM_TEXEL_OFFSET	允许查找的最大纹理单元偏移	7	glGetIntegerv()
GL_MAX_UNIFORM_BUFFER_BINDINGS	在环境中 uniform 变量缓存绑定点（buffer binding points）的最大数目	72	glGetIntegerv()
GL_MAX_UNIFORM_BLOCK_SIZE	在基础机器上 uniform 变量块单元的最大大小	16 384	glGetIntegerv()
GL_UNIFORM_BUFFER_OFFSET_ALIGNMENT	uniform 变量缓存大小和偏移所需的最小对齐	1	glGetIntegerv()
GL_MAX_COMBINED_UNIFORM_BLOCKS	每个程序组合 uniform 变量缓存的最大数目	70	glGetIntegerv()
GL_MAX_VARYING_COMPONENTS	输出变量的成分数目	60	glGetIntegerv()
GL_MAX_VARYING_VECTORS	输出变量的向量数目	15	glGetIntegerv()
GL_MAX_COMBINED_TEXTURE_IMAGE_UNITS	在 GL 中处理的纹理单元总的数目	96	glGetIntegerv()
GL_MAX_SUBROUTINES	每个着色器阶段块的最大数目	256	glGetIntegerv()
GL_MAX_SUBROUTINE_UNIFORM_LOCATIONS	每个阶段块 uniform 变量位置的最大数目	1024	glGetIntegerv()
GL_MAX_UNIFORM_LOCATIONS	用户可分配的 uniform 变量位置的最大数目	1024	glGetIntegerv()
GL_MAX_ATOMIC_COUNTER_BUFFER_BINDINGS	原子计数器缓存绑定的最大数目	1	glGetIntegerv()
GL_MAX_ATOMIC_COUNTER_BUFFER_SIZE	在基本机器上一个原子计数器缓存单元的最大大小	32	glGetIntegerv()
GL_MAX_COMBINED_ATOMIC_COUNTER_BUFFERS	每个程序原子计数器缓存的最大数目	1	glGetIntegerv()
GL_MAX_COMBINED_ATOMIC_COUNTERS	每个程序的原子计数器 uniform 变量的最大数目	8	glGetIntegerv()

（续）

状态变量	描述	初始值	查询命令
GL_MAX_SHADER_STORAGE_BUFFER_BINDINGS	着色器存储缓存绑定的最大数目	8	glGetIntegerv()
GL_MAX_SHADER_STORAGE_BLOCK_SIZE	着色器存储绑定的最大大小	2^{24}	glGetInteger64v()
GL_MAX_COMBINED_SHADER_STORAGE_BLOCKS	由程序处理的着色器存储的最大数目	8	glGetIntegerv()
GL_SHADER_STORAGE_BUFFER_OFFSET_ALIGNMENT	对着色器存储缓存定偏移值的要求的最小对齐	256	glGetIntegerv()
GL_MAX_IMAGE_UNITS	对图像加载/存储/原子单元的数目	8	glGetIntegerv()
GL_MAX_COMBINED_IMAGE_UNITS_AND_FRAGMENT_OUTPUTS	对活动的图像单元片段输出的限制	8	glGetIntegerv()
GL_MAX_IMAGE_SAMPLES	对一个纹理层绑定到图形单元允许采样的最大数目	0	glGetIntegerv()
GL_MAX_VERTEX_IMAGE_UNIFORMS	在顶点着色器中图像变量的数目	0	glGetIntegerv()
GL_MAX_TESS_CONTROL_IMAGE_UNIFORMS	在细分控制着色器中图像变量的数目	0	glGetIntegerv()
GL_MAX_TESS_EVALUATION_IMAGE_UNIFORMS	在细分计算着色器中图像变量的数目	0	glGetIntegerv()
GL_MAX_GEOMETRY_IMAGE_UNIFORMS	在几何着色器中图像变量的数目	0	glGetIntegerv()
GL_MAX_FRAGMENT_IMAGE_UNIFORMS	在片元着色器中图像变量的数目	8	glGetIntegerv()
GL_MAX_COMBINED_IMAGE_UNIFORMS	在所有着色器中图像变量的数目	8	glGetIntegerv()
GL_MAX_COMBINED_VERTEX_UNIFORM_COMPONENTS	对顶点着色器中 uniform 变量（包括默认）在所有着色器 uniform 块的双字节数目	依赖于实现	glGetIntegerv()
GL_MAX_COMBINED_GEOMETRY_UNIFORM_COMPONENTS	对几何着色器 uniform 变量在所有的 uniform 变量块（包括默认）的双字节数目	依赖于实现	glGetIntegerv()

状态变量	描述	初始值	查询命令
GL_MAX_COMBINED_TESS_CONTROL_UNIFORM_COMPONENTS	对细分控制着色器一变量在所有的 uniform 变量块（包括默认）的双子节数目	依赖于实现	glGetIntegerv()
GL_MAX_COMBINED_TESS_EVALUATION_UNIFORM_COMPONENTS	对细分计算着色器 uniform 变量在任何的 uniform 变量块（包括默认）的双子节数目	依赖于实现	glGetIntegerv()
GL_MAX_COMBINED_FRAGMENT_UNIFORM_COMPONENTS	对片元着色器 uniform 变量在所有的 uniform 变量块（包括默认）的双子节数目	依赖于实现	glGetIntegerv()

调试输出状态实现的相关值

表 D-41 调试输出的状态变量

状态变量	描述	初始值	查询命令
GL_MAX_DEBUG_MESSAGE_LENGTH	调试信息息字符串的最大长度，包括结束字符	1	glGetIntegerv()
GL_MAX_DEBUG_LOGGED_MESSAGES	存储在调试信息日志的最大信息长度	1	glGetIntegerv()
GL_MAX_DEBUG_GROUP_STACK_DEPTH	调试组的最深堆栈深度	64	glGetIntegerv()
GL_MAX_LABEL_LENGTH	一个调试标签的最大长度	256	glGetIntegerv()

设备实现的相关值

表 D-42 设备实现的相关值

状态变量	描述	初始值	查询命令
GL_MAX_SAMPLE_MASK_WORDS	采样掩码（mask）字的最大位数	1	glGetIntegerv()
GL_MAX_SAMPLES	支持的所有非整数格式的最多采样数	4	glGetIntegerv()
GL_MAX_COLOR_TEXTURE_SAMPLES	在多重采样纹理中支持的所有颜色格式的最多采样数	1	glGetIntegerv()

（续）

状态变量	描述	初始值	查询命令
GL_MAX_DEPTH_TEXTURE_SAMPLES	在多重采样（multisample）纹理中支持的所有深度/模板格式的最多采样数	1	glGetIntegerv()
GL_MAX_INTEGER_SAMPLES	在多重采样缓存中支持的所有整型格式的最多采样数	1	glGetIntegerv()
GL_QUERY_COUNTER_BITS	异步（asynchronous）查询计数器位	依赖于实现	glGetQueryiv()
GL_MAX_SERVER_WAIT_TIMEOUT	glWaitSync() 最长超时时间间隔	0	glGetInteger64v()
GL_MIN_FRAGMENT_INTERPO- LATION_ OFFSET	对 interpolate AtOffset 最大的负偏移	-0.5	glGetFloatv()
GL_MAX_FRAGMENT_INTERPO- LATION_ OFFSET	对 interpolate AtOffset 最大的正偏移	+0.5	glGetFloatv()
GL_FRAGMENT_INTERPOLATION_OFFSET_ BITS	对 iterpolate AtOffset 的子像素位	4	glGetIntegerv()
GL_MAX_DRAW_BUFFERS	活动绘制缓存的最大数目	8	glGetIntegerv()
GL_MAX_DUAL_SOURCE_DRAW_BUFFERS	当使用双重源混合时活动绘制缓存的最大数目	1	glGetIntegerv()
GL_MAX_COLOR_ATTACHMENTS	对颜色缓存 FBO 附加点的最多数目	8	glGetIntegerv()

内部格式相关的值

表 D-43　内部格式相关的值

状态变量	描述	初始值	查询命令
GL_SAMPLES	支持的采样数	依赖于实现	glGetInternalformativ()
GL_NUM_SAMPLE_COUNTS	支持的采样数目	1	glGetInternalformativ()

依赖于 transform feedback 实现的限制

表 D-44　依赖于 transform feedback 实现的限制

状态变量	描述	初始值	查询命令
GL_MAX_TRANSFORM_FEEDBACK_INTERLEAVED_COMPONENTS	在交错模式下写入单一缓存的最大成分数目	64	glGetIntegerv()
GL_MAX_TRANSFORM_FEEDBACK_SEPARATE_ATTRIBS	在 transform feedback 中可以获得的单独属性或者输出的最大数目	4	glGetIntegerv()
GL_MAX_TRANSFORM_FEEDBACK_SEPARATE_COMPONENTS	在单一模式中每个属性或输出的最大成分数目	4	glGetIntegerv()
GL_MAX_TRANSFORM_FEEDBACK_BUFFERS	写入 transform feedback 的缓存对象的最多数目	4	glGetIntegerv()

帧缓存的相关值

表 D-45　帧缓存的相关值

状态变量	描述	初始值	查询命令
GL_DOUBLEBUFFER	如果前后缓存存在就为真	—	glGetBooleanv()
GL_STEREO	如果左和右缓存存在就为真	—	glGetBooleanv()
GL_SAMPLE_BUFFERS	多重缓存的数目	0	glGetIntegerv()
GL_SAMPLES	覆盖掩码位大小	0	glGetIntegerv()
GL_SAMPLE_POSITION	明确的采样位置	—	glGetMultisamplefv()

杂项

表 D-46　杂项的状态变量

状态变量	描述	初始值	查询命令
	当前错误代码	GL_NO_ERROR	glGetError()
GL_CURRENT_QUERY	活动查询对象名称	0	glGetQueryiv()
GL_COPY_READ_BUFFER_BINDING	绑定到拷贝贝缓存"读入"绑定点的缓存	0	glGetIntegerv()
GL_COPY_WRITE_BUFFER_BINDING	绑定到拷贝贝缓存"写入"绑定点的缓存对象	0	glGetIntegerv()
GL_TEXTURE_CUBE_MAP_SEAMLESS	cubemap 贴图天缝过滤开启状态	GL_FALSE	glIsEnabled()

齐次坐标与变换矩阵

本附录以不同于第 5 章的方法对齐次坐标进行了简短的论述。它也总结了第 5 章详细论述的用于旋转、缩放、平移、透视投影和正射投影的变换矩阵的形式。对于投影的详细论述，参见 H. S. M. Coxeter 的《 The Real Projective Plane，Third Edition 》（ Springer，1992 ）。要了解如何使用本书附带的库文件，参见第 5 章。

在随后的论述中，术语齐次坐标总是意味着三维齐次坐标，尽管投影几何存在于所有维度中。

本附录主要包含以下内容：

❑ 齐次坐标
❑ 变换矩阵

E.1 齐次坐标

OpenGL 命令通常用于处理二维和三维顶点，但是事实上，都是在内部处理为包含四个坐标值的三维齐次坐标点的。

$$\begin{pmatrix} x \\ y \\ z \\ w \end{pmatrix}$$

　　如果列向量的值中至少有一个元素非零，那么每个列向量（我们写成 $(x, y, z, w)^T$）都代表一个齐次顶点。如果实数 a 非零，那么 $(x, y, z, w)^T$ 和 $(ax, ay, az, aw)^T$ 代表同一个齐次顶点（这类似于分数：$x/y = (ax)/(ay)$）三维欧几里得空间中的点 $(x, y, z)^T$ 变成齐次坐标点 $(x, y, z, 1.0)^T$，二维欧几里得空间的点 $(x, y)^T$ 变为 $(x, y, 0.0, 1.0)^T$。

　　只要 w 非零，齐次顶点 $(x, y, z, w)^T$ 就相当于三维点 $(x/w, y/w, z/w)^T$。如果 $w = 0.0$, 它相当于不是欧几里得点，而是一些理想的"无穷远点"。为了了解这个无穷远点，考虑点 (1, 2, 0, 0) 并且标记点 (1, 2, 0, 1)、(1, 2, 0, 0.01) 和 (1, 2.0, 0.0, 0.0001) 依次代表欧几里得点 (1, 2)、(100, 200) 和 (10, 000, 20, 000)。这一系列点沿着线 $2x = y$ 快速朝向无穷远处移动。因此，可以认为 (1, 2, 0, 0) 是沿着这条线的方向的无穷远点。

　　OpenGL 可能不能正确处理 $w<0$ 的齐次裁剪坐标。为了确保代码适合于所有的 OpenGL 系统，只能使用非负的 W 值。

E.1.1　变换顶点坐标

　　顶点变换（例如旋转、平移、缩放和裁剪）及投影（例如透视投影和正射投影）都可以被表达为一个恰当的 4 × 4 矩阵来作用于坐标代表的顶点。如果 v 是一个齐次顶点，M 是一个 4 × 4 的变换矩阵，那么 Mv 就是 v 经过 M 变换后的图像（在计算机图形学应用中，用于变换矩阵的通常是非奇异的，换句话说，矩阵 M 可逆。这不是必需的，但有些问题会产生奇异矩阵）。

　　变换之后，所有经过变换的顶点都被裁剪以使 x、y 和 z 都在 $[-w, w]$ 范围内（假设 $w > 0$）。值得注意的是，这个范围在欧几里得空间相当于 $[-1.0, 1.0]$。

E.1.2　变换法线向量

　　法线向量不能同顶点或位置向量采用同样的变换方法。从数学角度而言，法线向量不是向量，而是垂直于那些向量的面。那么法线向量的变换规律就被描述为针对垂直面的变换规律。

　　一个齐次平面用行向量 (a, b, c, d) 表示，其中 a、b、c 和 d 至少有一个非零。如果 q 是非 0 实数，那么 (a, b, c, d) 和 (qa, qb, qc, qd) 表示同一个平面。如果 $ax + by + cz + dw = 0$，则点 $(x, y, z, w)^T$ 位于平面 (a, b, c, d) 上（如果 $w = 1$，这就是一个欧几里得平面的标准表达式）为了使 (a, b, c, d) 能表示一个欧几里得平面，a、b、c 中必须至少有一个非 0。如果它们均为 0，那么就表示"位于无穷远的平面"，它包含所有"位于无穷远的点"。

　　如果 p 是一个齐次平面，并且 v 是一个齐次顶点，那么命题" v 位于平面 p 上"写成数学表达式为 $pv = 0$，其中 pv 是法线矩阵的乘积。如果 M 是非奇异顶点变换（即，一个 4×4 矩阵存在逆矩阵 M^{-1}），那么 $pv = 0$ 等价于 $pM^{-1}Mv = 0$，即 Mv 位于平面 pM^{-1} 上。因此 pM^{-1} 是平面经过顶点矩阵 M 变换后的形象。

如果想把法线向量看做向量，而不是垂直于他们的平面，可以设 v 和 n 为向量，且 v 垂直于 n，那么 $n^T v = 0$。因此对于任意一个非奇异变换矩阵 M，有 $n^T M^{-1} M v = 0$，这意味着 $n^T M^{-1}$ 是法线向量变换的转置矩阵。因此，变换法线向量是 $M{-1}^T n$。换句话说，法线向量是由需要变换的点的变换矩阵的逆转置矩阵进行变换的！

E.2 变换矩阵

尽管任意非奇异矩阵 M 都表示一个合法的投影变换，但是一些特殊矩阵式相当有用的。这些矩阵被列在下面的子章节中。

平移

$$T = \begin{bmatrix} 1 & 0 & 0 & x \\ 0 & 1 & 0 & y \\ 0 & 0 & 1 & z \\ 0 & 0 & 0 & 1 \end{bmatrix} \quad \text{且} \quad T^{-1} = \begin{bmatrix} 1 & 0 & 0 & -x \\ 0 & 1 & 0 & -y \\ 0 & 0 & 1 & -z \\ 0 & 0 & 0 & 1 \end{bmatrix}$$

缩放

$$S = \begin{bmatrix} x & 0 & 0 & 1 \\ 0 & y & 0 & 1 \\ 0 & 0 & z & 1 \\ 0 & 0 & 0 & 1 \end{bmatrix} \quad \text{且} \quad S^{-1} = \begin{bmatrix} \frac{1}{x} & 0 & 0 & 1 \\ 0 & \frac{1}{y} & 0 & 1 \\ 0 & 0 & \frac{1}{z} & 1 \\ 0 & 0 & 0 & 1 \end{bmatrix}$$

值得注意的是，当且仅当 x、y 和 z 均非零时，S^{-1} 才有意义。

旋转

设 $v = (x, y, z)^T$，并且 $u = v / \|v\| = (x', y', z')^T$，同时设

$$S = \begin{bmatrix} 0 & -z' & y' \\ z' & 0 & -x' \\ -y' & x' & 0 \end{bmatrix}$$

且

$$M = uu^T + \cos\theta\,(I - uu^T) + \sin\theta\,S, \text{ 其中}$$

$$uu^T = \begin{bmatrix} x^2 & xy & xz \\ xy & y^2 & yz \\ xz & yz & z^2 \end{bmatrix}$$

那么有

$$R = \begin{bmatrix} m & m & m & 0 \\ m & m & m & 0 \\ m & m & m & 0 \\ 0 & 0 & 0 & 1 \end{bmatrix}$$

其中 m 是矩阵 M 中的元素，此处前一页定义 3×3 矩阵的。矩阵 R 总是有意义的。如果 $x = y = z = 0$，那么 R 是单位阵，可以使用 $-\theta$ 代替 θ 或者通过移项得到 R 的逆矩阵 R^{-1}。

通常计算绕一个坐标轴旋转的时候，相应的矩阵如下：

$$\text{Rotate}(\theta, 1, 0, 0) = \begin{bmatrix} 1 & 0 & 0 & 0 \\ 0 & \cos\theta & -\sin\theta & 0 \\ 0 & \sin\theta & \cos\theta & 0 \\ 0 & 0 & 0 & 1 \end{bmatrix}$$

$$\text{Rotate}(\theta, 0, 1, 0) = \begin{bmatrix} \cos\theta & 0 & \sin\theta & 0 \\ 0 & 1 & 0 & 0 \\ -\sin\theta & 0 & \cos\theta & 0 \\ 0 & 0 & 0 & 1 \end{bmatrix}$$

$$\text{Rotate}(\theta, 0, 0, 1) = \begin{bmatrix} \cos\theta & -\sin\theta & 0 & 0 \\ \sin\theta & \cos\theta & 0 & 0 \\ 0 & 0 & 1 & 0 \\ 0 & 0 & 0 & 1 \end{bmatrix}$$

如前，通过移项可以得到逆矩阵。

透视投影

$$P = \begin{bmatrix} \dfrac{2n}{r-l} & 0 & \dfrac{r+l}{r-l} & 0 \\ 0 & \dfrac{2n}{t-b} & \dfrac{t+b}{t-b} & 0 \\ 0 & 0 & -\dfrac{f+n}{f-n} & -\dfrac{2fn}{f-n} \\ 0 & 0 & -1 & 0 \end{bmatrix}$$

只有 $1 \neq r$、$t \neq b$ 同时 $n \neq f$ 的时候，矩阵 P 是有意义的。

正射投影

$$P = \begin{bmatrix} \dfrac{2}{r-l} & 0 & 0 & -\dfrac{r+l}{r-l} \\[2ex] 0 & \dfrac{2}{t-b} & 0 & -\dfrac{t+b}{t-b} \\[2ex] 0 & 0 & -\dfrac{2}{f-n} & -\dfrac{f+n}{f-n} \\[2ex] 0 & 0 & 0 & 1 \end{bmatrix}$$

只有 $1 \neq r$、$t \neq b$ 同时 $n \neq f$ 的时候，矩阵 P 是有意义的。

纹理、帧缓存与渲染缓存的浮点格式

本附录描述用于帧缓存和渲染缓存中像素存储，纹理中纹素存储为浮点格式。本附录主要包括如下内容：

❑ Reduced-Precision 浮点值

❑ 16 位浮点值

❑ 10 和 11 位无符号浮点值

F.1 Reduced-Precision 浮点值

除了在应用程序中声明 GLfloat 经常使用的标准的 32 位单精度浮点数，OpenGL 支持比 32 位表示更紧凑存储数据的半精度（reduced-precision）浮点表示 。在许多情况下，浮点数据不需要 32 位浮点的完全动态范围，以半精度格式存储和处理数据可以节省内存并且增加数据传输率。

OpenGL 支持三种半精度浮点格式：16 位有符号浮点值、10 和 11 位无符号浮点值。表 F-1 描述每个表示的位布局和相关的像素格式。

表 F-1 半精度浮点数格式

浮点数类型	相关像素格式	符号位	指数个数	尾数个数
16 位	GL_RGB16F，GL_RGBA16F	1	5	10
11 位	GL_R11F_G11F_B10F（红、绿分量）	0	5	6
10 位	GL_R11F_G11F_B10F（蓝分量）	0	5	5

F.2   16 位浮点值

对于有符号 16 位浮点值，可以表示的最小值和最大值分别是（大约）6.103×10^{-5} 和 65504.0。

下面的程序 **F32to16()** 将一个完整单精度 32 位浮点数转换为 16 位半精度格式（以无符号短整形存储）。

```
#define F16_EXPONENT_BITS    0x1F
#define F16_EXPONENT_SHIFT   10
#define F16_EXPONENT_BIAS    15
#define F16_MANTISSA_BITS    0x3ff
#define F16_MANTISSA_SHIFT   (23 - F16_EXPONENT_SHIFT)
#define F16_MAX_EXPONENT \
(F16_EXPONENT_BITS << F16_EXPONENT_SHIFT)
GLushort
F32toF16(GLfloat val)
{
  GLuint   f32 = (*(GLuint *) &val);
  GLushort f16 = 0;

  /* 解码 IEEE 754 小字节序 (little-endian) 32 位浮点值 */
  int sign     = (f32 >> 16) & 0x8000;
  /* 映射指数到 [-127,128] 范围内 */
  int exponent = ((f32 >> 23) & 0xff) - 127;
  int mantissa =   f32 & 0x007fffff;

  if (exponent == 128) { /* 无穷大或者 NaN */
    f16 = sign | F16_MAX_EXPONENT;
    if (mantissa) f16 |= (mantissa & F16_MANTISSA_BITS);
  }
  else if (exponent > 15) { /* 溢出，设置为无穷大 */
    f16 = sign | F16_MAX_EXPONENT;
  }
  else if (exponent > -15) { /* 可以表示的值 */
    exponent += F16_EXPONENT_BIAS;
    mantissa >>= F16_MANTISSA_SHIFT;
    f16 = sign | exponent << F16_EXPONENT_SHIFT | mantissa;
  }
  else {
    f16 = sign;
  }

  return f16;
}
```

相应地，**F16toF32()** 把 reduced-precision 浮点格式转化为通常的 32 位浮点值。

```
#define F32_INFINITY 0x7f800000

GLfloat
F16toF32(GLushort val)
{
  union {
    GLfloat f;
```

```
    GLuint ui;
  } f32;

  int sign     = (val & 0x8000) << 15;
  int exponent = (val & 0x7c00) >> 10;
  int mantissa = (val & 0x03ff);

  f32.f = 0.0;

  if (exponent == 0) {
  if (mantissa != 0) {
    const GLfloat scale = 1.0 / (1 << 24);
    f32.f = scale * mantissa;
  }
  }
  else if (exponent == 31) {
    f32.ui = sign | F32_INFINITY | mantissa;
  }
  else {
    GLfloat scale, decimal;
    exponent -= 15;
    if (exponent < 0) {
      scale = 1.0 / (1 << -exponent);
    }
    else {
      scale = 1 << exponent;
    }
    decimal = 1.0 + (float) mantissa / (1 << 10);
    f32.f = scale * decimal;
  }

  if (sign) f32.f = -f32.f;

  return f32.f;
}
```

F.3　10 和 11 位无符号浮点值

对于在范围 [0,1] 内的归一化颜色值，无符号 10 和 11 浮点格式是比浮点格式或者 OpenGL 的无符号整数像素格式更紧凑的有更好动态范围的格式。可以表示的最大值分别是 65 204 和 64 512。

把浮点值转换为 10 位无符号浮点值的程序以及相反的过程如下所示。

```
#define UF11_EXPONENT_BIAS   15
#define UF11_EXPONENT_BITS   0x1F
#define UF11_EXPONENT_SHIFT  6
#define UF11_MANTISSA_BITS   0x3F
#define UF11_MANTISSA_SHIFT  (23 - UF11_EXPONENT_SHIFT)
#define UF11_MAX_EXPONENT \
  (UF11_EXPONENT_BITS << UF11_EXPONENT_SHIFT)

GLushort
F32toUF11(GLfloat val)
{
```

```
GLuint   f32 = (*(GLuint *) &val);
GLushort uf11 = 0;

/* 解码 little-endian 的 32-bit 浮点数值 */
int sign     = (f32 >> 16) & 0x8000;
/* 将指数映射到 [-127,128] */
int exponent = ((f32 >> 23) & 0xff) - 127;
int mantissa = f32 & 0x007fffff;

if (sign) return 0;

if (exponent == 128) { /* 无穷大或者 NaN */
  uf11 = UF11_MAX_EXPONENT;
  if (mantissa) uf11 |= (mantissa & UF11_MANTISSA_BITS);
}
else if (exponent > 15) { /* 溢出，设置为无穷大 */
  uf11 = UF11_MAX_EXPONENT;
}
else if (exponent > -15) { /* 表达数据 */
  exponent += UF11_EXPONENT_BIAS;
  mantissa >>= UF11_MANTISSA_SHIFT;
  uf11 = exponent << UF11_EXPONENT_SHIFT | mantissa;
}

return uf11;
}

#define F32_INFINITY  0x7f800000

GLfloat
UF11toF32(GLushort val)
{
  union {
    GLfloat f;
    GLuint ui;
  } f32;

  int exponent = (val & 0x07c0) >> UF11_EXPONENT_SHIFT;
  int mantissa = (val & 0x003f);

  f32.f = 0.0;

  if (exponent == 0) {
    if (mantissa != 0) {
      const GLfloat scale = 1.0 / (1 << 20);
      f32.f = scale * mantissa;
    }
  }
  else if (exponent == 31) {
    f32.ui = F32_INFINITY | mantissa;
  }
  else {
    GLfloat scale, decimal;
    exponent -= 15;
    if (exponent < 0) {
      scale = 1.0 / (1 << -exponent);
```

```
      }
      else {
        scale = 1 << exponent;
      }
      decimal = 1.0 + (float) mantissa / 64;
      f32.f = scale * decimal;
    }

    return f32.f;
}
```

为了保持完整，提出转换 10 位无符号浮点值的相似过程。

```
#define UF10_EXPONENT_BIAS  15
#define UF10_EXPONENT_BITS  0x1F
#define UF10_EXPONENT_SHIFT 5
#define UF10_MANTISSA_BITS  0x3F
#define UF10_MANTISSA_SHIFT (23 - UF10_EXPONENT_SHIFT)
#define UF10_MAX_EXPONENT \
(UF10_EXPONENT_BITS << UF10_EXPONENT_SHIFT)

GLushort
F32toUF10(GLfloat val)
{
  GLuint   f32  = (*(GLuint *) &val);
  GLushort uf10 = 0;

  /* 解码 little-endian 的 32-bit 浮点数值 */
  int sign     = (f32 >> 16) & 0x8000;
  /* 映射指数到 [-127,128] */
  int exponent = ((f32 >> 23) & 0xff) - 127;
  int mantissa = f32 & 0x007fffff;

  if (sign) return 0;

  if (exponent == 128) { /* 无穷大或者 NaN */
    uf10 = UF10_MAX_EXPONENT;
    if (mantissa) uf10 |= (mantissa & UF10_MANTISSA_BITS);
  }
  else if (exponent > 15) { /* 溢出，设置为无穷大 */
    uf10 = UF10_MAX_EXPONENT;
  }
  else if (exponent > -15) { /* 表达数值 */
    exponent += UF10_EXPONENT_BIAS;
    mantissa >>= UF10_MANTISSA_SHIFT;
    uf10 = exponent << UF10_EXPONENT_SHIFT | mantissa;
  }

  return uf10;
}

#define F32_INFINITY 0x7f800000

GLfloat
UF10toF32(GLushort val)
{
```

```
union {
  GLfloat f;
  GLuint ui;
} f32;

int exponent = (val & 0x07c0) >> UF10_EXPONENT_SHIFT;
int mantissa = (val & 0x003f);

f32.f = 0.0;

if (exponent == 0) {
  if (mantissa != 0) {
    const GLfloat scale = 1.0 / (1 << 20);
    f32.f = scale * mantissa;
  }
}
else if (exponent == 31) {
  f32.ui = F32_INFINITY | mantissa;
}
else {
  GLfloat scale, decimal;
  exponent -= 15;
  if (exponent < 0) {
    scale = 1.0 / (1 << -exponent);
  }
  else {
    scale = 1 << exponent;
  }
  decimal = 1.0 + (float) mantissa / 64;
  f32.f = scale * decimal;
}

return f32.f;
}
```

附录 G  Appendix G

OpenGL 程序的调试与优化

本附录描述调试环境（debug context）提供的工具，这些工具可以极大地帮助你发现程序中的错误，并获得 OpenGL 的可能的最好的性能。本附录主要包括如下内容：

- ❏ G.1 节解释如何在调试模式下创建 OpenGL 环境，启用调试特性。
- ❏ G.2 节介绍 OpenGL 如何把调试信息传回给应用程序。
- ❏ G.3 节深入调试输出、显示应用程序、任意的实用库和实用的工具如何协同来为调试目的分组场景的部分。
- ❏ G.4 节通过优化应用程序性能的信息，总结本附录的内容。

并非所有的平台都提供了调试环境，因此我们可能需要找一个不同的系统平台来测试下面的特性。我们会在后文中讨论可以实现调试环境的平台类型。

G.1 创建调试环境

为了尽可能使用 OpenGL 的调试工具，必须创建调试环境，这意味着必须控制用来创建环境的标记和参数。环境创建是与平台相关的任务，经常由类似 GLFW 这样的包装层处理。大多数类似这样的封装库都包含了用于创建各种环境的控制函数。这其中就包含了调试环境的创建。如果你使用的是一个抽象层的封装库，可能需要直接通过该平台的环境创建相关机制来完成自己的需求。

在 WGL(用于微软 Windows 系统的窗口系统层) 中，需要使用 WGL_ARB_create_context 扩展并且访问 wglCreateContextAttribsARB() 函数。这个函数将它的一个参数作为属性列表。通过设置 WGL_CONTEXT_DEBUG_BIT_ARB 作为环境标志之一，将创建调试环境。创建环境的代码在例子 G.1 中给出。

例 G.1 使用 WGL 创建调试环境

```
HGLRC CreateDebugContext(HDC hDC, HGLRC hShareContext,
                           int major, int minor)
{
    const int attriblist[] =
    {
        // 环境的主版本
        WGL_CONTEXT_MAJOR_VERSION_ARB,
          major,
        // 环境的次版本
        WGL_CONTEXT_MINOR_VERSION_ARB,
          minor,
        // 总是选择核心优化
        WGL_CONTEXT_PROFILE_MASK_ARB,
          WGL_CONTEXT_CORE_PROFILE_BIT_ARB,
        // 打开调试环境
        WGL_CONTEXT_FLAGS_ARB,
          WGL_CONTEXT_DEBUG_BIT_ARB,
        0
    };

    return wglCreateContextAttribsARB(hDC, hShareContext,
                                       attribs);
}
```

注意因为 WGL 设计中的一些局限性,不可能不创建环境而使用任意的 WGL 扩展。这是因为如果在调用的时候没有环境,**wglGetProcAddress()** 将返回 NULL。这意味着首先需要使用 **wglCreateContext()** 去创建一个环境,使它成为当前环境,并获取 **wglCreateContext-AttribsARB()** 函数的地址,然后再使用这个函数创建第二个环境。如果愿意,可以删除第一个环境。最后,在任意使用核心调试环境或者需要调试特点的新应用中创建两个环境。

GLX 有相似的机制,使用命名相似的 **glXCreateContextAttribsARB()** 函数。与 WGL 不同,在确定 **glXCreateContextAttribsARB()** 的地址前没有必要去创建并且激活一个环境,所以需要使用这个函数来在应用程序中创建第一个(可能是唯一一个)环境。与例 G.1 相似的用于 GLX 的代码在例 G.2 中给出。

例 G.2 使用 GLX 创建调试环境

```
GLXContext CreateDebugContext(Display* dpy,
                                GLXFBConfig config,
                                GLXContext share_context,
                                int major, int minor)
{
    const int attriblist[] =
    {
        // 环境的主版本
        GLX_CONTEXT_MAJOR_VERSION_ARB,
          major,
        // 环境的小版本
        GLX_CONTEXT_MINOR_VERSION_ARB,
          minor,
        // 总是选择核心优化
        GLX_CONTEXT_PROFILE_MASK_ARB,
          GLX_CONTEXT_CORE_PROFILE_BIT_ARB,
        // 打开调试环境
```

```
        GLX_CONTEXT_FLAGS_ARB,
            GLX_CONTEXT_DEBUG_BIT_ARB,
        0
    };

    return glXCreateContextAttribsARB(dpy, config,
                                      share_context,
                                      True, attriblist);
    }
```

创建调试环境并不真正的做任何特殊的事情，只是告诉 OpenGL，你准备使用它的调试工具，应该打开它们。只要应用的开发完成，并且不再调试，应该关闭调试环境，这是因为 OpenGL 支持的一些调试特征有性能损失。如果应用已经调试并且工作正常，就不需要再使用调试环境，最好是避免发布程序的性能损失。

G.2　调试输出

调试环境的主要特征是执行附加的错误检查和分析能力。调试环境获取这个返回给开发者的信息有两种方法。第一，支持远程渲染的方法是通过作为环境一部分并且可以被查询的日志。第二，更有效的机制是通过回调函数。用于远程渲染的日志存在的原因是远程服务器不能调用客户端应用程序的回调函数。但是，如果正在使用直接渲染，强烈建议使用回调函数。

回调函数是传递第三方组件（例如 OpenGL）的函数指针。组件持有指针，并且在需要宿主程序注意时调用指针。回调函数有 agreed-upon 原型和调用规范，这样调用的两端都知道这个调用应该如何处理。调用函数的原型如例 G.3 所示。使用 glDebugMessageCallback() 函数将指针传递到这个原型的函数，简单实现如下所示。

例 G.3　调试信息回调函数的原型

```
typedef void (APIENTRY *DEBUGPROC)(GLenum source,
                                   GLenum type,
                                   GLuint id,
                                   GLenum severity,
                                   GLsizei length,
                                   const GLchar* message,
                                   void* userParam);

void APIENTRY DebugCallbackFunction(GLenum source,
                                    GLenum type,
                                    GLuint id,
                                    GLenum severity,
                                    GLsizei length,
                                    const GLchar* message,
                                    void* userParam)
{
    printf("Debug Message: SOURCE(0x%04X), "
                          "TYPE(0x%04X), "
                          "ID(0x%08X), "
                          "SEVERITY(0x%04X), \"%s\"\n",
        source, type, id, severity, message);
}
```

---
void glDebugMessageCallback(DEBUGPROC callback, void* userParam);

当前的调试消息回调函数指针设置为 callback 中指定的值。这个函数将在实现需要通知客户端新的调试消息生成的时候被调用。当激活回调函数的时候，glDebug-MessageCallback() 的参数 userParam 将被传递到回调的 userParam 参数中。否则，userParam 对于 OpenGL 没有意义，其可以用于任意目的。

G.2.1 调试消息

OpenGL 生成的每个消息由文本字符串和一些属性组成。它们作为回调函数的参数回传给应用程序。回调函数的原型如例 G.3 所示，函数的声明如下所示。

---
void callback(GLenum source, GLenum type, GLuint id, GLenum severity, GLsizei length, const GLchar* message, void* userParam);

这是 OpenGL 需要把调试消息发送给应用程序的时候调用的回调函数。Source、type、id 和 severity 分别表示消息的 source、type、id 和 severity。length 包括由地址消息给出的字符串的长度。userParam 包括在 userParam 参数中传递给 glDebugMessageCallback() 的值，因此对 OpenGL 没有意义。

每个调试消息有几个与它关联的属性，source、type 和消息 severity、消息的独一无二的标识符。这些属性传递给开发人员设置的回调函数，也可以用作消息过滤的基础，这将在后面介绍。source 是下面之一：

❑ GL_DEBUG_SOURCE_API 表示消息来自 OpenGL 的直接使用。
❑ GL_DEBUG_SOURCE_WINDOW_SYSTEM 表示消息来自窗口系统（例如 WGL、GLX 或者 EGL）。
❑ GL_DEBUG_SOURCE_SHADER_COMPILER 表示消息由着色器编译器生成。
❑ GL_DEBUG_SOURCE_THIRD_PARTY 表示消息由第三方来源生成，例如实用库、中间件或者工具。
❑ GL_DEBUG_SOURCE_APPLICATION 表示消息由应用程序显示生成。
❑ GL_DEBUG_SOURCE_OTHER 表示消息不符合上面分类的任意之一。

来自源 GL_DEBUG_SOURCE_THIRD_PARTY 或者 GL_DEBUG_SOURCE_APPLICATION 的消息不应该被 OpenGL 实现生成，其实是用工具或者库，或者应用程序直接插入调试消息流。把消息插入调试流的机制将在后面介绍。

每个调试信息也有类型。这使应用程序可以确定如何处理这个消息。提供的消息类型如下：

❑ GL_DEBUG_TYPE_ERROR 在错误生成的时候生成。

❑ GL_DEBUG_TYPE_DEPRECATED_BEHAVIOR 是 OpenGL 中使用 deprecated 功能而生成的。

❑ GL_DEBUG_TYPE_UNSIGNED_BEHAVIOR 是在应用程序可能生成未定义结果应用功能时生成的。

❑ GL_DEBUG_TYPE_PERFORMANCE 表示应用程序对于性能不是最优的方法时使用 OpenGL。

❑ GL_DEBUG_TYPE_PORTABILITY 在应用程序的行为依赖于 OpenGL 实现功能时生成的，实现不能移植到其他实现或者平台。

❑ GL_DEBUG_TYPE_MARKER 用于调试流的注解。

❑ GL_DEBUG_TYPE_PUSH_GROUP 是应用程序调用 glPushDebugGroup() 时生成的。

❑ GL_DEBUG_TYPE_POP_GROUP 是应用程序调用 glPopDebugGroup() 时生成的。

❑ GL_DEBUG_TYPE_OTHER 是在调试信息的类型不是上面几类之一的时候使用。

除了 source 和 type，每个调试消息都有与它关联的 severity。这些可以用作滤波和直接输出。例如，应用程序可以选择把所有的消息输出到日志，在遇到高 severity 消息时候会引起调试器中断。可选的 severities 如下：

❑ GL_DEBUG_SEVERITY_HIGH 用来表示最重要的消息，通常用于 OpenGL 错误、着色器编译失败等。

❑ GL_DEBUG_SEVERITY_MEDIUM 用来表示应用程序应该知道但不是致命的消息。这可以包括移植性或者性能警告。

❑ GL_DEBUG_SEVERITY_LOW 用来表示那些需要向开发者给出提示的问题，但是它们对于应用程序的功能并没有危害。这些内容可能包含细微的性能问题、冗余的状态切换，等等。

❑ GL_DEBUG_SEVERITY_NOTIFICATION 用来表示可能没有负结果的消息，例如加给应用的工具或者环境的初始化。

最后，分配给每个消息的唯一的标识符是与实现相关的，并且可以用于许多目的。

启用调试输出

我们可以全局启用或者禁用调试输出而不影响滤波器状态。在调试环境中，调试输出默认是启用的，如果应用程序做了不该做的事情，开发人员应该从环境接收到相当长的消息。但是，在非调试环境默认的是不产生任何调试输出时，这样可以启用调试消息。应该注意非调试环境可能不产生非常有用的输出，实际上，它不生成任何消息。为了启用或者禁用调试输出，使用 GL_DEBUFG_OUTPUT 为参数调用 glEnable() 或者 glDisable()。

在许多情况下，OpenGL 可以与应用程序异步操作。在一些实现中，OpenGL 打包几个函数调用并且在后面执行它们。这可以帮助消除命令流里面的冗余，或者把相关的状态改变组织在一起，验证许多参数。在其他实现中，OpenGL 驱动器可以在多线程中运行，其中这些线程在应用程序后台以处理顺序运行。验证参数时，经常生成调试输出，也可以相互间交互验证，这在从应用程序角度看实际错误已经发生时出现。结果是应用程序生成错误时调试回调不能立即调用，而在 OpenGL 实现验证请求的状态改变时发生。

为了改变这个行为，可以要求 OpenGL 同步操作来生成调试输出。为了实现这个目的，使用参数 GL_DEBUG_OUTPUT_SYNCHRONOUS 调用 glEnable()。这默认是禁用的，虽然一些实现强迫所有的调试输出与调试环境同步。但是，如果想启用它来捕获错误，那么启用同步调试输出通常是一个好主意。

G.2.2　过滤消息

在发送给回调函数之前过滤消息。创建调试环境时，默认只有 medium severity 和 high severity 消息被发送给回调函数。可以启用或者禁用不同类型的消息，使用 severity 过滤消息，甚至使用标识符来打开和关闭消息。为了实现这个目的，使用 glDebugMessageControl()。

---

void glDebugMessageControl(GLenum source, GLenum type, GLenum severity, GLsizei count, const GLuint* ids, GLboolean enabled);

建立用于随后生成的消息的滤波器。如果 enabled 是 GL_TRUE, 生成的消息匹配由 source、type、severity 形成的滤波器，存储在 ids 消息的链表标识符被发送到激活的调试输出回调。如果 enabled 是 GL_FALSE, 将丢弃这些消息。

source 必须是 GL_DONT_CARE 或者定义的消息 severity 之一：GL_DEBUG_SOURCE_API、GL_DEBUG_SOURCE_WINDOW_SYSTEM、GL_DEBUG_SOURCE_SHADER_COMPILER、GL_DEBUG_SOURCE_THIRD_PARTY、GL_DEBUG_SOURCE_APPLICATION，或者 GL_DEBUG_SOURCE_OTHER。

type 必须是 GL_DONT_CARE 或者定义的消息类型之一：GL_DEBUG_TYPE_ERROR, GL_DEBUG_TYPE_DEPRECATED_BEHAVIOR、GL_DEBUG_TYPE_UNDEFINED_BEHAVIOR，GL_DEBUG_TYPE_PERFOMANCE、GL_DEBUG_TYPE_PORTABILITY, GL_DEBUG_TYPE_MARKER、GL_DEBUG_TYPE_PUSH_GROUP，或者 GL_DEBUG_TYPE_POP_GROUP。

severity 必须是 GL_DONT_CARE, 或者如下定义的消息 severities 之一：GL_DEBUG_SEVERITY_HIGH、GL_DEBUG_SEVERITY_MEDIUM、GL_DEBUG_SEVERITY_LOW，或者 GL_DEBUG_SEVERITY_NOTIFICATION。

count 包括存储在数组中、地址由 ids 给出的消息标识符的数目。如果数目不是零，ids 是用来过滤消息标识符的数组的地址。

如果 source 是 GL_DONT_CARE，那么形成滤波器的时候将不会使用消息的源（source）。

也就是，认为来自任意源的消息匹配滤波器。否则，如果 type 或者 severity 是 GL_DONT_CARE，消息的类型 (type) 或者 severity 将不会分别包括在滤波器中，并且将不会考虑任意类型或者 severity 的消息去匹配滤波器。如果 count 不是零，它就表示数组 ids 中项的数目，这使消息被它们唯一的标识符过滤。例 G.4 显示一些如何创建滤波器来启用或者禁用一些调试消息的例子。

例 G.4　创建调试消息滤波器

```
// 启用应用生成的所有消息
glDebugMessageControl(GL_DEBUG_SOURCE_APPLICATION,     // 应用消息
                      GL_DONT_CARE,          // 不关心类型
                      GL_DONT_CARE,          // 不关心 severity
                      0, NULL,               // 没有唯一的标识符
                      GL_TRUE);              // 启用它们

// 启用所有高 severity 消息
glDebugMessageControl(GL_DONT_CARE,          // 不关心来源
                      GL_DONT_CARE,          // 不关心类型
                      GL_DEBUG_SEVERITY_HIGH, // 高 severity 消息
                      0, NULL,               // 没有标识符
                      GL_TRUE);              // 启用

// 禁用所有的低 severity 消息
glDebugMessageControl(GL_DONT_CARE,          // 不关心来源
                      GL_DONT_CARE,          // 不关心类型
                      GL_DEBUG_SEVERITY_LOW,  // 低 severity 消息
                      0, NULL,               // 没有标识符
                      GL_FALSE);

// 使用标识符启用一组消息
static const GLuint messages[] = { 0x1234, 0x1337 };
glDebugMessageControl(GL_DONT_CARE,          // 不关心来源
                      GL_DONT_CARE,          // 不关心类型
                      GL_DONT_CARE,          // 不关心 severity
                      2, messages,           // "messages" 中有 2 个 ID
                      GL_TRUE);
```

G.2.3　应用程序生成的消息

应用或者帮助库和工具有两个消息源。分别是 GL_DEBUG_SOURCE_APPLICATION，这是应用于自己消息的，以及 GL_DEBUG_SOURCE_THIRD_PARTY，这是第三方库（例如中间件）和工具（例如调试器和优化器）使用的。有这两个源标识符的消息不应该由 OpenGL 实现生成。实际上，它们可以被应用、库或者工具插入调试输出流。为了实现这个目的，调用 glDebugMessageInsert()，它的原型如下：

void **glDebugMessageInsert**(GLenum source,GLenum type,GLuint id,GLenum severity, GLsizei length, const GLchar* buf);

把一个消息插入环境的调试消息流。buf 中包括的文本消息和指定的 source、type、id 和 severity 一起被发送给环境的调试信息回调函数。如果 length 大于或者等于零，则被看做 buf 中包含的字符串的长度。否则，buf 被看做字符串的地址。

当调用 **glDebugMessageInsert()** 时，buf 中包括的消息被直接发送给环境的回调函数（这可能在应用中，也可能在调试或优化工具中）。开发人员传给 source、type、id 和 severity 的值被传递给回调函数。通常，应该使用 GL_DEBUG_SOURCE_APPLICATION 作为应用程序生成的消息（或者如果开发人员正在写工具或者实用库，则是 GL_DEBUG_SOUCR_THIRD_PARTY）。例 G.5 所示是使用 **glDebugMessageInsert()** 函数发送消息的例子。

例 G.5 发送应用生成的调试消息

```
// 创建调试环境，并设置为当前
MakeContextCurrent(CreateDebugContext());

// 获取一些关于环境的信息
const GLchar * vendor = (const GLchar *)glGetString(GL_VENDOR);
const GLchar * renderer = (const GLchar *)glGetString(GL_RENDERER);
const GLchar * version = (const GLchar *)glGetString(GL_VERSION);

// 装配消息
std::string message = std::string("Created debug context with ") +
                      std::string(vendor) + std::string(" ") +
                      std::string(renderer) +
                      std::string(". The OpenGL version is ") +
                      std::string(version) + std::string(".");

// 发送消息到调试输出日志
glDebugMessageInsert(GL_DEBUG_SOURCE_APPLICATION,
                     GL_DEBUG_TYPE_MARKER,
                     0x4752415A,
                     GL_DEBUG_SEVERITY_NOTIFICATION,
                     -1,
                     message.c_str());
```

使用例 G.3 中给出的调试回调函数的实现在调试环境中执行代码的结果如下所示：

```
Debug Message: SOURCE(0x824A), TYPE(0x8268),
ID(0x4752415A), SEVERITY(0x826B), "Created
debug context with NVIDIA Corporation GeForce
GTX 560 SE/PCIe/SSE2. The OpenGL version is
4.3.0."
```

G.3 调试组

在庞大并且复杂的应用中，可能有许多渲染场景不同部分的子系统。例如，可以渲染环境、动态和动画物体、特效和粒子系统、用户界面或者后处理。在任意给定的时刻，开发者可能把注意集中在这些元素之一上，也可能在调试上或者关注性能。可能想为正在工作的代码片段打开冗长的调试信息报告，同时让调试信息为已经调试的代码处于最精确的级别。为了实现这点，需要打开或者关闭一定类型的消息并且把调试日志恢复到初始状态，需要查询调试环境的当前状态来确定是否启用或者禁用一定类型的信息。

除了自己尝试去实现这些，也可以使用 OpenGL 的调试组（debug group），这是一个基于栈的滤波器系统，可以让开发者把当前的调试状态压入 OpenGL 管理的内部栈、修改状态，或者从栈弹出来返回前面保存的状态。实现这个的函数是 glPushDebugGroup() 和 glPopDebugGroup()。

```
void glPushDebugGroup( GLenum source, GLuint id, Glint length,const GLchar* message);
void glPopDEbugGroup();
```

glPushDebugGroup() 把调试输出滤波器的当前状态压入调试组栈，使用 type 为 GL_DEBUG_TYPE_PUSH_GROUP，severity 为 GL_DEBUG_SEVERITY_NOTIFICATION，和指定的 source 与 id 把消息插入当前调试输出信息流。如果 length 大于等于零，就认为是 message 中字符串的长度，否则，消息被视为字符串。

glPopDebugGroup() 把调试状态从调试组栈顶部删除，以 type 为 GL_DEBUG_TYPE_POP_GROUP 和其他所有参数来自从栈中弹出的对应的 group，把调试消息插入调试消息输出流。

对于这两个函数，source 必须是 GL_DEBUG_SOURCE_APPLICATION 或 GL_DEBUG_SOURCE_THIRD_PARTY。

除了可以保存或者恢复调试输出滤波器的当前状态，压入和弹出调试组也生成消息传递到调试输出回调函数。这个函数，通常实现内部工具和调试器，可以跟踪调试组栈的当前深度，并且应用格式改变显示的输出。

每种设备实现都有调试组栈的最大深度。深度必须至少 64 组，但是可以用参数 GL_MAX_DEBUG_GROUP_STACK_DEPTH 调用 glGetIntergerv() 来获取实际的最大深度。如果尝试压入超过这个数目的调试组入栈，那么 glPushDebugGroup() 将生成 GL_STACK_OVERFLOW 错误。类似地，如果从空栈弹出一项，glPopDebugGroup() 将生成 GL_STACK_UNDERFLOW 错误。

命名对象

当 OpenGL 生成调试消息时，有时候需要对物体进行引用计数，例如纹理、缓冲区，或者帧缓冲区。在复杂的应用中，任一指定的时间，存在成百上千的纹理或者缓存。每一个对象都有独特的标识符，标识符用 OpenGL 的 glCreateTextures()、glCreateBuffers() 或者其他命名生成函数来指定，使用这些名称的时候，并不需要知道它们到底会被用在哪个程序中。我们可以通过给对象标签来命名对象。如果给一个对象一个标签，当引用它出现在调试信息的时候，OpenGL 将使用对象的标签而不是数目。使用函数 **glObjectLabel()** 或者 **glObjectPtrLabel()** 给一个对象一个标签。

---

void **glObjectLabel**(GLenum identifier, GLuint name, Glsizei length, const GLchar* label);

void **glObejctPtrLabel**(void* ptr, GLsizei length, const GLchar* label);

　　glObjectLabel() 和 **glObjectPtrLabel()** 为了调试时识别对象，为 OpenGL 拥有的对象生成标签。为对象加标签可以在调试消息中使对象被名称应用而不是被数字引用。**glObjectLabel()** 用来为名称空间 identifier 中的名称表示的对象加标签，而 **glObejctPtrLabel()** 用来为 OpenGL 中指针表示的对象加标签（例如同步对象）。

　　如果 length 大于或者等于零，它被解释为 label 指向的字符串的长度；否则，label 被看做用来为对象加标签时用的字符串的指针。

为对象应用标签时，OpenGL 把标签和对象一起存储。在调试消息中引用对象时，OpenGL 将使用标签而不是直接使用数字名。也可以调用 **glGetObjectLabel()** 或者 **glGetObjectPtrLabel()** 来查询对象的标签。

---

void **glGetObjectLabel**(GLenum identifier, Gluint name, GLsizei bufsize,GLsizei* length,GLchar* label);

void **glGetObjectPtrLabel**(void* ptr, GLsizei bufsize, GLsizei* length, GLchar* label);

　　glGetObjectLabel() 和 **glGetObjectPtrLabel()** 分别查询使用函数 **glObjectLabel()** 或者 **glObejctPtrLabel()** 指定给对象的标签。对于 **glGetObjectLabel()**，name 和 identifier 提供对象的数字名和分配对象的名称空间。对于 **glGetObejctPtrLabel()**，ptr 是 OpenGL 提供的指针变量。

对于 **glObjectLabel()** 和 **glGetObjectLabel()**，name 是 OpenGL 通过调用 **glCreateTextures()**、**glCreateBuffers()** 或者其他名称生成函数提供的对象的数字名。因为不同对象类型的名称由不同的名称空间分配，所以提供的 identifier 参数可以告诉 OpenGL，name 在哪个名称空间。identifier 必须是下列标记之一：

❏ GL_BUFFER 表示 name 是 **glCreateBuffers()** 生成的缓存对象的名称。

❏ GL_SHADER 表示 name 是 **glCreateShader()** 生成的着色器对象的名称。

❏ GL_PROGRAM 表示 name 是 **glCreateProgram()** 生成的 program object 的名称。

❏ GL_VERTEX_ARRAY 表示 name 是一个顶点数组对象的名字。

❑ GL_QUERY 表示 name 是 glCreateQueries() 生成的查询对象的名称。

❑ GL_PROGRAM_PIPELINE 表示 name 是 glCreateProgramPipelines() 生成的编程管线对象的名称。

❑ GL_TRANSFORM_FEEDBACK 表示 name 是 glCreateProgramPipelines() 生成的编程管线对象的名称。

❑ GL_SAMPLER 表示 name 是 glCreateSamplers() 生成的采样器对象的名字。

❑ GL_TEXTURE 表示 name 是纹理的名字。

❑ GL_RENDERBUFFER 表示 name 是渲染缓存的名字。

❑ GL_FRAMEBUFFER 表示 name 是帧缓存的名字。

用于对象的标签的最大长度是由依赖实现的常量 GL_MAX_LABEL_LENGTH 的值决定。对象标签的一个潜在用处，例如，修改纹理加载代码，这样生成的纹理对象使用纹理名来标签。如果某个特殊纹理有问题，则有一个工具能使用之前加载它的文件来交叉引用纹理对象来验证数据正确的结果。

G.4　优化

应用接近最终状态时，开发者想把注意转移到性能调优上。性能调优的最重要的方面之一不是修改代码使它运行更快，而是用来确定如何使代码获取需要的性能目标的测量和实验。这称为性能优化。

性能测量技术通常分为两类⊖：第一个是工具辅助的调优，第二个包括实际的改变代码来测量执行时间。

G.4.1　优化工具

优化应用程序的功能最强大的优化方法可能是使用外部的优化调试工具。这种类型的工具勾取（hook）OpenGL 在运行系统上，并且截取应用程序中的函数调用。最简单的工具只采用函数调用的日志，来获取与它们有关的统计或者其他信息。此类工具中的一些可以允许开发者回访结果轨迹，并在单独的环境拷贝应用程序的执行。更高级的工具可以检查应用程序和 OpenGL 之间的数据流、场景的不同元素的执行时间，甚至可以禁用 OpenGL 管线的一部分来在执行时修改应用程序、替换着色器或者纹理等。

这样的一个应用是 AMD 的 GPUPerfStudio 2，它的截图如图 G-1 所示⊖。

⊖ 这里并不包括"手动测试大量结果并观察"这种方式。

⊖ 来自 AMD。

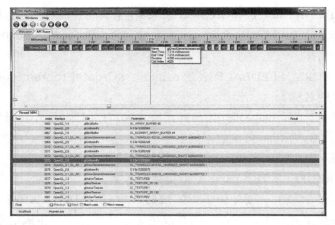

图 G-1　AMD 的 GPUPerfStudio 2 对 Unigine Heaven 3.0 的优化

　　在图 G-1 中，GPUPerfStudio 2 用来检查使用现代 OpenGL 高级功能的 Unigine Heaven
3.0 benchmark 生成的应用调用记录。这个应用的截图如图 G-2 所示[⊖]。应用使用了高级
的图形学特点，包括细分、实例化、离屏渲染和其他渲染效果，例如反射和体积光效果。
GPUPerfStudio 2 能捕捉 OpenGL 调用并且测量它们的执行时间。在一些 GPU 中，它甚至
能测量 OpenGL 管线的不同部分（例如纹理处理器、tessellation 引擎、混合单元等）用在不
同的命令上的时间。如果使用了很多绘制命令，那么这个工具可以告诉开发者哪些命令是
耗时最长的，以及 GPU 花在每个命令的时间。像 GPUPerfStudio 2 这样的优化工具是性能
调优和调试 OpenGL 应用的无价资源。

图 G-2　Unigine Heaven 3.0 的截图

⊖　来自 Unigine Heaven DX11，由 Unigine Corp. 开发并许可使用：http://unigine.com/。

G.4.2　应用程序中的优化

应用程序可以测量自己的性能。最原始的办法是通过读取系统时间或者测量帧率来测量一块代码的时间（当然，帧率是相当差的应用性能的测量）。但是，假设应用程序写得很有效，目标是发现瓶颈，所以开发者感兴趣的是处理场景部分所需的时间。

开发者可以自己做这些测量。实际上，一些工具可以通过将等同的命令序列插入应用渲染线程并使用很相似的机制来测量 GPU 性能。为了这个目的，OpenGL 使用两种类型的时间查询。这两种查询是耗费时间的查询和瞬时时间的查询。第一个操作与 4.5.12 节介绍的遮挡查询很相似。

耗费时间的查询

耗费时间的查询使用 GPU 内部计数器来测量处理 OpenGL 命令所花的时间。与遮挡查询近似，在时间查询中封装一个或者多个渲染命令，然后应用程序读取查询结果，这样就不会强制 GPU 去结束管线中的渲染。

为了启动经过时间查询，需要将目标 target 参数设置为 GL_TIME_ELAPSED，以及 id 为从调用 glCreateQueries() 获取到的查询对象的名称来调用 glBeginQuery()。为了结束查询，使用 target 参数为 GL_TIME_ELAPSED 并调用 glEndQuery()。查询结束后，使用 id 中的查询对象的名称，pname 参数设置为 GL_QUERY_RESULT 来调用 glGetQueryObjectuiv() 以获取结果。结果值是时间，以纳秒为单位测量在执行 glBeginQuery() 和 glEndQuery() 之间的命令所耗费的时间。应该知道，纳秒是很小的时间量。一个无符号整数只能用来存储 4 秒左右的纳秒计数数据，然后，计数将再次从零开始。如果希望计数器查询持续很长时间（例如几十或者几百帧），则需要调用 glGetQueryObjectui64v()，这使用 64 位数字来查询结果⊖。

使用经过时间查询的例子如例 G.6 所示。

例 G.6　使用经过时间查询

```
GLuint timer_query;
GLuint nanoseconds;

// 生成时间查询
glCreateQueries(GL_TIME_ELAPSED, 1, &timer_query);

// 设置一些状态（与时间查询无关）
glEnable(GL_DEPTH_TEST);
glDepthFunc(GL_LEQUAL);

glEnable(GL_BLEND);
glBlendFunc(GL_SRC_ALPHA, GL_ONE_MINUS_SRC_ALPHA);

glBindVertexArray(vao);
```

⊖　64 位的纳秒计数足以持续到宇宙的尽头了。

```
// 开始查询
glBeginQuery(GL_TIME_ELAPSED, timer_query);

// 绘制一些几何体
glDrawArraysInstanced(GL_TRIANGLES, 0, 1337, 1234);

// 结束查询
glEndQuery(GL_TIME_ELAPSED);

// 执行一些耗费时间的工作，不要让 OpenGL 管线空闲下来
do_something_that_takes_ages();

// 现在查询计时器结果
glGetQueryObjectuiv(timer_query, GL_QUERY_RESULT, &nanoseconds);
```

瞬时时间的查询

瞬时时间的查询也使用查询对象机制从 GPU 以纳秒为单位来查询时间。但是，它们是 GPU 时钟快照，没有持续时间，并且不是"当前的"时间。所以不能使用 **glBeginQuery()** 或者 **glEndQuery()**。实际上，可以使用 **glQueryCounter()** 函数来实现时间戳查询。

---

void **glQueryCounter**(GLuint id, GLenum target);

设置名称是 id 的查询对象，把一个时间戳查询插入 OpenGL 命令队列，其中 target 必须是 GL_TIMESTAMP。

当调用 **glQueryCounter()** 时，OpenGL 将一个命令插入 GPU 的队列来记录查询对象的当前时间。到达时间戳查询需要一些时间，所以应用在获取查询的结果之前应该执行有意义的工作。为了得到查询对象的结果，调用 **glGetQueryObjectuiv()**。只要有了场景中不同部分的瞬时时间戳，就可以利用它们之间的差值来确定场景每一部分的时间（GPU 时间）、in GPU time，并且可以了解什么地方导致应用程序执行费时，然后将能量集中在那儿以使应用运行更快。

附录 H

缓存对象的布局

本附录描述确定性的布局在多个读取者或者写入者之间共享缓存的方法。本附录主要包括以下内容：

- ❏ 使用标准布局限定符
- ❏ Std140 布局规则
- ❏ Std430 布局规则

H.1　使用标准布局限定符

当分类 uniform buffer 或者着色器存储缓存中大量变量时，或者想在着色器外读写这些值时，需要知道每个变量的偏移。可以查询这些偏移，但是对于大的 uniform 集合，这个过程需要很多查询，这是繁重的。作为一种可选方案，标准布局限定符需要 GLSL 着色器编译器根据一组规则组织变量，这样可以预测式地计算块中任意成员的偏移。

为了使块能使用 std140 布局，需要为块的声明添加 layout 指示，如下所示：

```
layout (std140) uniform UniformBlock {
    // 声明变量          ;
};
```

std140 限定符也适用于着色器存储缓存对象。而布局限定符 std430 只提供给着色器存储缓存对象，如下所示：

```
layout (std430) buffer BufferBlock {
    // 声明变量
};
```

　　为了使用 std140 或 std430 布局规则，块中一个成员的偏移需要是块中之前成员的对齐值（alignment）和大小的累计总和（这些是否需要在变量之前声明，还有争议），并且要提高到成员的对齐值的程度。第一个成员的开始偏移值总是零。

H.2　std140 布局规则

　　表 H-1 所示的规则是 GLSL 编译器用来在 std140 的 uniform 块中放置成员时使用的规则。这个特征只适用于 GLSL 版本 1.40 或者更高版本。

表 H-1　std140 布局规则

变量类型	变量大小和对齐值
标量 `bool`、`int`、`uint`、`float` 和 `double`	大小和对齐值都是在基本机器类型的标量大小（例如，sizeof(GLfloat)）
两个分量的向量（例如 `ivec2`）	大小和对齐值是基础的标量类型大小的两倍
三分量向量（例如 `vec3`）和四分量向量（例如 `vec4`）	大小和对齐值是基础标量类型大小的四倍
标量或者向量的数组	数组中每个元素的大小与元素类型的大小相同，是舍入到 `vec4` 的大小的倍数。这也是数组的对齐值。数组的大小是数组中元素数目的元素大小倍数
列优先矩阵或者 R 行 C 列的列优先矩阵的数组	与 N 个包含 C 分量的向量的数组布局相同，其中 N 是列的总数
行优先矩阵或者有 R 行 C 列的行优先矩阵的数组	与 N 个包含 C 分量的向量的数组布局相同，其中 N 是总行数
单结构体定义或者结构体的数组	结构对齐值是最大结构成员的对齐值，根据前面的规则，舍入到 `vec4` 的大小的倍数。每个结构从这个对齐值开始，大小是它的成员需要的空间，根据前面的规则，舍入到结构体对齐值的倍数

H.3　std430 布局规则

　　表 H-2 所示的规则集是 GLSL 编译器用来在 std430 形式的 uniform 块中放置成员时使用的。这个特征只适用于 GLSL 版本 4.30 或者更高。

表 H-2　std430 布局规则

变量类型	变量大小和对齐值
标量 `bool`、`int`、`uint`、`float` 和 `double`	大小和对齐值是基本机器类型中的标量大小
两分量向量（例如 `ivec2`）	大小和对齐值是基础的标量类型大小的两倍
三分量向量（例如 `vec3`）和四分量向量（例如 `vec4`）	大小和对齐值是基础的标量类型大小的四倍。但是，这只在成员不是数组或者嵌套结构体的一部分时是正确的
标量或者向量的数组	数组中每个元素的大小与元素类型的大小相同，这里三分量向量不能舍入到四分量向量的大小。这也是数组的对齐值。数组的大小是数组中元素数目的元素大小倍

（续）

变量类型	变量大小和对齐值
列优先矩阵或者 C 列 R 行列优先矩阵的数组	与 N 个包含 R 分量的向量布局相同，其中 N 是列的总数
行优先矩阵或者 R 行 C 列的行优先矩阵的数组	与 N 个包含 C 分量的向量的数组布局相同，其中 N 是总行数
单结构体定义或者结构体的数组	结构对齐值与最大结构成员的对齐值相同，其中三分量向量不能舍入到四分量向量的大小。每个结构从这个对齐值开始，大小是它的成员需要的空间，根据前面的规则，舍入到结构体对齐值的倍数

术　语　表

仿射变换（affine transformation）：一种保留直线和直线上点的距离比例的变换方式。

走样（aliasing）：由于场景的欠采样而造成的瑕疵，通常是因为对每个像素都设置一个采样点，但是场景的边缘或者图案的频率高于像素本身所致。这样会产生锯齿状的边缘、摩尔纹（moiré），以及闪烁现象。参见反走样（antialiasing）。

alpha：第四个颜色分量。alpha 分量不是直接显示的，它通常用来控制颜色的融混。一般来说，OpenGL 的 alpha 对应于不透明度的信息，而不是透明度，因此 alpha 值为 1.0 表示完全不透明，而 alpha 值为 0.0 表示完全透明。

alpha 值（alpha value）：参见 alpha。

环境光（ambient）：环境光照是一种并非直接来自光源的光照，它在空间中是均匀分布的，落在表面上的光照来自各个方向。这种光照是从独立于表面位置和方向的物体反射而来的，在所有方向上的强度都相等。

扩充（amplification）：几何着色器的处理过程，可以创建比传入数据更多的几何体。

动画（animation）：重复地渲染生成场景，并且让视点和物体的位置平滑地变化，如果重复的速度足够快，就能够得到运动的画面。OpenGL 的动画几乎都是通过双重缓冲的方式来实现的。

各向异性滤波（anisotropic filtering）：一种纹理滤波手段，可以通过每个纹理维度上使用独立的纹理插值比率来实现采样，从而提升图像的质量。

反走样（antialiasing）：减轻走样问题的渲染方法。相关的方法包括使用更高频率进行采样、根据像素被渲染图元遮盖的区域比例来设置像素颜色、去除场景中高频分量，以及对一个像素所包含的场景区域进行积分或均值处理（即区域采样）等。参见走样（aliasing）。

应用程序编程接口（application programming interface，API）：一个函数和子例程组成的库，由应用程序进行调用。OpenGL 就是应用程序开发接口的一个例子。

区域采样（area sampling）：对当前像素覆盖的场景的所有内容进行查找，决定一个像素的颜色。它与点采样是相反的。

数组纹理（array texture）：数组纹理包含多层或者多个切片的纹理对象，这些层被当作一个关联的数据块进行处理。

原子计数器（atomic counter）：一个在 OpenGL 着色器所有阶段都可以使用的计数器对象，它会自动更新。参见原子操作（atomic operation）。

原子操作（atomic operation）：在并发编程（多线程）的环境当中，这是一个到完成之前始终不会中断的操作。

衰减（attenuation）：光照的一种属性，它描述了光的强度随着距离变化而减弱的趋势。

背面（back face）：参见面（face）。

重心坐标（barycentric coordinate）：在这个坐标系统中，点是通过两个或多个参考点的权重和来表达的。每个分量在自己的域内移动时，重心坐标将在 0 ~ 1 发生变化。

Bernstein 多项式（Bernstein polynomial）：一种多项式公式，由 Sergei Natanovich Bernstein 命名，它用来计算贝塞尔曲线。这个多项式的定义如下：

$$b_{n,m}(x) = \binom{n}{m} x^n (1-x)^{n-m}$$

其中，$\binom{n}{m}$ 是多项式的系数。

广告牌（billboard）：通常是一个贴有纹理的四边形，它的朝向总是与观察者垂直。通常广告牌可以用来近似表达一定距离之外的复杂几何体。

bind：见绑定对象。

绑定对象（binding an object）：将一个对象关联到 OpenGL 环境中，通常会通过一个名称中包含 bind 单词的函数完成，例如 glBindTexture()、glBindBuffer() 或者 glBindSampler()。

无绑定纹理（bindless texture）：通过句柄而不是名字或绑定使用纹理，允许着色器获取更多纹理。

二项式系数（binomial coefficient）：多项式 $(1+x)^n$ 展开后的系数。二项式系数通常可以通过下面的公式进行表达：

$$\binom{n}{k} = \frac{n!}{k!(n-k)!}$$

其中，$n!$ 是 n 的阶乘。

次法线（binormal）：一个与表面切向量和表面法向量同时垂直的向量。这三个互相正交的向量将构成一个局部坐标系统的基向量，它包含一个局部表面的坐标空间。

位（bit）：二进制位（binary digit）的简称。它表示一个只有两种可能值 0 或者 1 的状态量。二进制数由一位或者多位组成。

位深（bit depth）：一个特定分量对应的位的数量，它限制了这个分量可以存储的数值量。

位平面（bitplane）：一个矩形数组，其中位与像素是一一对应的映射关系。帧缓存可以被视为一组位平面。

融混（blending）：将两个颜色分量缩减为一个颜色分量，通常是通过这两个分量之间的线性插值完成的。

非遮挡查询（Boolean occlusion query）：结果返回一个 0 或非 0 值，且不保证严格精确。

缓存（buffer）：一组位平面，用来存储单个分量值，例如，深度或者绿色分量。有时候，红色、绿色、蓝色和 alpha 缓存统称为一个颜色缓存，而不是多个颜色缓存。

缓存对象（buffer object）：OpenGL 服务器内存中的一处缓存。顶点和像素数据、uniform 变量以及元素数组索引都可以保存到缓存对象当中。

缓存乒乓（buffer ping-ponging）：一种通常用在 GPGPU 上的技术，使用两个相等大小的缓存来累加结果。对于某一帧而言，一个缓存负责存储当前可读的结果，而另一个缓存将写入更新的结果。在下一帧里，这两个缓存的职责将互换（乒乓）。

凹凸贴图（bump map）：参见法线贴图。

凹凸映射（bump mapping）：总体上来说，它的意义就是在渲染得比较平的表面上通过光照效果增加凹凸感。这一过程通常使用法线贴图来计算扁平表面的光照，让它看起来像是受到法线贴图的影响，因此在表面上留下了凹凸的光感，即使并没有描述凹凸的几何信息。

字节交换（byte swapping）：在一个变量类型（通常是整型，例如 int、short 等）中交换字节的顺序的过程。

C：UNIX 内核开发者常用的一种编程语言。

C++：计算机图形学编程最常用的编程语言。

级联样式表（cascading style sheet）：一种设置网

页页面的外观和布局的表达机制。

客户端（client）：发送 OpenGL 命令的计算机。客户端与 OpenGL 服务器（参见服务器）可以运行在同一台计算机上，或者通过网络连接运行在不同的计算机上（如果 OpenGL 实现能够支持网络渲染）。

剪切（clip）：参见剪切（clipping）。

剪切坐标（clip coordinate）：经过投影矩阵变换，在透视除法（perspective division）之前的坐标系统。视景体的剪切是在剪切坐标系下完成的。

剪切（clipping）：通过一个剪切平面所定义的半空间，删除半空间之外的一部分几何图元。半空间之外的点可以直接删除。而半空间之外的线或者三角形会被消去，然后生成一些额外的顶点来确保剪切半空间内的图元绘制完成。几何图元总是会经由视景体的左平面、右平面、底平面、顶平面、近平面和远平面来剪切的。应用程序可以通过设置剪切距离 gl_ClipDistance[] 来执行特定于应用程序的剪切操作。

剪切区域（clipping region）：剪切平面的所有半平面的交集。参见剪切（clipping）。

CMYK：青色（Cyan）、品红色（Magenta）、黄色（Yellow）、黑色。这是印刷行业常用的一个颜色空间。

颜色空间（color space）：一种描述颜色的模型，通常是一个三维或者四维域中的向量，例如 RGB 颜色空间。

兼容模式（compatibility profile）：OpenGL 的一种模式，可以支持所有遗留的功能。它主要是为了确保早期的应用程序可以继续进行开发。参见核心模式（core profile）。

分量（components）：颜色或者方向向量中独立的标量数值。它们可以是整数或者浮点数类型。通常对于颜色来说，分量值为 0 表示最小值或者最小强度，而分量值为 1 表示最大值或

者最大强度，尽管有时候也会使用其他的数据范围。因为分量值需要在归一化的范围内进行插值，所以它们通常与实际的分辨率无关。例如，RGB 值（1，1，1）表示白色，这里不用考虑颜色缓存对每个分量使用 4 位、8 位还是 12 位的存储方式。超出范围的分量通常会直接截断到归一化范围内，不会变短或者解析。举例来说，RGB 值（1.4，1.5，0.9）会截断到（1.0，1.0，0.9），然后再更新到颜色缓存中。红色、绿色、蓝色、alpha 和深度值都是作为分量表达的，而不是索引。

压缩纹理（compressed texture）：存储为压缩格式的一种纹理图像。压缩纹理需要更少的内存，并且可以更有效地使用纹理缓存的内存空间。

压缩（compression）：降低数据存储的方法，通常会改变它在内存中的表现形式。

压缩比（compression ratio）：存储某些压缩数据所需的总量与原始的未压缩的数据之间的比率。

计算着色器（compute shader）：一个分发计算命令并得到结果的着色器类型。计算着色器的单个调用表示一个工作项，而一组调用构成一个本地工作组。一组本地工作组将构成一个全局工作组。

凹多边形（concave）：一种非凸的多边形类型。参见凸多边形（convex）。

条件渲染（conditional rendering）：一种使用遮挡查询方法，根据（深度测试预测的）可见性来判断一组 OpenGL 渲染命令是否应该执行的技术。

构造函数（constructor）：一个用来初始化对象的函数。在 GLSL 中，构造函数被用来初始化新的对象（例如 vec4），并且在类型之间进行转换。

环境（context）：一组完整的 OpenGL 状态变量。注意，帧缓存的内容不属于 OpenGL 状态的一

部分，但是帧缓存的配置（以及相关的渲染缓存）属于它的一部分。

控制纹理（control texture）：这种纹理负责告诉着色器要完成什么效果，或者负责控制效果实现的时机和方式，而不是简单地作为图像使用。它类似于一种单分量的纹理。

凸多边形（convex）：凸多边形的意义是，在多边形所在的平面内，不存在一条直线可以与多边形的边相交超过两次。

凸包（convex hull）：包围一个指定点集的最小凸区域。在二维条件下，凸包在理论上相当于在点的周围拉起了一圈橡胶带，让所有的点都能够置于橡胶带之内。

卷积（convolution）：一个数学函数，它包含两个函数，计算一个点上的合并函数，并返回两个输入函数的重叠区域。图形学上的卷积通常用于图像处理的工作。

卷积滤波器（convolution filter）：在图像处理中，一个用于图像像素的卷积运算的二维值数组。

卷积核（convolution kernel）：参见卷积滤波器（convolution filter）。

坐标系（coordinate system）：在 n 维空间中，n 个线性无关的基向量从同一个点出发（称作原点）。一组坐标定义了空间中的一个点（或者从原点出发的一个向量），它需要指定沿着每个基向量到达这个点（或者向量顶端）所需的距离。

核心模式（core profile）：现代的流式 OpenGL 模式，建议用于新应用程序的开发。参见兼容模式（compatibility profile）。

裂缝（cracking）：相邻的填充几何图元边界之间的缝隙。裂缝可能是因为相邻的边的细分层级不同导致的。

立方图（cube map）：一种有 6 个方形面的纹理类型，可以用来表达环境贴图或者 OpenGL 中的其他效果。

裁减（culling）：删除那些无法渲染或者不需要渲染的物体。它们可能是视锥体之外的几何图元，多边形不可见的正面或者背面，或者视口之外的片元等。

当前（current）：用来描述一个 OpenGL 对象是否被激活的状态，然后可以使用或者修改它。举例来说，纹理可以使用 glBindTexture() 设置为当前，然后就可以对它进行修改，例如，改变它的缩小滤波器。

调试环境（debug context）：一种可以自动报告错误或者简单调试 OpenGL 应用程序的 OpenGL 环境。

贴花（decal）：一种在纹理程序中计算颜色值的方法，它使用纹理颜色替换片元颜色，或者如果开启了 alpha 融混，可以根据 alpha 值将纹理颜色与片元颜色相融混。

默认帧缓存（default framebuffer）：名称为 0 的帧缓存对象，每个 OpenGL 应用程序都会创建它。它的颜色缓存是唯一可以显示在物理屏幕上的。

不推荐（deprecated）：某些函数入口点的标记，或者传入函数调用中的一个符号的标记，它表示 API 或者语言的后继版本可能会删除这个特性。虽然目前这个特性是可用的，但是可能会消失或者受到新特性的影响。

不推荐模式（depreciation model）：用于 OpenGL 库的某些特性的标记或者删除计划。不推荐模式是 3.0 版本的时候介绍的，而 3.1 版本中 API 第一次删除了某个特性。

深度（depth）：通常表示窗口坐标的 z 值。参见深度值（depth value）。

深度缓存（depth buffer）：为每个像素保存深度值的内存。如果要实现隐藏表面的剔除，深度缓存必须记录每个像素中最靠近观察者的物体深度值。每个片元的新深度值都需要与已经记录的值进行深度比较，并且必须在渲染之前进行比较测试。

深度范围（depth range）：z 方向上的一部分区段（z 坐标的范围），用作渲染场景。OpenGL 通过远平面和近平面参数来表达这个范围。它与视口是密切相关的。

深度测试（depth testing）：将片元的深度坐标与存储在深度缓存中的结果进行比较。测试结果将会用来控制之后的渲染，比如丢弃这个片元，或者更新模板缓存的内容。

深度纹理（depth texture）：由深度值组成的纹理贴图——与颜色值对应——通常用来生成阴影。

深度值（depth value）：一个片元的深度坐标，或者深度缓存中存储的一个值。

目标融混因子（destination-blending factor）：与帧缓存中的颜色相关的系数，用于融混。

漫反射（diffuse）：根据光源的方向得到的漫反射光照和反射。光射到表面上的强度会随着光照方向与物体表面方向之间的角度变化而改变。漫反射材质可以将光照沿着各个方向进行发散。

方向光源（directional light source）：参见无穷远的光源（infinite light source）。

置换映射（displacement mapping）：使用纹理或者其他数据源来移动一个细分后的模型顶点，沿着表面法线的方向以得到一种凹凸的效果。

显示（display）：用来向用户呈现图像的设备，通常是一个计算机显示器、投影仪，或者电视机。它也代指计算机图像渲染的最终帧缓存。

显示回调（display callback）：由应用程序框架调用的一个函数，时机是渲染动画新的一帧的时候。

抖动（dithering）：一种（不再用于现代图形显示的）技术，可以增加图像色彩的感知范围，代价是提高了空间分辨率。从一定的距离观察时，相邻的像素被赋予抖动的颜色值，这些颜色看起来就像是被融混到单个中间色。这一技术与黑白印刷行业的半调（half-toning）的灰度着色方法比较类似。

双重缓冲（double buffering）：OpenGL 环境支持前、后两个颜色缓存，即双重缓冲。要实现平滑的动画效果，可以只渲染到后缓存中（不显示），然后交换前后缓存。参见附录 A 的 **glutSwapBuffers()**。

双源融混（dual-source blending）：一种融混模式，片元着色器输出两个颜色值：一个用作融混的颜色源，另一个用作融混的因子（源或者目标）。

动态 uniform（dynamically uniform）：GLSL 中，一个动态的 uniform 表达式意味着每个着色器调用对这个表达式的计算都会产生同样的结果值。

辐射度（emission）：物体的颜色是自己照明或者自己发光的。辐射材质的强度不属于任何外部光源。

环境贴图（environment map）：一个使用颜色表面的纹理形式，可以让它们看起来更贴近于环境本身。

环境映射（environment mapping）：环境贴图的应用程序。

事件循环（event loop）：在基于事件的应用程序中，事件循环是一个在程序中持续进行的循环，它负责检查新事件的到达，并决定处理的方法。

指数（exponent）：一个浮点数的一部分，尾数在归一化之后将升高到 2 的幂。

人眼坐标（eye coordinate）：经过模型视图矩阵变换之后，在投影矩阵变换之前的坐标系。光照和程序相关的剪切是在人眼坐标系下完成的。

人眼空间（eye space）：参见人眼坐标（eye coordinate）。

面（face）：每个多边形都有两个面：正面和背面。同一时刻只有一个面在窗口中是可见的。正面还是背面可见，这是由多边形投影到窗口的结果决定的。投影之后，如果多边形的边为顺时针，那么其中一个面可见；如果是逆时针，那么另一个面可见。至于顺时针对应的是正面还是背面（以及逆时针对应背面还是正面），这是由 OpenGL 程序员决定的。

阶乘（factorial）：对于非负整数，n 的阶乘（写作 $n!$）就是从 n 到 1 的整数之间的连续相乘的结果。

远平面（far plane）：视锥体的 6 个剪切平面之一。远平面就是垂直于视线且距离眼睛最远的剪切平面。

反馈（feedback）：OpenGL 的操作模式，将渲染操作的结果，例如顶点着色器的数据变换结果，返回应用程序。

滤波（filtering）：将像素或者纹素合并得到一个更高或者更低分辨率的图像或者纹理。

固定管线（fixed-function pipeline）：一种图形流水线，它包含其操作由程序可配置的一系列参数控制的处理过程。而现在的 OpenGL 管线是可编程的流水线，它允许开发者使用更为灵活的操作来替代固定功能的操作。

扁平着色（flat shading）：使用单一恒定的颜色对一个图元的全范围进行着色，而不是在图元上使用平滑插值的着色方法。参见 Gouraud 着色（Gouraud shading）。

字体（font）：一组图形字符，通常用来显示文字字符串。字符可以是罗马字母、数学符号、亚洲的表意文字、埃及的象形文字等。

分数 Brownian 运动（fractional Brownian motion）：一种程序式纹理技术，可以产生随机的噪声纹理。

片元（fragment）：片元是通过图元的光栅化生成的。每个片元都对应于单一的像素，它包含颜色、深度，有的时候还有纹理坐标值。

片元丢弃（fragment discard）：执行 discard 命令，它是片元着色器中的一个关键字。它可以确保片元对帧缓存不会有任何影响，包括深度、模板，以及已经启用的颜色附件。

片元着色器（fragment shader）：在光栅化完成之后执行的着色器。片元着色器的每个请求都是针对一个光栅化之后的片元执行的。

片元着色（fragment shading）：执行片元着色器的过程。

帧缓存（framebuffer）：给定窗口或者环境的所有缓存。有时候它包含图形硬件加速设备的所有像素内存。

帧缓存附件（framebuffer attachment）：帧缓存对象的一个连接点，可以将已分配的图像存储空间（可能是纹理贴图的一级、渲染缓存、像素缓存对象，或者任何其他类型的 OpenGL 存储对象）与渲染目标（例如颜色缓存、深度缓存或者模板缓存）连接起来。

帧缓存对象（framebuffer object）：可以存储帧缓存中所有相关联的渲染缓存的 OpenGL 对象。

帧缓存渲染循环（framebuffer rendering loop）：一个帧缓存附件被同时写入和读取的一种情形。这种情形不是期望的，需要避免。

Freeglut：一个开源的 OpenGL Utility Toolkit 实现，由 Pawel W. Olszta 等人编写，它是 Mark Kilgard 的原始 GLUT 库的一个更新版本。

频率截断（frequency clamping）：在程序式纹理中使用的一种技术，可以用简单的形式来表达复杂的函数。

正面（front face）：参见面（face）。

正面（front facing）：对多边形顶点顺序的一种分类。此时多边形的屏幕空间投影的顶点方向，也就是被提交到 OpenGL 中的顶点的遍历顺序应该是逆时针（我们也可以通过 glFrontFace() 来控制面和正面的关系）。

视锥体（frustum）：通过透视除法得到的视景体。

函数重载（function overloading）：现代编程语言的一种技术，可以有多个同名的函数，但是有不同数量的参数或者数据类型。

gamma 校正（gamma correction）：一个应用到帧缓存中颜色的函数，可以将人眼（或者显示器）的非线性响应矫正为线性的颜色强度变化。

色域（gamut）：所有可以显示在给定颜色空间内的颜色子集。

几何模型（geometric model）：用来描述一个物体的对象坐标系顶点和参数。注意，OpenGL并没有直接定义几何模型的语法，而定义渲染几何模型所需的语法和语义。

几何对象（geometric object）：参见几何模型（geometric model）。

几何图元（geometric primitive）：点、线，或者三角形。

全局光照（global illumination）：一种使用所有可能的光源对场景进行照明的渲染技术，包括反射效果。这一技术通常无法在基于光栅化的系统中实现。

全局工作组（global workgroup）：通过调用 **glDispatchCompute()** 来分发的工作项目的完整集合。全局工作组是由 x、y 和 z 三个维度上的本地工作组的整数值组成的。

GLSL：OpenGL 着色语言。

GLUT：OpenGL Utility Toolkit。

GLX：X Window 系统上的 OpenGL 窗口系统接口。

Gouraud 着色（Gouraud shading）：沿着多边形或者线段进行颜色的平滑插值。颜色是指定给顶点的，并且在图元中线性插值得到一个相对平滑的颜色变化过程。参见平滑着色（smooth shading）。

GPGPU：GPU 上的通用目的计算（General-Purpose computing on GPU）的简称，它是通用计算领域（相关算法通常在 CPU 上运行）的一门技术，使用图形处理器辅助计算。

GPU：图形处理单元。

梯度噪声（gradient noise）：Perlin 噪声的另一个名称。

梯度向量（gradient vector）：沿着函数方向导数的一个向量。

图形处理（graphics processing）：用来产生图形图像的相关工作，例如顶点处理、剪切、光栅化、细分和着色。

图形处理单元（graphics processing unit）：该术语用来描述计算机系统的一个子部分，该计算机系统包括一个或多个集成电路，至少可以部分地专用于图形图像的生成。

半空间（half space）：使用一个平面将空间划分为两个半空间。

光晕（halo）：模拟物体背后的闪烁产生的一个包围物体轮廓的晕状外观的照明效果。

隐藏线去除（hidden-line removal）：这种技术可以确定线框对象的哪些部分该是可见的。组成该线框的线被认为是不透明的表面边缘，其可以掩盖其他远离观察者的边缘。

隐藏面去除（hidden-surface removal）：这种技术可以确定一个不透明的着色对象的哪些部分应该是可见的，哪些部分应该遮蔽。使用深度缓冲区的存储内容执行深度坐标的一个测试，这是隐藏面移除的常用方法。

齐次坐标（homogeneous coordinate）：一组坐标，包含 $n+1$ 个坐标点，用来表示点在 n 维空间的投影坐标。投影空间中的点可以看作在欧氏空间中的点再加上无穷远处的一些点。如果坐标是齐次的，那么每个坐标乘以同一个非零常数的比值不会改变坐标参考点。齐次坐标对于投影几何的计算是很有意义的，因此在计算机图形学中，场景必须投影到一个窗口当中。

图像（image）：矩形阵列形式的像素集合，它要么在客户端内存中，要么在帧缓存中。

图像平面（image plane）：视锥体中最接近人眼的剪切平面的另一个名称。将场景的几何数据投影到图像平面，并在应用程序的窗口中显示。

基于图像的照明（image-based lighting）：使用物体上的一个光照图以照亮物体的一种照明技术，它不同于使用分析手段来直接计算光照的方法。

不可变（immutable）：这是一个不可修改的状态。如果将它应用于纹理，那么意味着该纹理（宽度、高度和存储格式）的参数是不能改变的。

impostor：一个复杂的几何对象的简化模型，通常使用单一的纹理映射多边形。

无限光源（infinite light source）：一个定向的光源。从无限远的光源向所有对象辐射的光线都是平行光线。

输入面片顶点（input-patch vertex）：形成面片（patch）图元的输入顶点。经过顶点着色器之后，它们被传递到细分控制着色器，在那里可以用它们来表示一个高阶表面上的控制点。

实例 ID（instance id）：在顶点着色器中，用于识别唯一一组图元的标识符。在 GLSL 中，实例 ID 表现为一个单调递增的变量 gl_InstanceID。

多实例渲染（instanced rendering）：绘制一组相同的几何形状的多个副本，几何形状的每个副本都有一个唯一的标识符。参见实例 ID。

接口块（interface block）：两个连续的着色阶段之间的着色器变量组。

交错（interleaved）：由多组异构的数据类型（即，顶点、法线和纹理坐标等）来存储顶点数组的方法，其可以更快地进行检索。

内部格式（internal fomat）：OpenGL 使用的存储格式，用来存储纹理贴图。纹理的内部格式通常和传递到 OpenGL 中的像素格式相比会有所不同。

插值（interpolation）：计算内部像素的数值（例如颜色或深度）的时候，在边界处（例如多边形或线的顶点）给定的值。

调用（invocation）：着色器的单次执行。在细分控制着色器中，它代表单个控制点。在几何着色器中，它代表着色器开启多实例之后的一个实例。在计算着色器中，单次调用是由一个工作项创建的。

IRIS GL：Silicon Graphics 公司专有的图形库，在 1982 年到 1992 年期间开发。OpenGL 的设计就采用 IRIS GL 作为一个起点。

锯齿（jaggy）：渲染走样时呈现出的瑕疵。渲染走样时的图元边缘是锯齿状的，而不是光滑

的。例如，一个近似水平的走样直线，会呈现为相邻像素行上的一组水平线，而不是一条光滑的、连续的直线。

不均匀性（lacunarity）：一个决定每个连续的八倍频 Perlin 噪声的频率如何快速增加的乘数。

布局限定符（layout qualifier）：一个与着色器输入、输出或变量有关的声明，描述它们是如何在内存中布局的，或者着色器的逻辑配置应该是什么形式。

镜头光晕（lens flare）：模拟通过透镜分散光产生的照明效果。

细节层次（level of detail）：创建一个对象或图像的多个副本的过程，每个副本均有不同层次的分辨率。参见 mipmap。

光探头（light probe）：一种用于拍摄场景的照明情况的设备。常见的物理光探头是一个反射半球。

光探测图像（light probe image）：通过光探头采集的图像。

光照（lighting）：基于当前的光环境、材质特性和照明模型模式的顶点的颜色计算过程。

线段（line）：两个顶点之间的有限宽度的直线区域（不同于数学上的线段，OpenGL 的线段是具有限宽度和长度的）。线条带的每个段本身都是一个线段。

局部光源（local light source）：具有一个位置，而不是一个方向的照明源。局部光源的辐射光是从该位置发出的。局部光源的其他名称包括点光源或位置光源。聚光灯是一种特殊的局部光源。

局部观察者（local viewer）：Phong 光照模型可以更准确地模拟镜面高光是如何照射对象的。

本地工作组（local workgroup）：本地范围的工作组可以访问同一组内的共享局部变量。

逻辑操作（logical operation）：输入片元的 RGBA 颜色或颜色索引值，与已经存储在帧缓冲的相应位置的 RGBA 颜色或颜色索引值之间进

行布尔数学运算。逻辑运算的例子包括 AND、OR、XOR、NAND 和 INVERT。

无损压缩（lossless compression）：不丢失任何信息，能够检索到原始数据的任何压缩方法。

有损压缩（lossy compression）：造成一些原信息丢失，以提高压缩比的任何数据压缩方法。

低通滤波（low-pass filtering）：对于一个场景，保持其低频分量（较慢的空间变化）而丢弃高频分量。这是为了避免欠采样的问题，因此需要将最高频率的内容降低到采样能够完成的程度。

亮度（luminance）：表面的感知亮度。通常指的是红、绿和蓝的颜色值的加权平均值，它可以表示合并后的可感亮度。

机器字（machine word）：计算机系统的一种处理单元，通常是由一个处理器中的一个寄存器表示的单元。例如，32 位的系统通常有一个 32 位的机器字和多个 32 位宽的寄存器。

尾数（mantissa）：浮点数的一部分，表示随后数值量将进行归一化，并提升到 2 的幂次方所表示的指数形式。

材质（material）：计算表面的照明时使用的表面特性。

矩阵（matrix）：数值的二维阵列。OpenGL 的矩阵都是 4×4 的形式，不过存储在客户端内存中的时候，它们会被视为 1×16 的一维数组。

mipmap：降低分辨率的纹理贴图版本，用来对其屏幕分辨率不同于源纹理贴图分辨率的几何图元帖敷纹理。

模型（model）：可以表示物体的几何图元的集合，通常包括纹理坐标（和纹理）、法线和其他属性。

调制（modulate）：在纹理应用程序中通过该纹理和片元颜色的组合来计算颜色值的一种方法。

显示器（monitor）：使用帧缓存的内容显示图像的设备。

多重分形（multifractal）：一种程序式纹理技术，其中噪声函数的分形维度会根据对象的位置而发生变化。

多重采样（multisampling）：生成或产生逐像素的多个样本的方法。

多重纹理（multitexturing）：将多个纹理图像应用到单个图元的过程。这些图像在纹理操作的流水线中是一个接一个应用的。

可变（mutable）：能够修改，通常是纹理贴图的引用。参见不可变（immutable）。

名称（name）：在 OpenGL 中，一个名称是一个无符号整数，表示一个对象的实例（例如纹理或缓存）。

NDC：归一化的设备坐标（Normalized Device Coordinate）。

近平面（near plane）：一个视锥体的 6 个剪切平面之一。近平面也称为图像平面，它是最靠近眼睛的剪切平面，并垂直于视线的方向。

网络（network）：两台或多台计算机之间的连接，可以在彼此之间来回传输数据。

噪声（noise）：可重复的伪随机偏差值，可以作为输入位置的函数，用于修改表面的颜色和几何形状，以得到一个接近完美的外观，如污渍、云、湍流、木纹等，它们都不基于刚性的、可检测的图案。

非凸多边形（nonconvex）：如果多边形平面内存在一条线，它与多边形相交超过两次，那么这个多边形就是非凸的。参见凹多边形（concave）。

法线（normal）：表面法线的缩写形式，它总是垂直的。

法线贴图（normal map）：记录表面上每个位置信息的贴图，它给出了貌似的表面法线与真正的表面法线之间的偏差关系。它通常用于凹凸映射。通常，法线另存为一个相对于表面局部坐标空间的向量，其中假设向量（0, 0, 1）为基准的表面法线。

法线纹理（normal texture）：法线贴图另存为纹理。

法线向量（normal vector）：参见法线（normal）。

归一化（normalize）：要改变一个向量的长度，需要有一定的规范形式，通常可以设置长度为1.0。GLSL 的内置归一化就是这么做的。对法线向量进行归一化，要使用每个分量的平方之和的平方根去除每个分量的值。然后，如果法线被认为是从原点出发到达点（nx^1，ny^1，nz^1）的向量，那么该向量将具有单位长度。

$$factor = \sqrt{nx^2 + ny^2 + nz^2}$$
$$nx' = nx/factor$$
$$ny' = ny/factor$$
$$nz' = nz/factor$$

归一化的（normalized）：参见归一化（normalize）；经过归一化之后，向量就是归一化的。

归一化设备坐标（normalized-device coordinate）：这个坐标空间可以用来表示齐次坐标剪切坐标的除法操作之后，通过视口变换转换到窗口坐标之前的位置信息。

归一化的值（normalized value）：归一化的值总是在一个假定的范围之间，对于 OpenGL 来说，它总是意味着向量的长度或绝对值为 1.0。参见归一化（normalize）。

NURBS：非均匀有理 B 样条（Non-Uniform Rational B-Spline）。一种指定参数曲线和曲面的常见方法。

对象（object）：对象坐标的模型，会渲染为图元的集合。

对象坐标系（object coordinate）：在任何 OpenGL 变换之前存在的坐标系。

遮挡查询（occlusion query）：这种机制可以使用深度缓冲区来判断几何形状是否是可见的（但不修改它的值）。

八倍频（octave）：两个函数关系的给定名称，其中一个函数的频率是另一个函数的频率的两倍。

离屏渲染（off-screen rendering）：绘制到一个帧缓存，但是不直接显示在可见屏幕上的过程。

OpenGL 着色语言（OpenGL Shading Language）：用于编写着色器程序的语言。通常也称为 GLSL。

正交投影（orthographic）：非透视（或平行）的投影方式，用在一些工程图纸当中，没有透视功能。

输出面片顶点（output-patch vertex）：曲面细分控制着色器生成的顶点。这些顶点通常会形成一个面片的控制网格。

重载（overloading）：正如在 C++ 中，可以使用具有相同的名称而含有不同的参数的函数来创建多种功能，它允许编译器生成函数的不同签名，并根据需要调用正确的版本。

包（pack）：从缓存将像素颜色转换到应用程序所要求的格式的过程。

填充结构（padding a structure）：将成员添加（通常不使用）到一个结构体——通常在其末端——以确保它有一个特定的大小，或者在一个特定的边界对齐。

传递着色器（pass-through shader）：不执行任何实质性的工作，除了把它的输入传递到输出之外。

面片（patch）：由若干控制点组成的高阶曲面的表示方式。面片用作细分控制着色器的输入，它在面片的每个控制点都会执行一次，并可能产生一组数据，以用于固定功能的曲面细分或者随后的细分计算着色器当中。

Perlin 噪声（Perlin noise）：这种形式的噪声是由 Ken Perlin 发明设计的，它很有效，而且在实时渲染中计算不会太困难。

透视校正（perspective correction）：纹理坐标的额外计算方式，可以修正透视投影中帖敷纹理的几何体的纹理瑕疵问题。

透视除法（perspective division）：将 x、y 和 z 除以 w，得到剪切坐标的值。

Phong 反射模型（Phong reflection model）：用于模拟计算机生成图像的光照效果的一种照明模式。

Phong 着色（Phong shading）：使用 Phong 反射模型，对于几何图元的每个像素都进行计算的像素着色过程。它需要计算 Phong 反射模型的顶点数值，并在整个几何图元中插入计算颜色。

乒乓缓存（ping-pong buffer）：一种将值写入缓存（通常是纹理贴图）的 GPGPU 技术，然后会立即将它作为一个纹理贴图输入后继的计算过程中用于读取操作。实际上，可以将写入的以及随后读取的缓存视为一组临时值。乒乓缓存通常是使用帧缓冲对象来完成的。

像素（pixel）："图像元素"的简称。在帧缓存中所有位平面中的位置 (x, y) 处的位，构成单个像素 (x, y)。在客户端内存的图像中，一个像素是一组元素。在 OpenGL 窗口坐标中，每个像素都对应一个 1.0×1.0 的屏幕区域。像素的左下角坐标是 (x, y)，右上角是 $(x + 1, y + 1)$。

点（point）：空间中的一个确切位置，呈现为一个有限直径的点。

点渐变阈值（point fade threshold）：点的光栅化过程中的最小值，此时点的反走样效果是禁止的。

点光源（point light source）：参见本地光源（local light source）。

点采样（point sampling）：找到一个零大小的特定点对应的场景颜色。例如，判断什么颜色转化为像素，其中可以基于像素中心的场景颜色值，或者基于像素内的有限数量的点采样结果，而不是考虑整个区域中的像素覆盖（见区域采样）。

多边形（polygon）：一个接近平面的表面，由顶点指定各个边界。三角形网格的每个三角形都是一个多边形，而一个四边形网格的每个四边形也都是一个多边形。

多边形偏移（polygon offset）：这项技术可以修改多边形的深度缓存值，从而避免其他的几何图元绘制时具有相同的几何坐标。

位置光源（positional light source）：参见本地光源（local light source）。

图元装配（primitive assembler）：图形硬件中的组件，将顶点组为点、线和三角形以准备渲染。图元装配也可以执行一些操作，诸如透视除法和视口变换的任务。

图元生成（primitive generator）：参见图元装配（primitive assembler）。

程序式着色（procedural shading）：使用着色器来创建一个表面纹理，主要通过算法（程序上）而不是通过纹理查找来完成这一工作。可以使用纹理来存储数据表或者贴图信息，而大量的资源可以通过计算来创建所需的效果，而不是从存储的图像中得到。

程序纹理着色器（procedural texture shader）：可以帮助执行程序式着色的着色器。

程序式纹理（procedural texturing）：参见程序式着色（procedural shading）。

可编程融混（programmable blending）：着色器控制的颜色混合，它不同于 OpenGL 的固定功能的融混操作。

可编程图形管线（programmable graphics pipeline）：一种处理顶点、片元，及其相关的数据（例如，纹理坐标）的操作模式，它是由程序员指定着色器程序来进行控制的。

投影矩阵（projection matrix）：4×4 的矩阵，可以转换点、线、多边形和人眼坐标到剪切坐标的光栅位置。

投影纹理（projective texturing）：一种纹理映射技术，可以模拟将图像投影到场景中的对象之上。

协议（protocol）：计算机系统之间消息互换的一种标准。OpenGL 的一些实现中会用到一个协议，用于在客户端（通常是应用程序）和服务器（通常是 OpenGL 渲染机）之间的通信。

代理纹理（proxy texture）：一个纹理图像的占位符，用来确定是否有足够的资源来支持一个给定大小和内部格式分辨率的纹理图像。

脉冲列（pulse train）：脉冲序列——通常是等距的——在程序式着色技术中使用。

四边形（quadrilateral）：一个由四条边组成的多边形。

竞争条件（race condition）：这种情况用在多线程应用程序的执行当中，其中两个或多个线程会争用相同的资源，此时需要用到诸如计数器的方法。如果计算过程中出现竞争条件，结果是不可预知的。

光栅化（rasterization）：转换投影点、线或多边形，或者位图和图像的像素到片元信息，它们每一个都对应帧缓存中的一个像素。请注意，所有的图元都会被光栅化，而不仅仅是点、线和多边形。

光栅化器（rasterizer）：它是固定功能的单元，可以将一个图元（点、线，或三角形）转换为一系列准备着色的片元。光栅化器负责进行光栅化。

光线跟踪（ray tracing）：这是一系列通过计算光线通过某些媒介的路径，产生图像或其他输出的算法。

矩形（rectangle）：一个四边形，但是相对边在局部坐标中总是相互平行的。

渲染到纹理（render-to-texture）：把纹理贴图的存储用作渲染目的（即渲染缓存）的一种技术。渲染到纹理实现了比渲染到颜色缓存更高效的纹理贴图更新方法，并且将结果复制到纹理内存中，避免了复制操作。

渲染缓存（renderbuffer）：在 OpenGL 的服务器中分配内存，以进行像素值的存储。渲染缓存可以用于渲染目的，以及能够被直接当做纹理贴图使用，而无须渲染缓存再输出数据的一个副本。

渲染器（renderer）：Apple Computer 的 Mac OS X 操作系统的 OpenGL 实现。由于一台计算机可能有多个图形功能的设备（如多个图形卡或软件实现），因此一台 Mac OS X 机器上也许可以支持多个渲染器。

渲染（rendering）：使用内存中的一个场景，并产生该场景的图像的过程。

渲染流水线（rendering pipeline）：将独立的函数序列集合在一起实现渲染的过程。其中可以同时包括固定功能和可编程单元的集合。

常驻纹理（resident texture）：缓存在专用的、高性能的纹理内存中的纹理图像。如果 OpenGL 的具体实现不具有专用的高性能纹理内存，那么所有的纹理图像都会被视为常驻纹理。

解算（resolved）：合并像素的采样值（通常由加权、线性组合来完成），以得到最终像素颜色的过程。

RGB 颜色空间（RGB color space）：这种三维的颜色空间通常用于计算机图形图像中，一个通道中会包含红色、绿色和蓝色分量。其他常用的颜色空间是 CMYK（印刷用）和 YUV（视频处理用）。

RGBA：红、绿、蓝、alpha 值。

RGBA 模式（RGBA mode）：OpenGL 环境是 RGBA 模式下的，前提是它的颜色缓存中存储了红色、绿色、蓝色和 Alpha 分量，而不是颜色索引。

采样（sample）：用于多重采样反走样的子像素实体。像素可以存储多个采样值的颜色（以及潜在的深度和模板值）数据。在最终像素呈现在屏幕上之前，采样值将被解算成最终像素的颜色。

采样着色器（sample shader）：这个片元着色器在每个像素的采样位置都会执行，从而允许一个像素的颜色有更细致的判断粒度。

采样器对象（sampler object）：一个 OpenGL 对象，用来从纹理贴图中读取纹理值的状态。

采样器变量（sampler variable）：这个变量可以在着色器中用来表示引用的纹理或采样单元。

采样值（sample）：独立的色彩元素，构成一个多重采样像素或者纹素。参见多重采样（multisampling）。

采样（sampling）：参见点采样（point sampling）。

裁切盒（scissor box）：一个矩形区域的定义，其中执行裁切测试并应用到片元上。参见裁切（scissoring）。

裁切（scissoring）：片元的裁切测试。拒绝矩形裁切区域之外的片元。

双源融混（second-source blending）：同时使用片元着色器的第一个和第二个输出，计算得到最后的片元数据的融混过程。

选择器（selector）：OpenGL 的一部分状态存储了单元信息，它们用于后继操作的索引状态。例如，激活的纹理单元就是一个选择器。

服务器（server）：OpenGL 命令在其上执行的计算机。它可能与该命令发出的计算机不同。参见客户端（client）。

着色器（shader）：执行程序的过程，输入数据（例如顶点、图元，或片元）到管线的一个阶段，并产生不同类型的结果数据，准备作为管线中后继阶段的输入数据使用。

着色管道（shader plumbing）：执行着色器过程中的管理工作。其中包括设置 uniform 的值、设定输入和输出的图元类型、定义接口等。

着色器程序（shader program）：一组使用图形着色语言（OpenGL 着色语言，也称为 GLSL）编写的代码，用来控制图形图片的处理。

着色器阶段（shader stage）：着色管线中，执行特定类型的着色器的一个逻辑部分。在 OpenGL 实现中，着色器阶段可能不是在物理上独立的执行单元；例如，硬件实现可以在同一个执行引擎下同时执行顶点和几何着色器。

着色器存储缓存对象（shader storage buffer object）：一定大小的实时 GLSL 缓存对象，可以在着色器中读取和写入。

着色器变量（shader variable）：在着色器中声明和使用的变量。

着色（shading）：在光栅化过程中，在多边形的内部进行颜色插值，或者在一条线段的顶点之间进行颜色插值的过程。

阴影贴图（shadow map）：一种纹理贴图，其中包含有关在场景中阴影的位置信息。

阴影映射（shadow mapping）：一种纹理映射技术，使用阴影贴图来渲染几何物体，从而在场景中模拟阴影。

阴影采样器（shadow sampler）：一种采样器类型，可以执行采样纹素和一个基准值之间的比较，返回结果为 0.0 ～ 1.0 的值，以指示所取出的纹素是否满足比较的条件。常用于阴影映射的算法。

阴影纹理（shadow texture）：参见阴影贴图（shadow map）。

共享指数（shared exponent）：一种多分量浮点数向量的数字表达方式，向量的分量被打包为单个数值，其中包含每个分量的尾数，然后对每个分量中都共享单个指数值。

光泽度（shininess）：与镜面反射和照明相关的指数。光泽度负责控制镜面高光的衰减程度。

奇异矩阵（singular matrix）：一种矩阵类，没有逆矩阵。在几何上，这样的矩阵表示沿着至少一条线段到一个单点的塌陷过程的变换。

天空盒（sky box）：有代表性的一种几何体——通常是一个立方体——它囊括了场景中所有其他的几何图形，通常它的纹理贴图看起来像天空一样。

切片（slice）：纹理数组中的一个元素。

平滑着色（smooth shading）：参见 Gouraud 着色。

源混合因子（source-blending factor）：在融混计算中使用源颜色（即，从片元着色器输出的颜色）的相关系数。

镜面高光（specular）：镜面反射光照和反射结合，得到从观察者的位置看起来发亮的物体。当反射光和观察者方向之间的角度是零的时候，镜面反射率是最大的。镜面材质的散射光在反射方向有最大的强度值，它的亮度根据光泽度的指数值逐渐衰减。

聚光灯（spotlight）：特殊类型的局部光源，它有一个方向（它指向的方向），以及一个位置。聚光灯模拟一个锥形光源，它的强度是逐渐衰减的，根据从锥中心的距离而定。

精灵（sprite）：与屏幕对齐的图元。精灵通常或者表示单个顶点，扩大它以包含转换的顶点四周的多个像素数，或者表示顶点对应的一个四边形，它垂直于观察的方向（或者换句话说，平行于图像平面）。

sRGB 颜色空间（sRGB color space）：由 International Electrotechnical Commission（IEC）规定的一个 RGB 颜色空间标准，它匹配显示器和打印机的输出色彩强度，它比线性的 RGB 空间更好。sRGB 近似对应于 gamma 校正后的 RGB（但不是 alpha），其中 gamma 值为 2.2。参照 IEC 61966-2-1 标准，其中包含所有的细节。

状态（state）：组成一个完整的 OpenGL 环境的所有变量。例如，纹理、融混、顶点属性设置都可以认为是状态。

模板缓存（stencil buffer）：一处内存（位平面）区域，与深度缓存一起用于额外的片元测试。模板测试可以用于掩蔽区域、封盖固体几何形状，或者重叠的半透明多边形。

模板测试（stencil testing）：测试当前模板参考值与模板缓存的值，判断是否将片元写入帧缓存中，以及如何写入它。

立体（stereo）：通过计算每只眼睛单独的图像内容，增强渲染图像的三维感知度。立体显示需要特殊的硬件，例如两个同步的显示器或专门的眼镜，以便为每只眼睛显示交替的帧数据。OpenGL 的一些实现支持立体显示，它们包含左右两个缓存来存储颜色数据。

点画（stipple）：一种一维或二维的二进制图案，如果它的值为 0，就不会生成对应的片元。线的点画是一维的，并且它的开始位置是一条线段的开始。多边形点画是二维的，并应用于具有固定方向的窗口。

子像素（subpixel）：将物理像素划分成多个逻辑子区域。参见采样（sample）。

超级采样（supersampling）：为每个像素的多个采样值执行充分的逐样本渲染，然后根据像素中找到的每个样本的颜色平均值对像素进行着色。

表面法线（surface normal）：在某些情况下表面法线表示一个垂直于该表面的一个点的向量。三个分量组成的法向量可以定义一个平面的角度方向，但不是它的位置。

局部表面坐标空间（surface-local coordinate space）：相对于表面的坐标系统，其中不考虑表面的真实方向，表面设置为 xy 平面，而垂直于该表面的法线为（0，0，1）。

局部表面坐标（surface-local coordinate）：相对于局部表面坐标空间的坐标。

swizzle：重新排列向量的分量，例如，将一个纹素或顶点排列成所希望的顺序。

切线空间（tangent space）：点的向量正切空间。一般情况下，切线空间是垂直于顶点的法向量的一个平面。

瞬间走样（temporal aliasing）：随时间变化的走样瑕疵。

细分（tessellated）：如果一个面片已被分解成许多图元，大多是四边形或三角形，那么就认为它是细分后的。

细分控制着色器（tessellation control shader）：细分控制阶段执行的着色器，其输入为一个面片的控制点，并为这个面片产生内部和外部的细分因子，以及逐面片的参数以用于细分计算着色器。

细分坐标（tessellation coordinate）：由细分域内的固定功能的细分表面所产生，并提供给细分计算着色器的重心坐标。

细分域（tessellation domain）：高阶表面进行细

分的域。其中包括四边形、三角形、等值线
等域。

细分计算着色器（tessellation evaluation shader）：
对于每个通过固定功能细分表面产生的输出面
片顶点，这个着色器均只执行一次。

细分层级因子（tessellation level factor）：参见细
分层级（tessellation level）。

细分层级（tessellation level）：对于单个面片图
元，细分控制着色器会产生两个相关的细分层
级。内部细分因子控制面片的内部细化到什么
程度。此外，面片的每个外边界都有一个外部
细分因子，用来控制边细分的程度。

细分输出面片顶点（tessellation output patch vertice）：
细分控制着色器生成的输出顶点。

细分着色器（tessellation shader）：细分控制和细
分计算着色器的统称。

纹素（texel）：纹理元素。纹素是从纹理内存中
获得的，它表示将纹理帖敷到一个相应的片元
上的颜色。

纹理比较模式（texture comparison mode）：纹理
映射的模式，即采样纹理贴图的时候，不是直
接返回纹理的采样值，而是对计算结果进行
比较。

纹理坐标（texture coordinate）：用于获取纹理贴
图数据的坐标。

纹理滤波器（texture filter）：应用纹理贴图进行
采样时的平滑颜色操作。

纹理贴图（texture map）：参见纹理（texture）。

纹理映射（texture mapping）：将图像（纹理）帖
敷到一个图元的过程。纹理映射通常用来增加
场景的真实感。例如，可以把一个建筑立面的
图片应用到表示墙面的多边形上。

纹理对象（texture object）：一处用于存储纹理
数据的命名缓存，例如图像数组、相关的
mipmap，以及相关的纹理参数值：宽度、高
度、边框宽度、内部格式、分量的分辨率、缩
小和放大滤波器、边界截取方式、边框颜色和

纹理优先级等。

纹理采样器（texture sampler）：着色器中用来从
纹理采样的一个变量。

纹理流（texture streaming）：一种纹理贴图以周期
性的频率（例如，每帧 1 次）更新的技术。

纹理 swizzle（texture swizzle）：参见 swizzle。

纹理目标（texture target）：通常用来代替一种纹
理类型，纹理目标包括 1D、2D、3D、立方体
贴图、数组形式等。

纹理单元（texture unit）：对于多重纹理的情形，
作为一个多通道的纹理图像应用程序的一部
分，一个纹理单元负责控制单个纹理图像中的
一个处理步骤。一个纹理单元在一个纹理通道
中维护纹理的状态，包括纹理图像、滤波、环
境、坐标生成和矩阵堆栈。多重纹理包含一组
连续的纹理单元。

纹理视图（texture view）：一种使用不同的格式
来解释单纹理贴图数据的技术。

纹理（texture）：用来修改由光栅化产生的片元颜
色的一维或二维图像。

transform feedback 对象（transform feedback object）：
OpenGL 的对象，其中包含变换后的（例如，
顶点处理后、细分后，或几何着色后）数据。

变换矩阵（transformation matrice）：从一个坐标
空间将顶点变换到另一个坐标空间的矩阵。

变换（transformation）：空间的翘曲过程。在
OpenGL 中，变换限于可以由一个 4×4 的矩
阵来表示的任何投影变换。这种变换包括旋
转、平移、沿坐标轴（不均匀的）缩放、透视
变换，以及它们的组合。

三角形（triangle）：有三条边的多边形。三角形
总是凸多边形。

湍流（turbulence）：程序产生噪声的一种形式，
它在输出图像上包括锋利的转折和尖点。

类型化数组（typed array）：JavaScript 的一种构
造形式，可以在一个 JavaScript 数组中存储
二进制类型的数据。它需要与 WebGL 的应用

结合。

欠采样（undersampling）：通过有间隔的点采样而不是渲染场景的细节来选择像素显示的颜色。更正式地说，这种采样的频率小于场景中的最高频率的两倍。点采样总是在采样的边缘之下，这是因为边相当于阶跃函数，它包含任意高的频率值。这会导致走样的问题。

uniform 缓存对象（uniform buffer object）：一种缓存对象的类型，它封装了一组 uniform 变量，使得 uniform 变量集合的存取和更新可以占用更少的函数调用开销。

uniform 变量（uniform variable）：一种变量类型，用在顶点或片元着色器中，在一组图元的运行过程中（要么是单一的图元，要么是单个绘图命令中的指定图元集合）不会改变它的数值。

单位正方形（unit square）：边长为 1 的正方形。

解包（unpack）：将应用程序的像素转换为 OpenGL 的内部格式的过程。

Utah 茶壶（Utah teapot）：一种典型的计算机图形对象。Utah 茶壶最初是美国犹他州大学的 Martin Newell 发明的。

值噪声（value noise）：一种基于函数的噪声生成技术。

向量（vector）：多维数值，通常用于表示位置、速度和方向。

顶点（vertex）：三维空间中的点。

顶点数组（vertex array）：顶点数据的块（顶点坐标、纹理坐标、表面法线、RGBA 颜色、颜色索引、边界标志）可以存储在一个数组中，然后通过使用单个 OpenGL 命令的执行，设置多个几何图元。

顶点数组对象（vertex-array object）：一个表示一组顶点数组状态的对象。

顶点属性数组（vertex-attribute array）：用于构成输入顶点着色器的数据的数组。

顶点着色器（vertex shader）：使用应用程序提供的输入顶点，然后为后续阶段（细分控制、几何，或者光栅化）产生所的顶点数据的着色器。

顶点顺序（vertex winding）：判断一个多边形是正面还是背面形式的一组有序顶点。

视景体（view volume）：剪切坐标下的一块体积，它的坐标满足以下三个条件：

$$-w < x < w$$
$$-w < y < w$$
$$-w < z < w$$

在这个体积之外的几何图元将被剪切掉。

观察模型（viewing model）：用于转换三维坐标到二维屏幕坐标的概念模型。

视点（viewpoint）：人眼或剪切坐标系统的原点，由环境而定（例如，在讨论光照时，视点就是人眼坐标系统的原点。当讨论投影时，视点就是剪切坐标系统的原点）。对于一个典型的投影矩阵，人眼坐标和剪切坐标的原点应该在相同的位置。

视口（viewport）：屏幕上的矩形像素集合，在其中渲染的场景可以看到。它与深度范围参数是相辅相成的（参见深度范围（depth range））。

体素（voxel）：体积中的一个元素。参见纹素和像素。

顺序（winding）：参见顶点顺序（vertex winding）。

窗口（window）：帧缓存的一个子区域，通常为长方形，其中的像素都具有相同的缓存配置。一个 OpenGL 环境在一段时间内只能渲染一个窗口。

窗口对齐（window aligned）：对于线段或多边形的边，这里指的是它们平行于窗口边界（在 OpenGL 中，窗口是矩形的，具有水平和垂直的边缘）。对于一个多边形图案，这意味着该图案相对于窗口的原点固定。

窗口坐标（window coordinate）：窗口的像素坐标系统。

线框（wireframe）：一个只有线段的对象表示方式。通常情况下，线段用来表示多边形的边缘。

字对齐（word aligned）：如果内存地址是机器字大小的整数倍，那么内存地址可以说是字对齐的。

工作项（work item）：一个工作组内的单个工作项。也称为一个调用。

工作组（workgroup）：一组工作项，它们共同对数据进行操作。参见全局工作组和本地工作组。

X Window 系统（X Window System）：应用于许多机器上实现 OpenGL 接口的窗口系统。GLX 是 OpenGL 扩展到 X Window 系统的名称（参见附录 F）。

z 缓存（z-buffer）：参见深度缓存（depth buffer）。

z 缓冲（z-buffering）：参见深度测试（depth testing）。